K. J. Moll · M. Moll

Atlas Anatomie

Karl Josef Moll · Michaela Moll

Atlas Anatomie

4. Auflage

Mit 597 Farbabbildungen

URBAN & FISCHER
München · Jena

Zuschriften und Kritik an:
Elsevier GmbH, Urban & Fischer Verlag, Lektorat Medizinstudium, Sabine Hennhöfer,
Karlstraße 45, 80333 München
e-mail: medizinstudium@urbanfischer.de

Wichtiger Hinweis für den Benutzer

Die Erkenntnisse in der Medizin unterliegen laufendem Wandel durch Forschung und klinische Erfahrungen. Herausgeber und Autoren dieses Werkes haben große Sorgfalt darauf verwendet, dass die in diesem Werk gemachten therapeutischen Angaben (insbesondere hinsichtlich Indikation, Dosierung und unerwünschter Wirkungen) dem derzeitigen Wissensstand entsprechen. Das entbindet den Nutzer dieses Werkes aber nicht von der Verpflichtung, anhand der Beipackzettel zu verschreibender Präparate zu überprüfen, ob die dort gemachten Angaben von denen in diesem Buch abweichen, und seine Verordnung in eigener Verantwortung zu treffen.

Die Deutsche Bibliothek - CIP-Einheitsaufnahme
Ein Titeldatensatz für diese Publikation ist bei
Der Deutschen Bibliothek erhältlich.

4. Auflage 2004

Der Urban & Fischer Verlag ist ein Imprint der Elsevier GmbH.

Planung: Dr. med. Dorothea Hennessen
Lektorat: Sabine Hennhöfer
Herstellung: Peter Sutterlitte
Druckvorstufe: Kösel, Kempten
Druck und Bindung: Stürtz AG, Würzburg
Zeichnungen: Autoren, Röntgenbilder s. Bildnachweis
Umschlaggestaltung: SpieszDesign, Neu-Ulm

Printed in Germany
ISBN 3-437-41290-6

Aktuelle Informationen finden Sie im Internet unter
www. elsevier.com und www.urbanfischer.de

Vorwort zur 4. Auflage

Nach über 10 Jahren Arbeit an der Neuauflage des Anatomie-Atlasses sind wir endlich fertig geworden.

In den ersten Jahren fand meine Frau, die das Buch mit herausgibt, noch die Zeit, Bilder mit zu zeichnen. Ihre und die von mir erstellten Bilder habe ich gescannt und am Computer mit Photoshop bearbeitet. Den meisten dieser Bilder lagen Fotografien zugrunde, die ich für die erste Auflage angefertigt hatte.

Ein gezeichnetes Bild hat gegenüber einem Foto den Vorteil, dass das Wesentliche zeichnerisch hervorgehoben werden kann, der Nachteil ist, dass es dann nicht mehr „präparatgenau" ist.

Bei den meisten Bildern habe ich versucht, mich im Farbbereich an den Präparaten zu orientieren, es ist jedoch üblich, die Gefäße, die sauerstoffreiches Blut (Arterien, V. pulmonalis) führen, rot und die, die sauerstoffarmes Blut (Venen, A. pulmonalis) führen, blau zu zeichnen. Knorpel, der im Präparat eine weißliche Farbe hat, habe ich, um nicht in den Graubereich zu kommen, hellblau gezeichnet. Das Bauchfell (Peritoneum) habe ich aus didaktischen Gründen im Gegensatz zum Präparat grün gezeichnet, um so den Peritonealraum zu verdeutlichen.

Die in diesem Atlas aufgenommenen Röntgenbilder sollen neben der Prüfungsrelevanz Ihre Sicht auf die Klinik lenken und Ihnen damit auch die Wichtigkeit einer guten anatomischen Ausbildung vermitteln. Die meisten Röntgenbilder hat Herr Dr. Kegel, Chefarzt der Abteilung für Radiologie und Nuklearmedizin an der St.-Elisabeth-Klinik in Saarlouis, für einen Anhang zum Kurzlehrbuch Anatomie angefertigt, wofür ich ihm an dieser Stelle nochmals herzlich danke. Der Verlag und ich waren der Meinung, dass diese Bilder so wichtig sind, dass sie in den Atlas aufgenommen werden sollten.

Danken möchte ich auch Herrn Prof. Wicke, der mir die Erlaubnis gab, sechs Röntgenbilder aus seinem Atlas der Röntgenanatomie entnehmen zu können. Den „Wicke" kann ich Ihnen nur dringendst zum Studium empfehlen, denn nur wenn Sie die normale Röntgenanatomie kennen, können Sie pathologische Veränderungen verantwortlich diagnostizieren.

Frau Dr. Anke Lasserre danke ich für die Erlaubnis, drei Röntgenbilder aus ihrem Kurzlehrbuch der allgemeinen und speziellen Radiologie entnehmen zu können. Die anderen Röntgenbilder habe ich aus Bild-Fragen zum Physikum und zu den Staatsexamina übernommen.

Ein solcher Atlas entsteht nicht nur aus dem Wissen und den Ideen des Autors, das Wissen wird geprägt durch die, von denen ich gelernt habe. Außerdem wurden viele Ideen durch Mitarbeiter des Urban & Fischer Verlages angeregt. Hier möchte ich besonders meiner ehemaligen Lektorin Frau Simone Spägele sowie Frau Sandra Unger, Konstanz, danken. Besten Dank auch an Frau Gabriele Meier und Frau Manuela Dengler, die Korrektur gelesen und mich auf so manche fehlerhafte Beschriftung hingewiesen haben.

Mein besonderer Dank gilt meiner jetzigen Lektorin Frau Sabine Hennhöfer für die sehr gute Zusammenarbeit und ihre Geduld. Herrn Peter Sutterlitte aus der Herstellung danke ich herzlich für seine Hilfe bei technischen Fragen und seine Arbeit an dem Atlas. Nicht zuletzt danke ich meiner Frau Michaela Moll für die langen Abende, an denen wir einen guten Teil der Bilder zusammen erarbeitet haben.

Udenheim im Herbst 2003 — Karl Josef Moll

Für Anne Caroline

Röntgen-Anatomie

In der Radiologie wird die Photonenstrahlung genutzt, zu der u.a. auch das sichtbare Licht und die Wärmestrahlung gehören. Die Photonenstrahlung, die in der Radiologie eingesetzt wird, hat eine bestimmte Frequenz bzw. Wellenlänge. An Strahlenarten kommen vor:

- ionisierende Strahlen
- Hochfrequenzstrahlen
- Ultraschall.

Die von Conrad Röntgen 1895 entdeckten Röntgenstrahlen besitzen so viel Energie, dass sie Elektronen aus Atomen herausschießen können, was Ionisierung genannt wird.

Röntgenstrahlen

In der konventionellen Röntgenologie werden Röntgenstrahlen zur Durchleuchtung (auf einem Leuchtschirm) oder zur Herstellung einer Röntgenaufnahme benutzt.

Die Röntgenstrahlen durchdringen die einzelnen Strukturen des Körpers in unterschiedlicher Weise. So absorbieren (= nicht durchlassen) die Knochen sehr viele Strahlen, während die Weichteile des Körpers wie Muskulatur oder Fettgewebe nur wenige Strahlen absorbieren, also viel hindurchlassen. Die Luft in Lunge und Darm absorbiert überhaupt keine Strahlen.

Auf dem **Leuchtschirm** erscheinen die Knochen dunkel und die Weichteile heller. Durchleuchtet wird heute nur noch, wenn

- Bewegungen verfolgt werden sollen,
- ein Erkennen von kleineren Strukturen nicht notwendig erscheint.

Die **Röntgenaufnahme** ist eine Umkehr des Leuchtschirmprinzips – ähnlich einer Schwarz-Weiß-Fotografie, bei der auf dem Negativ alles hell ist, was auf dem Foto dunkel erscheint.. Auf dem Röntgenbild sind die Knochen hell und die Weichteile dunkel, daher spricht man bei schwarzen Strukturen von Aufhellung, bei weißen Strukturen von Verschattung.

Bei Röntgenaufnahmen muss zwischen Strukturen unterschieden werden, die ohne Kontrastmittelgabe dargestellt werden können, wie z.B. die Knochen – hierzu zählen auch die Übersichtsaufnahmen von Brust (Thoraxaufnahme) und Bauch (Abdomenleeraufnahme – „leer“, weil ohne Kontrastmittel).

Die Weichteile des Körpers können auf einer Röntgenaufnahme zumeist nicht oder nur schlecht voneinander unterschieden werden, weil sie gleich wenig Strahlen absorbieren. Daher verwendet der Röntgenologe zur Darstellung der Weichteile (Organe, Darm, Gefäße usw.) die nachfolgend aufgeführten künstlichen Kontrastmittel:

- Gase, wie Luft oder Sauerstoff, die in Hohlorgane, z.B. Magen, Darm oder Harnblase, eingeblasen werden, wodurch diese Strukturen auf der Röntgenaufnahme schwarz erscheinen (weil Gase keine Strahlen absorbieren).
- Schattendichte Kontrastmittel wie Bariumpräparate oder jodhaltige Präparate, die die Strahlen absorbieren und daher auf der Röntgenaufnahme weiß erscheinen. Die Bariumpräparate werden zur Darstellung des Verdauungstraktes (Ösophagus, Magen, Darm) benutzt. Die jodhaltigen Präparate dienen u.a. zur Darstellung der Gallenblase (Cholezystographie), der Nieren (Urographie) und der Gefäße (Angiographie bei Arterien, Veno-[Phlebo-]grapie bei Venen).

Cholezysto-cholangiographie (Cholezystographie = Darstellung der Gallenblase, Cholangiographie = Darstellung der Gallengänge)

Mit der Cholezysto-cholangiographie werden die Gallenblase und die Gallengänge dargestellt. Dazu wird das Kontrastmittel oral verabreicht oder i.v. (intravenös) injiziert. Gallensteine, Gallenwegsverschlüsse oder Gallenwegsverengungen können so erkannt werden.

Urographie (= Darstellung der Nierenkelche, des Nierenbeckens, der Ureter und der Harnblase)

Bei der Ausscheidungsurographie wird ein jodhaltiges Kontrastmittel i.v. injiziert. Nach etwa 3 Minuten kann der erste kontrastmittelhaltige Harn auf dem Röntgenbild dargestellt werden (zunächst im Nierenbeckenbereich und im oberen Ureterteil, später auch in der Harnblase).

Bei der **retrograden Pyelographie** (retrograd = rückläufig, Pyelo = Nierenbecken) wird das Kontrastmittel langsam über einen in einen Ureter (Harnleiter) vorgeschobenen Katheter in das Nierenbecken injiziert.

Aortographie, Arteriographie

Bei der röntgenologischen Darstellung der Aorta und der Arterien wird das Kontrastmittel über einen in eine Arterie eingeführten Katheter (z.B. der A. femoralis) injiziert. Bei der Karotisangiographie (zerebrale Angiographie) wird die A. carotis communis im Halsbereich punktiert und das Kontrastmittel injiziert.

Bei der Phlebo-(Veno-)graphie wird das Kontrastmittel je nach Darstellungsort in eine Vene (Arm- oder Beinvene) injiziert.

Computertomographie

Die Computertomographie wurde 1972 eingeführt. Mittlerweile werden Geräte der 4. Generation benutzt.

In der Computertomographie wird der Körper „scheibenweise“ dargestellt. Die röhrenartige Apparatur besteht aus einer Röntgenröhre und einem der Röntgenröhre gegenüberliegenden Detektor. Die von der Röntgenröhre abgegebenen Strahlen wandern durch den Körper zum Detektor, der die nicht absorbierten Strahlen registriert und die Daten an einen Computer weiterleitet (der Detektor misst die Stärke der auf ihn treffenden Strahlen). Röntgenröhre und Detektor drehen sich während der Aufnahme um den auf dem Tisch liegenden Patienten, während der Tisch schrittweise durch die Röhre gefahren wird, so dass in 1-mm-Intervallen Aufnahmen gemacht werden können, aus denen der Computer ein Übersichtsbild errechnen kann. Um bei Weichteilen noch bessere Ergebnisse zu erzielen, wird ein Kontrastmittel i.v. injiziert.

Ultraschall

Ultraschallwellen entstehen dadurch, dass elektrische in mechanische Schwingungen umgewandelt werden, Ultraschallwellen sind also mechanische Schwingungen. Daher ist die Ultraschalldiagnose gefahrlos.

Die **Sonographie** ist eine Ultraschalluntersuchung, mit der die Größe oder Form von Strukturen in einer Ebene dargestellt werden können. In der Schwangerschaft wird die Sonographie genutzt, um die Anzahl der Föten bzw. deren Entwicklung zu begutachten. Mit der Sonographie lassen sich Tumoren ab einer Größe von etwa 1–2 cm erkennen.

Bitte beachten Sie, dass bei der Beschreibung immer von der Seite des Patienten ausgegangen wird. Was auf dem Bild auf der rechten Seite liegt, ist die linke Seite des Patienten.

a.-p. = Strahlengang von anterior nach posterior (von der Vorderseite in Richtung Rücken);

p.-a. = Strahlengang von posterior nach anterior (also umgekehrt zu a.-p.).

Abkürzungen

a.	arteriae (Genitiv)
A.	Arteria
Aa.	Arteriae (Plural)
a.-p.	anterior-posterior
BWS	Brustwirbelsäule
C	Zervikal-(Hals-)wirbel
cart.	Cartilago
Gl.	Glandula
Gll.	Glandulae (Plural)
L	Lumbal-(Lenden-)wirbel
Lig.	Ligamentum
Ligg.	Ligamenta (Plural)
m.	musculi (Genitiv)
M.	Musculus
Mm.	Musculi (Plural)
mm.	musculorum
n.	nervi (Genitiv)
N.	Nervus
Nn.	Nervi (Plural)
Nl.	Nodus lymphaticus
Nll.	Nodi lymphatici (Plural)
Nucl.	Nucleus
r.	rami (Genitiv)
R.	Ramus
Rr.	Rami (Plural)
Th	Thorakal-(Brust-)wirbel
v.	venae (Genitiv)
V.	Vena
Vv.	Venae (Plural)
ZNS	Zentralnervensystem

Bildnachweis

Nachfolgende Röntgenbilder wurden erstellt bzw. entnommen aus:

Dr. Kegel, Saarlouis:
2.29, 2.31, 2.32, 2.33, 2.34, 3.33, 3.34, 3.35, 4.22, 4.23, 4.24, 6.34, 6.35, 6.36, 6.37, 6.58, 7.11, 7.28, 8.16, 8.21, 8.41, 8.42, 8.43, 8.44,

Atlas der Röntgenanatomie, Wicke:
3.37, 8.28, 8.29, 8.32, 8.53, 9.68

Kurzlehrbuch, Allgemeine und spezielle Radiologie, Lassere/Blohm:
5.20, 5.21, 9.26

Physikumsfragen:
2.30, 3.36, 4.25, 4.26, 8.30, 8.66, 8.67, 8.68, 9.33, 9.69, 9.70

Staatsexamenfragen
3.38, 3.39, 3.71, 3.72, 6.33, 7.29, 8.17, 8.26, 8.27, 8.31, 8.64, 8.65, 9.67, 9.81

Inhaltsverzeichnis

1 Übersicht 1

2 Obere Extremität 11

3 Untere Extremität 67

4 Kopf 137

5 Hals 185

6 Leibeswand 211

7 Thorax 259

8 Abdomen 289

9 ZNS 345

10 Auge 393

11 Ohr 407

Register 413

1 Übersicht

1.1 Körperregionen von ventral 2
1.2 Körperregionen von dorsal 3
1.3 Kopf- und Halsregionen 4
1.4 Dermatome von ventral 5
1.5 Dermatome von dorsal 5
1.6 Arteriensystem auf den Körper projiziert 6
1.7 Venensystem auf den Körper projiziert 7
1.8 Lymphgefäßsystem auf den Körper projiziert 8
1.9 Head'sche Zonen 9

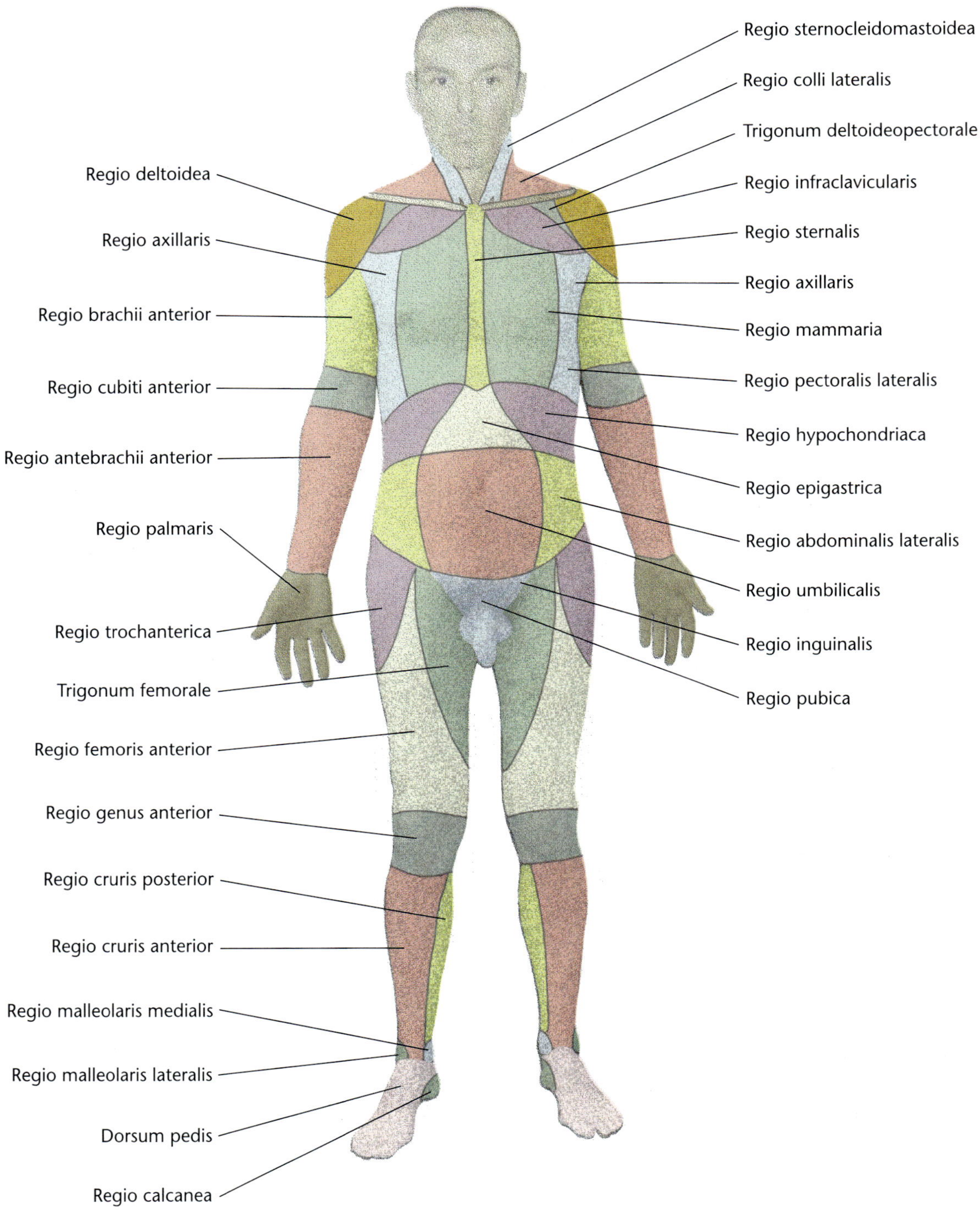

Abb. 1.1 Körperregionen von ventral.

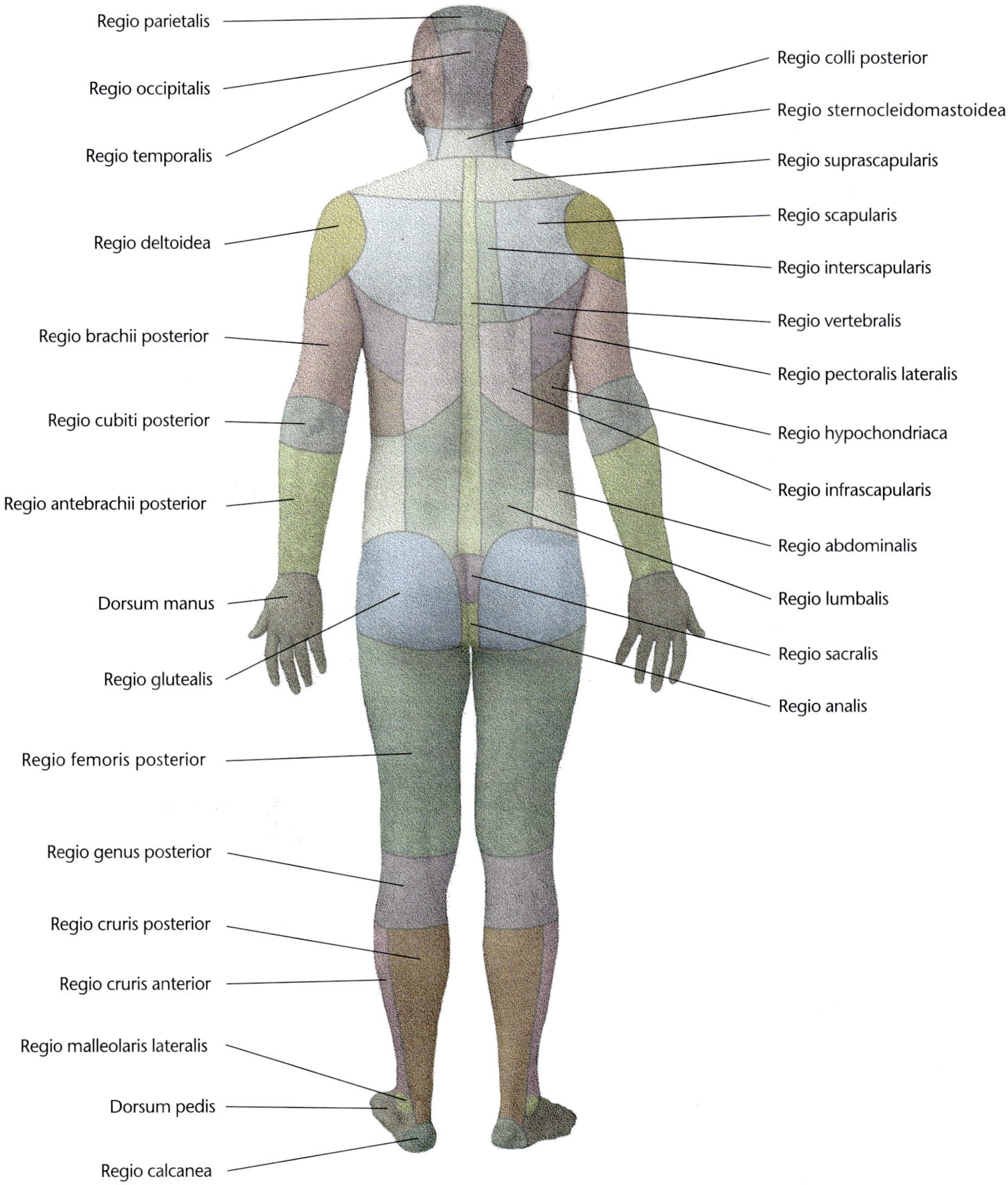

Abb. 1.2 Körperregionen von dorsal.

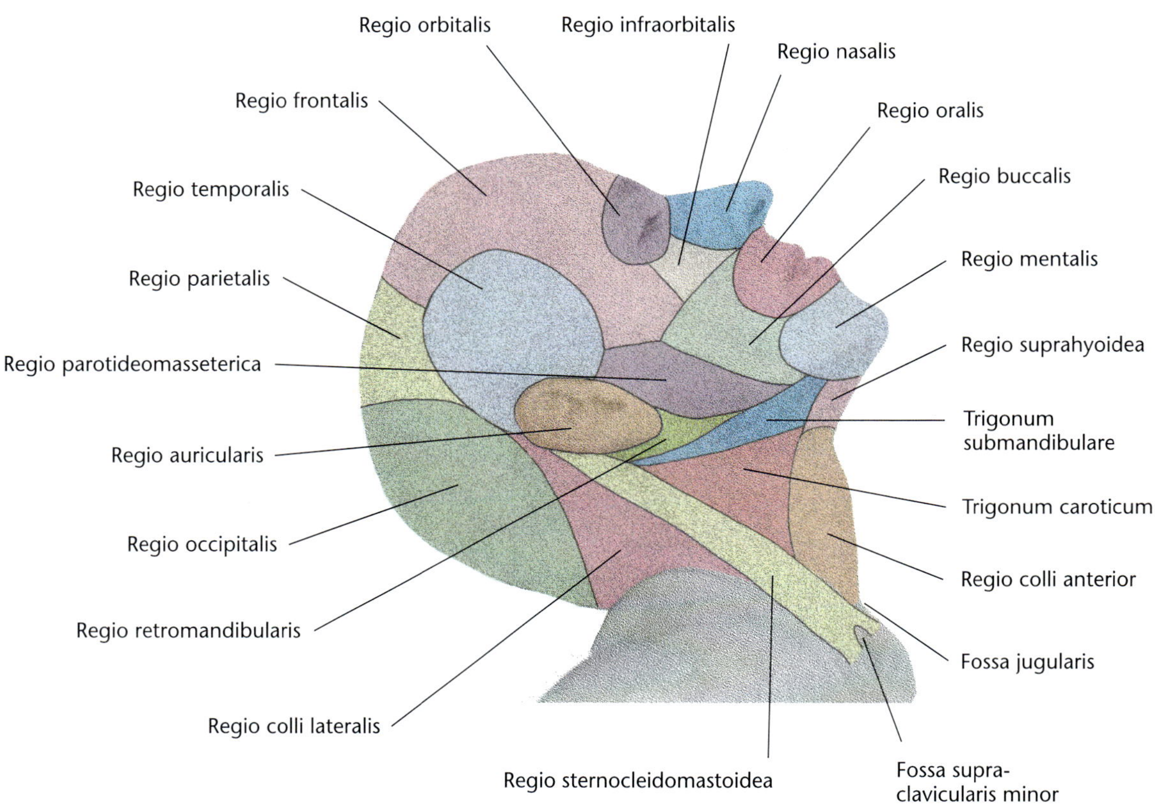

Abb. 1.3 Kopf- und Halsregionen.

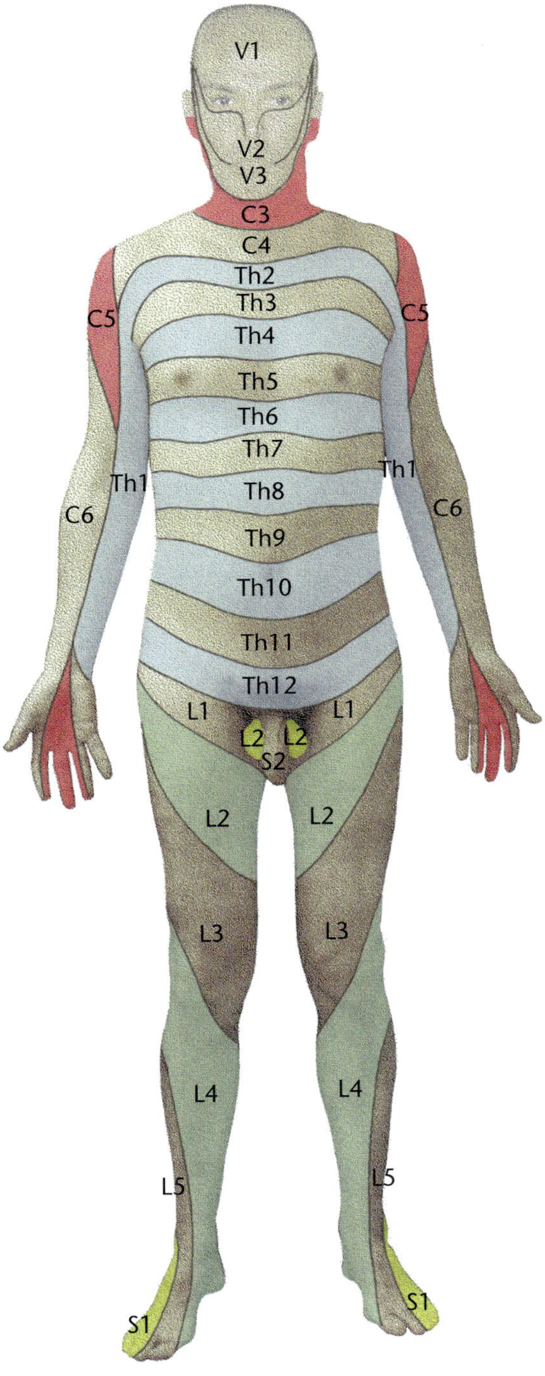

Abb. 1.4 Dermatome von ventral.

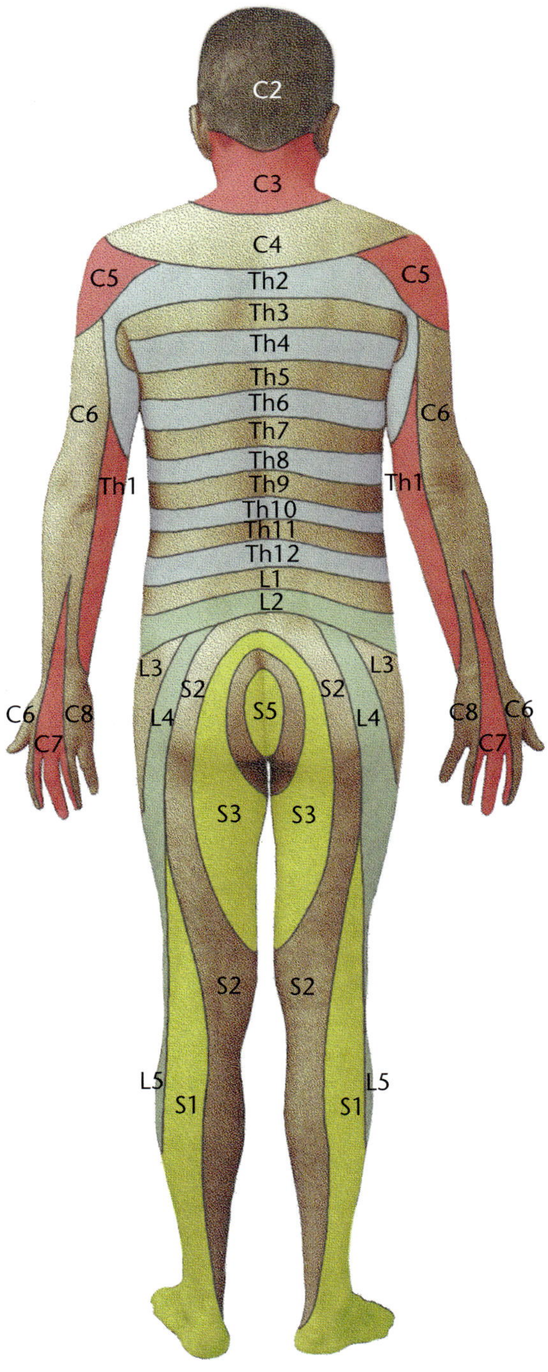

Abb. 1.5 Dermatome von dorsal.

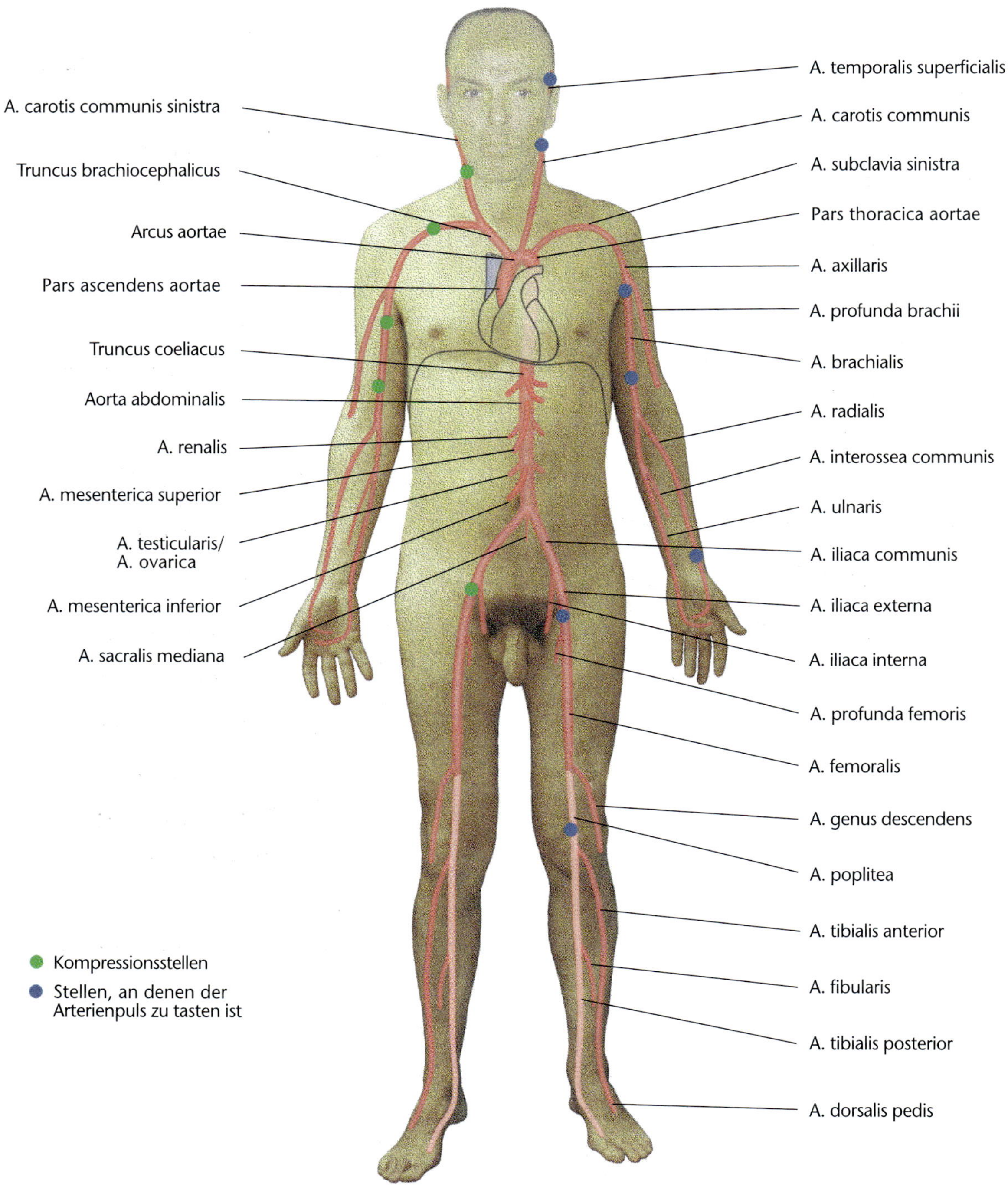

Abb. 1.6 Arteriensystem auf den Körper projiziert.

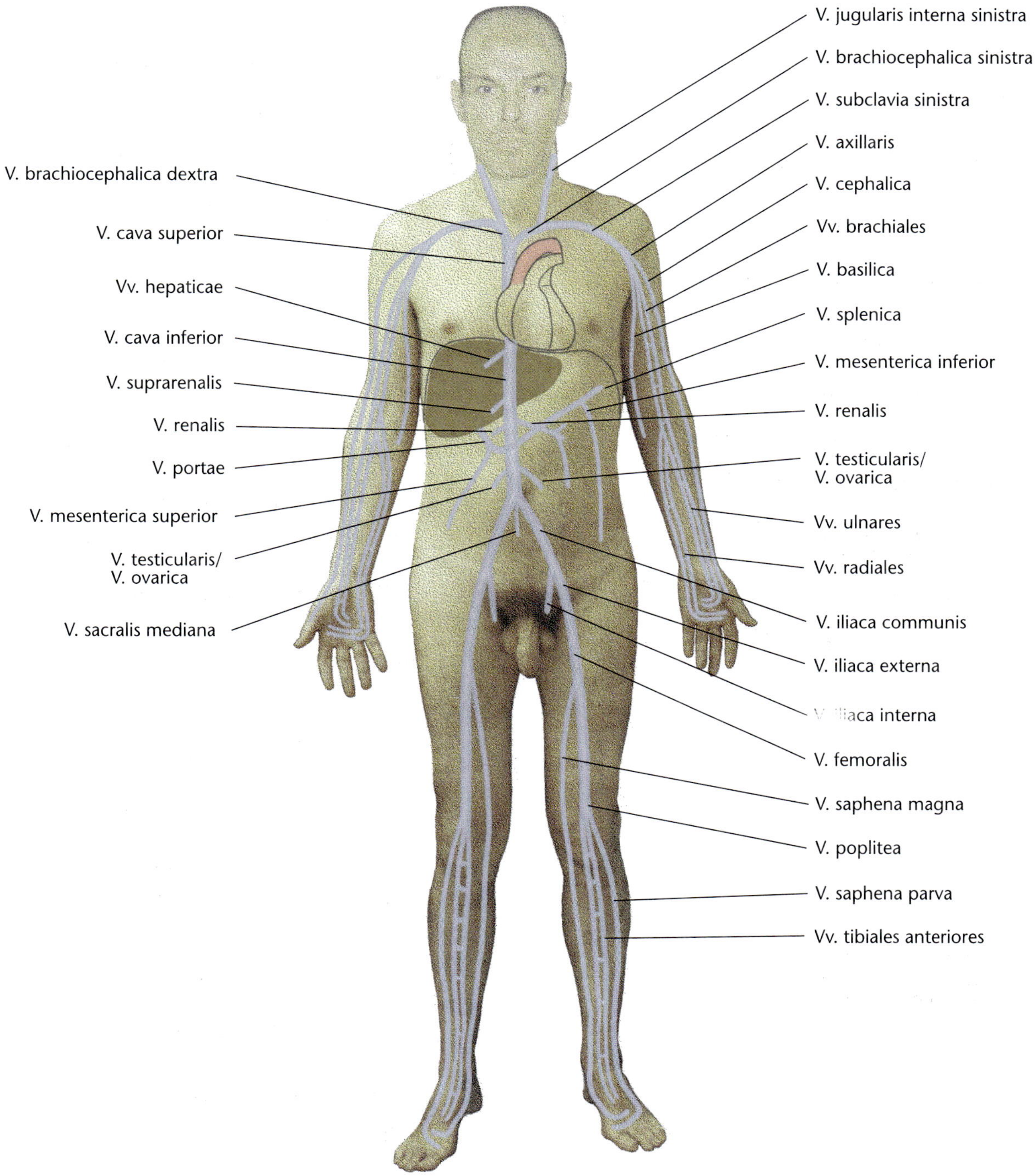

Abb. 1.7 Venensystem auf den Körper projiziert.

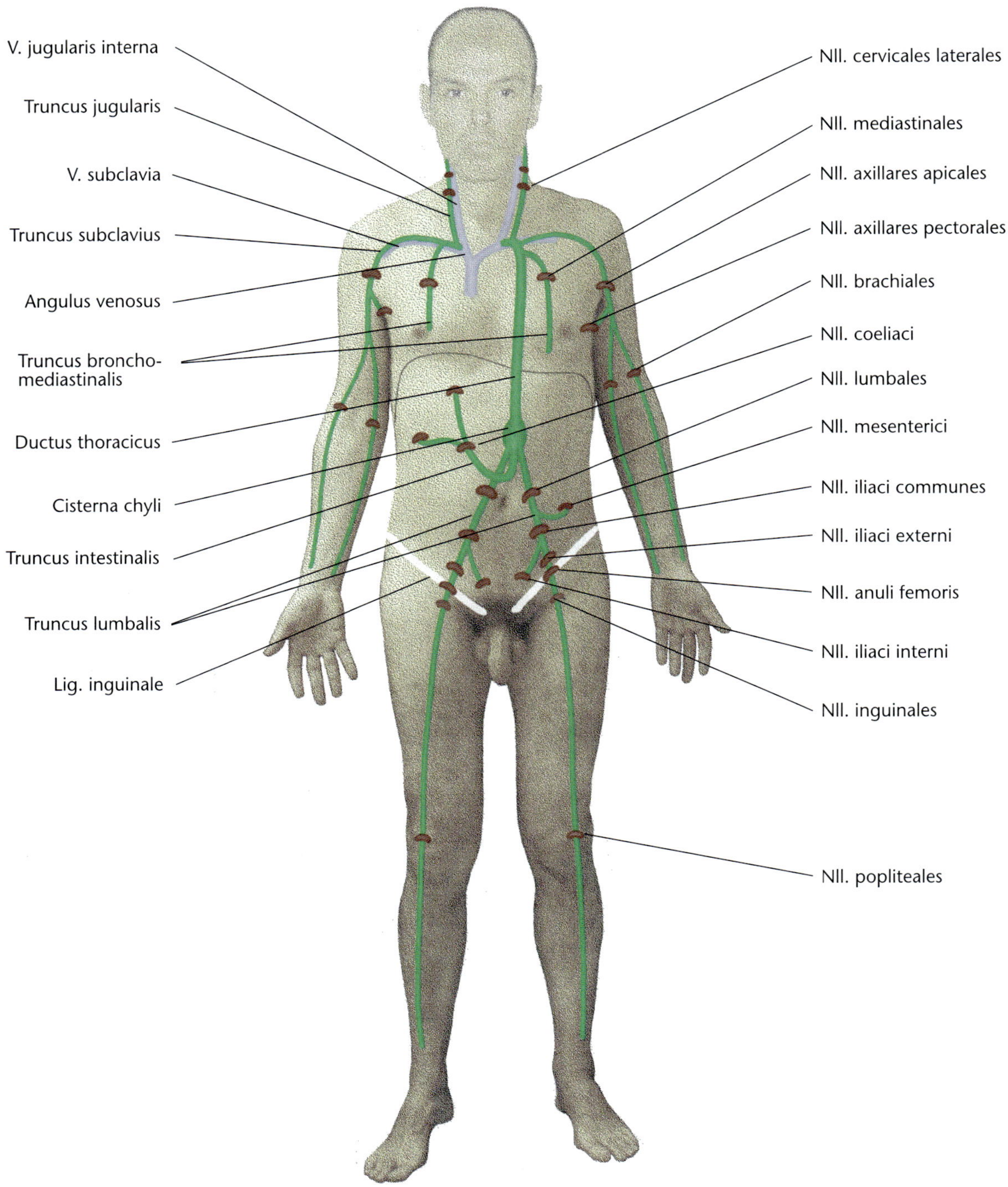

Abb. 1.8 Lymphgefäßsystem auf den Körper projiziert.

KLINIK

Das somatische und vegetative Nervensystem stehen über kleine Nervenäste miteinander in Verbindung. So kann von einem erkrankten inneren Organ als eine Reaktion ein viszerokutaner Reflex auf den diesem Organ zuordenbaren Hautbezirk übertragen werden, was als Schmerz empfunden wird.

Diese den einzelnen Organen zuordenbaren Hautbezirke werden **Head-Zonen** genannt. Umgekehrt ist es z.B. durch eine physikalische Therapie (Massage, Bäder) möglich, über die Haut einen kutiviszeralen Reflex auszulösen und damit auf ein bestimmtes inneres Organ einzuwirken.

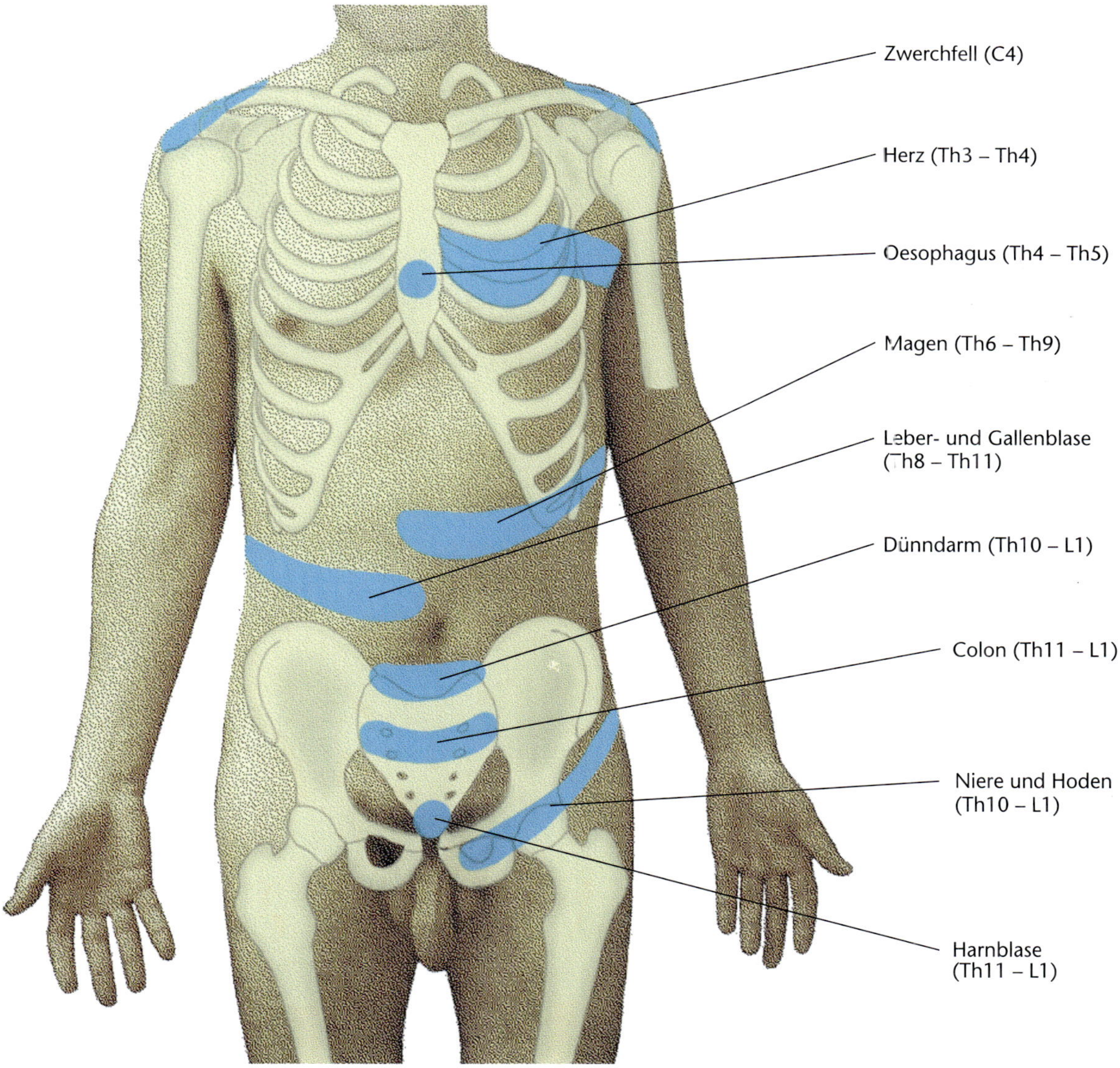

Abb. 1.9 Head'sche Zonen.

2 Obere Extremität

2.1	Gesamter Arm von ventral	13
2.2	Gesamter Arm von dorsal	13
2.3	Gesamter Arm von lateral	13
2.4	Achselhöhle	14
2.5	Ellenbeuge	14
2.6	Unterarm von dorsal	14
2.7	Unterarm von palmar	15
2.8	Handrücken	15
2.9	Armarterien von ventral	16
2.10	Armvenen von ventral	16
2.11	Knochen der rechten Extremität von ventral	17
2.12	Knochen der rechten Extremität von dorsal	17
2.13	Lage des Humerus zur Scapula von ventral	18
2.14	Clavicula von kranial	18
2.15	Clavicula von kaudal	18
2.16	Rechte Scapula von lateral	19
2.17	Rechte Scapula von ventral	19
2.18	Rechte Scapula von dorsal	20
2.19	Rechter Humerus von ventral	21
2.20	Rechter Humerus von dorsal	21
2.21	Rechtes Ellenbogengelenk von ventral	22
2.22	Rechtes Ellenbogengelenk von dorsal	22
2.23	Rechtes Ellenbogengelenk von lateral	22
2.24	Rechte Ulna von ventral	23
2.25	Rechte Ulna von dorsal	23
2.26	Rechter Radius von ventral	24
2.27	Rechter Radius von dorsal	24
2.28	Skelett der rechten Hand von palmar	25
2.29	Röntgenbild des rechten Schultergelenks (a.-p. Aufnahme)	26
2.30	Röntgenbild des rechten Schultergelenks in Elevationsstellung (a.-p. Aufnahme)	26
2.31	Röntgenbild des rechten Ellenbogengelenks (a.-p. Aufnahme)	27
2.32	Röntgenbild des rechten Ellenbogengelenks (seitliche Aufnahme)	27
2.33	Röntgenbild der Hand eines Erwachsenen (von dorsopalmar)	28
2.34	Röntgenbild der Hand eines Kindes (von dorsopalmar)	28
2.35	Gelenke im Schultergürtelbereich von ventral	29
2.36	Verletzungsmöglichkeiten im Schultergelenk	29
2.37	Rechtes Schultergelenk von ventral	30
2.38	Rechtes Schultergelenk von lateral	30
2.39	Eröffnetes rechtes Schultergelenk von ventral	31
2.40	Rechtes Ellenbogengelenk von ventral (mit Kapsel)	31
2.41	Rechtes Ellenbogengelenk von ventral (ohne Kapsel)	31
2.42	Radius und Ulna von ventral	32
2.43	Rechte Ulna mit Lig. anulare radii	32
2.44	Rechte Hand von palmar	33
2.45	Rechte Hand von palmar	33
2.46	Rechte Hand von dorsal	34
2.47	Rechte Hand von dorsal	34
2.48	Sägeschnitt durch die rechte Handwurzel	35
2.49	Sehnenansätze im Fingerbereich	35
2.50	Fingergelenke von lateral	35
2.51	Muskeln im Hals- und Schultergürtelbereich von ventral	36
2.52	Muskeln im Hals- und Schultergürtelbereich von lateral	36
2.53	Muskeln des rechten Schultergürtels und des Oberarms von ventral (oberflächliche Schicht)	37
2.54	Muskeln des rechten Schultergürtels und des Oberarms von ventral (tiefe Schicht)	38
2.55	Muskeln des rechten Schultergürtels und des Oberarms von lateral	38
2.56	Muskeln des rechten Schultergürtels und des Oberarms von dorsal	39
2.57	Sagittalschnitt durch das rechte Ellenbogengelenk	40
2.58	Oberflächliche Schicht der rechten Unterarmmuskeln von ventral	41
2.59	Mittlere Schicht der rechten Unterarmmuskeln von ventral	42
2.60	Tiefe Schicht der rechten Unterarmmuskeln von ventral	42

2.61 Oberflächliche Schicht der rechten Unterarmmuskeln von dorsal ... 43
2.62 Tiefe Schicht der rechten Unterarmmuskeln von dorsal ... 43
2.63 Rechte Hohlhand mit der Palmaraponeurose ... 44
2.64 Muskeln der rechten Hohlhand nach Entfernung der Palmaraponeurose ... 45
2.65 Tiefe Schicht der rechten Hohlhandmuskeln ... 46
2.66 Sehnenscheiden der rechten Hohlhand ... 47
2.67 Varietäten der Sehnenscheiden ... 47
2.68 Sehnenscheidenentzündung ... 48
2.69 Sehnenscheiden des rechten Handrückens 48
2.70 Schleimbeutel des rechten Schultergelenks von ventral ... 49
2.71 Schleimbeutel des rechten Schultergelenks von dorsal ... 49
2.72 Oberflächliche Gefäße und Hautäste der Nerven im Armbereich von palmar ... 50
2.73 Oberflächliche Gefäße und Hautäste der Nerven im Armbereich von dorsal ... 50
2.74 Gefäße und Nerven der Achselhöhle von ventral ... 51
2.75 Gefäße und Nerven im Bereich des rechten Oberarms von ventral ... 52
2.76 Gefäße und Nerven im Bereich des rechten Oberarms von ventral (ohne Venen) ... 53
2.77 Gefäße und Nerven im Bereich des rechten Oberarms von dorsal ... 54
2.78 Gefäße und Nerven in der rechten Ellenbeuge von ventral ... 55
2.79 Arterien und Nerven in der rechten Ellenbeuge von ulnar ... 55
2.80 Arterien und Nerven im Bereich des Unterarms von ventral ... 56
2.81 Arterien und Nerven im Bereich des Unterarms von ventral nach Entfernung der oberen und mittleren Muskelschicht ... 56
2.82 Arterien und Nerven im Unterarmbereich von dorsal ... 57
2.83 Arterien und Nerven der rechten Hohlhand 58
2.84 Hautinnervation des Armes von ventral ... 59
2.85 Hautinnervation des Armes von dorsal ... 59
2.86 Lymphknoten im Bereich der Achselhöhle von lateral (bei erhobenem Arm) ... 60
2.87 Querschnitt durch den Schulterbereich in Höhe des 7. Brustwirbels ... 61
2.88 Schnitthöhe der einzelnen Schnitte ... 62
2.89 Querschnitt durch den rechten Oberarm schräg zum Caput humeri (von kaudal) ... 62
2.90 Querschnitt durch das mittlere Drittel des rechten Oberarms (von kaudal) ... 63
2.91 Querschnitt durch das untere Drittel des rechten Oberarms (von kaudal) ... 63
2.92 Querschnitt durch das Ellenbogengelenk des rechten Arms (von kaudal) ... 64
2.93 Querschnitt durch das obere Drittel des rechten Unterarms (von kaudal) ... 64
2.94 Querschnitt durch das mittlere Drittel des rechten Unterarms (von kaudal) ... 65
2.95 Querschnitt durch das untere Drittel des rechten Unterarms (von kaudal) ... 65
2.96 Querschnitt durch die rechte Mittelhand (von kranial) ... 66
2.97 Querschnitt durch das Grund- und Mittelglied des Fingers ... 66

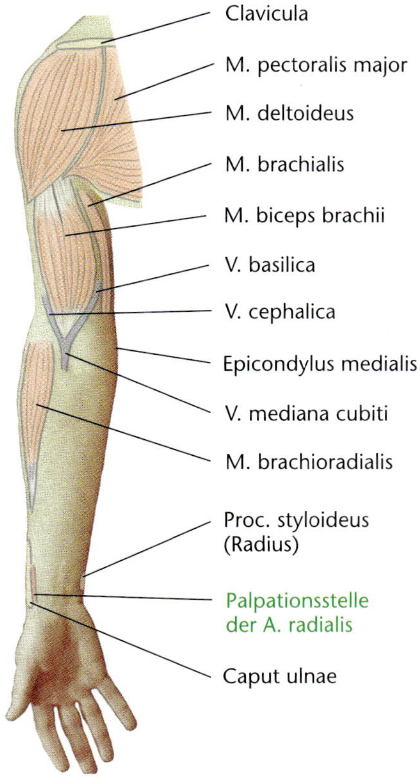

Abb. 2.1 Gesamter Arm von ventral.

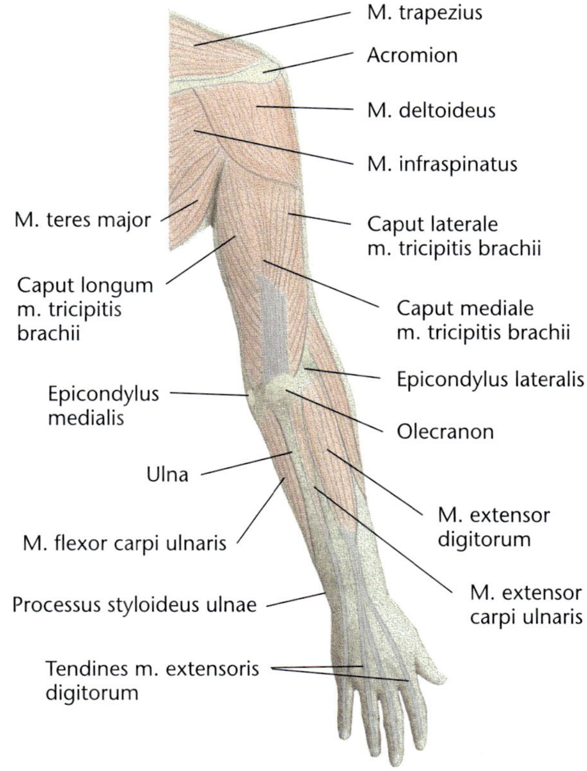

Abb. 2.2 Gesamter Arm von dorsal.

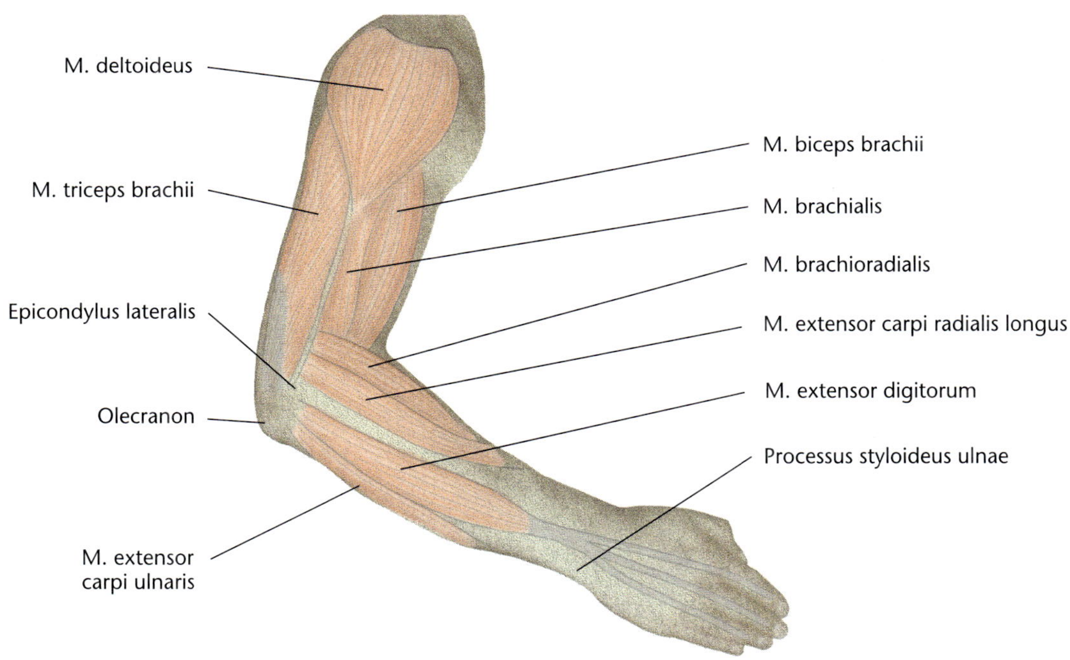

Abb. 2.3 Gesamter Arm von lateral.

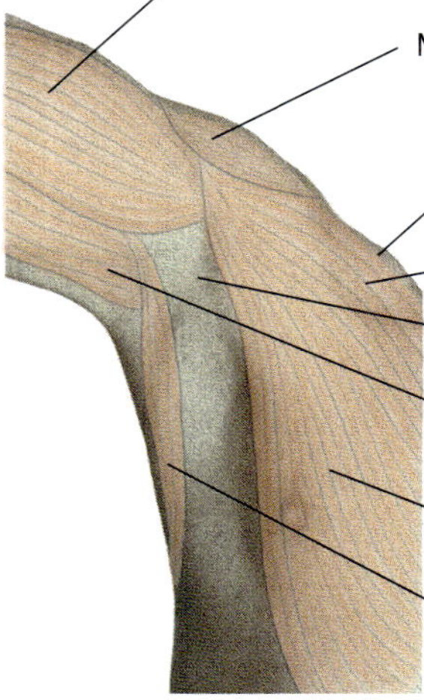

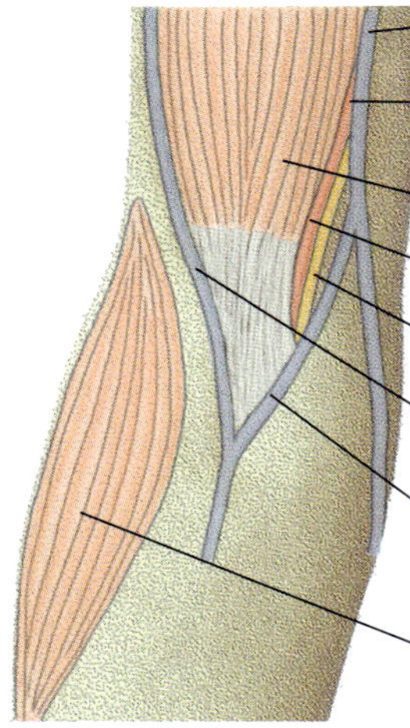

Klinik

Bitte beachten!

Niemals eine Injektion in die Venen der ulnaren Hälfte der Ellenbeuge setzen, da die A. brachialis in unmittelbarer Nähe verläuft!

Abb. 2.4 Achselhöhle.

Abb. 2.5 Ellenbeuge.

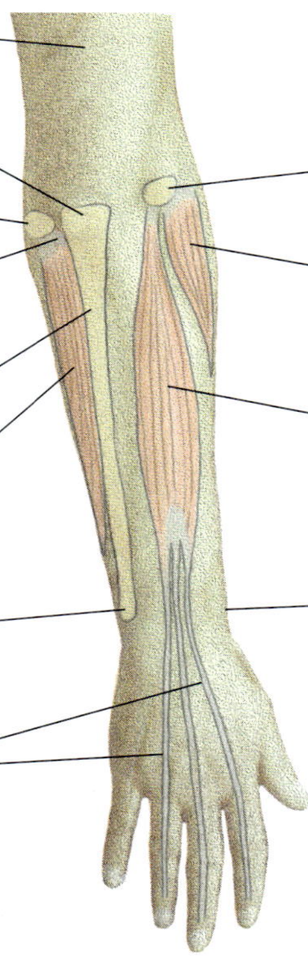

Abb. 2.6 Unterarm von dorsal.

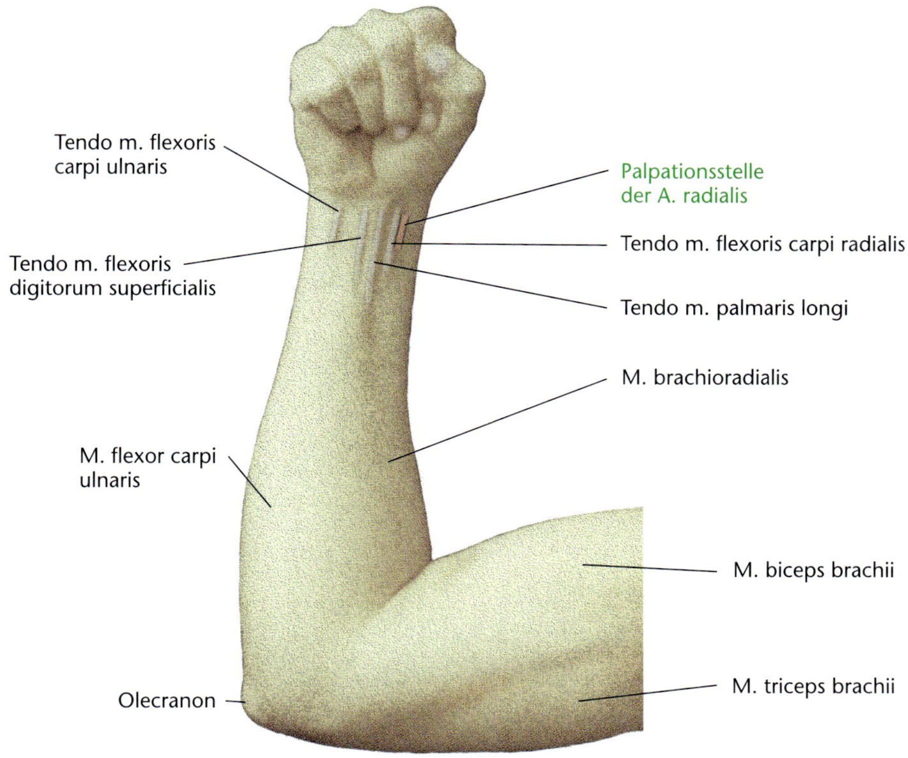

Abb. 2.7 Unterarm von palmar.

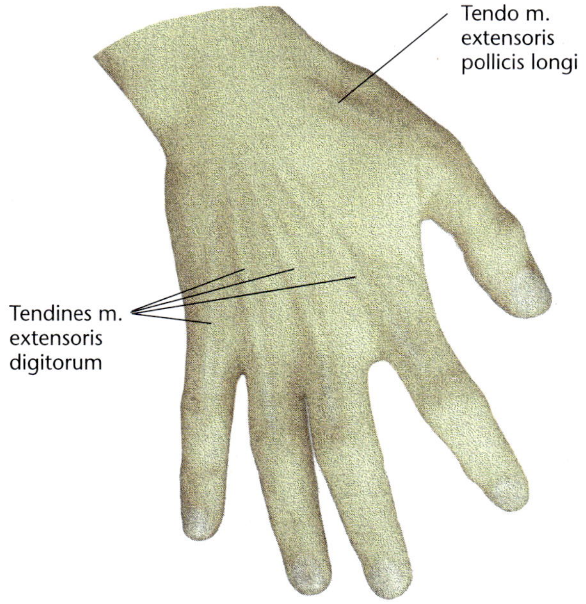

Abb. 2.8 Handrücken.

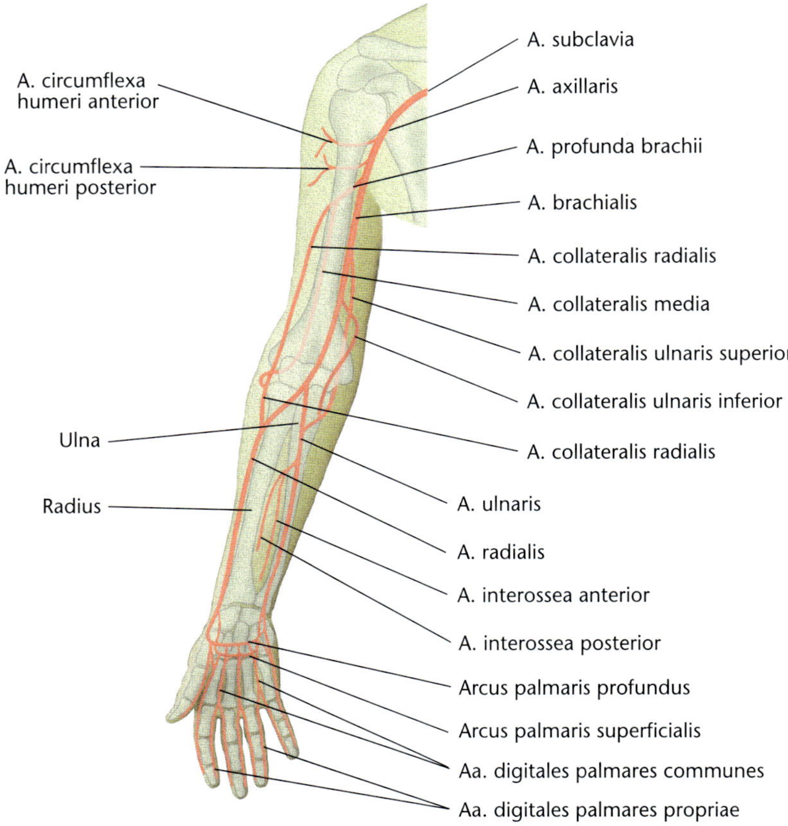

Abb. 2.9 Armarterien von ventral.

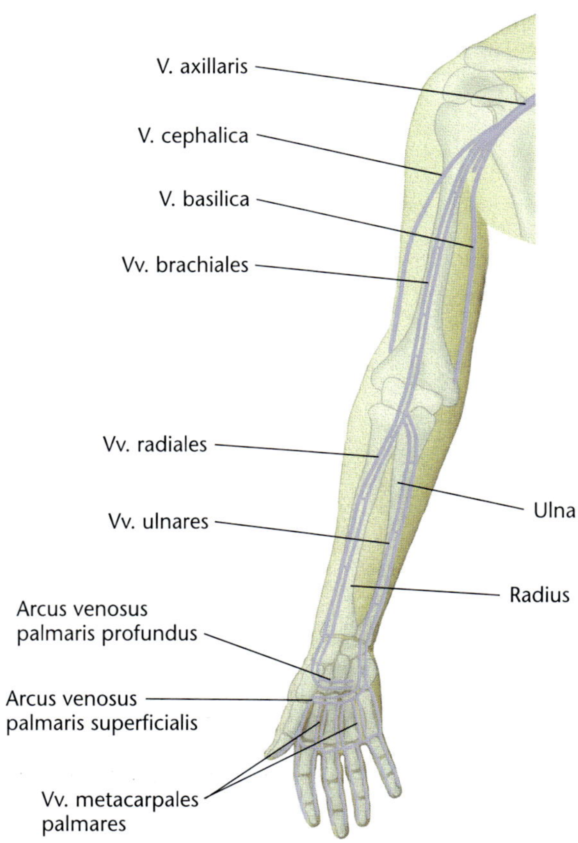

Abb. 2.10 Armvenen von ventral.

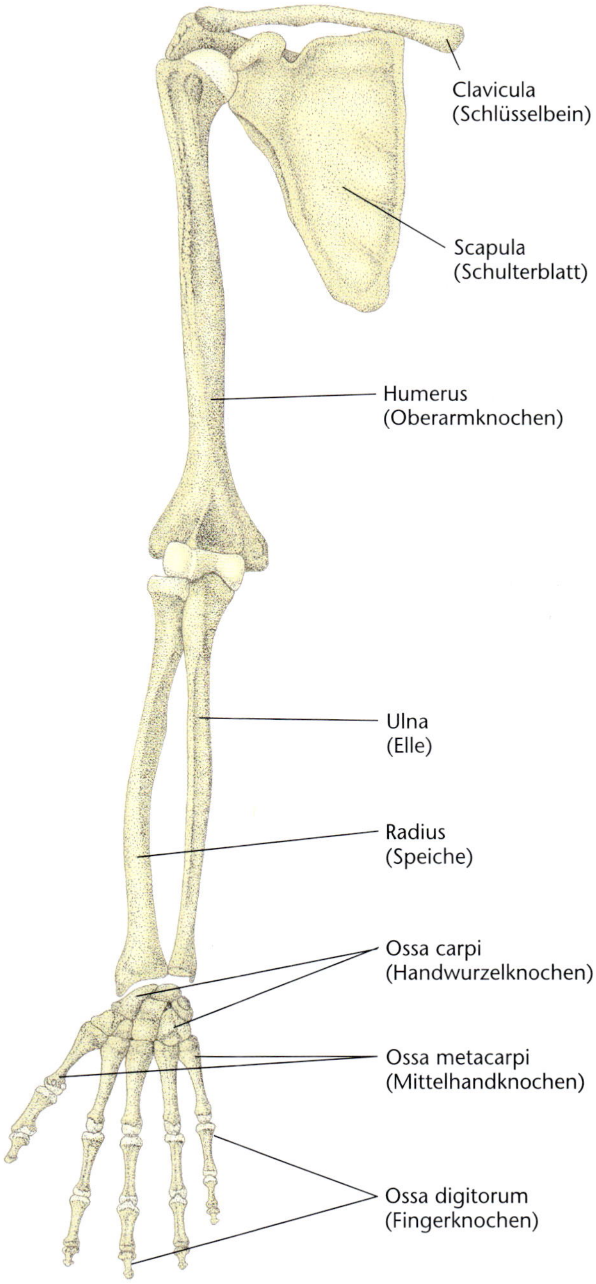

Abb. 2.11 Knochen der rechten Extremität von ventral.

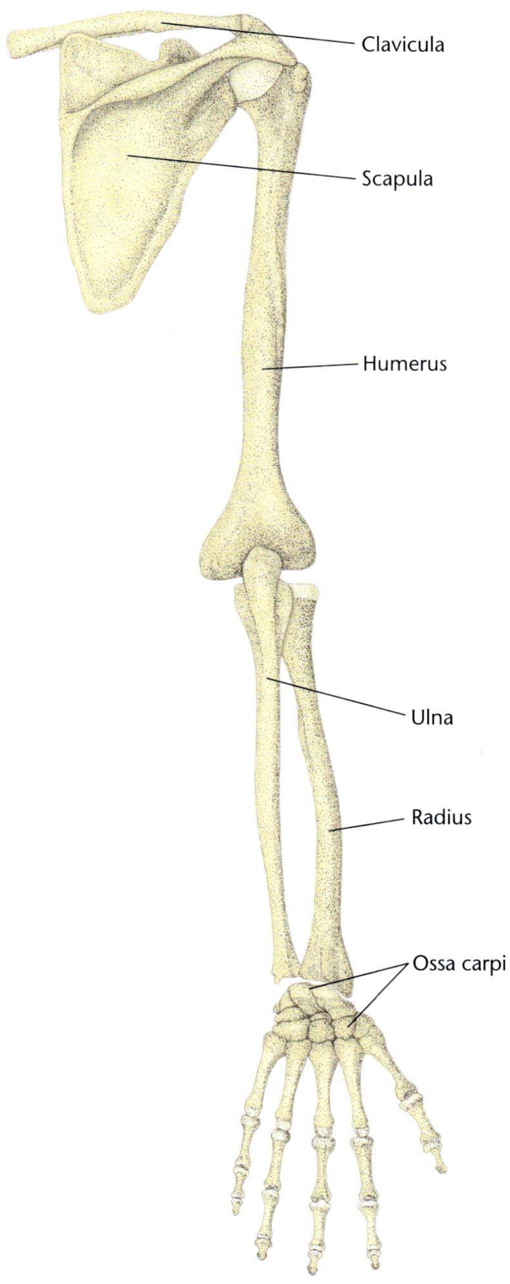

Abb. 2.12 Knochen der rechten Extremität von dorsal.

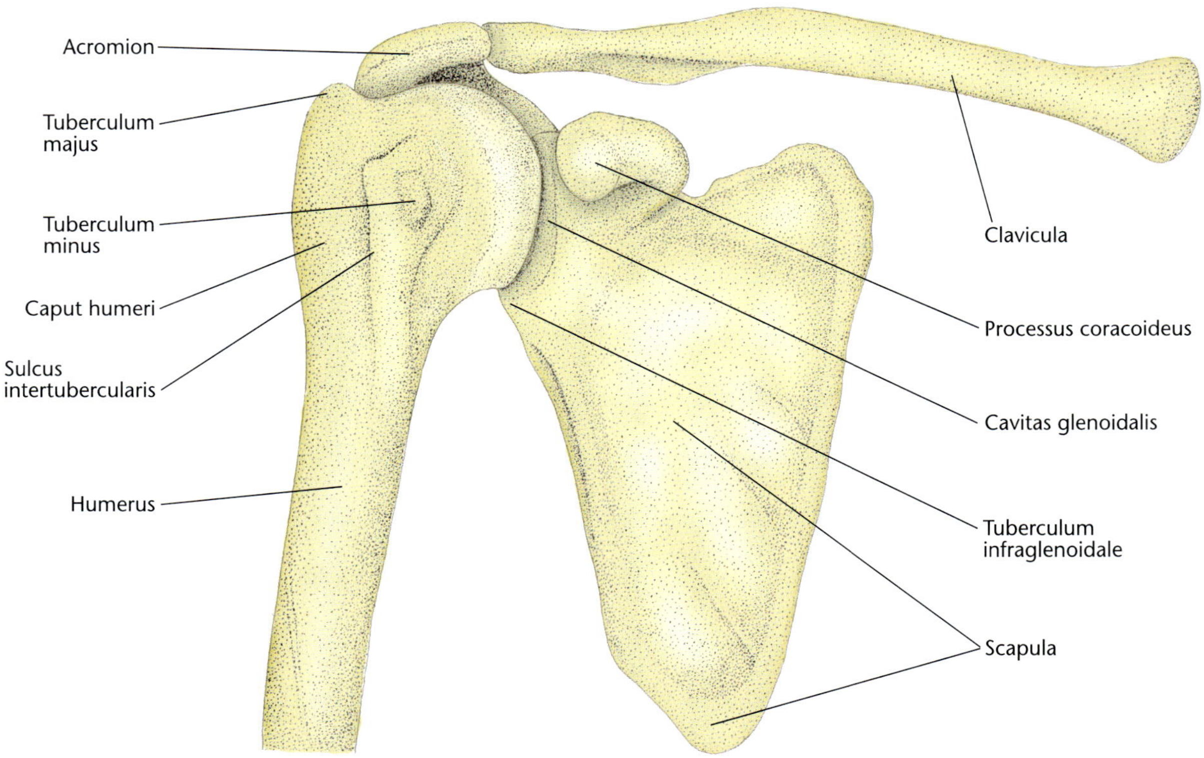

Abb. 2.13 Lage des Humerus zur Scapula von ventral.

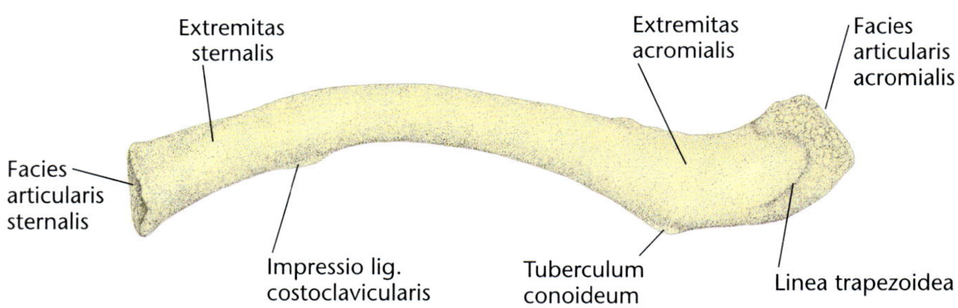

Abb. 2.14 Clavicula von kranial.

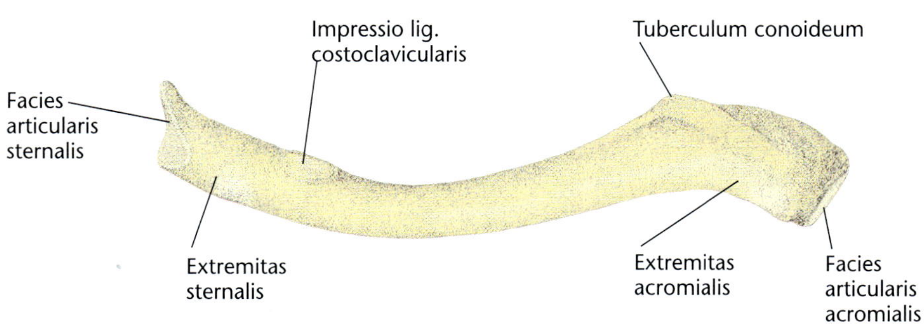

Abb. 2.15 Clavicula von kaudal.

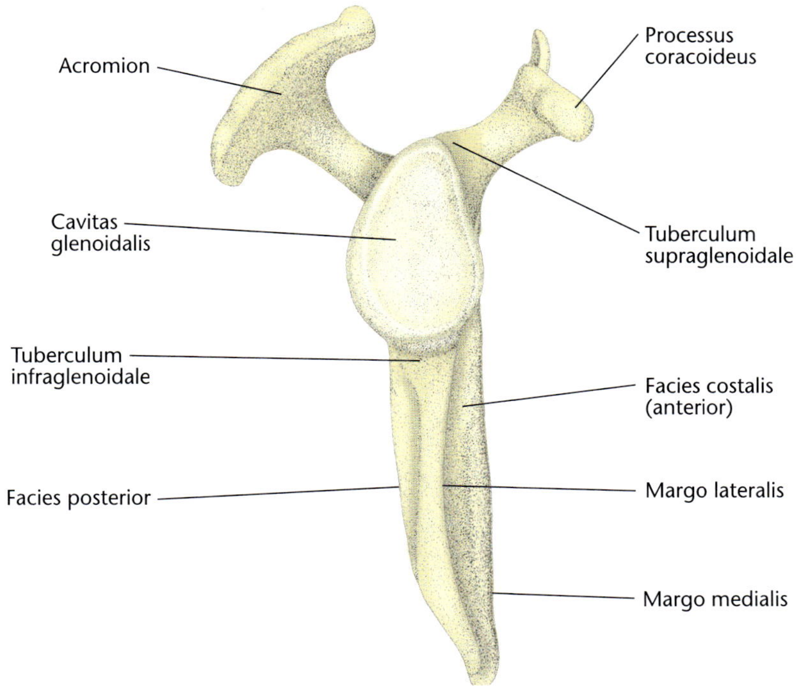

Abb. 2.16 Rechte Scapula von lateral.

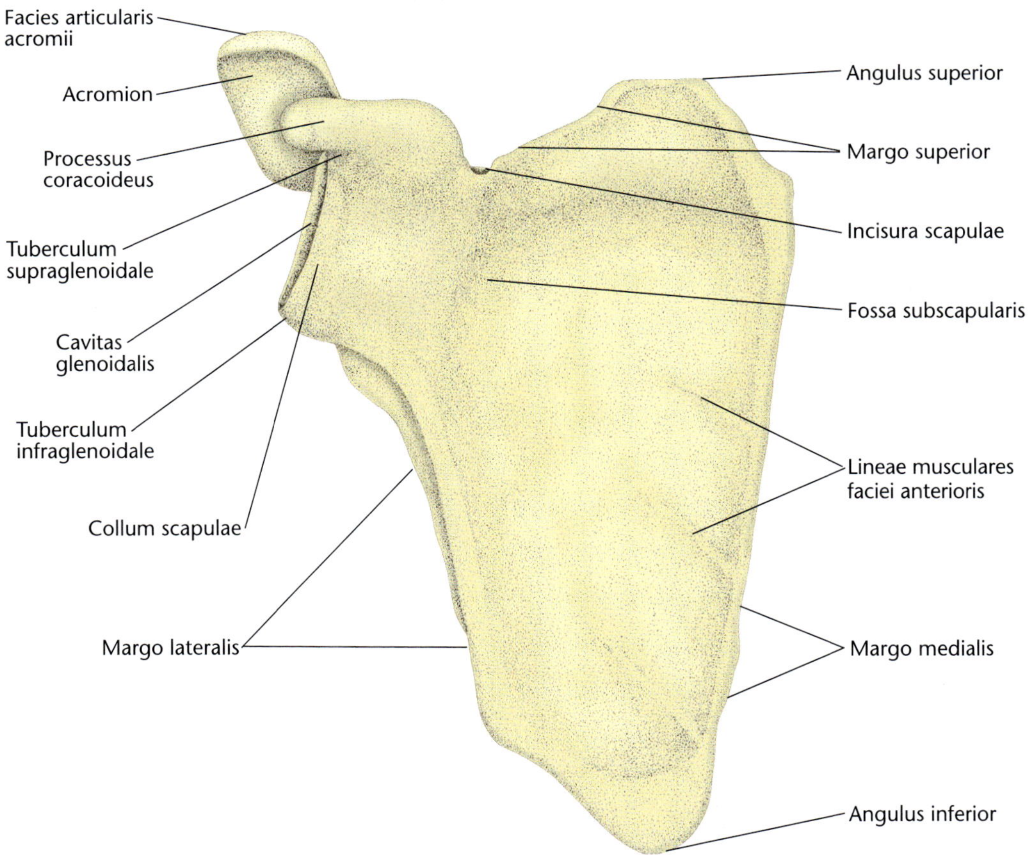

Abb. 2.17 Rechte Scapula von ventral.

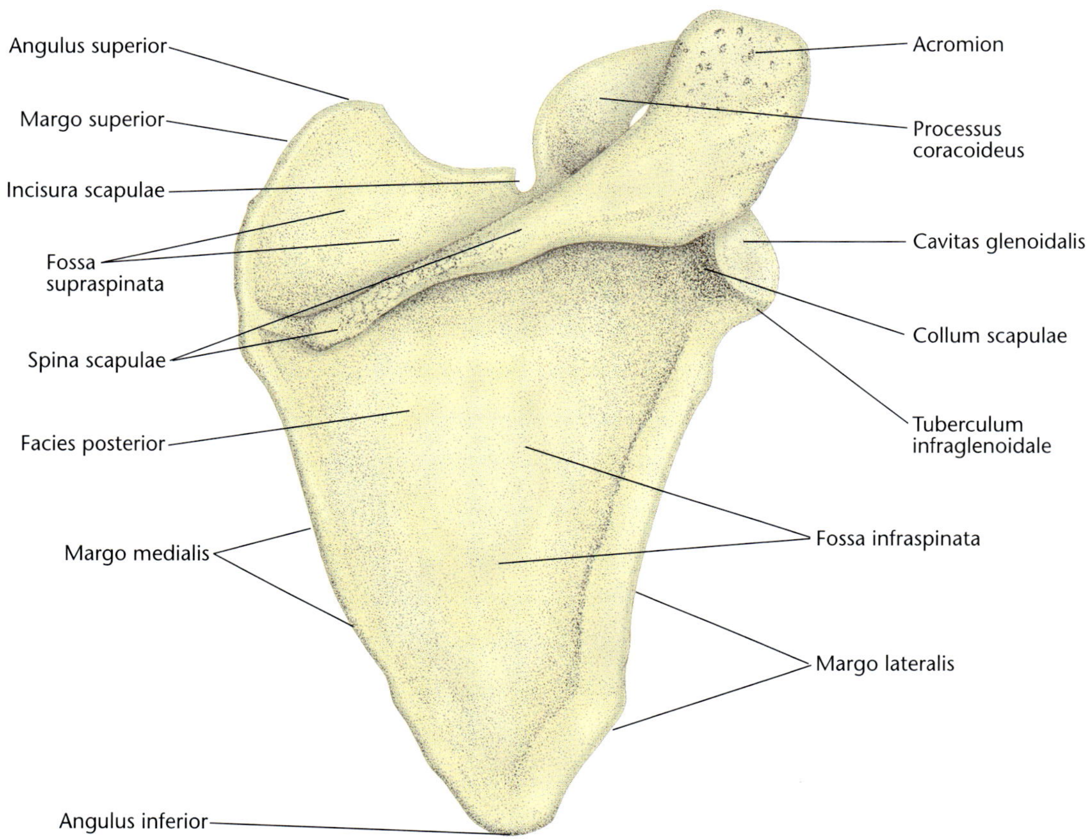

Abb. 2.18 Rechte Scapula von dorsal.

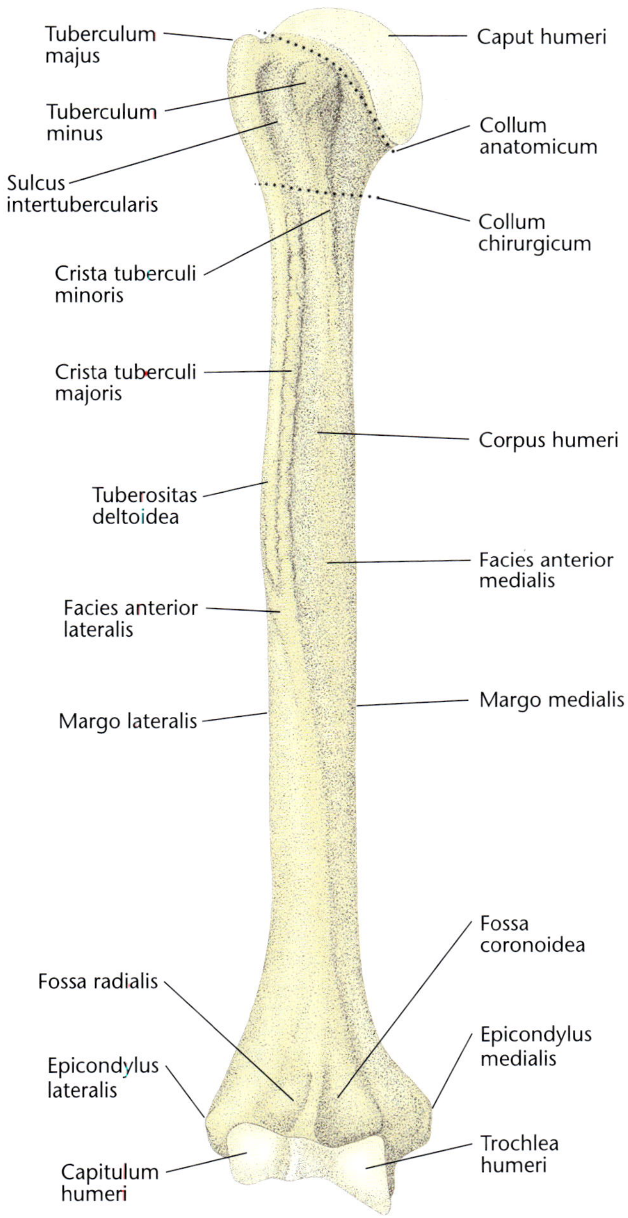

Abb. 2.19 Rechter Humerus von ventral.

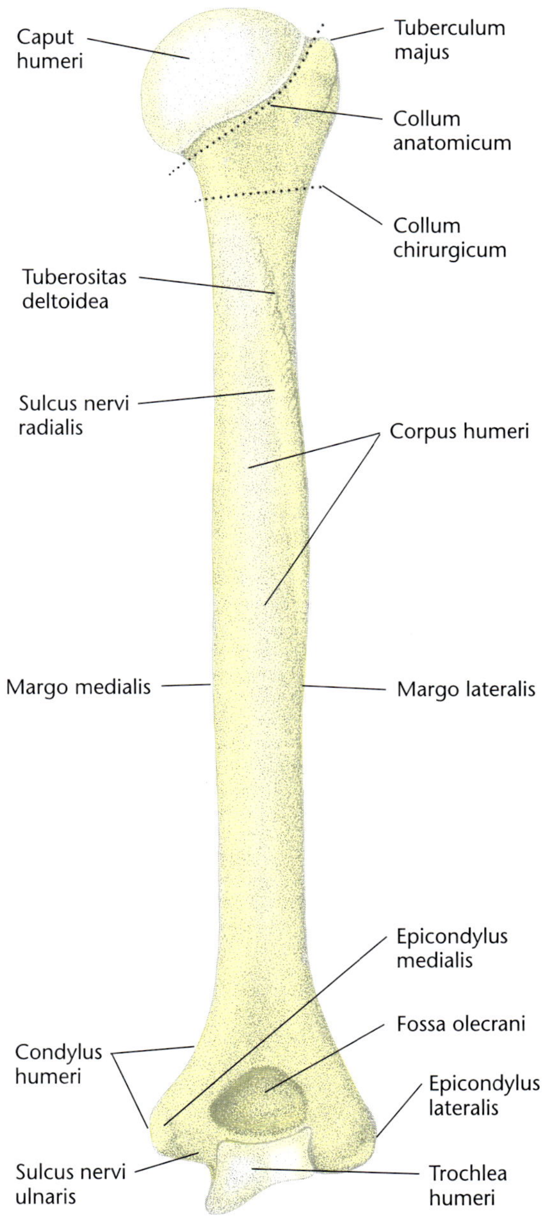

Abb. 2.20 Rechter Humerus von dorsal.

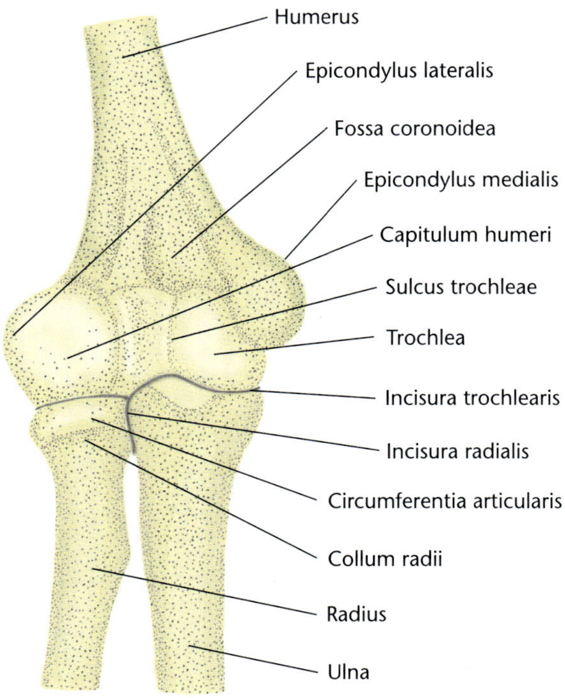

Abb. 2.21 Rechtes Ellenbogengelenk von ventral.

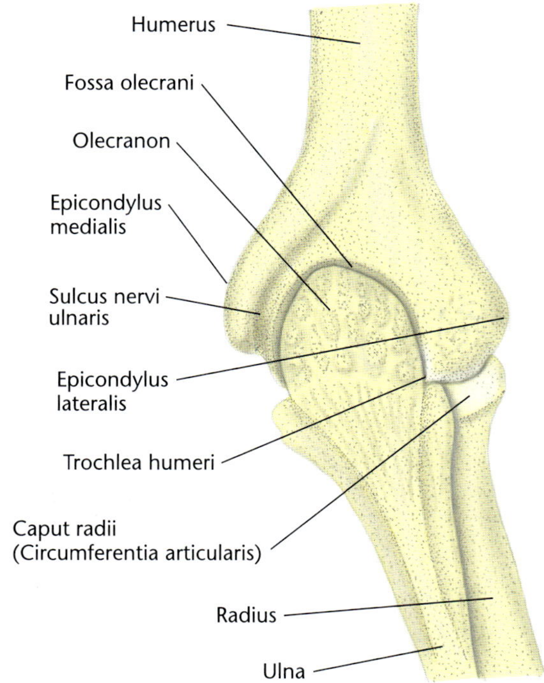

Abb. 2.22 Rechtes Ellenbogengelenk von dorsal.

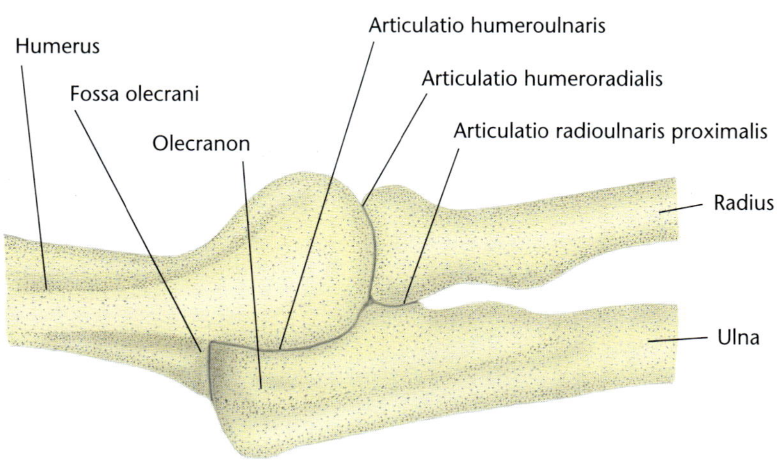

Abb. 2.23 Rechtes Ellenbogengelenk von lateral.

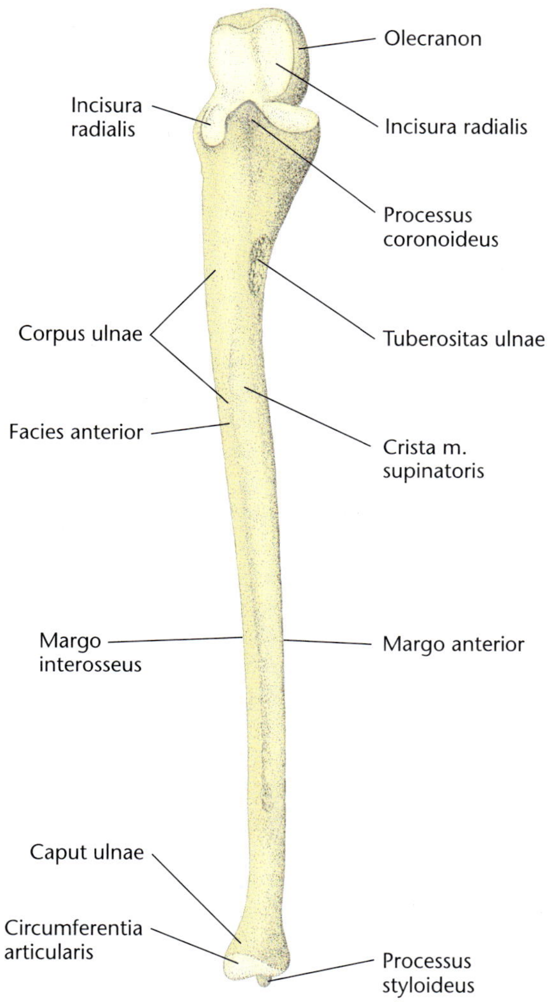

Abb. 2.24 Rechte Ulna von ventral.

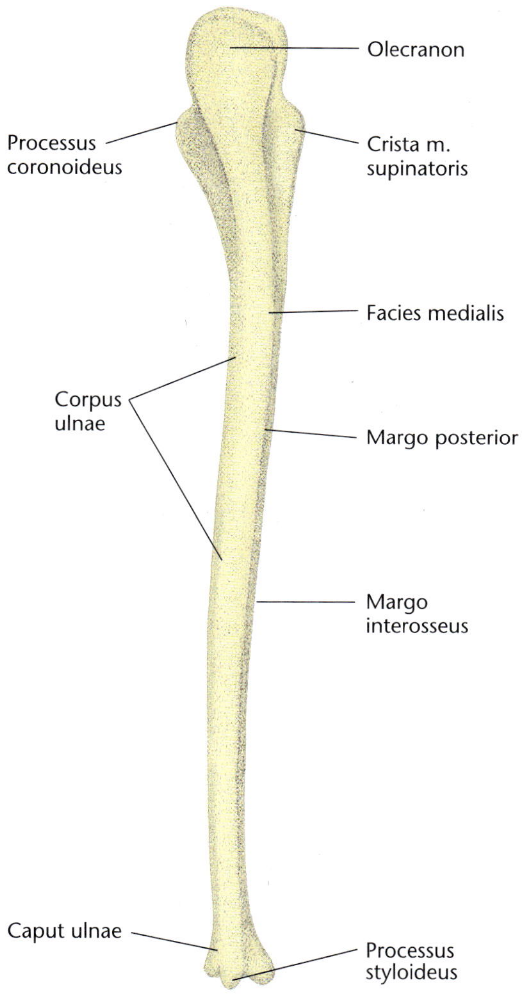

Abb. 2.25 Rechte Ulna von dorsal.

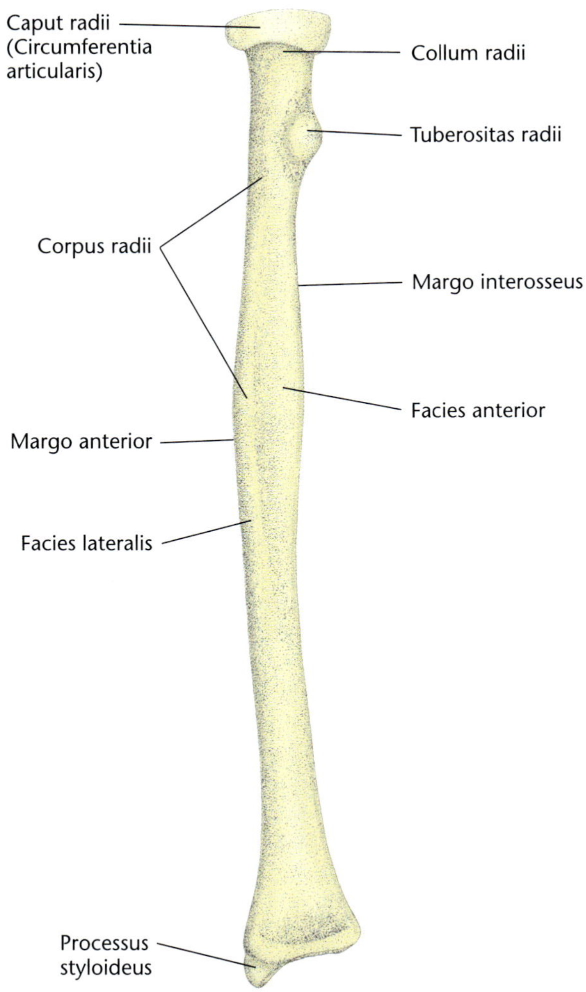

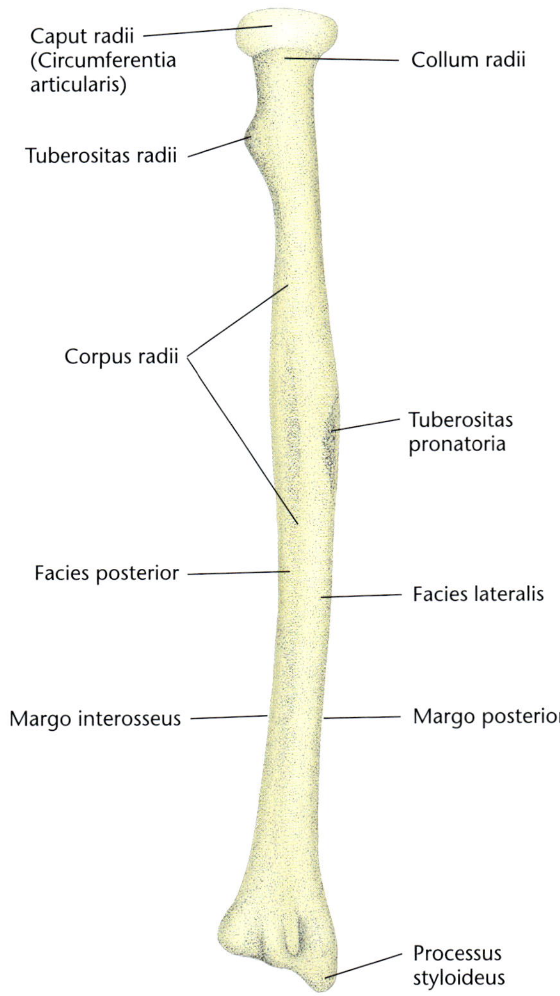

Abb. 2.26 Rechter Radius von ventral.

Abb. 2.27 Rechter Radius von dorsal.

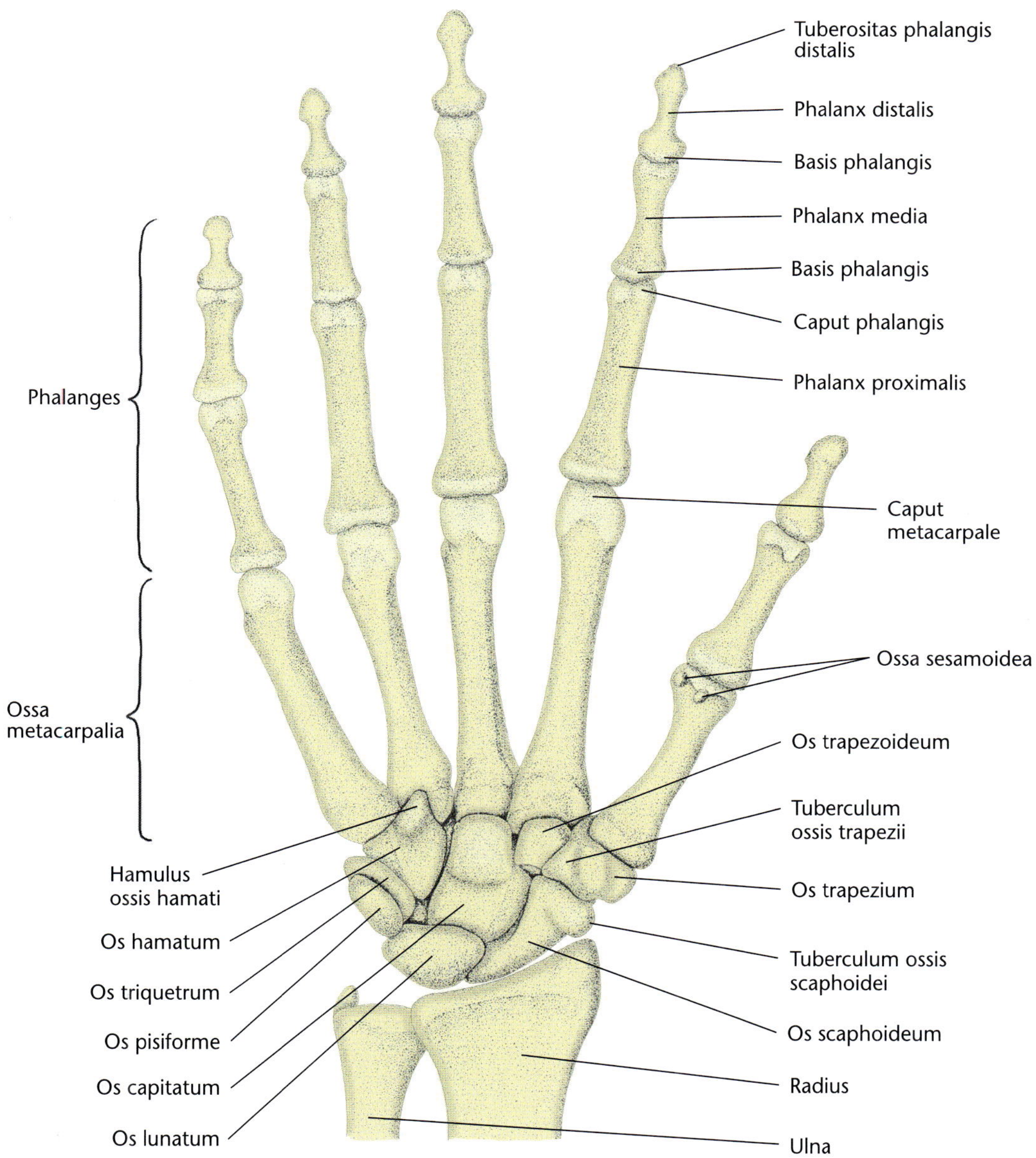

Abb. 2.28 Skelett der rechten Hand von palmar.

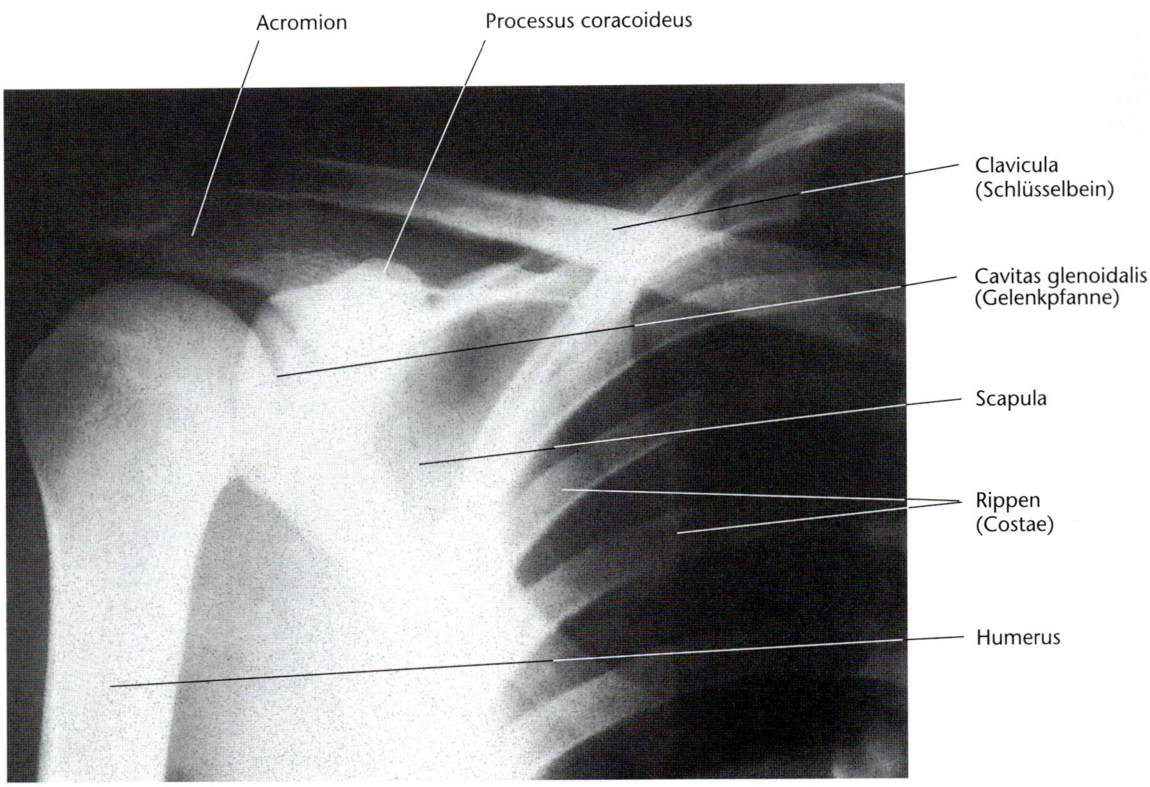

Abb. 2.29 Röntgenbild des rechten Schultergelenks (a.-p. Aufnahme).

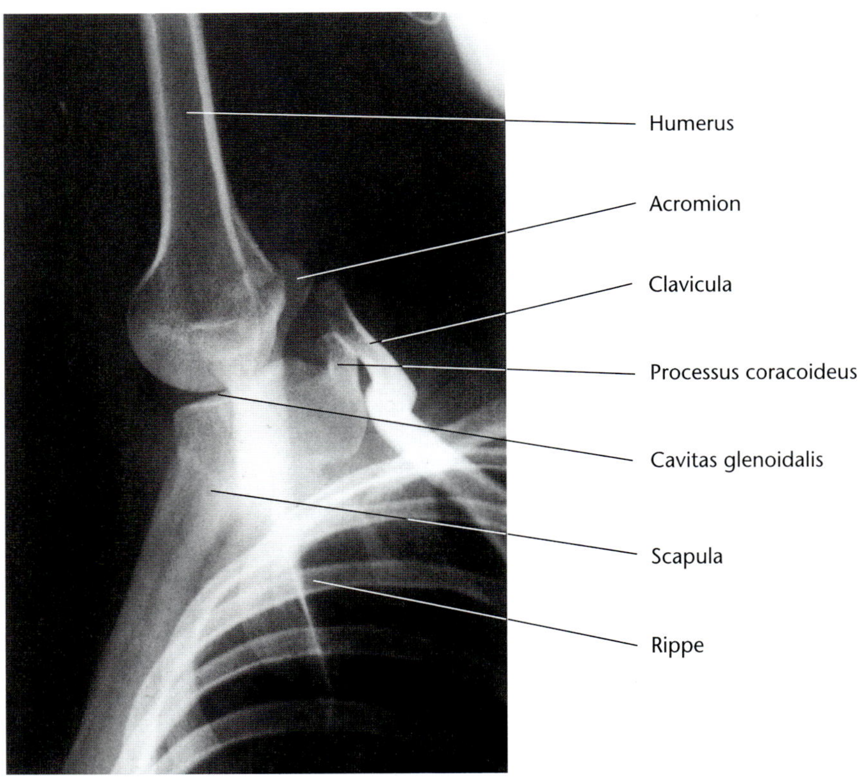

Abb. 2.30 Röntgenbild des rechten Schultergelenks in Elevationsstellung (a.-p. Aufnahme).

Klinik

Hinweis zur Interpretation der Röntgenbilder

Bitte beachten Sie, dass bei der Beschreibung immer von der Seite des Patienten ausgegangen wird – was auf dem Bild auf der rechten Seite liegt, ist die linke Seite des Patienten.

a.-p. = Strahlengang von anterior nach posterior (von der Vorderseite in Richtung Rücken);

p.-a. = Strahlengang von posterior nach anterior (also umgekehrt zu a.-p.)

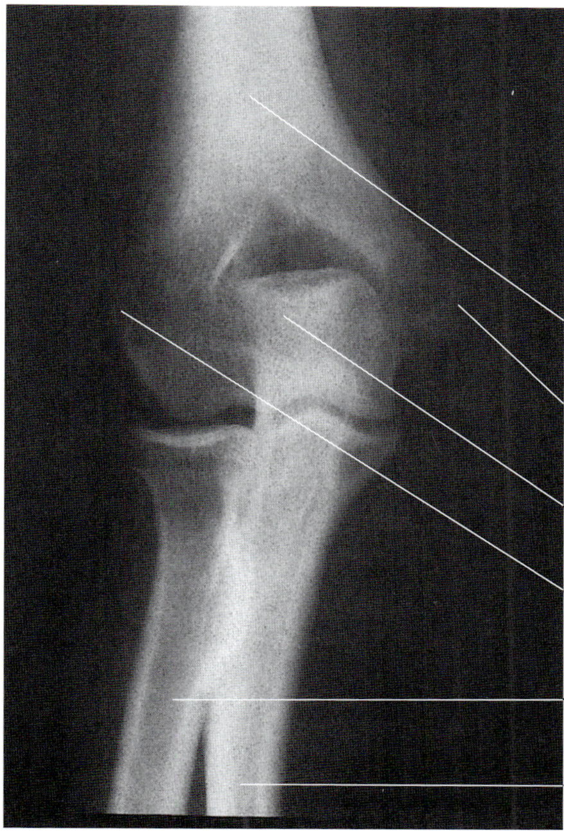

Abb. 2.31 Röntgenbild des rechten Ellenbogengelenks (a.-p. Aufnahme).

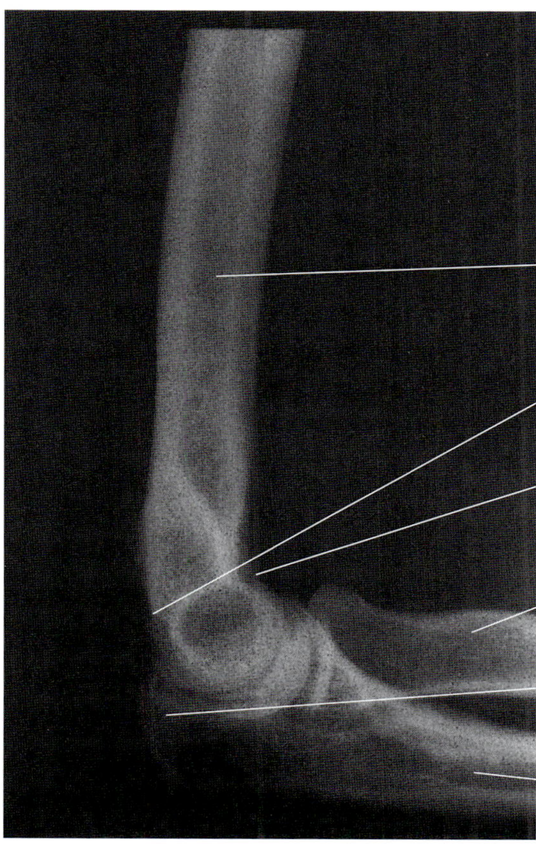

Abb. 2.32 Röntgenbild des rechten Ellenbogengelenks (seitliche Aufnahme).

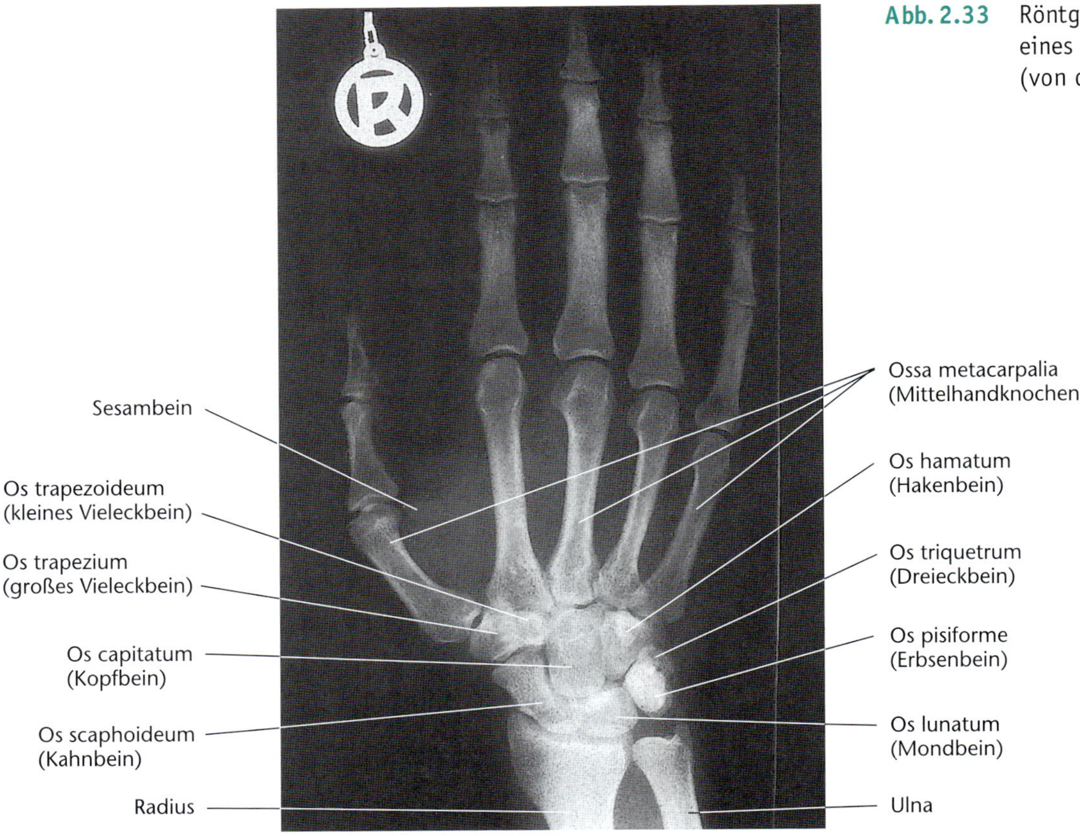

Abb. 2.33 Röntgenbild der Hand eines Erwachsenen (von dorsopalmar).

KLINIK

Das Alter eines Kindes können Sie anhand der Ossifikationskerne (= Verknöcherungskerne) der Handwurzelknochen erkennen.

Es verknöchern:
- Kopfbein – 3. Monat nach der Geburt,
- Hakenbein – 4. Monat nach der Geburt,
- Dreieckbein – 3. Lebensjahr,
- Mondbein – 4. Lebensjahr,
- Erbsenbein – 10. Lebensjahr.

Die anderen Handwurzelknochen verknöchern etwa im 5. Lebensjahr.

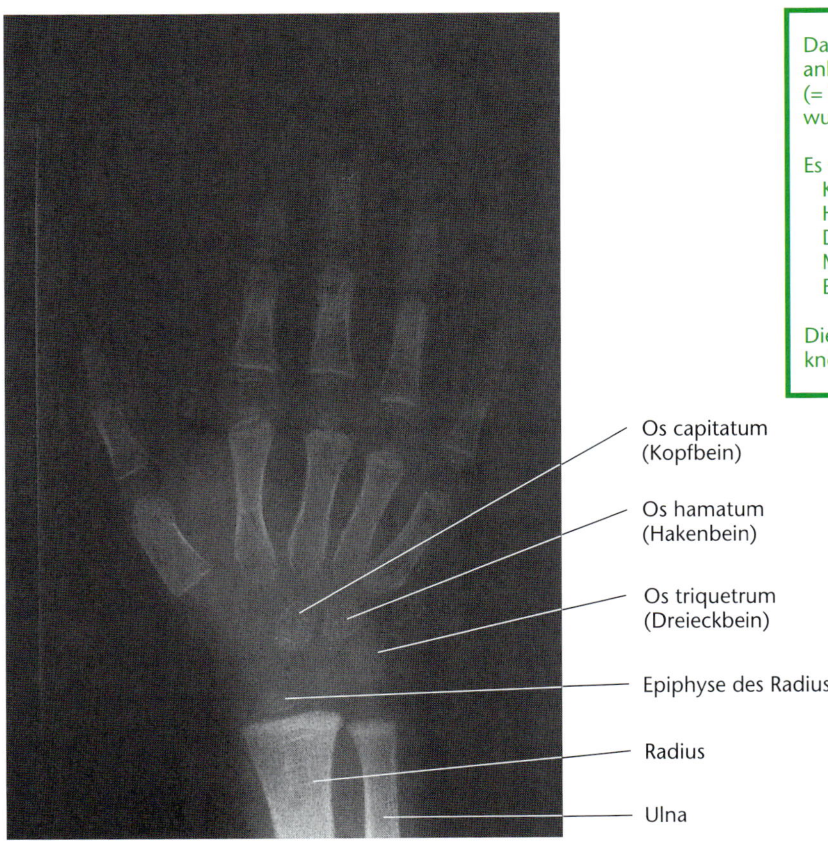

Abb. 2.34 Röntgenbild der Hand eines Kindes (von dorsopalmar).

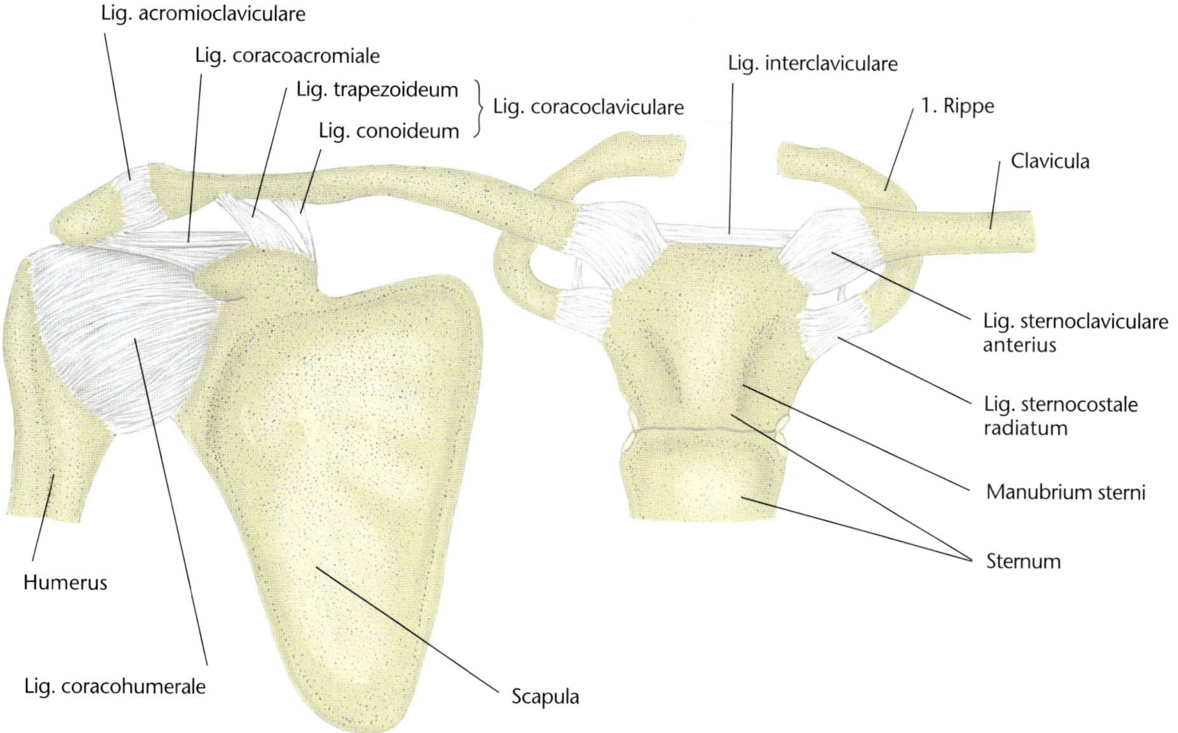

Abb. 2.35 Gelenke im Schultergürtelbereich von ventral.

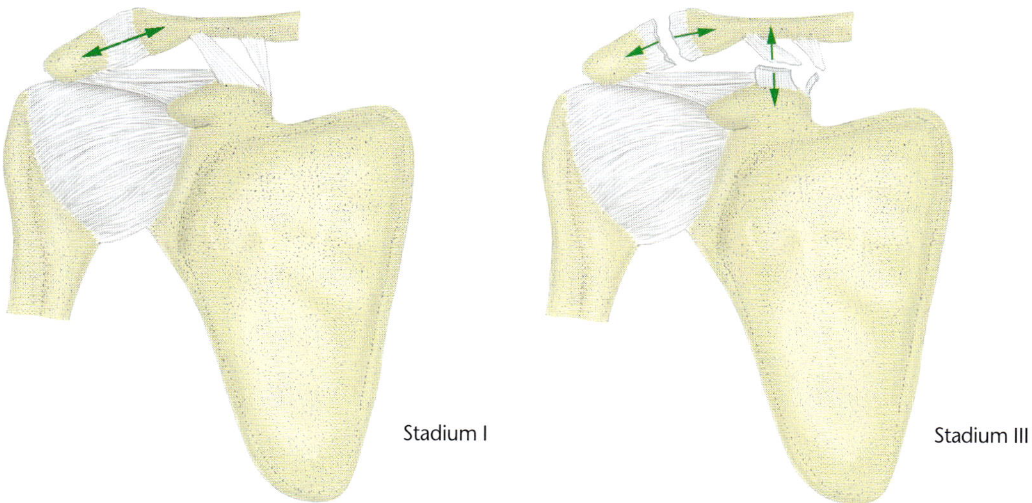

KLINIK

Verletzungen im Akromioklavikulargelenk (AC-Gelenk)

Verletzungen im AC-Gelenk, z.B. infolge eines Sturzes auf den ausgestreckten Arm, werden in drei Stadien unterteilt:

- Stadium I = Zerrung, aber Ligamenta und Gelenkkapsel noch intakt,
- Stadium II = Gelenkkapsel gerissen oder Ligamenta teilgerissen, lateral steht die Clavicula höher,
- Stadium III = Ligamenta und Kapsel gerissen, die Clavicula steht hoch.

Abb. 2.36 Verletzungsmöglichkeiten im Schultergelenk.

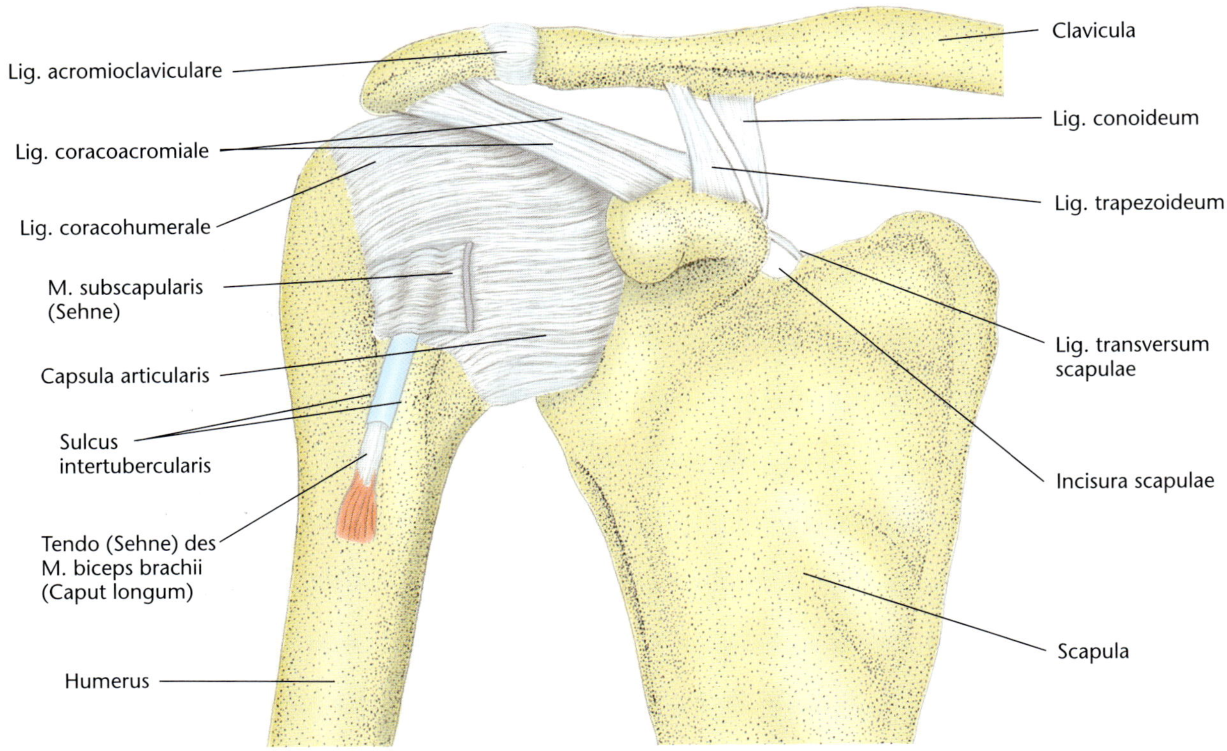

Abb. 2.37 Rechtes Schultergelenk von ventral.

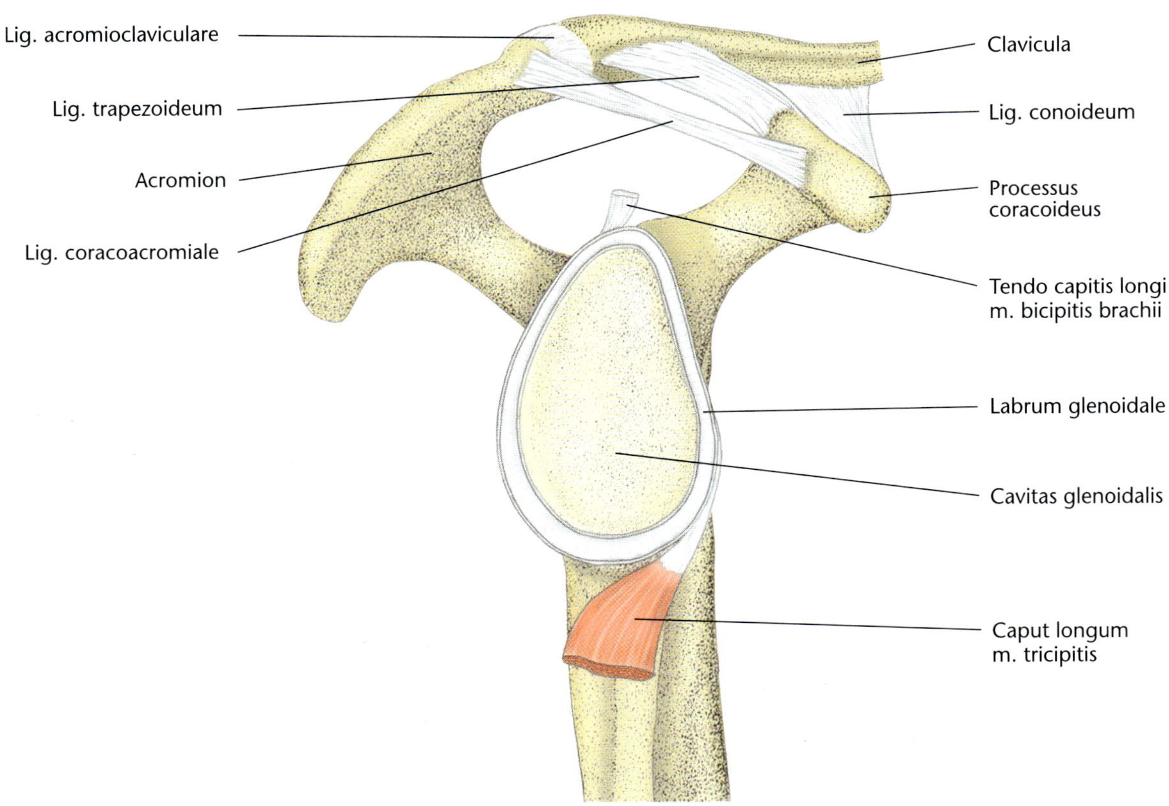

Abb. 2.38 Rechtes Schultergelenk von lateral.

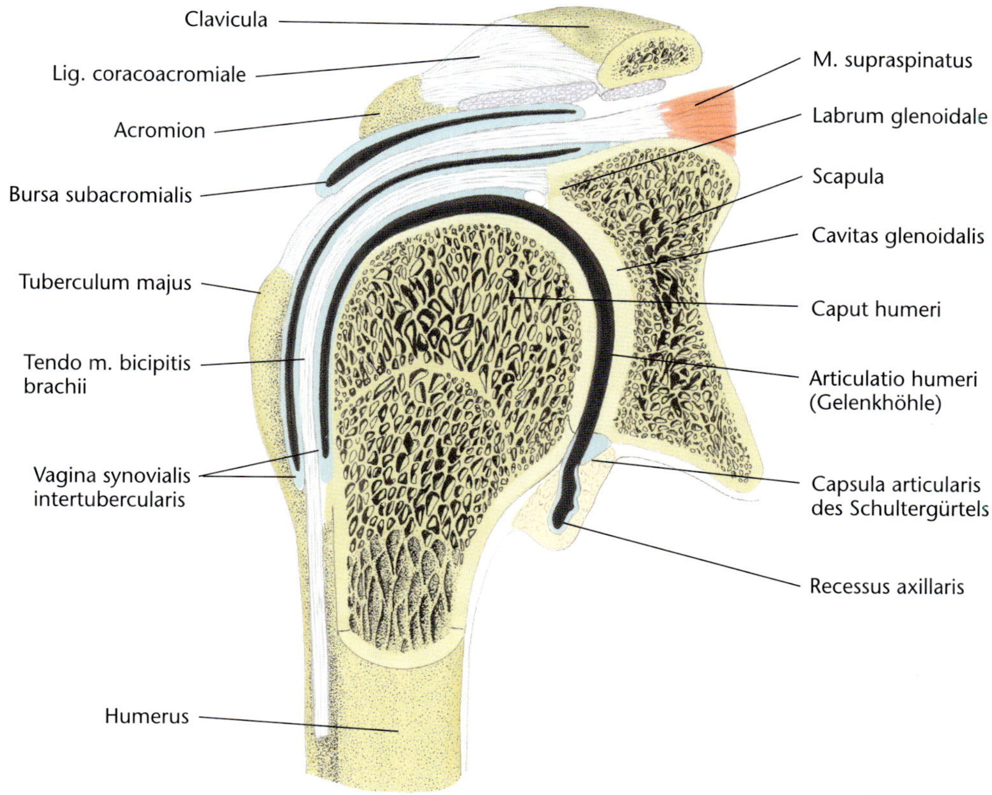

Abb. 2.39 Eröffnetes rechtes Schultergelenk von ventral.

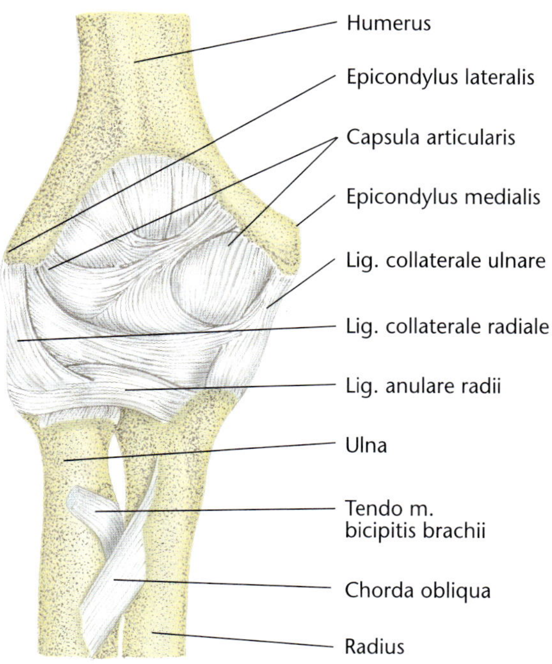

Abb. 2.40 Rechtes Ellenbogengelenk von ventral (mit Kapsel).

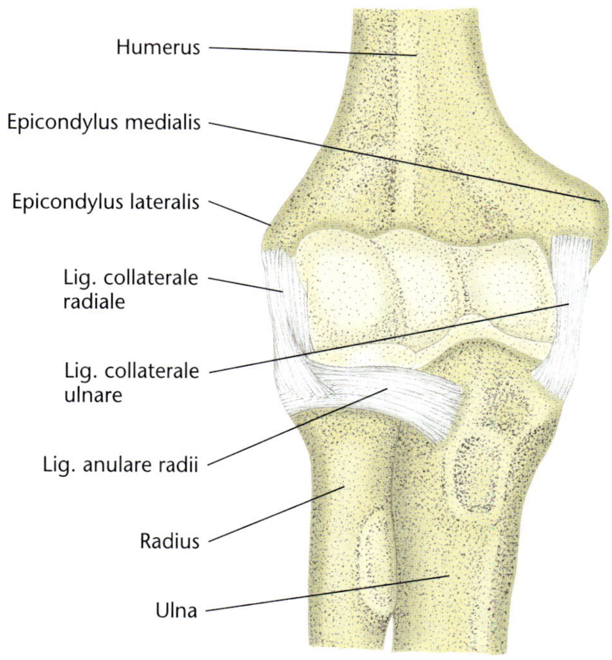

Abb. 2.41 Rechtes Ellenbogengelenk von ventral (ohne Kapsel).

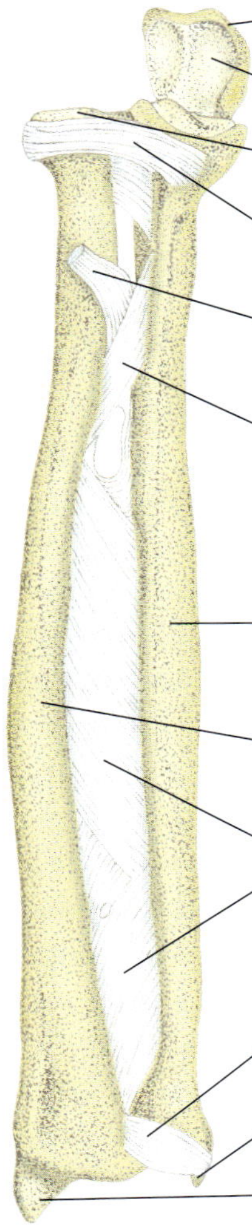

Abb. 2.42 Radius und Ulna von ventral.

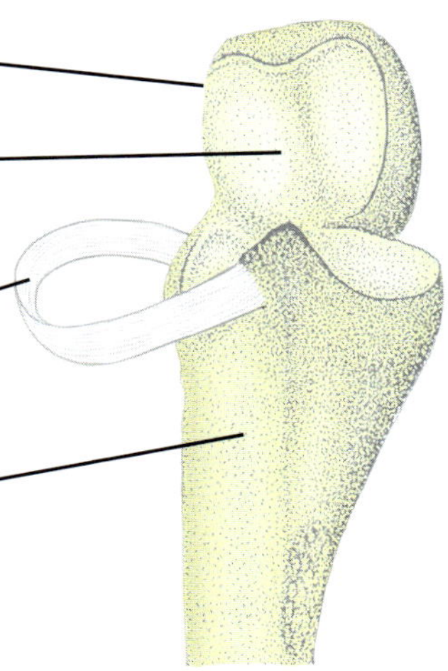

Abb. 2.43 Rechte Ulna mit Lig. anulare radii.

KLINIK

Das Lig. anulare radii ist beim Kleinkind noch nicht so fest, so dass bei einem kräftigen Zug an der Hand des Kindes (wenn es sich z.B. von der Mutter losreißt) das Caput radii aus dem Lig. anulare radii gezogen werden kann, was als **Radiusköpfchenluxation** bezeichnet wird.

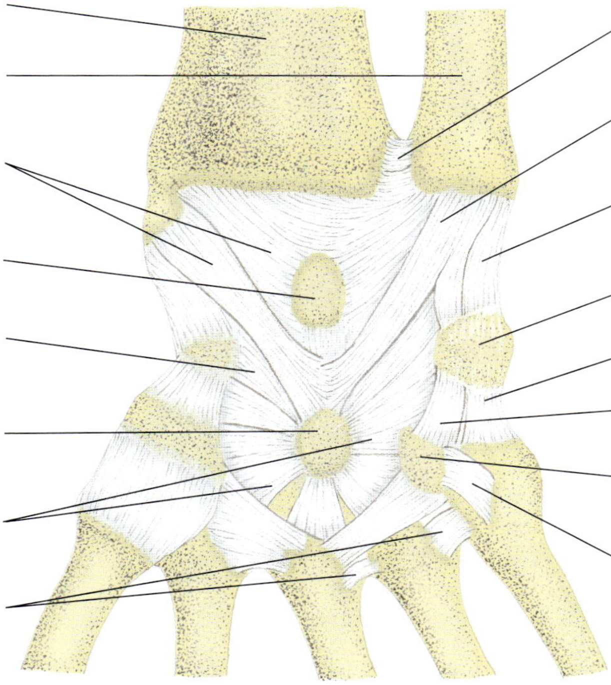

Abb. 2.44 Rechte Hand von palmar.

grün — Ligamenta, die die Handwurzelknochen mit den Unterarmknochen verbinden,

rot — Ligamenta, die die Handwurzelknochen untereinander verbinden,

blau — Ligamenta, die die Handwurzelknochen mit den Mittelhandknochen verbinden,

orange — Ligamenta, die die Mittelhandknochen untereinander verbinden.

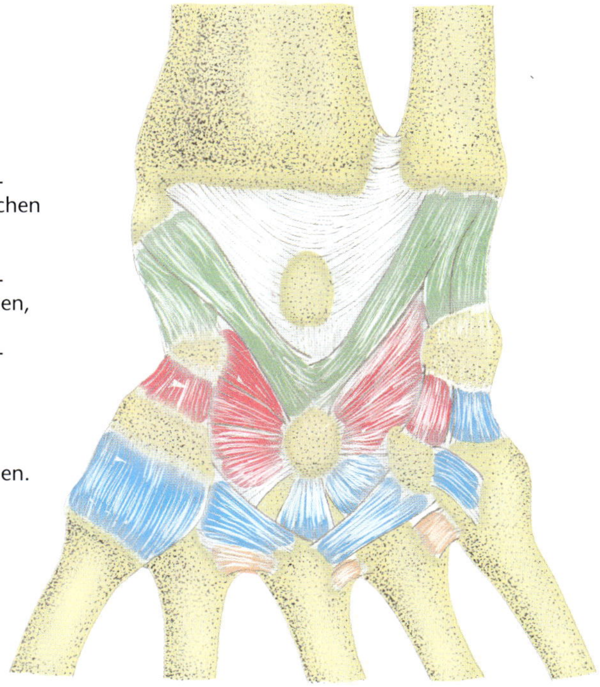

Abb. 2.45 Rechte Hand von palmar.

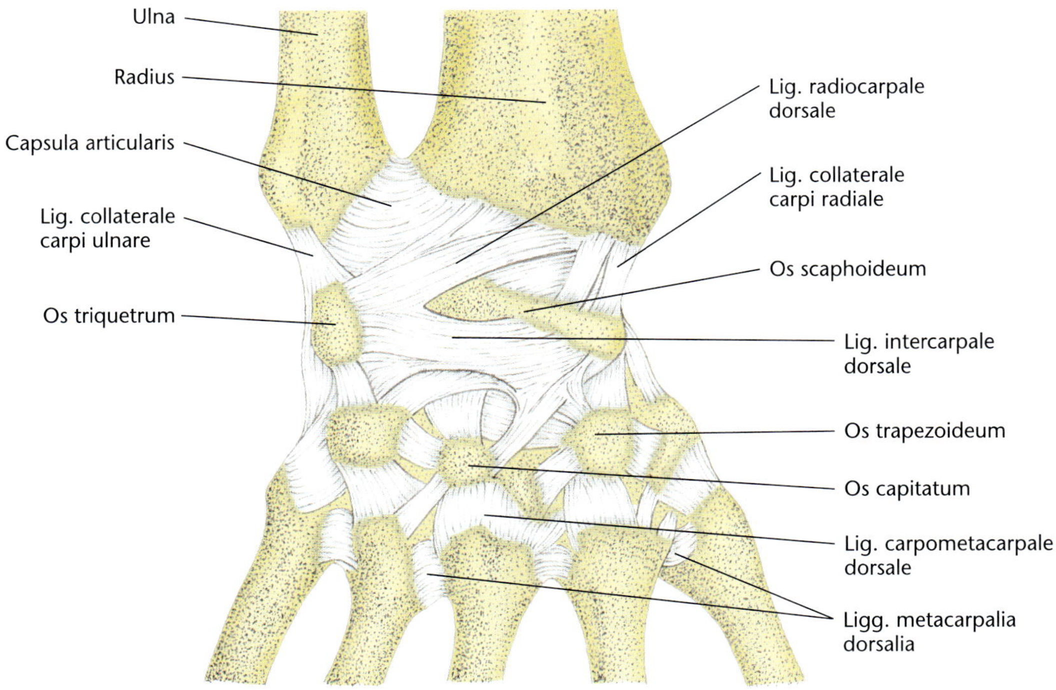

Abb. 2.46 Rechte Hand von dorsal.

grün — Ligamenta, die die Handwurzelknochen mit den Unterarmknochen verbinden,

rot — Ligamenta, die die Handwurzelknochen untereinander verbinden,

blau — Ligamenta, die die Handwurzelknochen mit den Mittelhandknochen verbinden,

orange — Ligamenta, die die Mittelhandknochen untereinander verbinden.

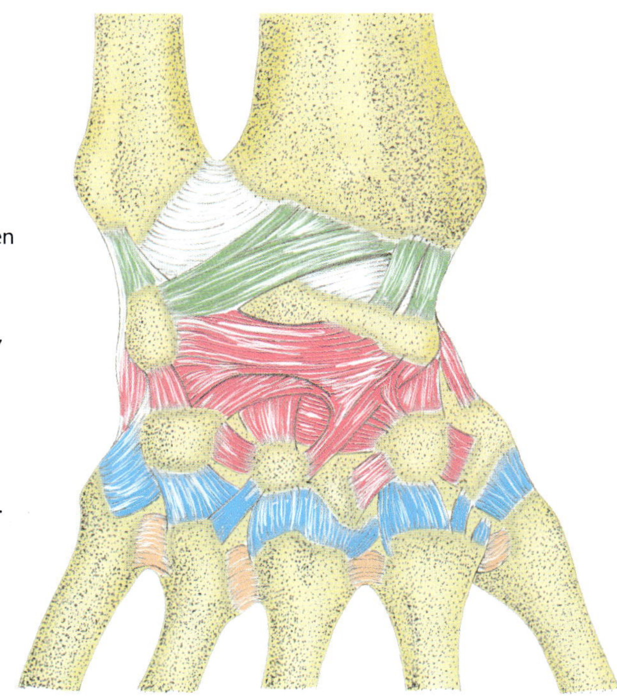

Abb. 2.47 Rechte Hand von dorsal.

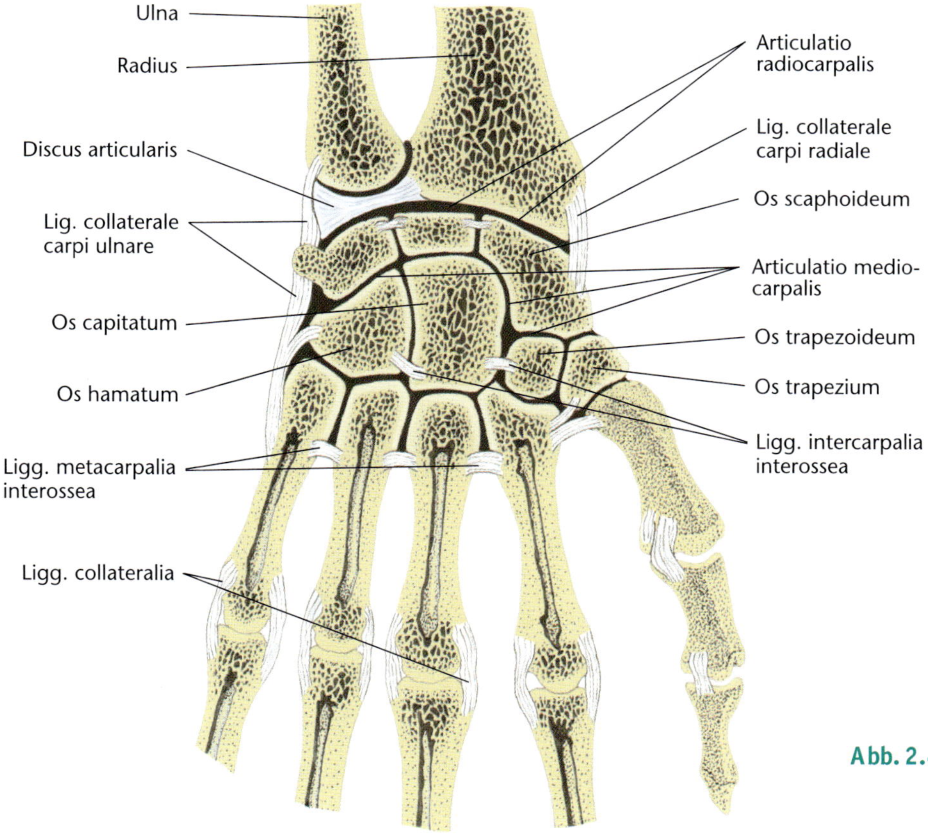

Abb. 2.48 Sägeschnitt durch die rechte Handwurzel.

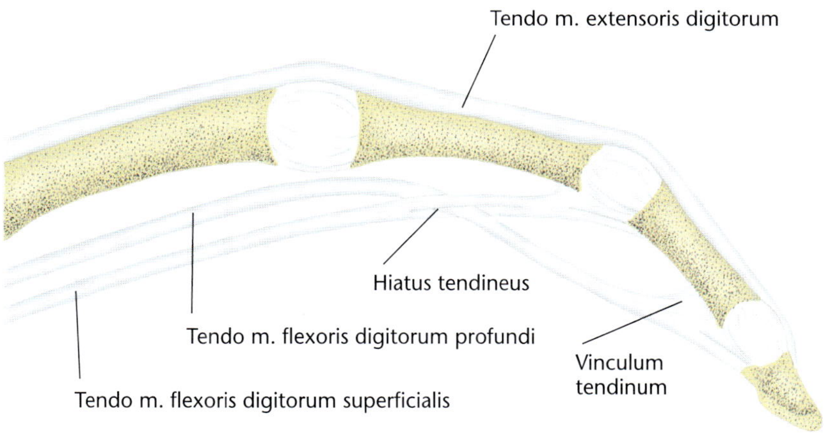

Abb. 2.49 Sehnenansätze im Fingerbereich.

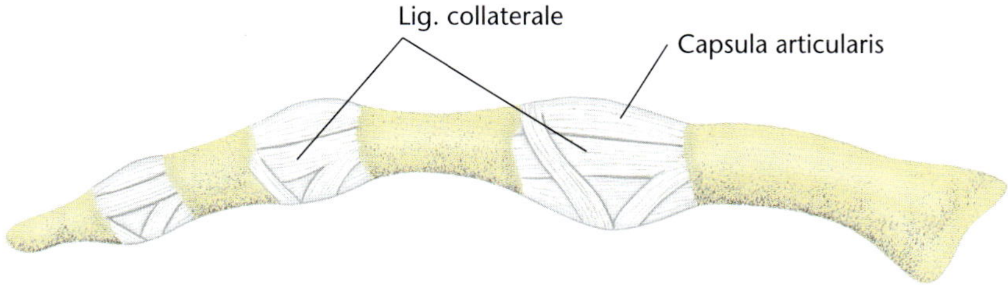

Abb. 2.50 Fingergelenke von lateral.

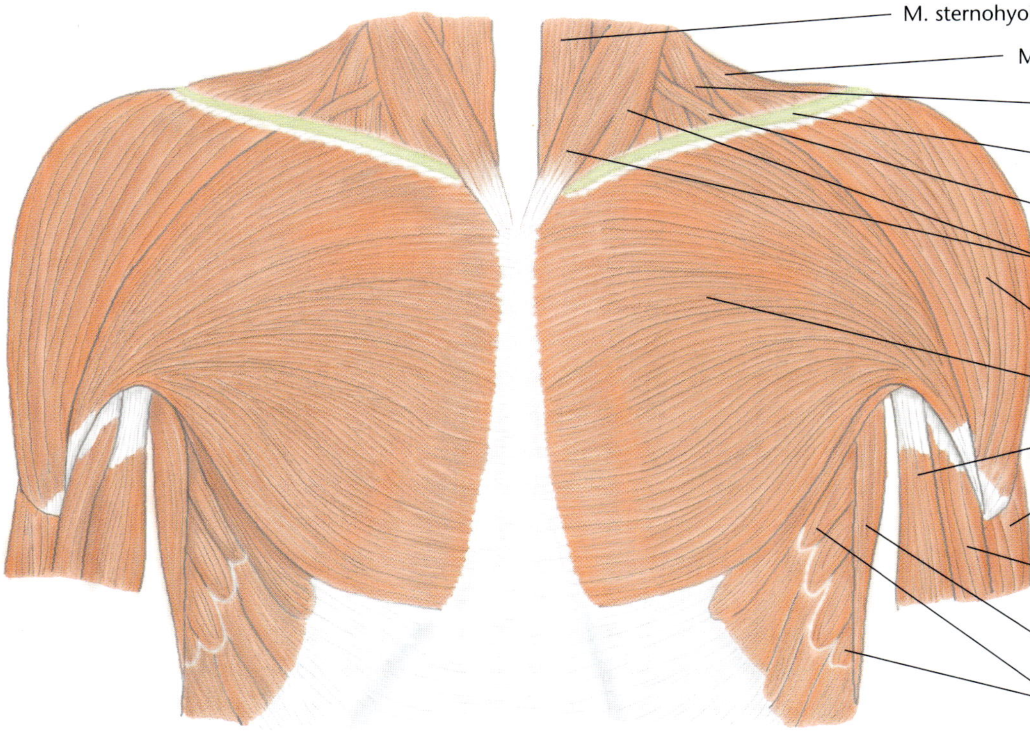

Abb. 2.51 Muskeln im Hals- und Schultergürtelbereich von ventral.

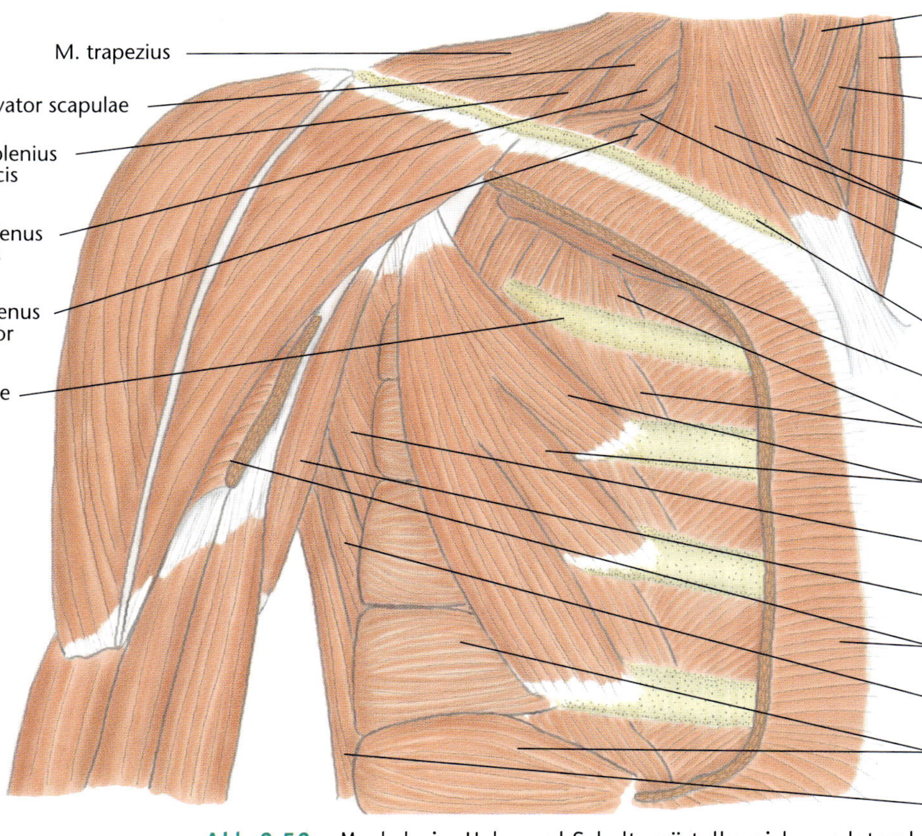

Abb. 2.52 Muskeln im Hals- und Schultergürtelbereich von lateral.

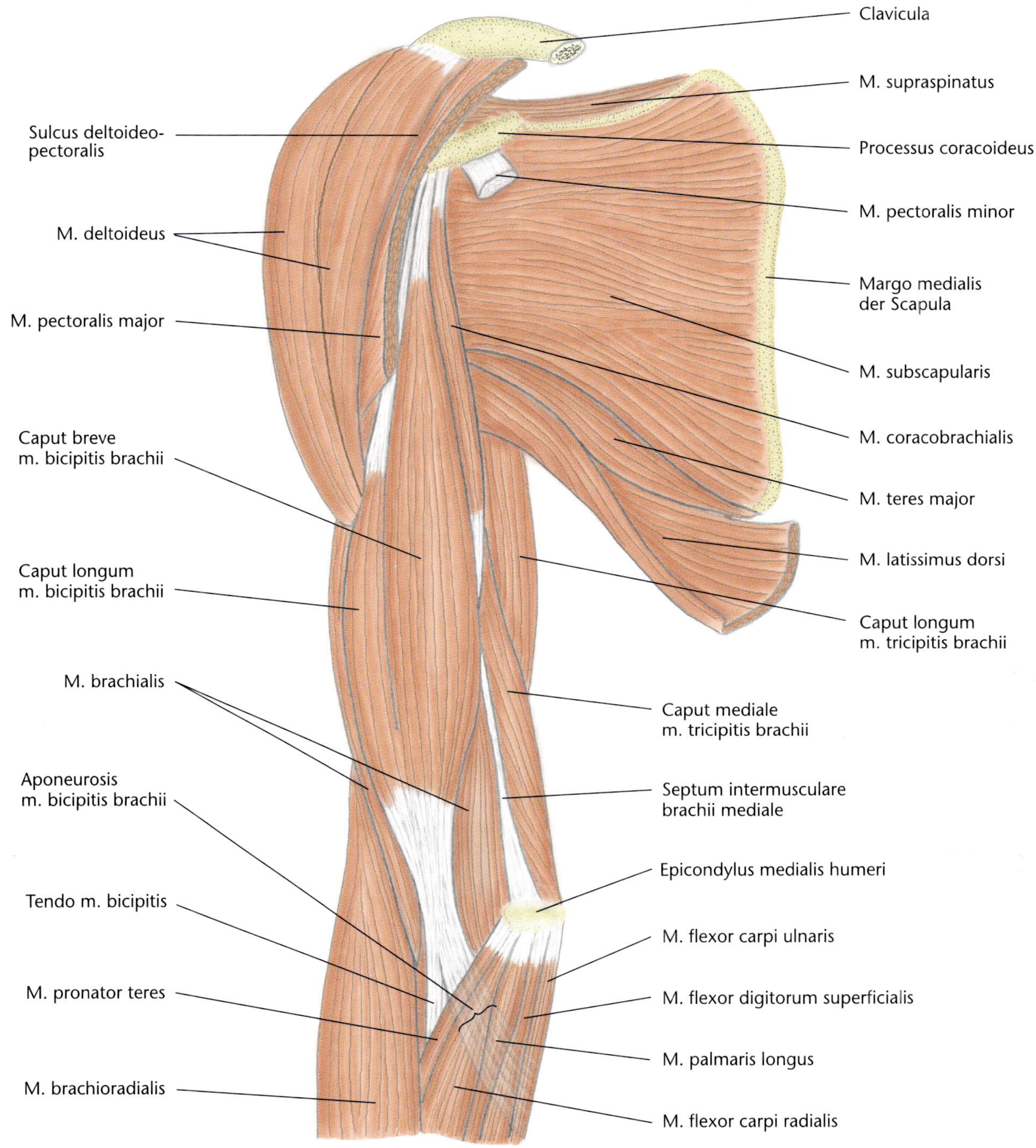

Abb. 2.53 Muskeln des rechten Schultergürtels und des Oberarms von ventral (oberflächliche Schicht).

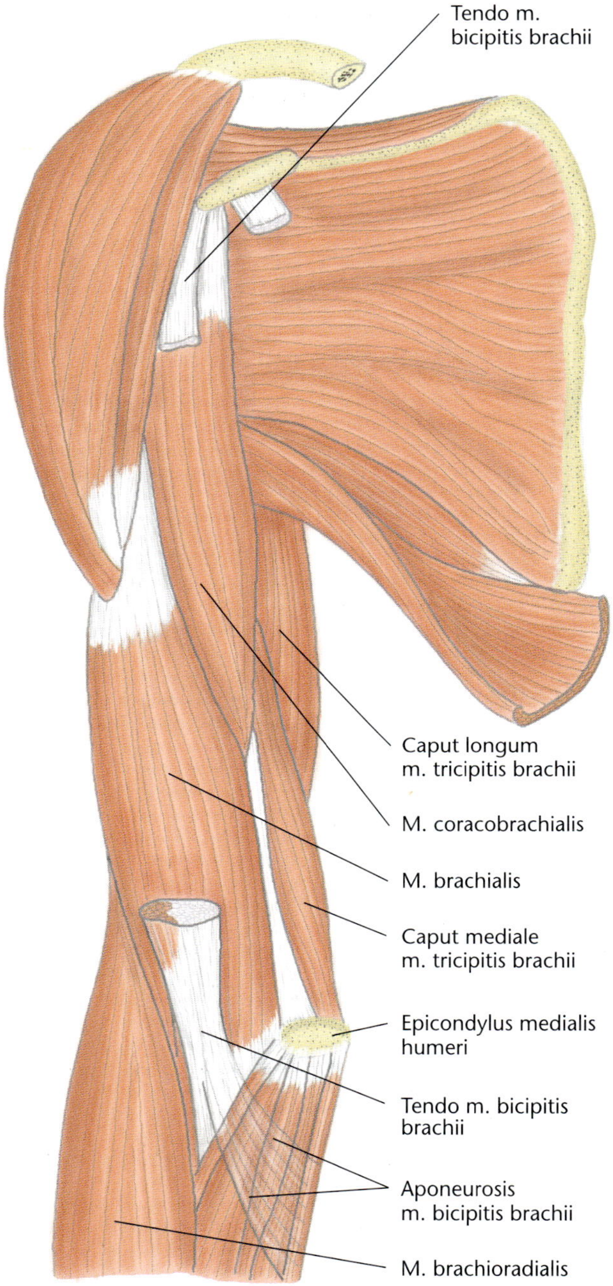

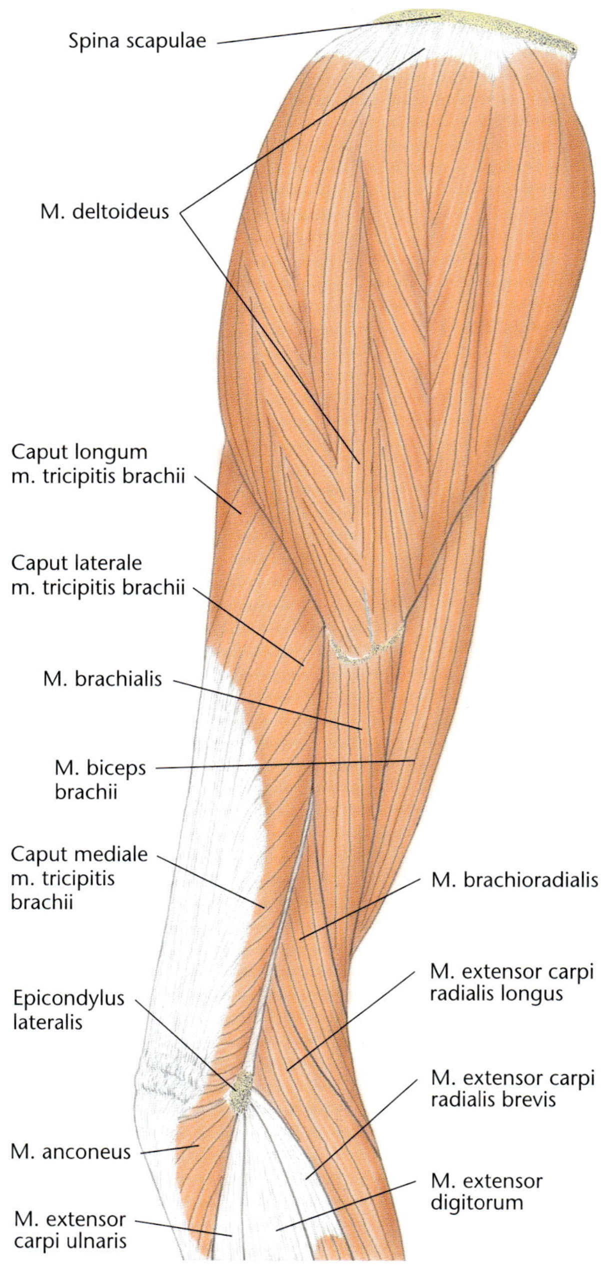

Abb. 2.54 Muskeln des rechten Schultergürtels und des Oberarms von ventral (tiefe Schicht).

Abb. 2.55 Muskeln des rechten Schultergürtels und des Oberarms von lateral.

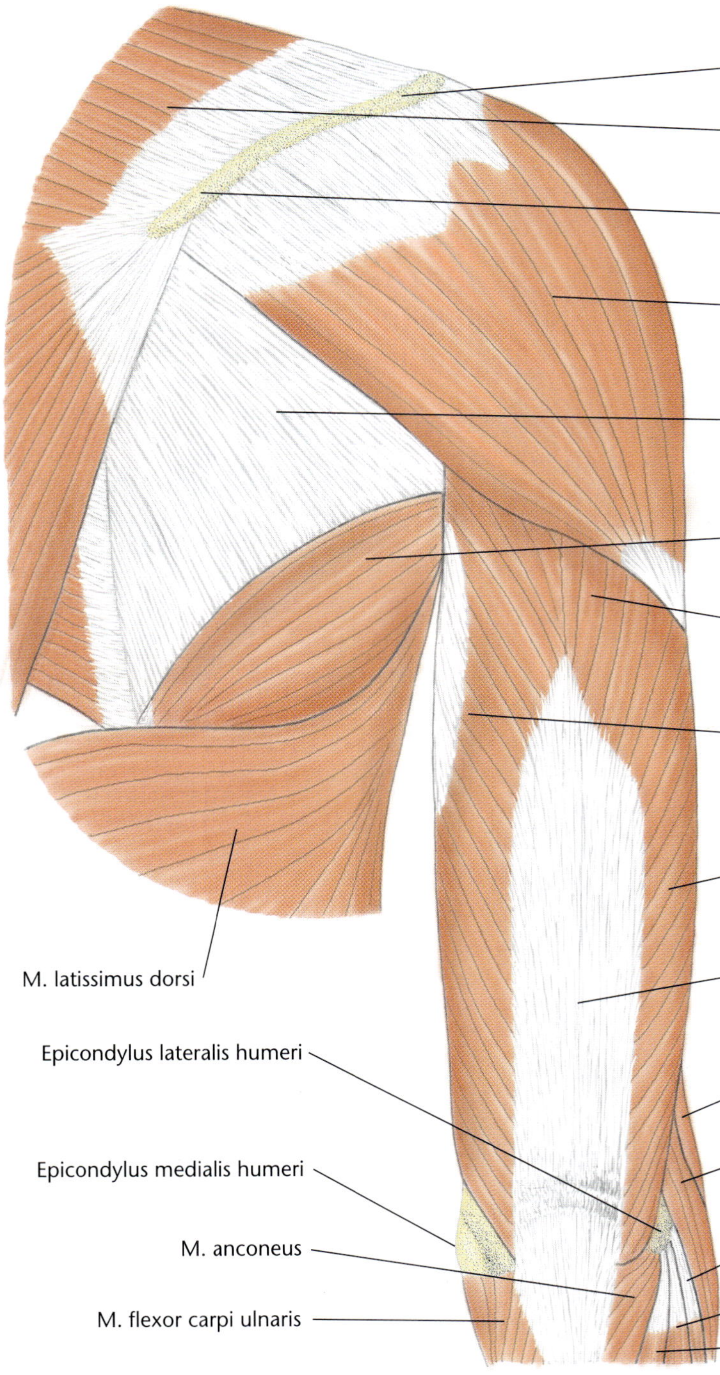

Abb. 2.56 Muskeln des rechten Schultergürtels und des Oberarms von dorsal.

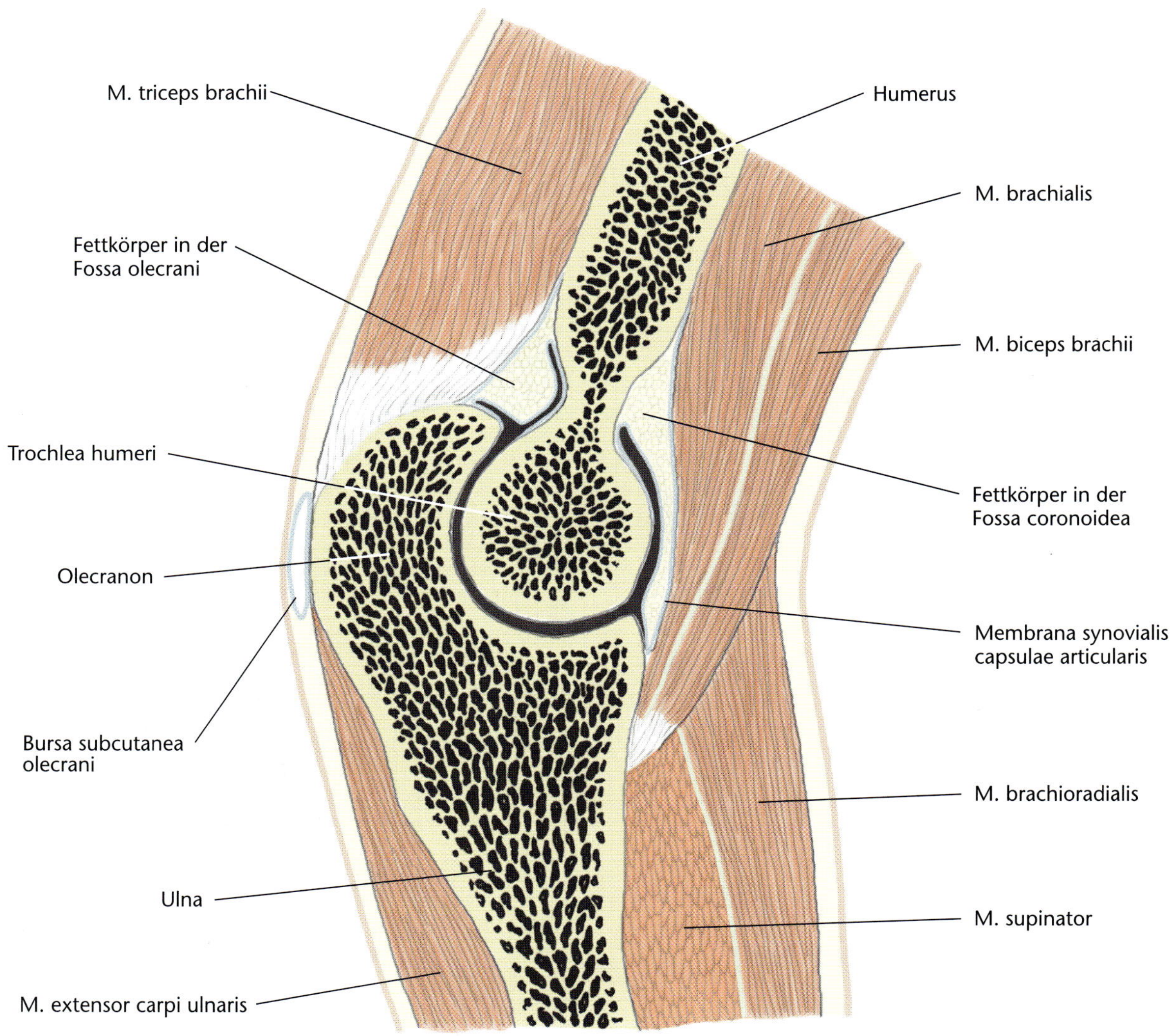

Abb. 2.57 Sagittalschnitt durch das rechte Ellenbogengelenk.

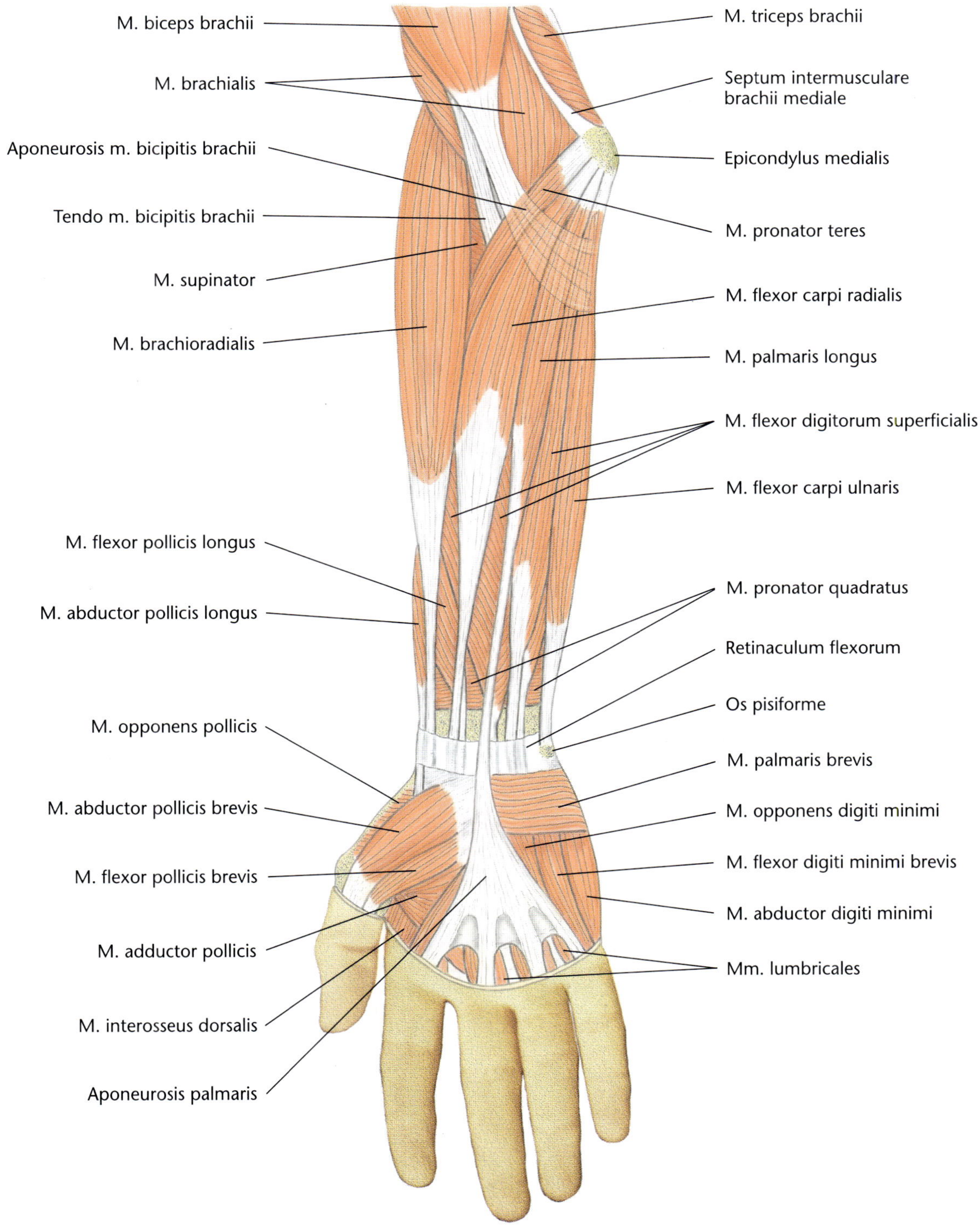

Abb. 2.58 Oberflächliche Schicht der rechten Unterarmmuskeln von ventral.

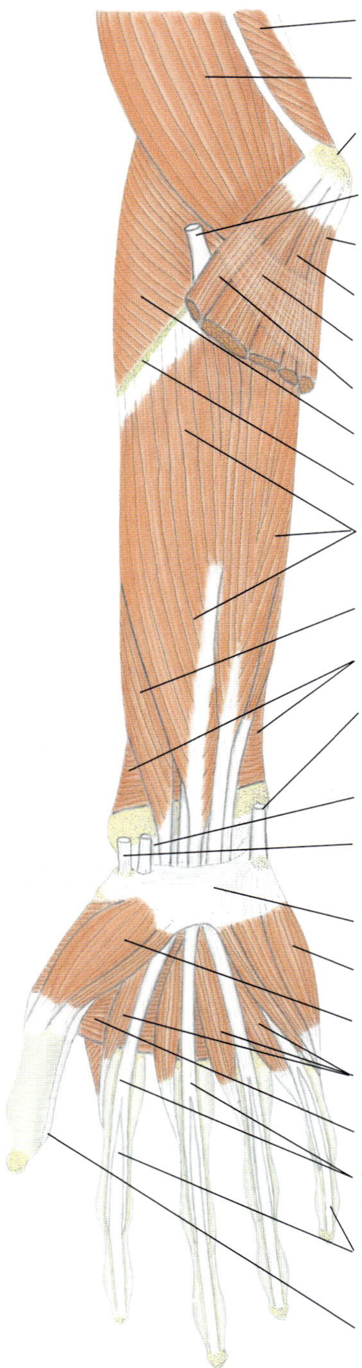

Abb. 2.59 Mittlere Schicht der rechten Unterarmmuskeln von ventral.

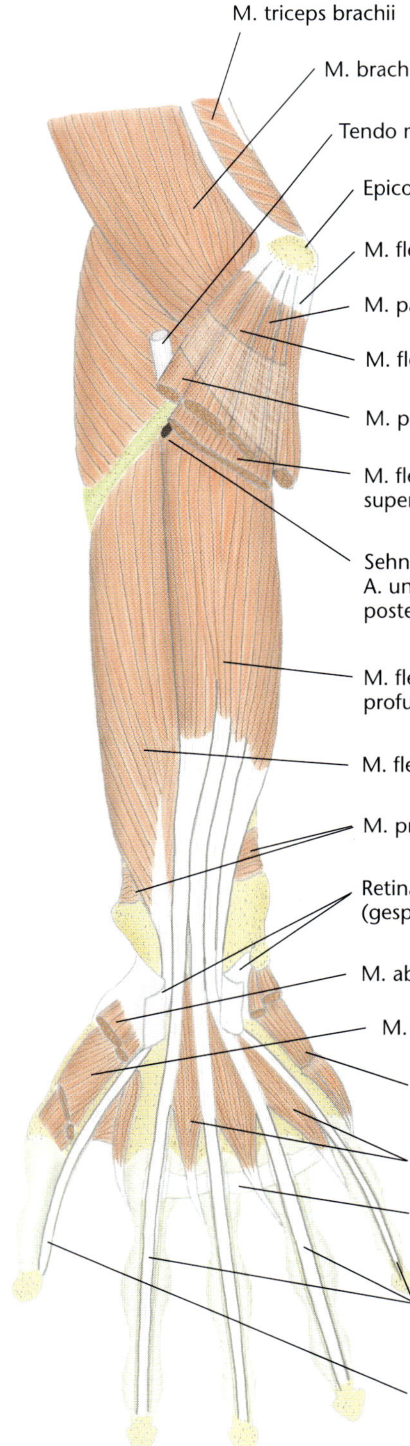

Abb. 2.60 Tiefe Schicht der rechten Unterarmmuskeln von ventral.

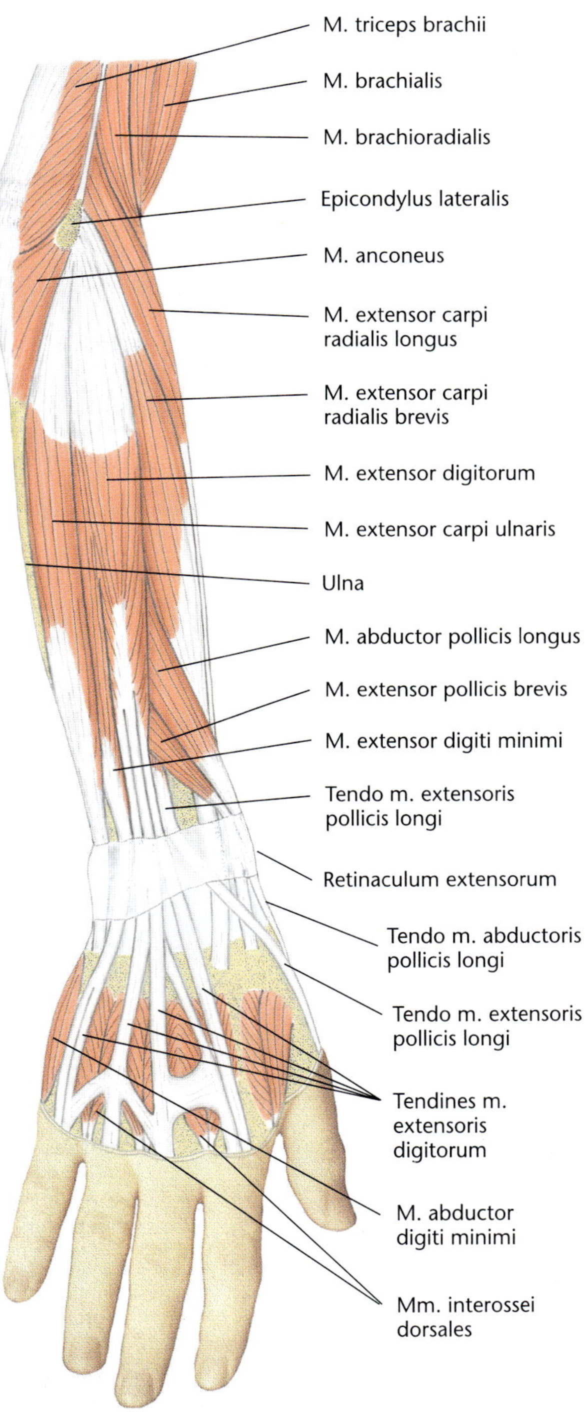

Abb. 2.61 Oberflächliche Schicht der rechten Unterarmmuskeln von dorsal.

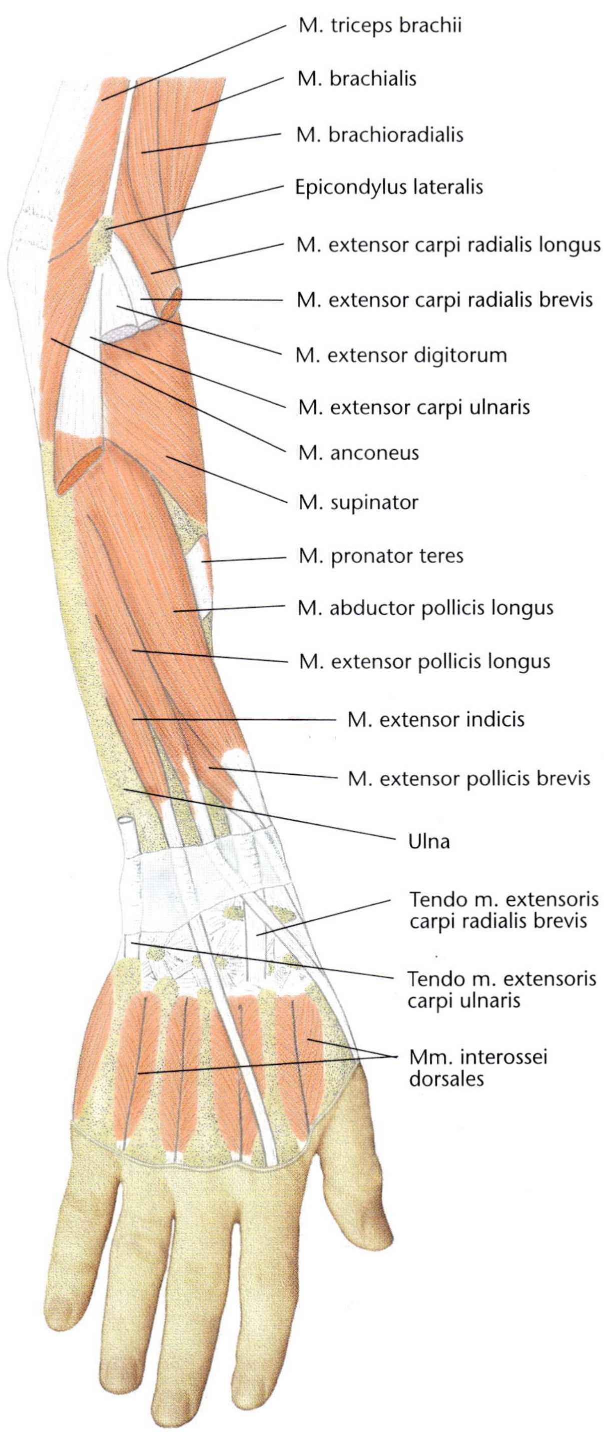

Abb. 2.62 Tiefe Schicht der rechten Unterarmmuskeln von dorsal.

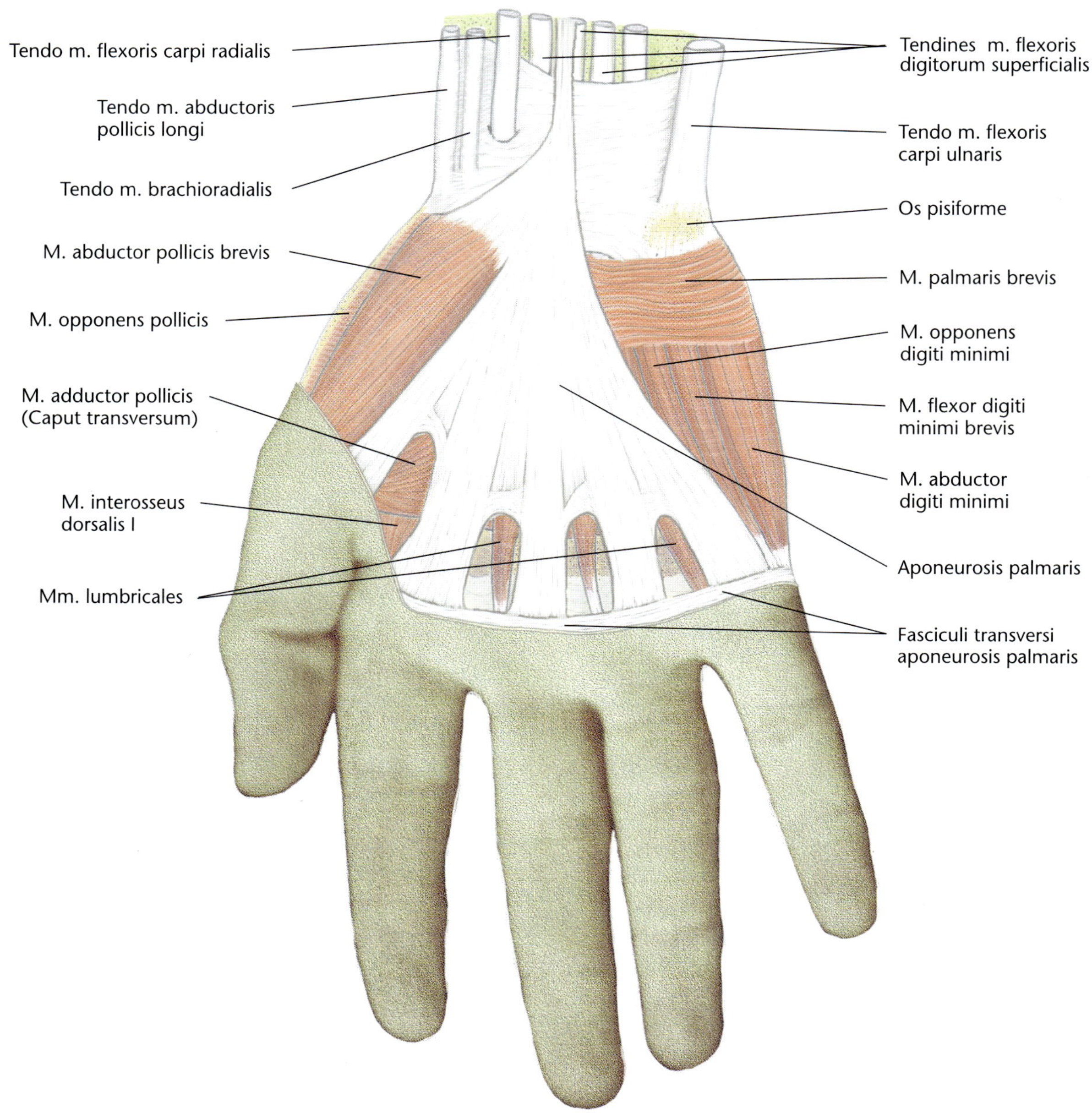

Abb. 2.63 Rechte Hohlhand mit der Palmaraponeurose.

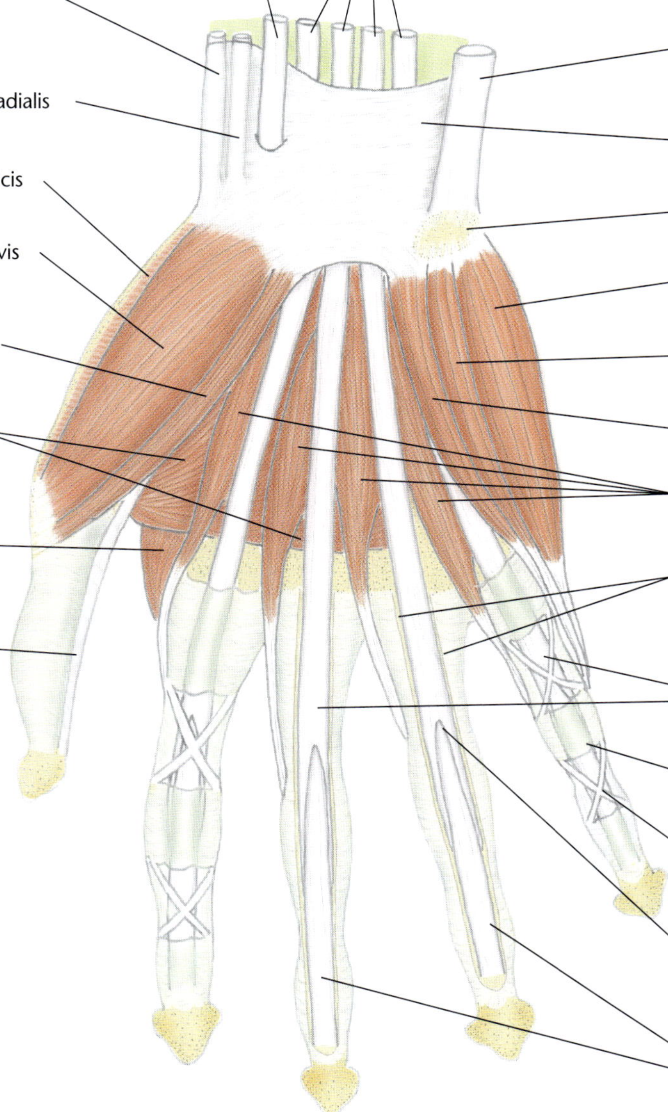

Abb. 2.64 Muskeln der rechten Hohlhand nach Entfernung der Palmaraponeurose.

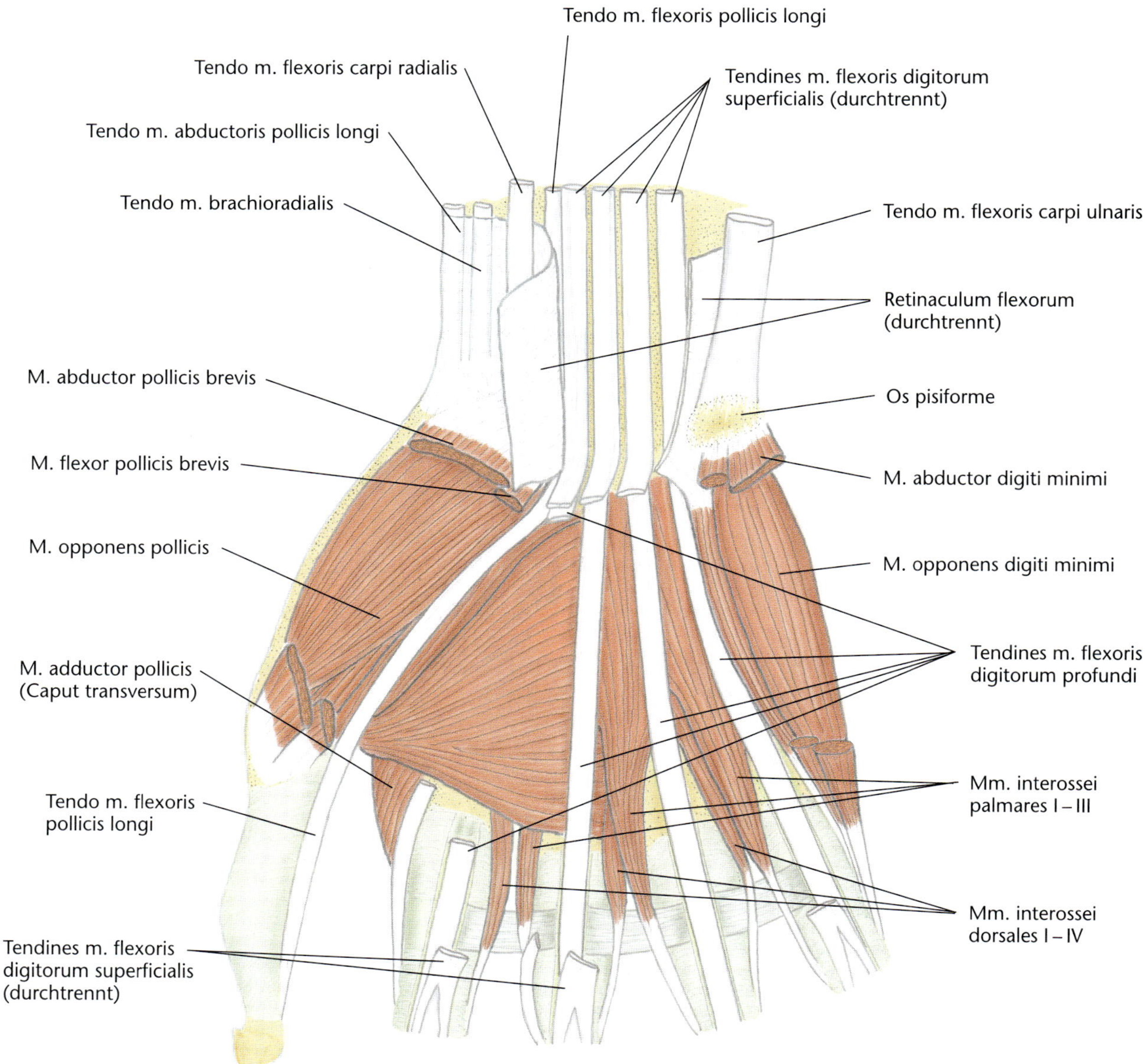

Abb. 2.65 Tiefe Schicht der rechten Hohlhandmuskeln.

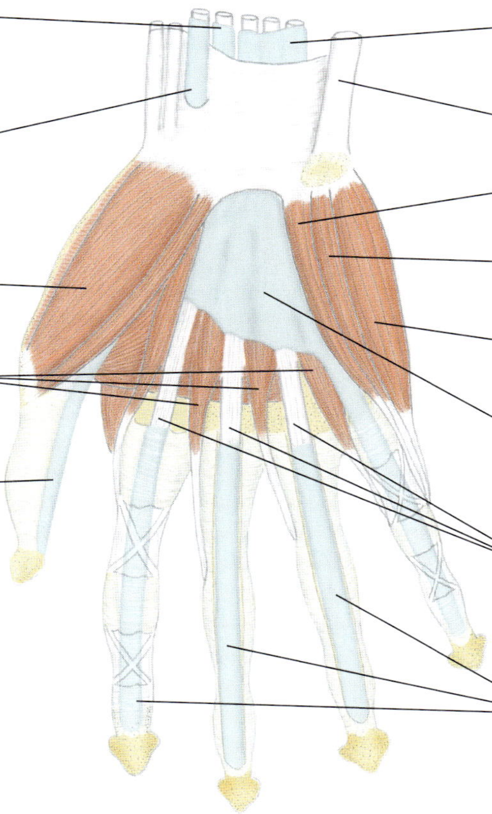

Abb. 2.66 Sehnenscheiden der rechten Hohlhand.

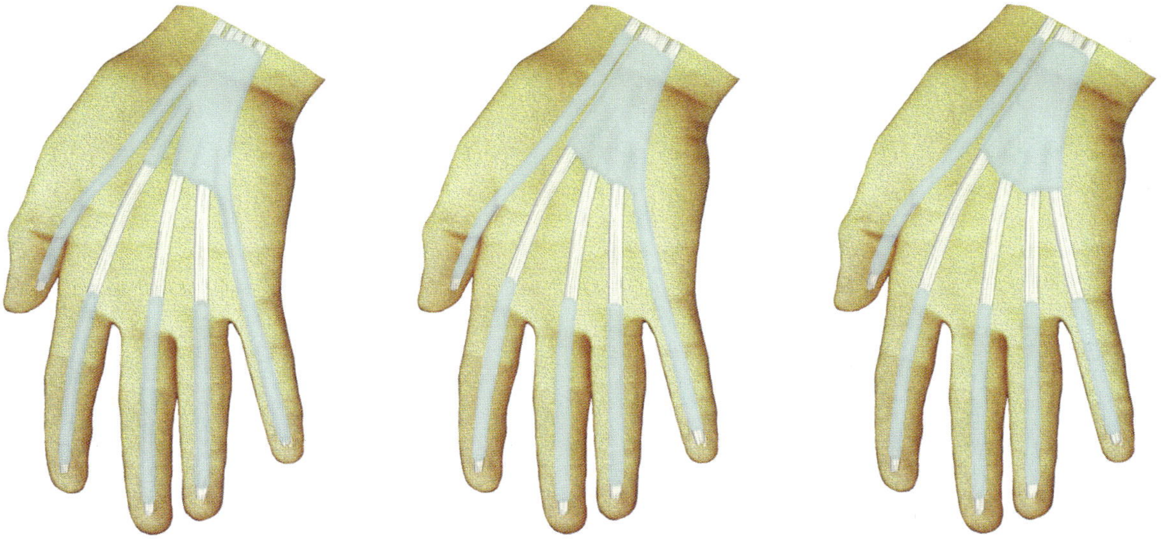

Die Sehnenscheiden (Vaginae synoviales) des Daumens und des Kleinfingers verschmelzen zumeist mit den Sehnenscheiden in Canalis carpi (Bild links).
Die Sehnenscheide des Daumens kann auch getrennt von den anderen Sehnenscheiden im Canalis carpi verlaufen (Bild Mitte).
Eine andere Varietät liegt vor, wenn sich die Sehnenscheide des Kleinfingers nur im Kleinfingerbereich erstreckt (Bild rechts).

Abb. 2.67 Varietäten der Sehnenscheiden.

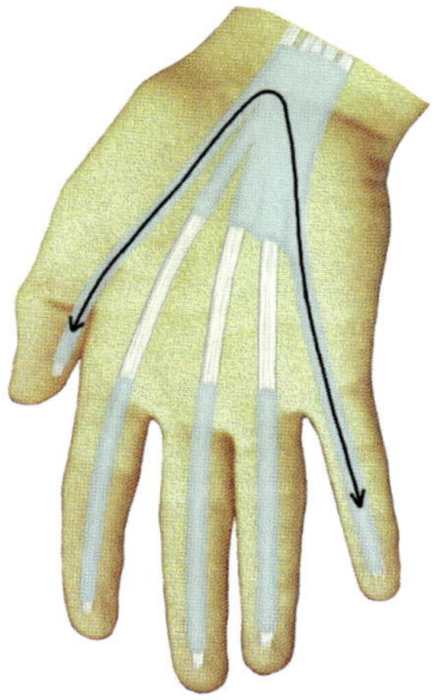

> **KLINIK**
>
> **Sehnenscheidenentzündung (Tendovaginitis)**
>
> Ein entzündlicher Prozess im Daumenbereich kann durch die röhrenförmigen Sehnenscheiden zur Handwurzel und weiter bis zum Kleinfinger gelangen, was als **V-Phlegmone** bezeichnet wird.

Abb. 2.68 Sehnenscheidenentzündung.

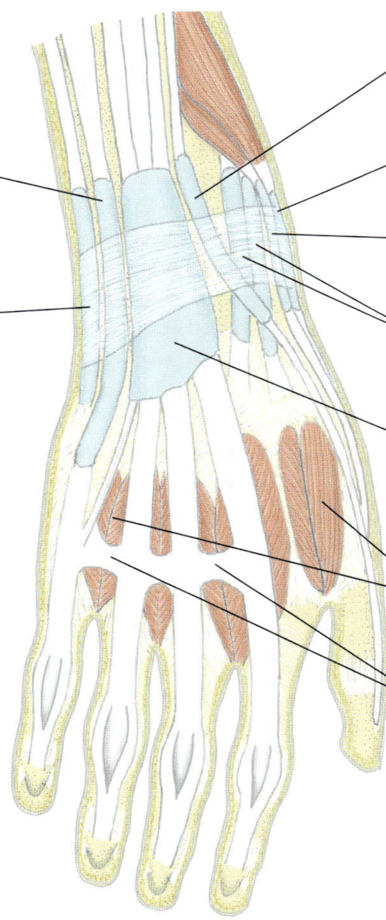

Abb. 2.69 Sehnenscheiden des rechten Handrückens.

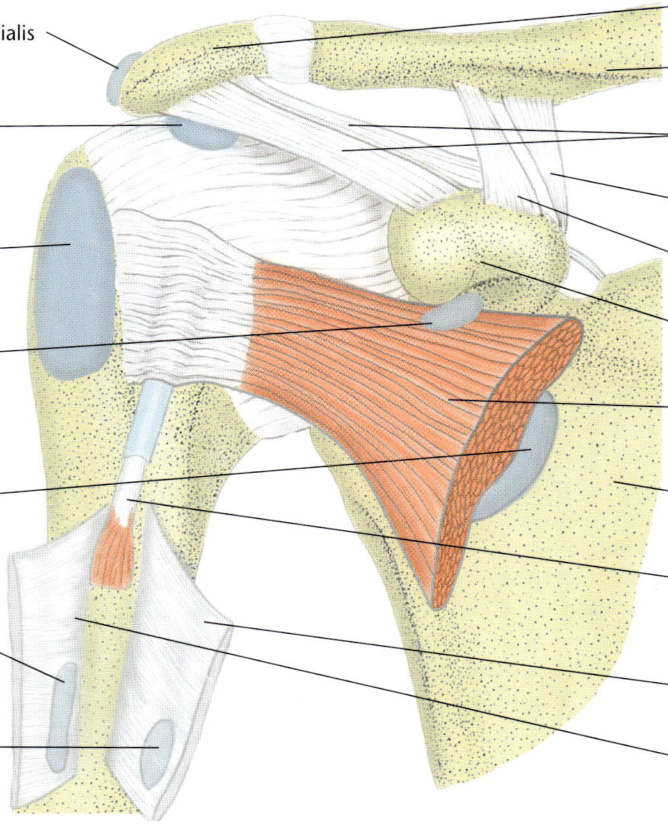

Abb. 2.70 Schleimbeutel des rechten Schultergelenks von ventral.

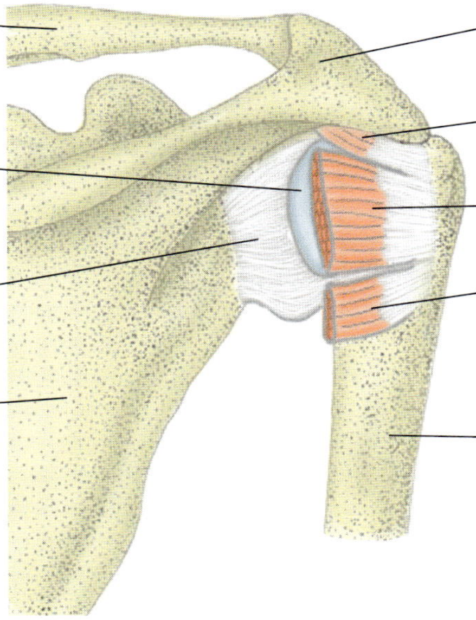

Abb. 2.71 Schleimbeutel des rechten Schultergelenks von dorsal.

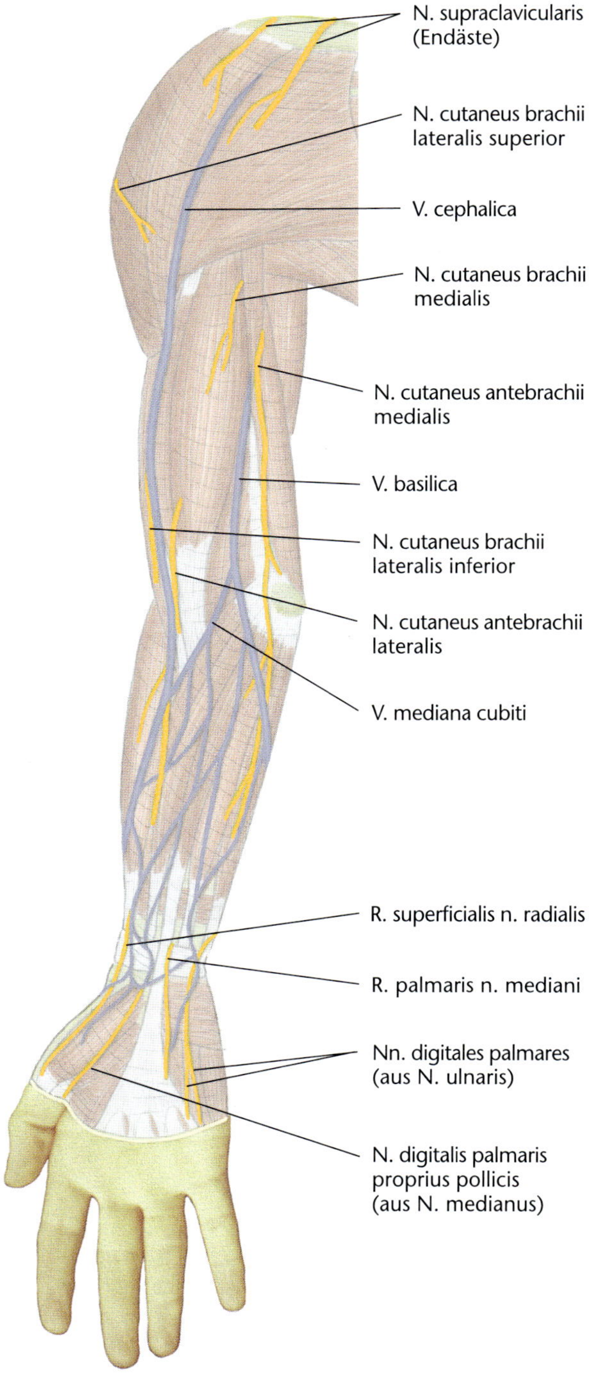

Abb. 2.72 Oberflächliche Gefäße und Hautäste der Nerven im Armbereich von palmar.

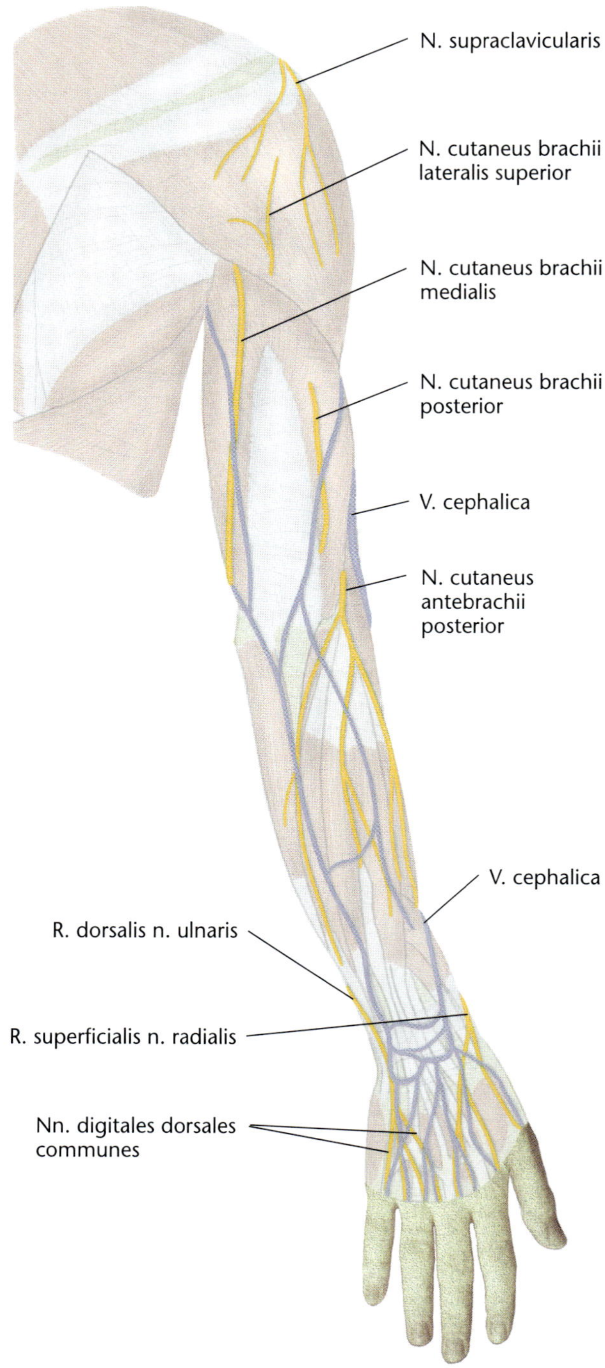

Abb. 2.73 Oberflächliche Gefäße und Hautäste der Nerven im Armbereich von dorsal.

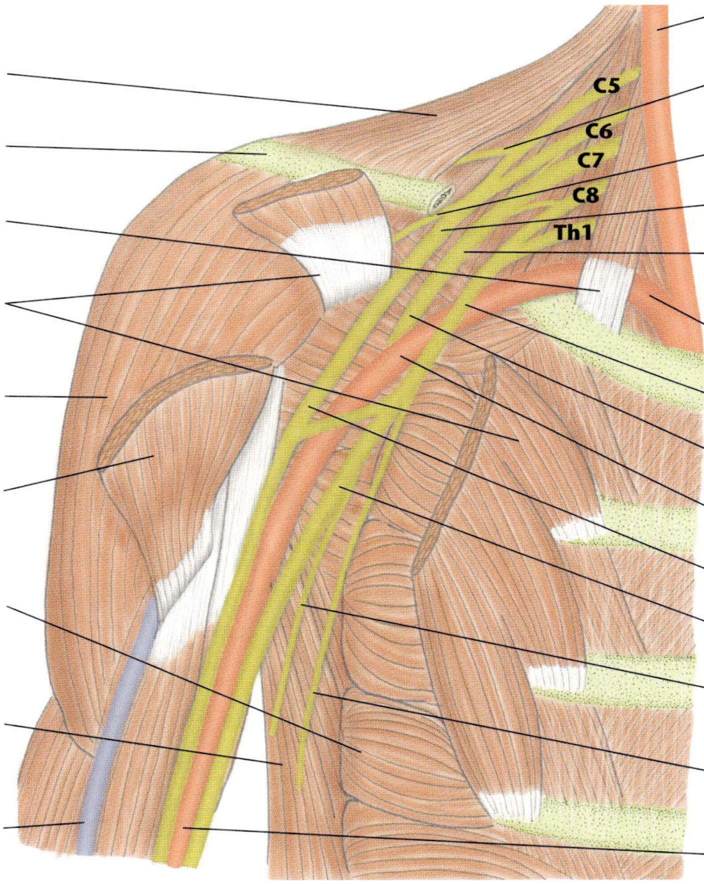

Abb. 2.74 Gefäße und Nerven der Achselhöhle von ventral.

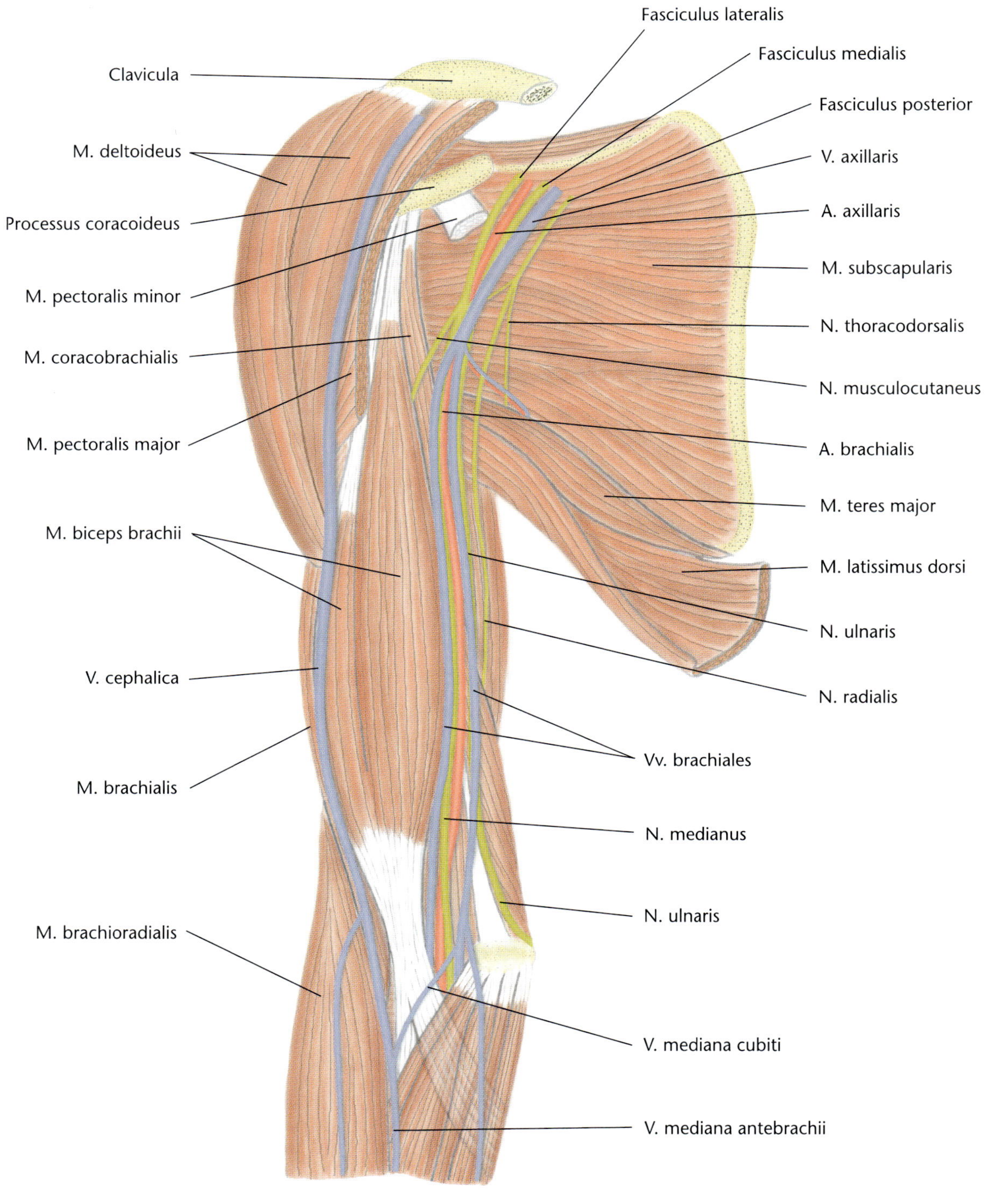

Abb. 2.75 Gefäße und Nerven im Bereich des rechten Oberarms von ventral.

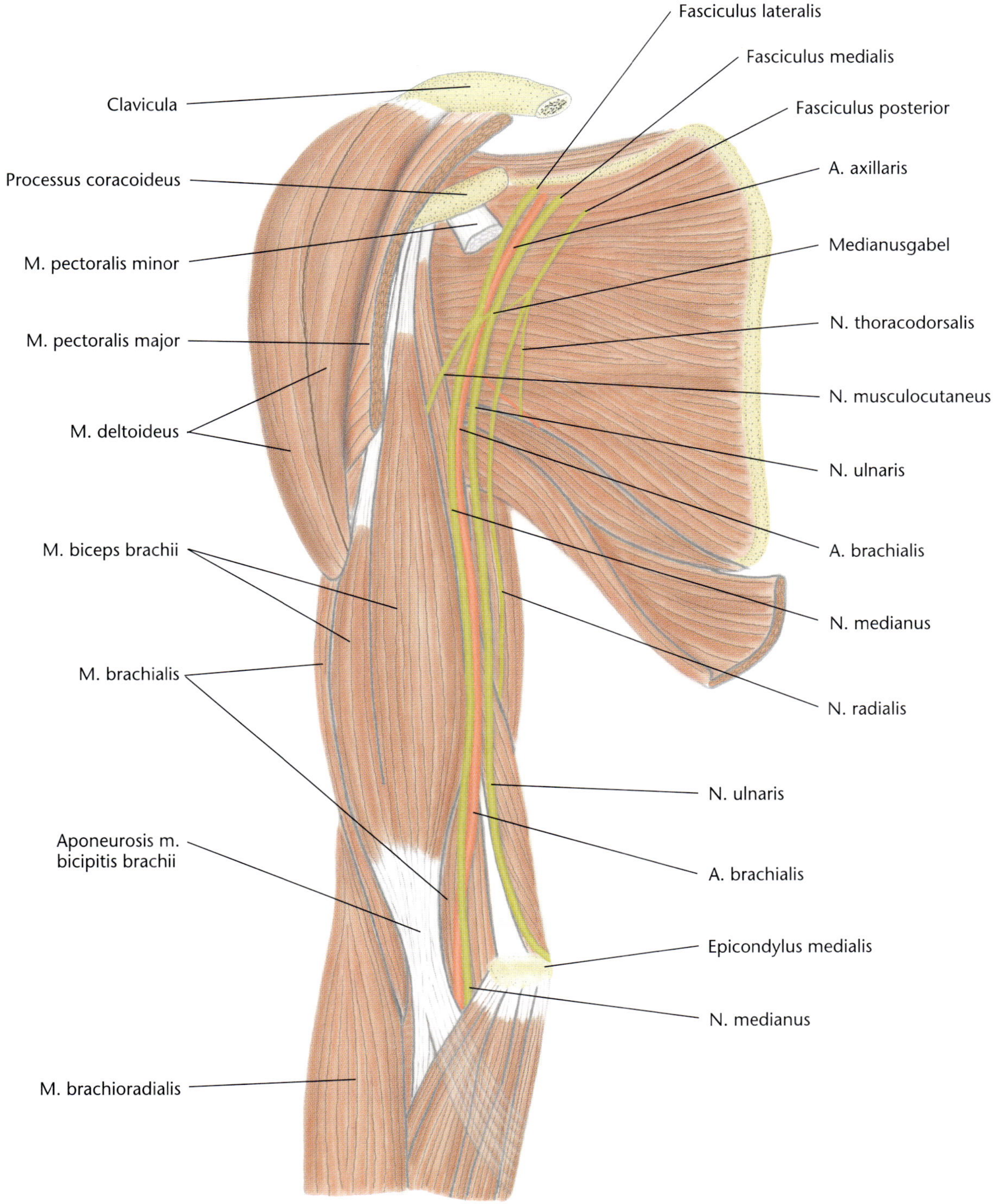

Abb. 2.76 Gefäße und Nerven im Bereich des rechten Oberarms von ventral (ohne Venen).

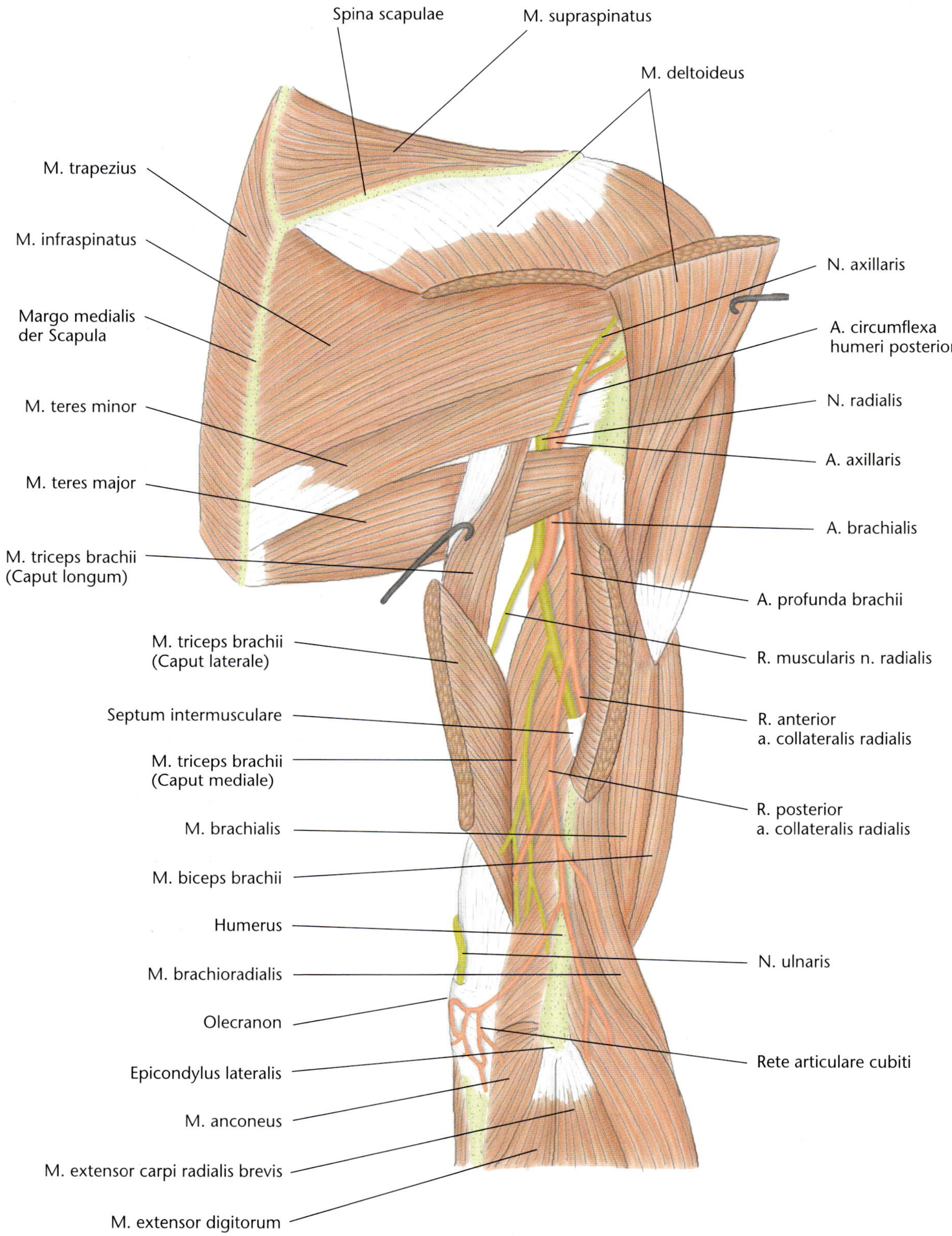

Abb. 2.77 Gefäße und Nerven im Bereich des rechten Oberarms von dorsal.

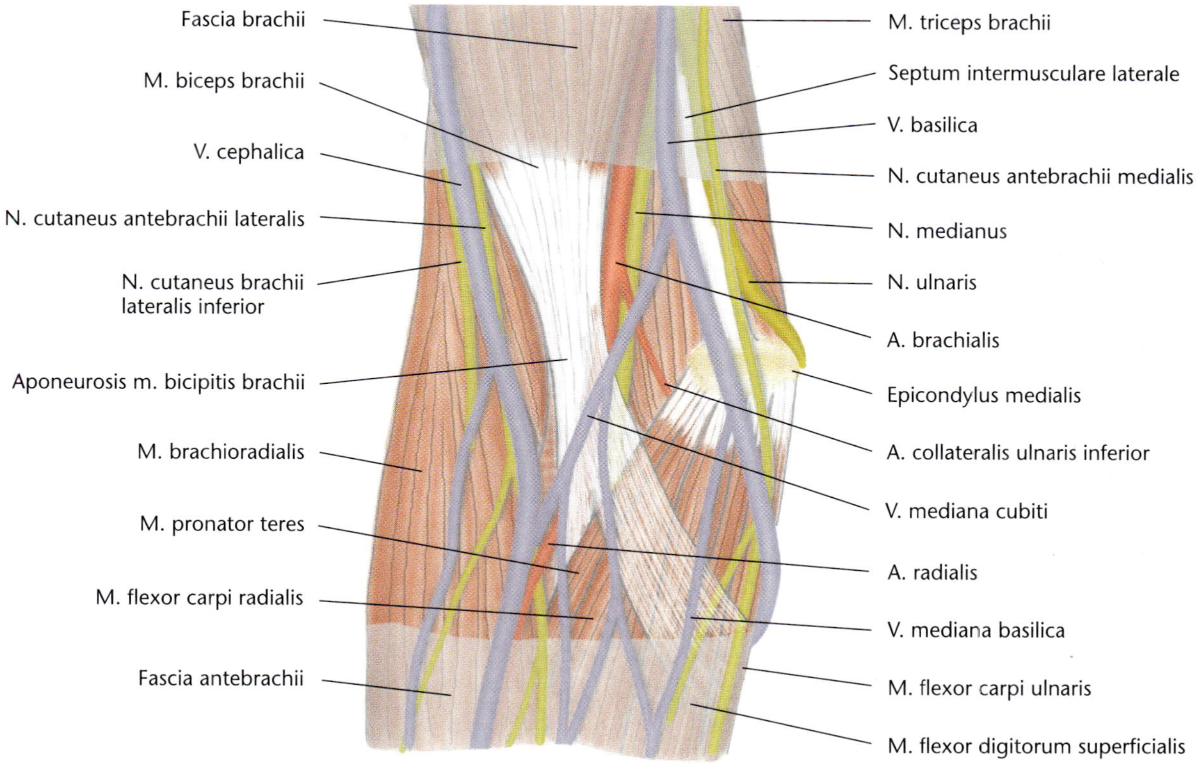

Abb. 2.78 Gefäße und Nerven in der rechten Ellenbeuge von ventral.

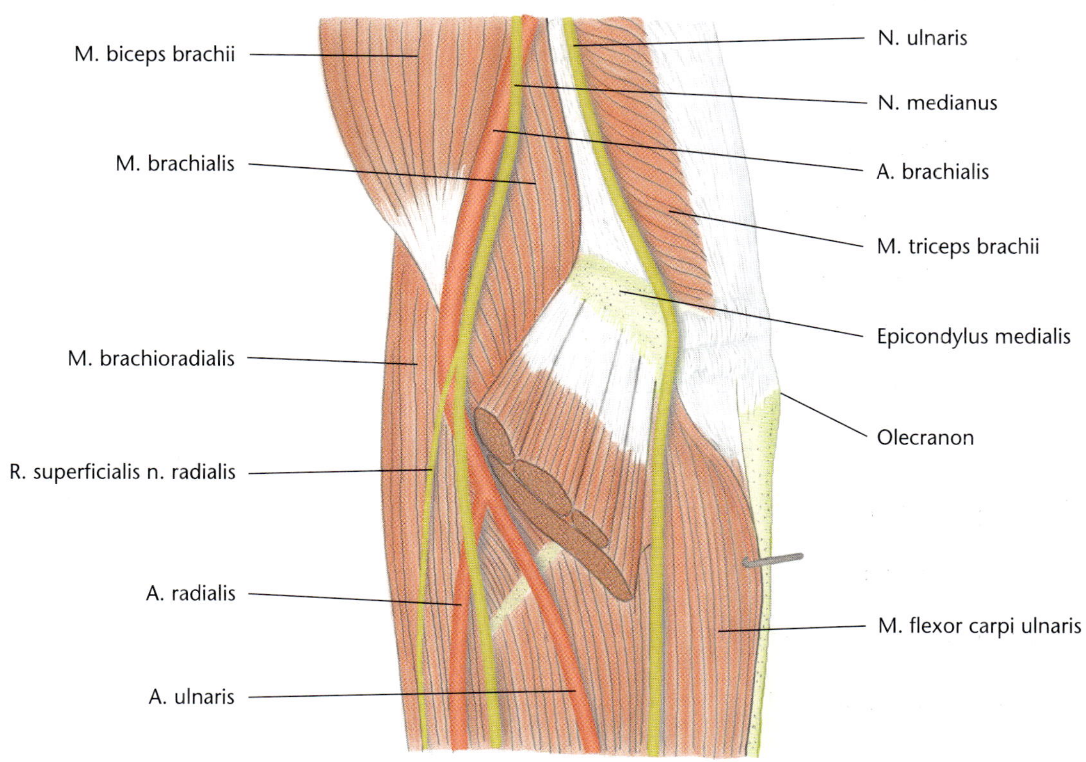

Abb. 2.79 Arterien und Nerven in der rechten Ellenbeuge von ulnar.

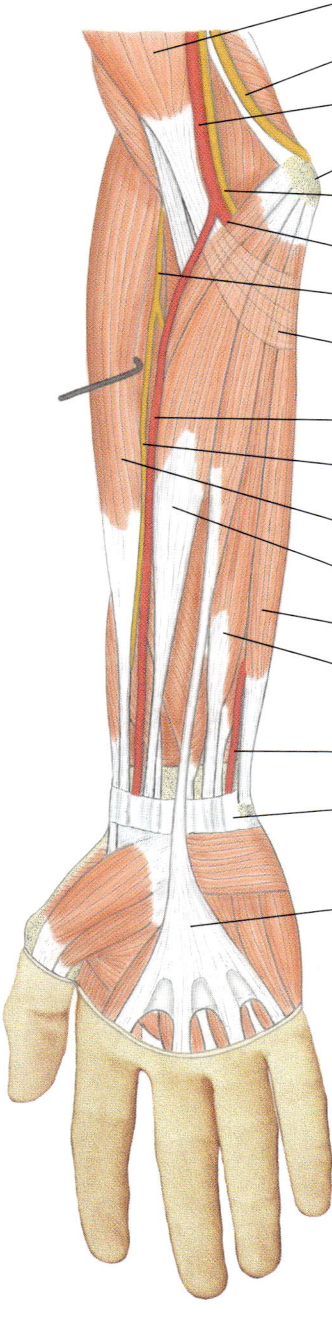

Abb. 2.80 Arterien und Nerven im Bereich des Unterarms von ventral.

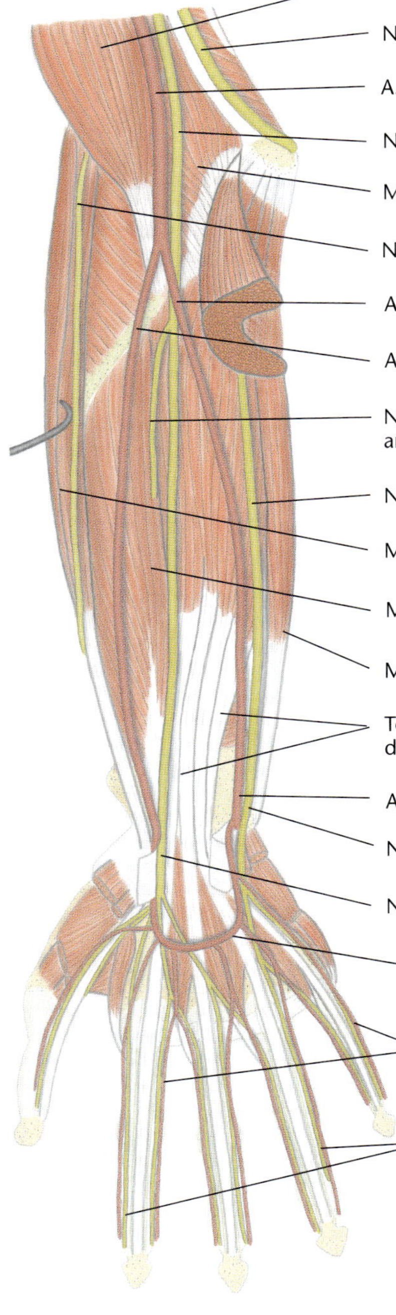

Abb. 2.81 Arterien und Nerven im Bereich des Unterarms von ventral nach Entfernung der oberen und mittleren Muskelschicht.

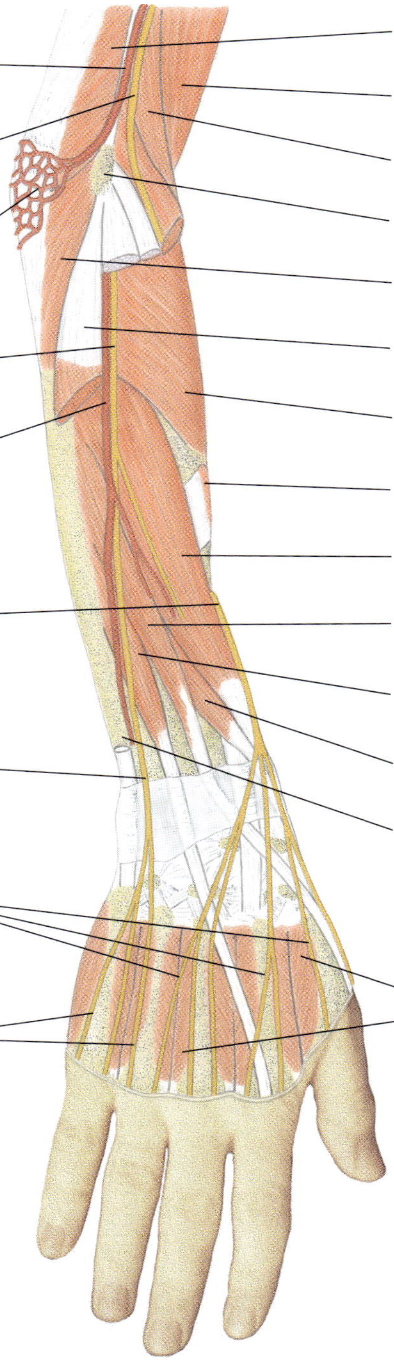

Abb. 2.82 Arterien und Nerven im Unterarmbereich von dorsal.

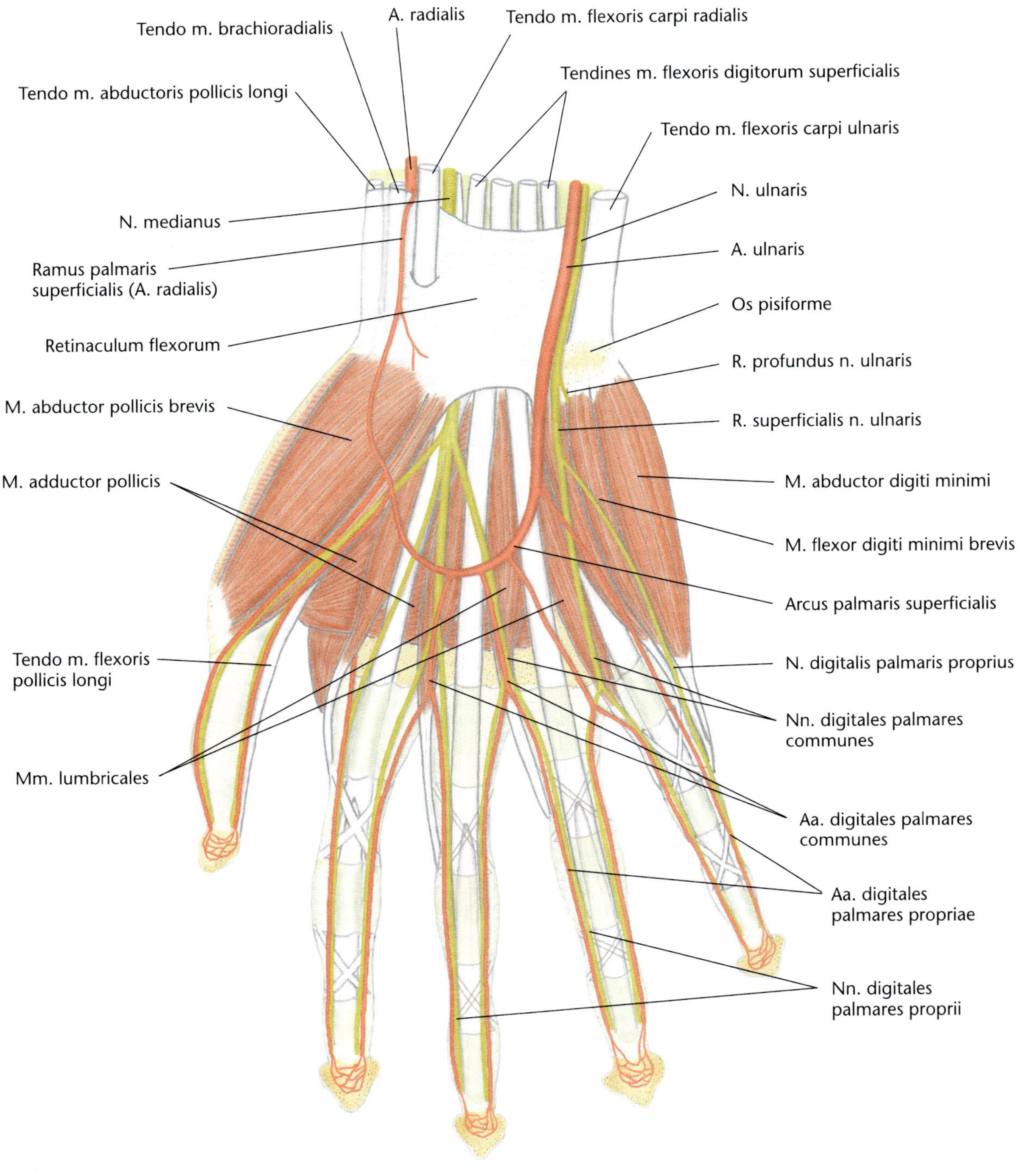

Abb. 2.83 Arterien und Nerven der rechten Hohlhand.

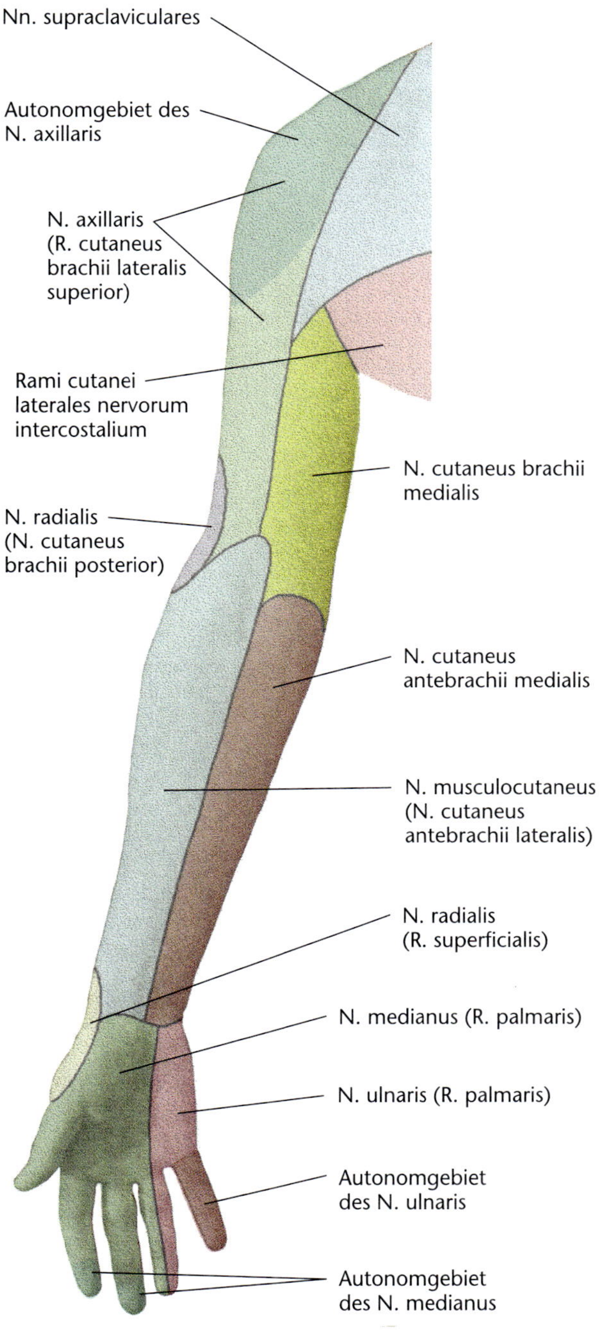

Abb. 2.84 Hautinnervation des Armes von ventral.

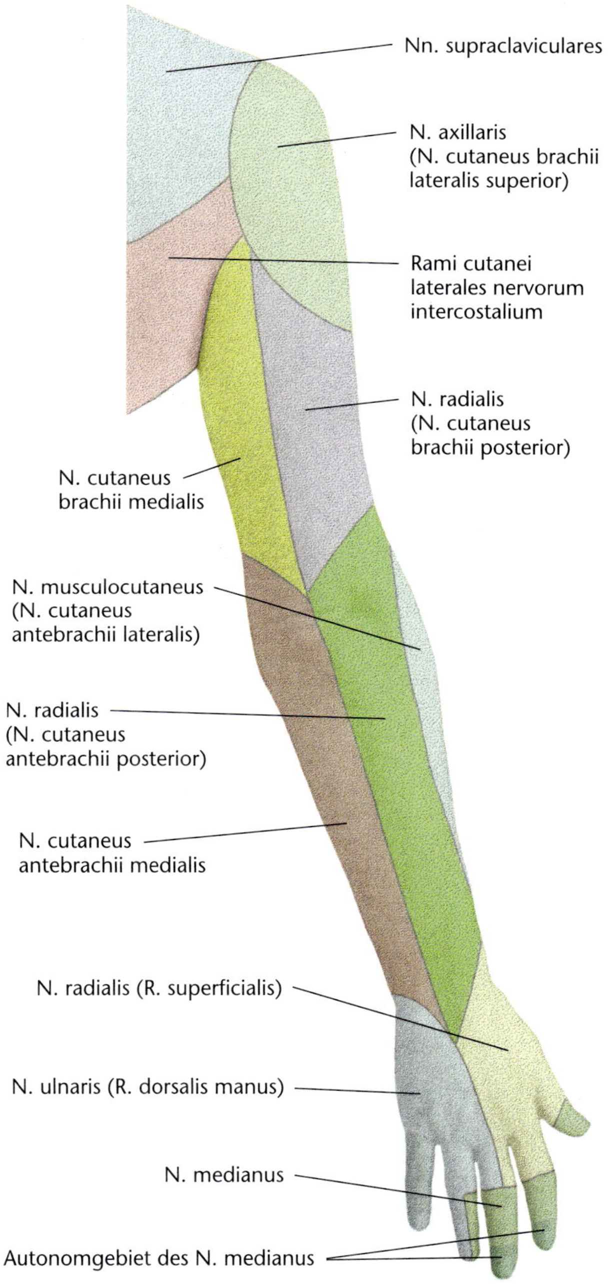

Abb. 2.85 Hautinnervation des Armes von dorsal.

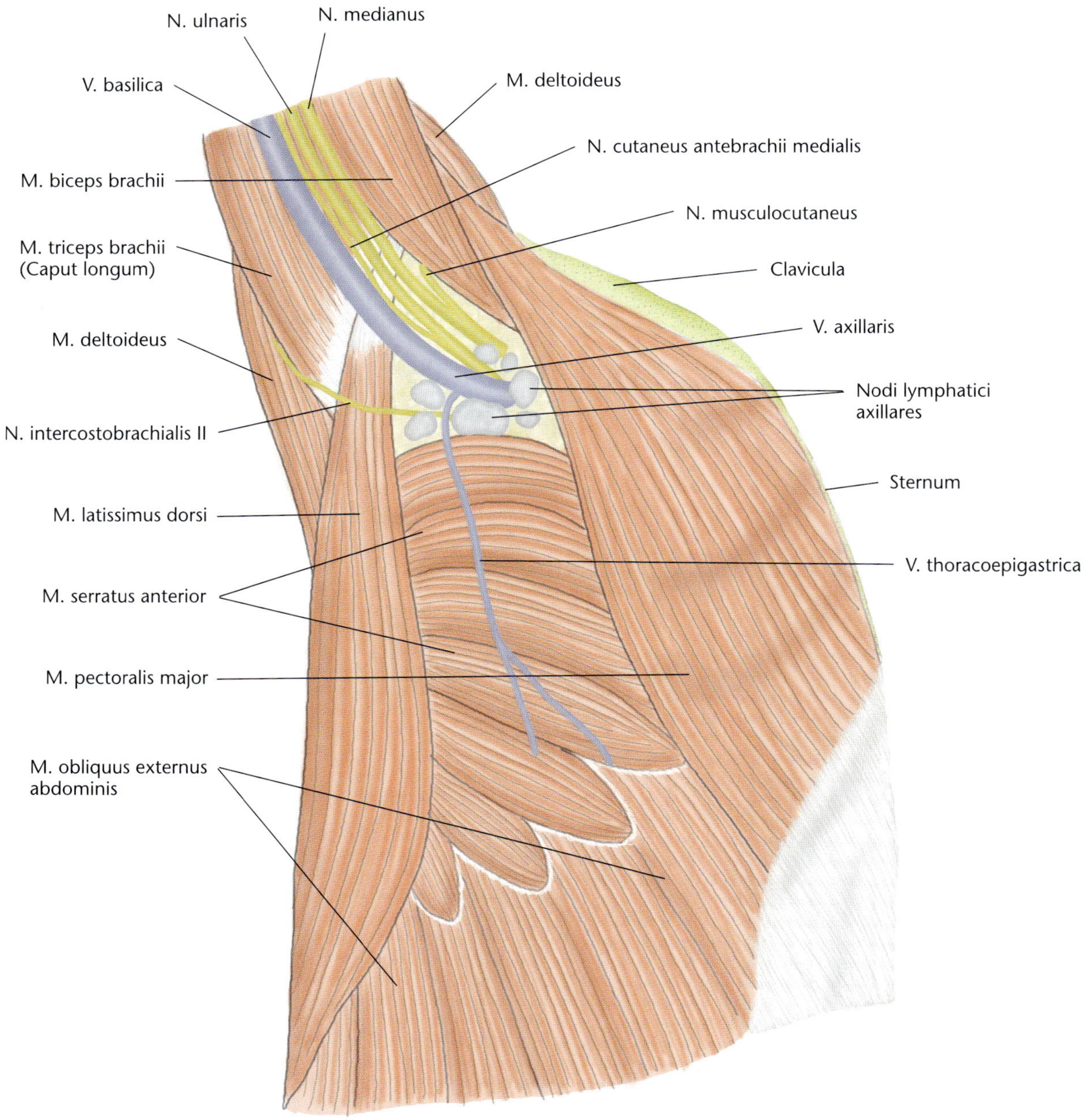

Abb. 2.86 Lymphknoten im Bereich der Achselhöhle von lateral (bei erhobenem Arm).

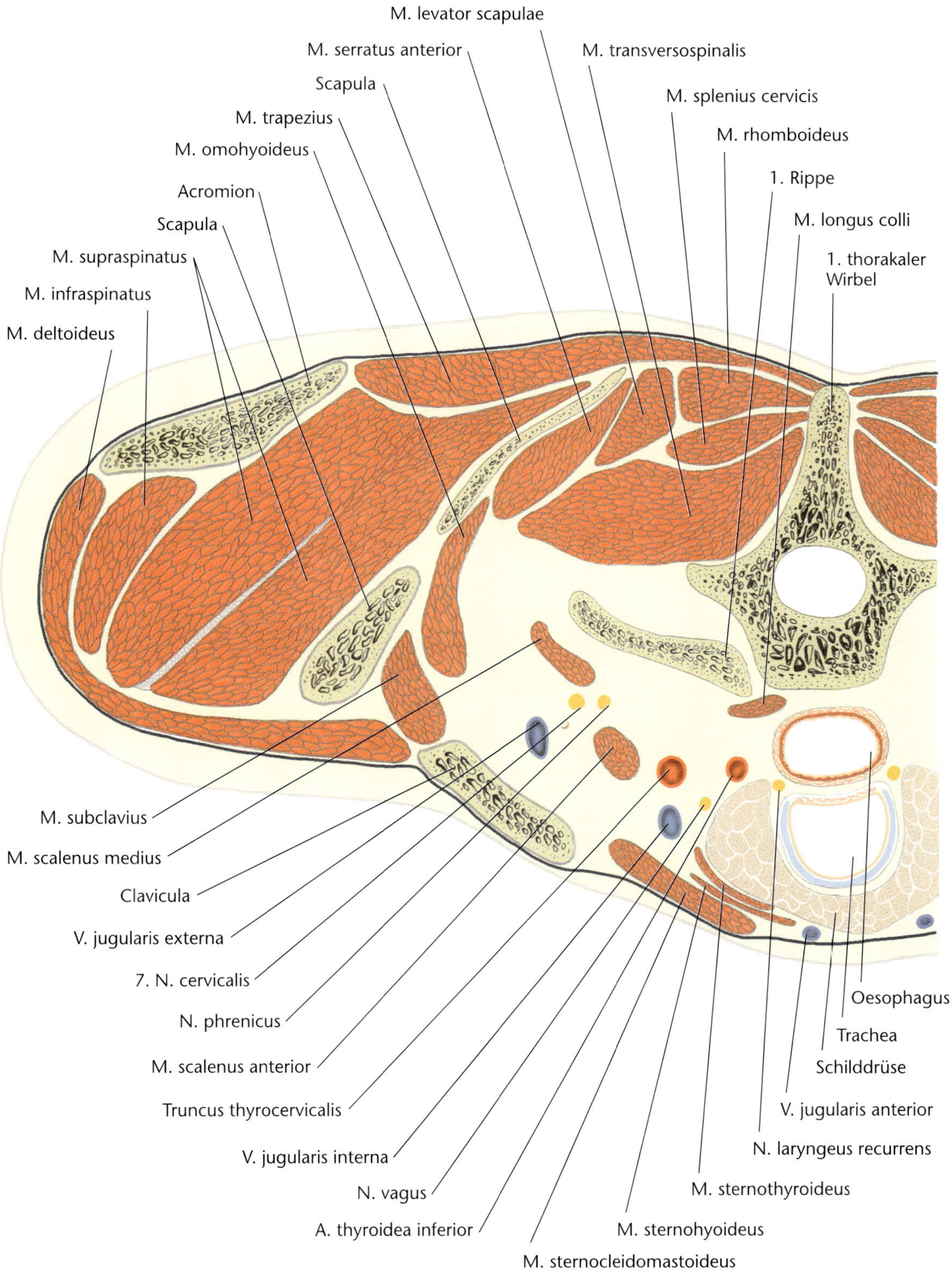

Abb. 2.87 Querschnitt durch den Schulterbereich in Höhe des 7. Brustwirbels.

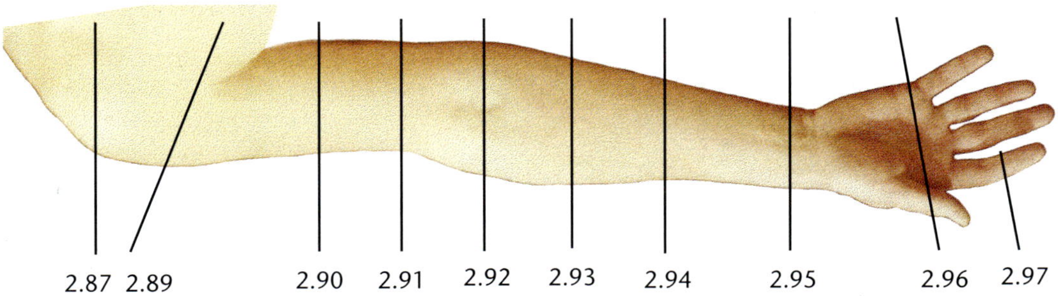

Abb. 2.88 Schnitthöhe der einzelnen Schnitte.

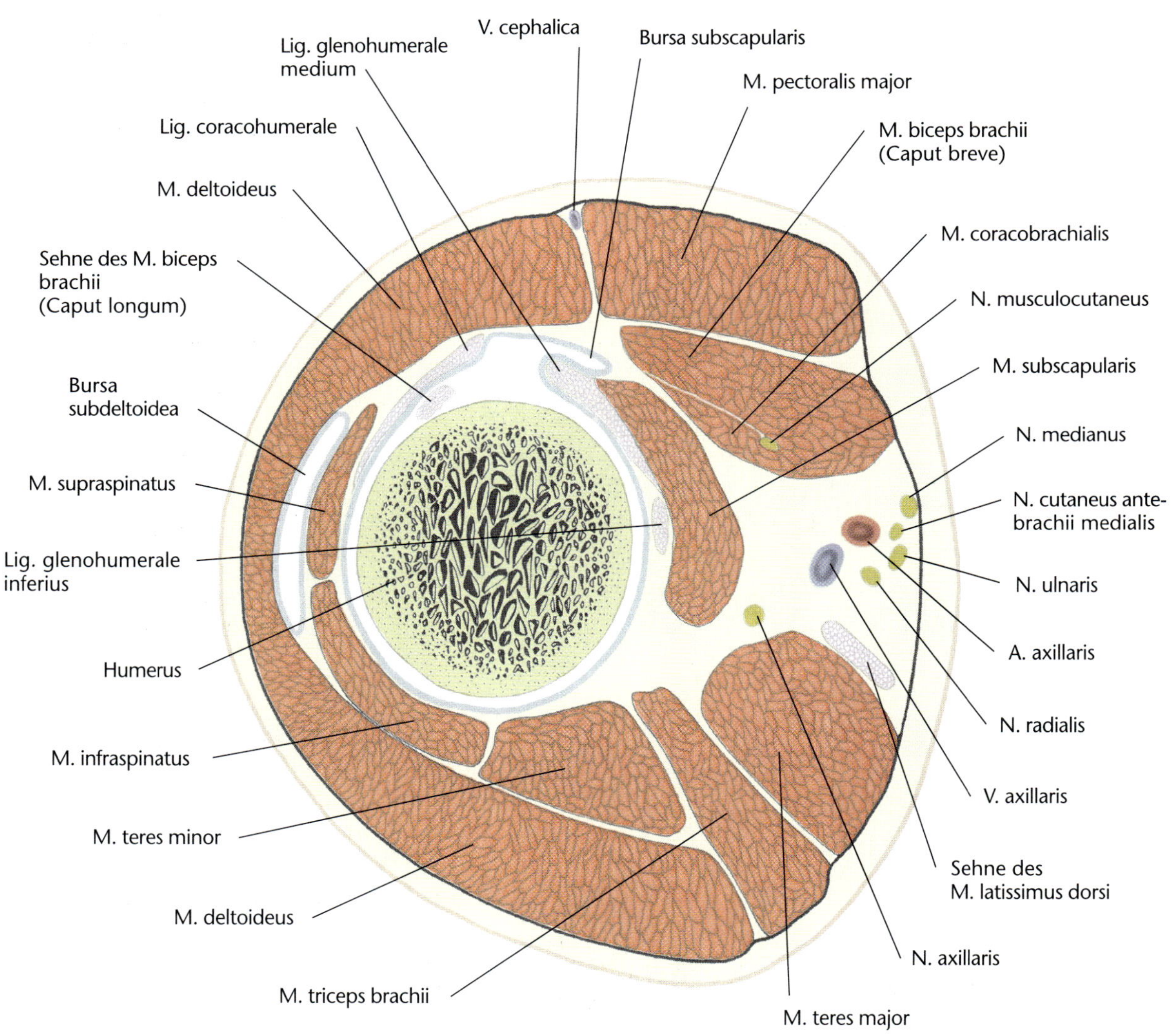

Abb. 2.89 Querschnitt durch den rechten Oberarm schräg zum Caput humeri (von kaudal).

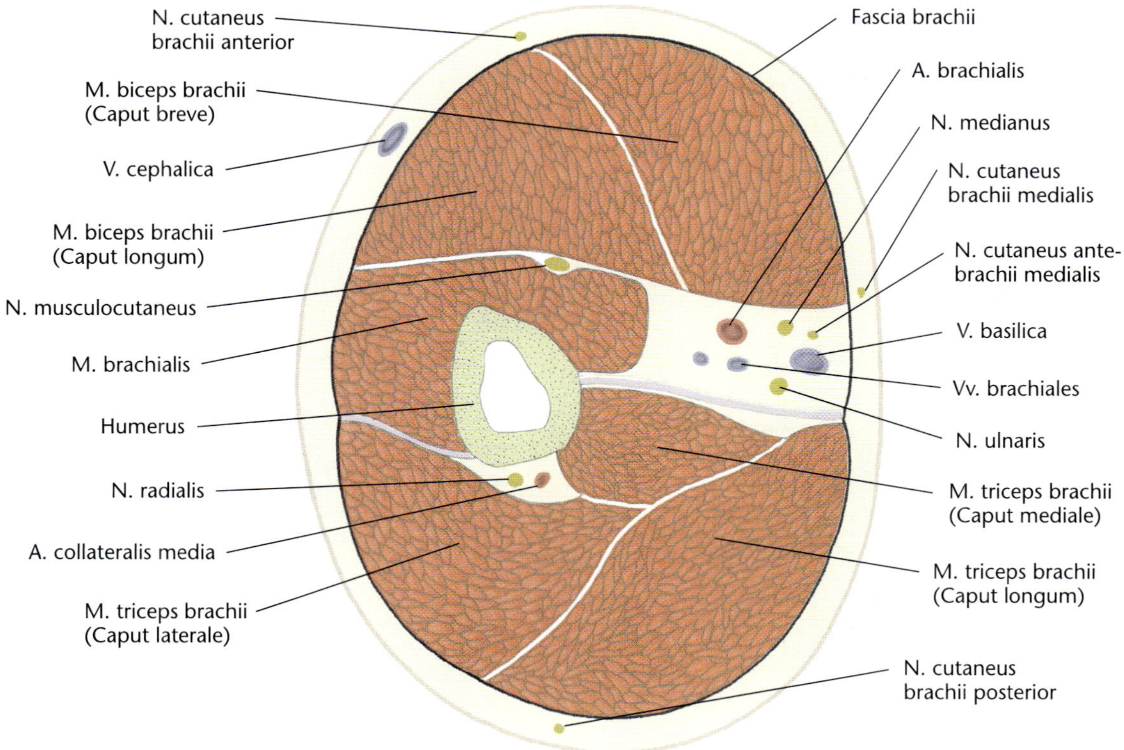

Abb. 2.90 Querschnitt durch das mittlere Drittel des rechten Oberarms (von kaudal).

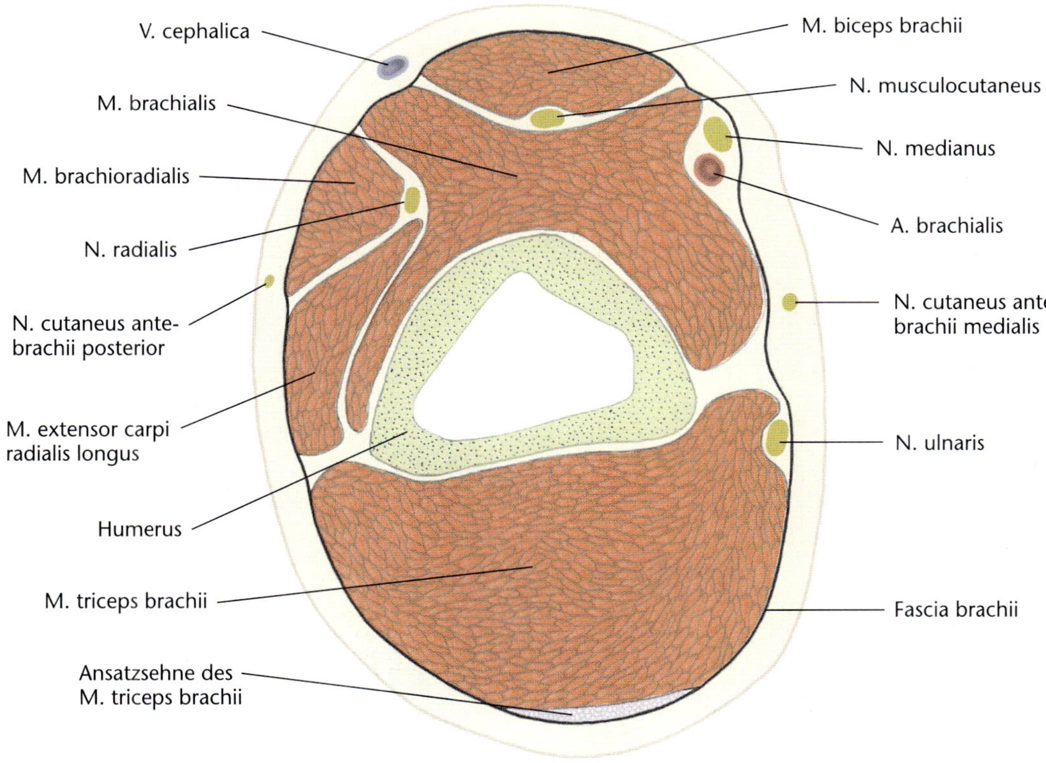

Abb. 2.91 Querschnitt durch das untere Drittel des rechten Oberarms (von kaudal).

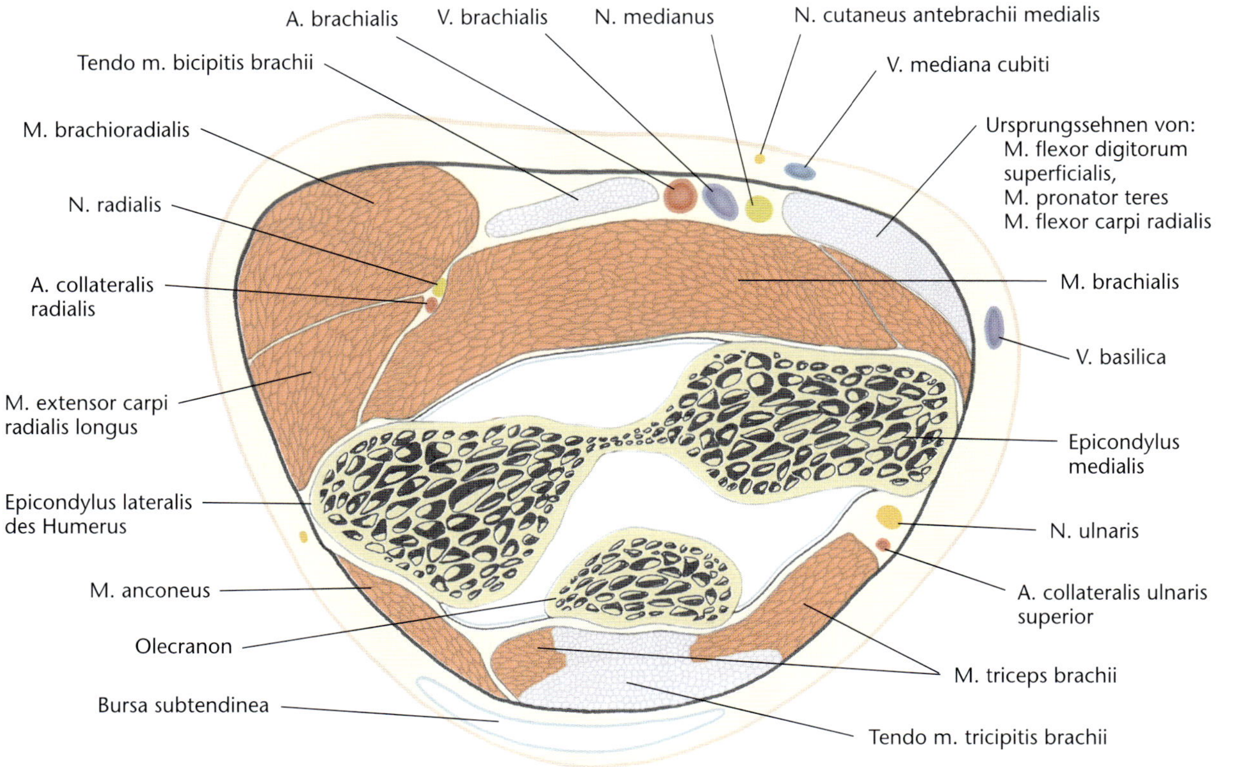

Abb. 2.92 Querschnitt durch das Ellenbogengelenk des rechten Arms (von kaudal).

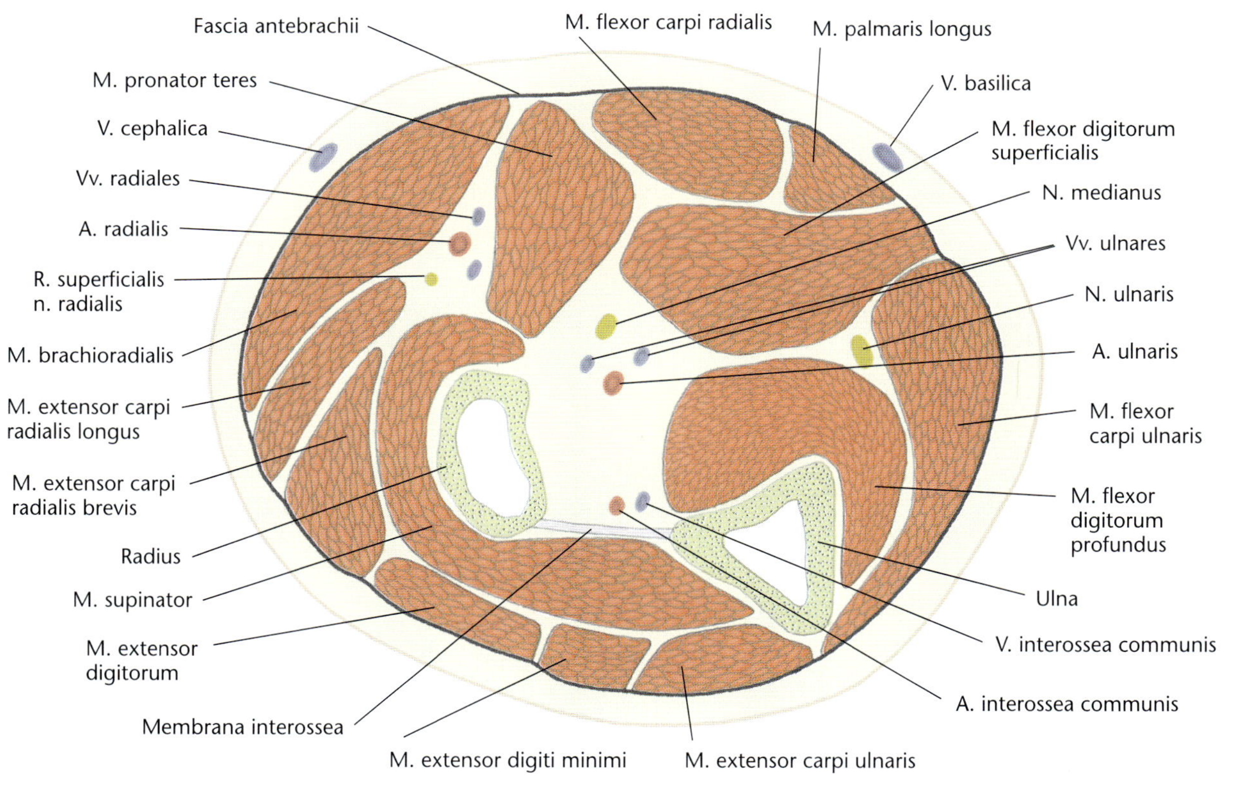

Abb. 2.93 Querschnitt durch das obere Drittel des rechten Unterarms (von kaudal).

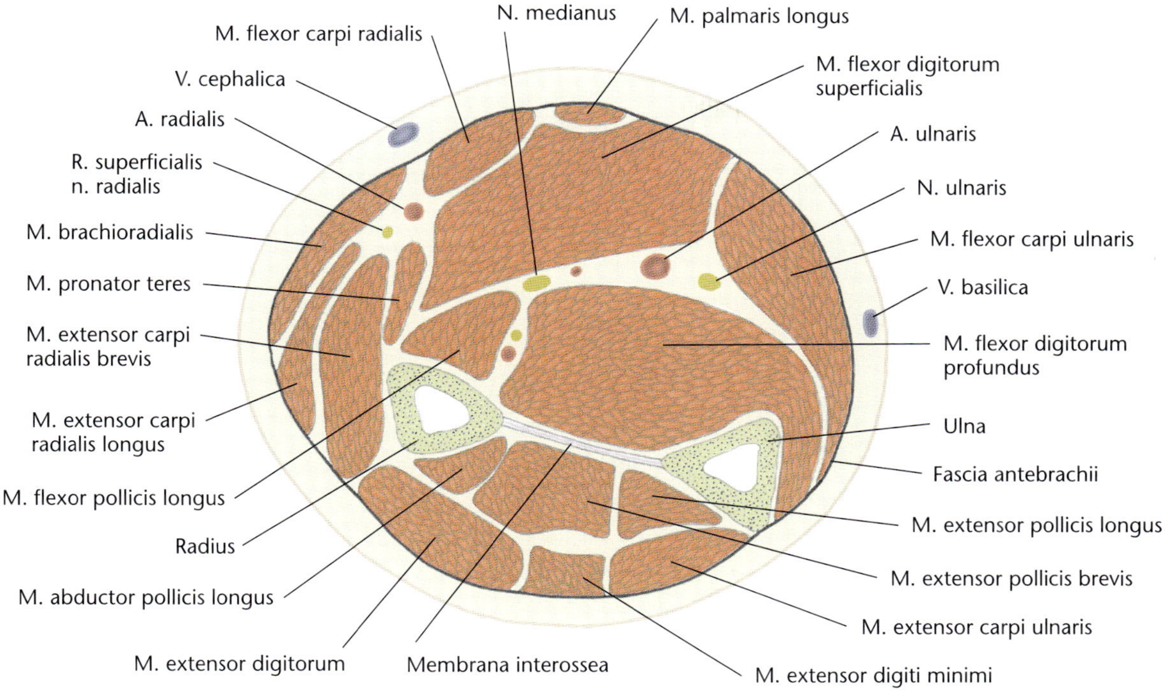

Abb. 2.94 Querschnitt durch das mittlere Drittel des rechten Unterarms (von kaudal).

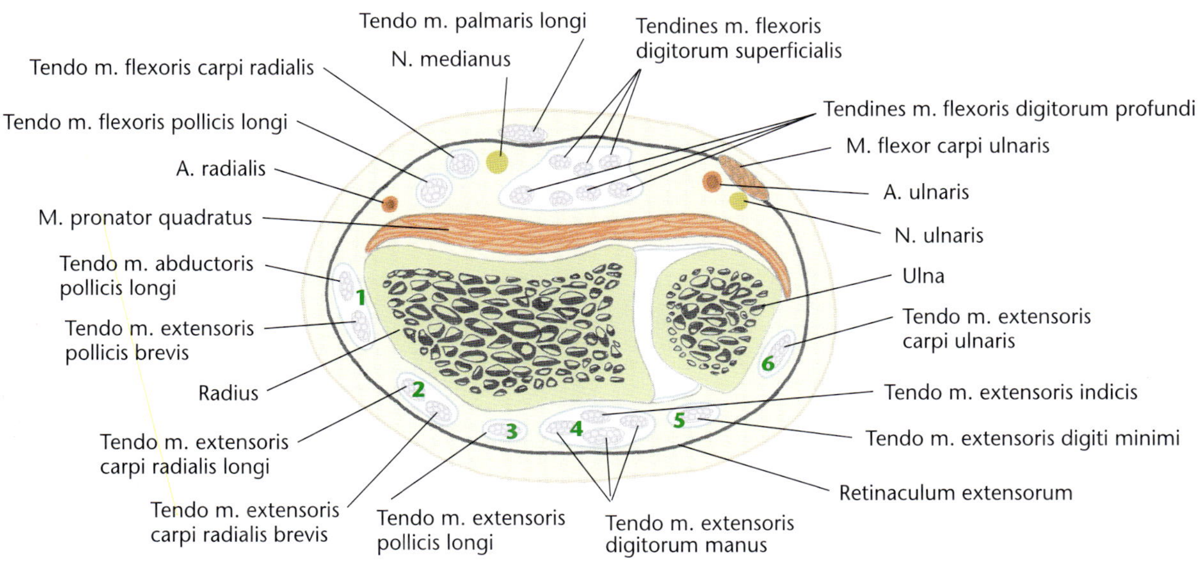

Abb. 2.95 Querschnitt durch das untere Drittel des rechten Unterarms (von kaudal).

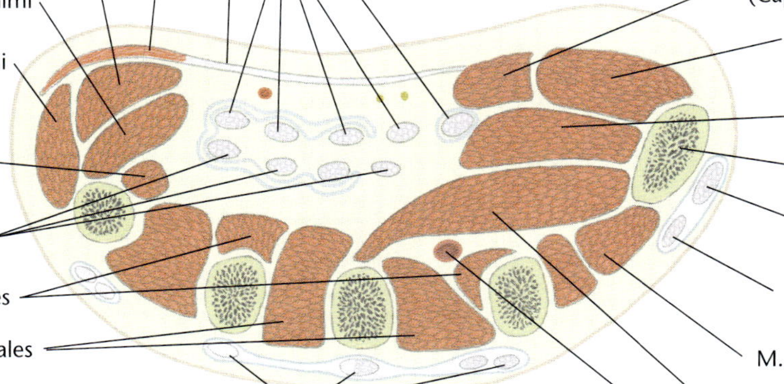

Abb. 2.96 Querschnitt durch die rechte Mittelhand (von kranial).

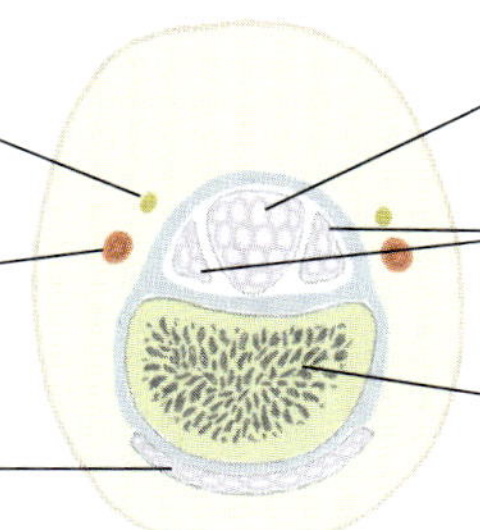

Abb. 2.97 Querschnitt durch das Grund- und Mittelglied des Fingers.

3 Untere Extremität

3.1 Hüfte von lateral 69
3.2 Hüfte von lateral 69
3.3 Bein von ventral 70
3.4 Bein von medial 70
3.5 Bein von ventral 71
3.6 Kniekehle 71
3.7 Bein von dorsal 71
3.8 Fuß von lateral 72
3.9 Fuß von dorsal 72
3.10 Planta pedis 72
3.11 Dorsum pedis 72
3.12 Fuß von medial 72
3.13 Intragluteale Injektion 73
3.14 Gefäße von ventral 73
3.15 Arterien auf das Bein projiziert 74
3.16 Venen auf das Bein projiziert 74
3.17 Knochen des Os coxae (Hüfte) und der unteren Extremität von ventral 75
3.18 Knochen des Os coxae und der unteren Extremität von dorsal 75
3.19 Os coxae von medial 76
3.20 Os coxae von lateral 76
3.21 Rechtes Femur von ventral 77
3.22 Rechtes Femur von dorsal 77
3.23 Untere Extremität von ventral 78
3.24 Knochen des Kniegelenks von lateral 78
3.25 Fibula von ventral 79
3.26 Fibula von dorsal 79
3.27 Tibia von ventral 80
3.28 Tibia von dorsal 80
3.29 Fuß von plantar 81
3.30 Fuß von dorsal 82
3.31 Fuß von lateral 83
3.32 Fuß von dorsal 83
3.33 Röntgenbild der rechten Hüfte in Abduktionsstellung (a.-p. Aufnahme) 84
3.34 Röntgenbild des linken Kniegelenks (a.-p. Aufnahme) 84
3.35 Röntgenbild des linken Kniegelenks (seitliche Aufnahme) 85
3.36 Röntgenbild des Sprunggelenks (a.-p. Aufnahme, links) 85
3.37 Röntgenbild der Sprunggelenke von schräg 86
3.38 Röntgenbild des rechten Sprunggelenks von der Seite 86
3.39 Röntgenbild Coxa valga 87
3.40 Schaftachsenfehler 87
3.41 Rechtes Kniegelenk von ventral 88
3.42 Rechtes Kniegelenk von lateral 88
3.43 Rechtes Kniegelenk von ventral 89
3.44 Rechtes Kniegelenk von dorsal 89
3.45 Rechte Tibia mit den Menisci von kranial . 90
3.46 Horizontalschnitt durch das linke Kniegelenk 90
3.47 Schädigungen im Kniegelenk 91
3.48 Schubladenzeichen 91
3.49 Bandapparat des Unterschenkels 92
3.50 Sprunggelenke von dorsal 92
3.51 Bänder des Fußes von plantar 93
3.52 Bänder des Fußes von medial 94
3.53 Bänder des Fußes von lateral 94
3.54 Fußdeformitäten 95
3.55 Flachschnitt durch das untere Sprunggelenk 95
3.56 Lenden- und Beckenmuskeln von ventral 96
3.57 Mittlere Schicht der Hüftmuskeln von dorsal 97
3.58 Tiefe Schicht der Hüftmuskeln von dorsal 97
3.59 Frontalschnitt durch das Hüftgelenk 98
3.60 Becken- und Oberschenkelmuskeln von medial 99
3.61 Obere Schicht der Oberschenkelmuskeln von ventral 100
3.62 Obere Schicht der Oberschenkelmuskeln von ventral ohne den M. sartorius 100
3.63 Tiefe Schicht der Oberschenkelmuskeln von ventral 101
3.64 Obere Schicht der Oberschenkelmuskeln von medial 101
3.65 Obere Schicht der Oberschenkelmuskeln von lateral 102
3.66 Obere Schicht der Oberschenkelmuskeln von dorsal 102
3.67 Mittlere Schicht der Oberschenkelmuskeln von dorsal 103

3.68 Tiefe Schicht der Oberschenkelmuskeln von dorsal 104
3.69 Frontalschnitt durch das Kniegelenk 105
3.70 Sagittalschnitt durch das Kniegelenk 105
3.71 Kernspintomogramm des Kniegelenks (quer) 106
3.72 Kernspintomogramm des Kniegelenks (sagittal) 106
3.73 Muskulatur des rechten Unterschenkels von lateral 107
3.74 Muskulatur des rechten Unterschenkels von medial 108
3.75 Muskulatur des rechten Unterschenkels von ventral 109
3.76 Obere Schicht der Muskulatur des rechten Unterschenkels von dorsal 109
3.77 Mittlere Schicht der Muskulatur des rechten Unterschenkels von dorsal 110
3.78 Tiefe Schicht der Muskulatur des rechten Unterschenkels von dorsal 110
3.79 Fußrückenmuskulatur des rechten Fußes 111
3.80 Plantaraponeurose der rechten Fußsohle 112
3.81 Oberflächliche Schicht der rechten Fußsohlenmuskulatur 112
3.82 Mittlere Schicht der rechten Fußsohlenmuskulatur 113
3.83 Sagittalschnitt durch den linken Fuß 113
3.84 Frontalschnitt in Höhe der Sprunggelenke durch den rechten Fuß 114
3.85 Sehnenscheiden des rechten Fußes von dorsal (Fußrücken) 115
3.86 Sehnenscheiden des rechten Fußes von lateral 116
3.87 Sehnenscheiden des rechten Fußes von medial 116
3.88 Schleimbeutel der tiefen rechten Hüftregion von dorsal 117
3.89 Schleimbeutel des rechten Kniegelenks von ventral 118
3.90 Schleimbeutel des rechten Kniegelenks von dorsal 118
3.91 Oberflächliche Blutgefäße und Nerven der unteren Extremität von ventral 119
3.92 Oberflächliche Blutgefäße und Nerven der unteren Extremität von dorsal 119
3.93 Seitenansicht des Beckens mit derLacuna musculorum und Lacuna vasorum 120
3.94 Gefäße und Nerven der rechten Beckenhälfte von medial 121
3.95 Gefäße und Nerven im Bereich der rechten Gesäßregion 122
3.96 Hiatus saphenus 122
3.97 Gefäße und Nerven im Bereich des Oberschenkels von ventral 123
3.98 Gefäße und Nerven im Bereich des Oberschenkels nach Entfernung des M. sartorius von ventral 123
3.99 Gefäße und Nerven im Bereich des Oberschenkels von dorsal 124
3.100 Gefäße und Nerven im Bereich der tiefen Schicht des Oberschenkels von dorsal 124
3.101 Gefäße und Nerven in der Kniekehle von dorsal 125
3.102 Gefäße und Nerven des Unterschenkels nach Entfernung des M. gastrocnemius von dorsal 126
3.103 Gefäße und Nerven der tiefen Schicht des Unterschenkels von dorsal 126
3.104 Gefäße und Nerven auf dem Fußrücken .. 127
3.105 Gefäße und Nerven des Fußes von medial 128
3.106 Gefäße und Nerven des Fußes von plantar 128
3.107 Hautinnervation des rechten Beins von ventral 129
3.108 Hautinnervation des rechten Beins von dorsal 129
3.109 Querschnitt etwa 10 cm unterhalb der Spina iliaca anterior superior 130
3.110 Darstellung der Höhe der Querschnitte ... 131
3.111 Querschnitt durch das rechte Bein am Übergang zur Hüfte (von kaudal) 131
3.112 Querschnitt durch das obere Drittel des rechten Oberschenkels (von kaudal) .. 132
3.113 Querschnitt durch das mittlere Drittel des rechten Oberschenkels (von kaudal) .. 132
3.114 Querschnitt durch das untere Drittel des rechten Oberschenkels (von kaudal) .. 133
3.115 Querschnitt durch das rechte Kniegelenk (von kaudal) 133
3.116 Querschnitt durch das obere Drittel des rechten Unterschenkels (von kaudal) .. 134
3.117 Querschnitt durch das mittlere Drittel des rechten Unterschenkels (von kaudal) .. 134
3.118 Querschnitt durch das untere Drittel des rechten Unterschenkels (von kaudal) .. 135
3.119 Querschnitt durch den Fuß 135

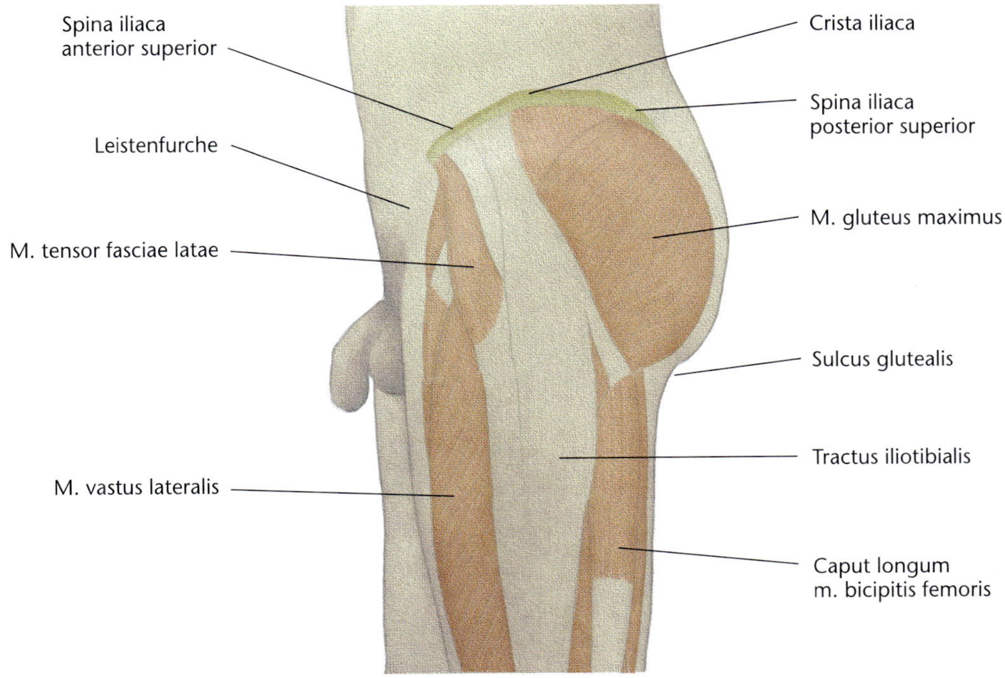

Abb. 3.1 Hüfte von lateral.

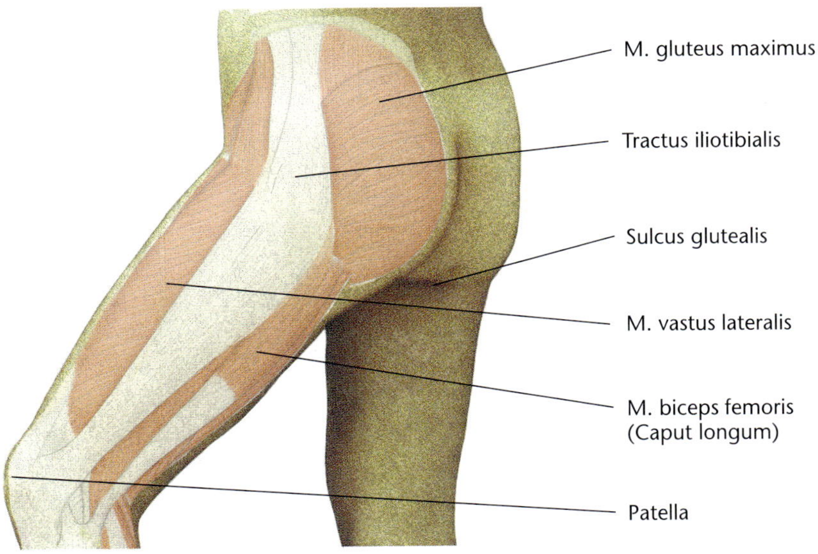

Abb. 3.2 Hüfte von lateral.

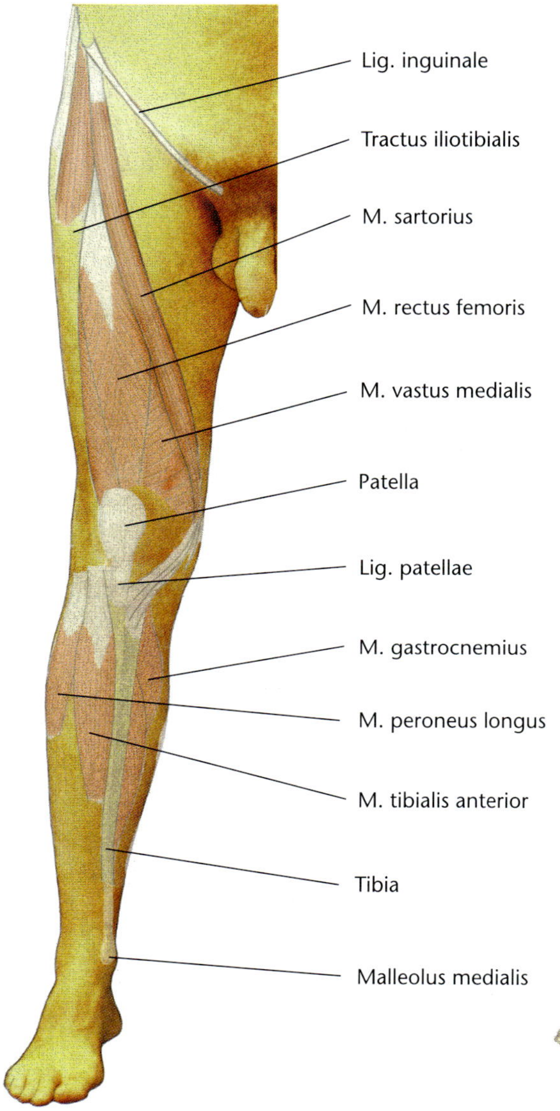

Abb. 3.3 Bein von ventral.

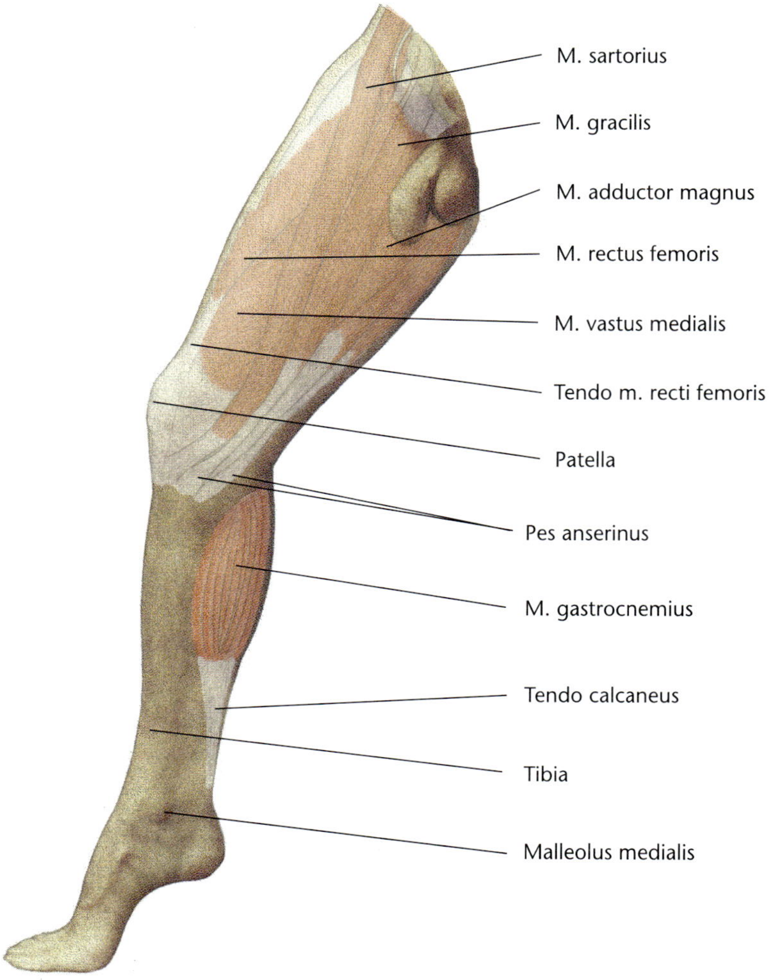

Abb. 3.4 Bein von medial.

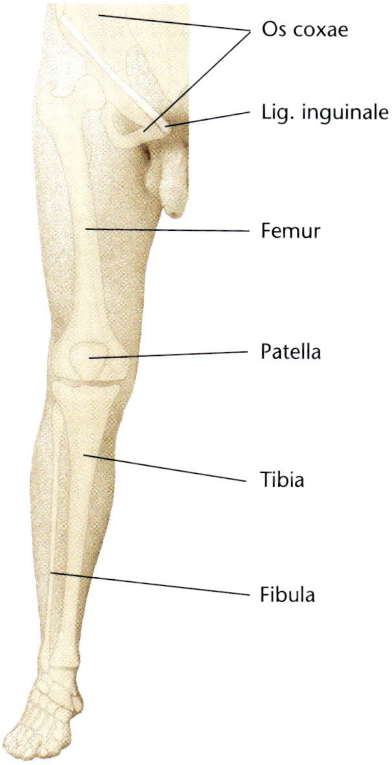

Abb. 3.5 Bein von ventral.

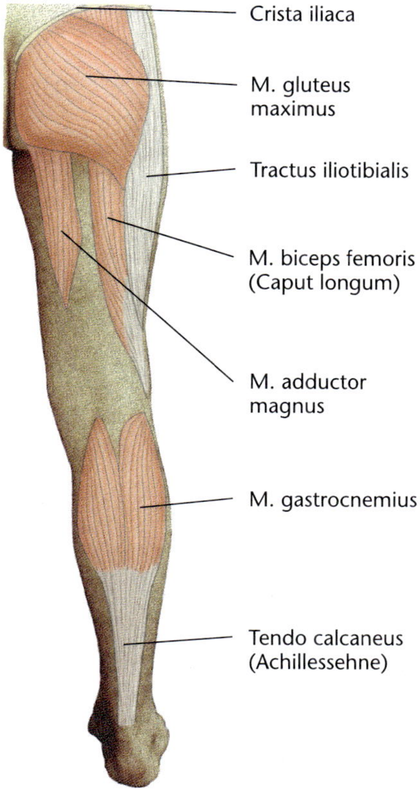

Abb. 3.7 Bein von dorsal.

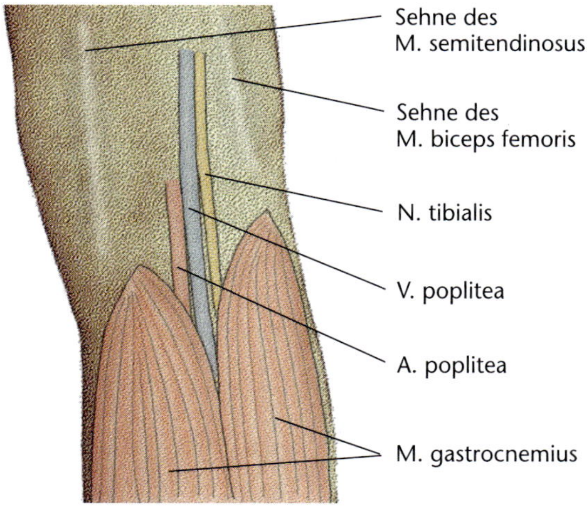

Abb. 3.6 Kniekehle.

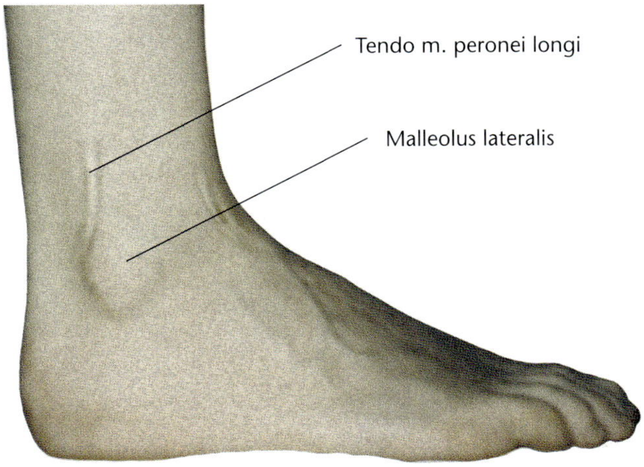

Abb. 3.8 Fuß von lateral.

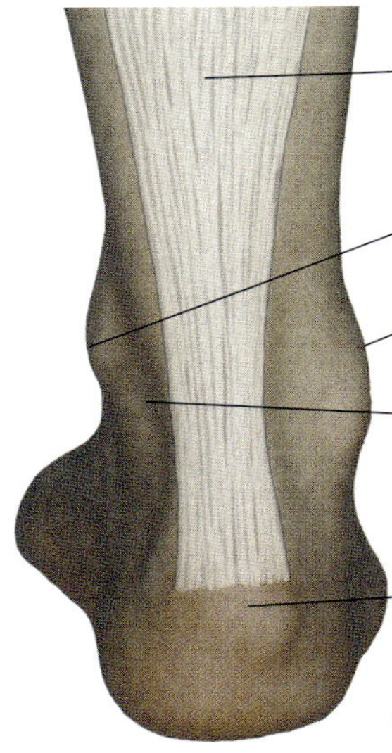

Abb. 3.9 Fuß von dorsal.

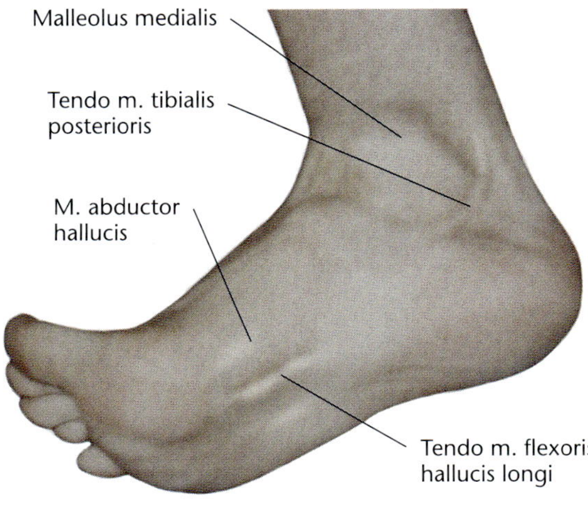

Abb. 3.10 Planta pedis.

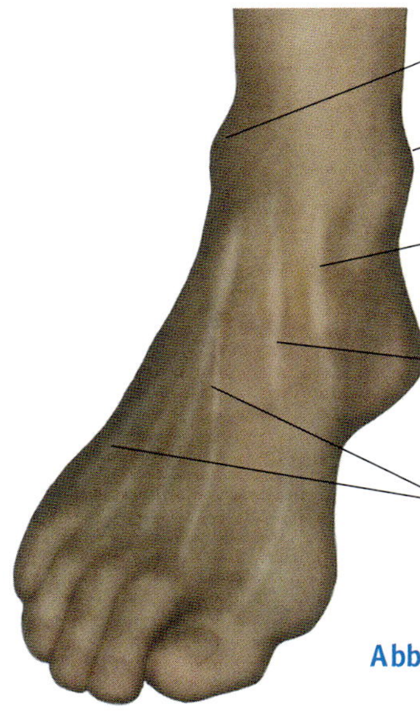

Abb. 3.11 Dorsum pedis.

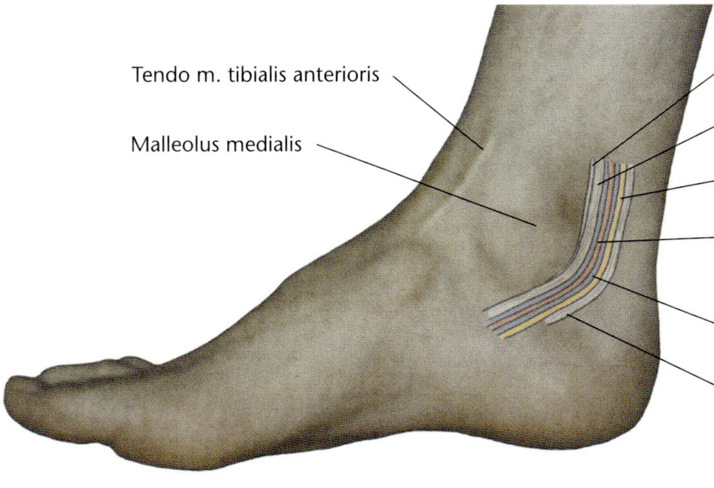

Abb. 3.12 Fuß von medial.

KLINIK

Bei der intraglutealen Injektion darf nicht in den M. gluteus maximus injiziert werden, da in diesem Bereich der N. ischiadicus und der N. gluteus superior verlaufen.

Als Hilfskonstrukt für die Austrittsstellen dient das Orientierungsdreieck.

Bei einem Drittel der Strecke Spina iliaca posterior superior/Trochanter major tritt der N. gluteus superior aus. Bei etwa der Hälfte der Strecke Spina iliaca posterior superior/Tuber ischiadicum tritt der N. ischiadicus aus.

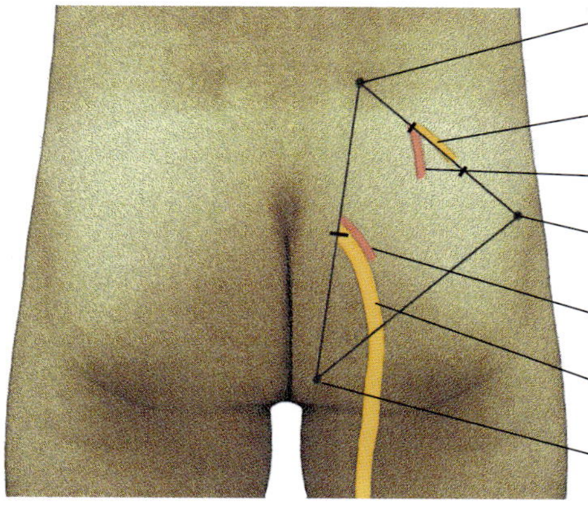

Abb. 3.13 Intragluteale Injektion.

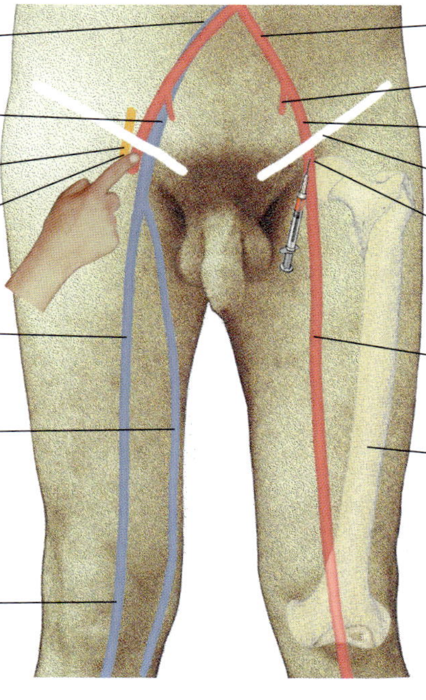

Abb. 3.14 Gefäße von ventral.

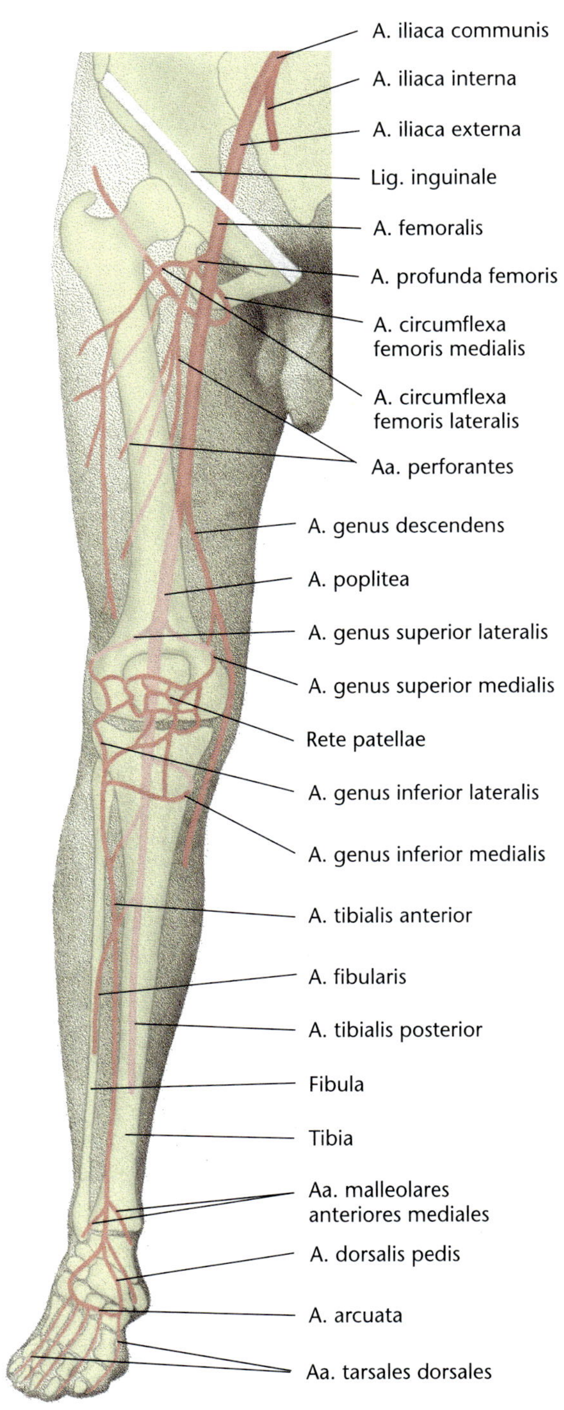

Abb. 3.15 Arterien auf das Bein projiziert.

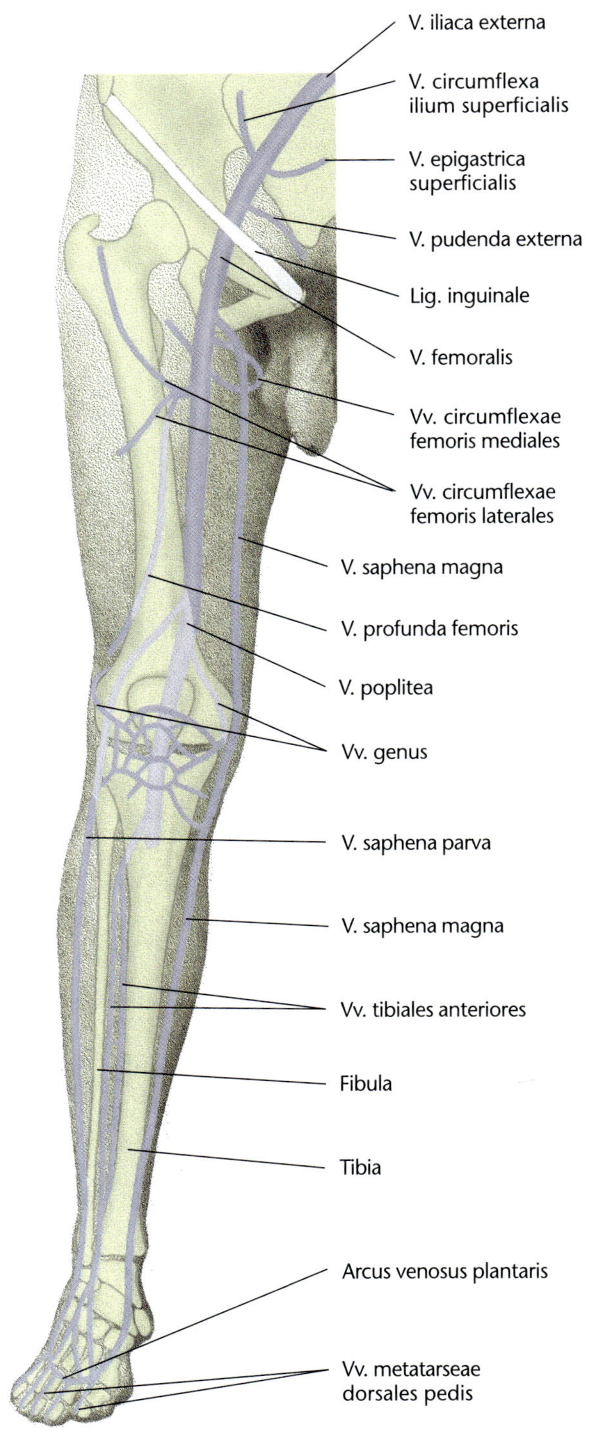

Abb. 3.16 Venen auf das Bein projiziert.

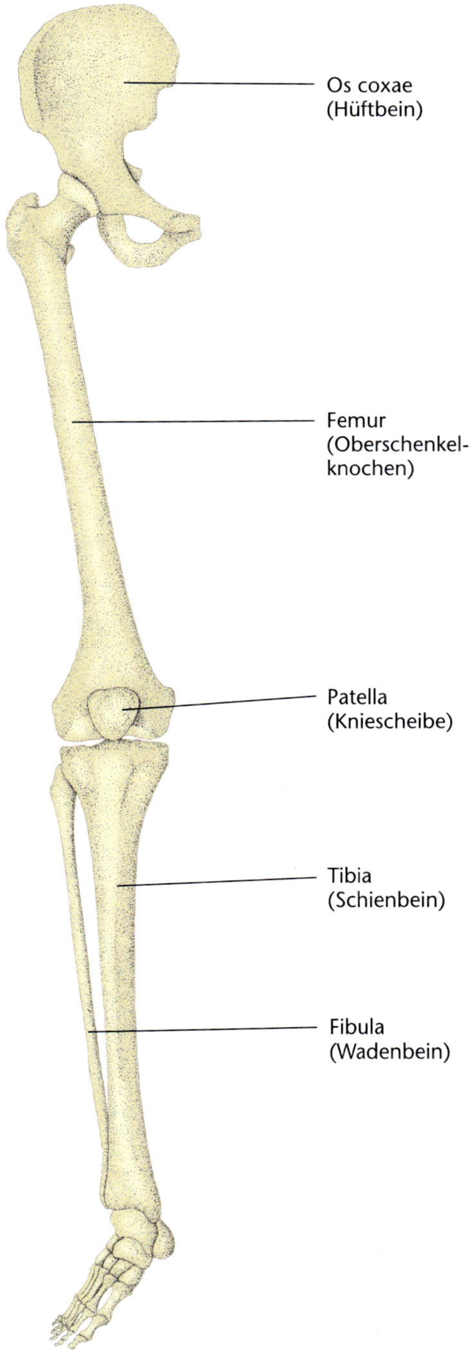

Abb. 3.17 Knochen des Os coxae (Hüfte) und der unteren Extremität von ventral.

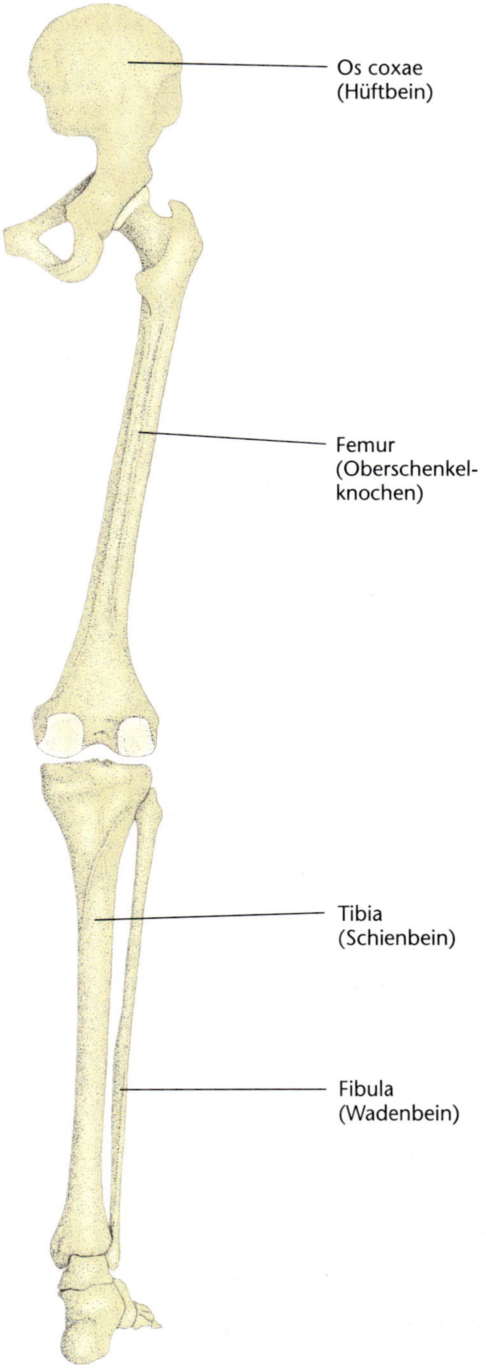

Abb. 3.18 Knochen des Os coxae und der unteren Extremität von dorsal.

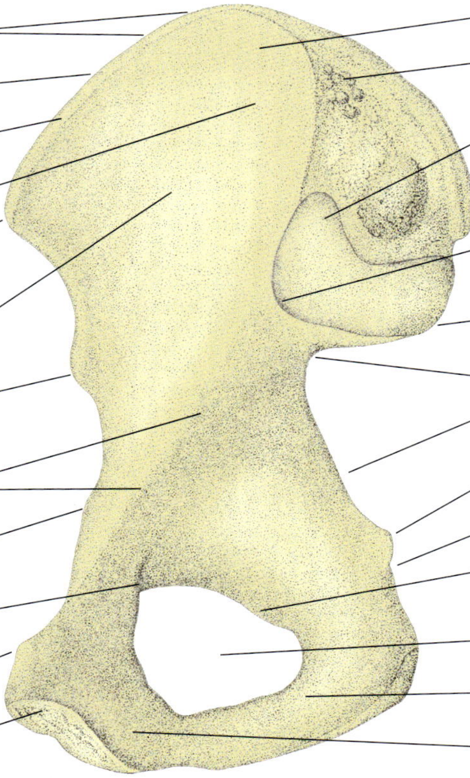

Abb. 3.19 Os coxae von medial.

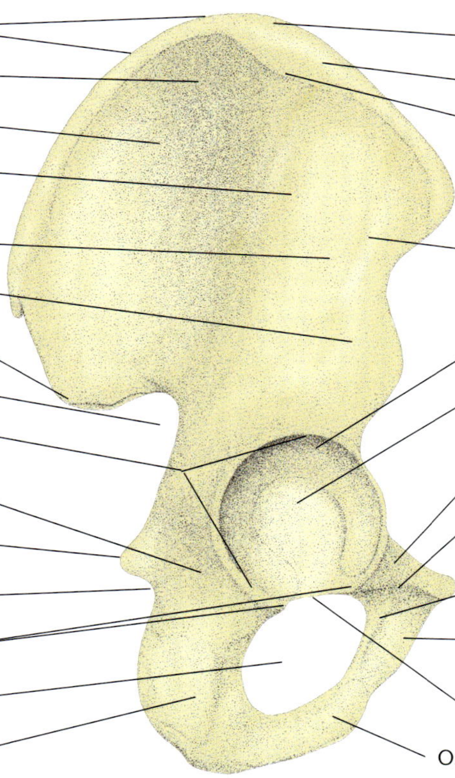

Abb. 3.20 Os coxae von lateral.

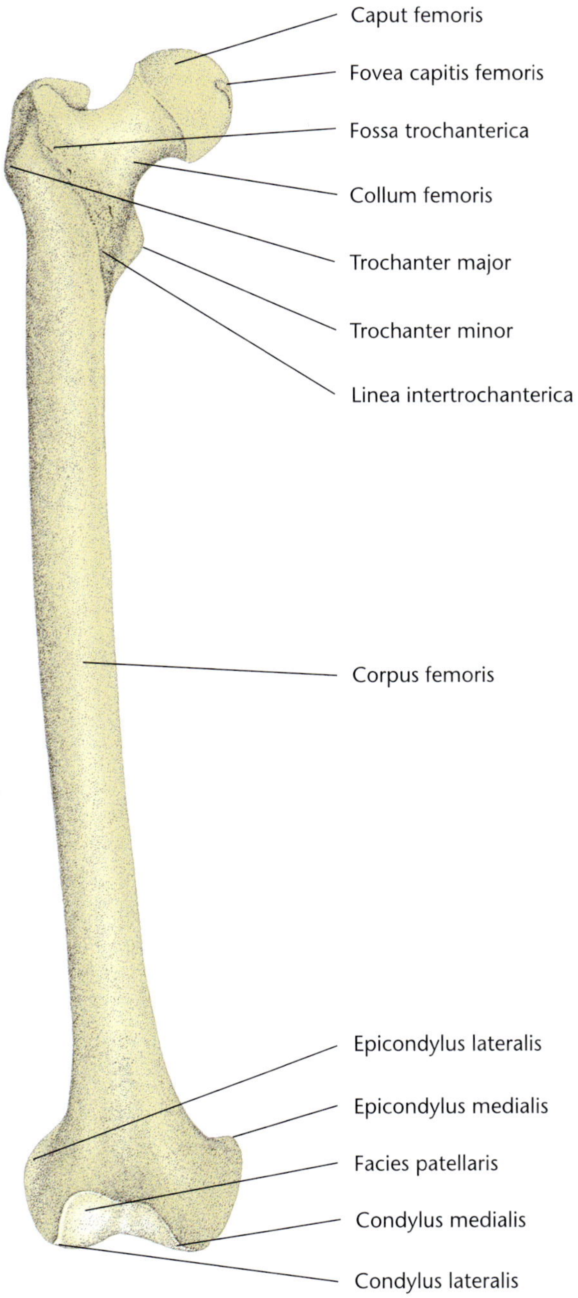

Abb. 3.21 Rechtes Femur von ventral.

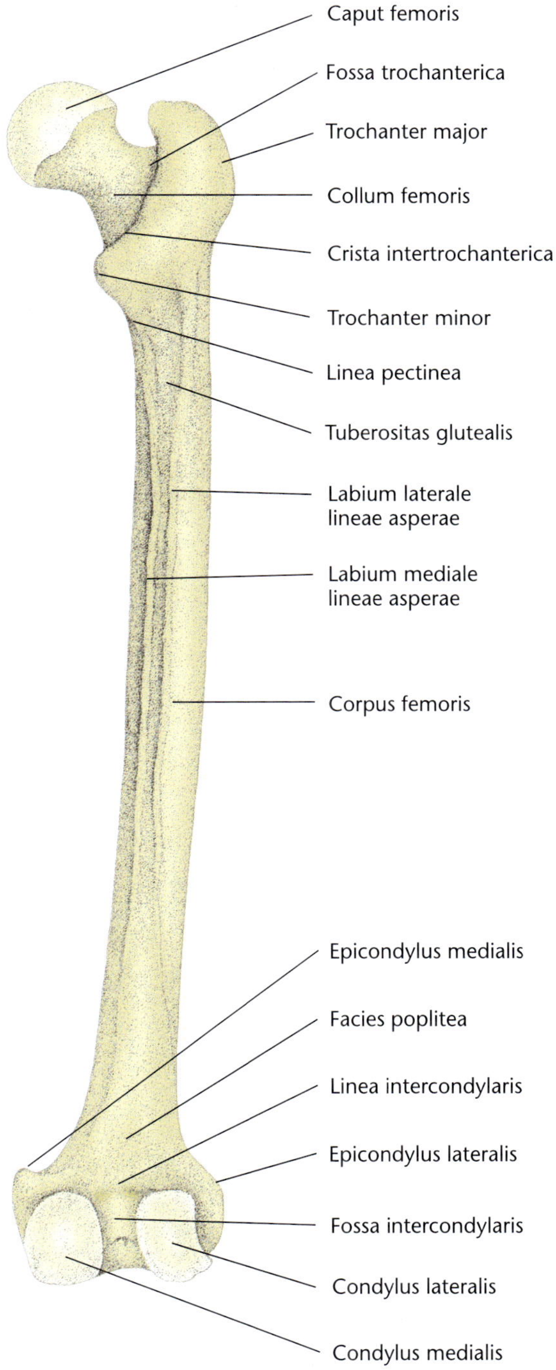

Abb. 3.22 Rechtes Femur von dorsal.

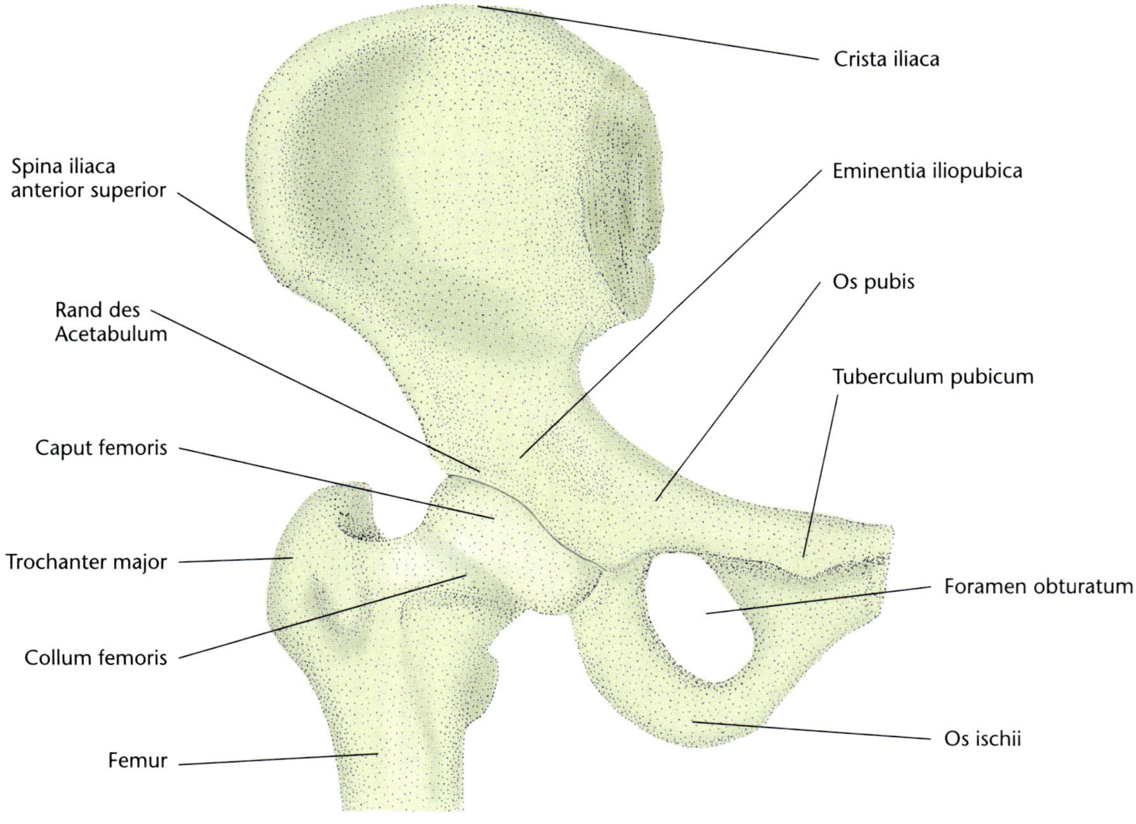

Abb. 3.23 Untere Extremität von ventral.

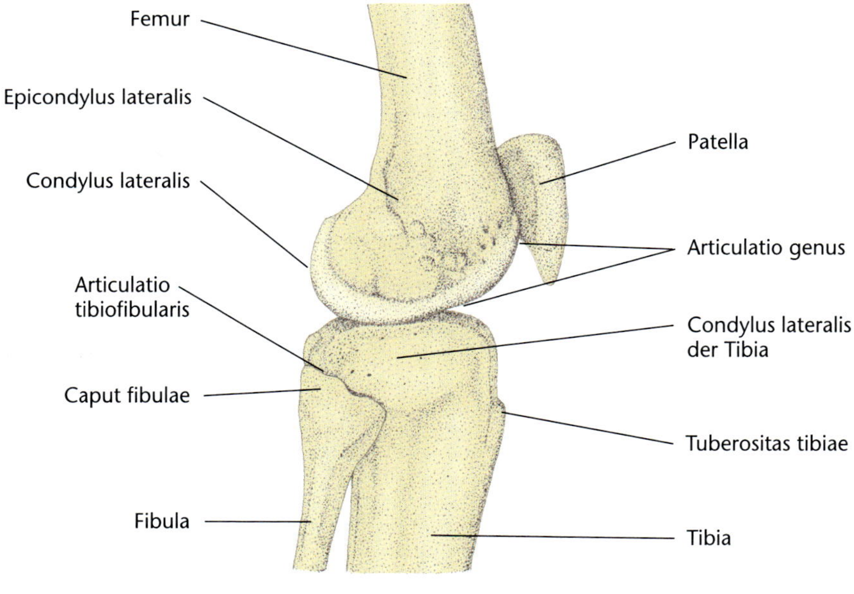

Abb. 3.24 Knochen des Kniegelenks von lateral.

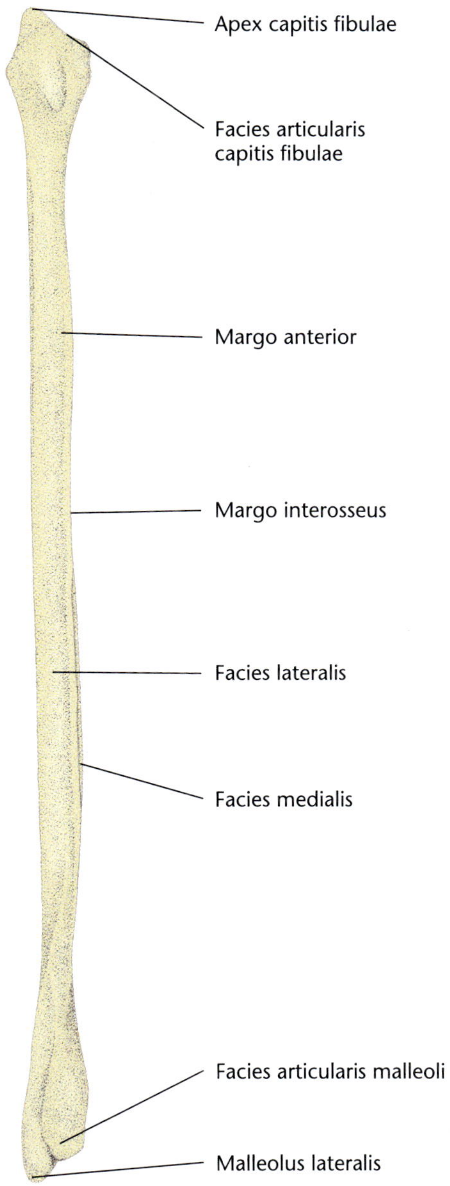

Abb. 3.25 Fibula von ventral.

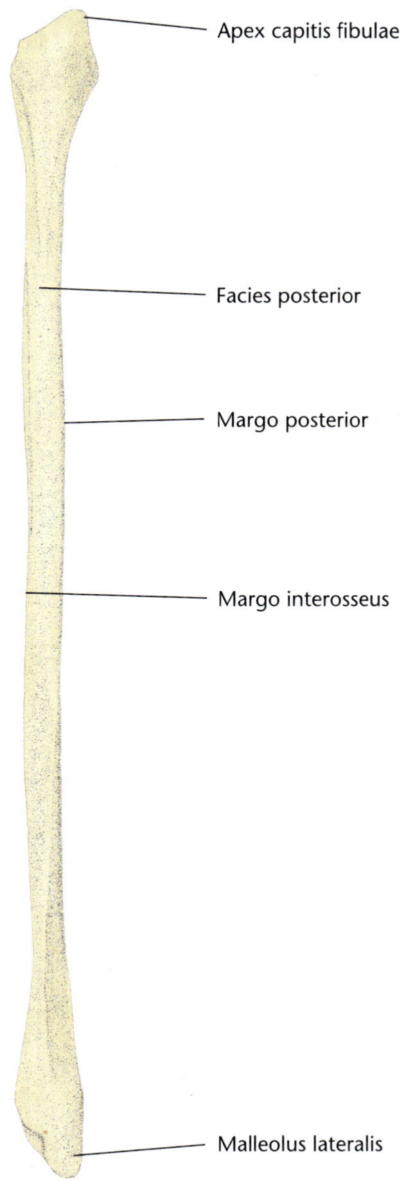

Abb. 3.26 Fibula von dorsal.

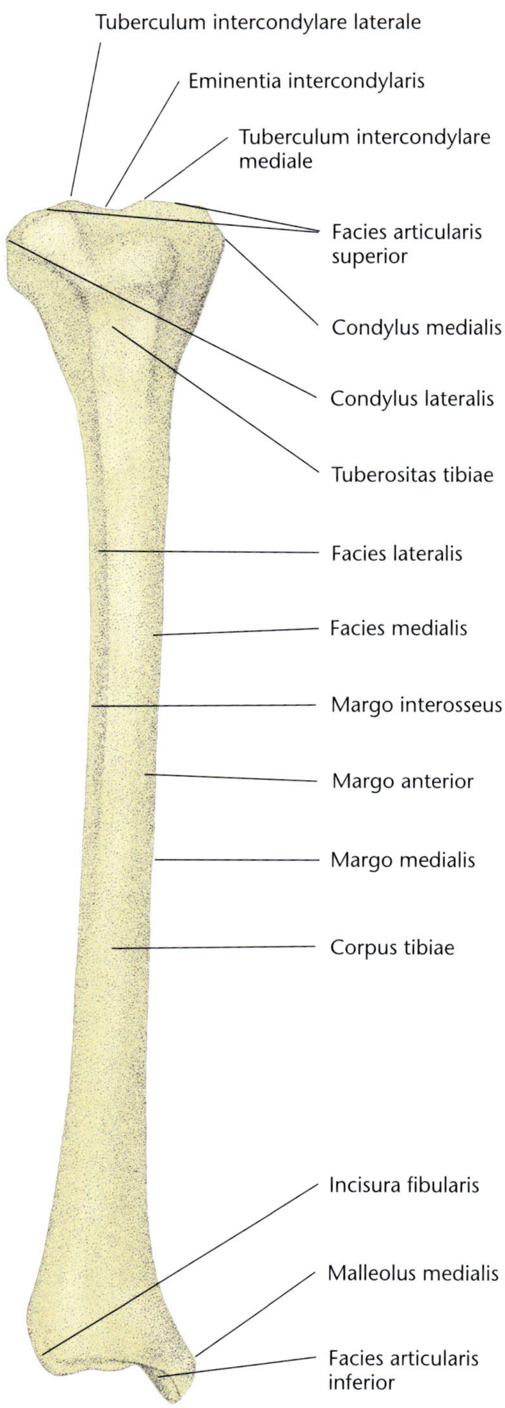

Abb. 3.27 Tibia von ventral.

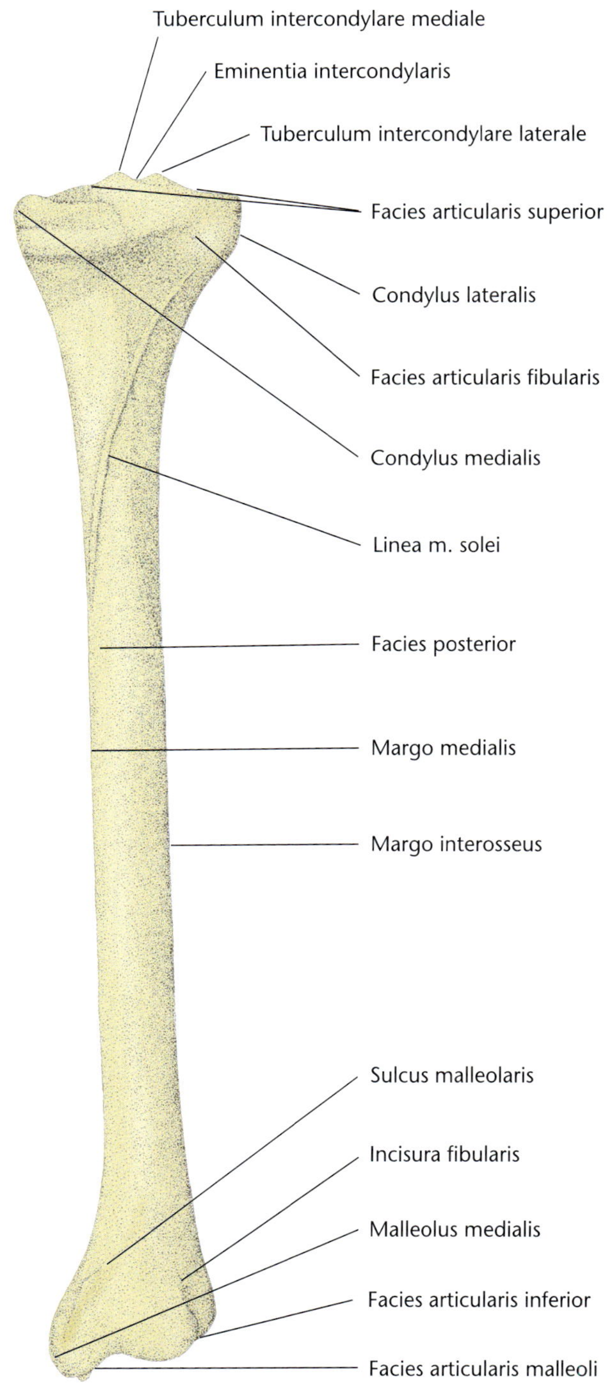

Abb. 3.28 Tibia von dorsal.

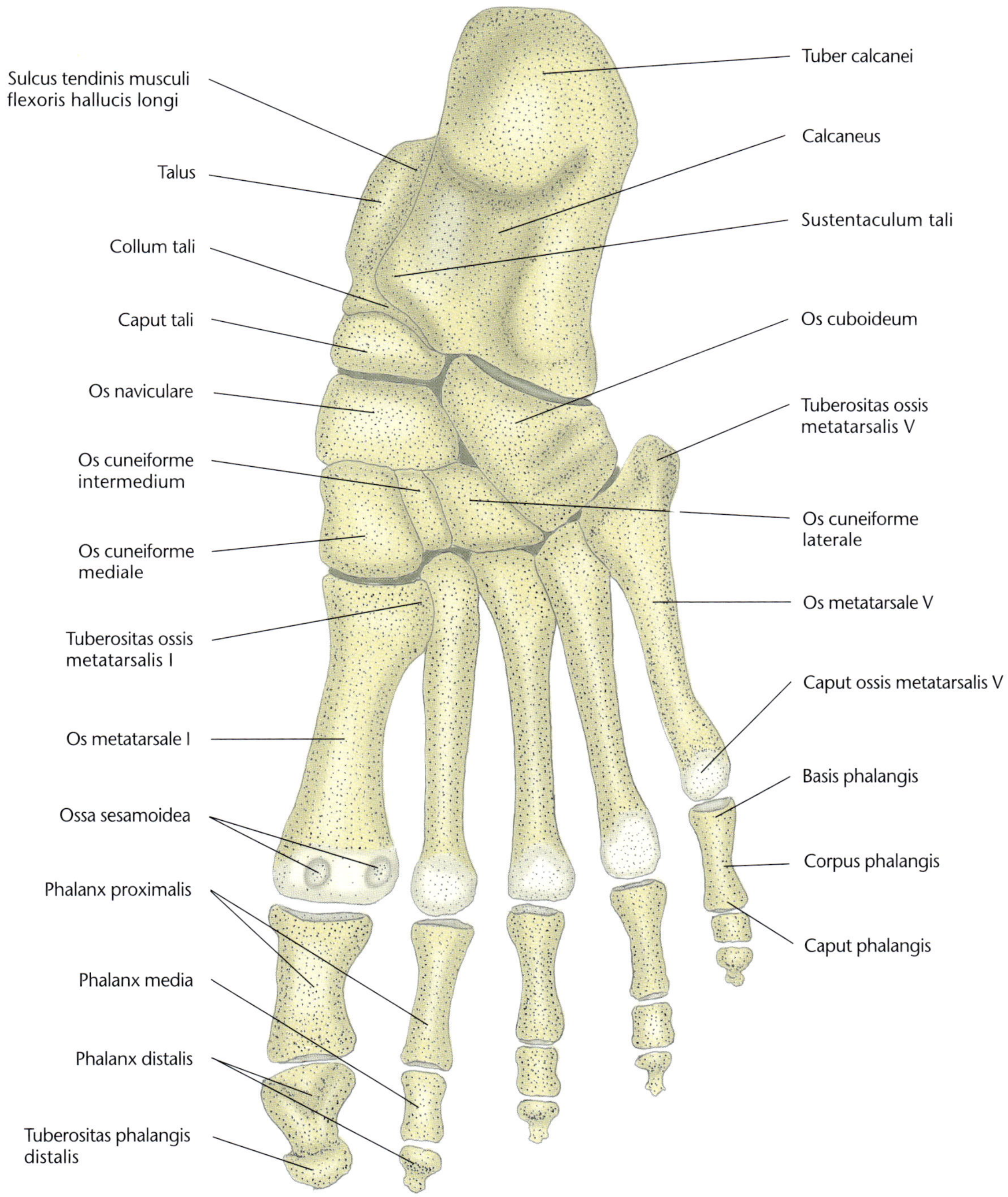

Abb. 3.29 Fuß von plantar.

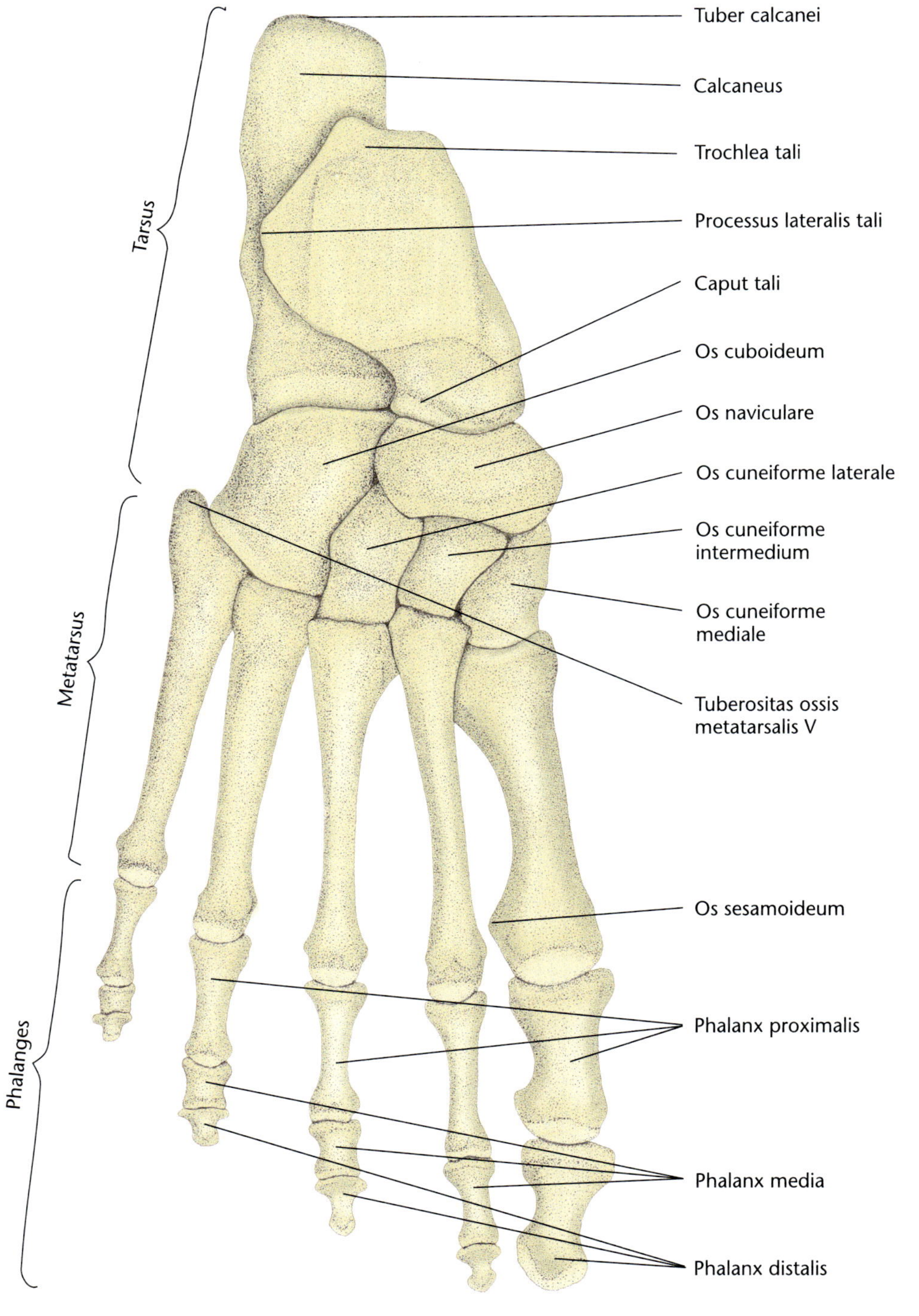

Abb. 3.30 Fuß von dorsal.

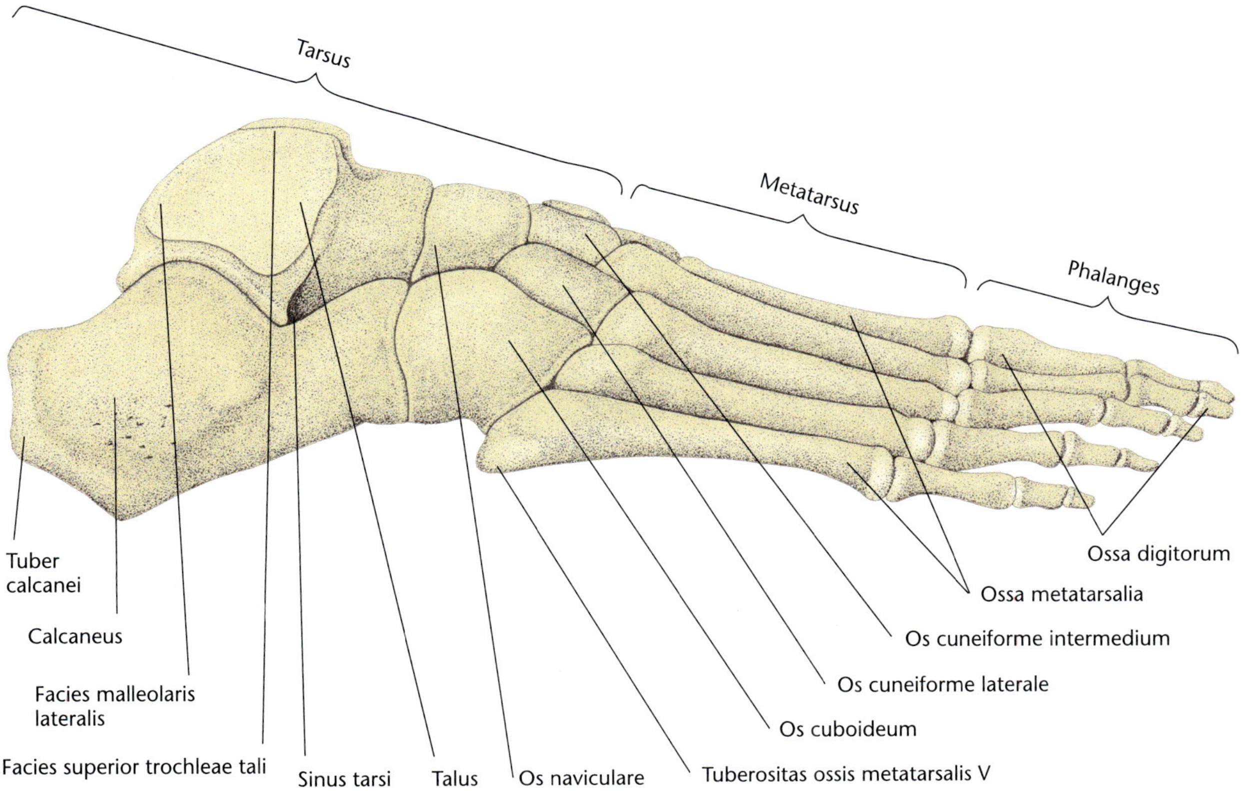

Abb. 3.31 Fuß von lateral.

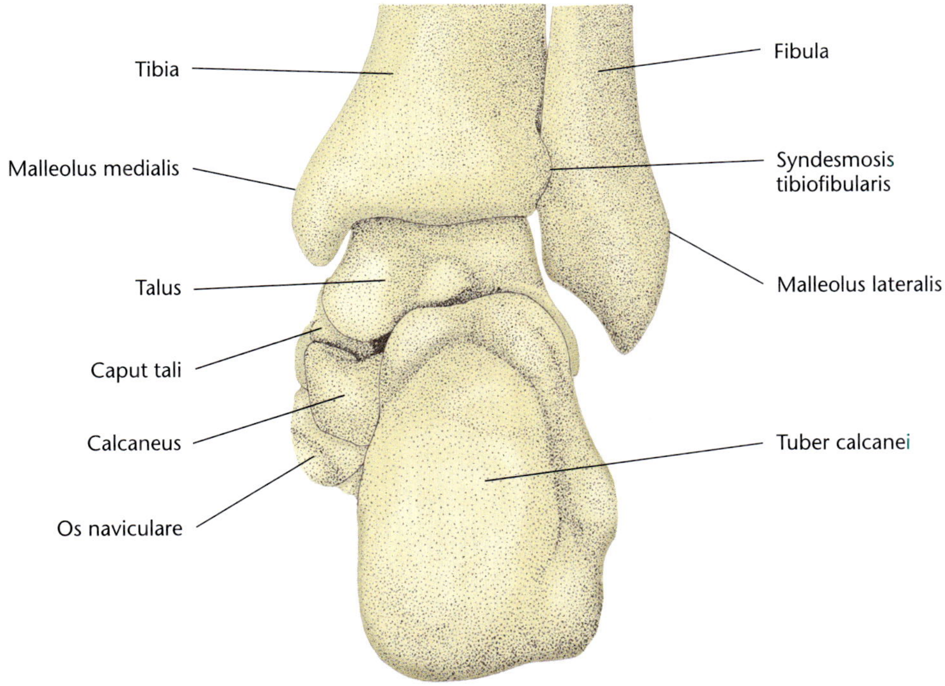

Abb. 3.32 Fuß von dorsal.

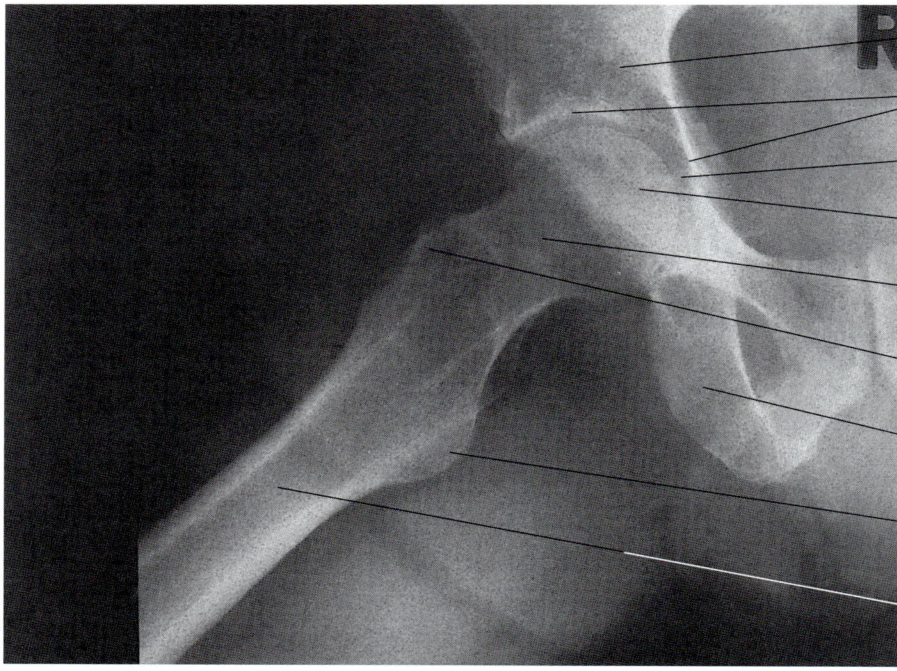

Abb. 3.33 Röntgenbild der rechten Hüfte in Abduktionsstellung (a.-p. Aufnahme).

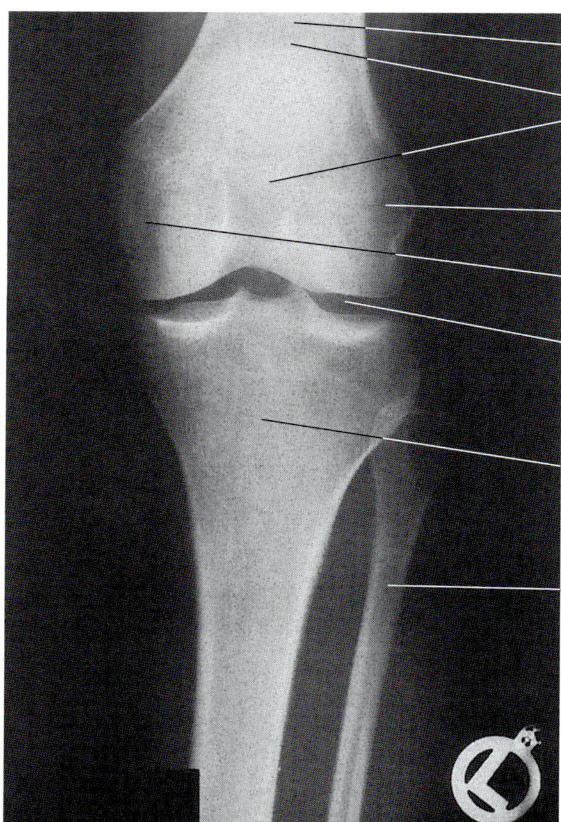

Abb. 3.34 Röntgenbild des linken Kniegelenks (a.-p. Aufnahme).

KLINIK

Die Aufnahme zeigt das linke Kniegelenk, weil bei einer a.-p. Aufnahme die Fibula auf der linken Körperseite liegt (rechts unten im Bild ist das auch durch die L-Marke gekennzeichnet).

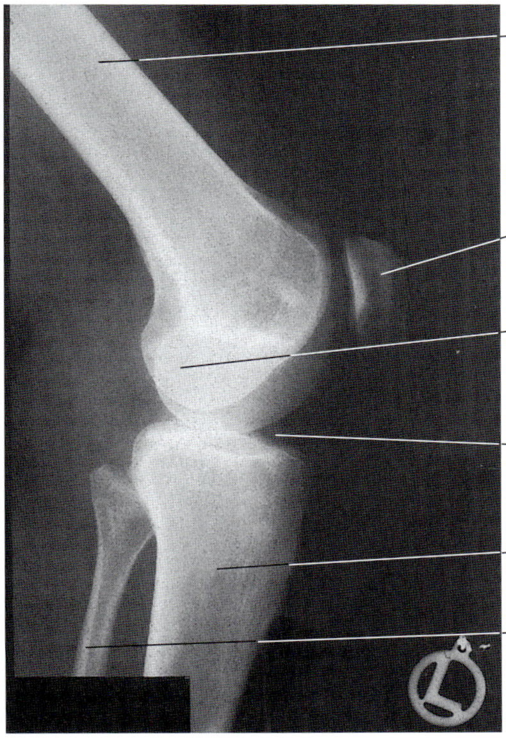

Abb. 3.35 Röntgenbild des linken Kniegelenks (seitliche Aufnahme).

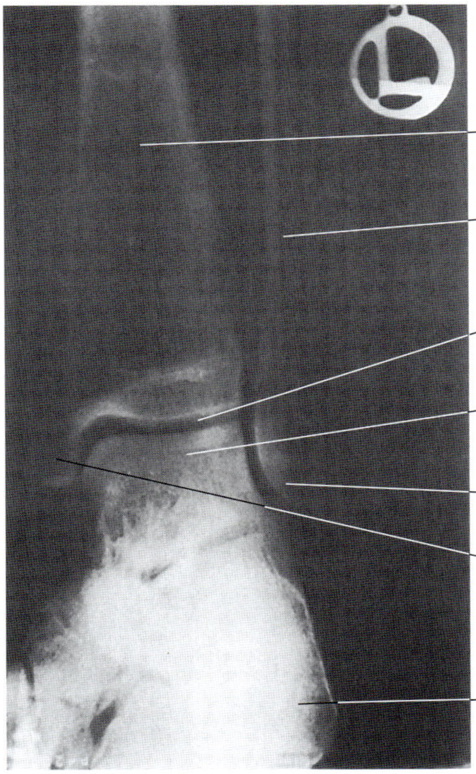

Abb. 3.36 Röntgenbild des Sprunggelenks (a.-p. Aufnahme, links).

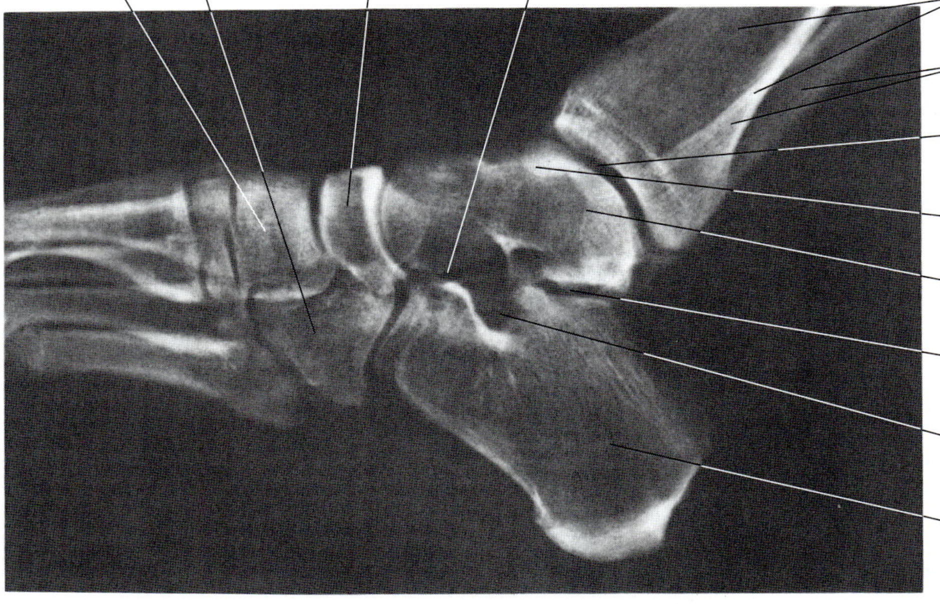

Abb. 3.37 Röntgenbild der Sprunggelenke von schräg.

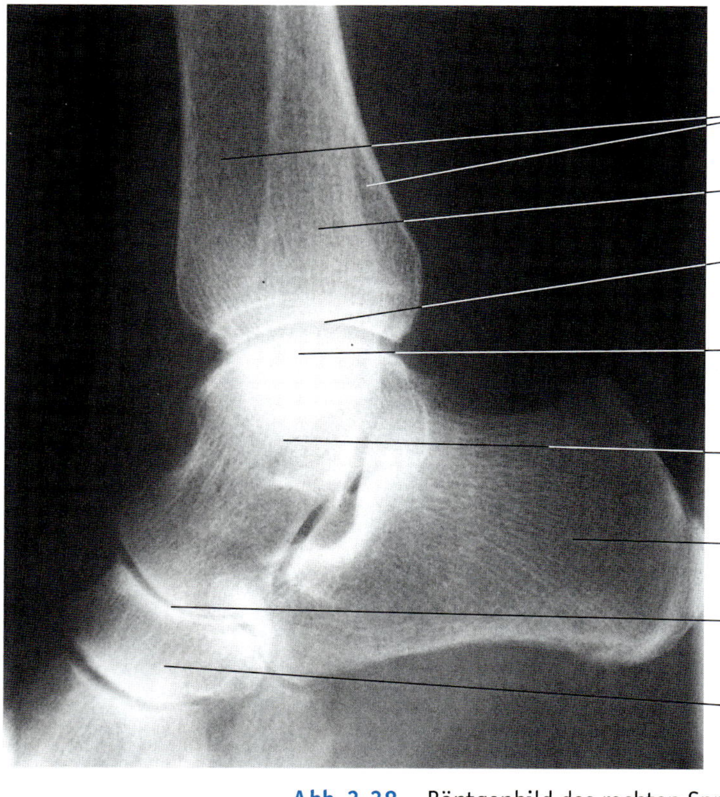

Abb. 3.38 Röntgenbild des rechten Sprunggelenks von der Seite.

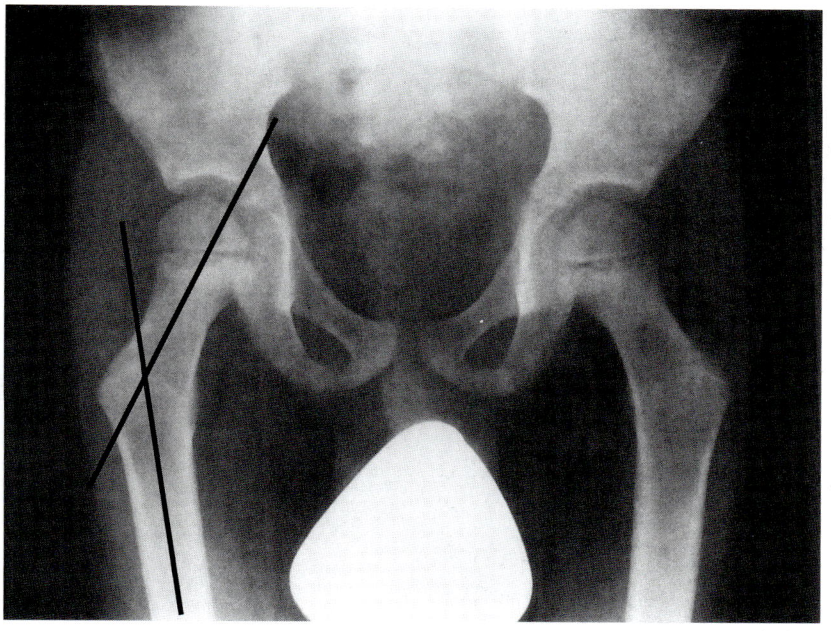

Abb. 3.39 Röntgenbild Coxa valga.

Klinik

Der Winkel, der zwischen dem Collum und der Diaphyse des Femur geschlagen werden kann, wird als Kollodiaphysenwinkel (CCD-Winkel) bezeichnet.

Ist er beim Erwachsenen kleiner als 120°, so liegt eine Coxa vara vor, ist er größer als 140°, wird dies als Coxa valga bezeichnet.

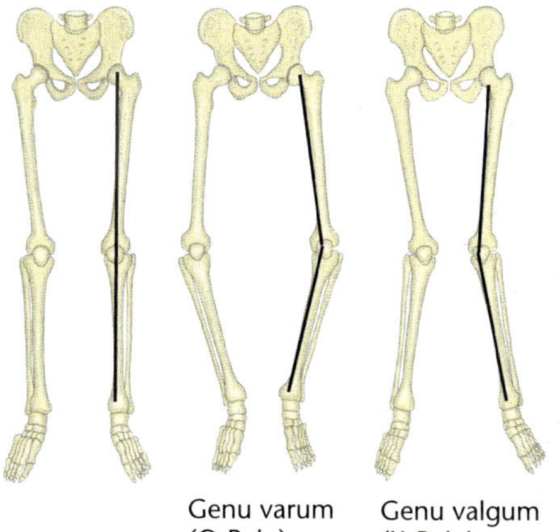

Abb. 3.40 Schaftachsenfehler.

Klinik

Die Schaftachse des Femur bildet mit der Längsachse der Tibia im Kniegelenk einen nach lateral offenen Winkel von 175°.

Beim Genu valgum ist der Winkel wesentlich kleiner,
beim Genu varum wesentlich größer.
Beim Genu varum liegt die Belastungsachse und damit die Hauptbelastung im medialen Kniebereich,
beim Genu valgum im lateralen Kniebereich.

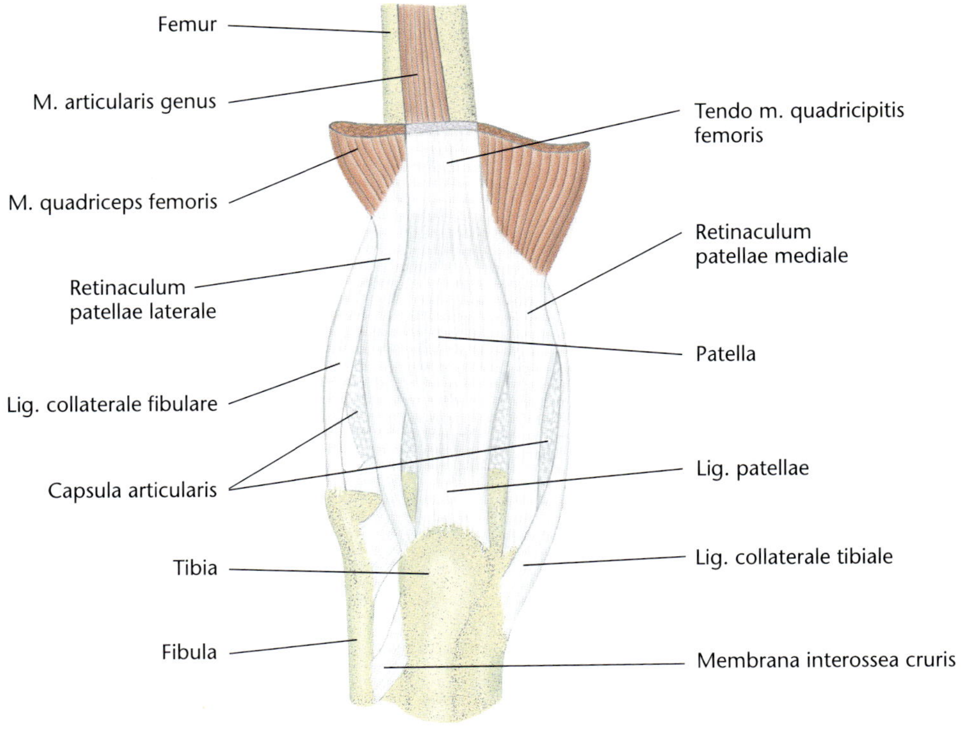

Abb. 3.41 Rechtes Kniegelenk von ventral.

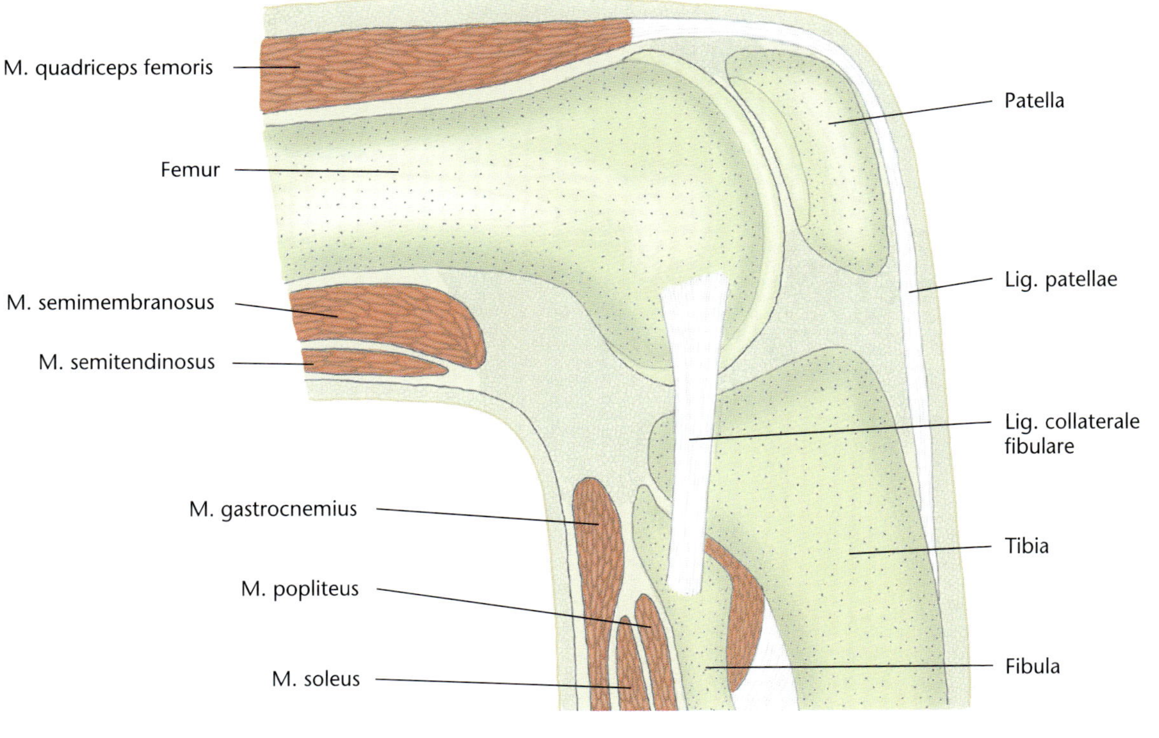

Abb. 3.42 Rechtes Kniegelenk von lateral.

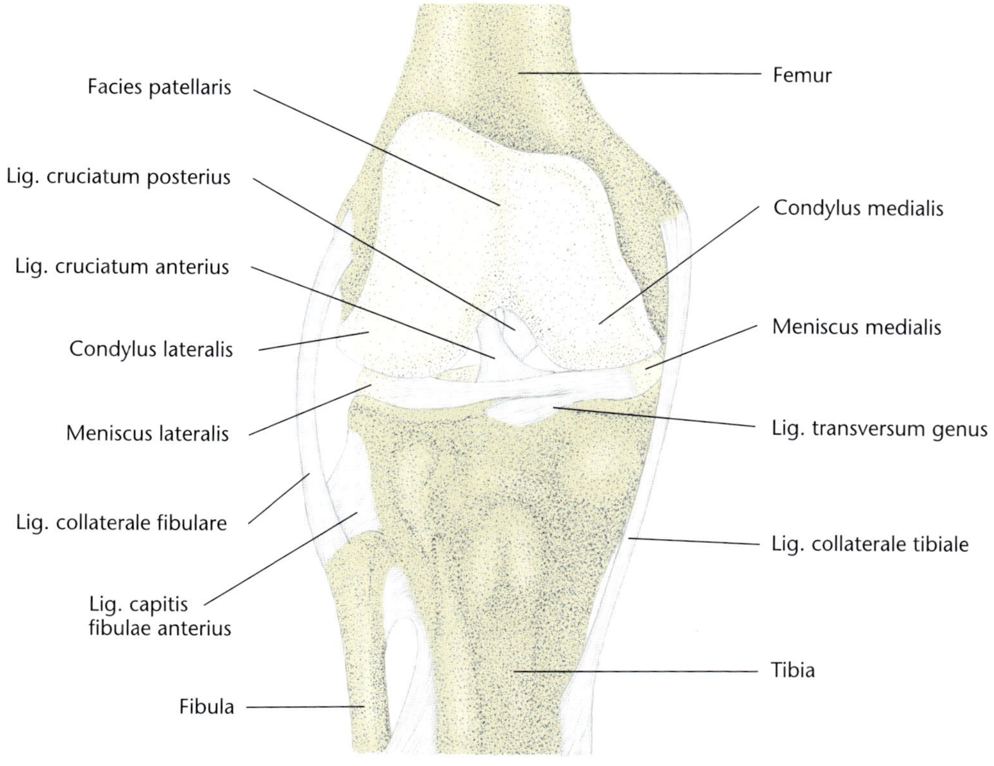

Abb. 3.43 Rechtes Kniegelenk von ventral.

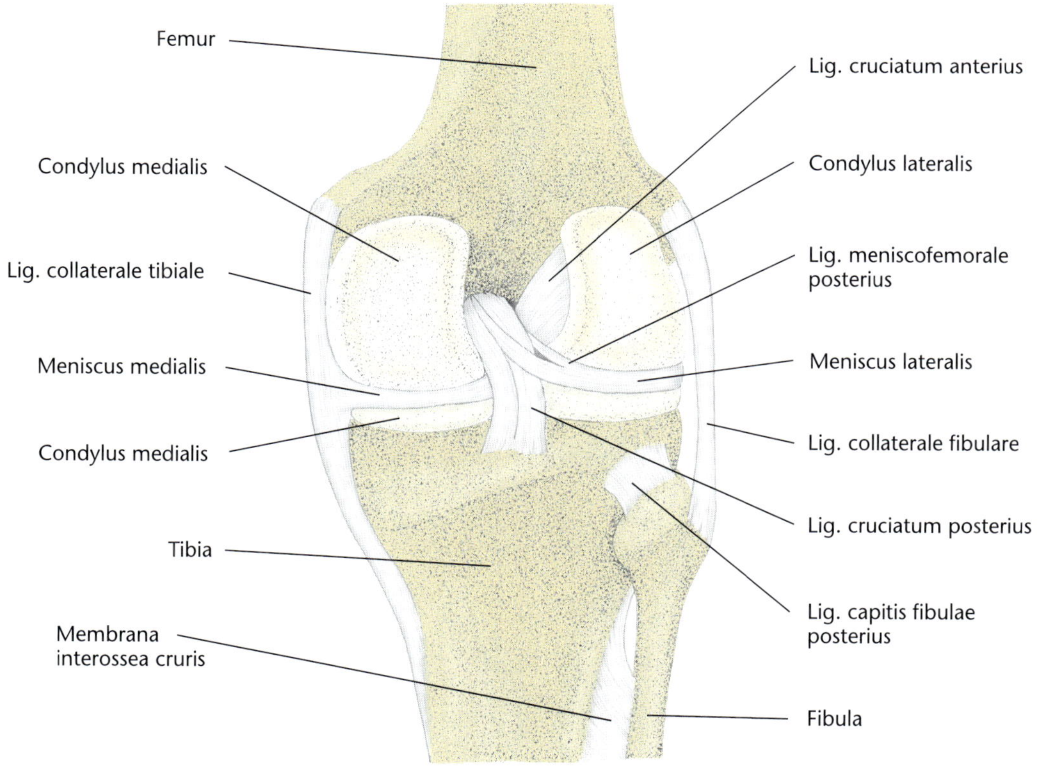

Abb. 3.44 Rechtes Kniegelenk von dorsal.

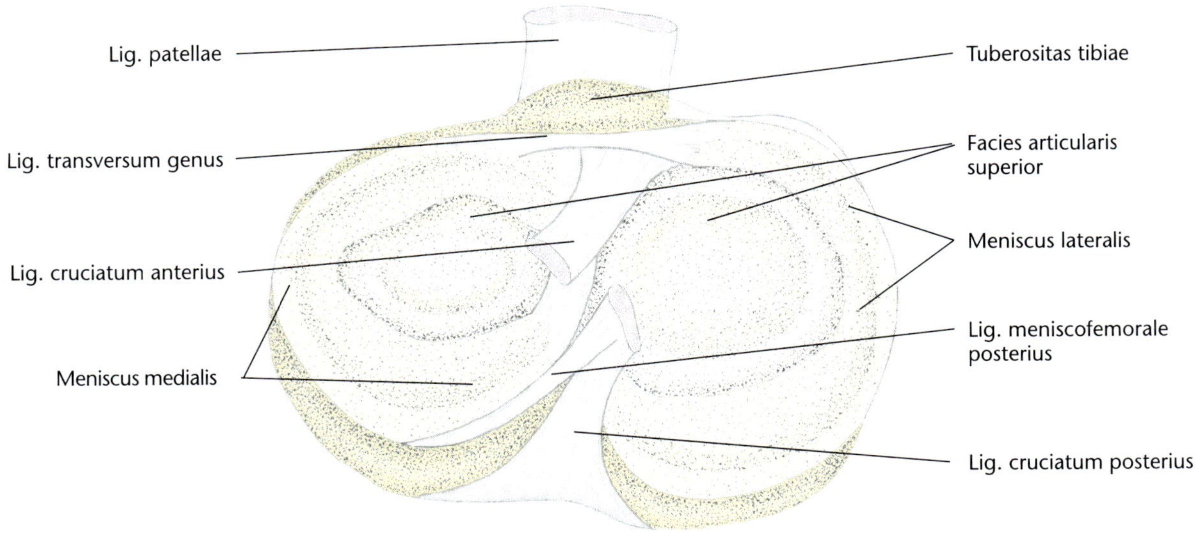

Abb. 3.45 Rechte Tibia mit den Menisci von kranial.

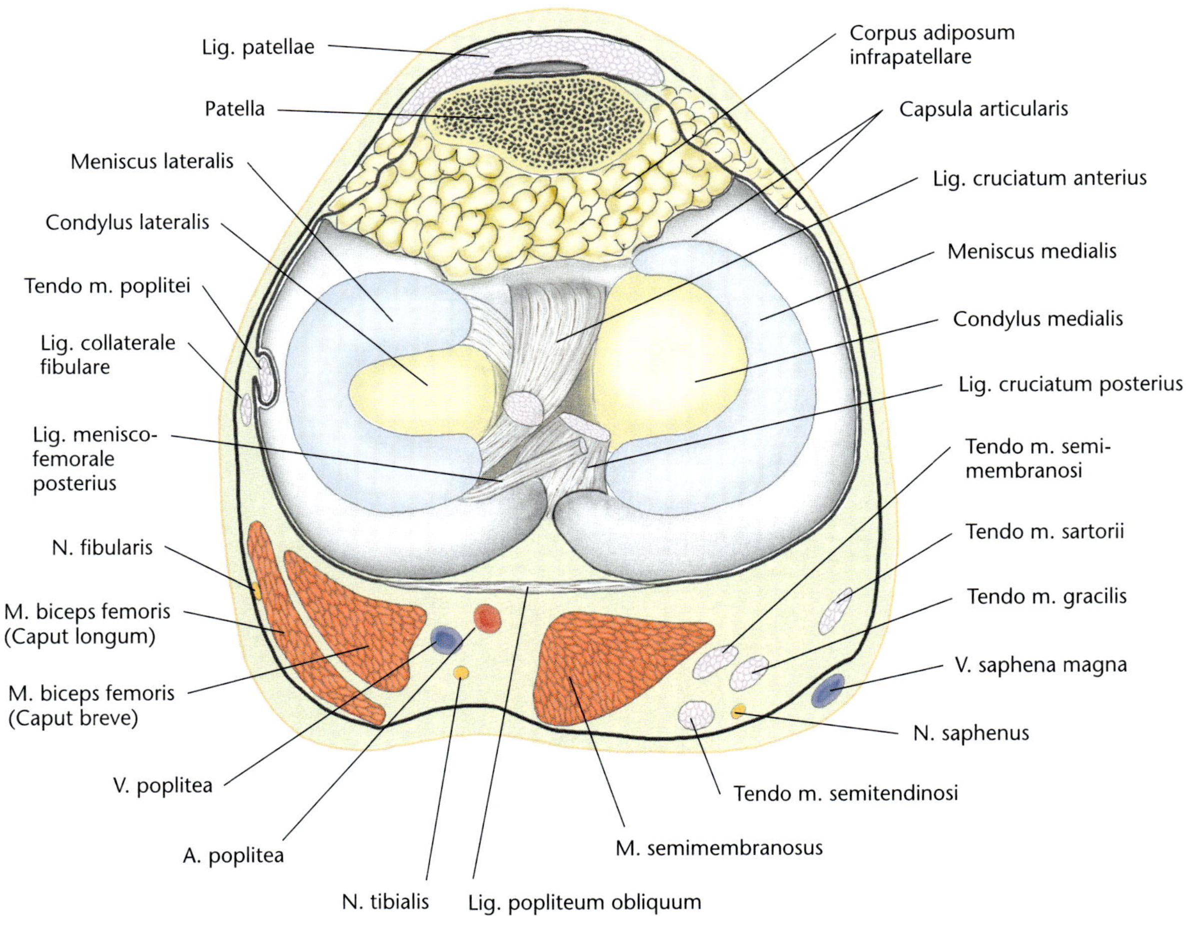

Abb. 3.46 Horizontalschnitt durch das linke Kniegelenk.

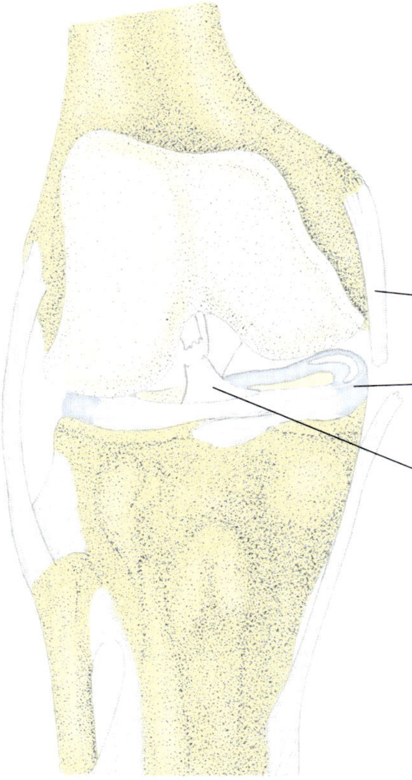

Klinik

Durch ein abruptes Verdrehen im Kniebereich kann es zum
- Meniskusabriss,
- Innenbandriss = Abriss des Lig. collaterale tibiale (mediales Seitenband),
- Außenbandriss = Abriss des Lig. collaterale fibulare (laterales Seitenband),
- Riss oder Dehnung der Ligg. cruciata (Kreuzbänder)

kommen.

Abb. 3.47 Schädigungen im Kniegelenk.

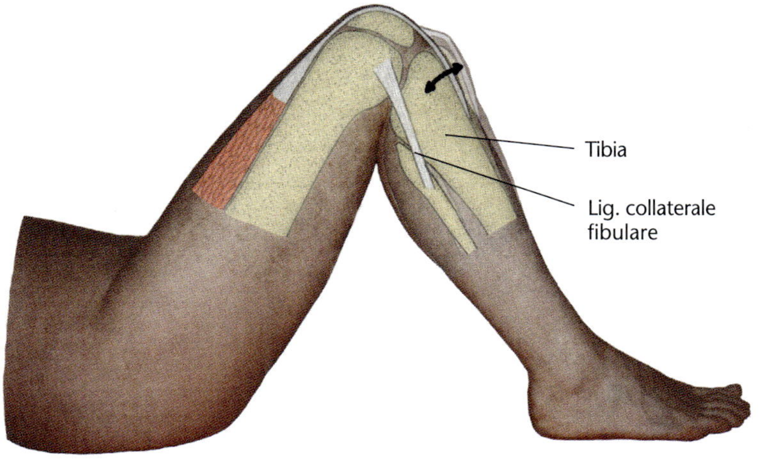

Klinik

Beim **Kreuzbandriss** ist das Kniegelenk instabil und knickt häufig ein.

Beim Verdacht auf Riss eines Kreuzbandes wird das **Schubladenzeichen** geprüft. Dabei wird das Kniegelenk um 90° gebeugt.
Bei einem Riss des Lig. cruciatum anterius (vorderes Kreuzband) lässt sich die Tibia nach ventral (vordere Schublade), bei einem Riss des Lig. cruciatum posterius (hinteres Kreuzband) nach dorsal verschieben.

Abb. 3.48 Schubladenzeichen.

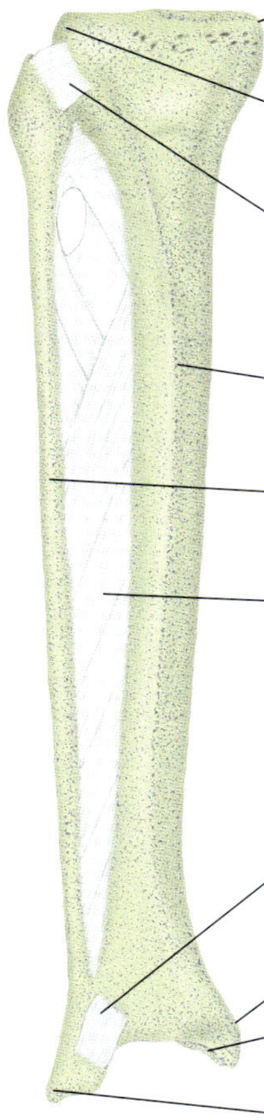

Abb. 3.49 Bandapparat des Unterschenkels.

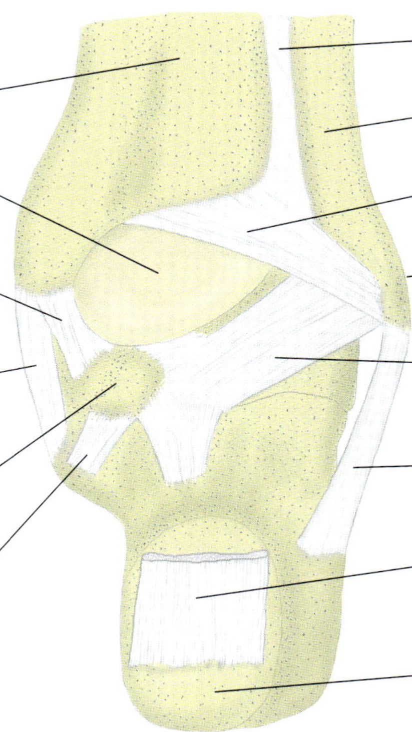

Abb. 3.50 Sprunggelenke von dorsal.

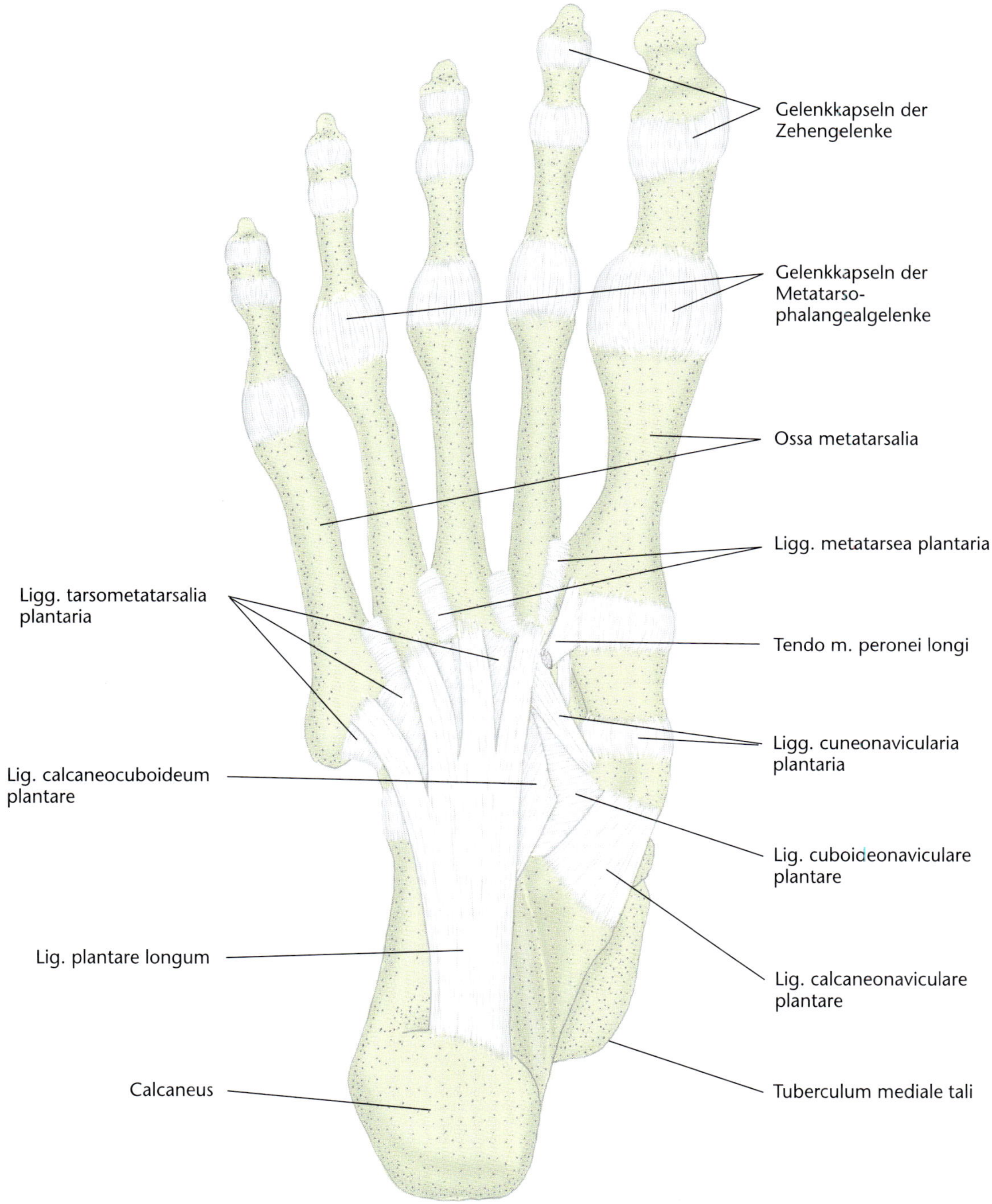

Abb. 3.51 Bänder des Fußes von plantar.

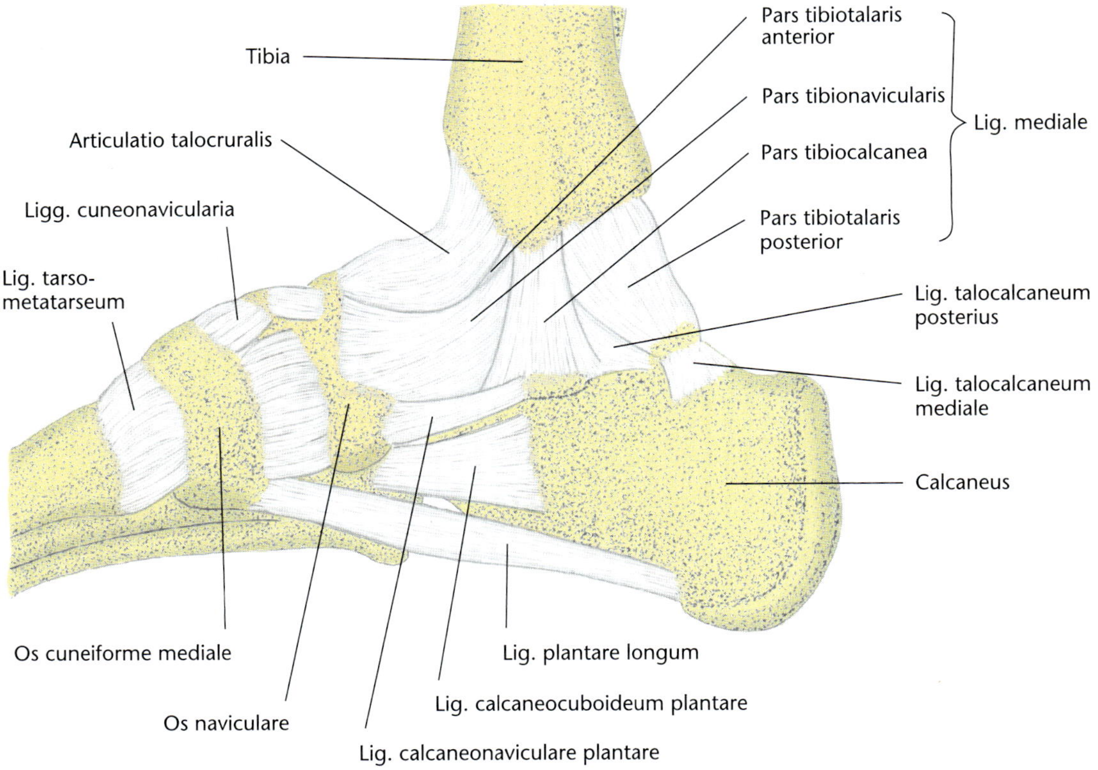

Abb. 3.52 Bänder des Fußes von medial.

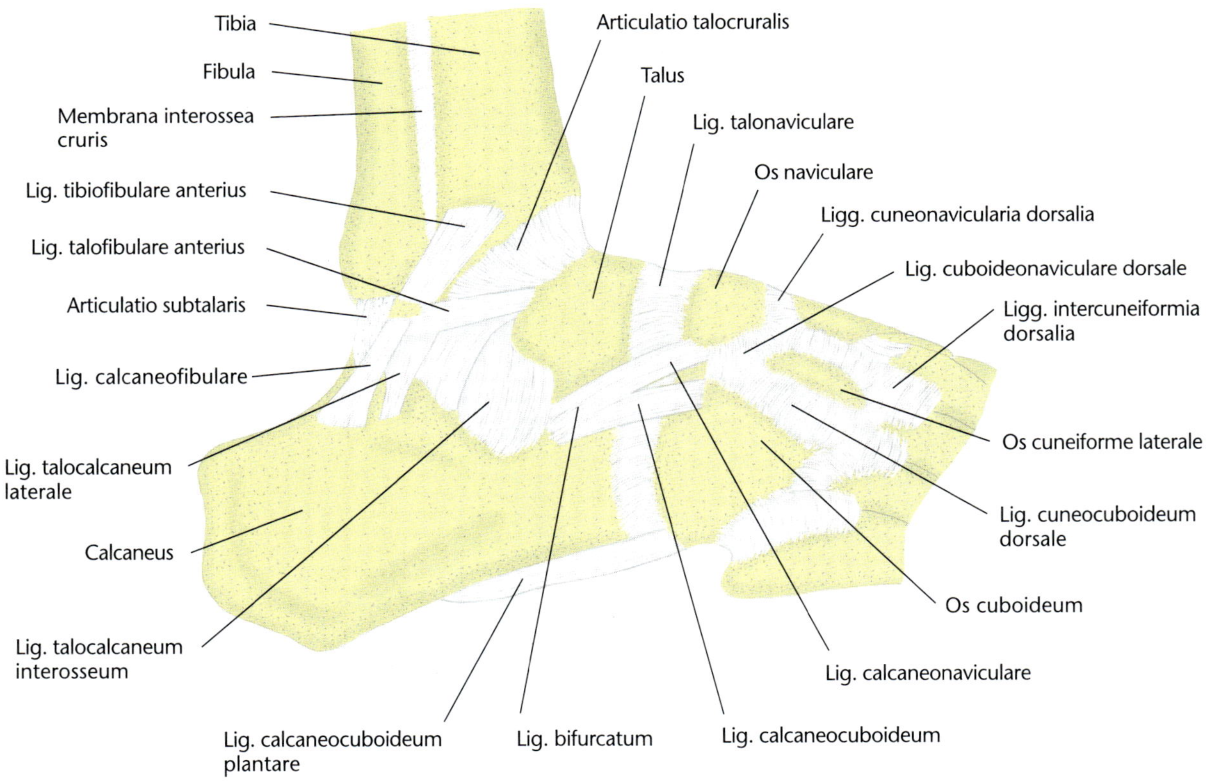

Abb. 3.53 Bänder des Fußes von lateral.

KLINIK

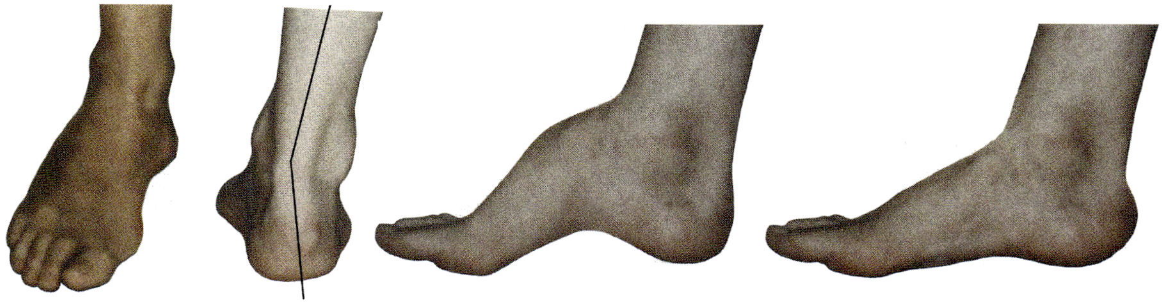

Pes transversoplanus (Spreizfuß) Quergewölbe ist abgeflacht, der Vorfuß verbreitert.

Pes valgus (Knickfuß) Der Calcaneus knickt nach lateral ab.

Pes cavus (Hohlfuß) Längsgewölbe ist im medialen Fußgewölbe überhöht.

Pes planus (Plattfuß) Längsgewölbe ist abgeplattet.

Abb. 3.54 Fußdeformitäten.

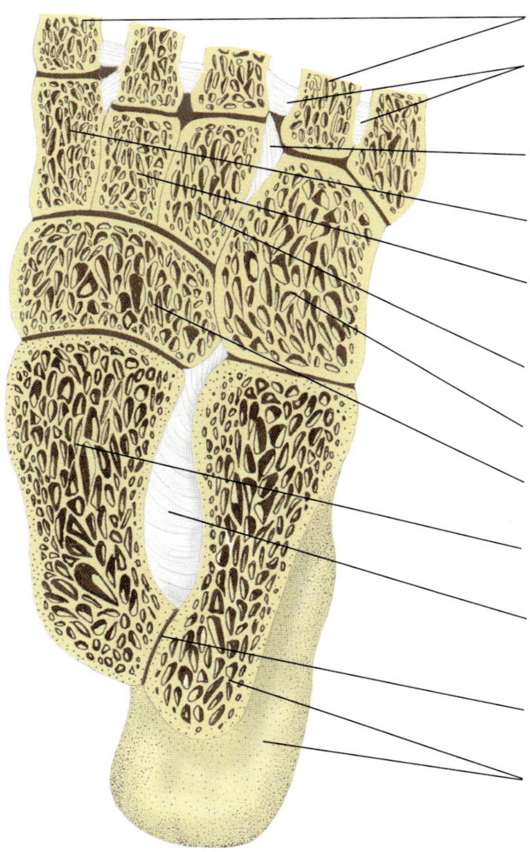

Abb. 3.55 Flachschnitt durch das untere Sprunggelenk.

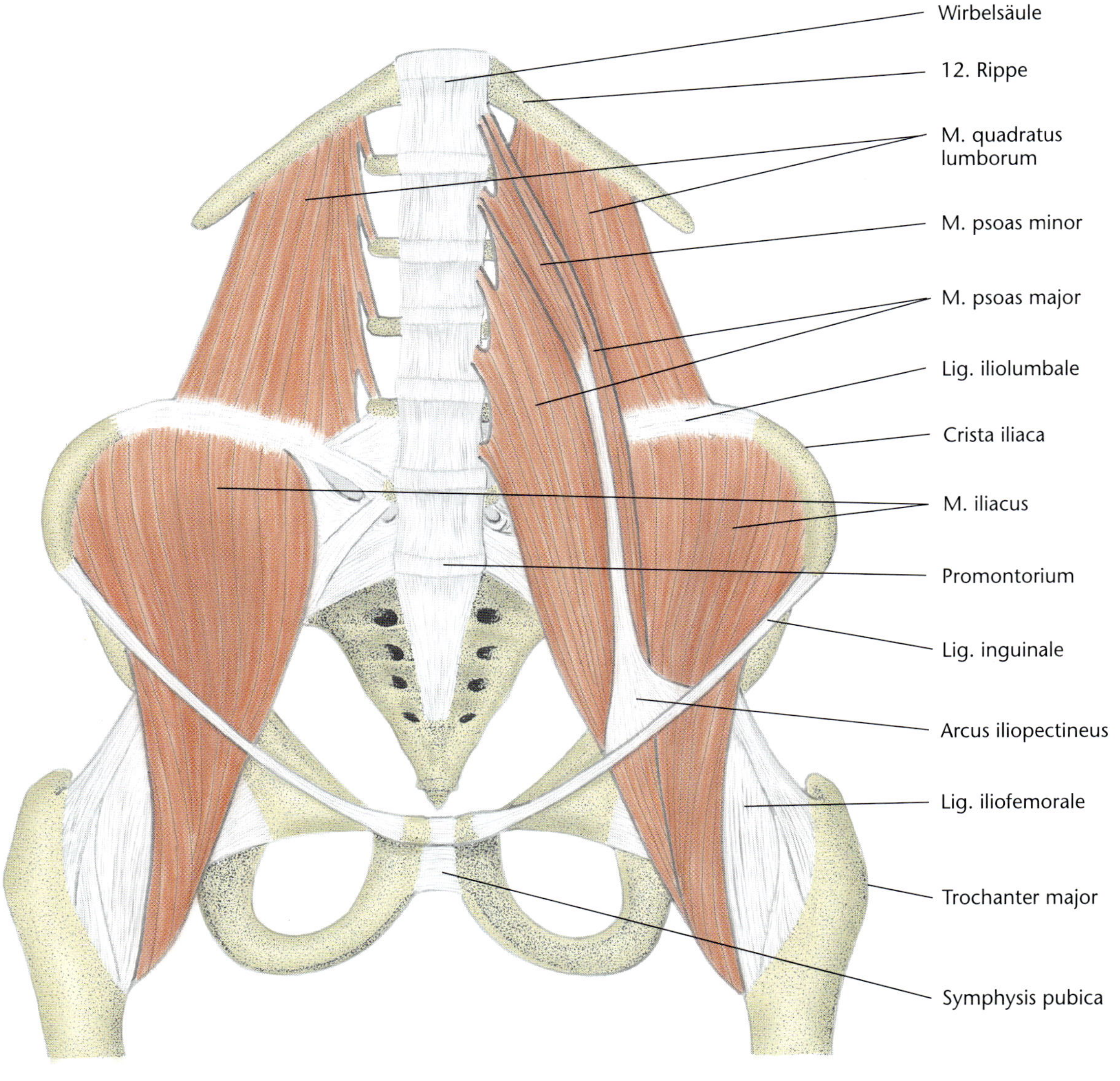

Abb. 3.56 Lenden- und Beckenmuskeln von ventral.

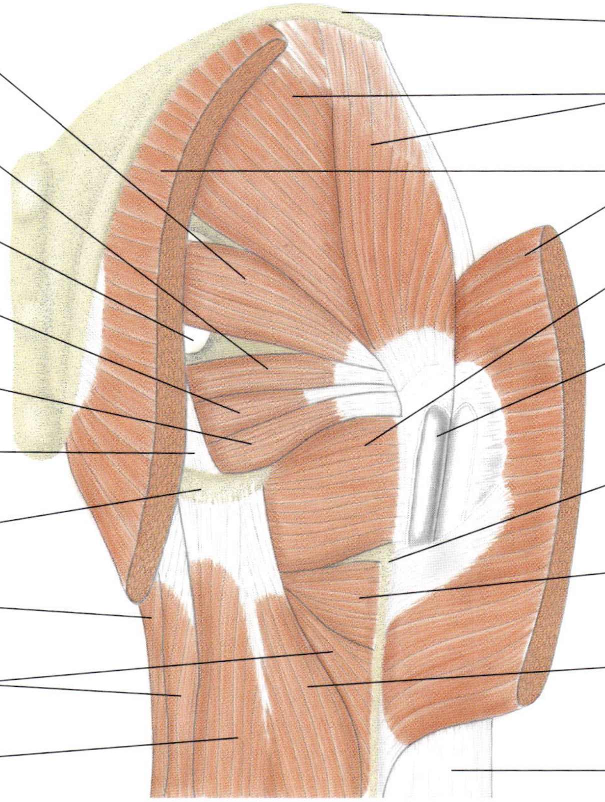

Abb. 3.57 Mittlere Schicht der Hüftmuskeln von dorsal.

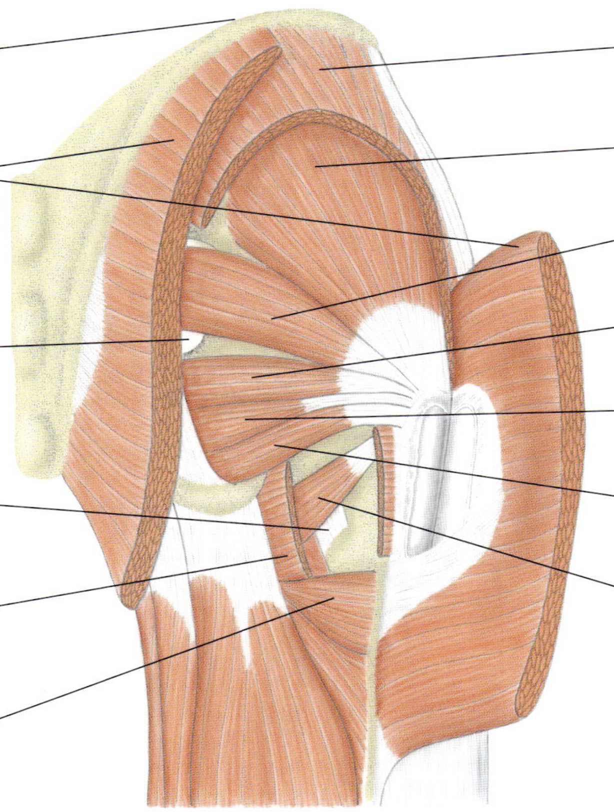

Abb. 3.58 Tiefe Schicht der Hüftmuskeln von dorsal.

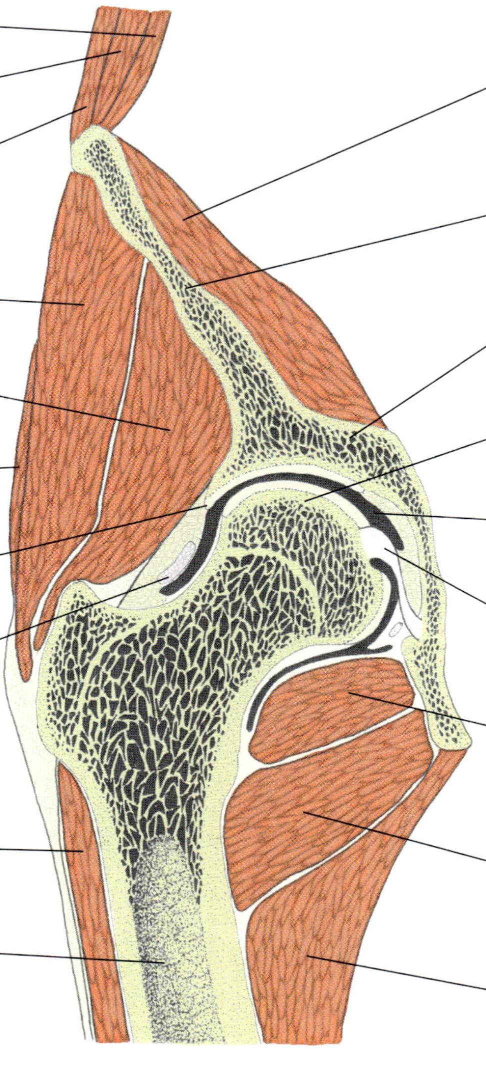

Abb. 3.59 Frontalschnitt durch das Hüftgelenk.

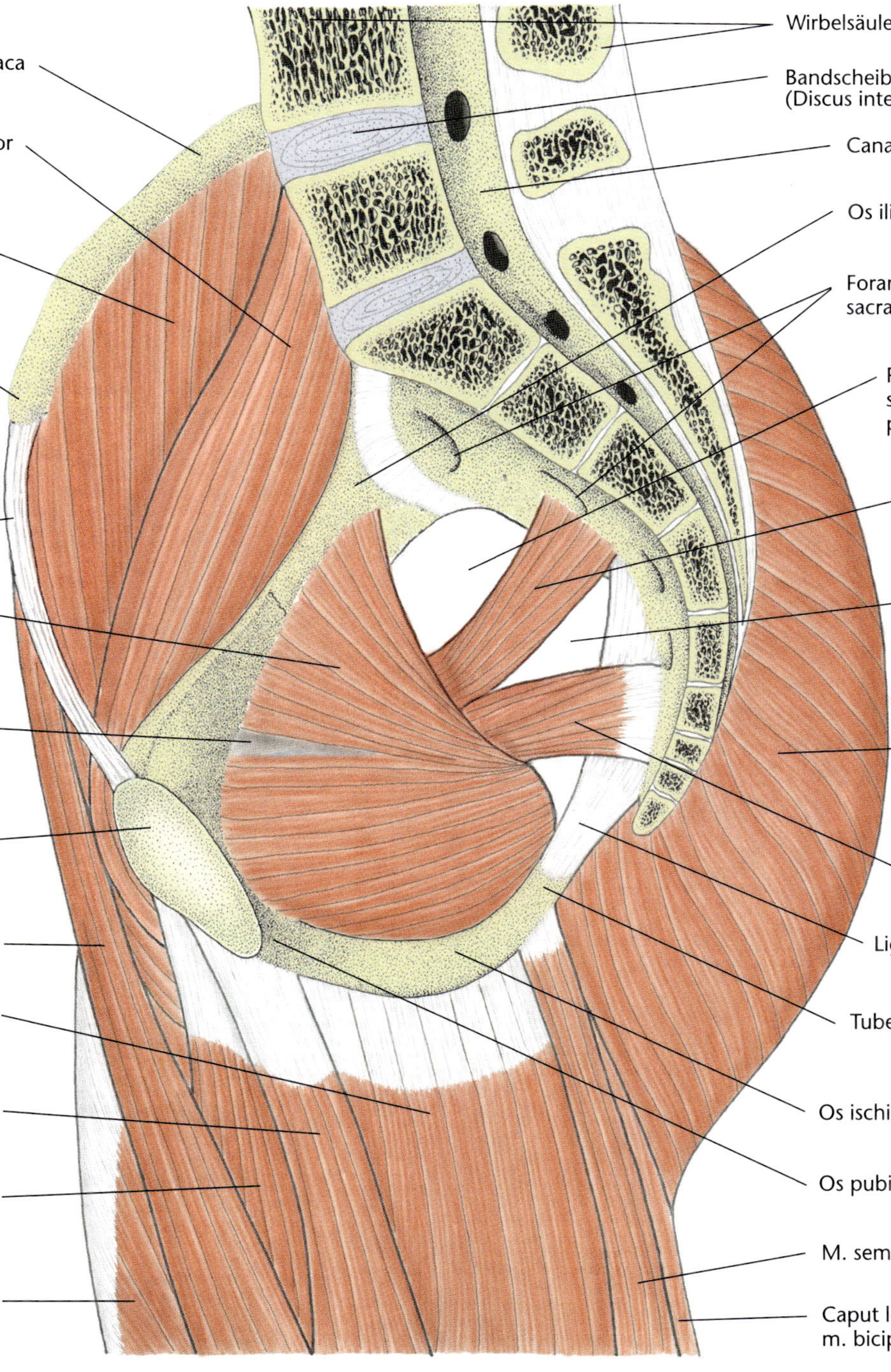

Abb. 3.60 Becken- und Oberschenkelmuskeln von medial.

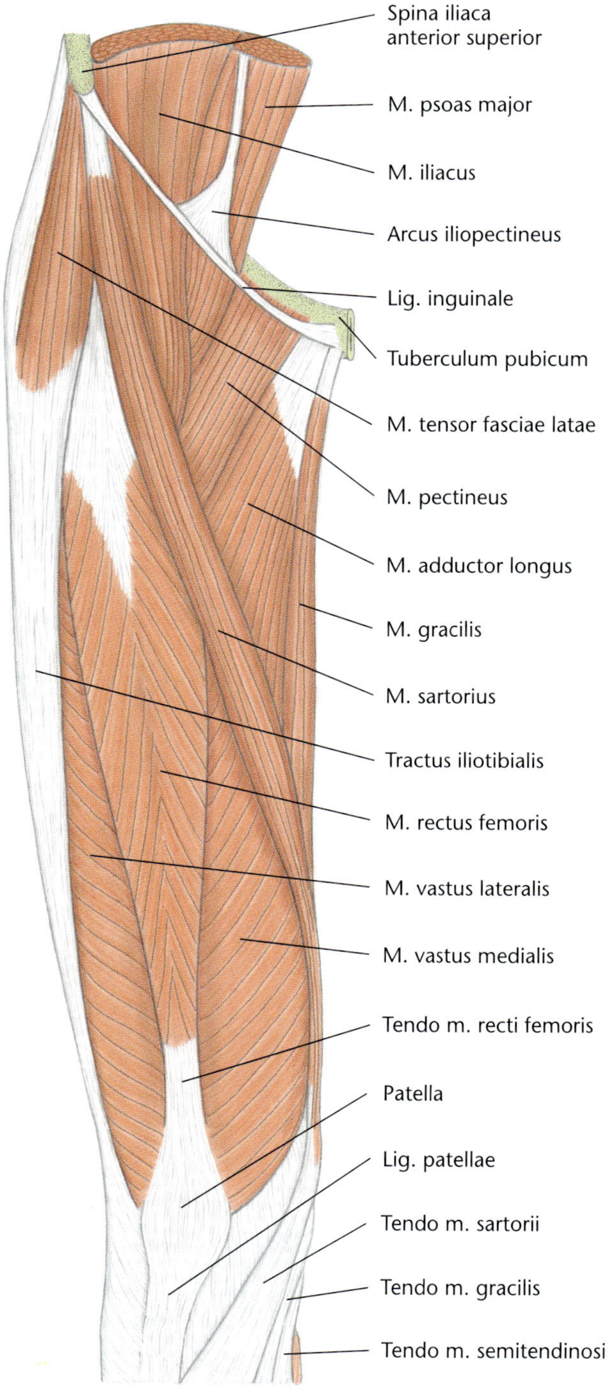

Abb. 3.61 Obere Schicht der Oberschenkelmuskeln von ventral.

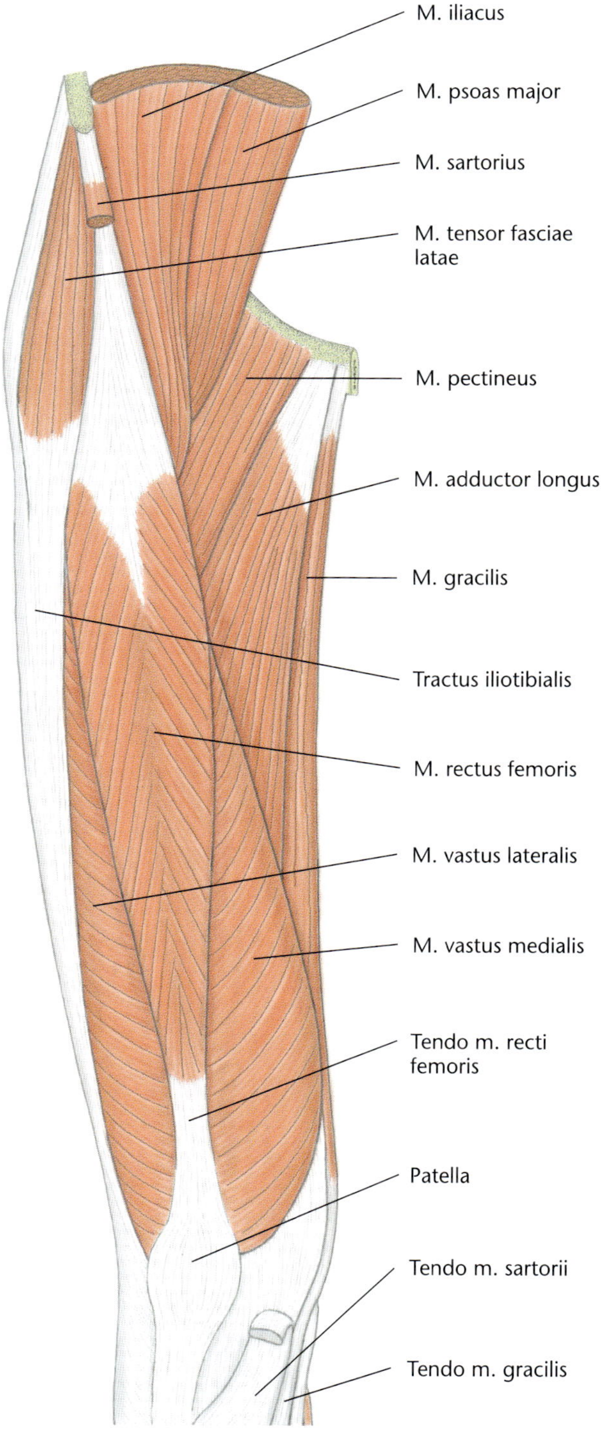

Abb. 3.62 Obere Schicht der Oberschenkelmuskeln von ventral ohne den M. sartorius.

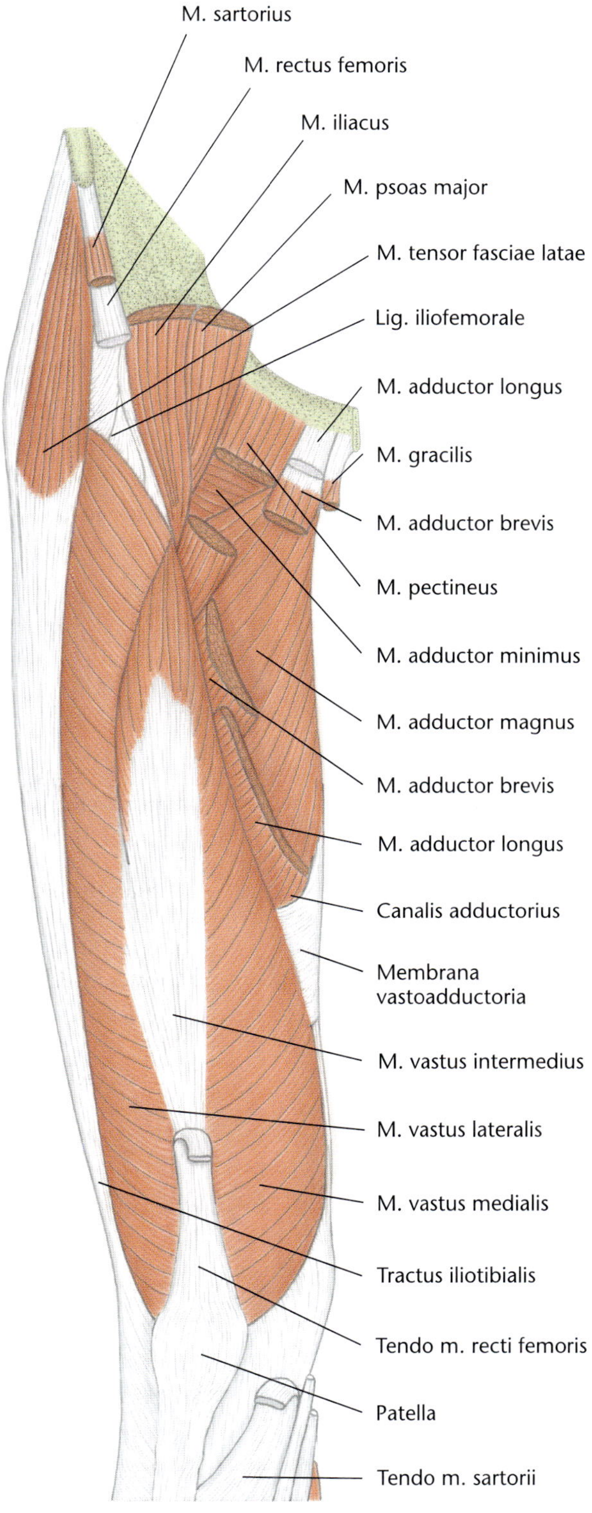

Abb. 3.63 Tiefe Schicht der Oberschenkelmuskeln von ventral.

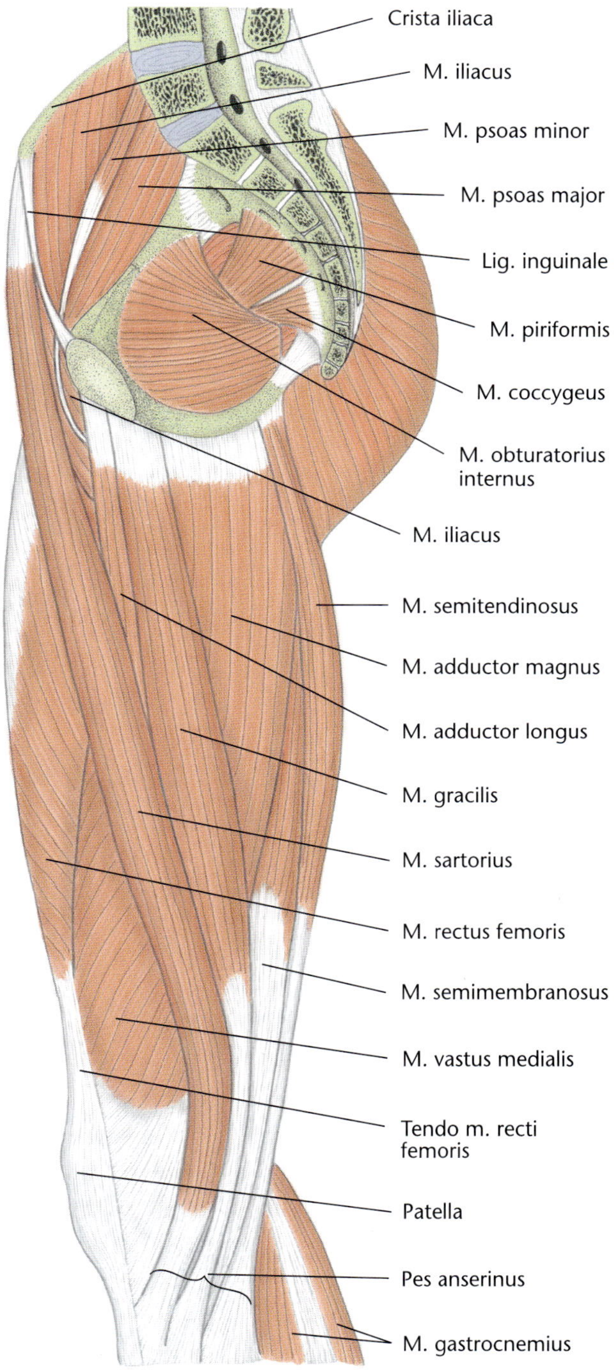

Abb. 3.64 Obere Schicht der Oberschenkelmuskeln von medial.

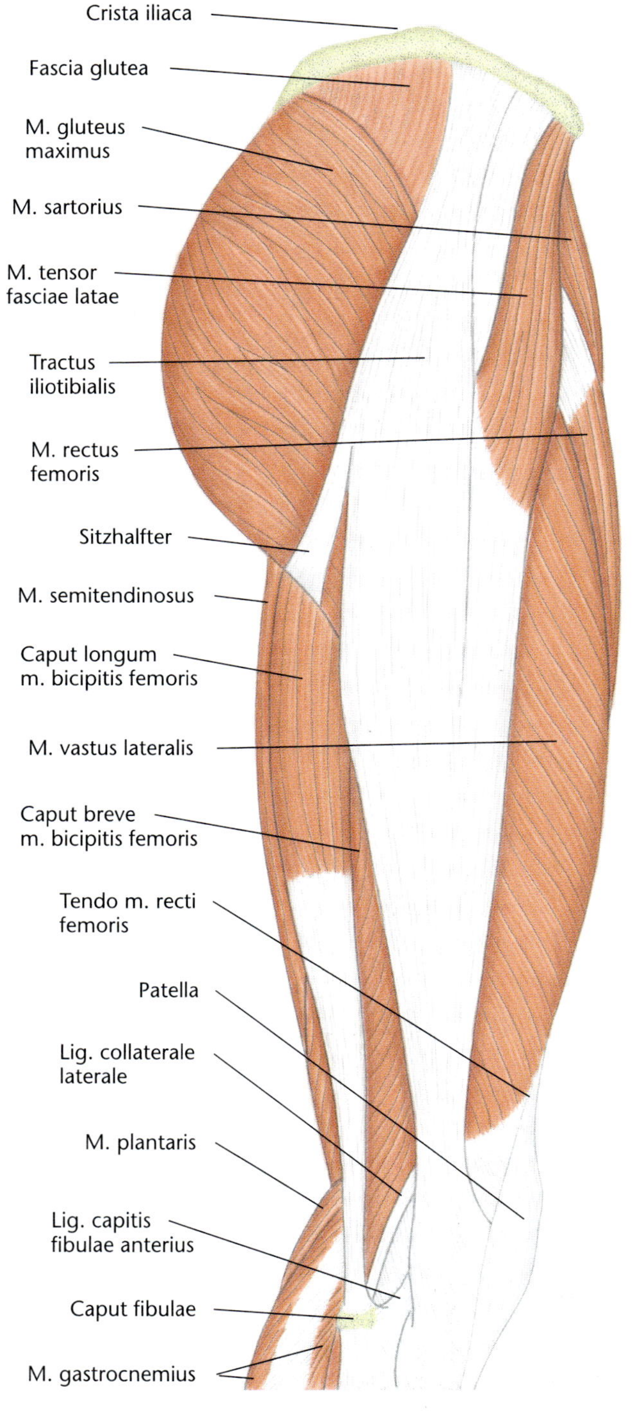

Abb. 3.65 Obere Schicht der Oberschenkelmuskeln von lateral.

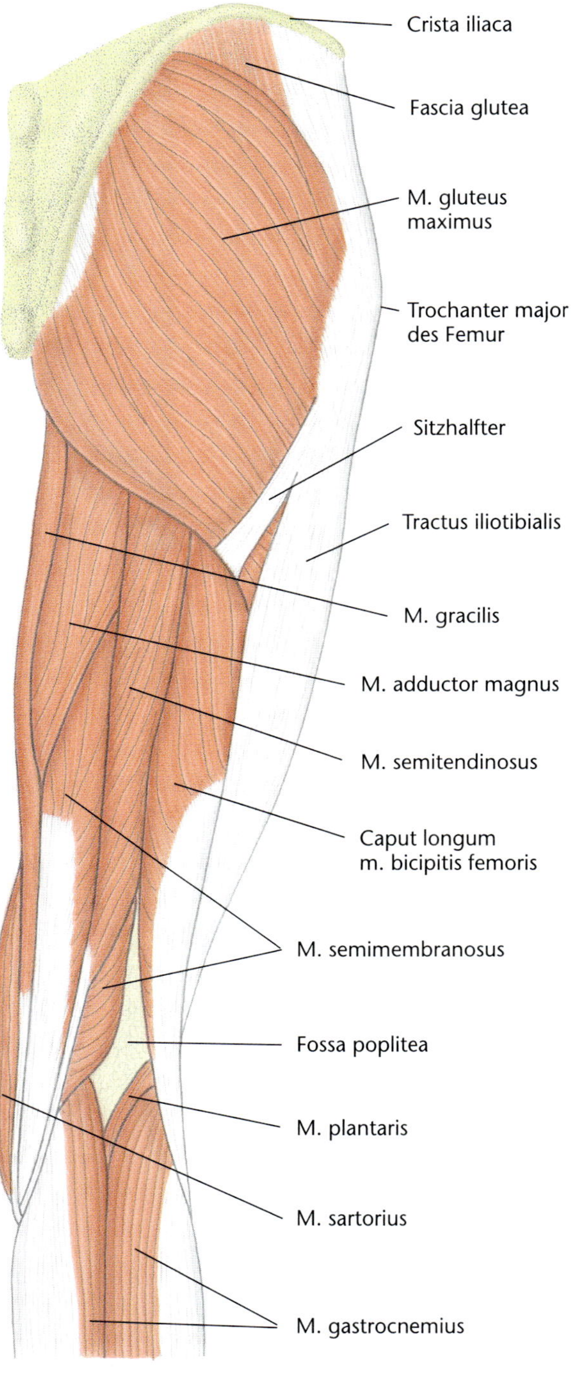

Abb. 3.66 Obere Schicht der Oberschenkelmuskeln von dorsal.

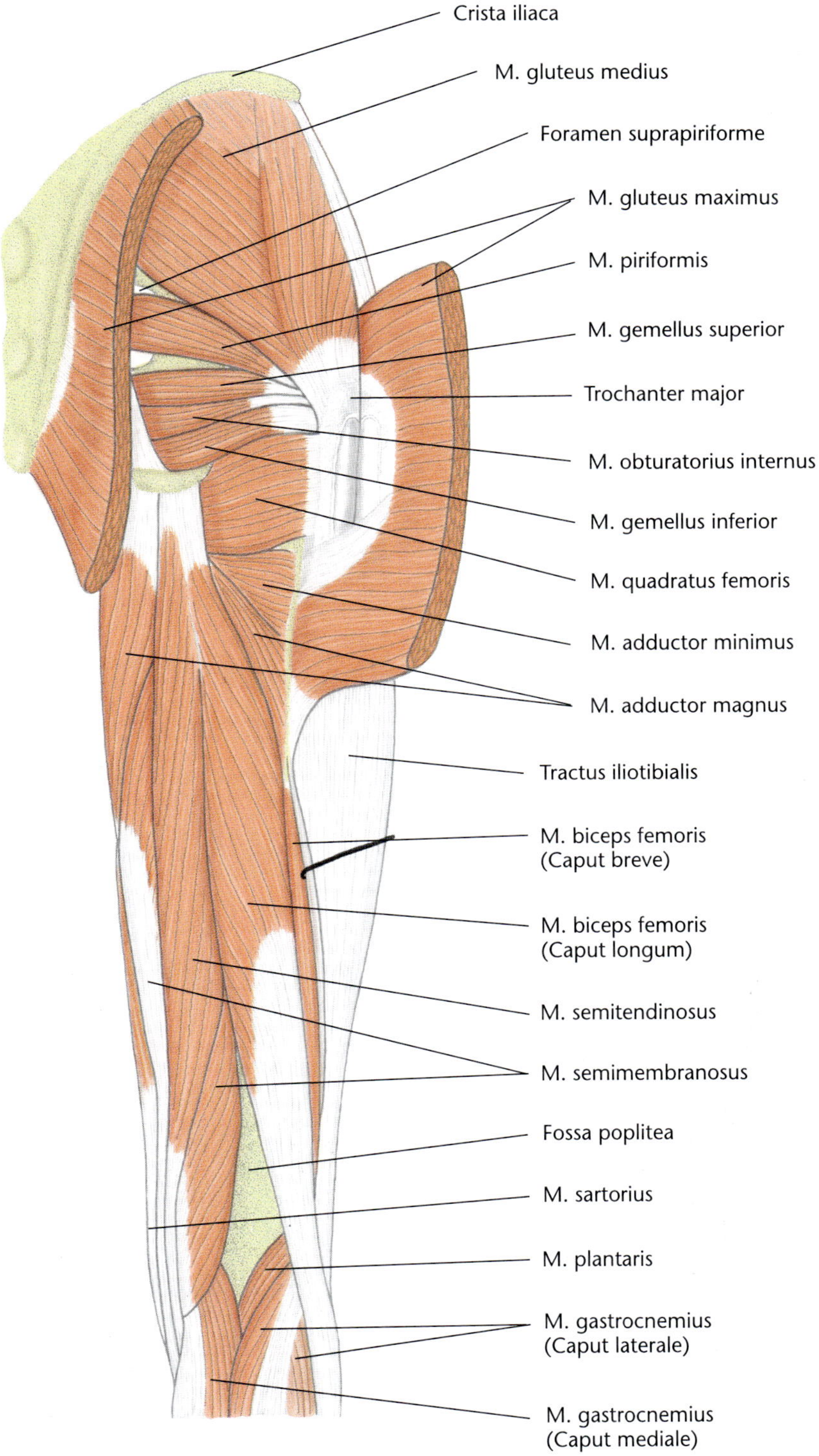

Abb. 3.67 Mittlere Schicht der Oberschenkelmuskeln von dorsal.

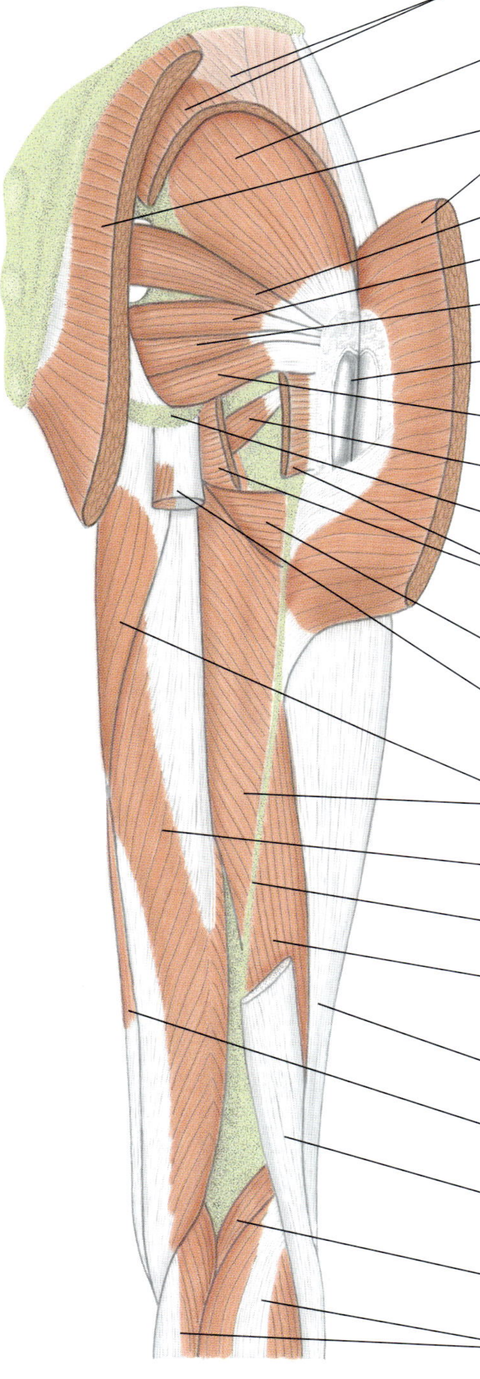

Abb. 3.68 Tiefe Schicht der Oberschenkelmuskeln von dorsal.

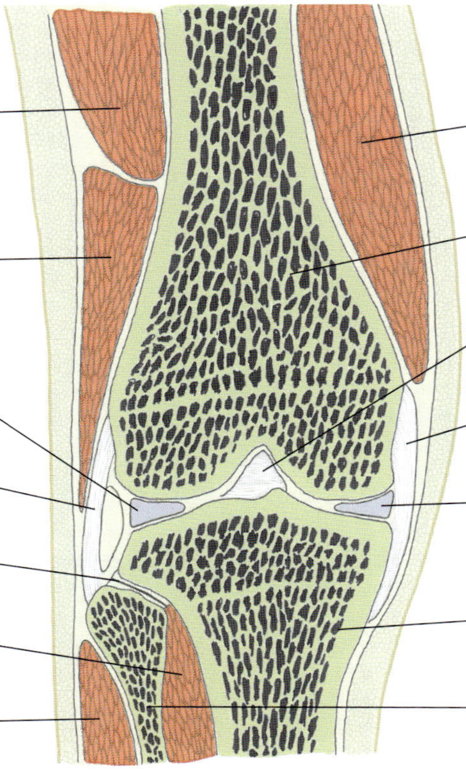

Abb. 3.69 Frontalschnitt durch das Kniegelenk.

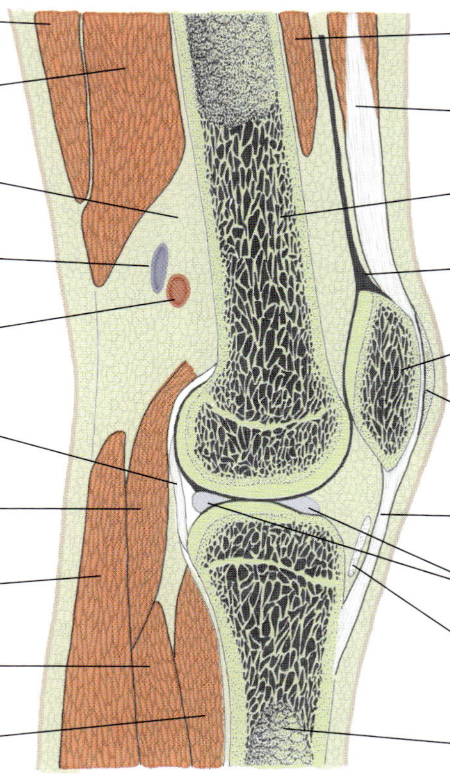

Abb. 3.70 Sagittalschnitt durch das Kniegelenk.

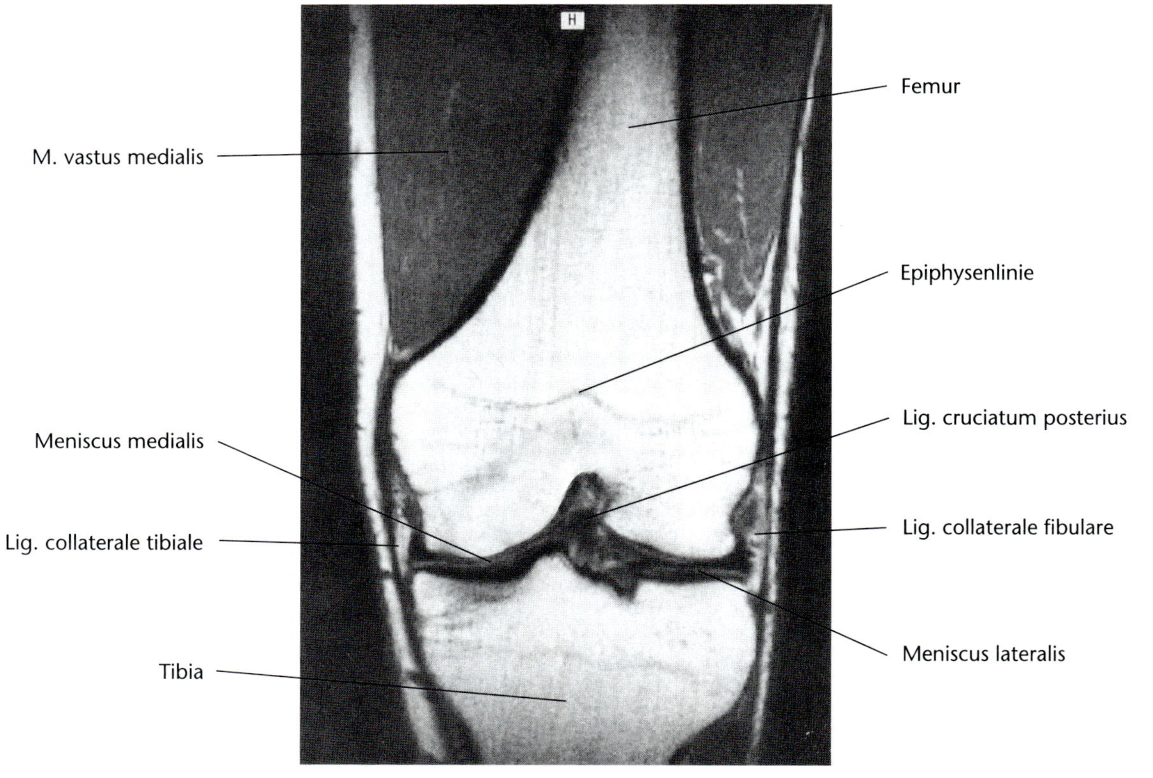

Abb. 3.71 Kernspintomogramm des Kniegelenks (quer).

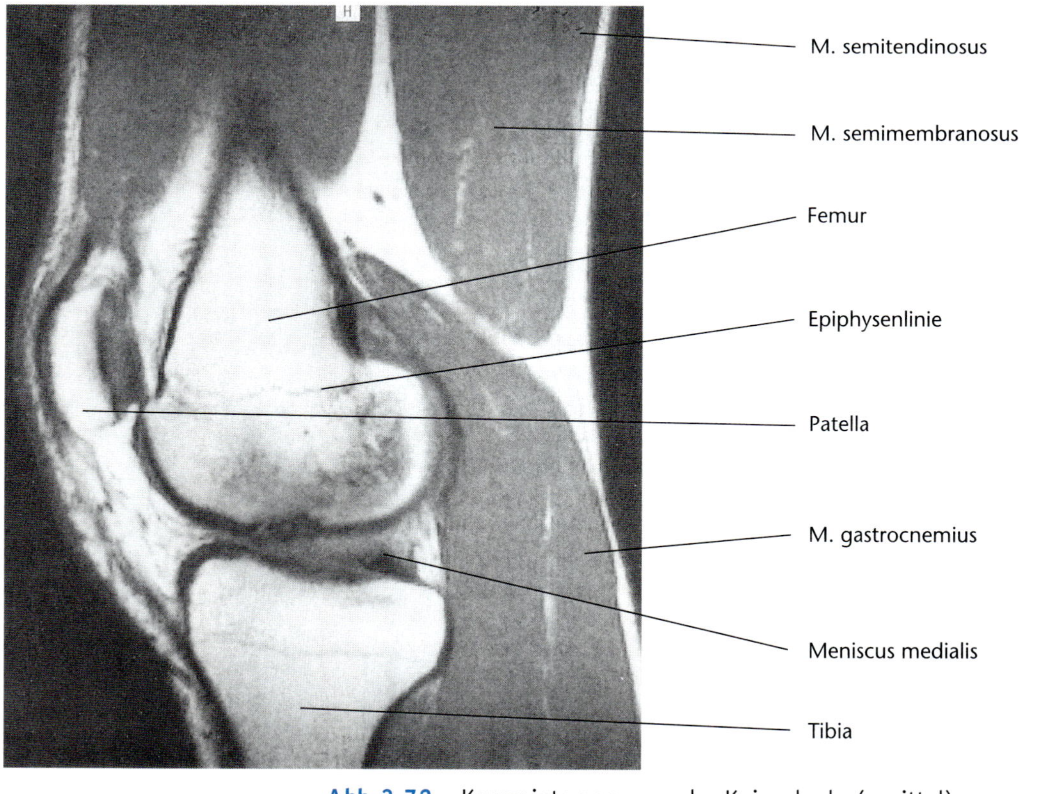

Abb. 3.72 Kernspintomogramm des Kniegelenks (sagittal).

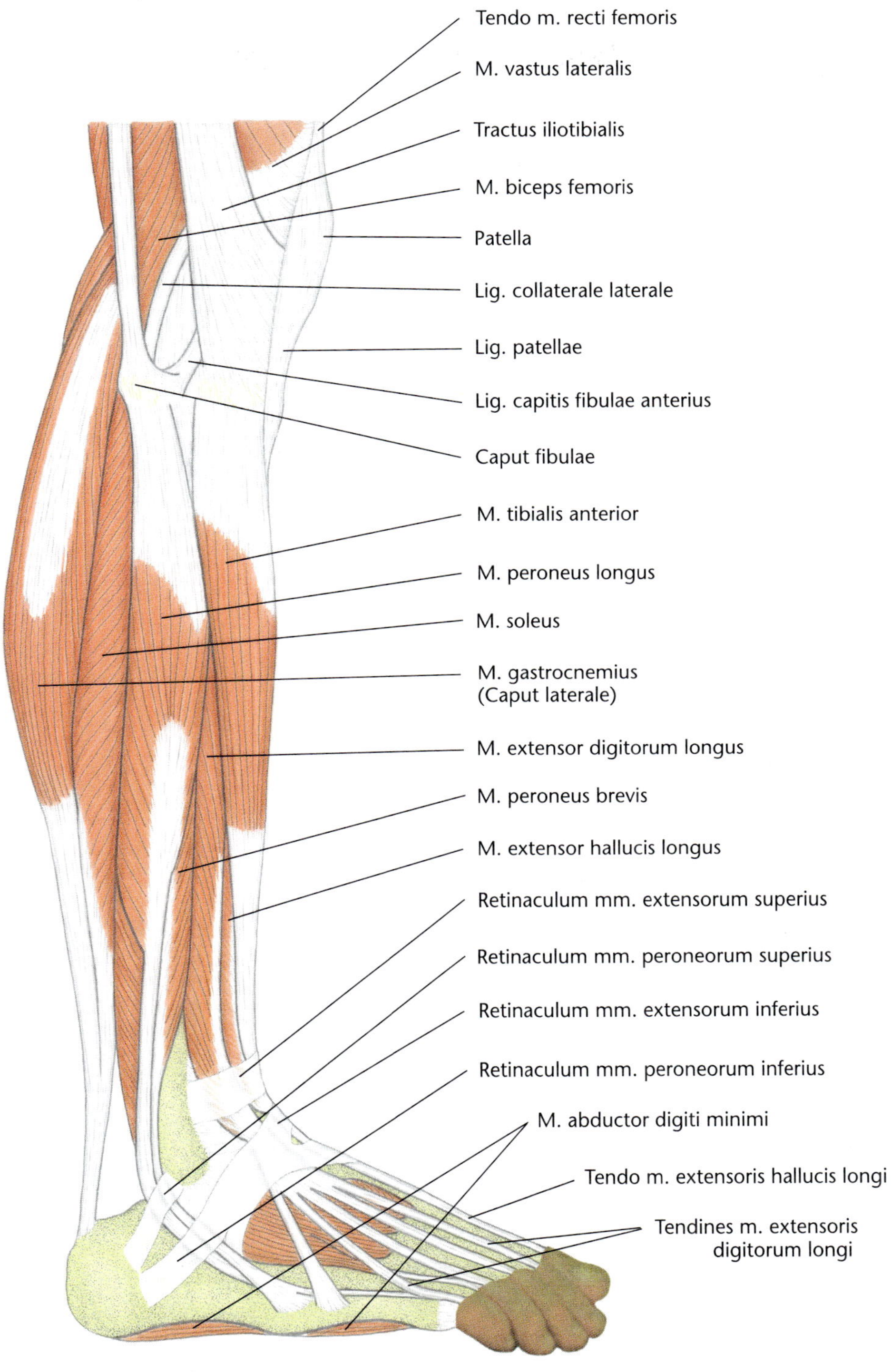

Abb. 3.73 Muskulatur des rechten Unterschenkels von lateral.

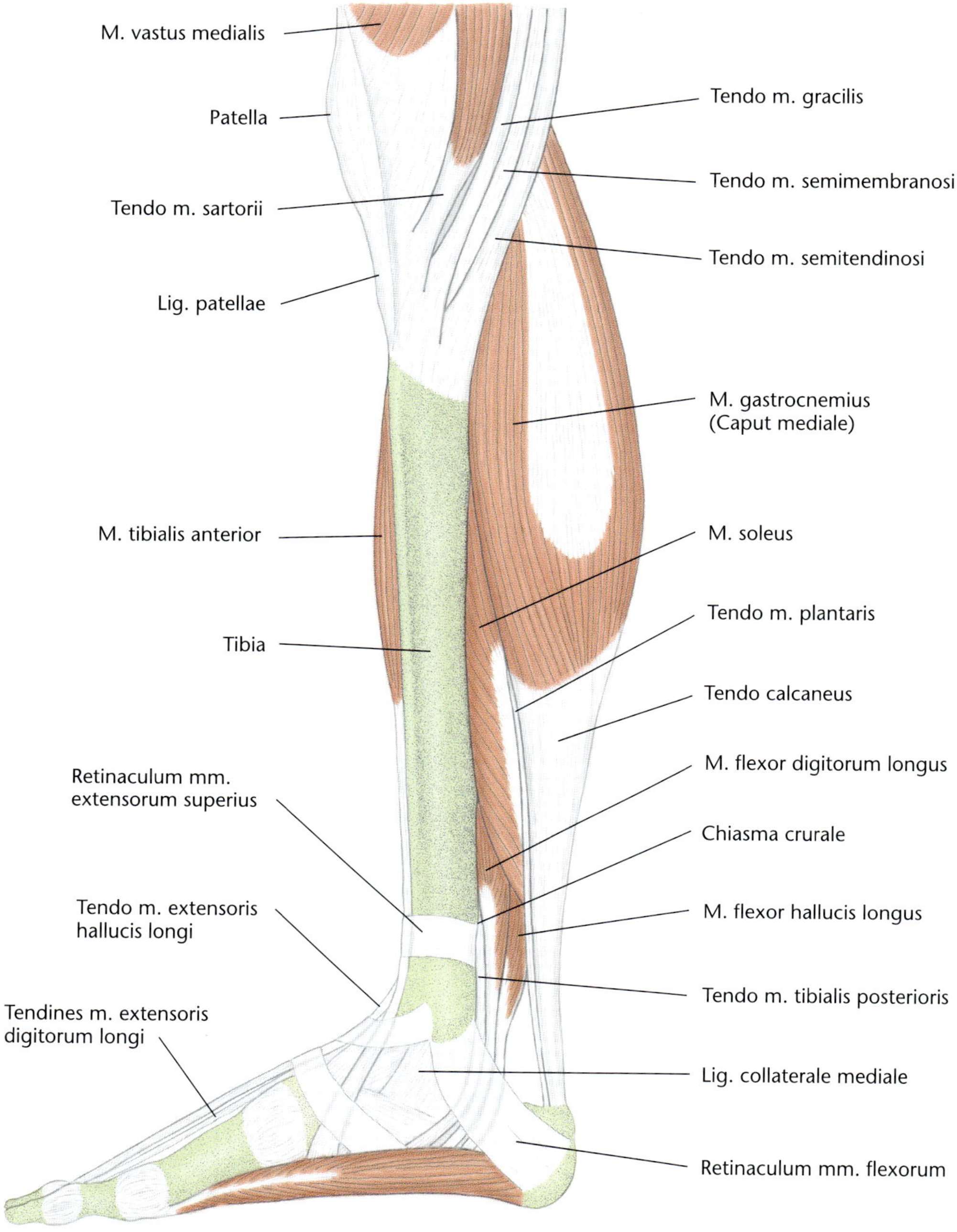

Abb. 3.74 Muskulatur des rechten Unterschenkels von medial.

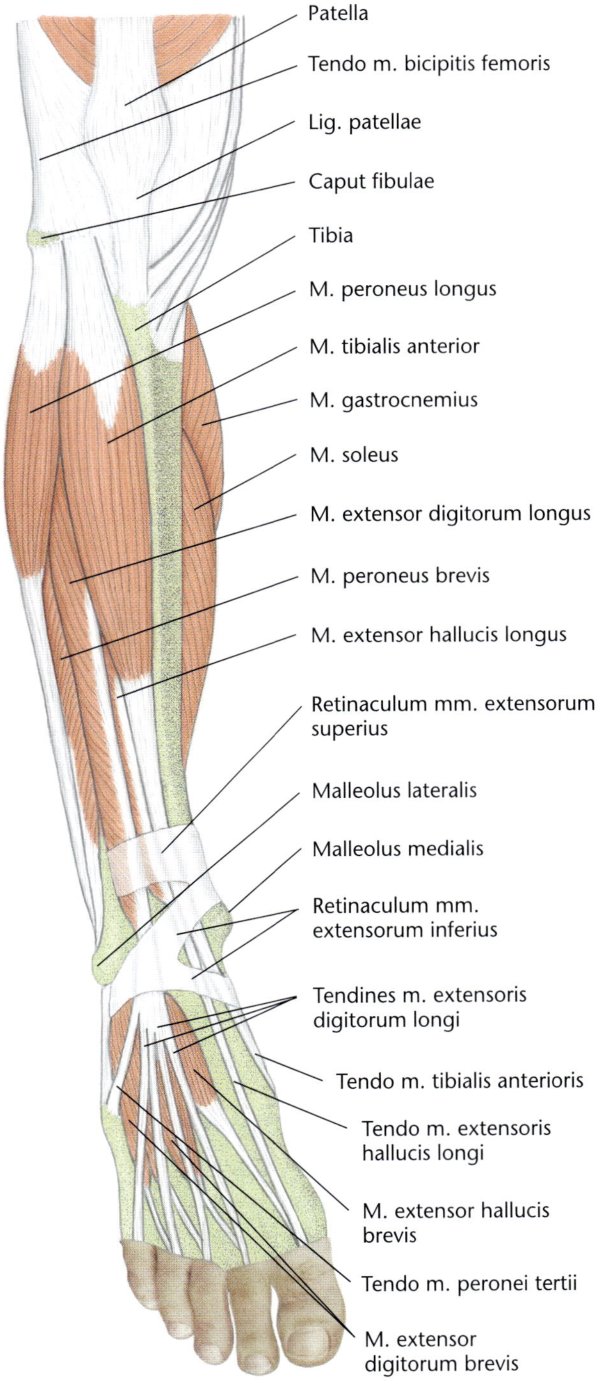

Abb. 3.75 Muskulatur des rechten Unterschenkels von ventral.

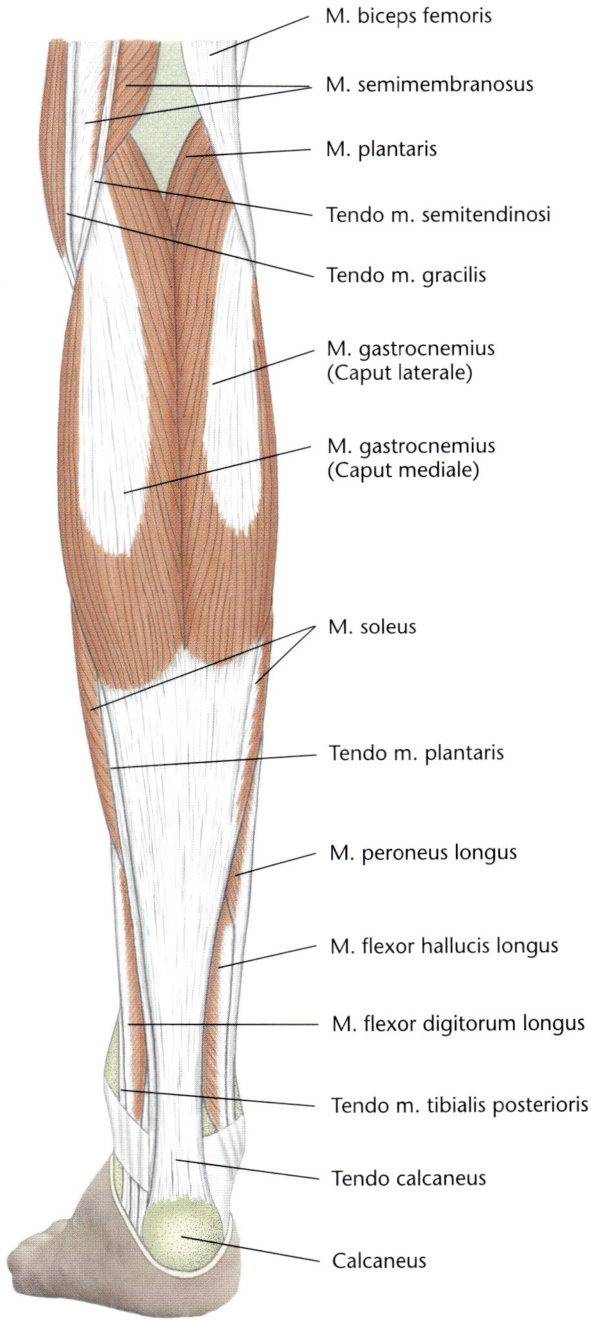

Abb. 3.76 Obere Schicht der Muskulatur des rechten Unterschenkels von dorsal.

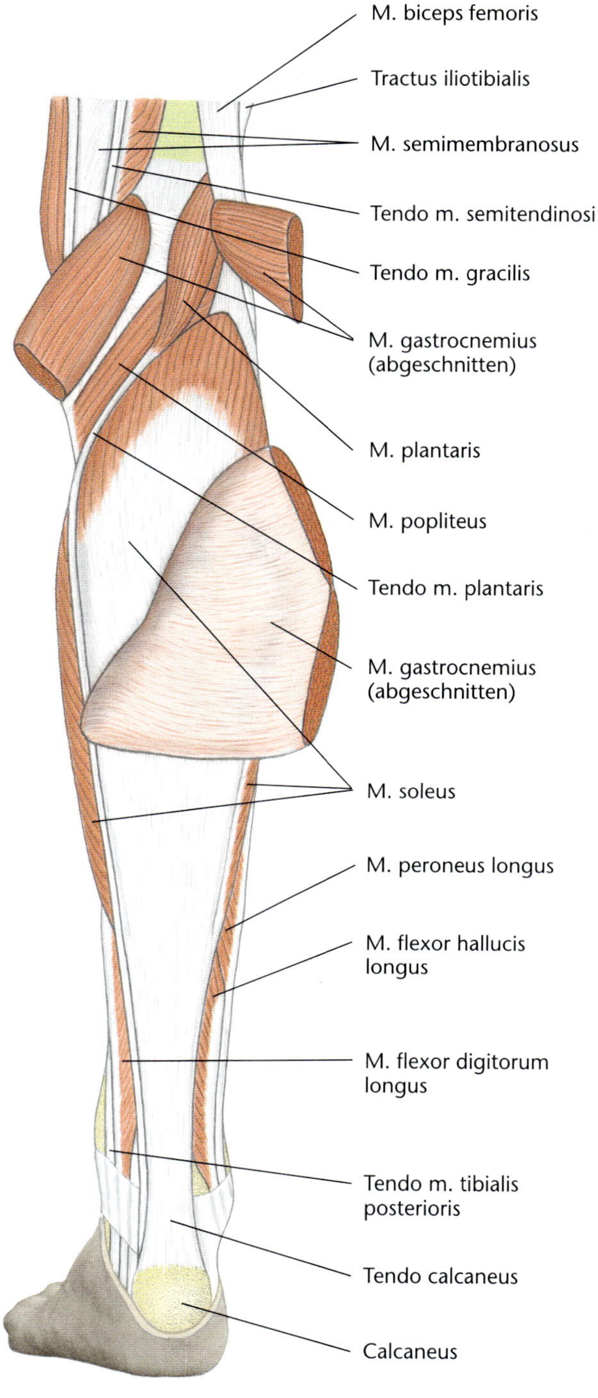

Abb. 3.77 Mittlere Schicht der Muskulatur des rechten Unterschenkels von dorsal.

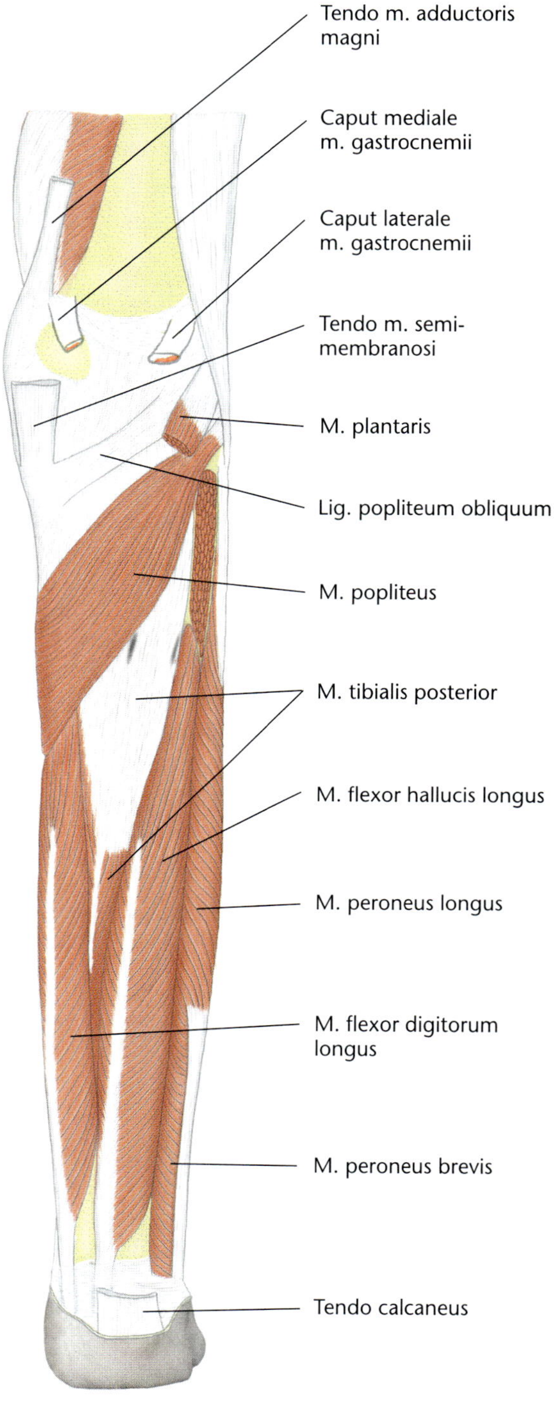

Abb. 3.78 Tiefe Schicht der Muskulatur des rechten Unterschenkels von dorsal.

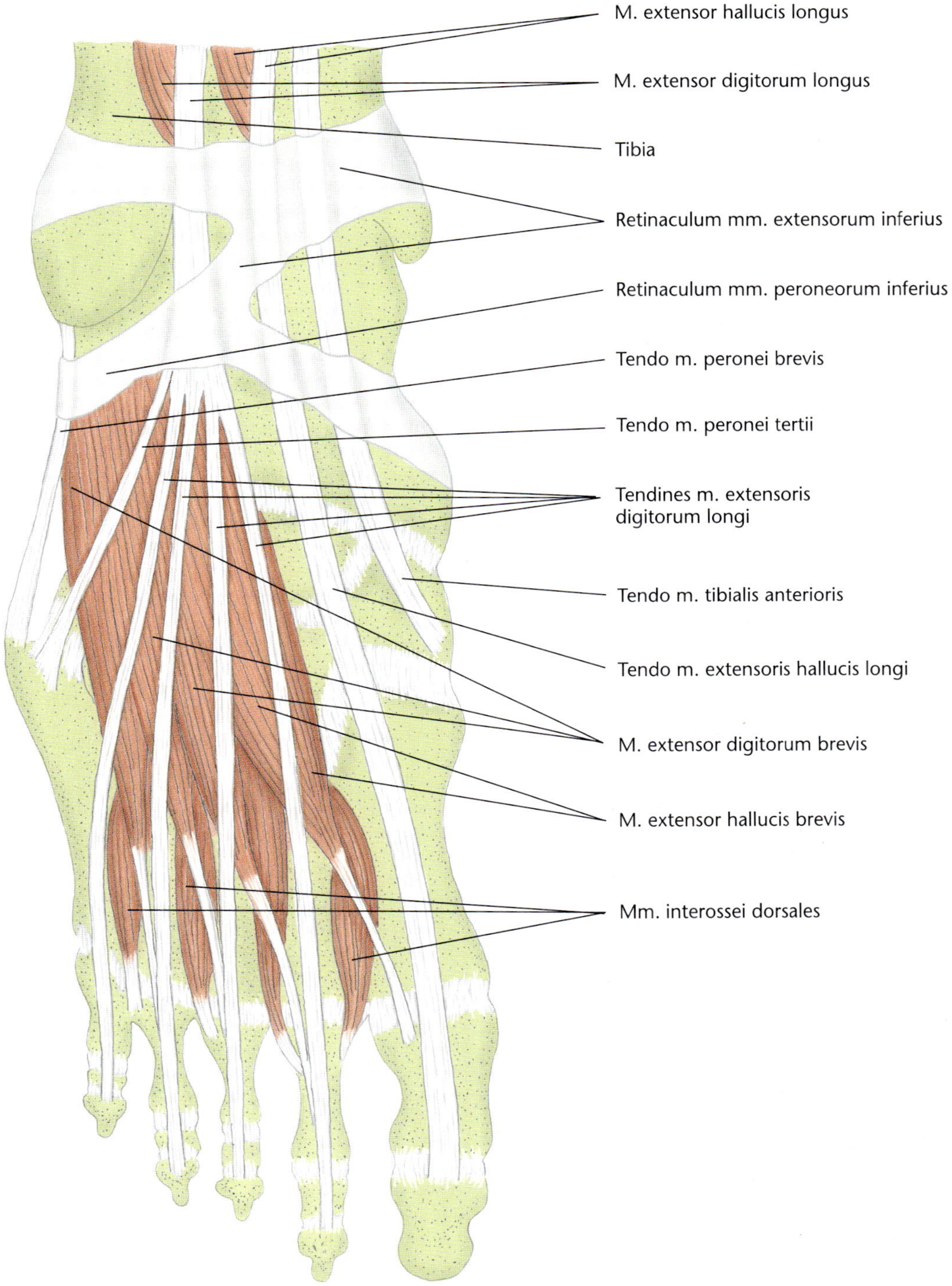

Abb. 3.79 Fußrückenmuskulatur des rechten Fußes.

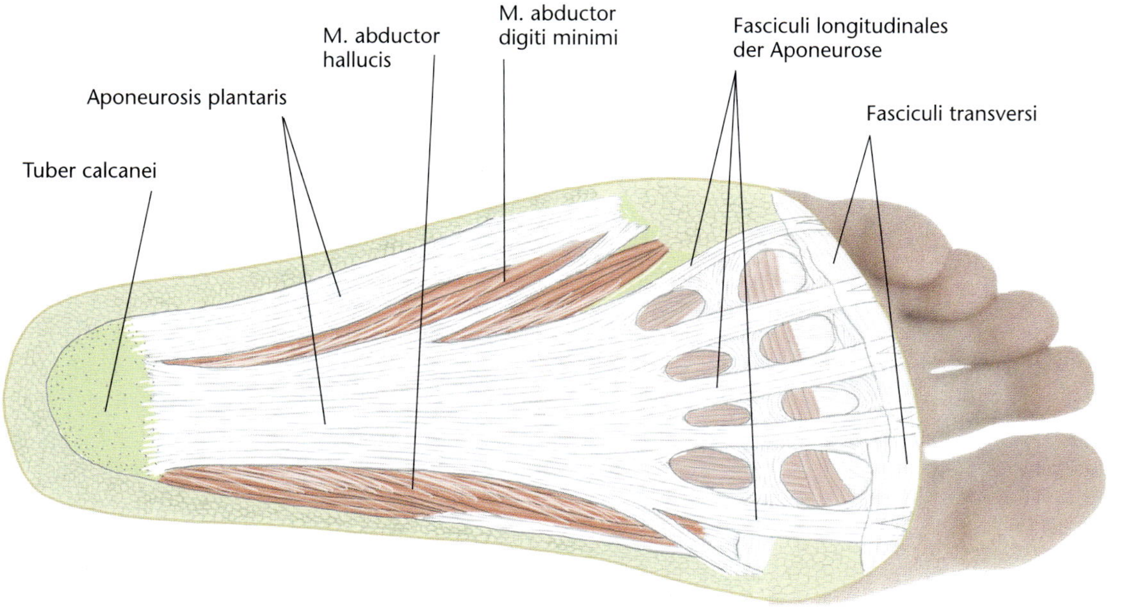

Abb. 3.80 Plantaraponeurose der rechten Fußsohle.

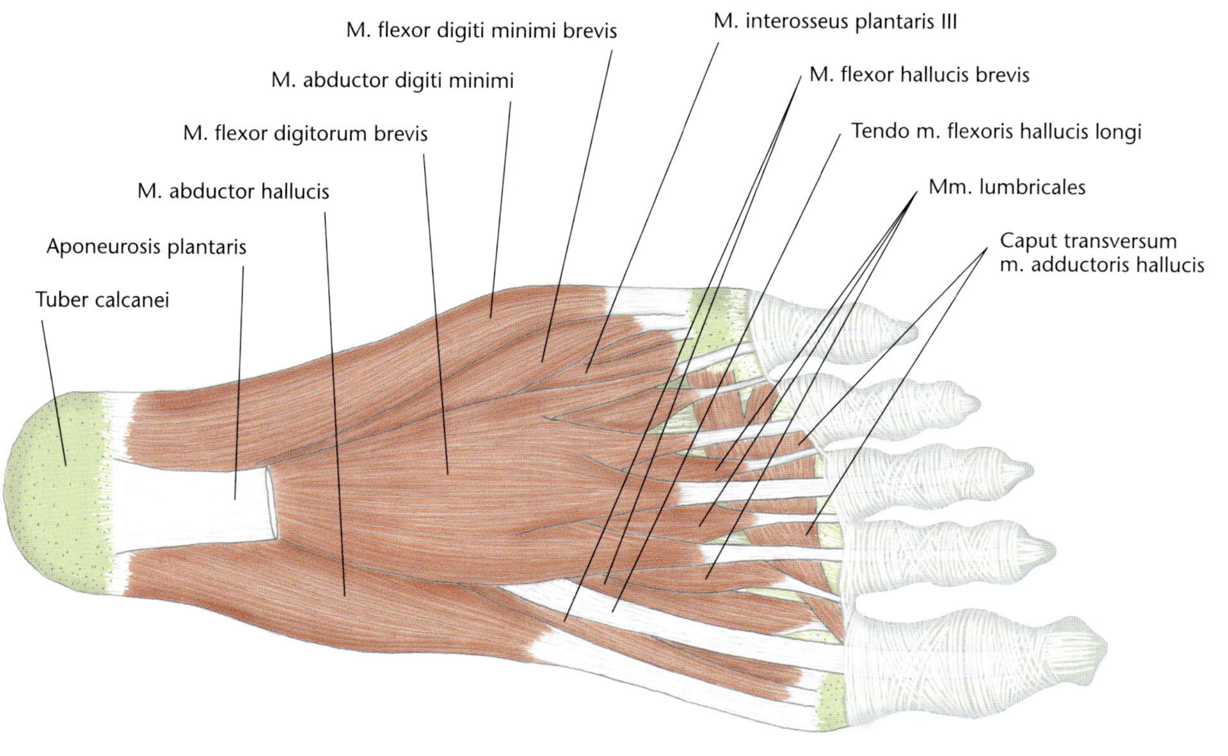

Abb. 3.81 Oberflächliche Schicht der rechten Fußsohlenmuskulatur.

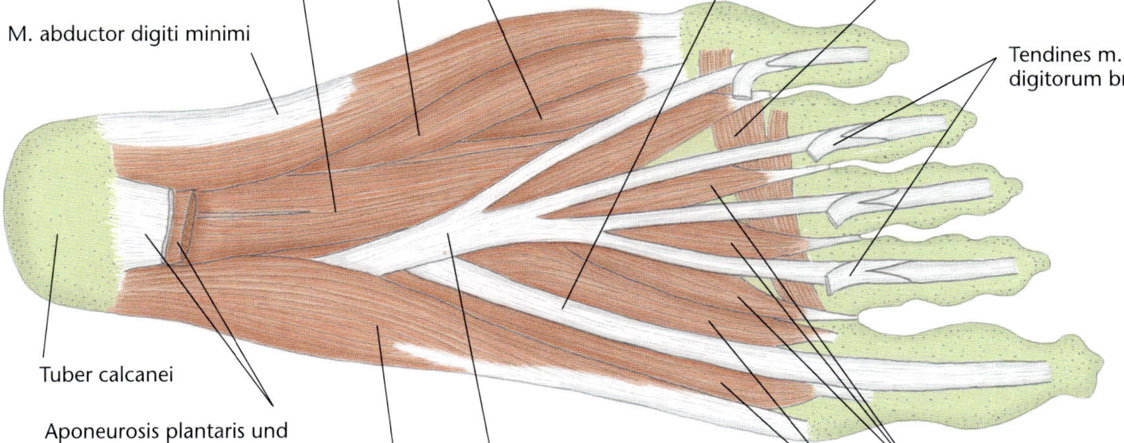

Abb. 3.82 Mittlere Schicht der rechten Fußsohlenmuskulatur.

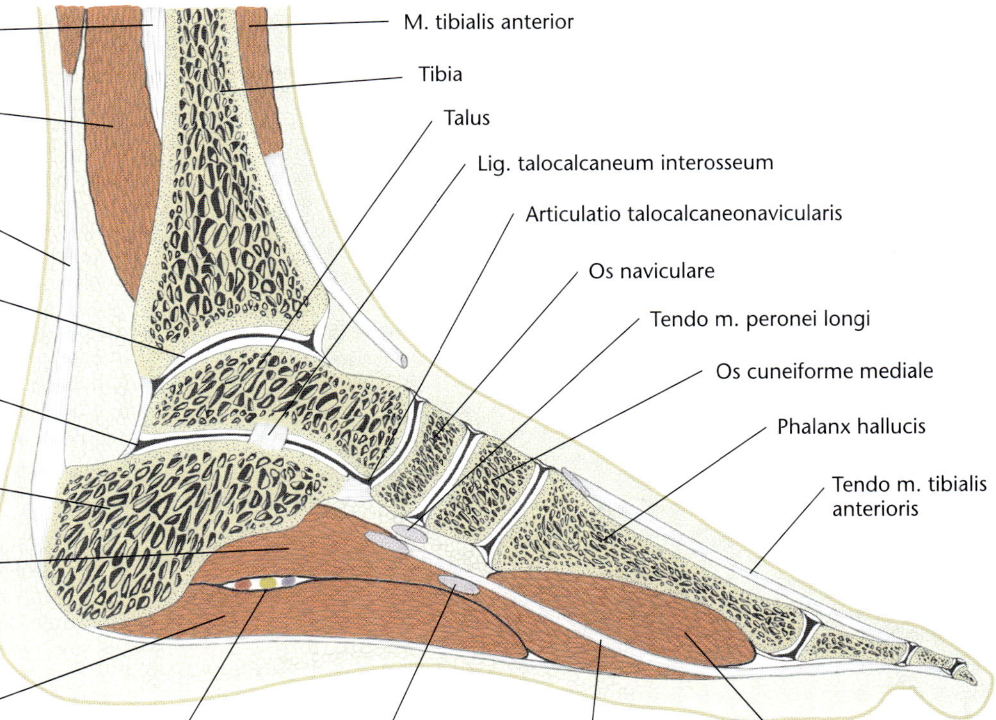

Abb. 3.83 Sagittalschnitt durch den linken Fuß.

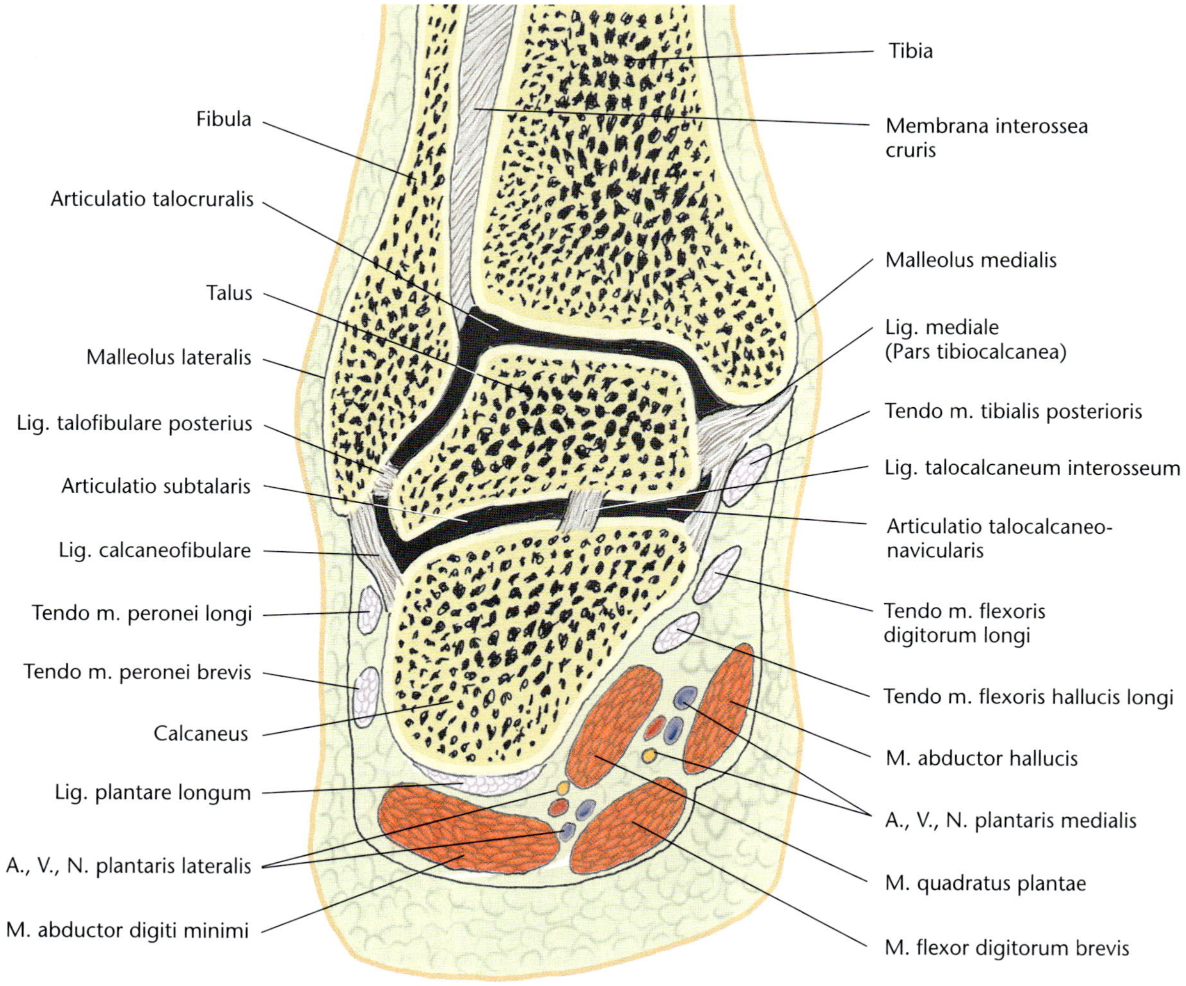

Abb. 3.84 Frontalschnitt in Höhe der Sprunggelenke durch den rechten Fuß.

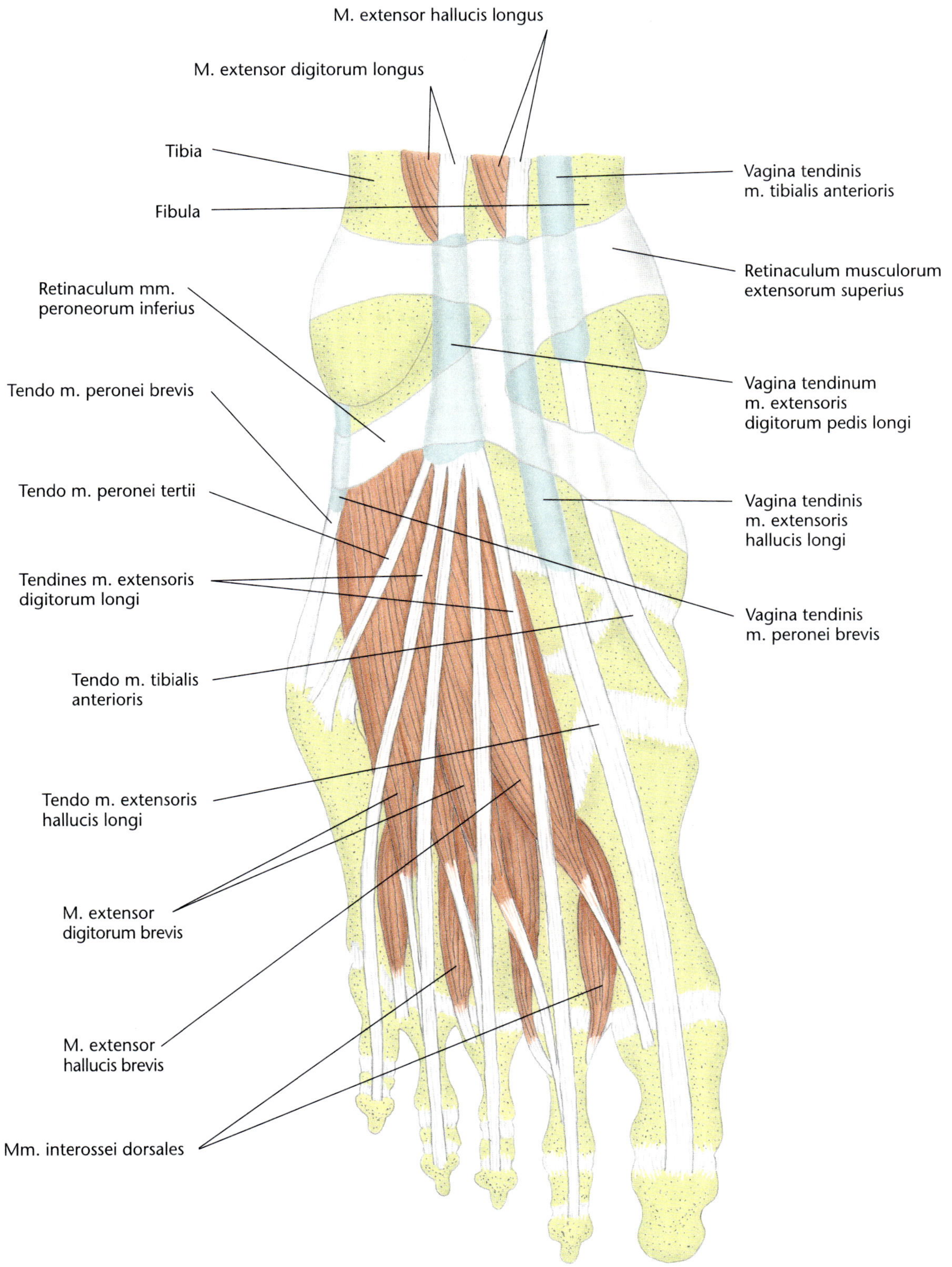

Abb. 3.85 Sehnenscheiden des rechten Fußes von dorsal (Fußrücken).

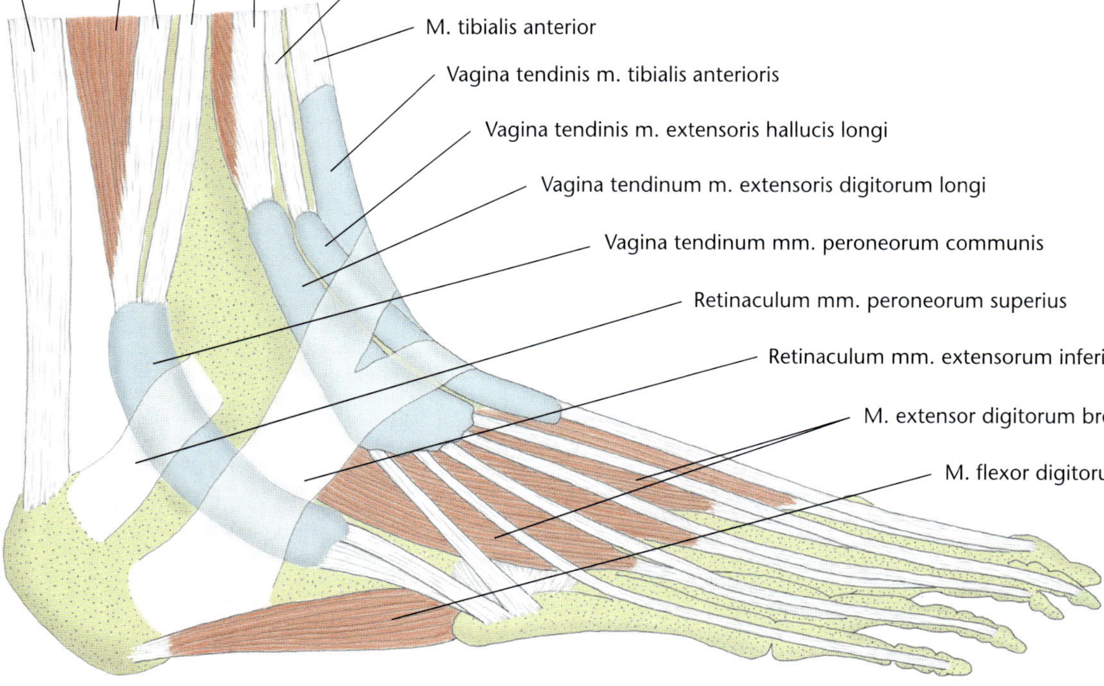

Abb. 3.86 Sehnenscheiden des rechten Fußes von lateral.

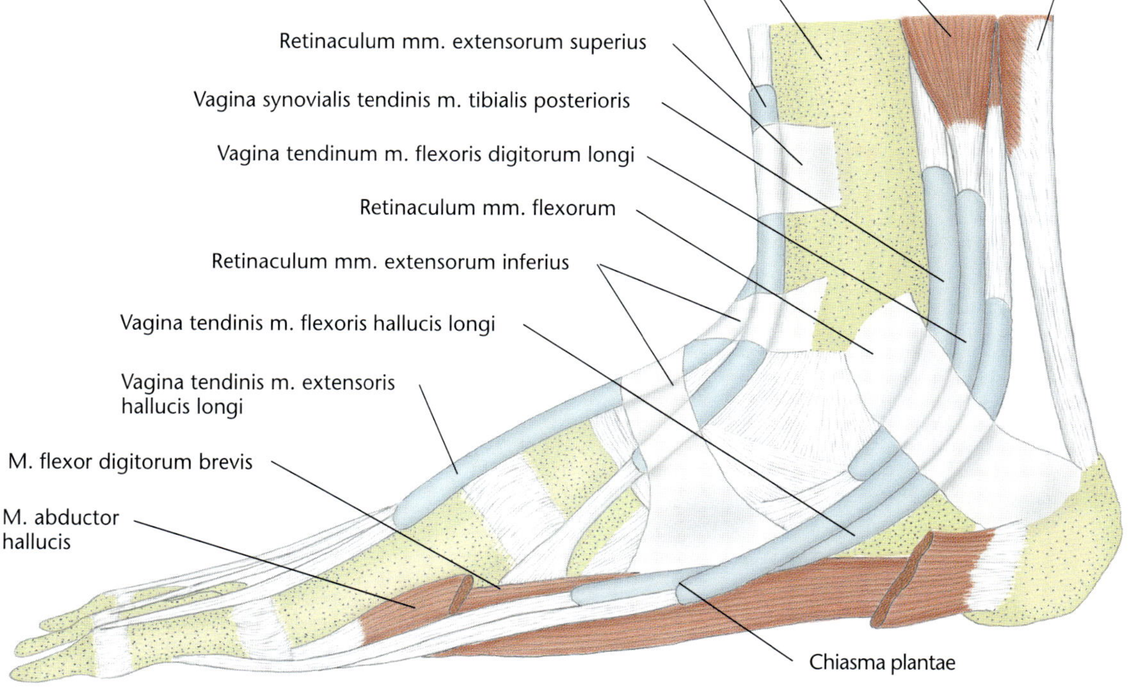

Abb. 3.87 Sehnenscheiden des rechten Fußes von medial.

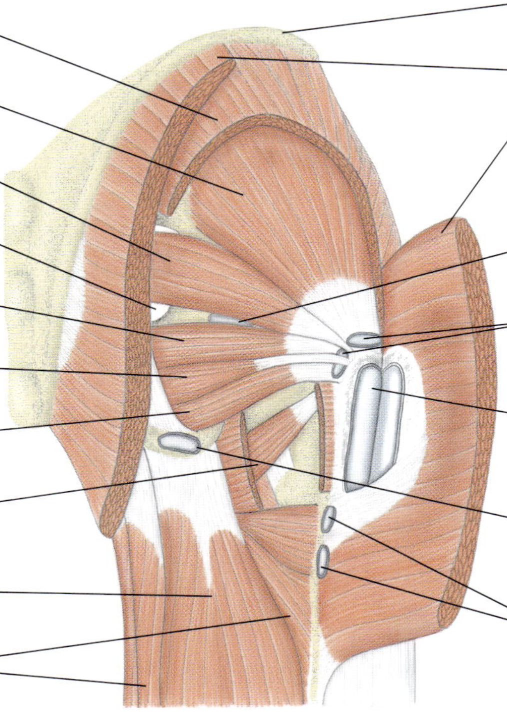

Abb. 3.88 Schleimbeutel der tiefen rechten Hüftregion von dorsal.

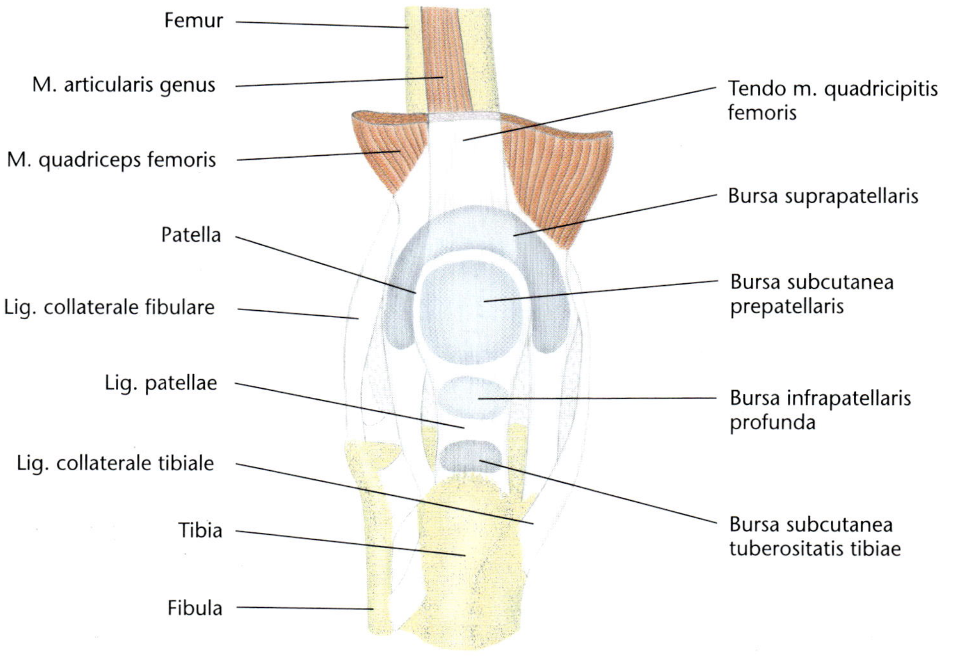

Abb. 3.89 Schleimbeutel des rechten Kniegelenks von ventral.

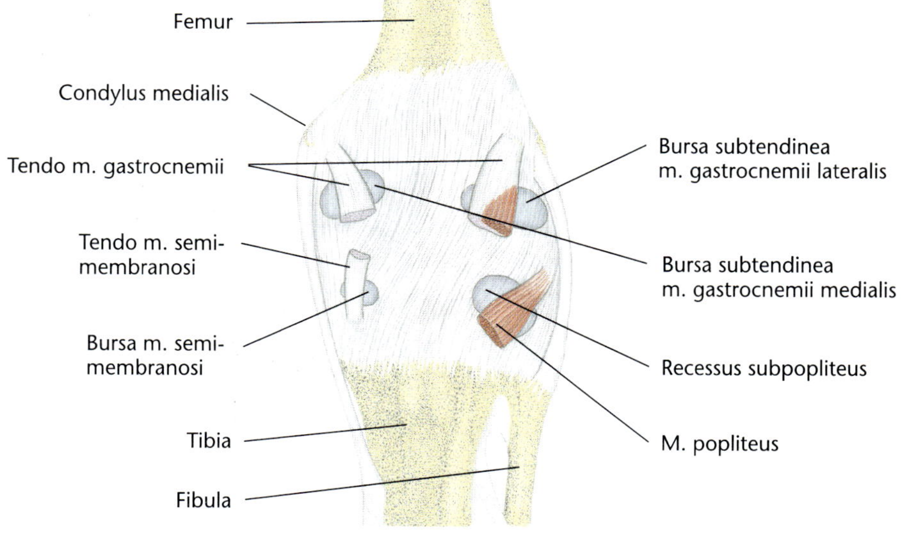

Abb. 3.90 Schleimbeutel des rechten Kniegelenks von dorsal.

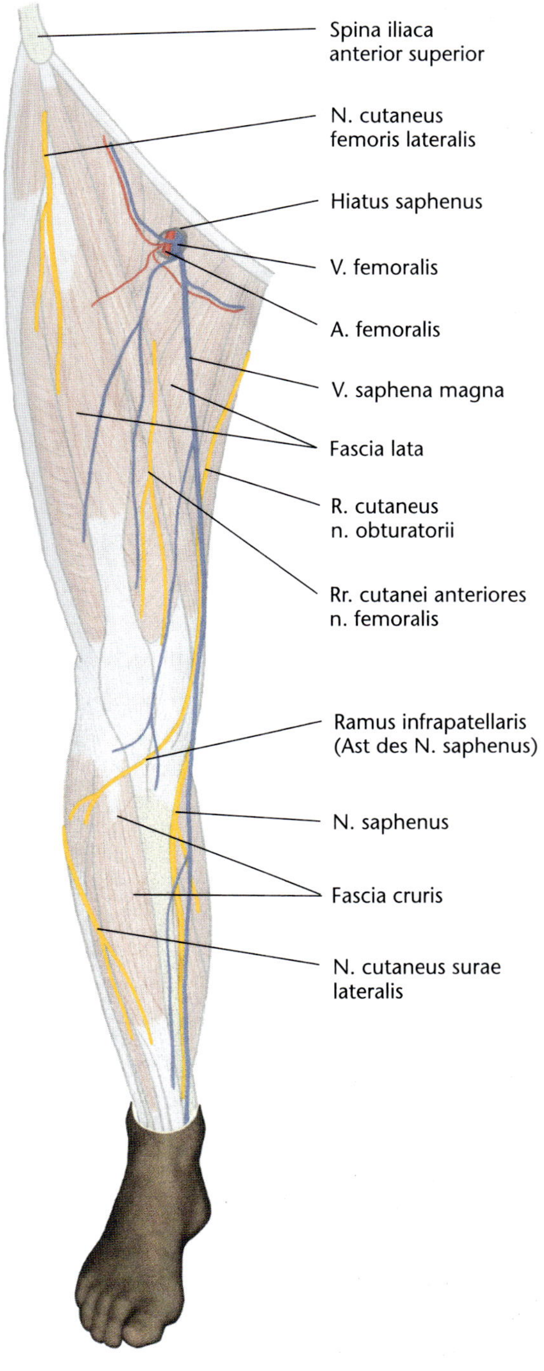

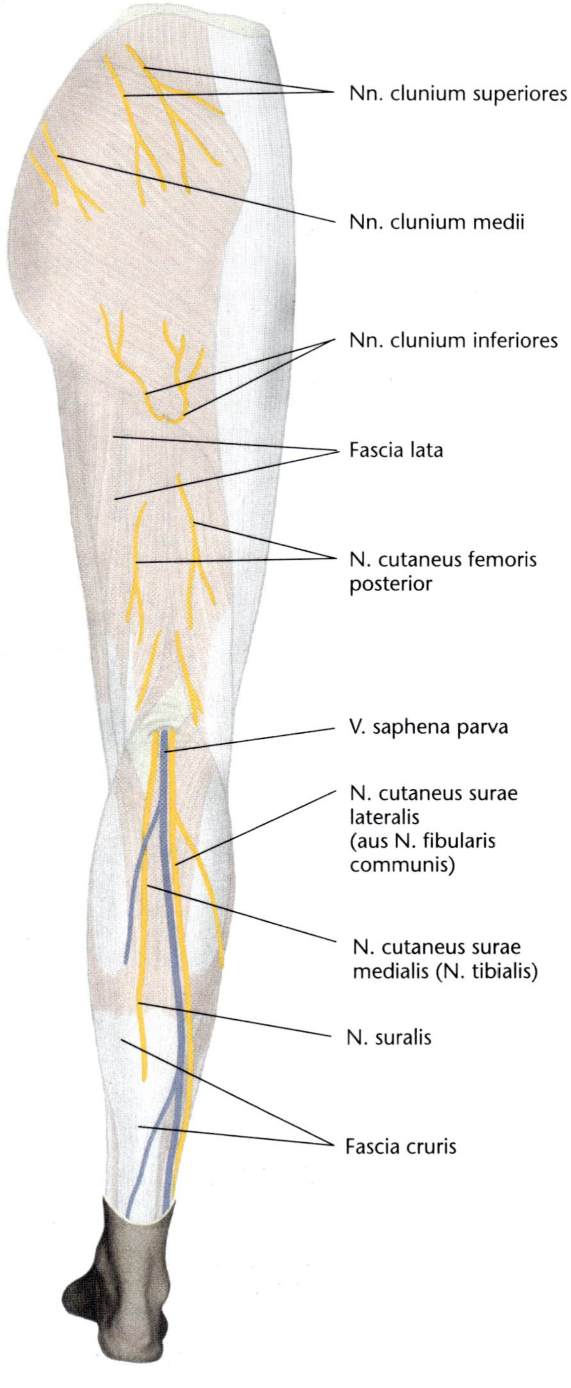

Abb. 3.91 Oberflächliche Blutgefäße und Nerven der unteren Extremität von ventral.

Abb. 3.92 Oberflächliche Blutgefäße und Nerven der unteren Extremität von dorsal.

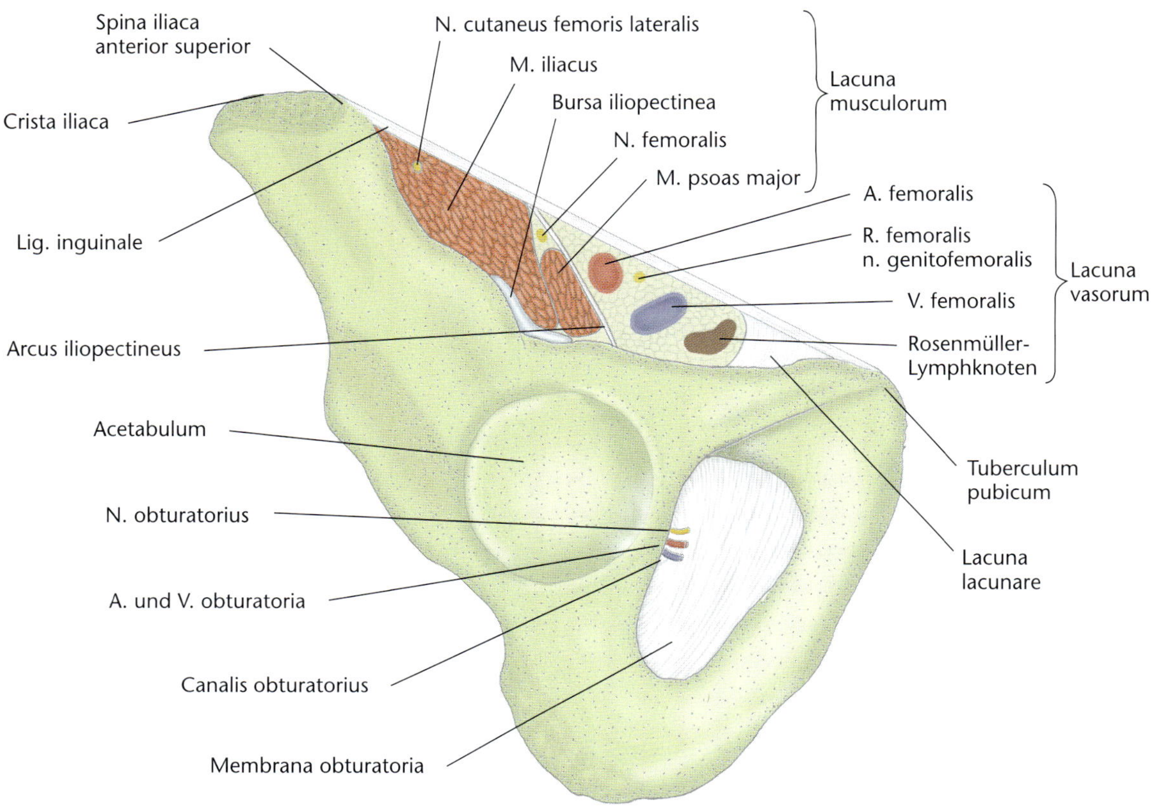

Abb. 3.93 Seitenansicht des Beckens mit derLacuna musculorum und Lacuna vasorum.

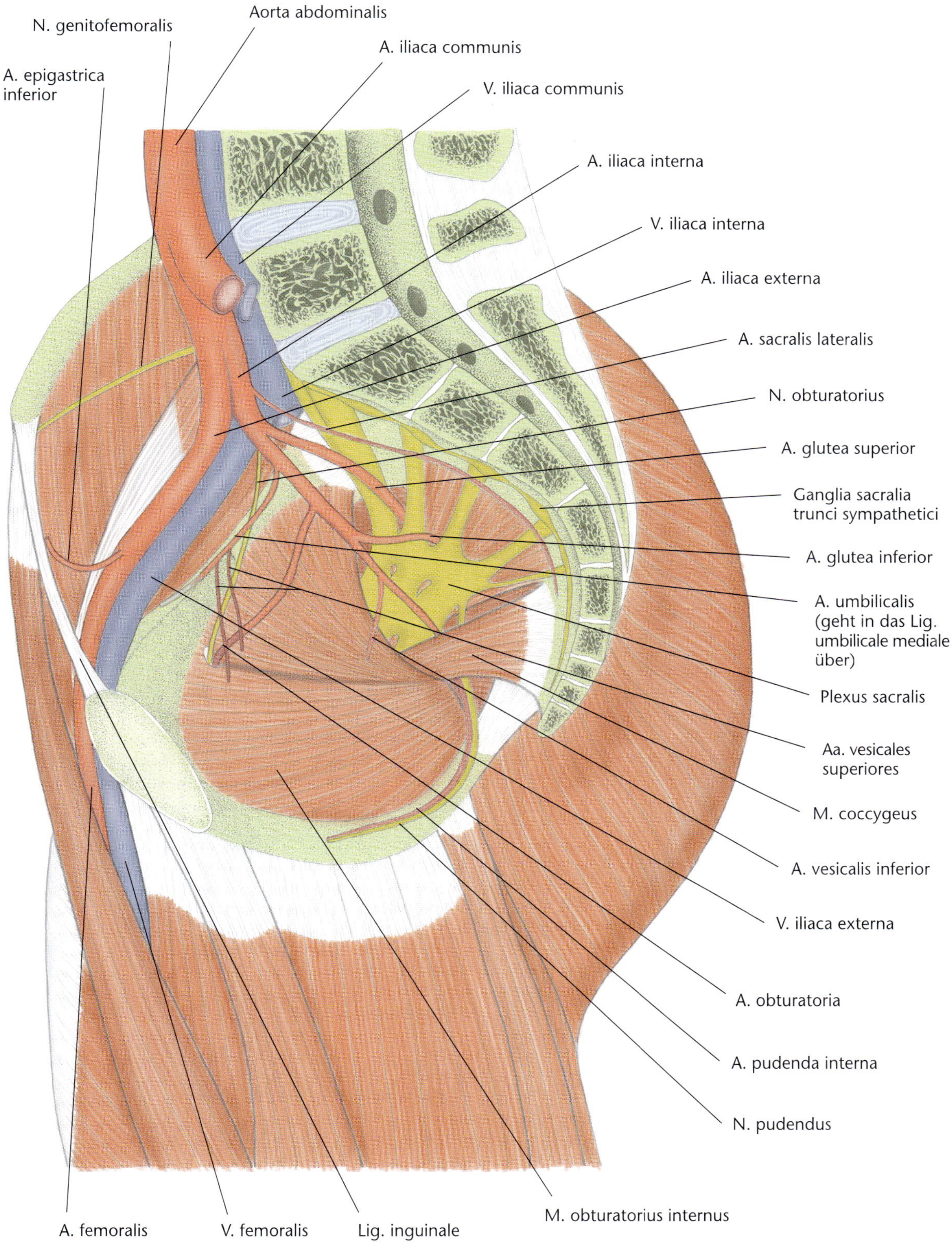

Abb. 3.94 Gefäße und Nerven der rechten Beckenhälfte von medial.

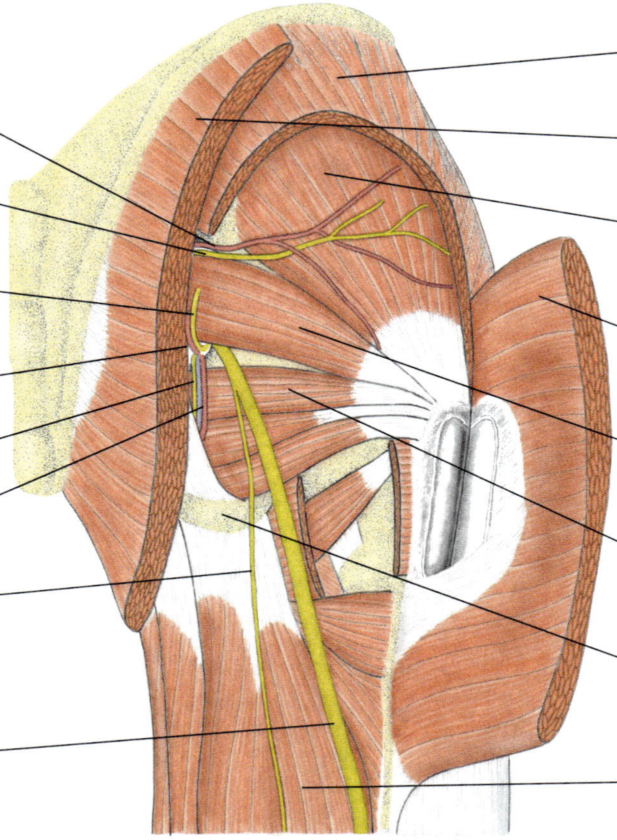

Abb. 3.95 Gefäße und Nerven im Bereich der rechten Gesäßregion.

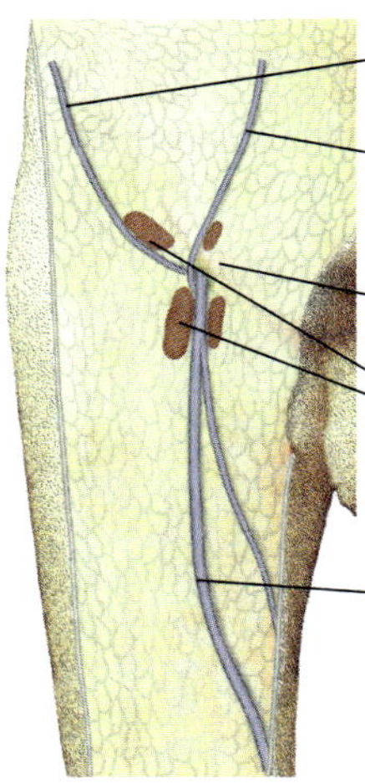

Abb. 3.96 Hiatus saphenus.

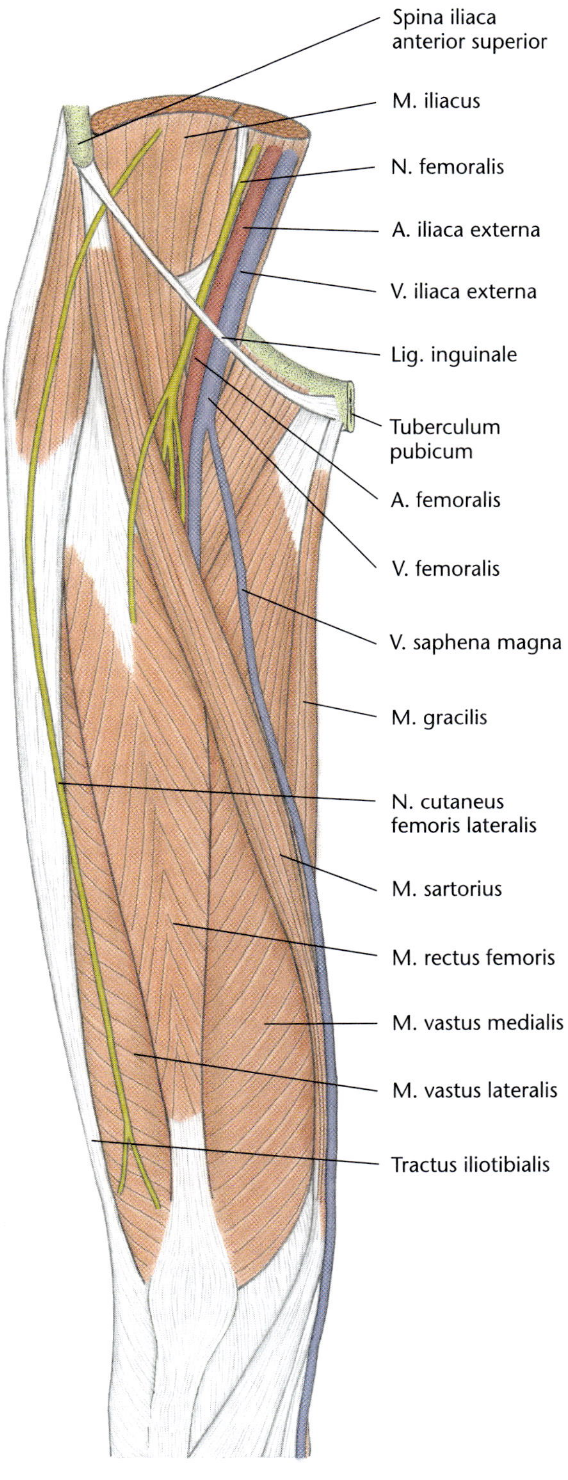

Abb. 3.97 Gefäße und Nerven im Bereich des Oberschenkels von ventral.

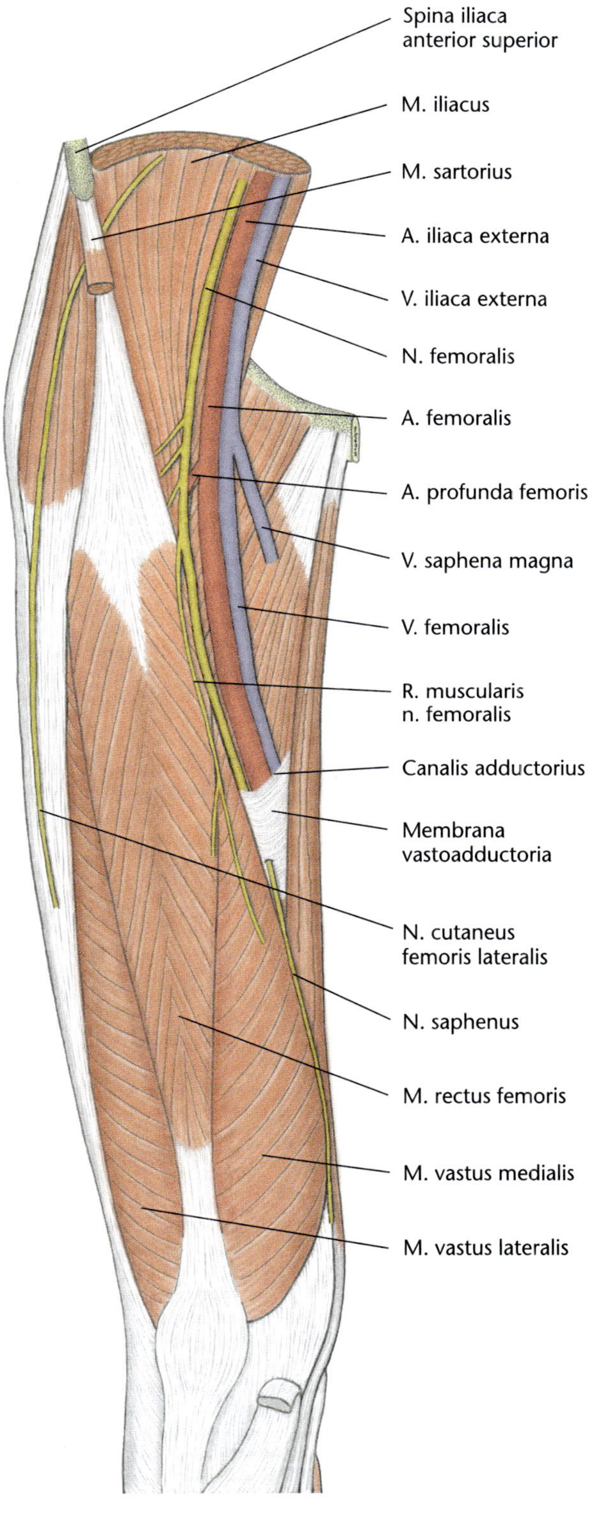

Abb. 3.98 Gefäße und Nerven im Bereich des Oberschenkels nach Entfernung des M. sartorius von ventral.

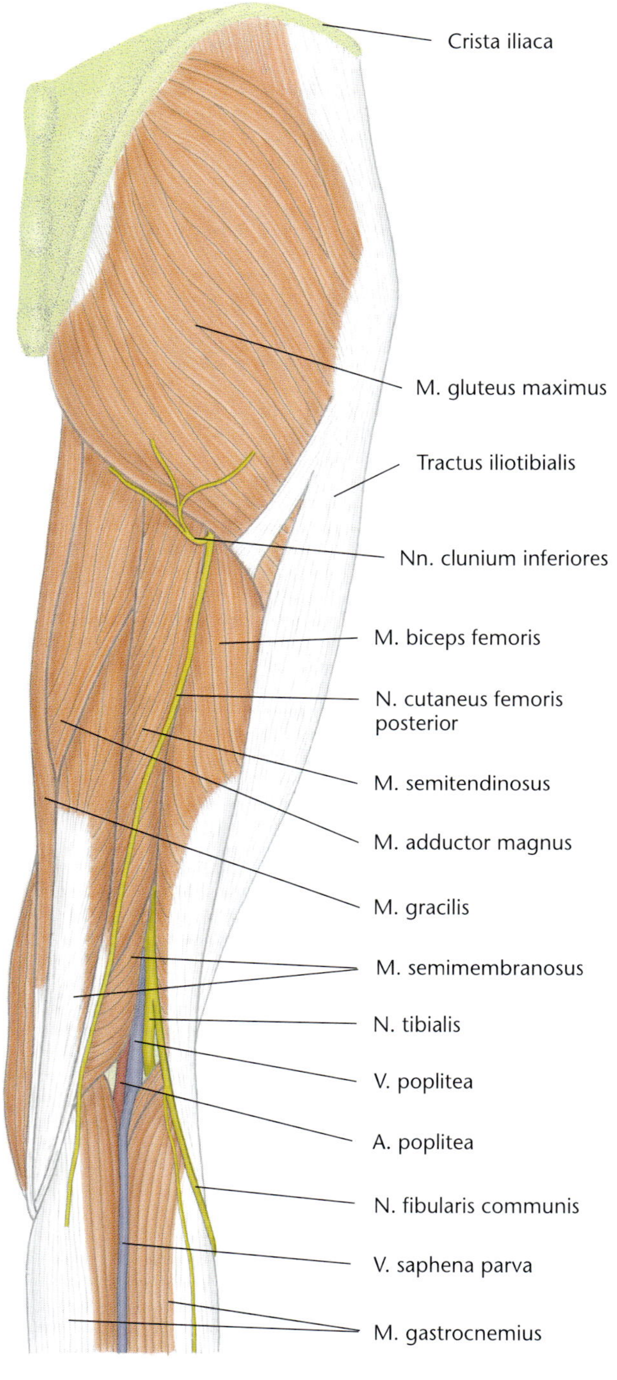

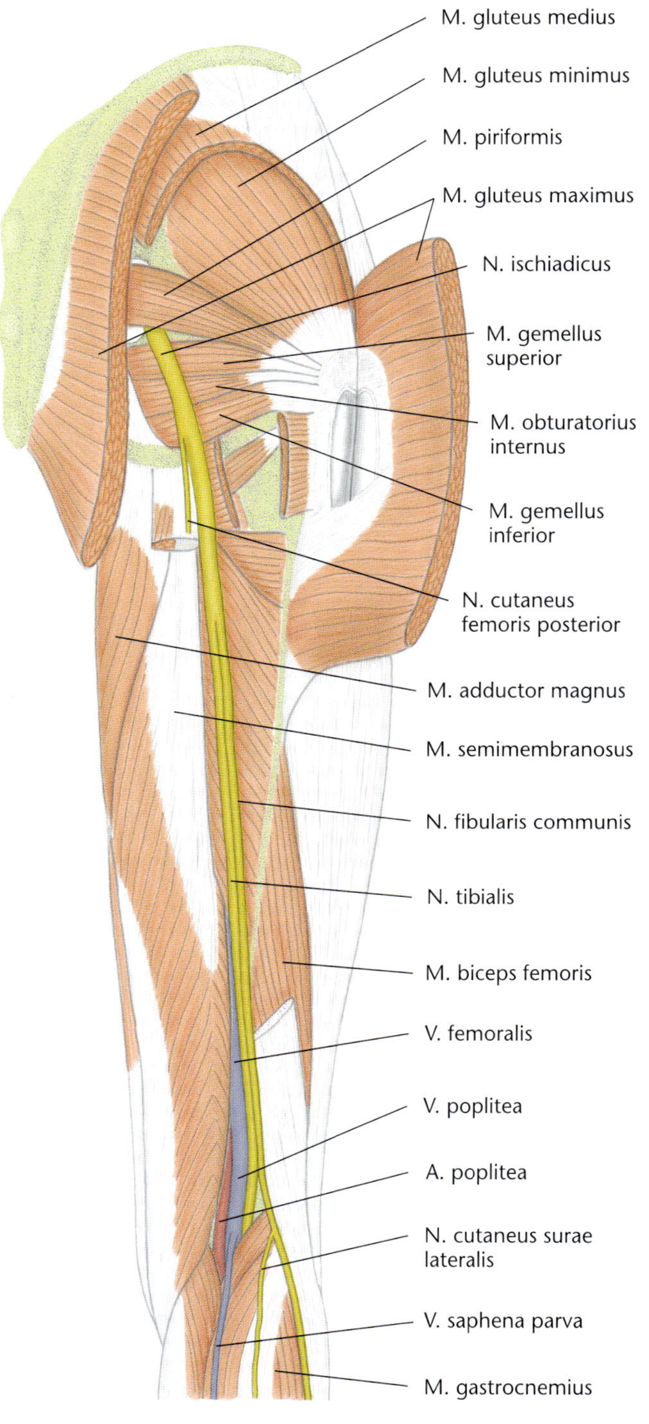

Abb. 3.99 Gefäße und Nerven im Bereich des Oberschenkels von dorsal.

Abb. 3.100 Gefäße und Nerven im Bereich der tiefen Schicht des Oberschenkels von dorsal.

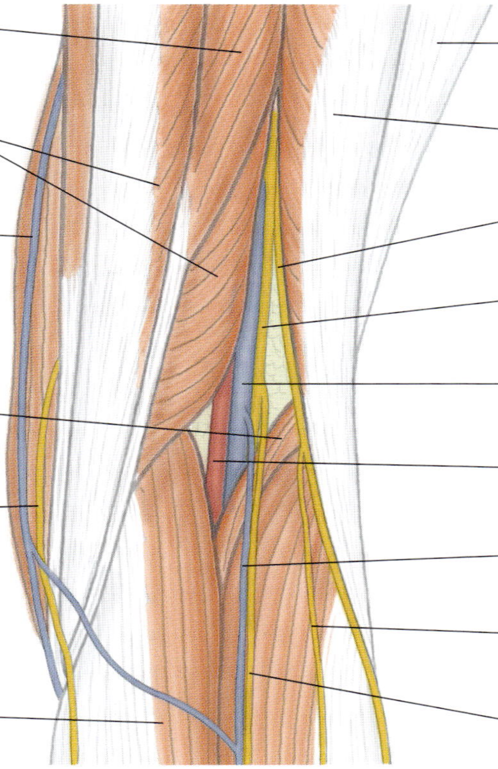

Abb. 3.101 Gefäße und Nerven in der Kniekehle von dorsal.

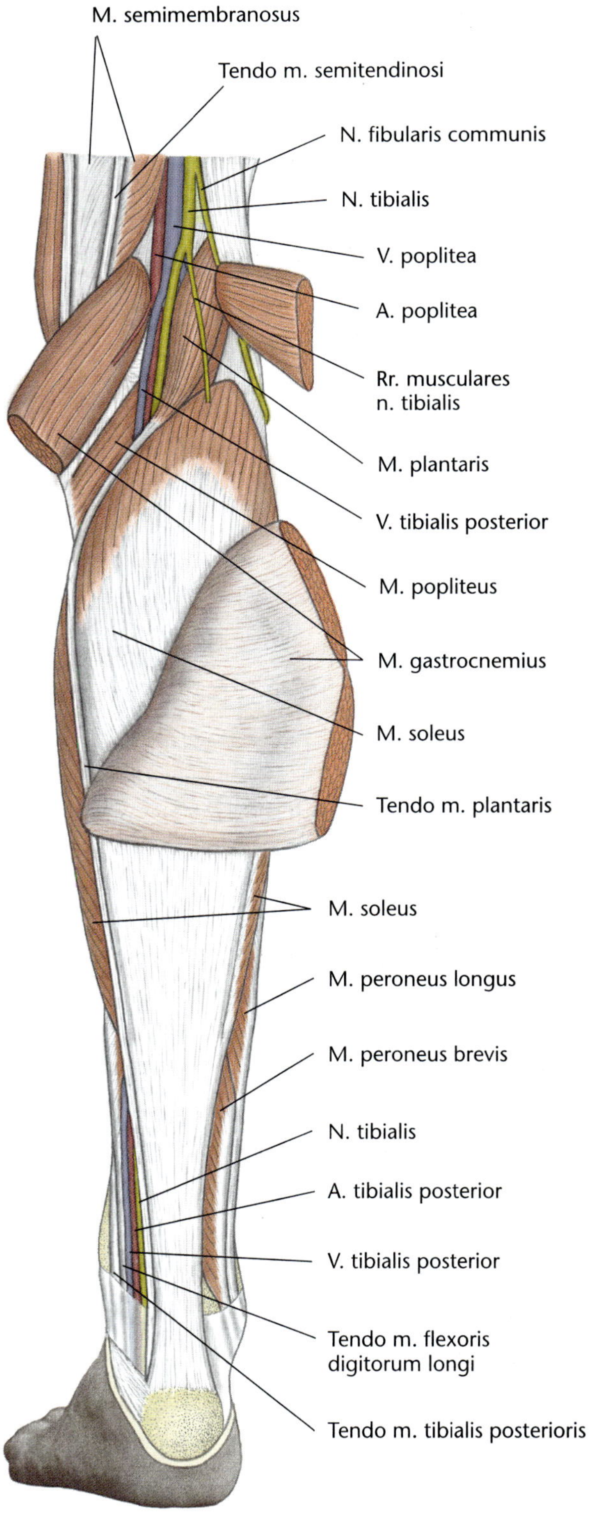

Abb. 3.102 Gefäße und Nerven des Unterschenkels nach Entfernung des M. gastrocnemius von dorsal.

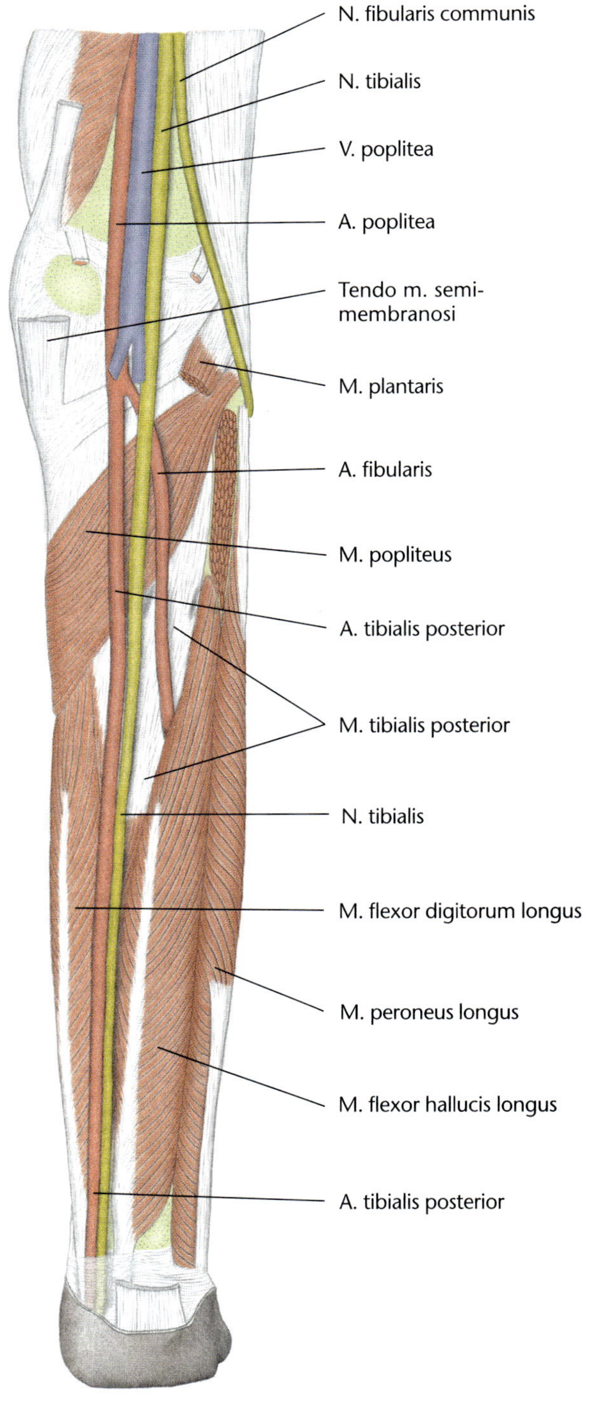

Abb. 3.103 Gefäße und Nerven der tiefen Schicht des Unterschenkels von dorsal.

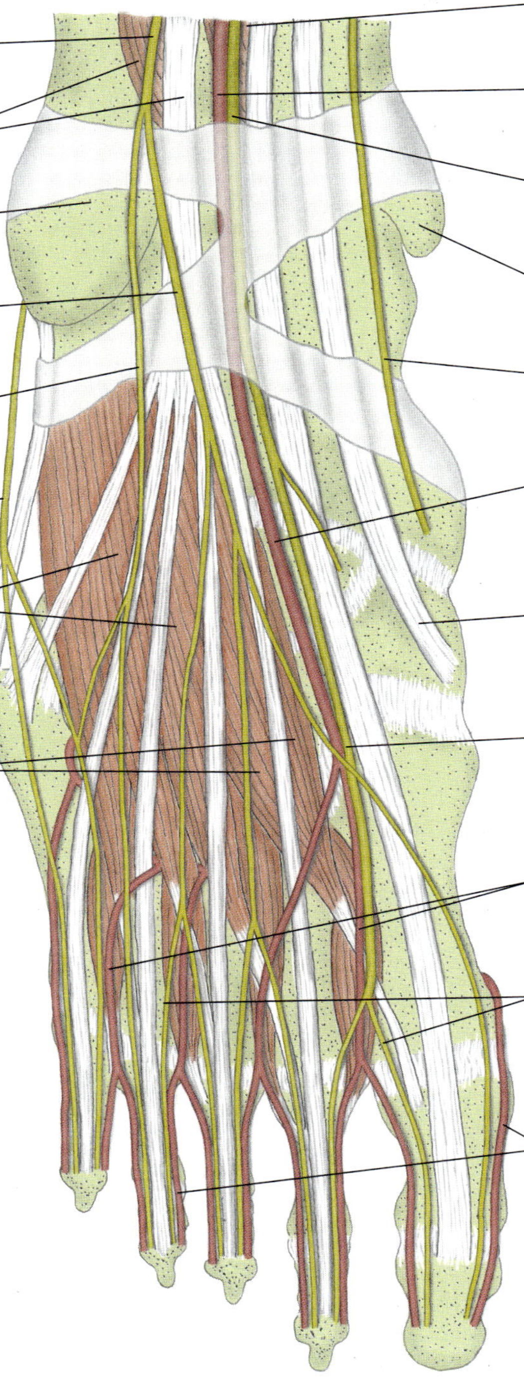

Abb. 3.104 Gefäße und Nerven auf dem Fußrücken.

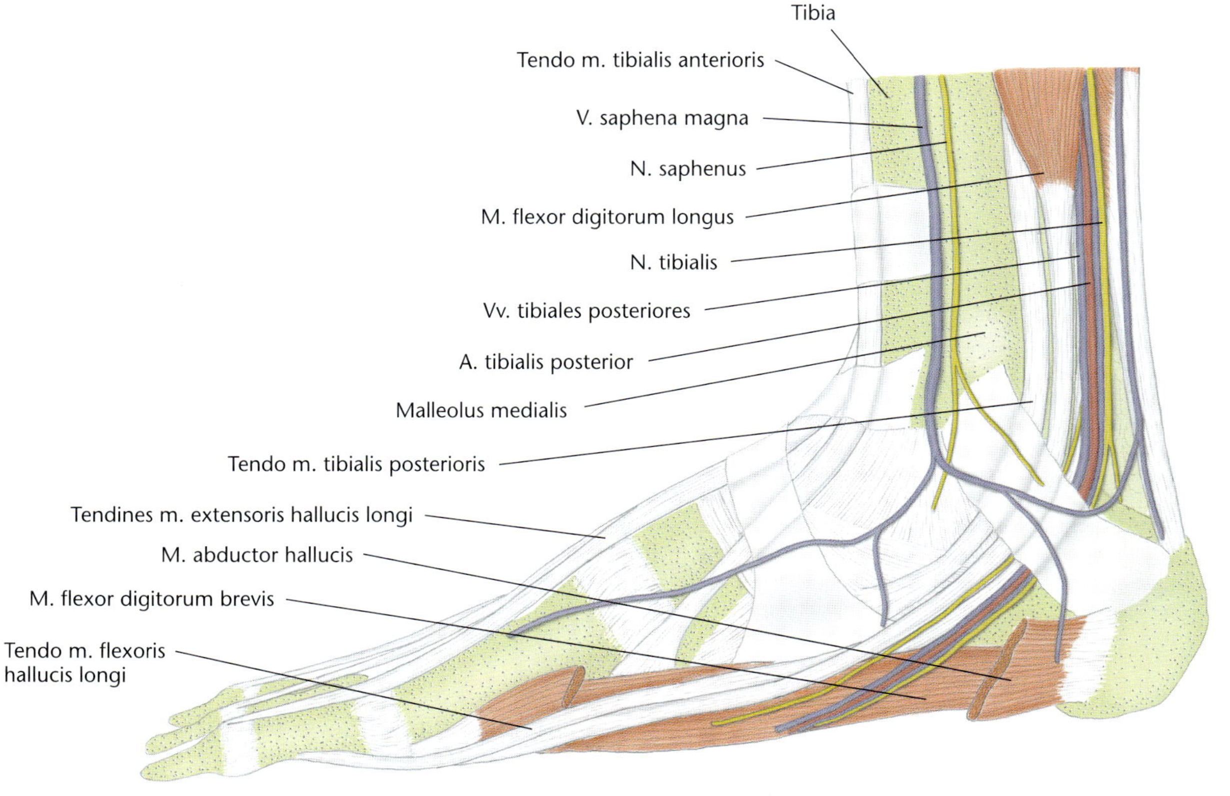

Abb. 3.105 Gefäße und Nerven des Fußes von medial.

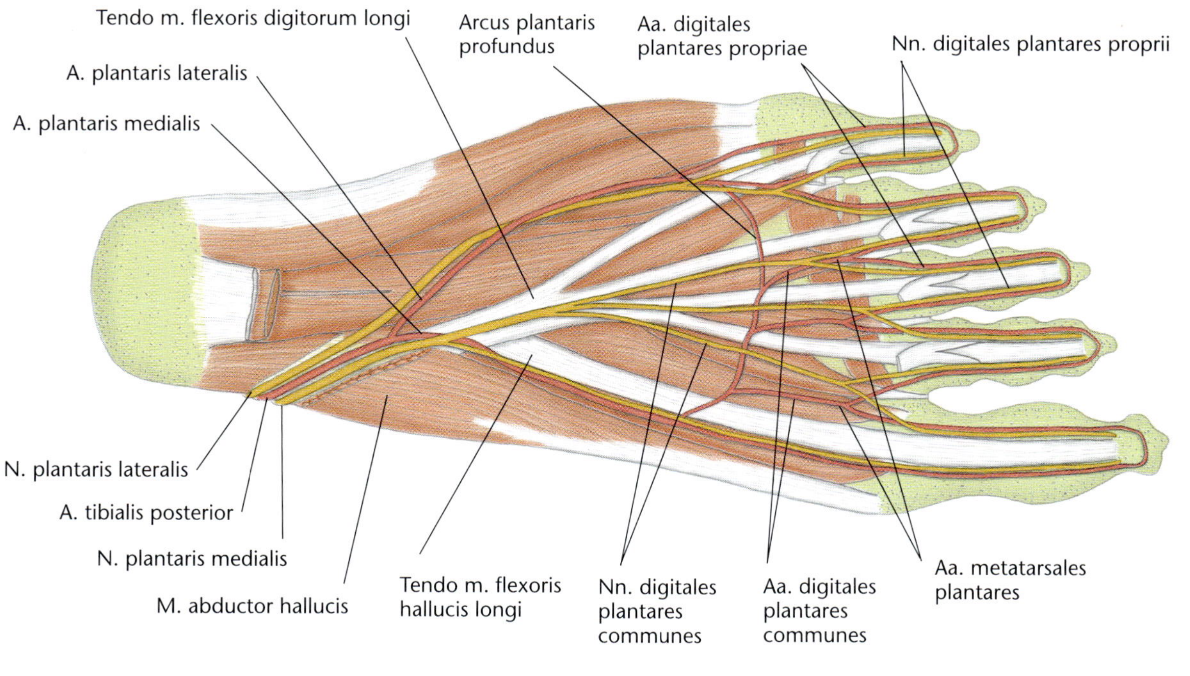

Abb. 3.106 Gefäße und Nerven des Fußes von plantar.

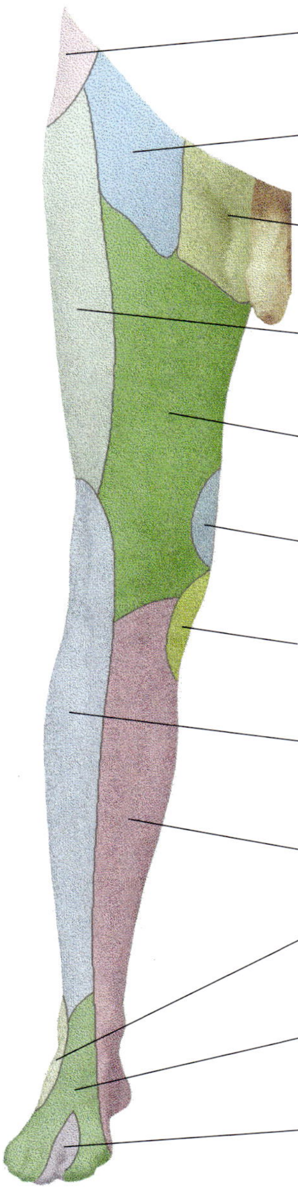

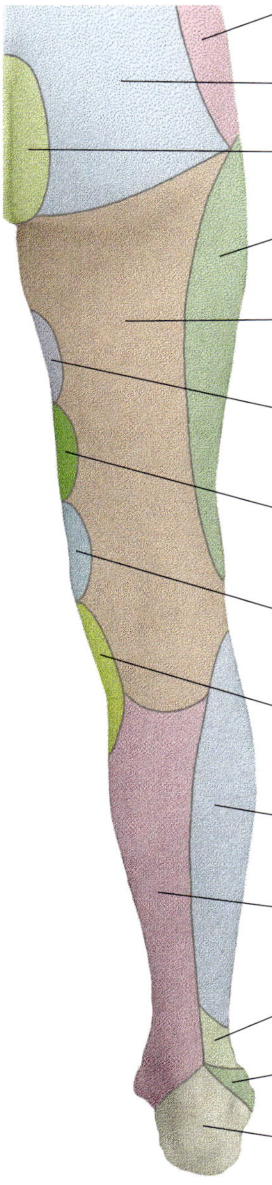

Abb. 3.107 Hautinnervation des rechten Beins von ventral.

Abb. 3.108 Hautinnervation des rechten Beins von dorsal.

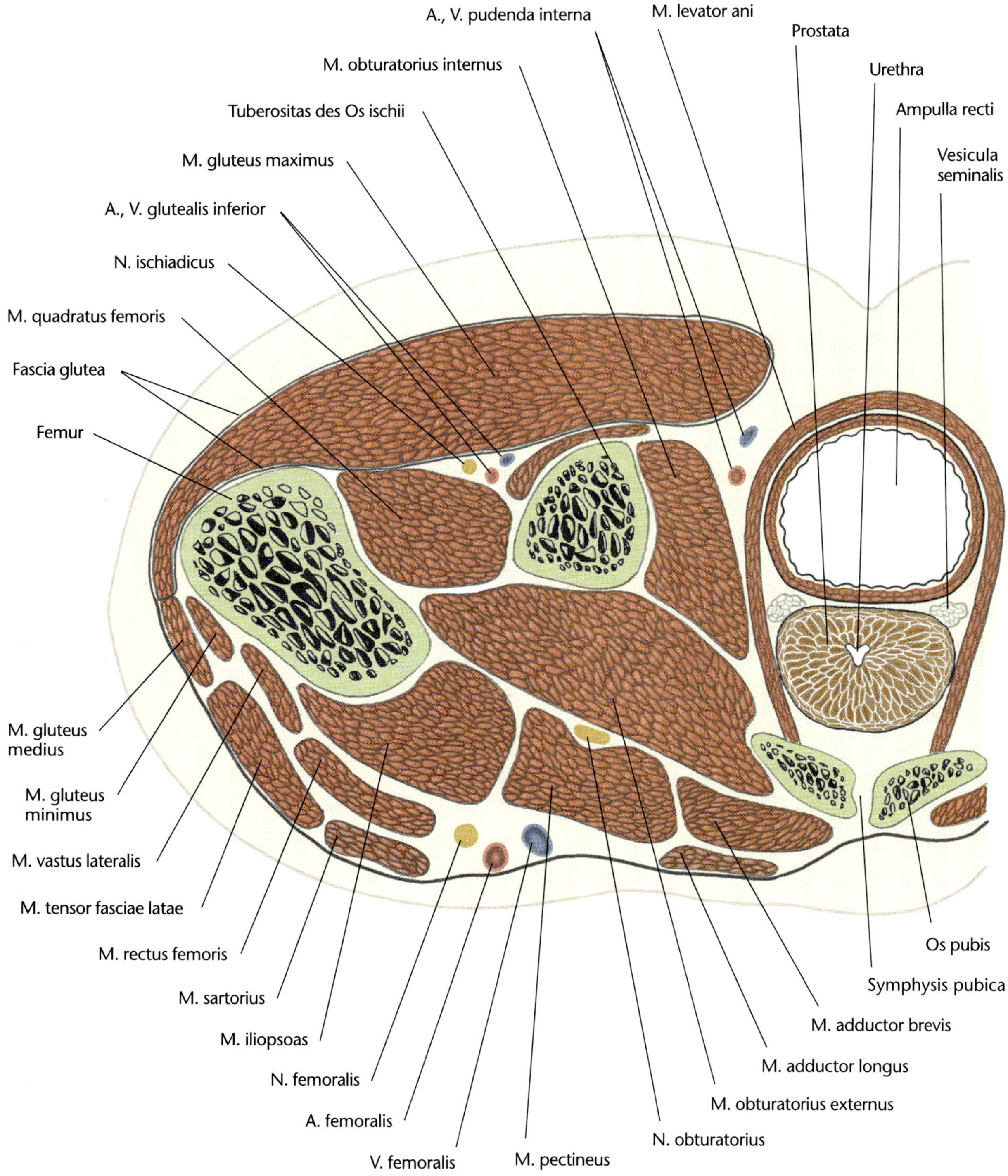

Abb. 3.109 Querschnitt etwa 10 cm unterhalb der Spina iliaca anterior superior.

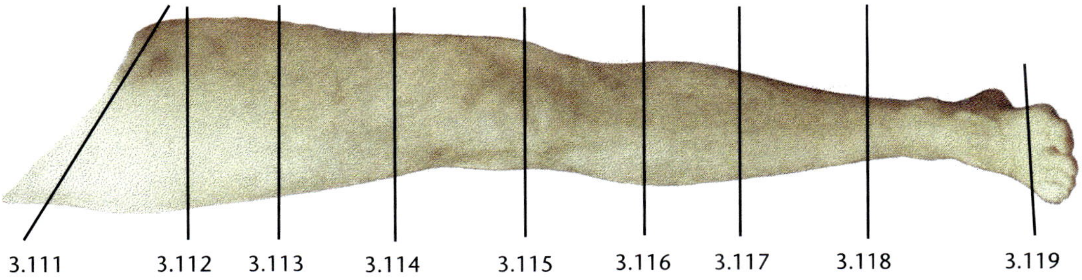

Abb. 3.110 Darstellung der Höhe der Querschnitte.

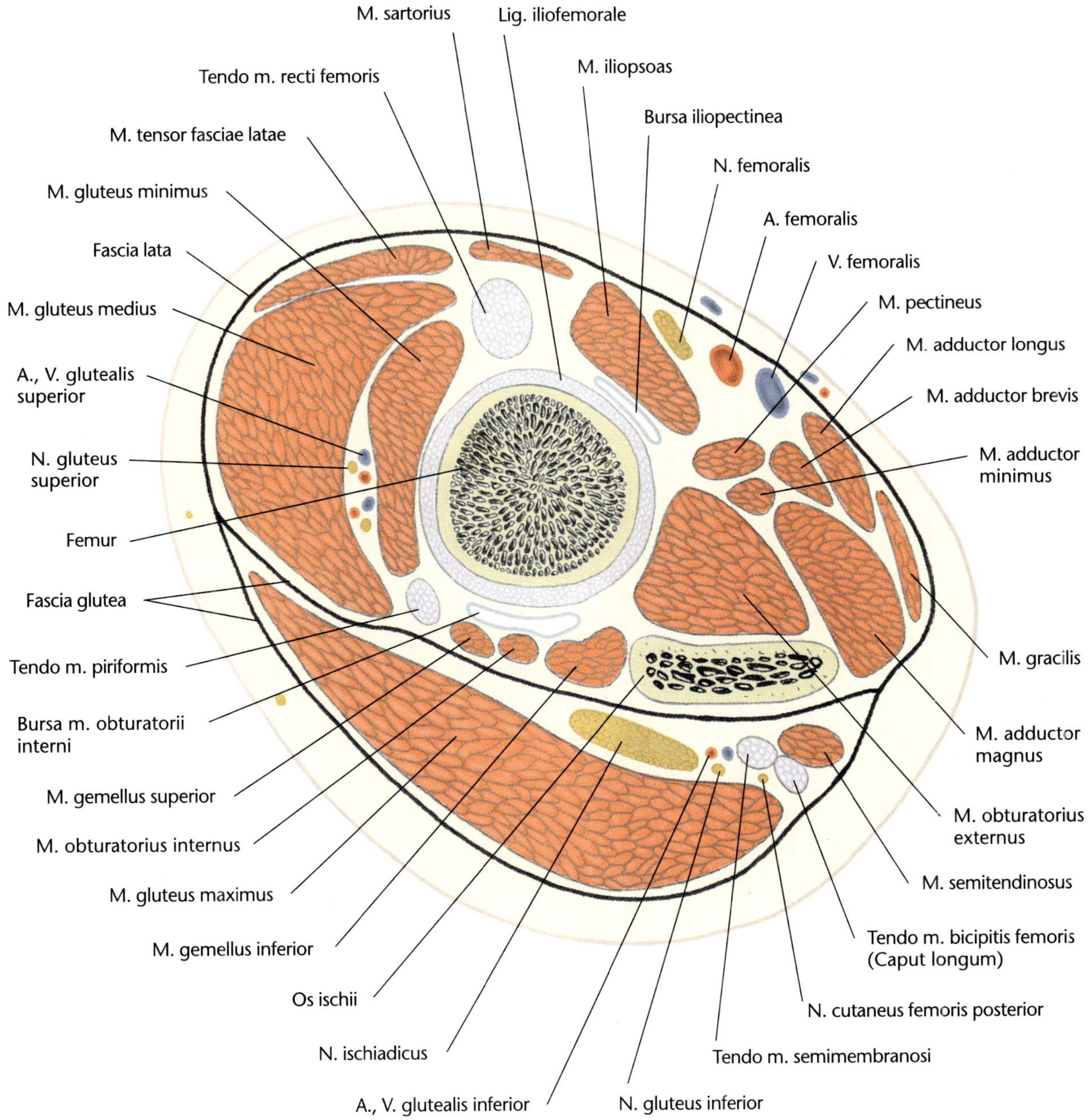

Abb. 3.111 Querschnitt durch das rechte Bein am Übergang zur Hüfte (von kaudal).

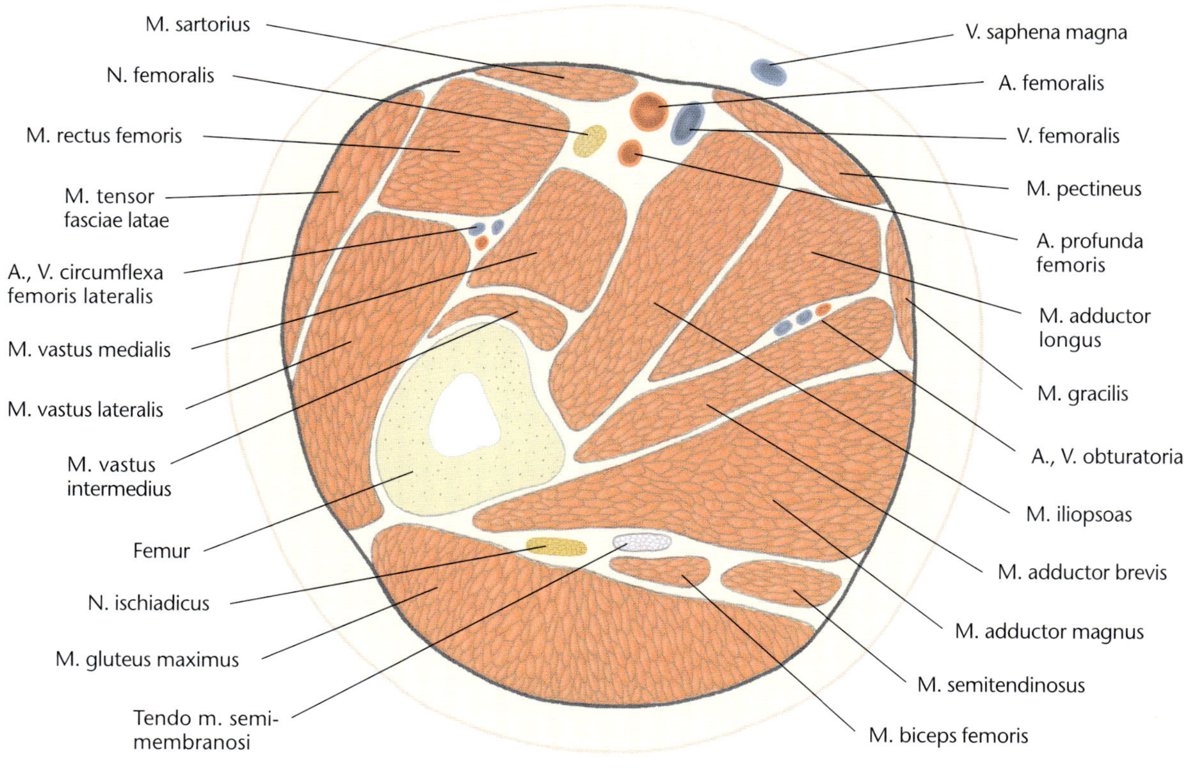

Abb. 3.112 Querschnitt durch das obere Drittel des rechten Oberschenkels (von kaudal).

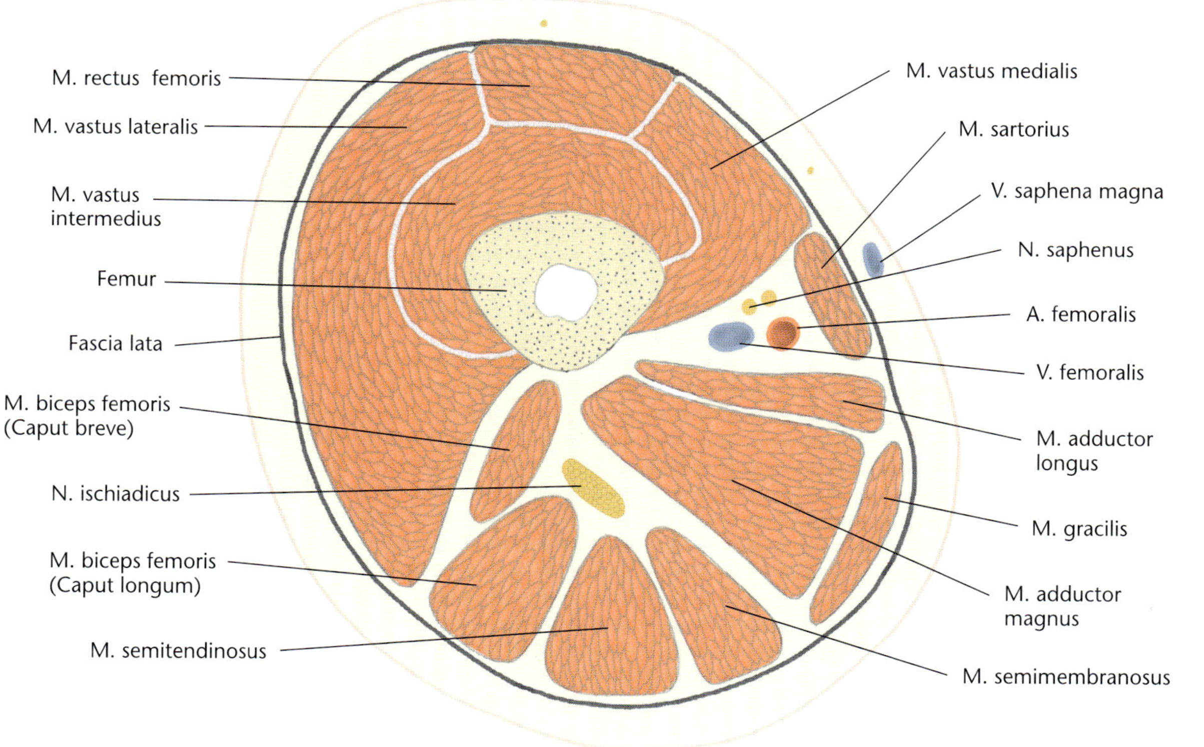

Abb. 3.113 Querschnitt durch das mittlere Drittel des rechten Oberschenkels (von kaudal).

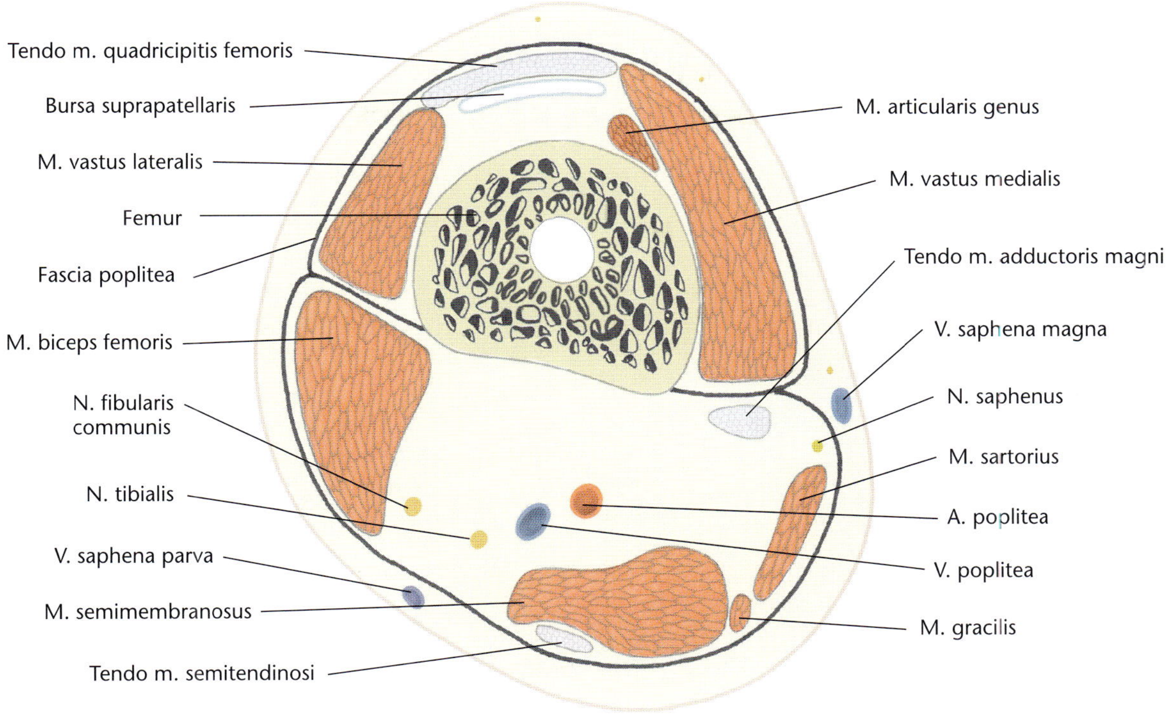

Abb. 3.114 Querschnitt durch das untere Drittel des rechten Oberschenkels (von kaudal).

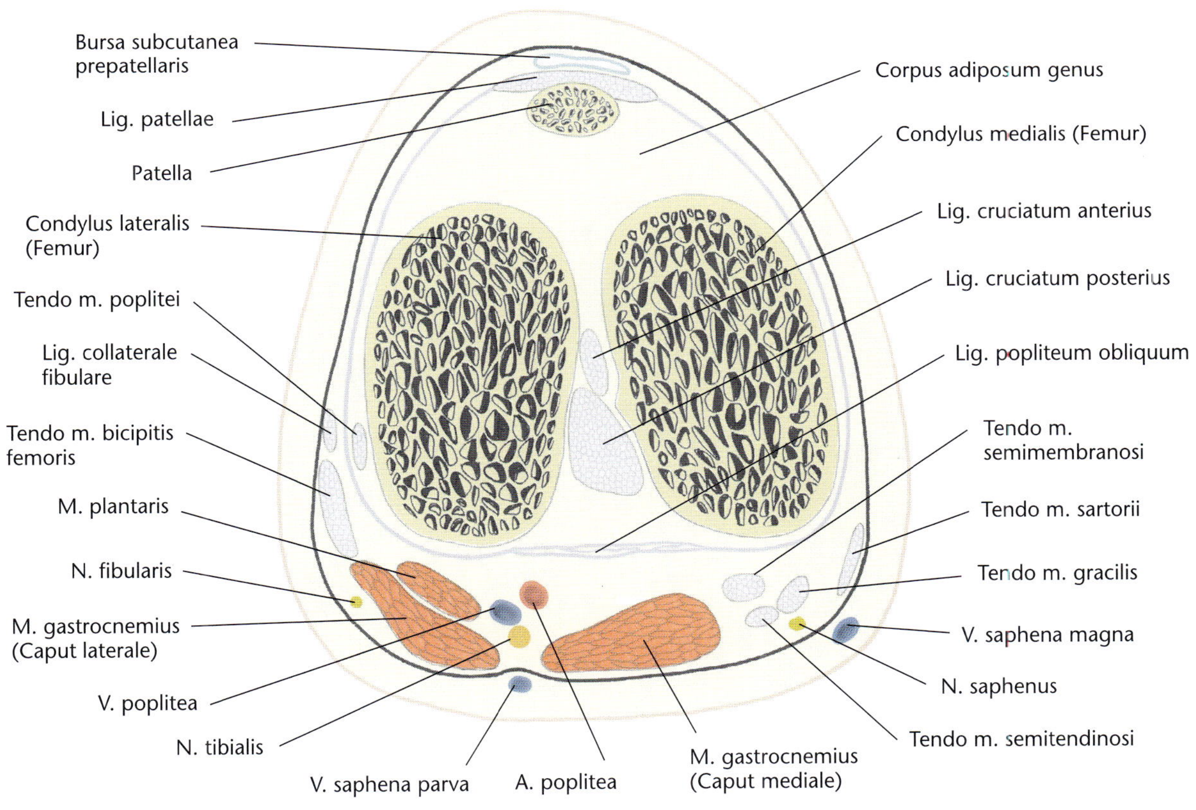

Abb. 3.115 Querschnitt durch das rechte Kniegelenk (von kaudal).

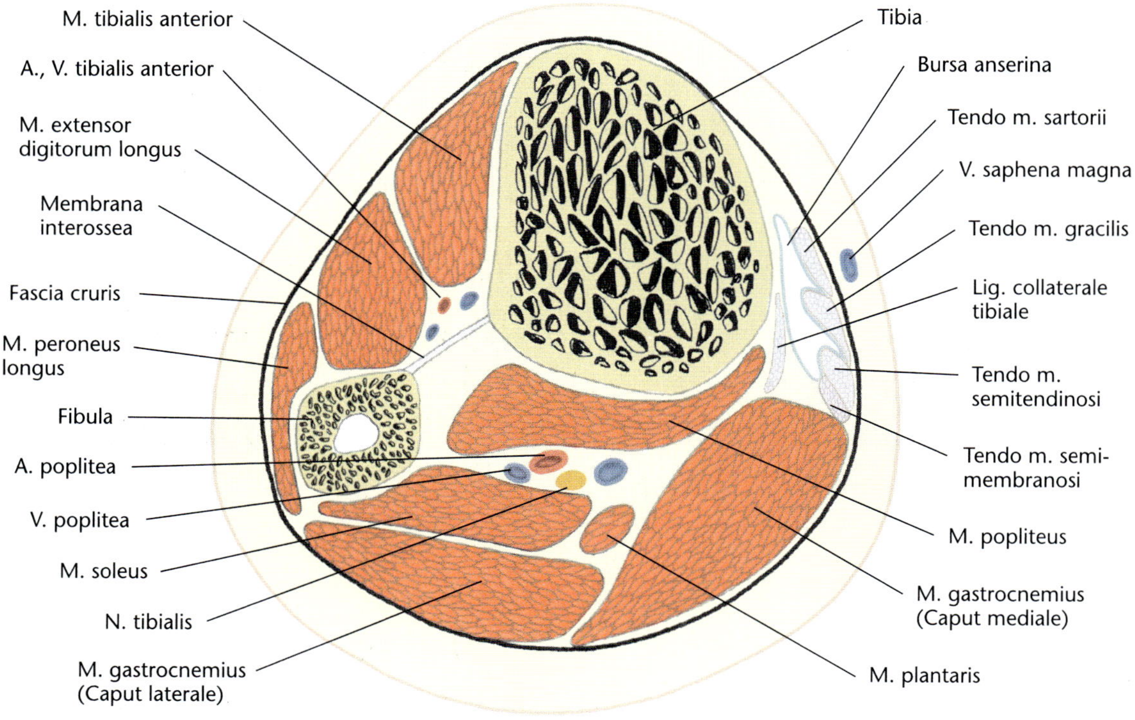

Abb. 3.116 Querschnitt durch das obere Drittel des rechten Unterschenkels (von kaudal).

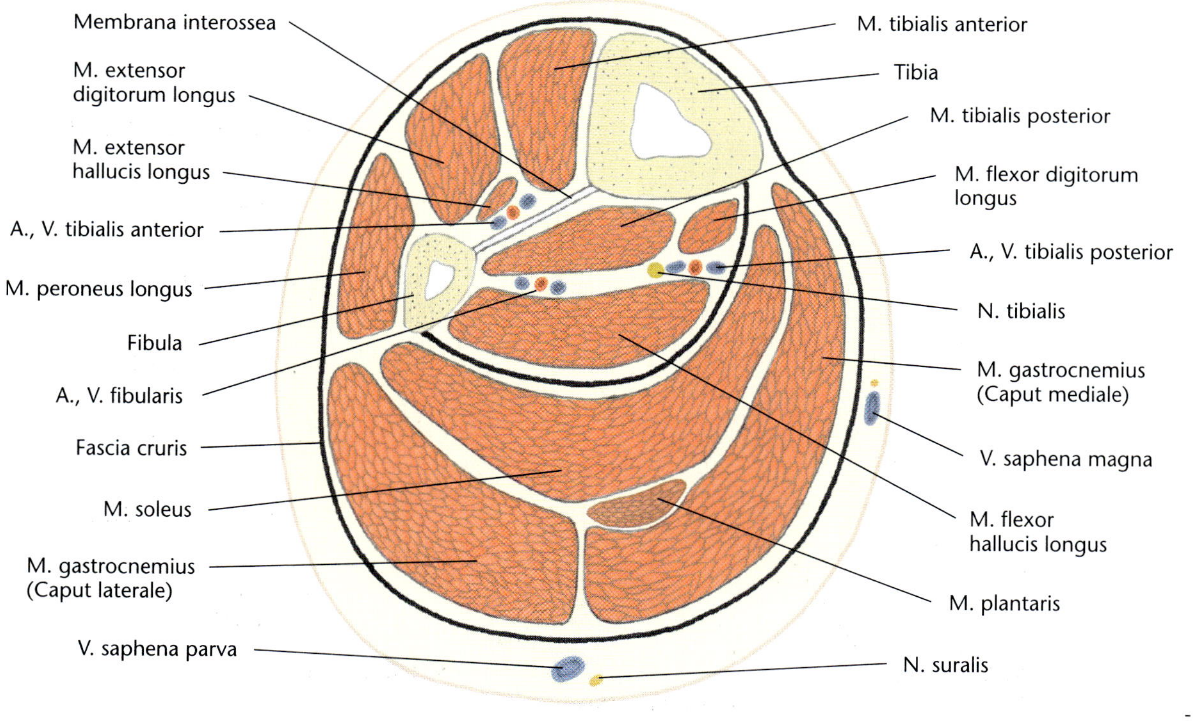

Abb. 3.117 Querschnitt durch das mittlere Drittel des rechten Unterschenkels (von kaudal).

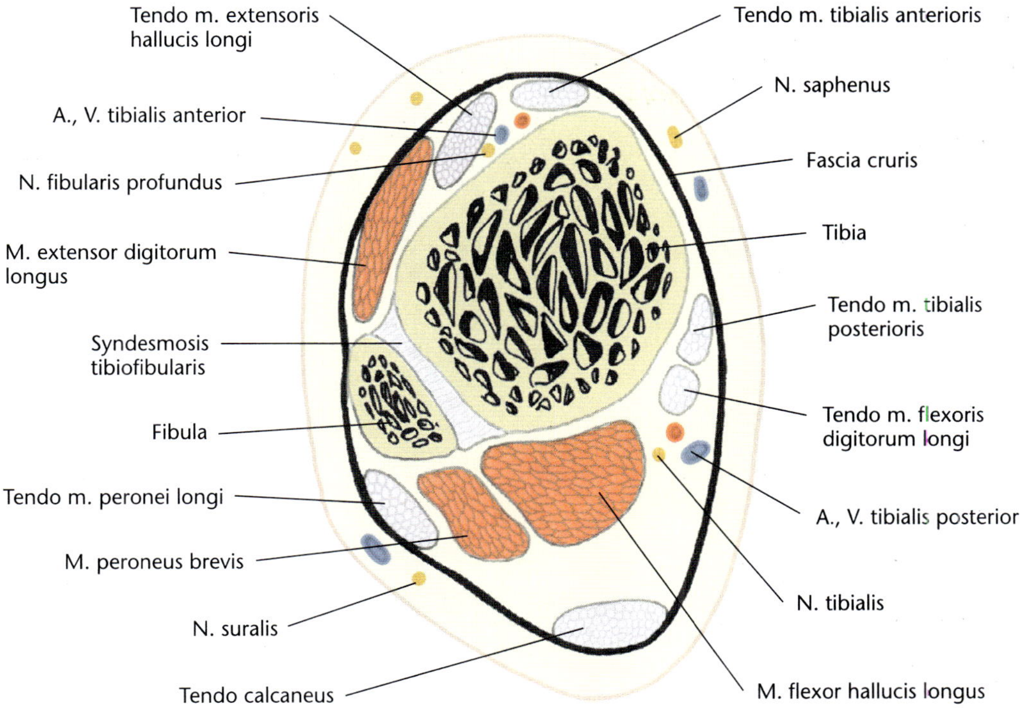

Abb. 3.118 Querschnitt durch das untere Drittel des rechten Unterschenkels (von kaudal).

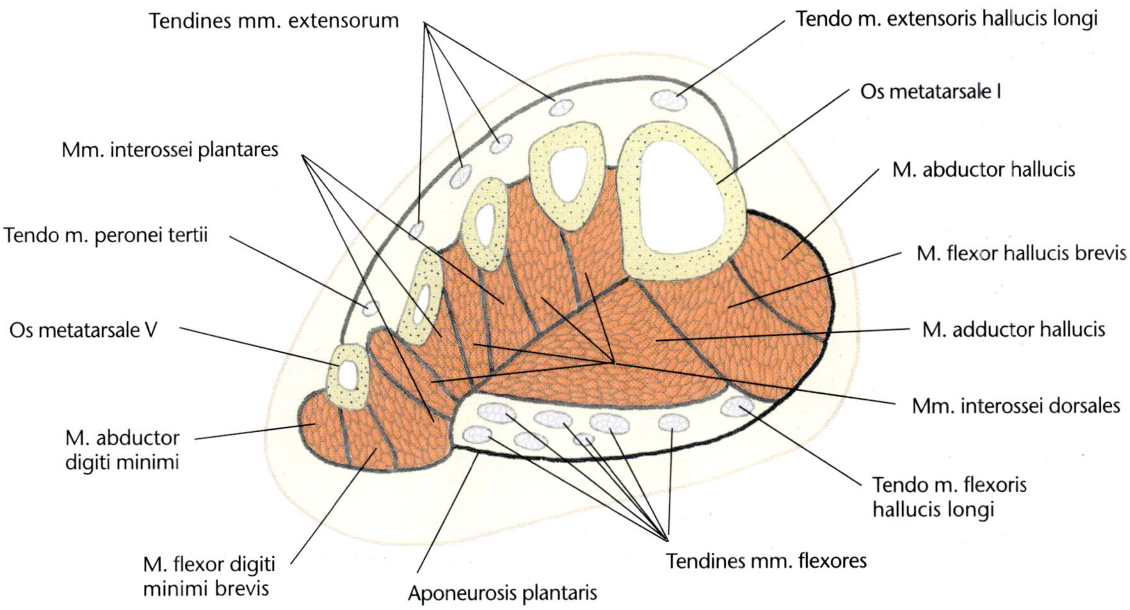

Abb. 3.119 Querschnitt durch den Fuß.

4 Kopf

4.1	Kopf von ventral	138
4.2	Kopf von lateral	138
4.3	Mundhöhle	139
4.4	Mundhöhle mit hochgezogener Zunge	139
4.5	Schädel von ventral	140
4.6	Schädel von ventral (schematisiert)	141
4.7	Schädel von lateral (schematisiert)	141
4.8	Schädel von lateral	142
4.9	Schädeldach	143
4.10	Schädel von dorsal	143
4.11	Os sphenoidale von ventral	144
4.12	Os sphenoidale von dorsal	144
4.13	Os sphenoidale von kranial	144
4.14	Schädel im Medianschnitt (schematisiert)	145
4.15	Schädel im Medianschnitt	146
4.16	Innere Schädelbasis	147
4.17	Innere Schädelbasis (schematisiert)	148
4.18	Äußere Schädelbasis (schematisiert)	148
4.19	Äußere Schädelbasis	149
4.20	Durchtrittsstellen durch die Dura mater (harte Hirnhaut) im Bereich der inneren Schädelbasis	150
4.21	Äußere Schädelbasis mit Durchtrittsstellen der Nerven und Gefäße	151
4.22	Röntgenbild des Schädels (p.-a. Aufnahme)	152
4.23	Röntgenbild des Schädels von lateral	152
4.24	Röntgenbild der Schädelbasis	153
4.25	Röntgenbild (Frontalschnitt durch den Kopf)	154
4.26	Kernspintomogramm durch den Kopf in Höhe des Meatus acusticus externus	154
4.27	Oberkiefer und Palatum durum von kaudal (Erwachsener)	155
4.28	Oberkiefer und Palatum durum von kaudal (Kind)	155
4.29	Mandibula von ventral/lateral	156
4.30	Mandibula von dorsal	156
4.31	Mandibula von kranial (Erwachsener)	157
4.32	Mandibula von kranial (Kind)	157
4.33	Mandibula von lateral mit eröffnetem Canalis mandibulae	158
4.34	Zahnreihe	159
4.35	Längsschnitt durch einen Schneidezahn	160
4.36	Medianschnitt durch den Kopf	161
4.37	Frontalschnitt durch den Gesichtsschädel	162
4.38	Frontalschnitt durch den Gesichtsschädel (schematisiert)	162
4.39	Knorpel der äußeren Nase von ventral	163
4.40	Knorpel der äußeren Nase von lateral	163
4.41	Nasenscheidewand von lateral	164
4.42	Seitliche Nasenwand der rechten Nasenhöhle	164
4.43	Seitliche Nasenwand (Nasenmuscheln abgetragen)	165
4.44	Spiegelung des Nasen-Rachen-Raums	165
4.45	Nasenhöhlen auf Schädel projiziert von lateral	166
4.46	Nasenhöhlen auf Schädel projiziert von ventral	166
4.47	Kiefergelenk von lateral	167
4.48	Kiefergelenk von lateral im Sagittalschnitt	167
4.49	Gesichtsmuskeln von ventral	168
4.50	Gesichtsmuskeln von lateral	169
4.51	Gesichtsmuskeln von lateral	170
4.52	M. pterygoideus medialis von medial	171
4.53	Gaumen	172
4.54	Zunge von kranial	172
4.55	Sagittalschnitt durch die Mundhöhle und den Mundboden	173
4.56	Querschnitt durch die Mundhöhle und den Mundboden	173
4.57	Querschnitt durch die Parotisloge	174
4.58	Zungen- und Kehlkopfmuskeln von lateral	175
4.59	Mundbodenmuskeln von dorsokranial	175
4.60	Mundbodenmuskeln von außen	176
4.61	Mundbodenmuskeln von außen	176
4.62	Auf den Schädel projizierte Verläufe der Arterien des Kopfes	177
4.63	Auf den Schädel projizierte Verläufe der Venen des Kopfes	178
4.64	Nerven und Gefäße des Kopfes von ventral	179
4.65	Nerven und Gefäße des Kopfes von lateral	180
4.66	Hautinnervation von ventral	181
4.67	Hautinnervation von dorsal	181
4.68	Hautinnervation von lateral	181
4.69	Horizontalschnitt durch den Kopf in Höhe von C1	182
4.70	Horizontalschnitt durch den Kopf in Höhe von C3	183

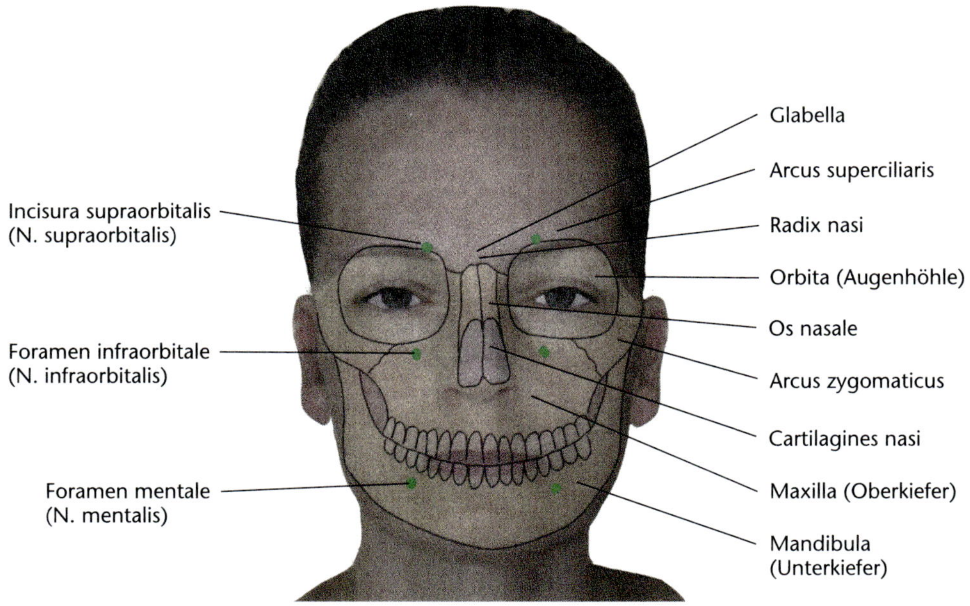

Abb. 4.1 Kopf von ventral.

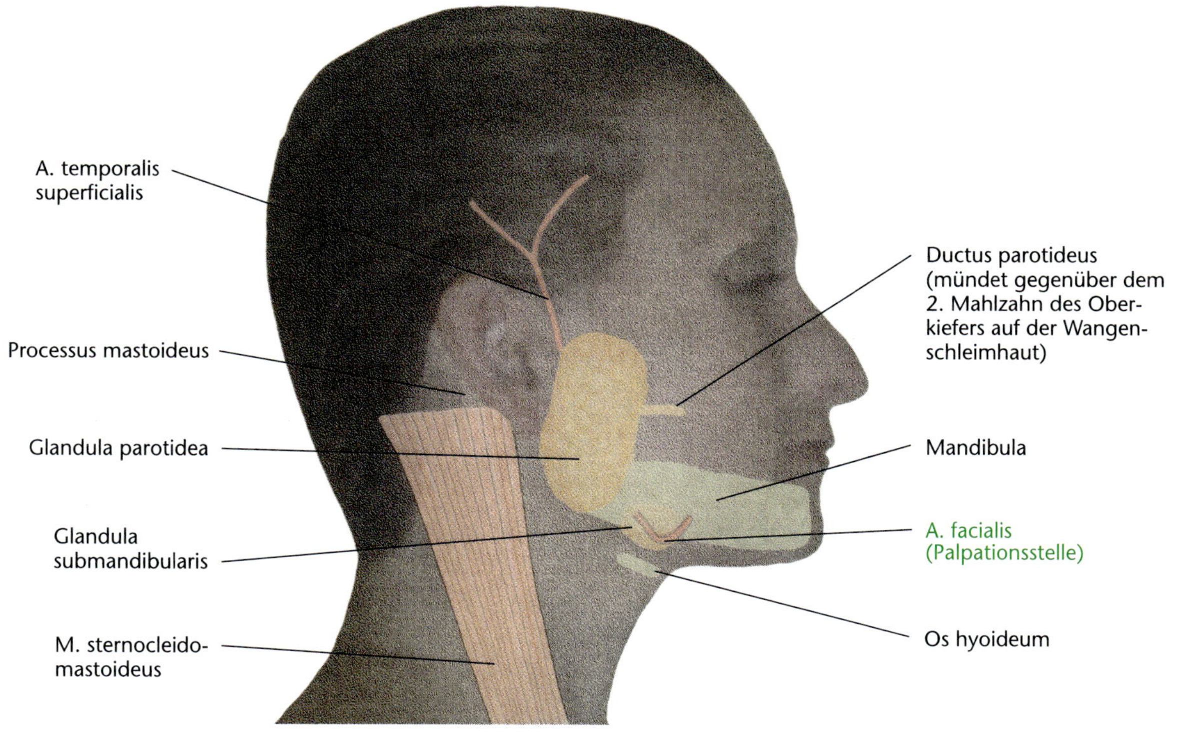

Abb. 4.2 Kopf von lateral.

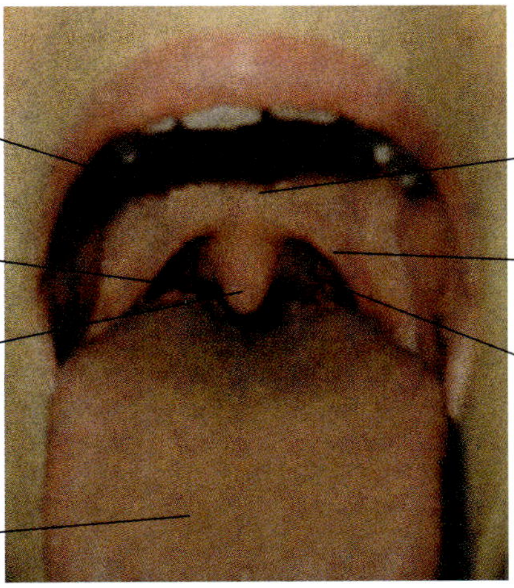

Abb. 4.3 Mundhöhle.

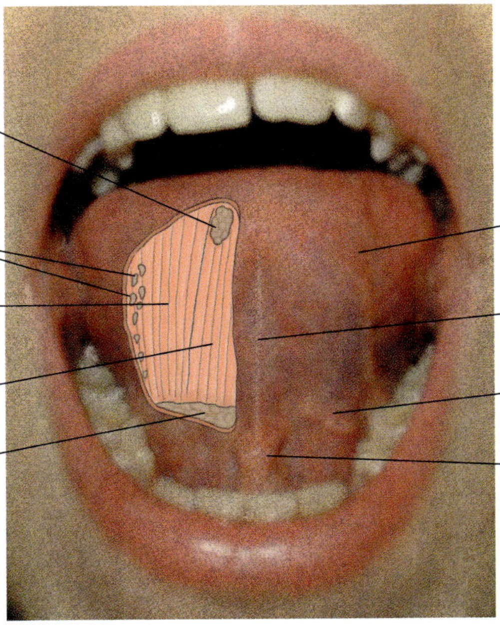

Abb. 4.4 Mundhöhle mit hochgezogener Zunge.

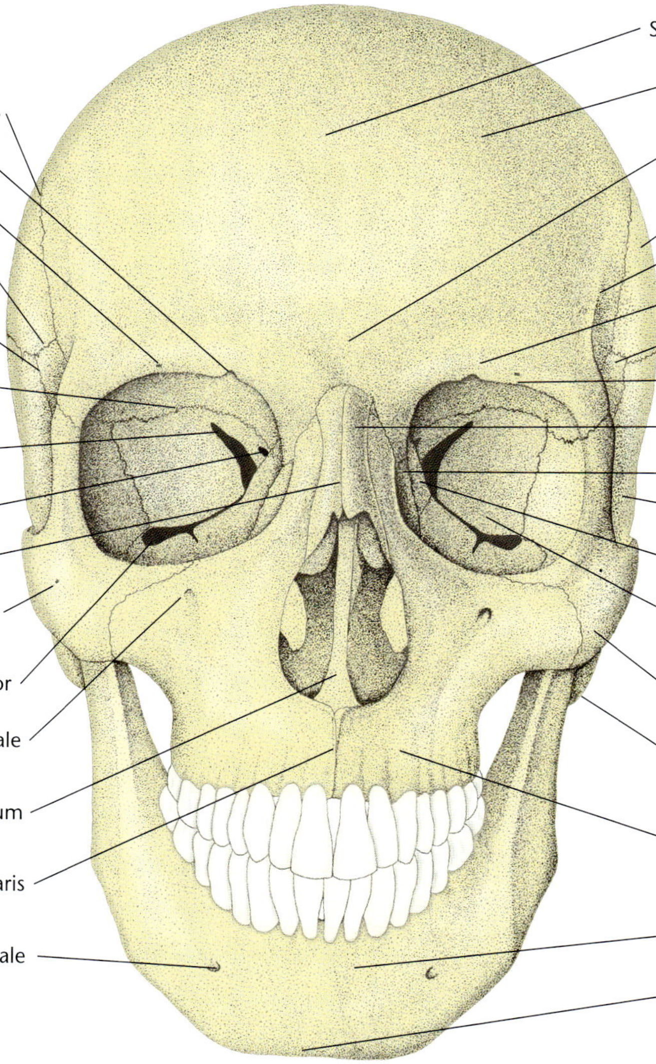

Abb. 4.5 Schädel von ventral.

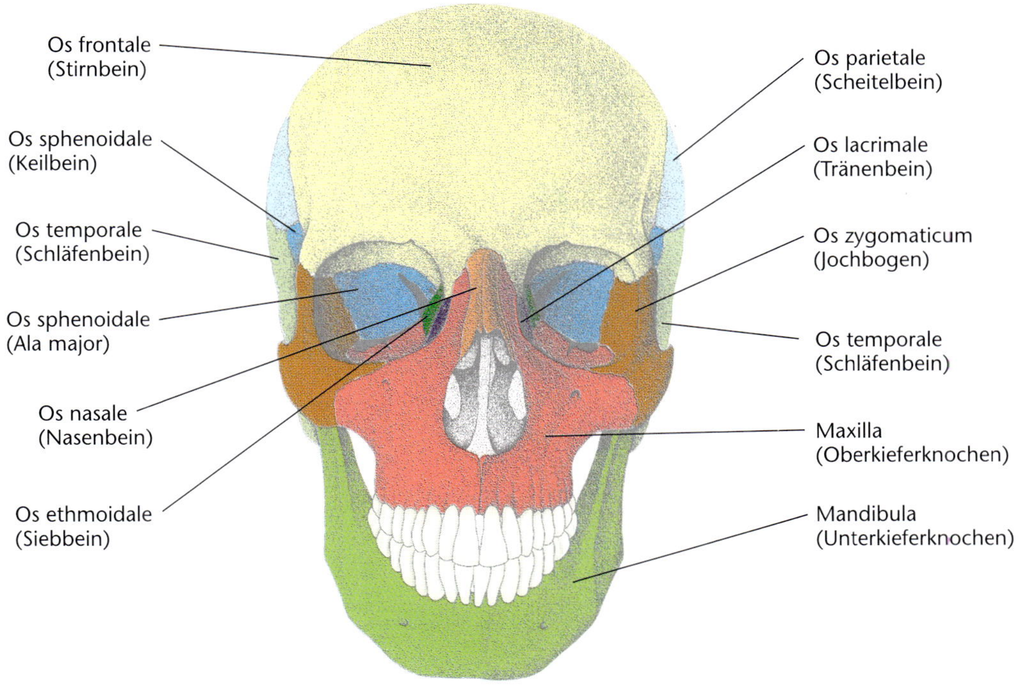

Abb. 4.6 Schädel von ventral (schematisiert).

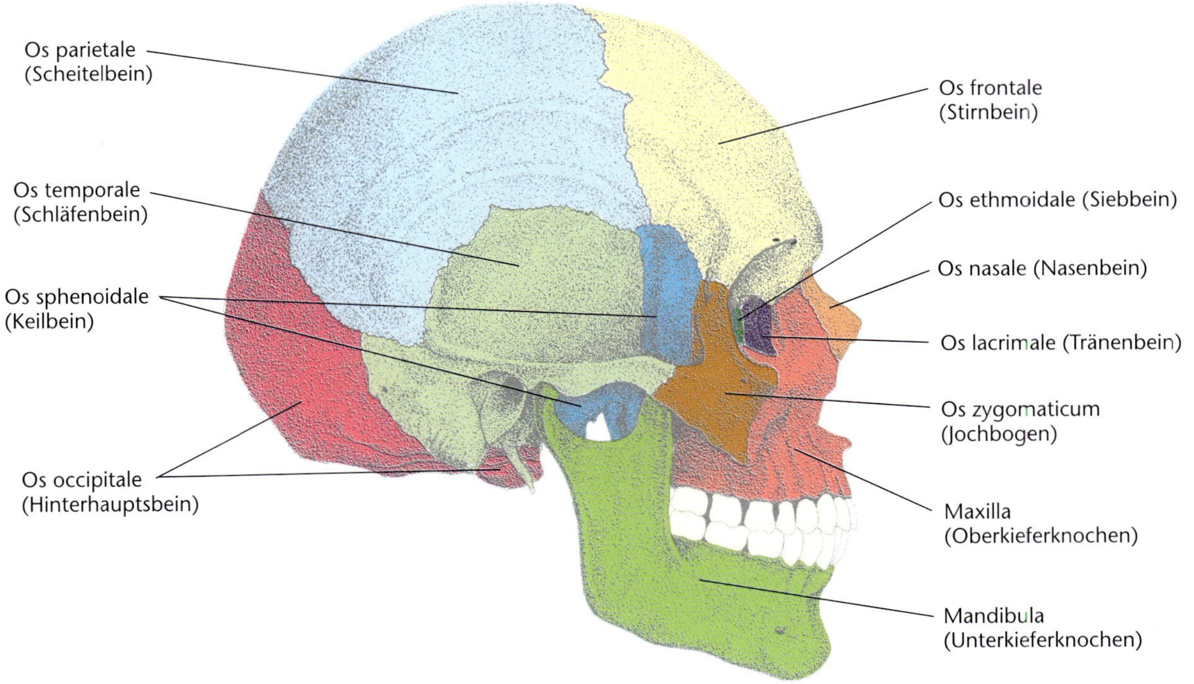

Abb. 4.7 Schädel von lateral (schematisiert).

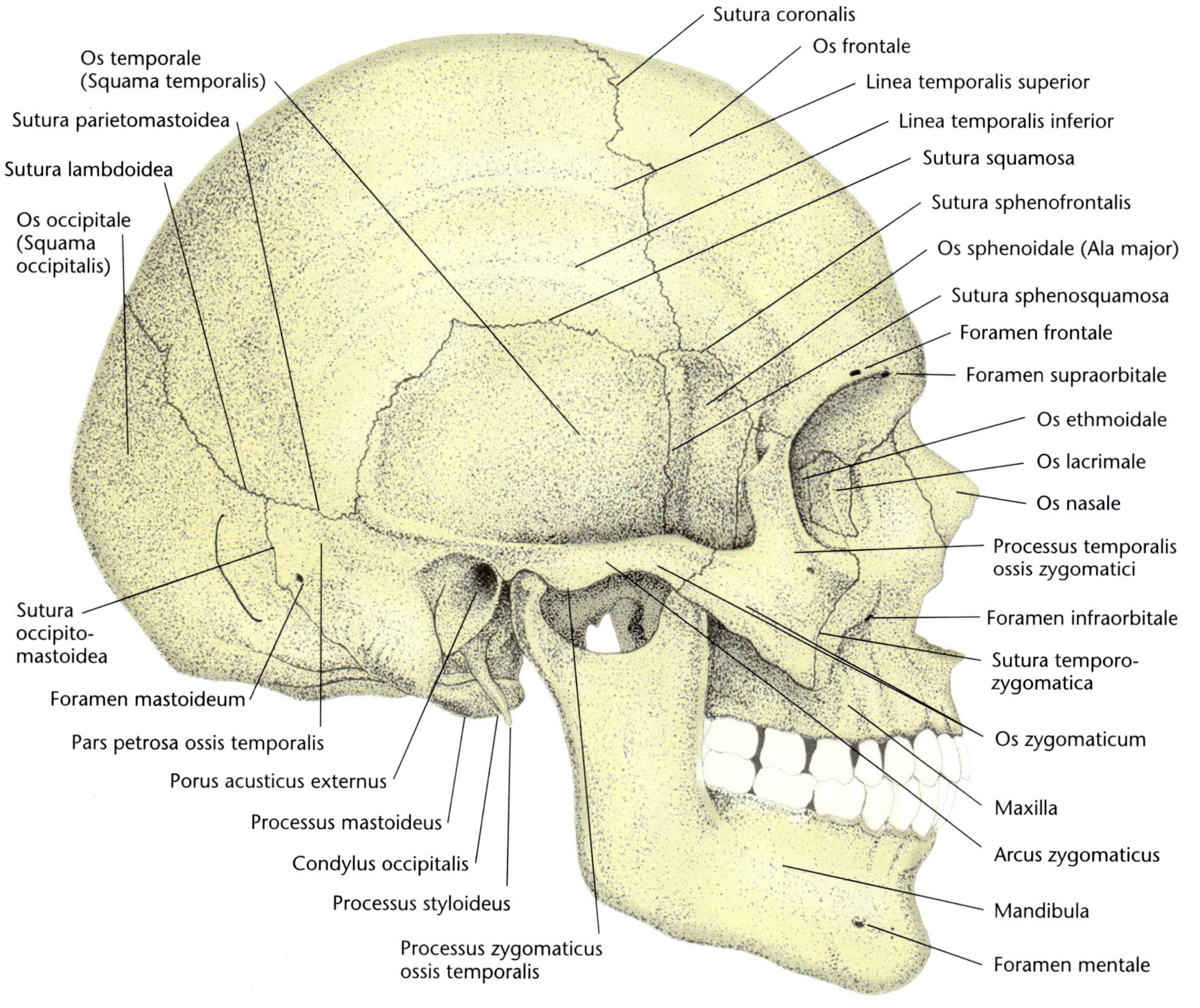

Abb. 4.8 Schädel von lateral.

Abb. 4.9 Schädeldach.

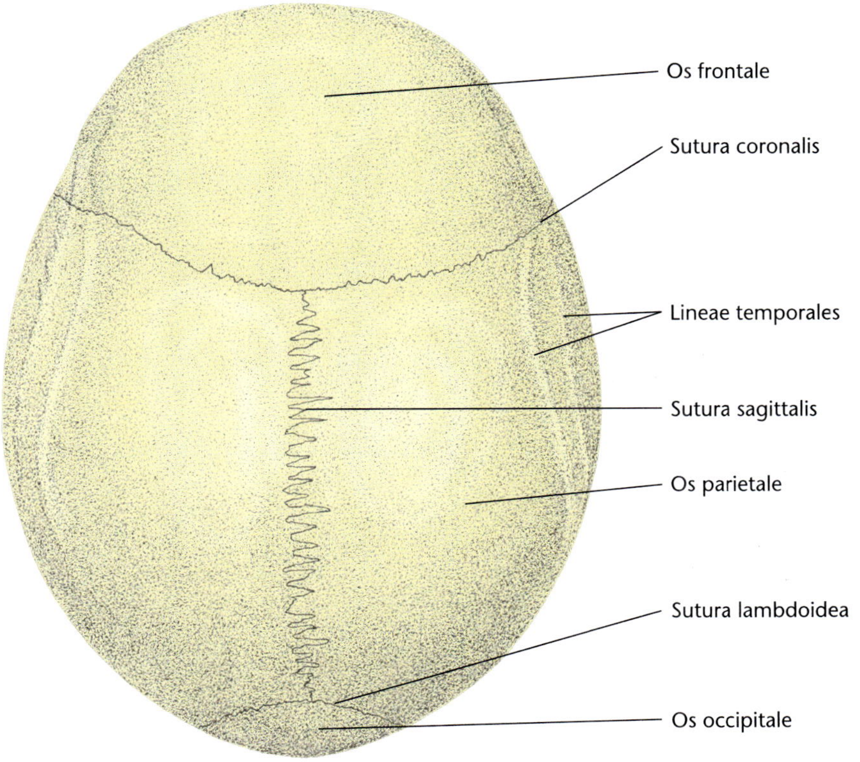

Abb. 4.10 Schädel von dorsal.

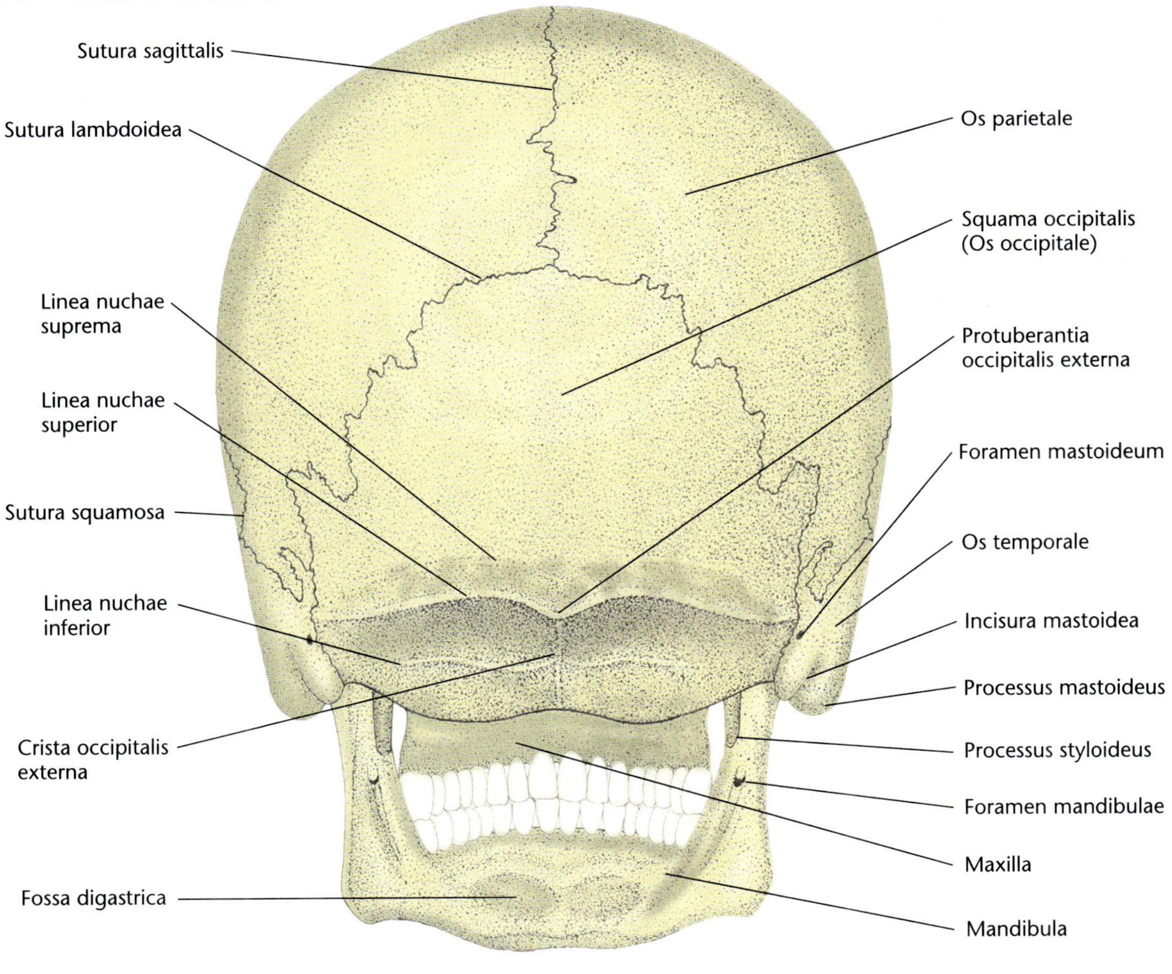

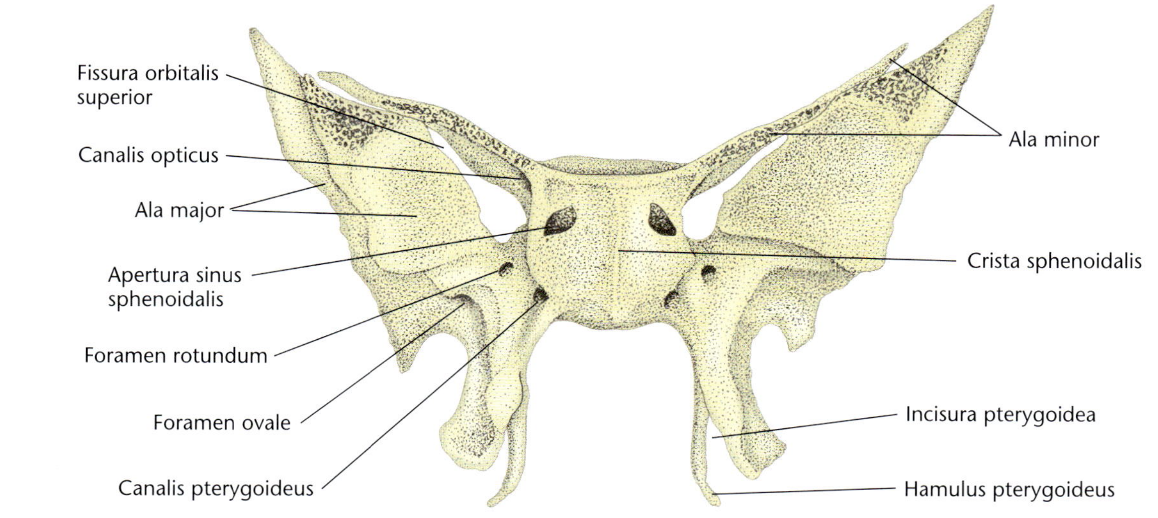

Abb. 4.11 Os sphenoidale von ventral.

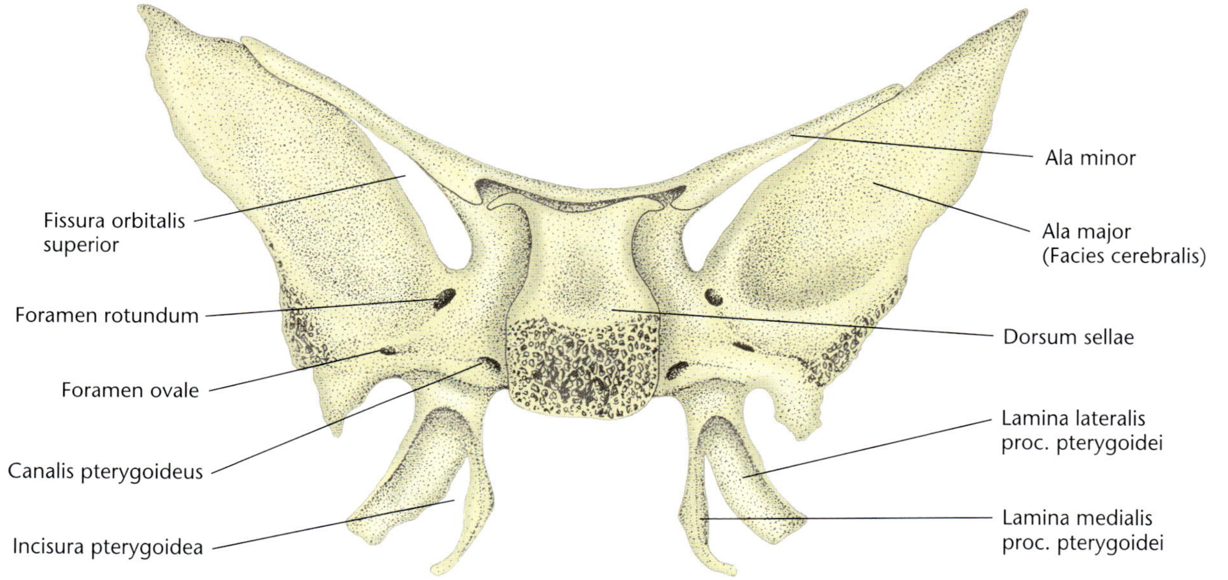

Abb. 4.12 Os sphenoidale von dorsal.

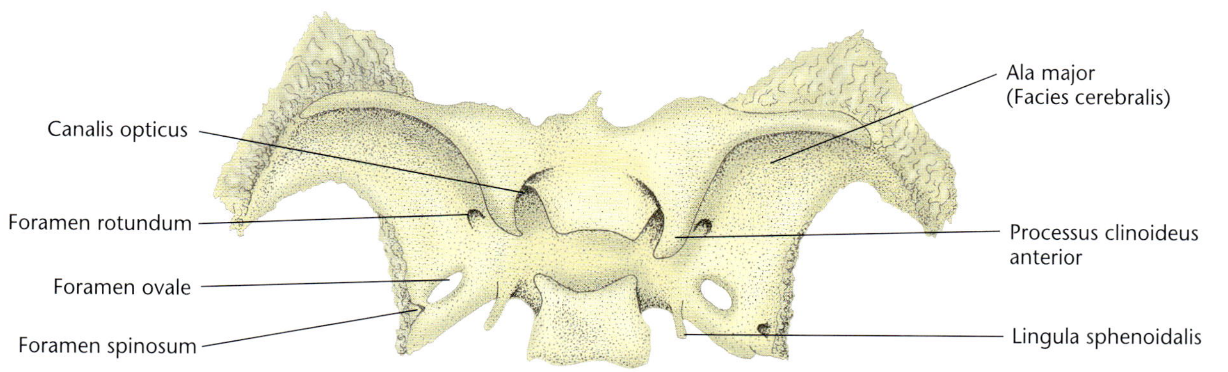

Abb. 4.13 Os sphenoidale von kranial.

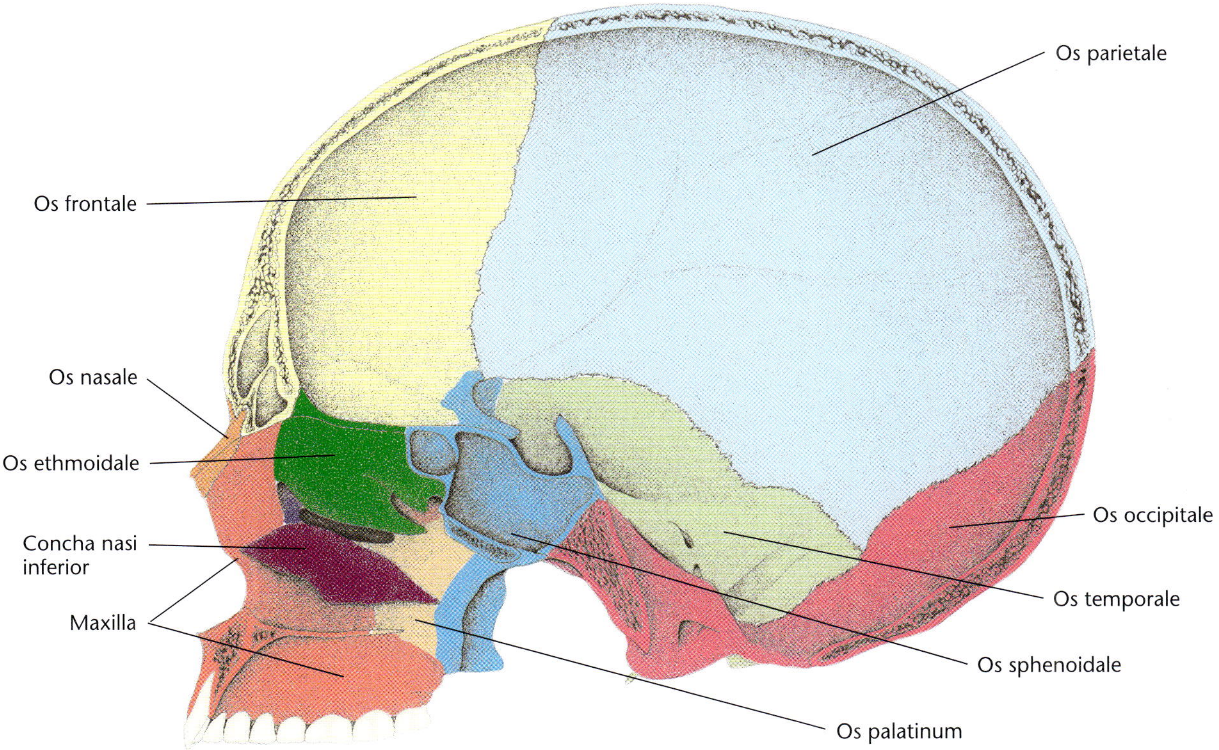

Abb. 4.14 Schädel im Medianschnitt (schematisiert).

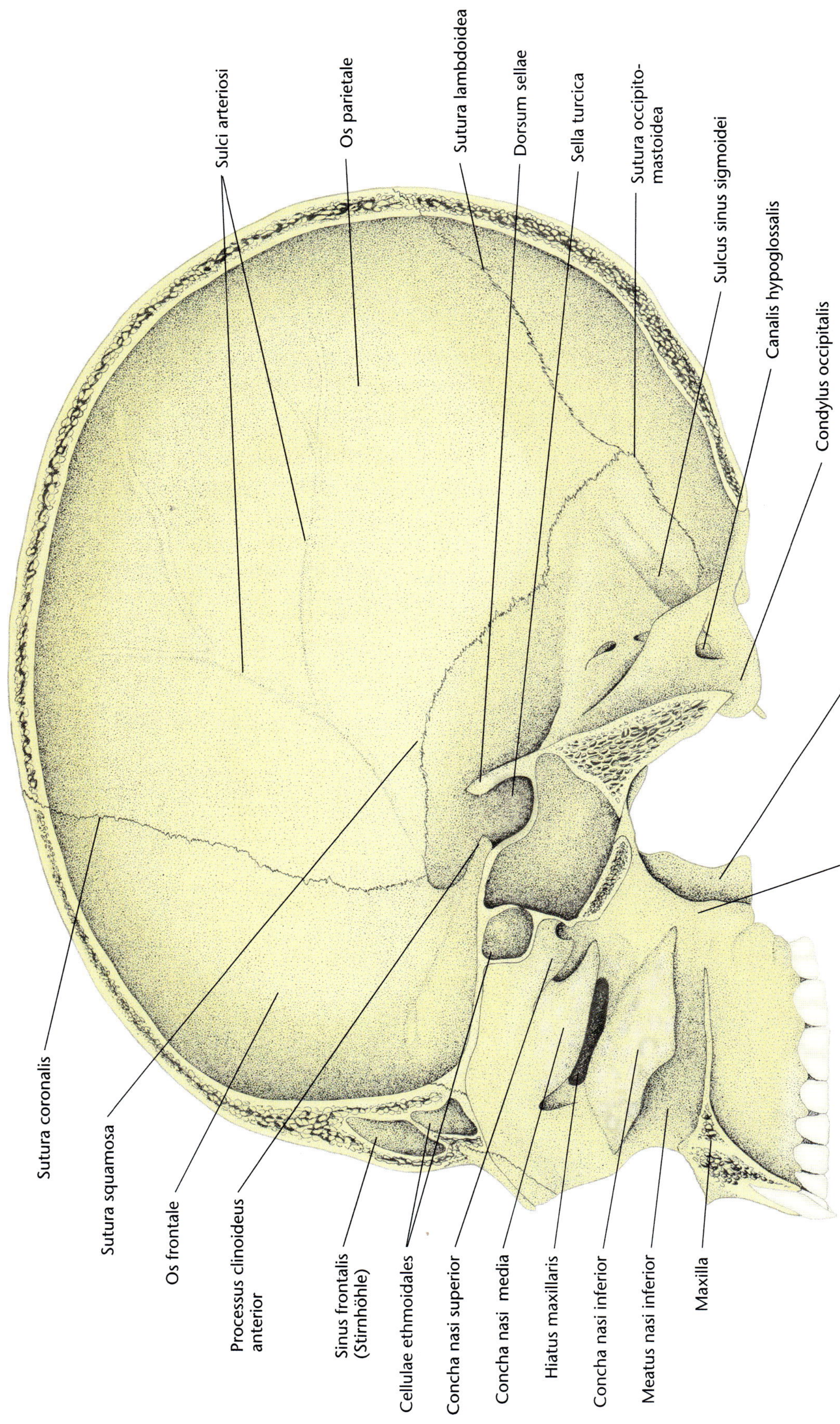

Abb. 4.15 Schädel im Medianschnitt.

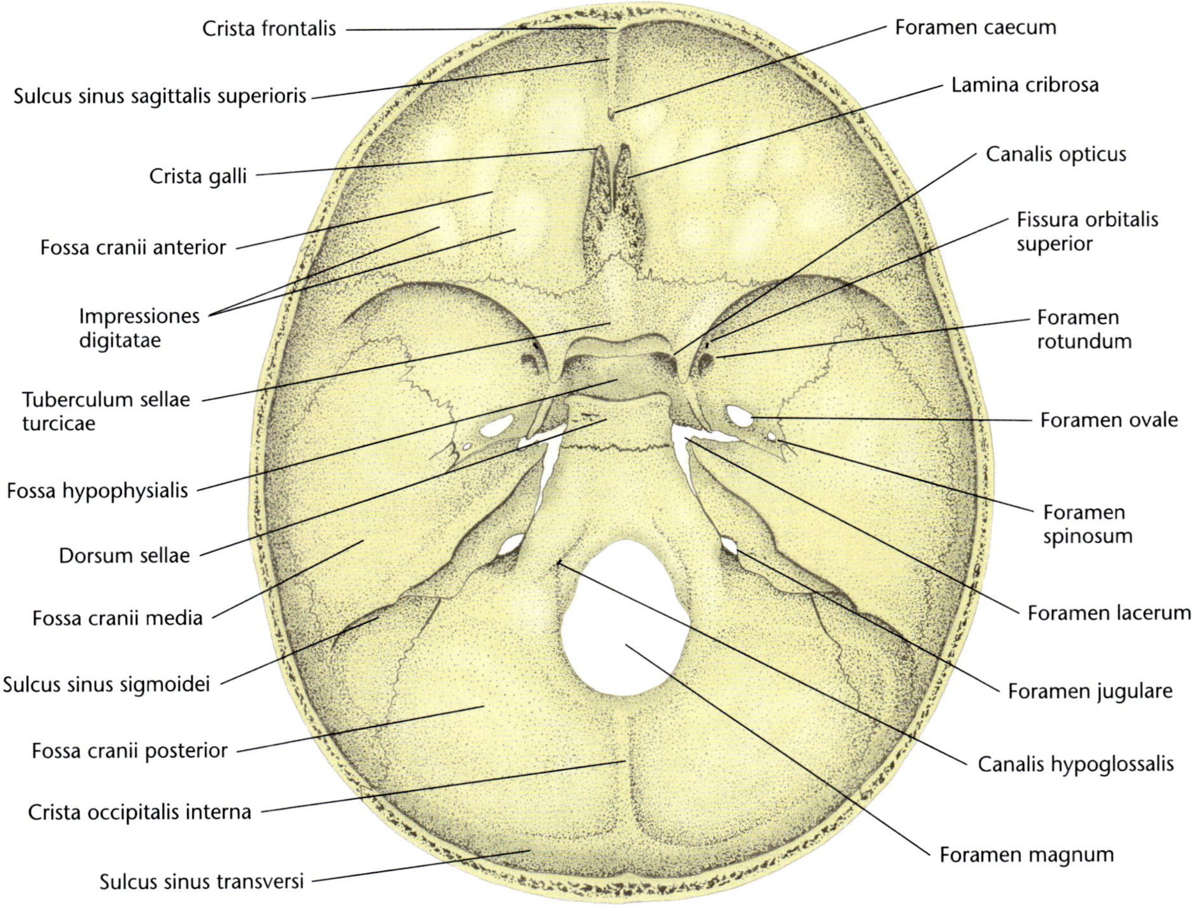

Abb. 4.16 Innere Schädelbasis.

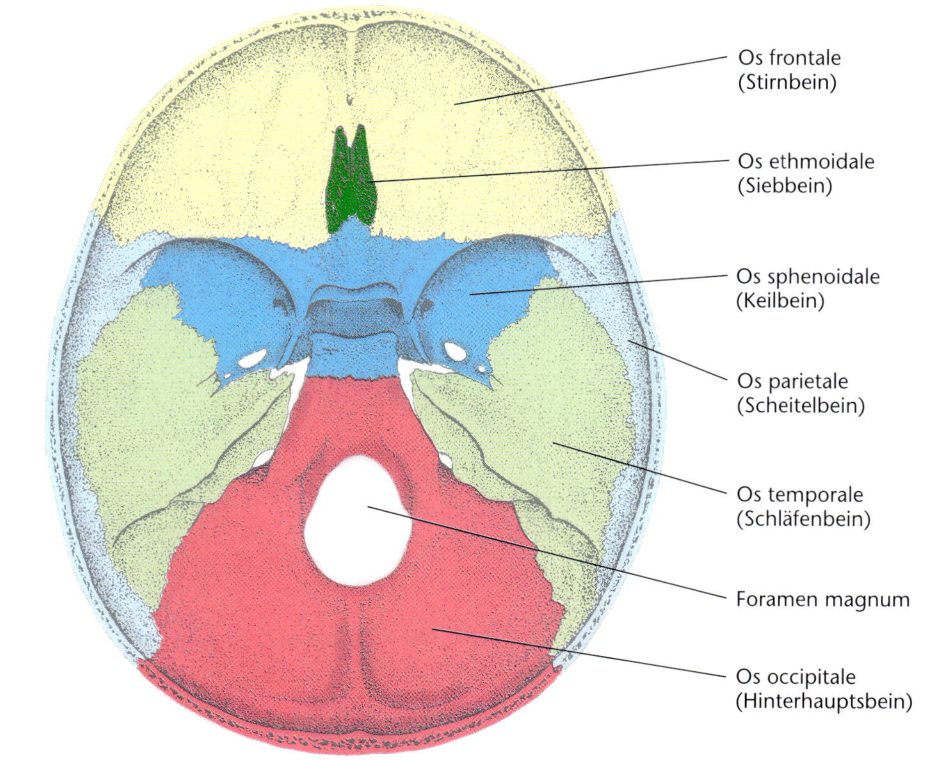

Abb. 4.17 Innere Schädelbasis (schematisiert).

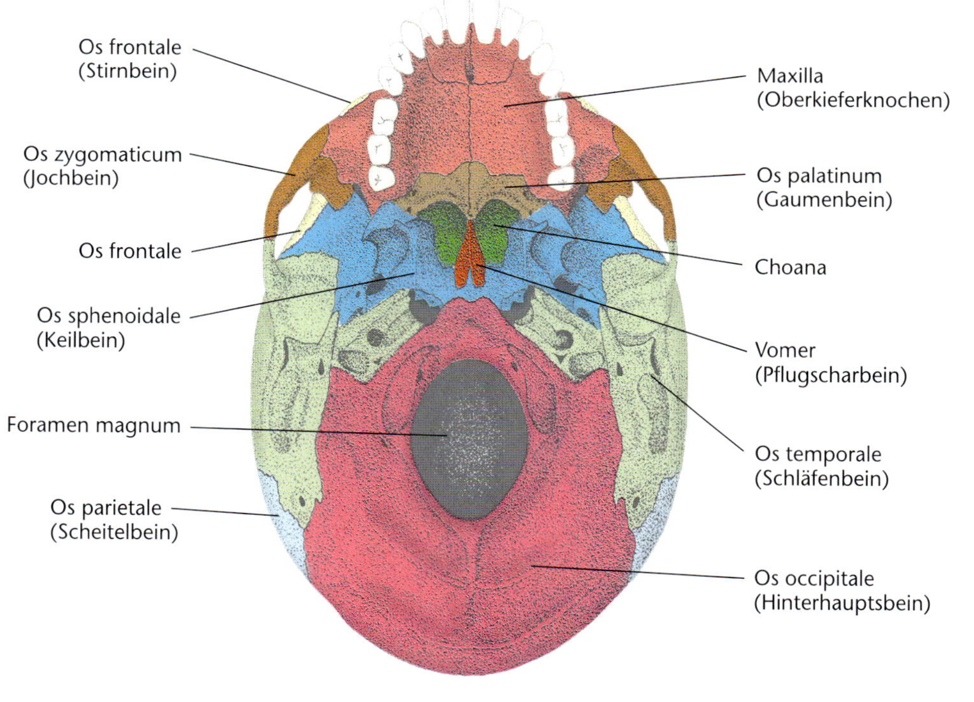

Abb. 4.18 Äußere Schädelbasis (schematisiert).

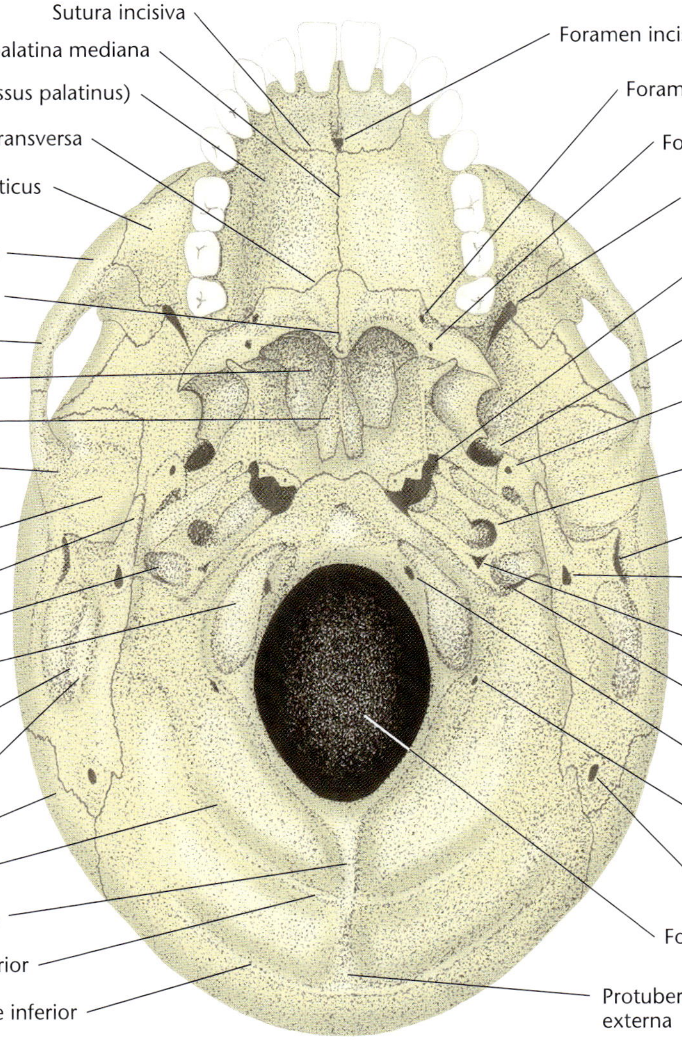

Abb. 4.19 Äußere Schädelbasis.

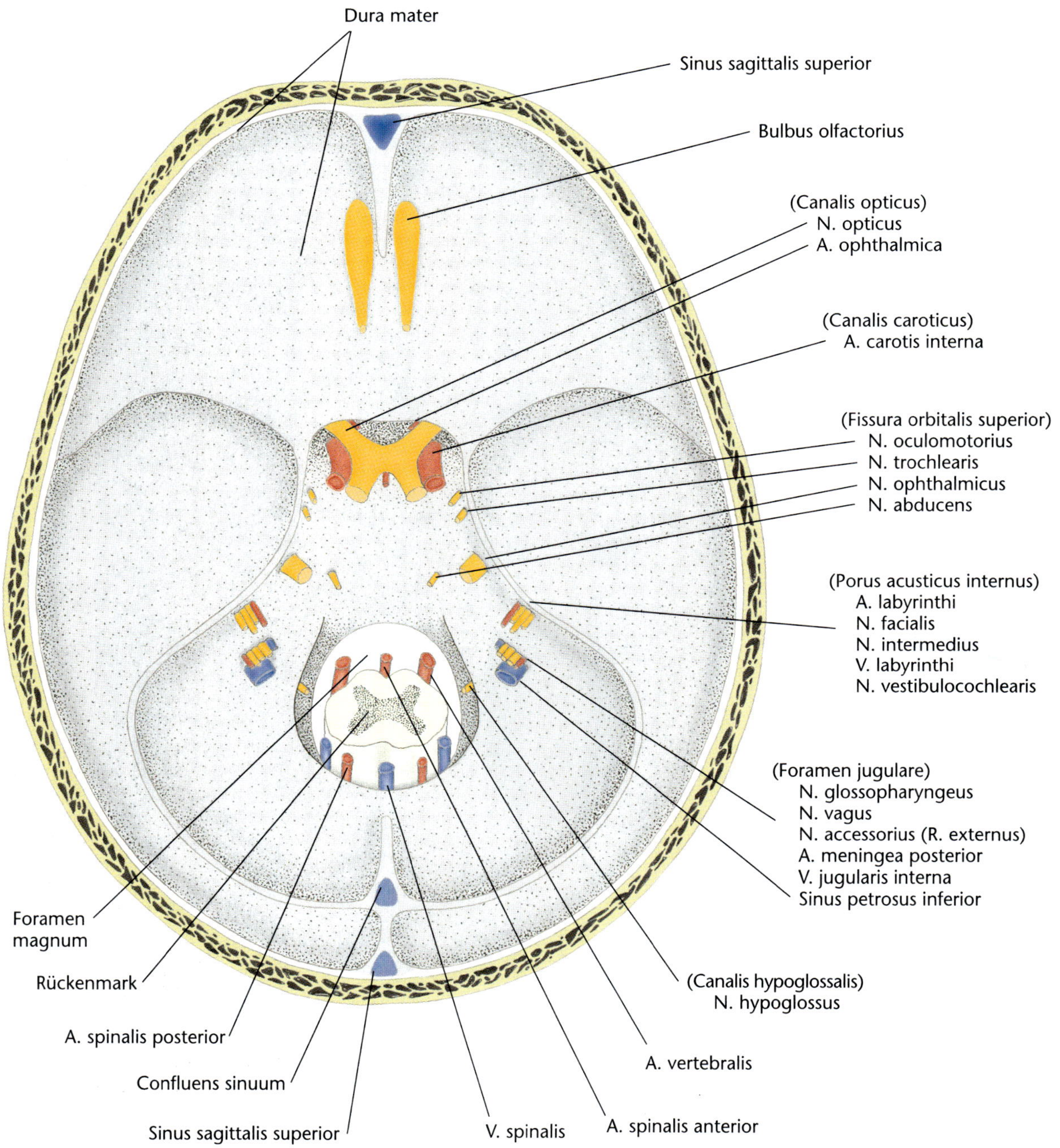

Abb. 4.20 Durchtrittsstellen durch die Dura mater (harte Hirnhaut) im Bereich der inneren Schädelbasis (in Klammern stehen die Durchtrittsstellen durch die Schädelbasis).

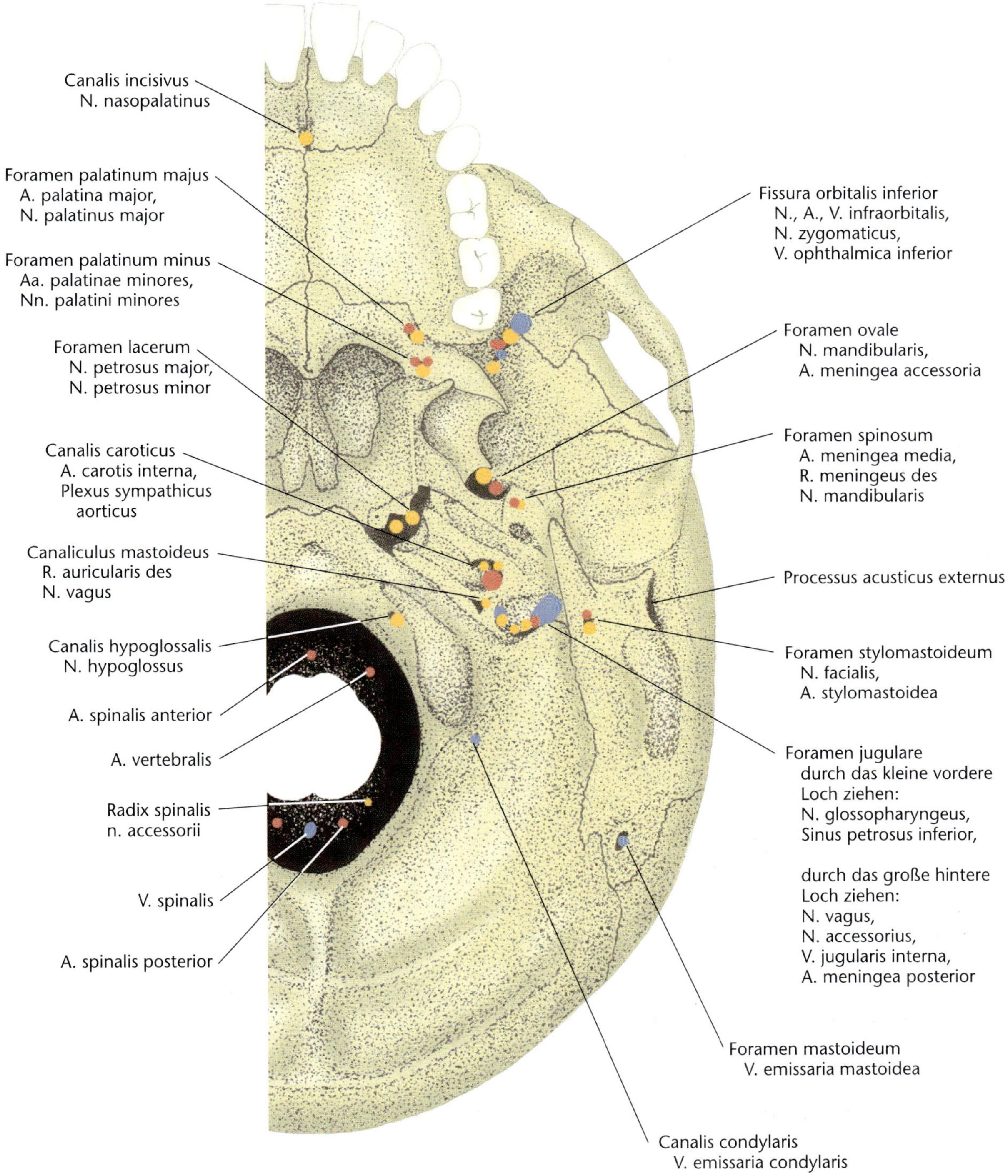

Abb. 4.21 Äußere Schädelbasis mit Durchtrittsstellen der Nerven und Gefäße.

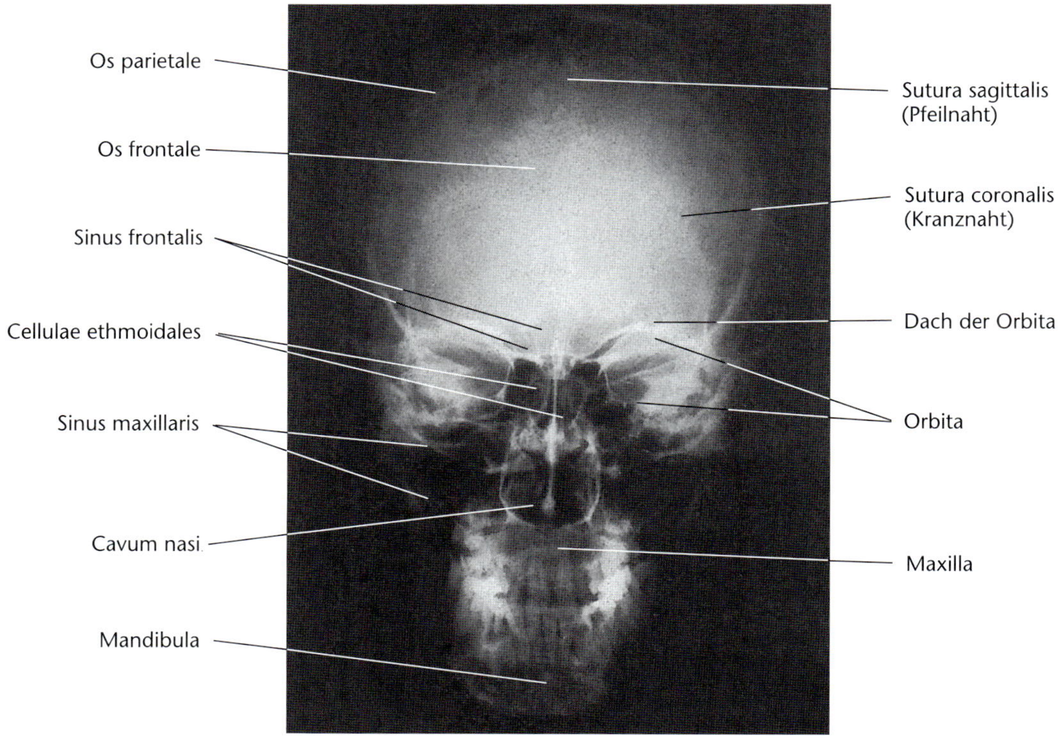

Abb. 4.22 Röntgenbild des Schädels (p.-a. Aufnahme).

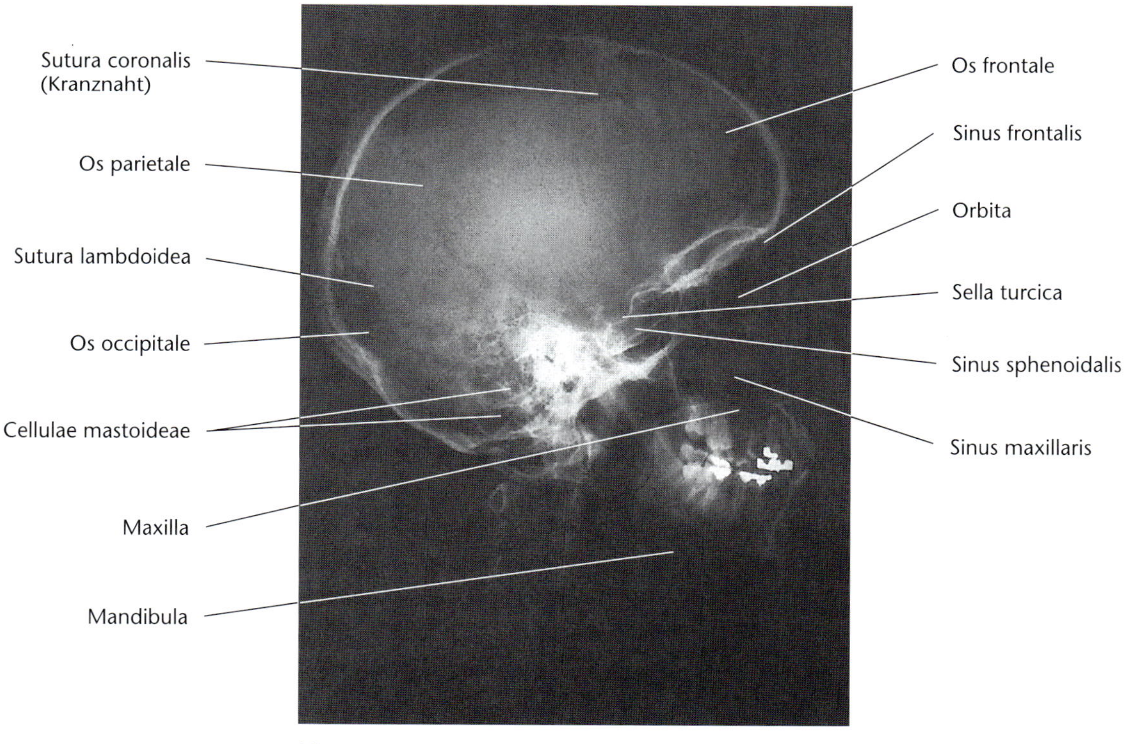

Abb. 4.23 Röntgenbild des Schädels von lateral.

Klinik

Schädelfrakturen

Bei einer äußeren Gewalteinwirkung auf den Schädel kann es zur Schädelfraktur kommen, wobei zwischen einer Fraktur des Schädeldaches und der Schädelbasis zu unterscheiden ist.

Schädeldachfrakturen entstehen durch den direkten Kontakt, z.B. infolge eines Aufpralls gegen ein Hindernis oder durch einen Gegenstand, der auf den Schädel fällt oder darauf geschlagen wird.

Schädelbasisbrüche entstehen normalerweise indirekt, indem eine Kraft zu den Knochen der Schädelbasis weitergegeben wird. Da die Schädelbasis stellenweise papierdünn ist und viele kleinere Öffnungen für den Durchtritt von Nerven und Gefäßen besitzt, kommt es an der Stelle zum Bruch, die die schwächste Stelle bildet und wo sich die Kraft am stärksten auswirkt.

Die stellenweise sehr dünnen Knochen der vorderen Schädelgrube bilden das Dach der Augen- und Nasenhöhle.
Beim Bruch im Bereich der **vorderen Schädelgrube** können nachfolgende Symptome auftreten:
- Sehstörung durch Schädigung des N. opticus,
- Geruchsstörung durch Schädigung der Nn. olfactorii,
- Blutung aus der Nase durch Riss der A. ethmoidalis anterior.

Beim Bruch im Bereich der **mittleren Schädelgrube** können an Symptomen auftreten:
- Augenmuskellähmung durch Schädigung des N. trochlearis und/oder N. oculomotorius,
- Hörstörung durch Schädigung des N. vestibulocochlearis,
- Sensibilitätsstörung im Gesichtsbereich durch Schädigung des N. trigeminus,
- Fazialisparese durch Schädigung des N. intermediofacialis,
- Blutung aus dem Ohr durch einen Riss des Trommelfells (Äste aus A. temporalis superficialis),

Beim seltener vorkommenden Bruch im Bereich der **hinteren Schädelgrube**, die durch Längsbalken verstärkt ist, können nachfolgende Hirnnerven geschädigt werden:
- N. vagus, N. accessorius und N. hypoglossus.

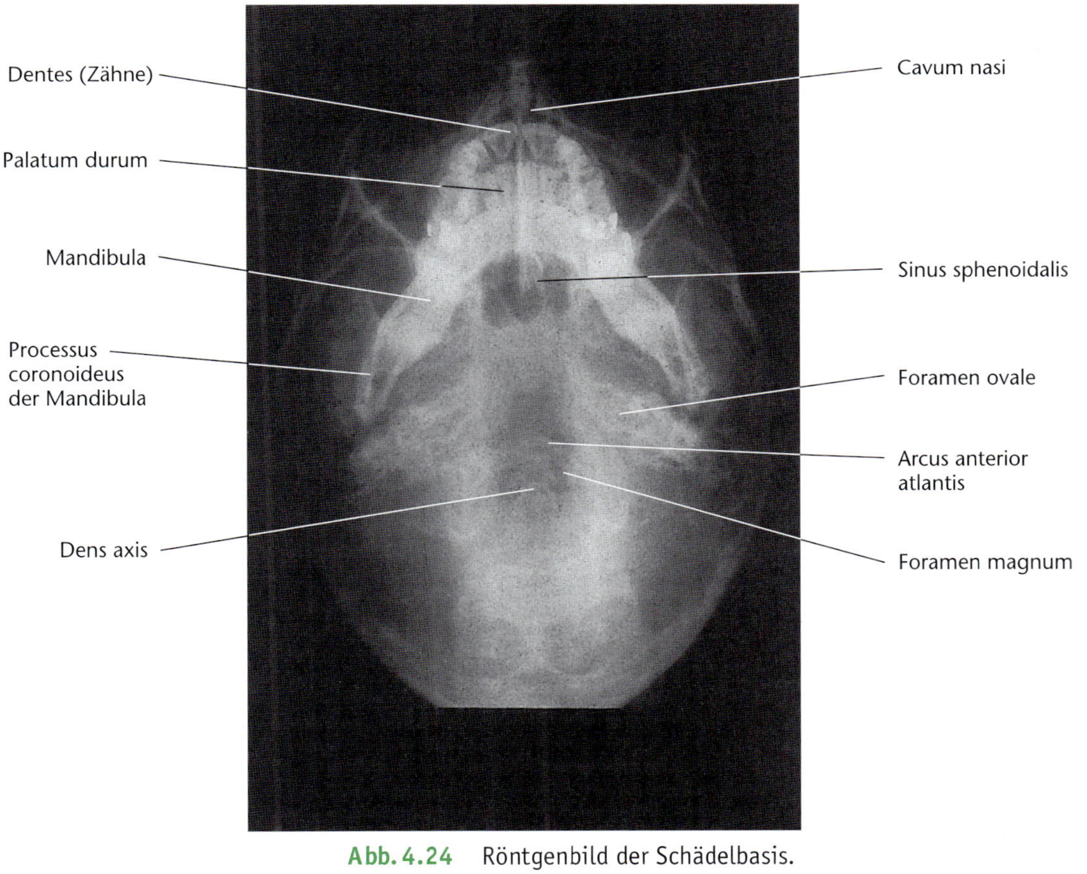

Abb. 4.24 Röntgenbild der Schädelbasis.

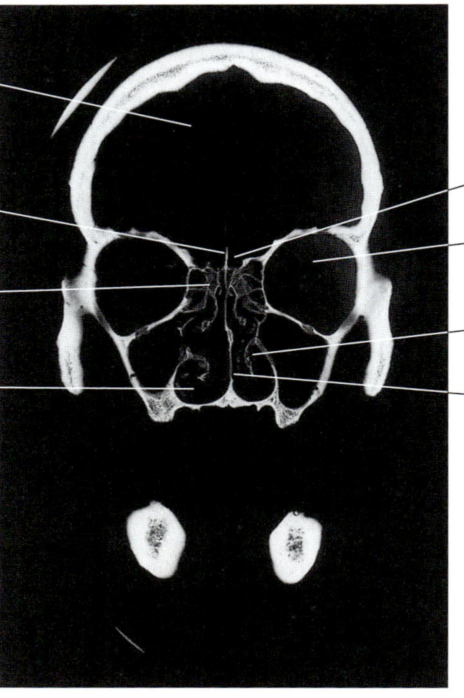

Abb. 4.25 Röntgenbild (Frontalschnitt durch den Kopf).

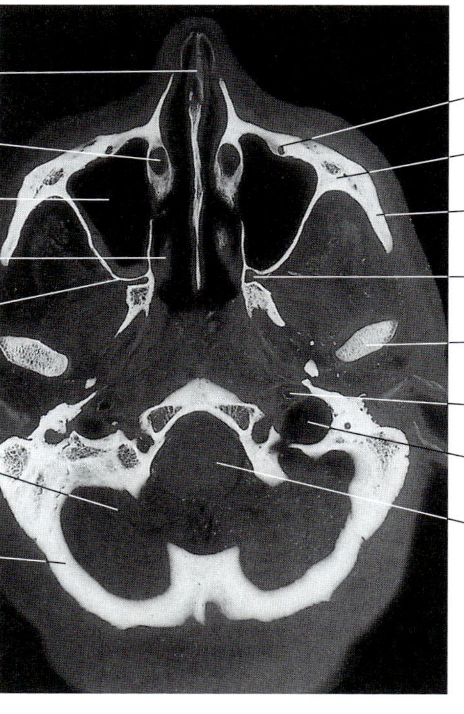

Abb. 4.26 Kernspintomogramm durch den Kopf in Höhe des Meatus acusticus externus.

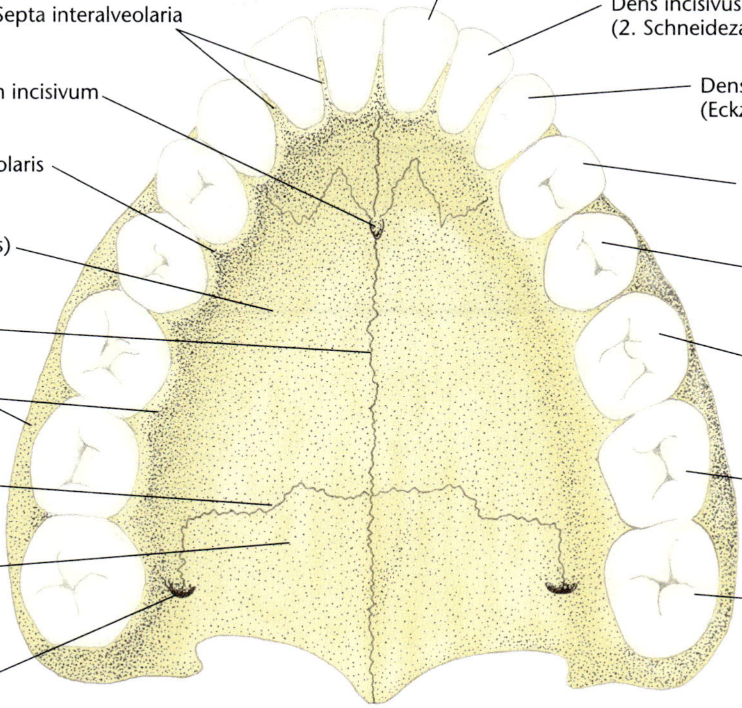

Abb. 4.27 Oberkiefer und Palatum durum von kaudal (Erwachsener).

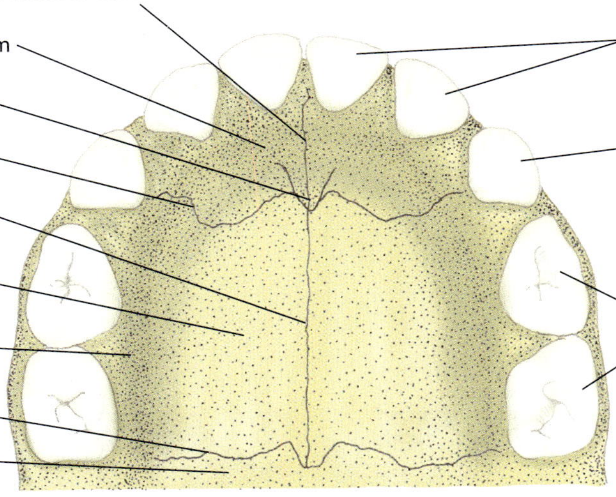

Abb. 4.28 Oberkiefer und Palatum durum von kaudal (Kind).

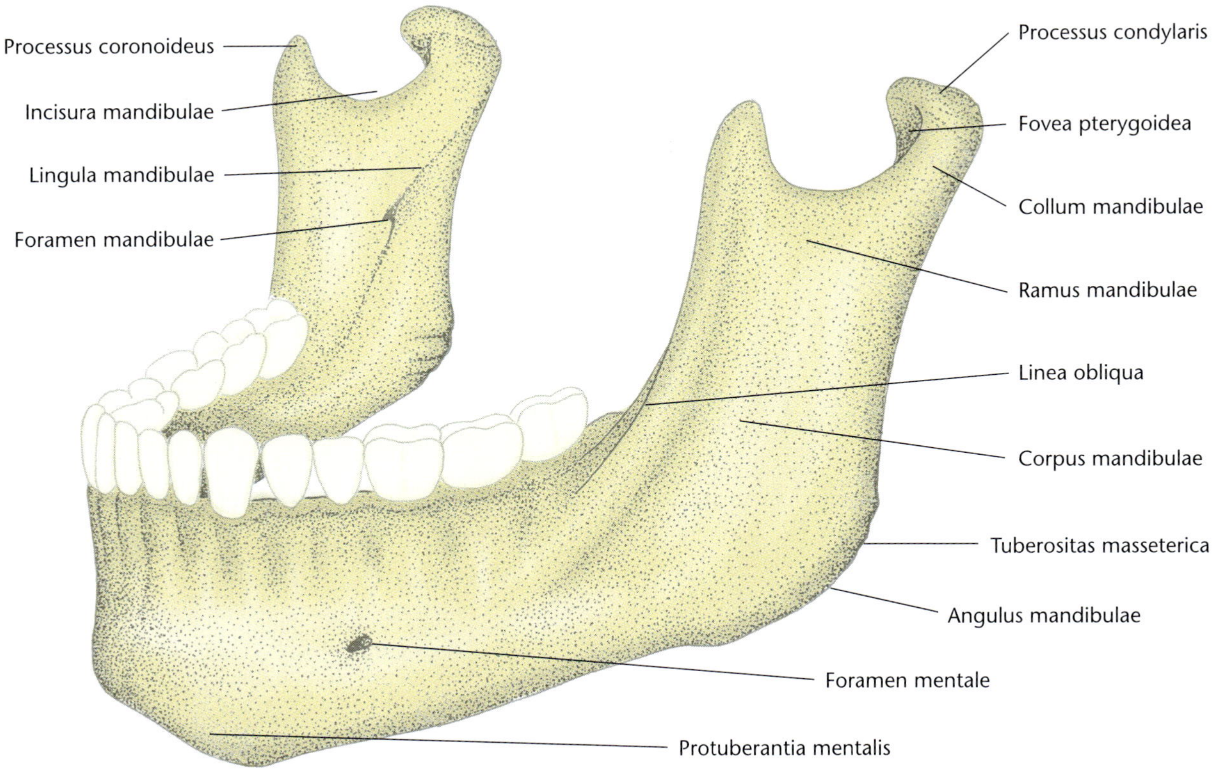

Abb. 4.29 Mandibula von ventral/lateral.

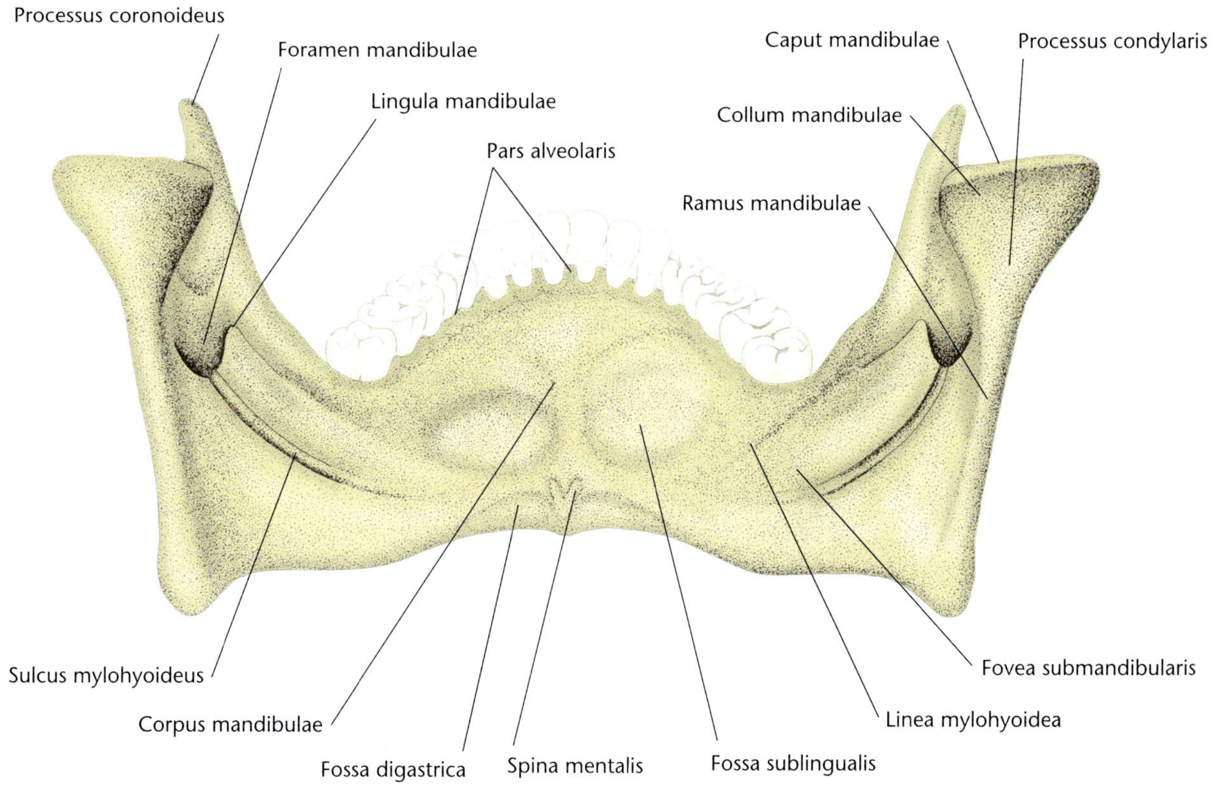

Abb. 4.30 Mandibula von dorsal.

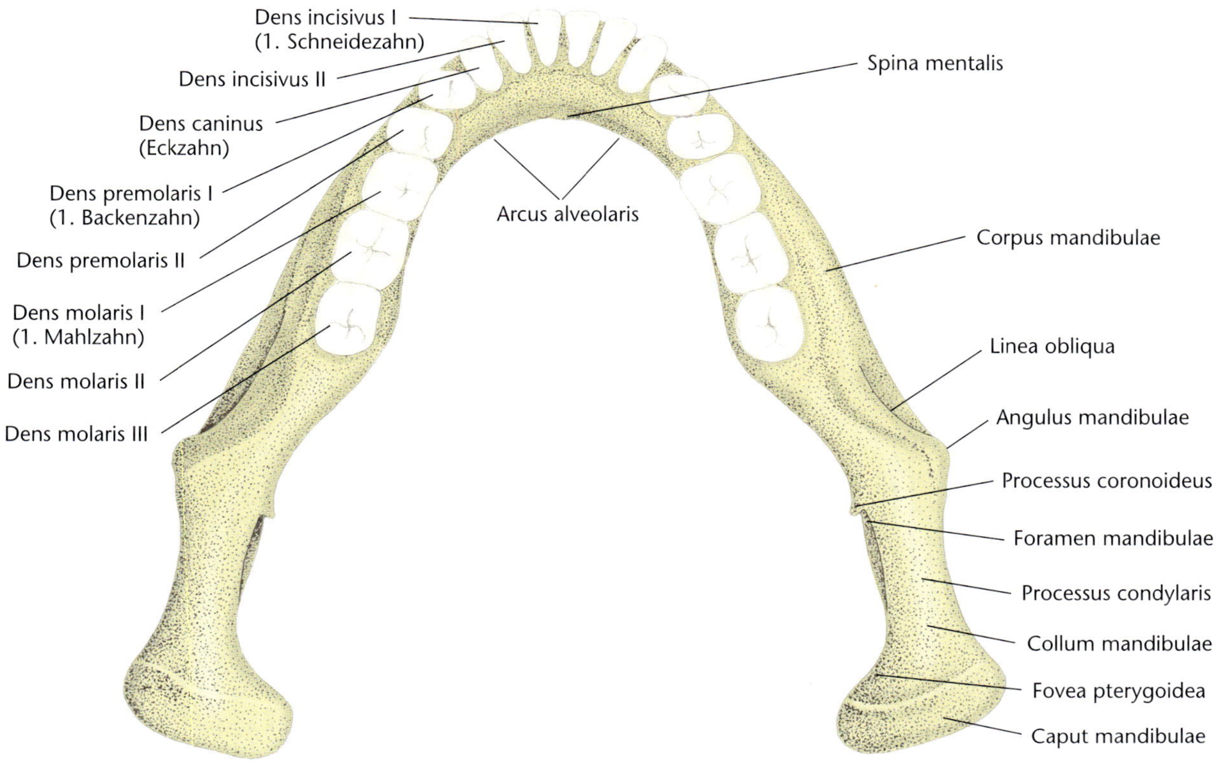

Abb. 4.31 Mandibula von kranial (Erwachsener).

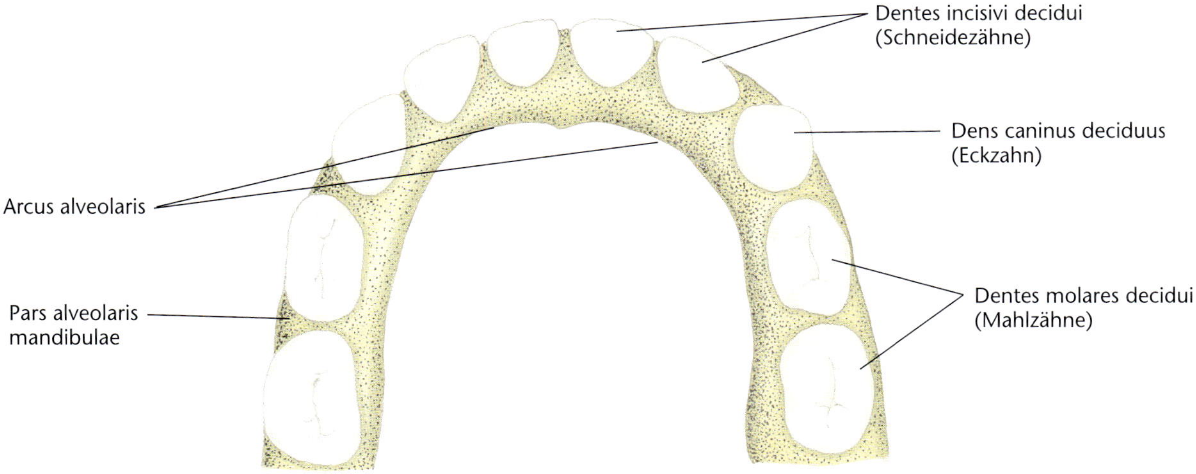

Abb. 4.32 Mandibula von kranial (Kind).

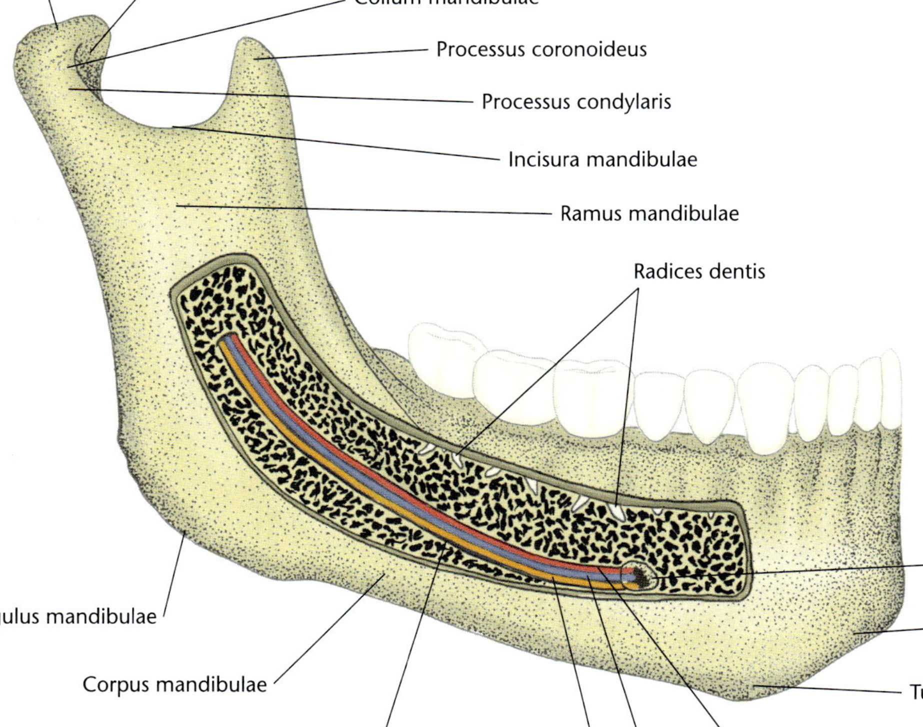

Abb. 4.33 Mandibula von lateral mit eröffnetem Canalis mandibulae.

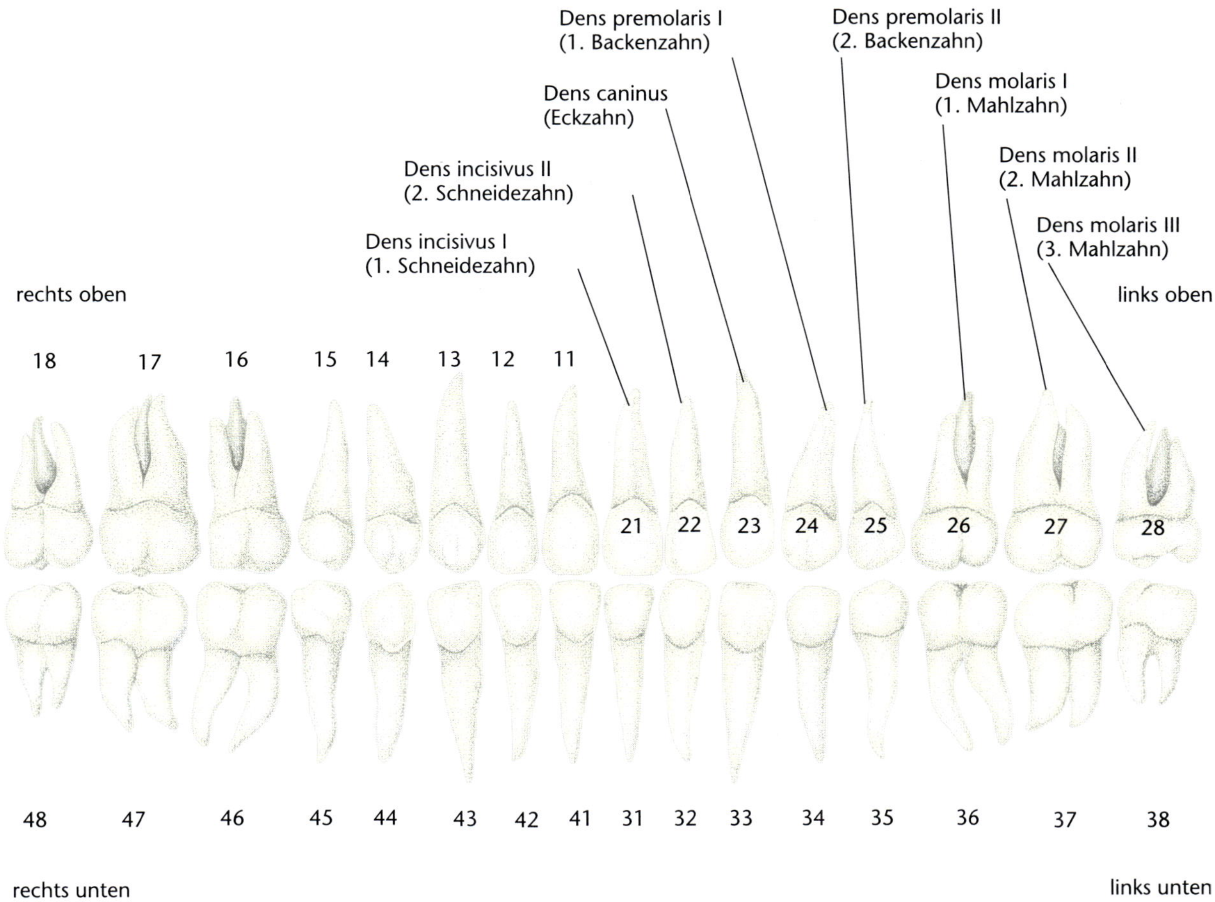

Abb. 4.34 Zahnreihe.

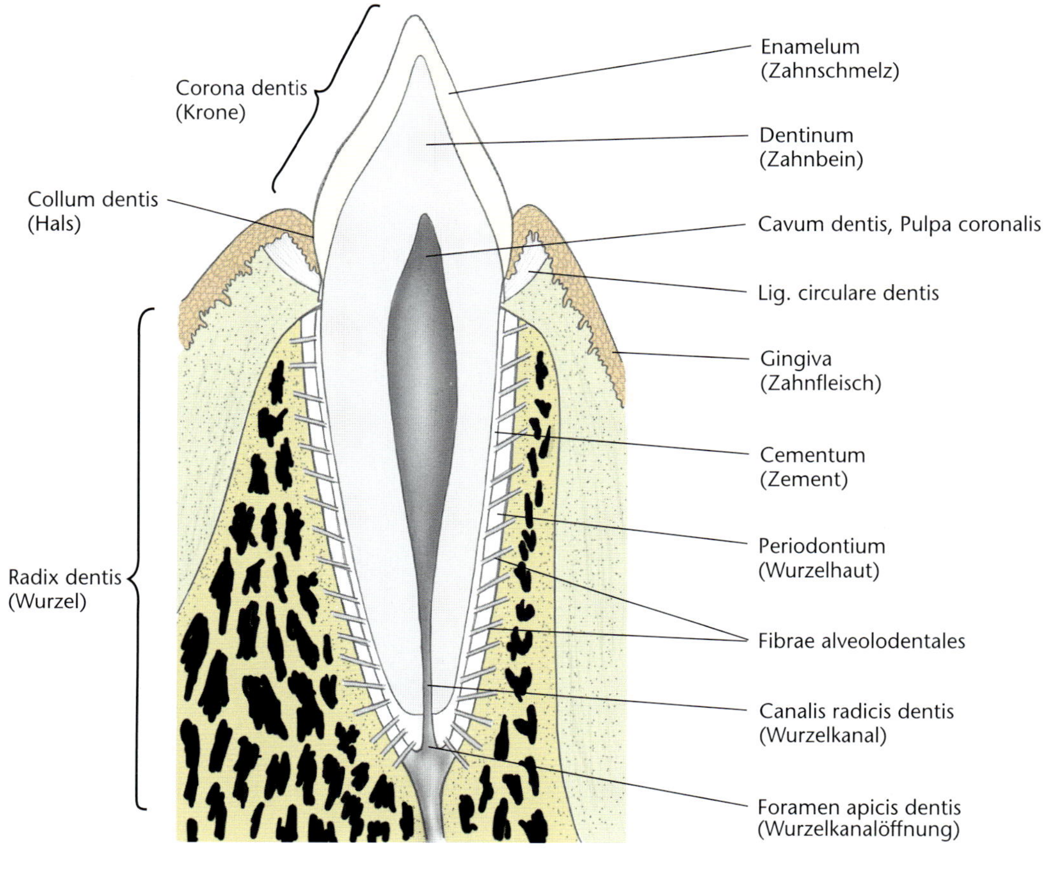

Abb. 4.35 Längsschnitt durch einen Schneidezahn.

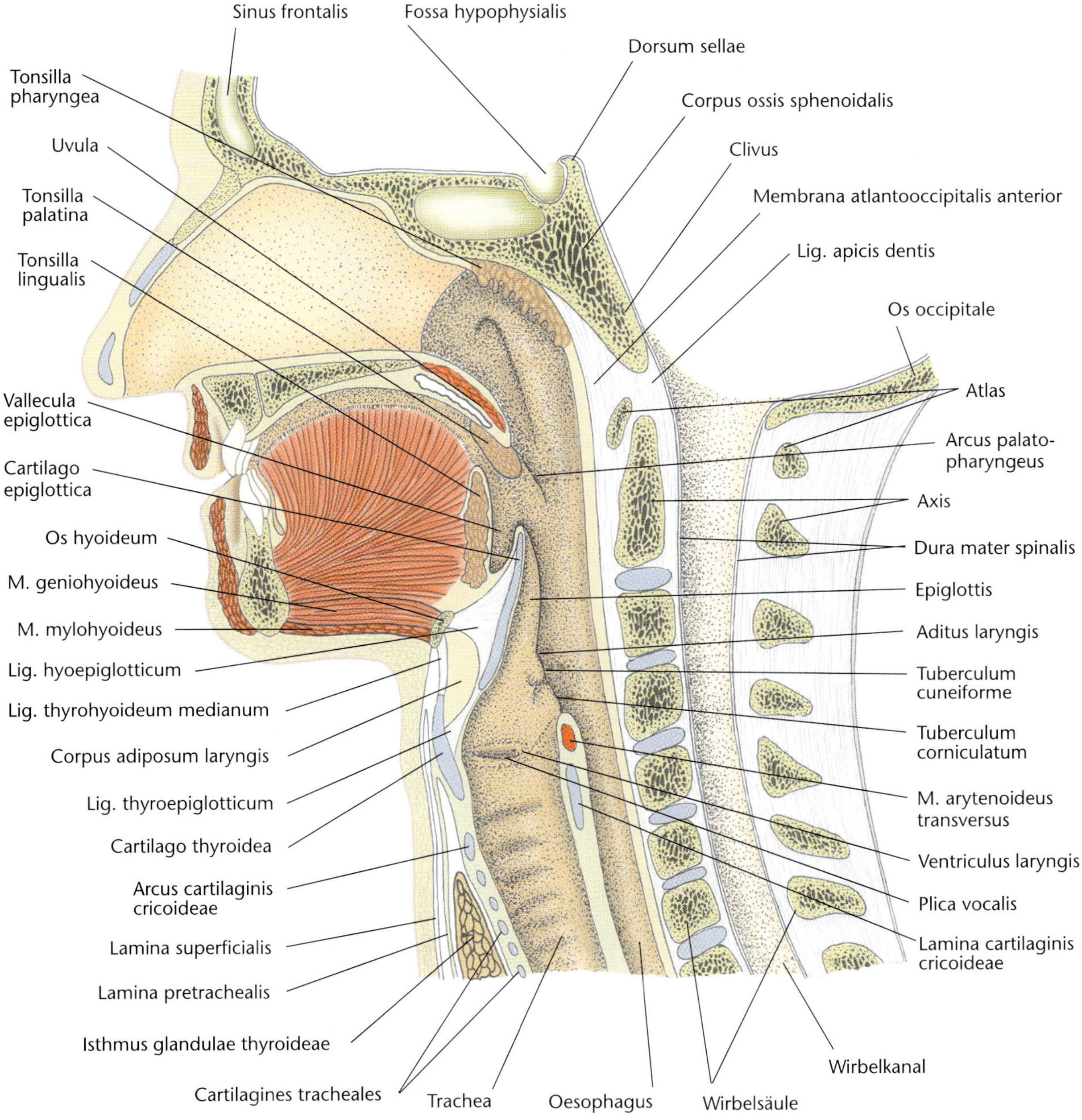

Abb. 4.36 Medianschnitt durch den Kopf.

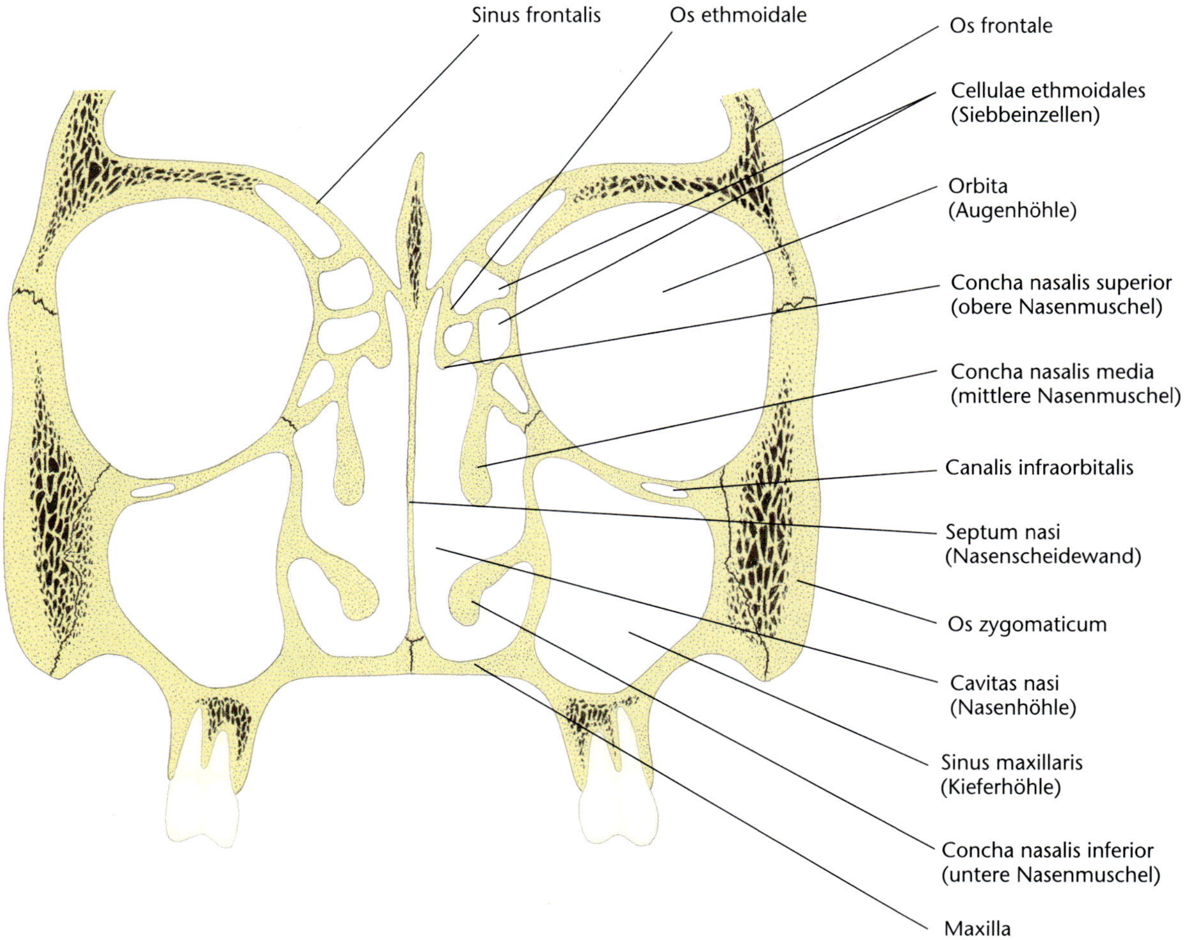

Abb. 4.37 Frontalschnitt durch den Gesichtsschädel.

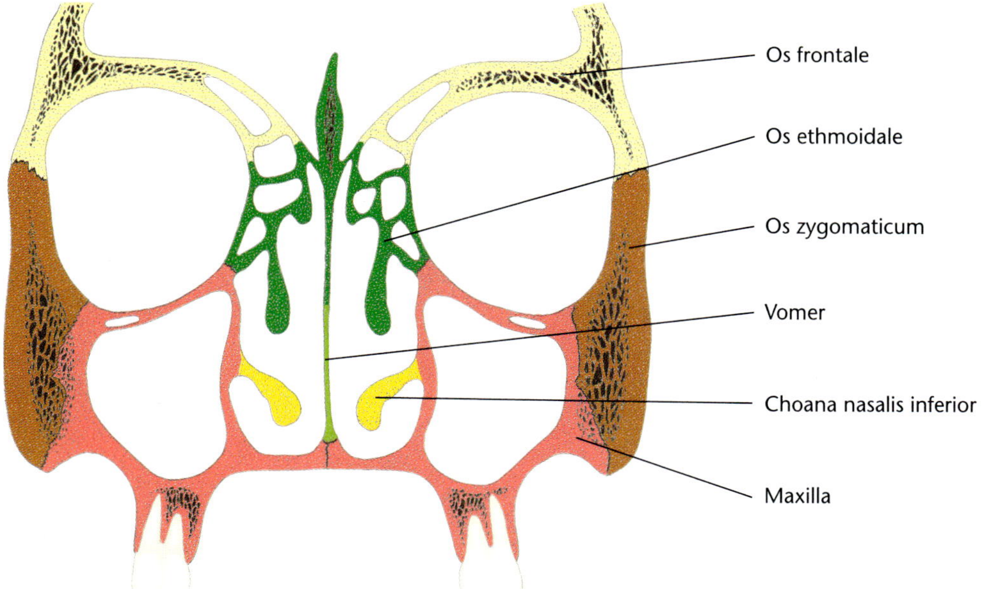

Abb. 4.38 Frontalschnitt durch den Gesichtsschädel (schematisiert).

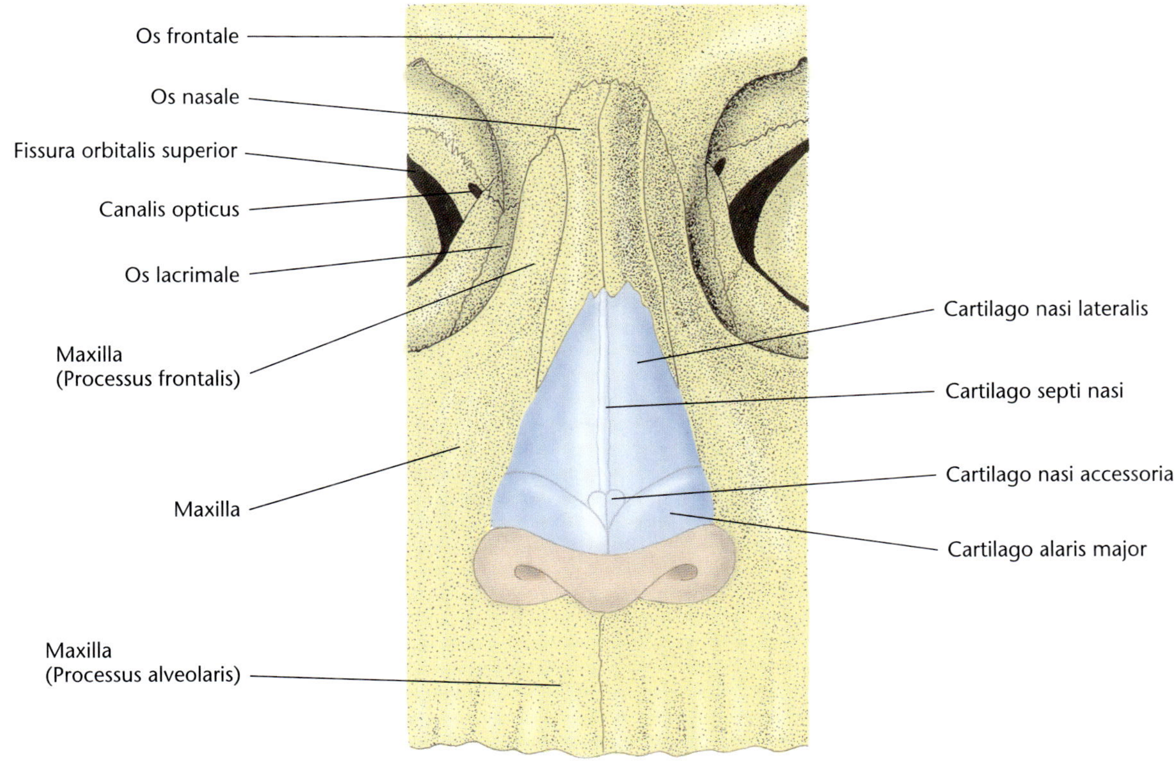

Abb. 4.39 Knorpel der äußeren Nase von ventral.

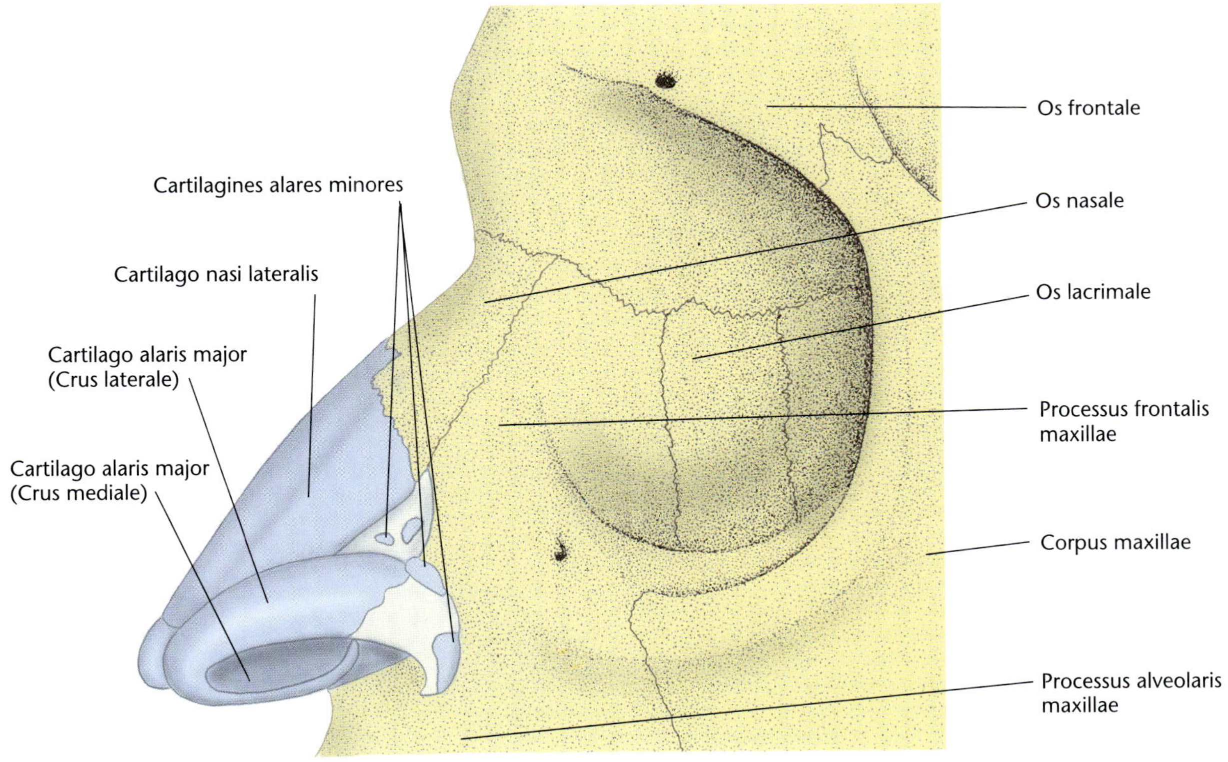

Abb. 4.40 Knorpel der äußeren Nase von lateral.

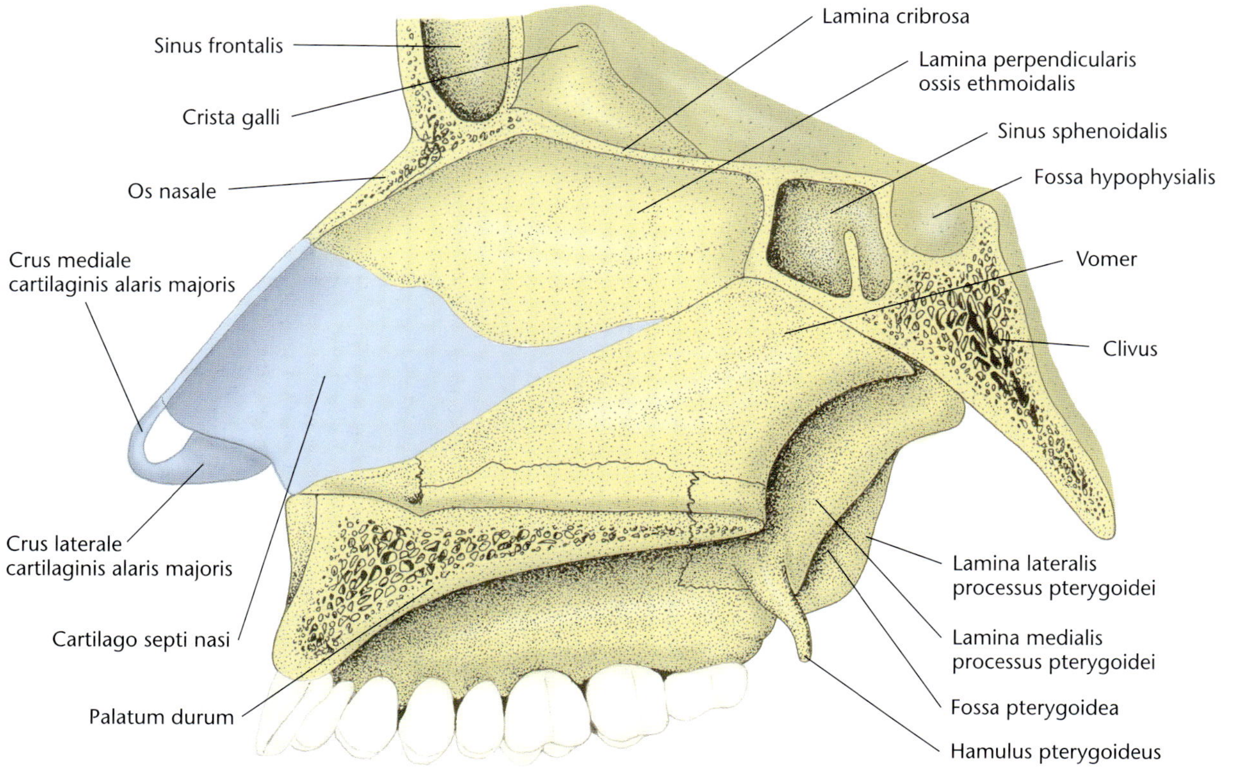

Abb. 4.41 Nasenscheidewand von lateral.

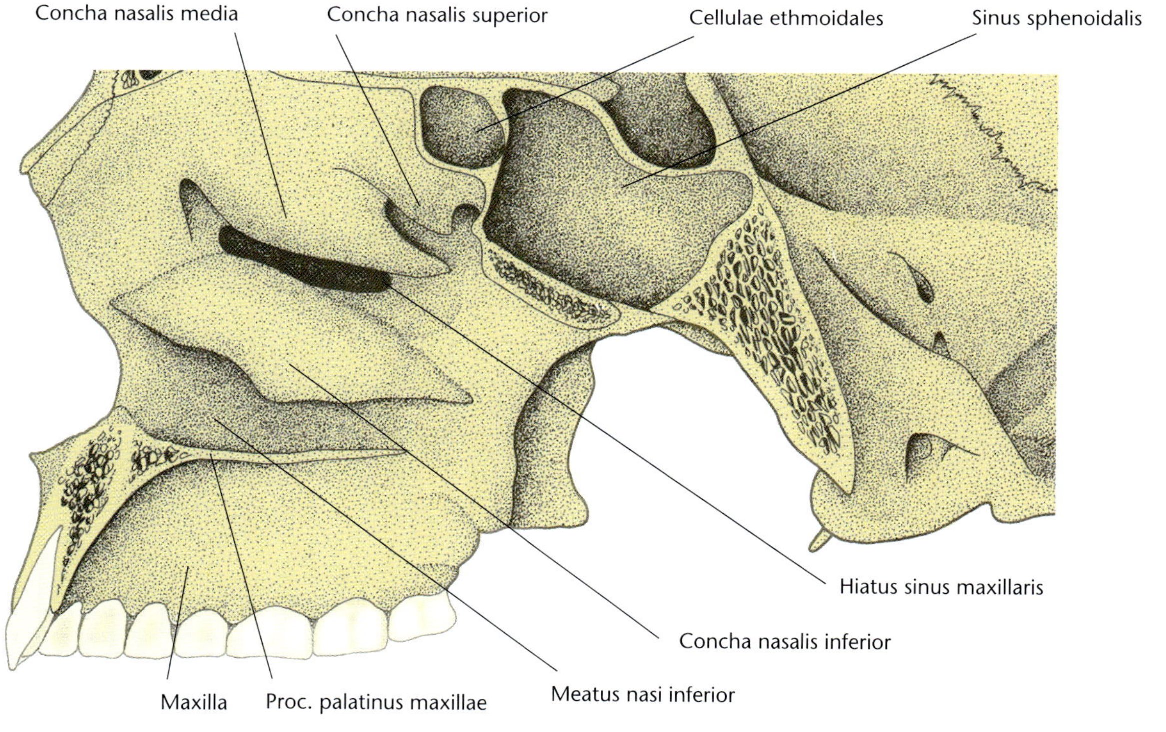

Abb. 4.42 Seitliche Nasenwand der rechten Nasenhöhle.

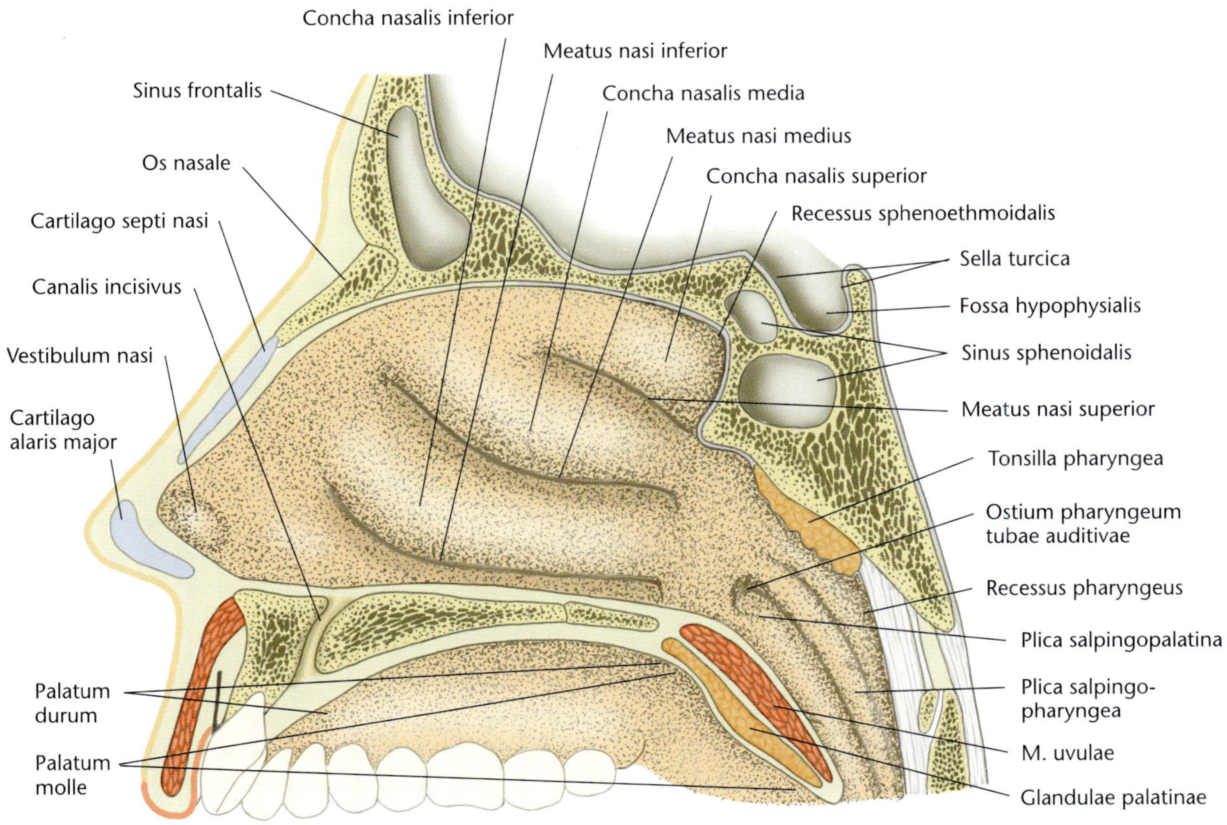

Abb. 4.43 Seitliche Nasenwand (Nasenmuscheln abgetragen).

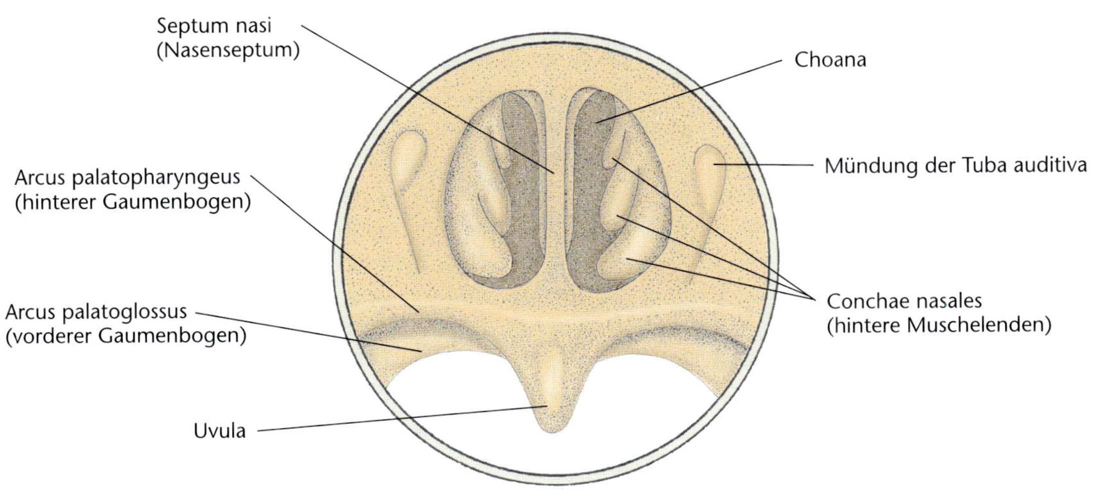

Abb. 4.44 Spiegelung des Nasen-Rachen-Raums.

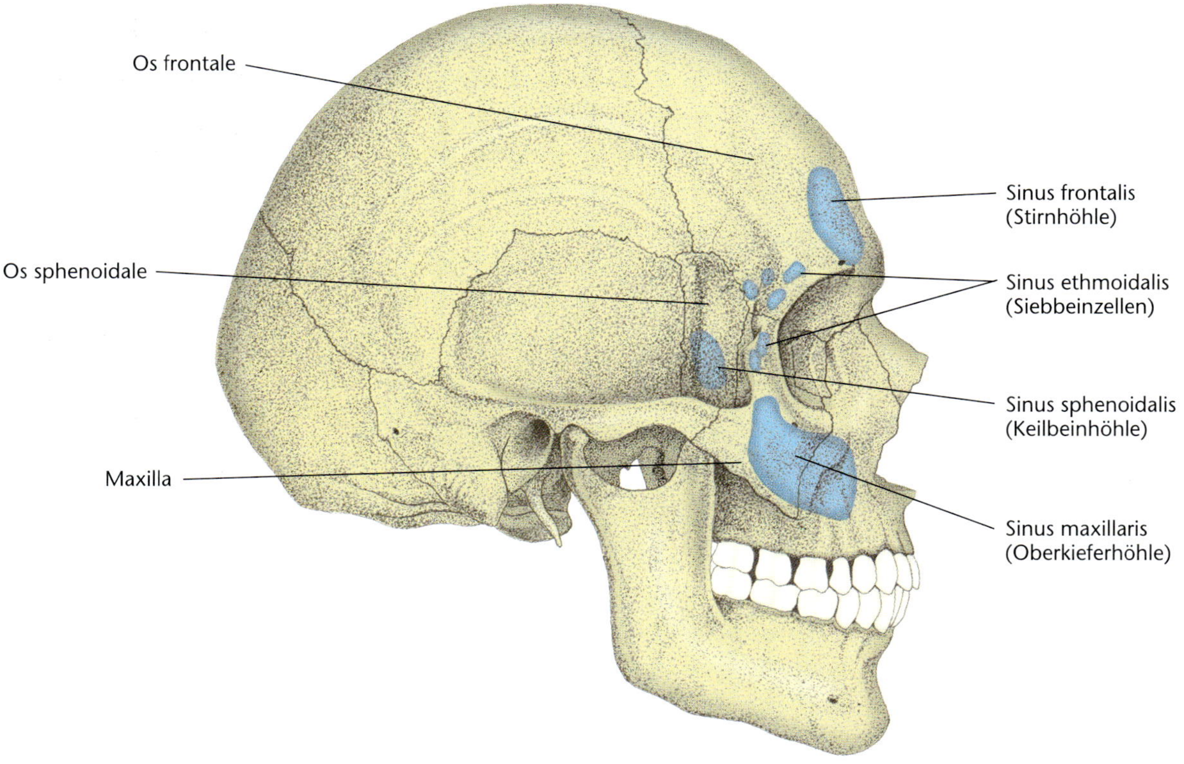

Abb. 4.45 Nasenhöhlen auf Schädel projiziert von lateral.

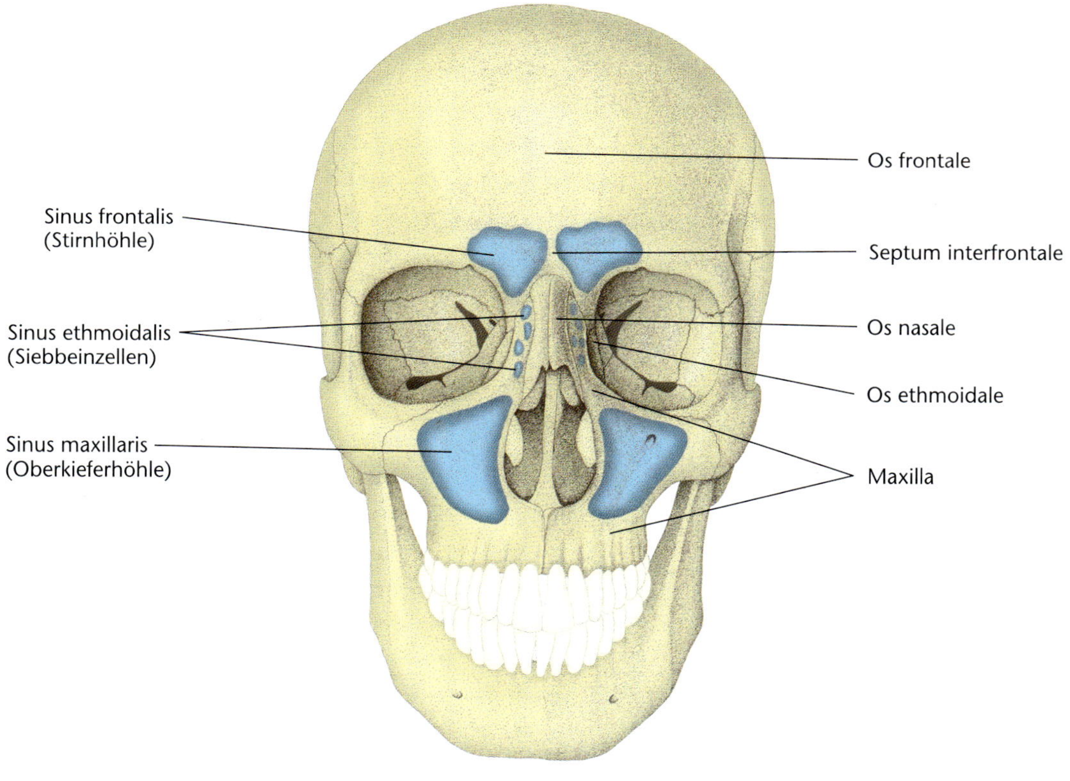

Abb. 4.46 Nasenhöhlen auf Schädel projiziert von ventral.

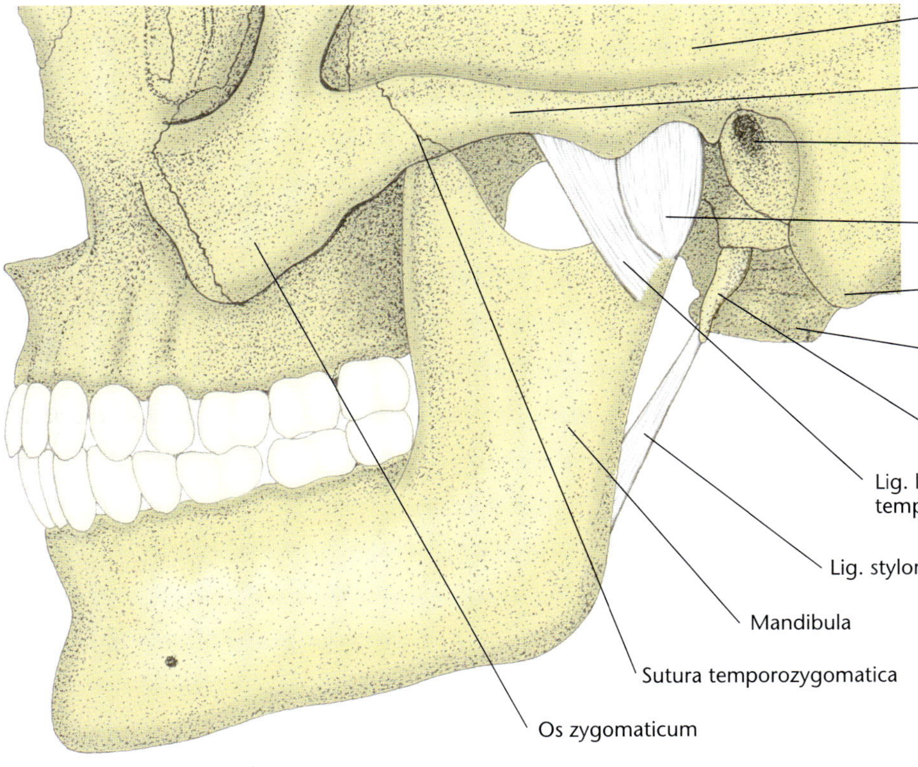

Abb. 4.47 Kiefergelenk von lateral.

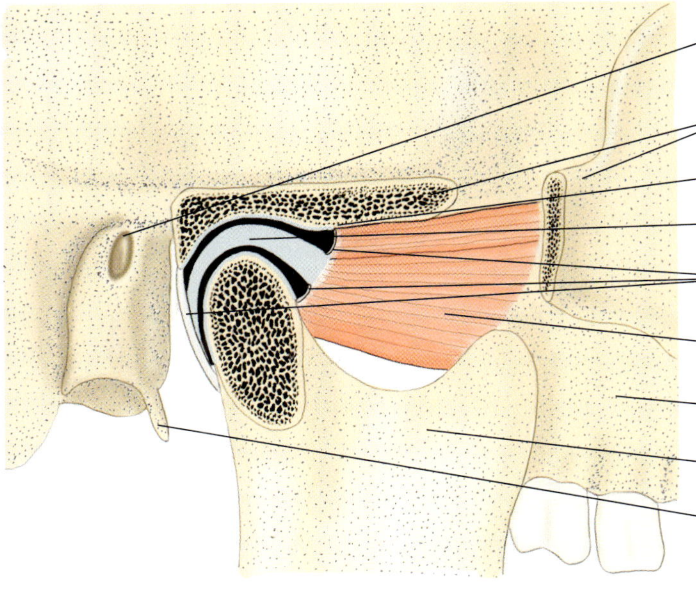

Abb. 4.48 Kiefergelenk von lateral im Sagittalschnitt.

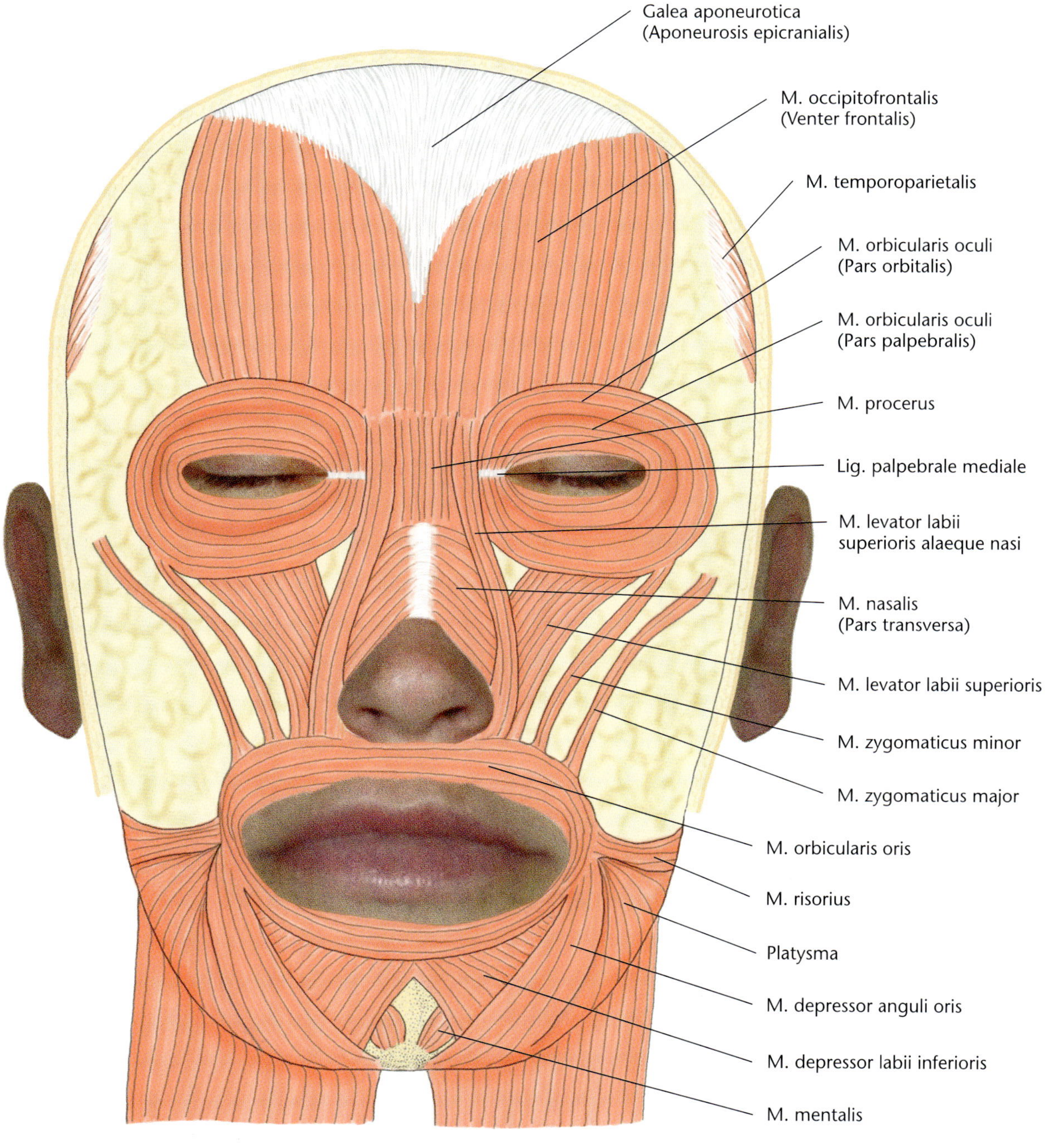

Abb. 4.49 Gesichtsmuskeln von ventral.

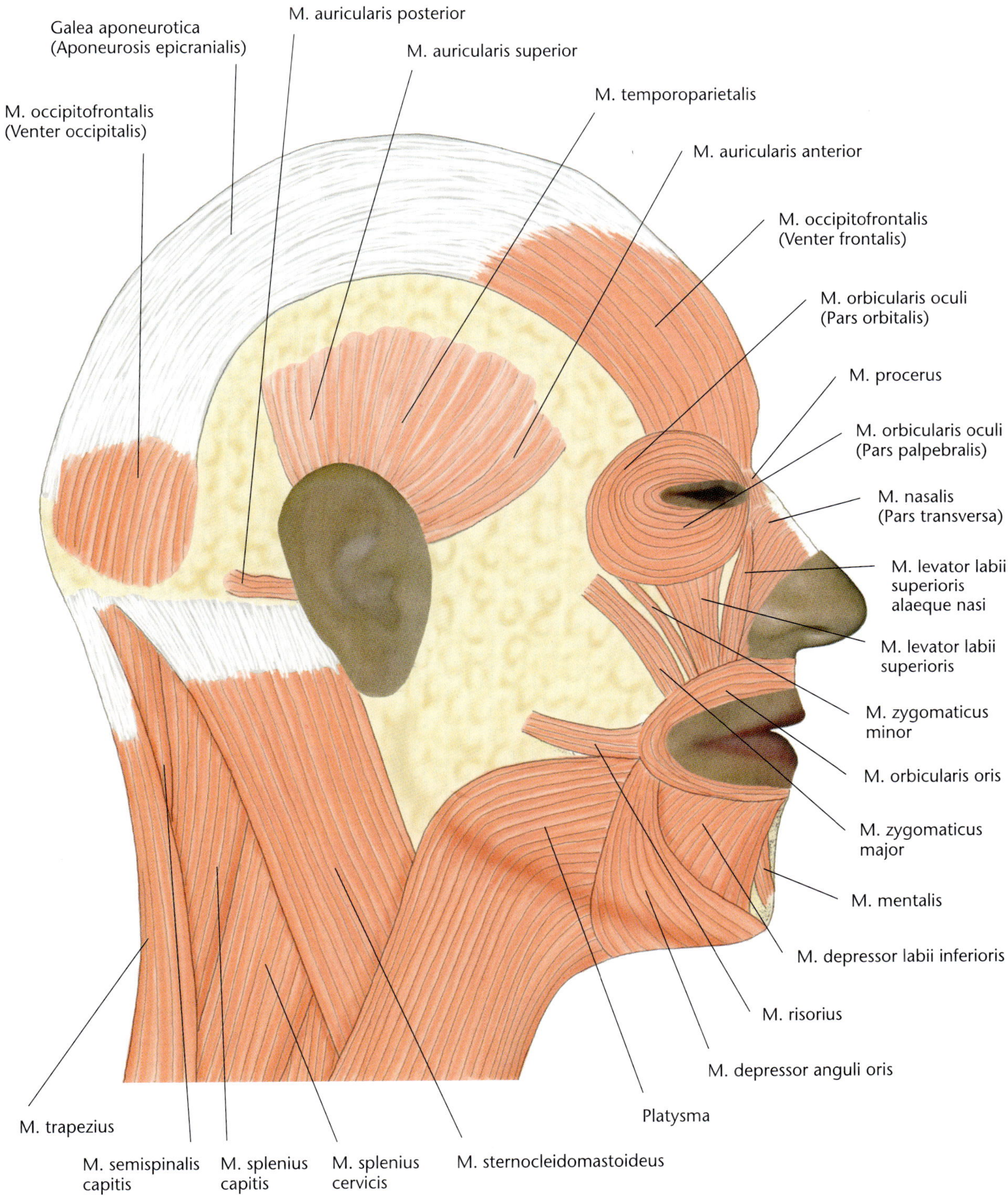

Abb. 4.50 Gesichtsmuskeln von lateral.

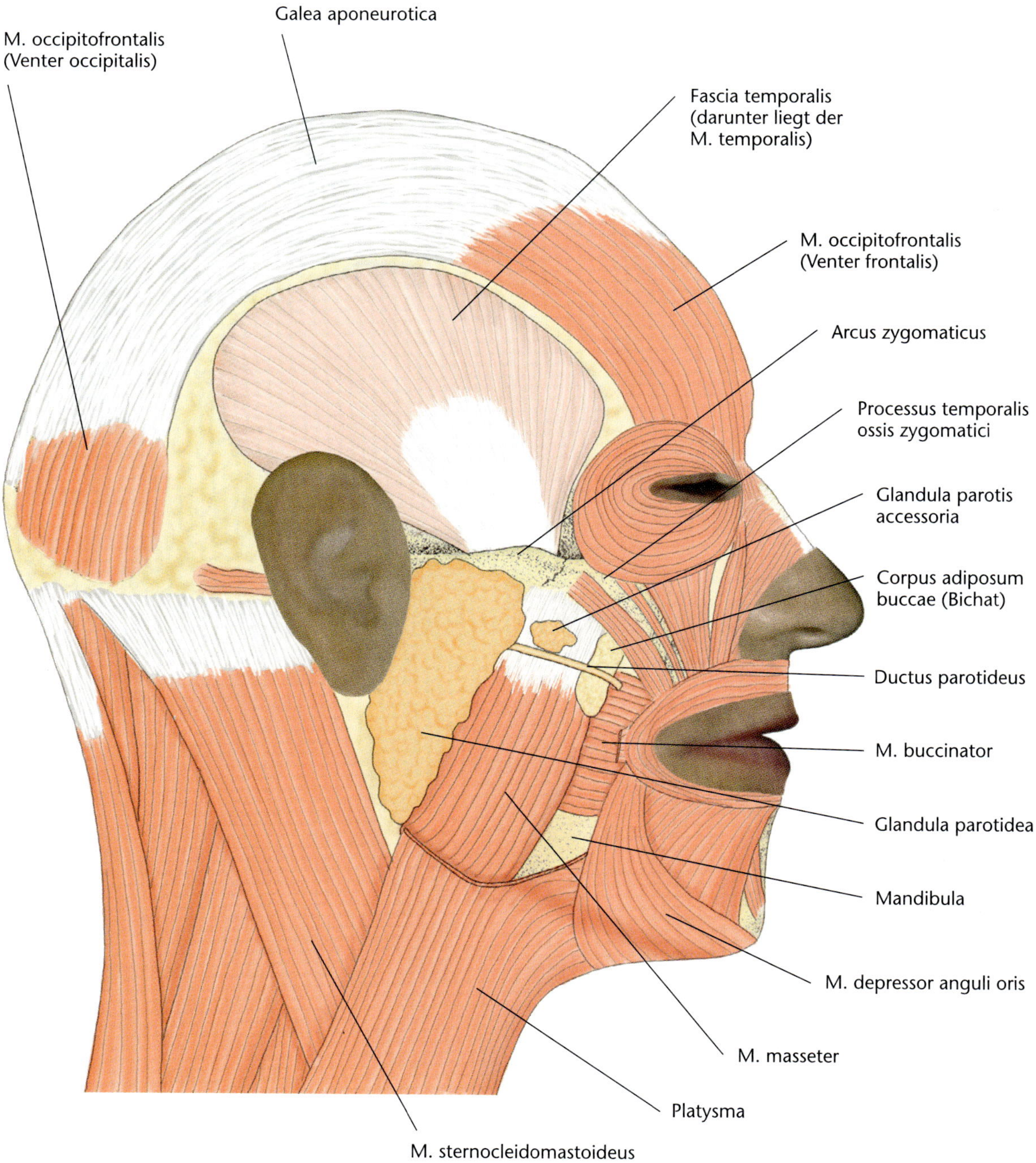

Abb. 4.51 Gesichtsmuskeln von lateral.

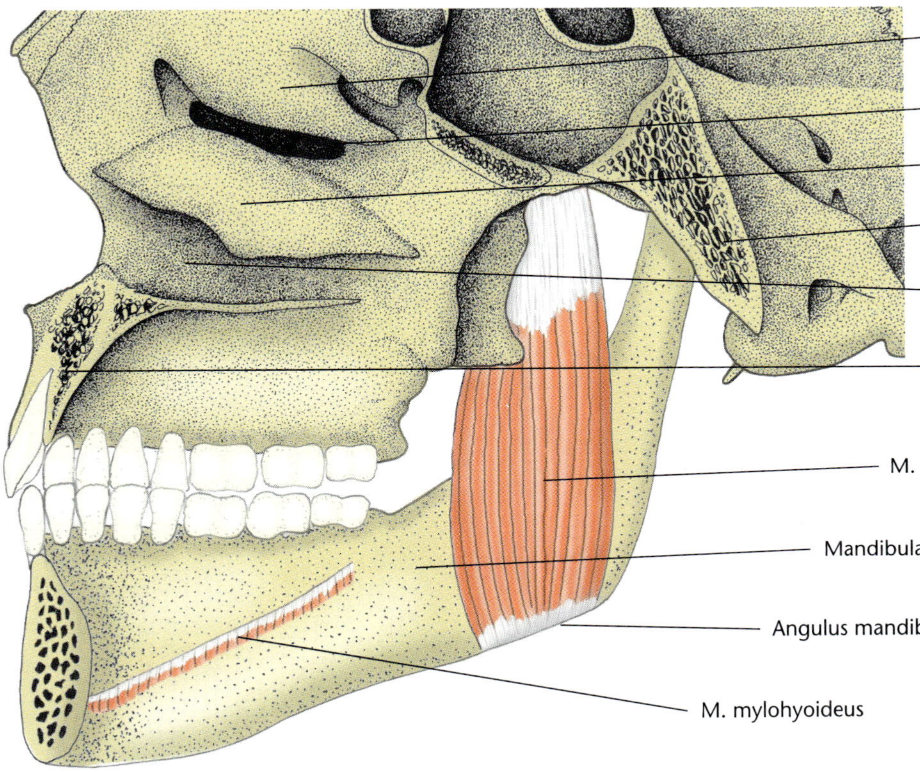

Abb. 4.52 M. pterygoideus medialis von medial.

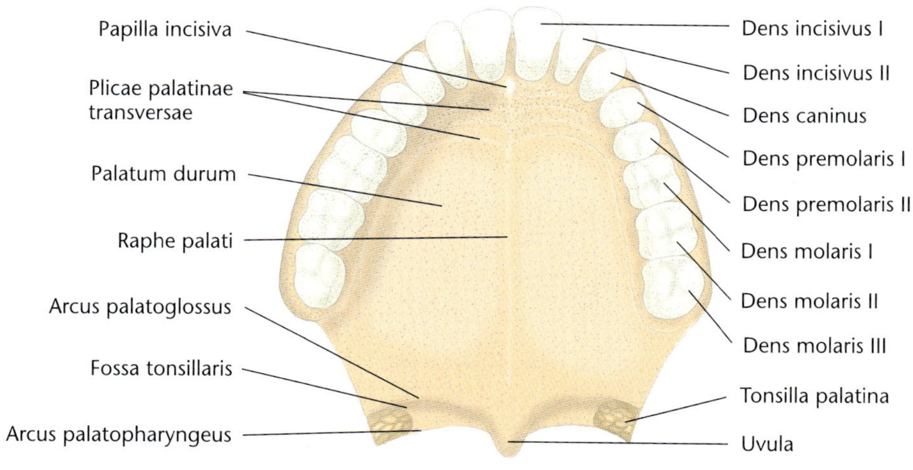

Abb. 4.53 Gaumen.

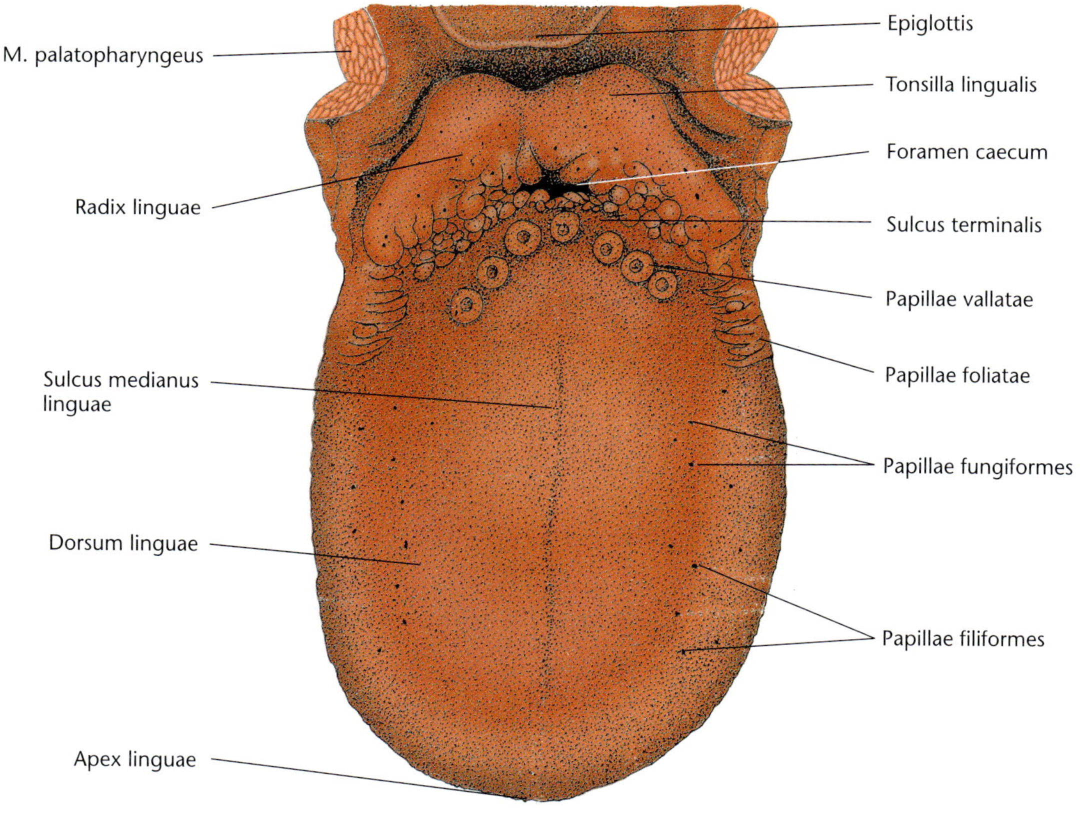

Abb. 4.54 Zunge von kranial.

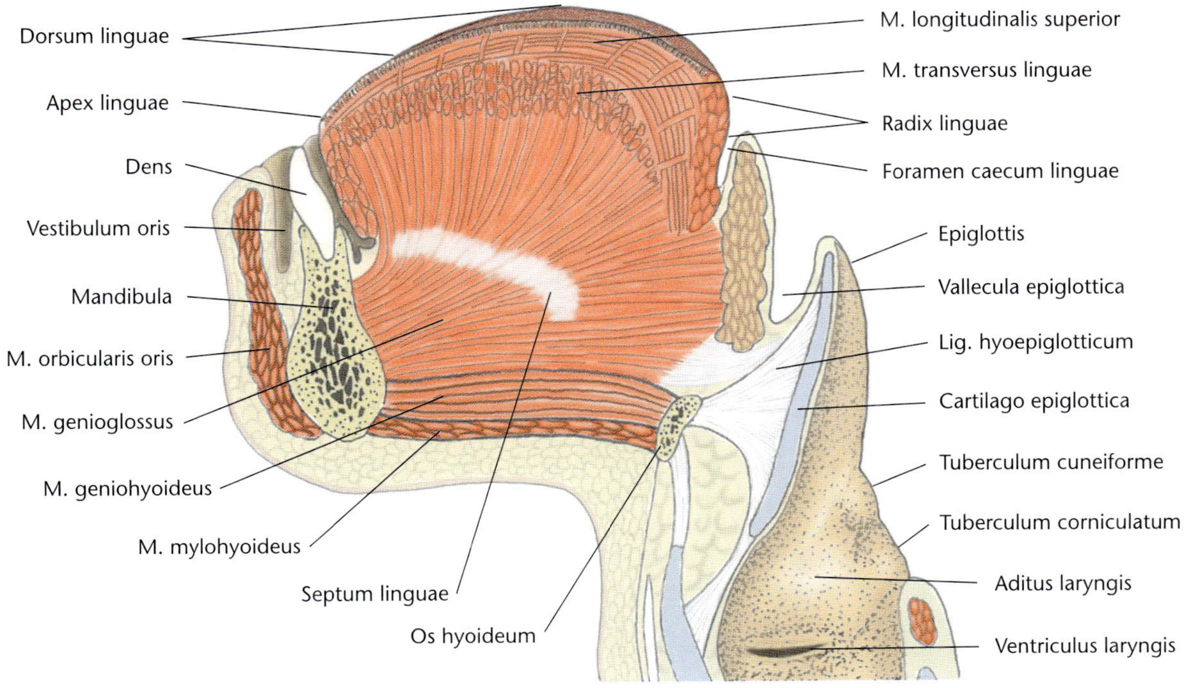

Abb. 4.55 Sagittalschnitt durch die Mundhöhle und den Mundboden.

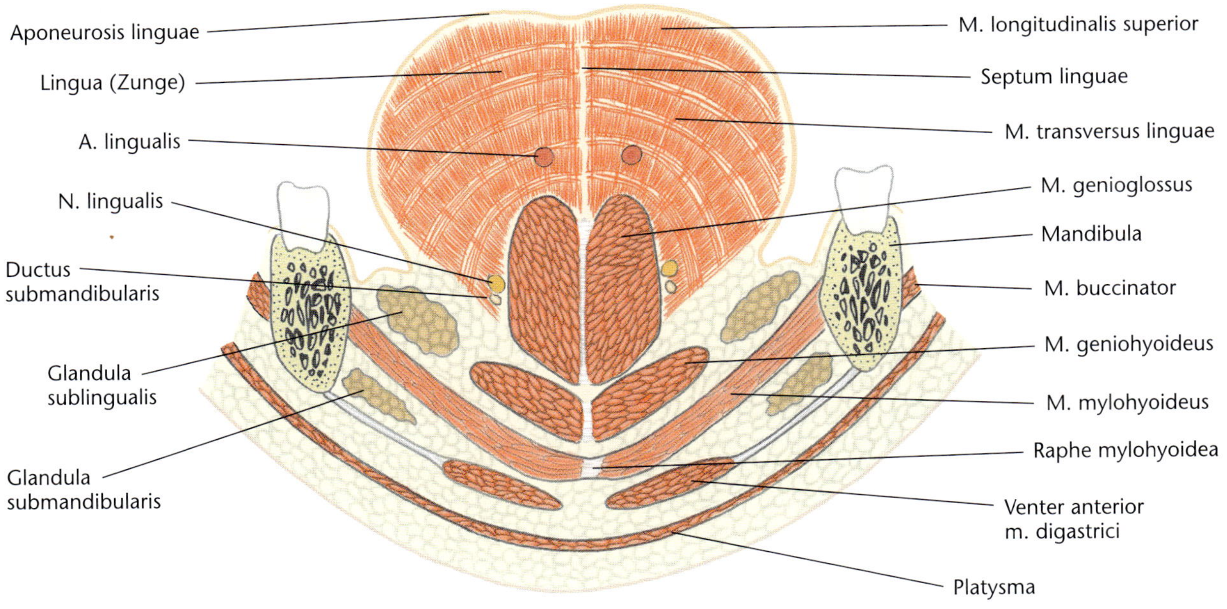

Abb. 4.56 Querschnitt durch die Mundhöhle und den Mundboden.

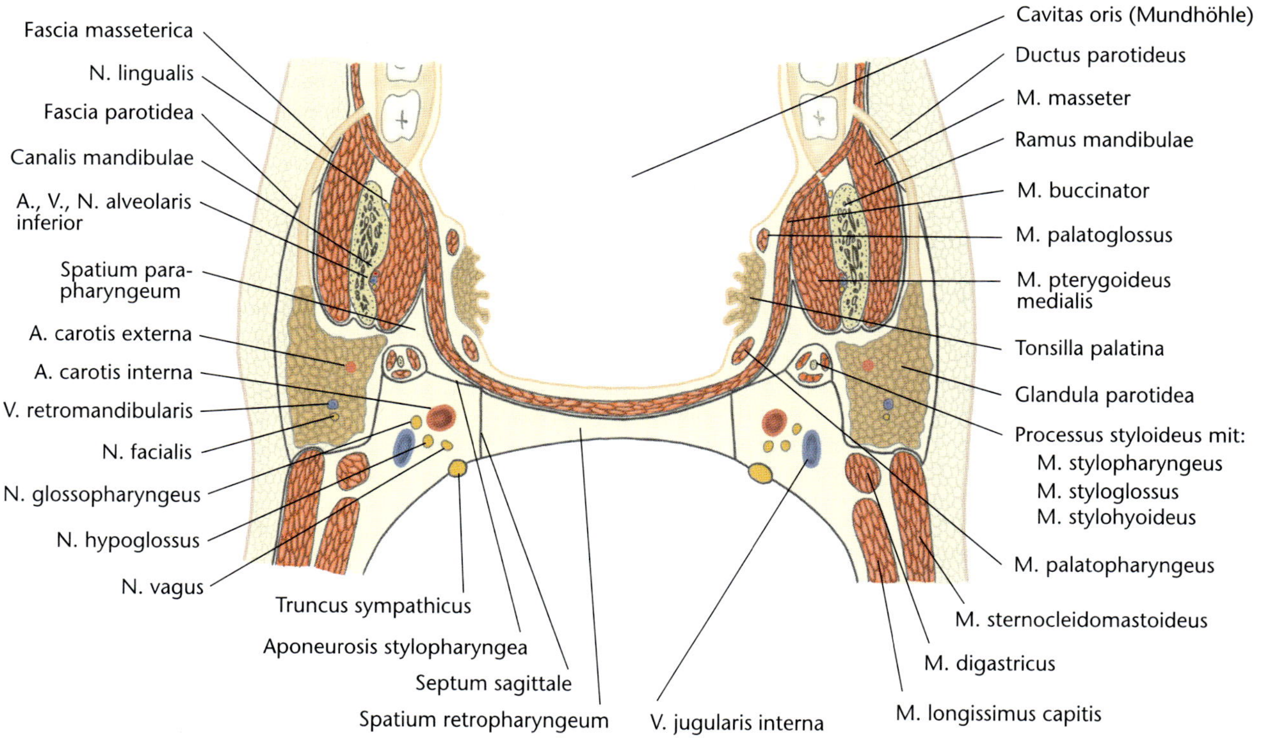

Abb. 4.57 Querschnitt durch die Parotisloge.

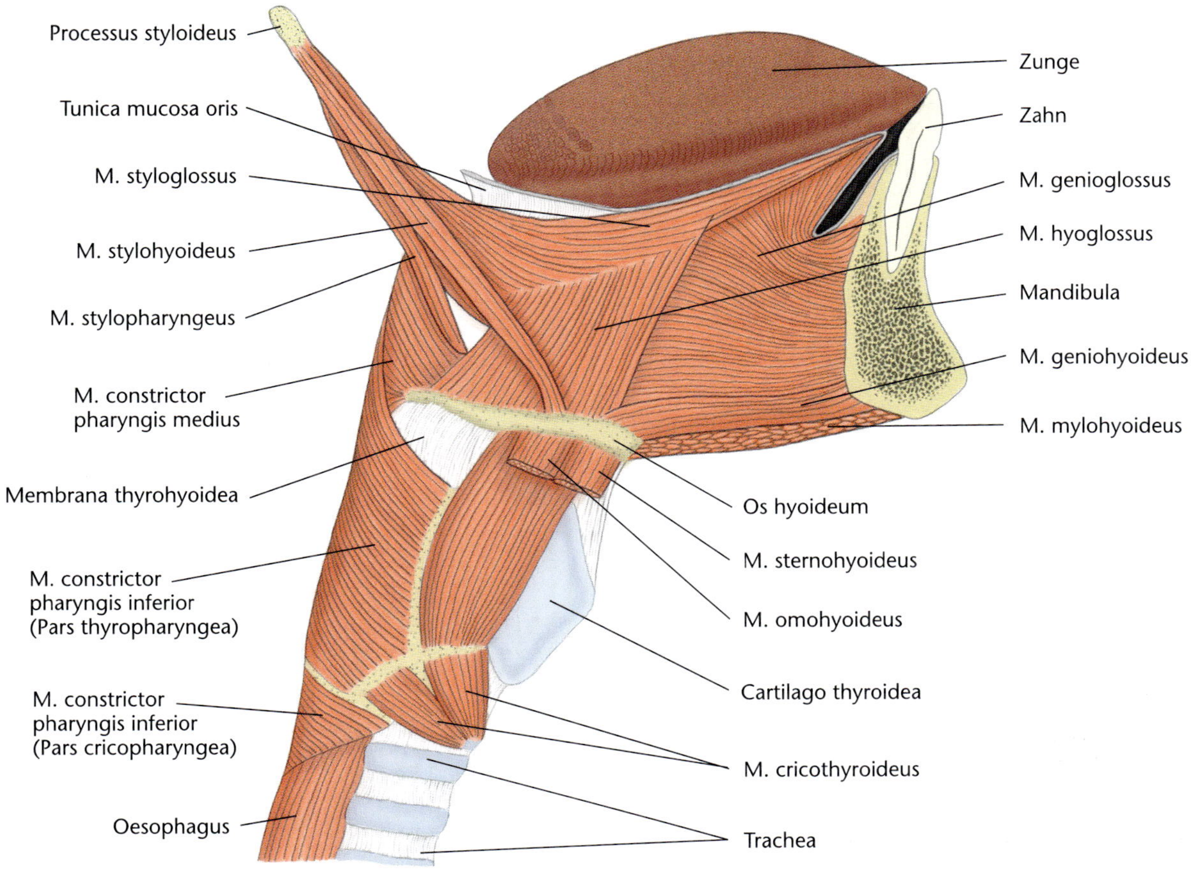

Abb. 4.58 Zungen- und Kehlkopfmuskeln von lateral.

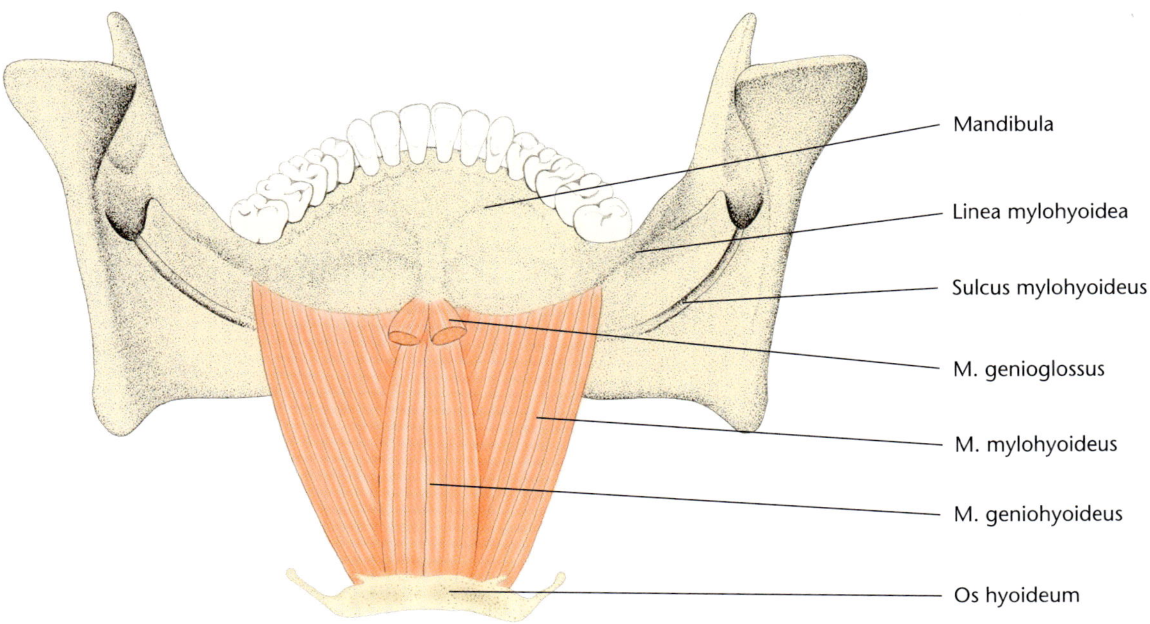

Abb. 4.59 Mundbodenmuskeln von dorsokranial.

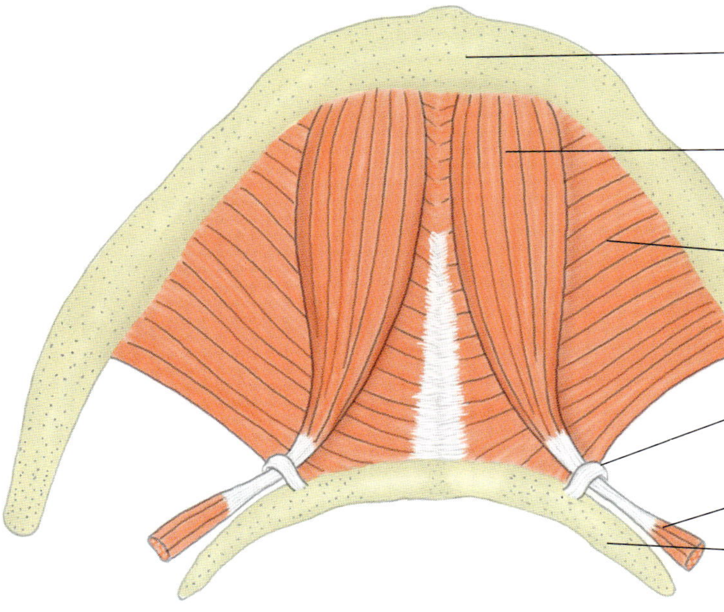

Abb. 4.60 Mundbodenmuskeln von außen.

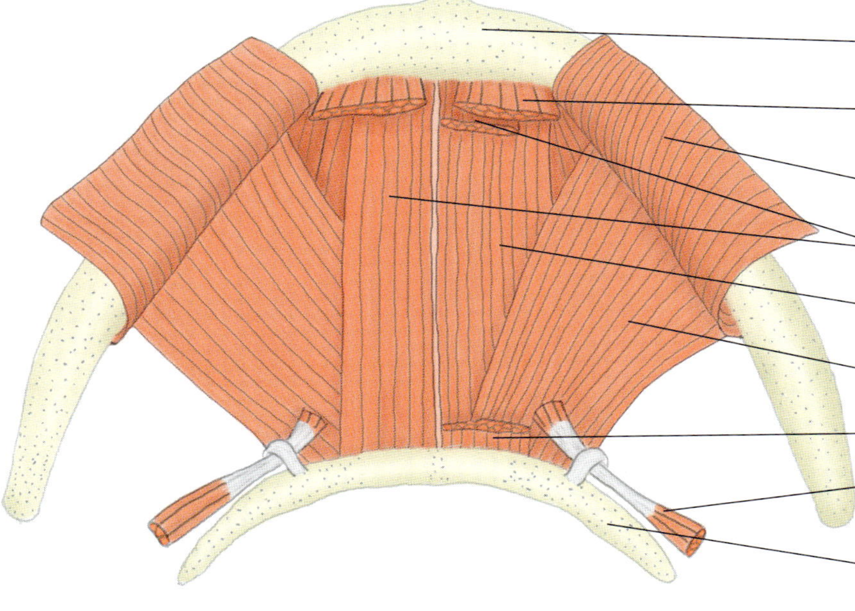

Abb. 4.61 Mundbodenmuskeln von außen.

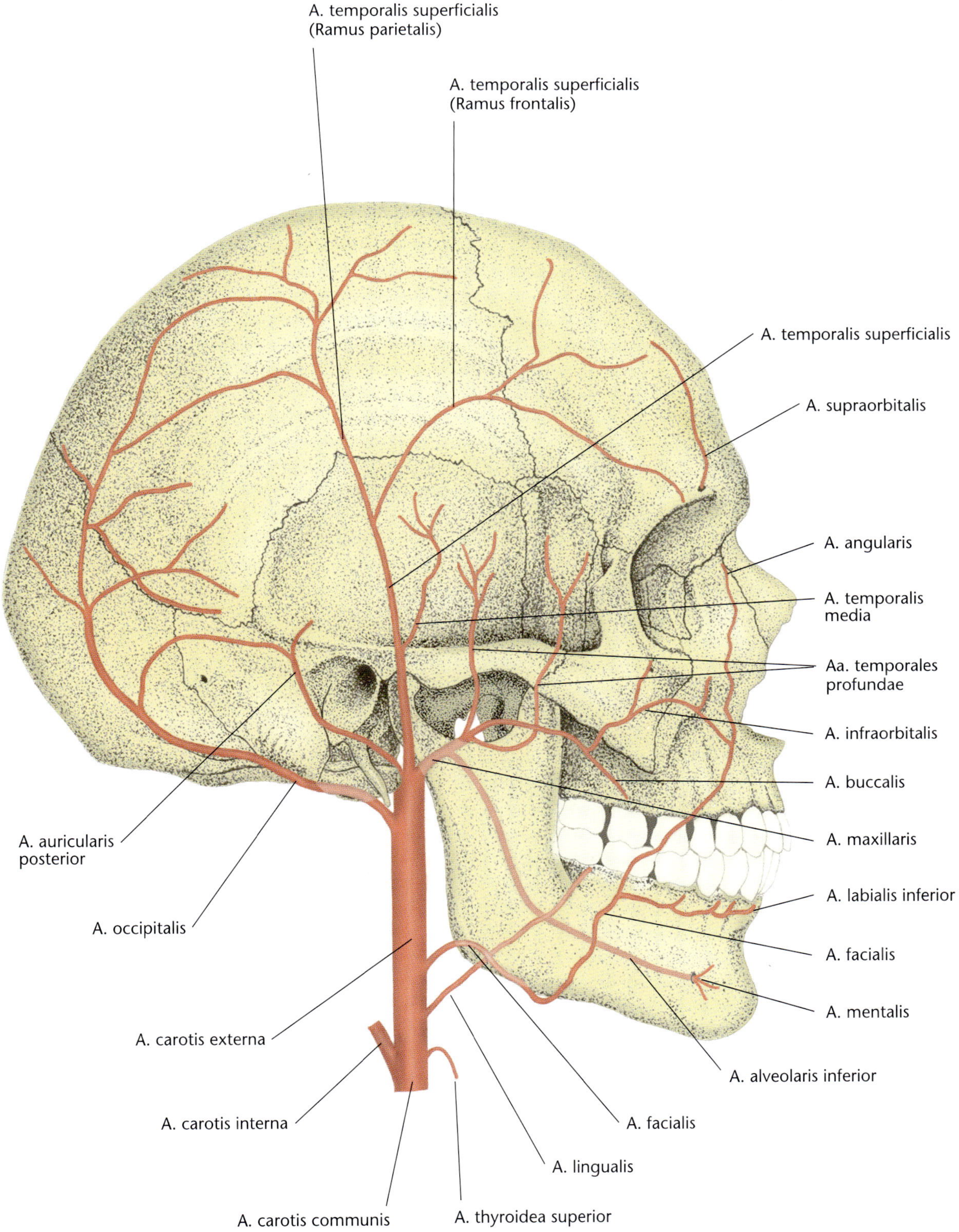

Abb. 4.62 Auf den Schädel projizierte Verläufe der Arterien des Kopfes.

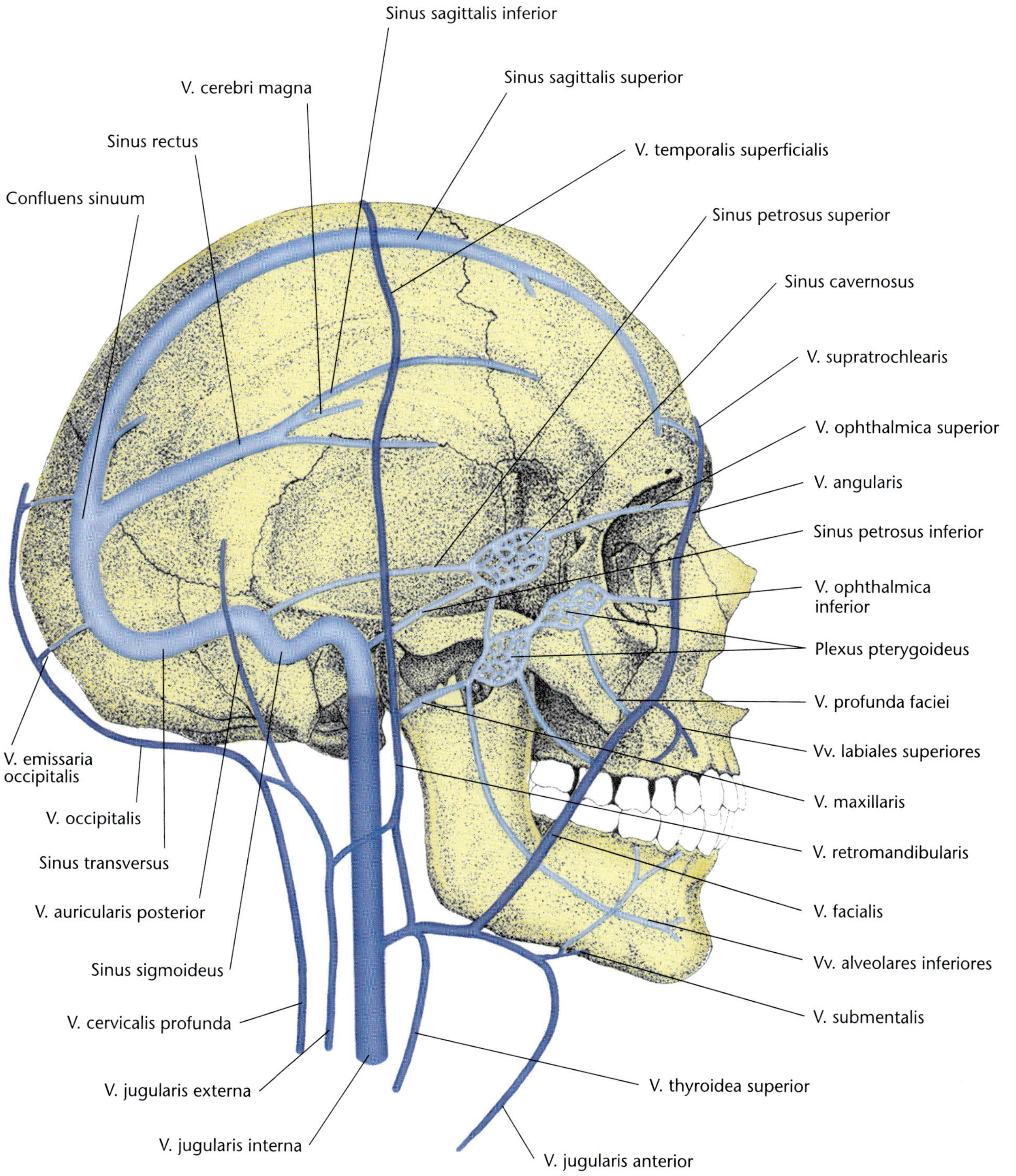

Abb. 4.63 Auf den Schädel projizierte Verläufe der Venen des Kopfes.

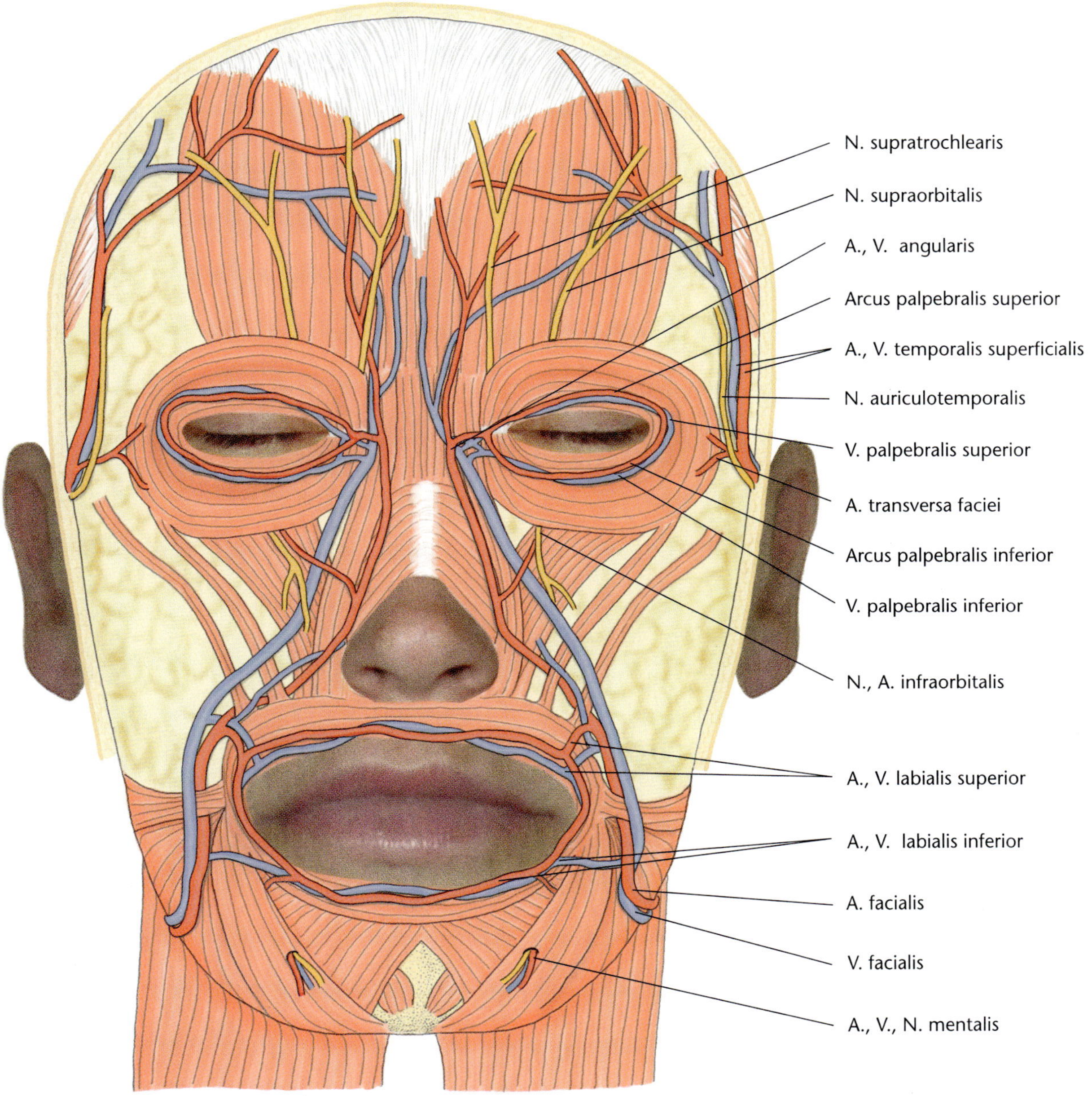

Abb. 4.64 Nerven und Gefäße des Kopfes von ventral.

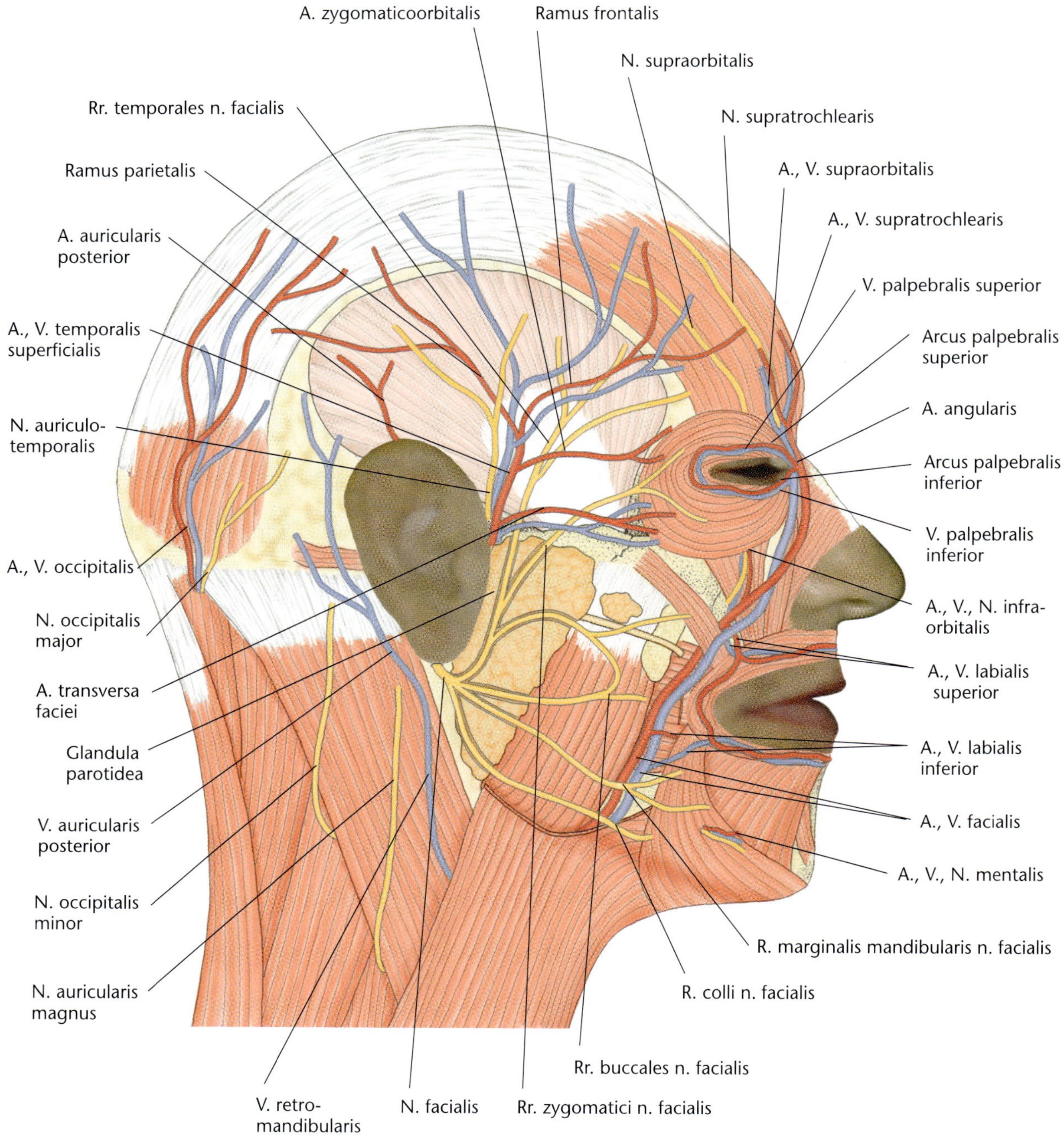

Abb. 4.65 Nerven und Gefäße des Kopfes von lateral.

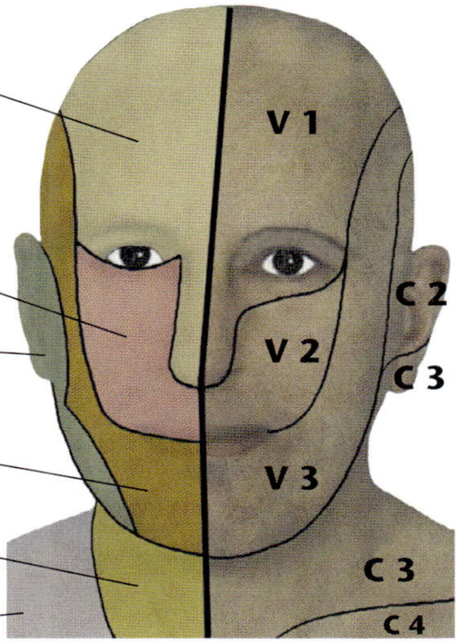

Abb. 4.66 Hautinnervation von ventral.

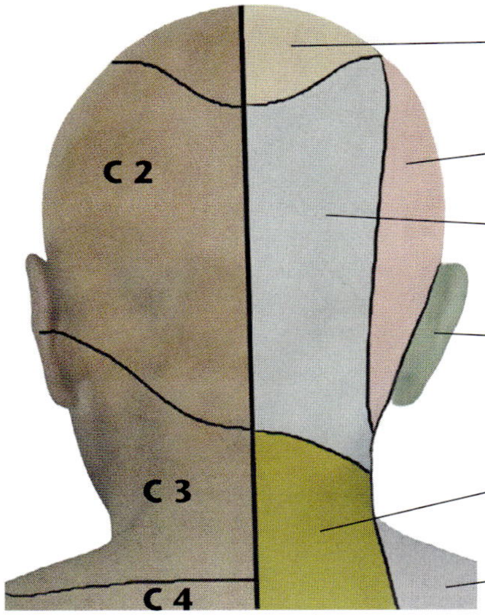

Abb. 4.67 Hautinnervation von dorsal.

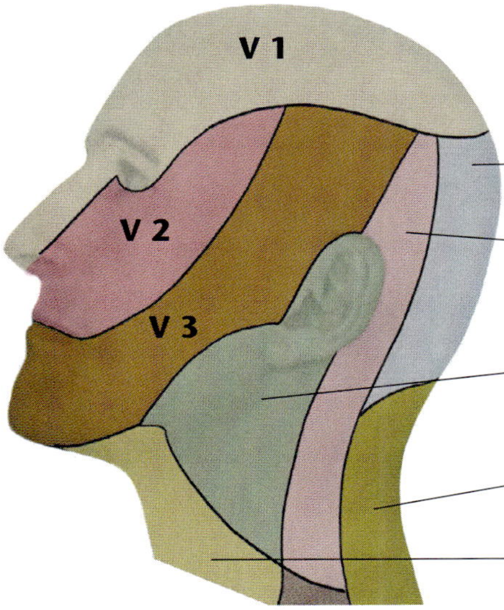

Abb. 4.68 Hautinnervation von lateral.

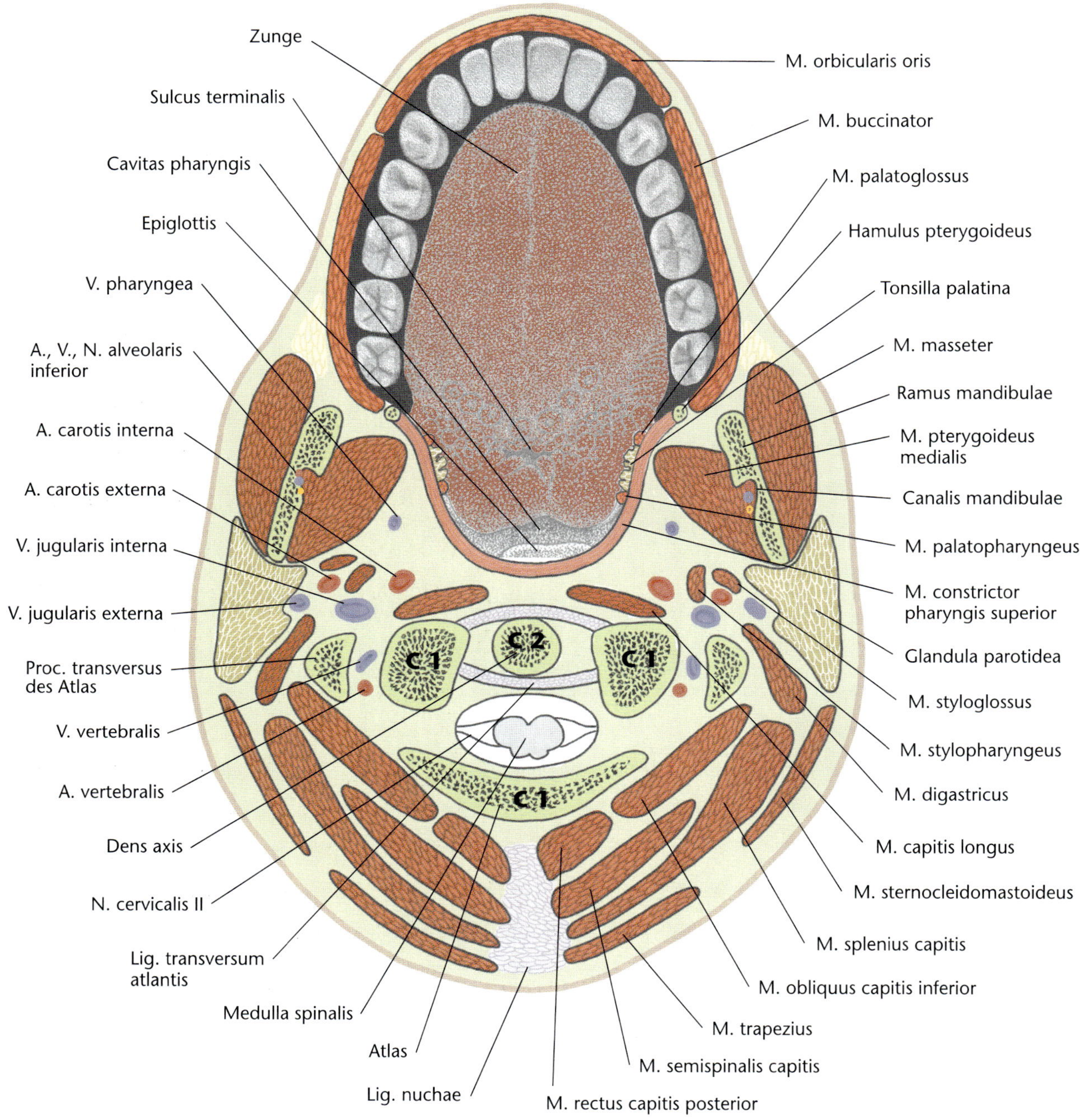

Abb. 4.69 Horizontalschnitt durch den Kopf in Höhe von C1.

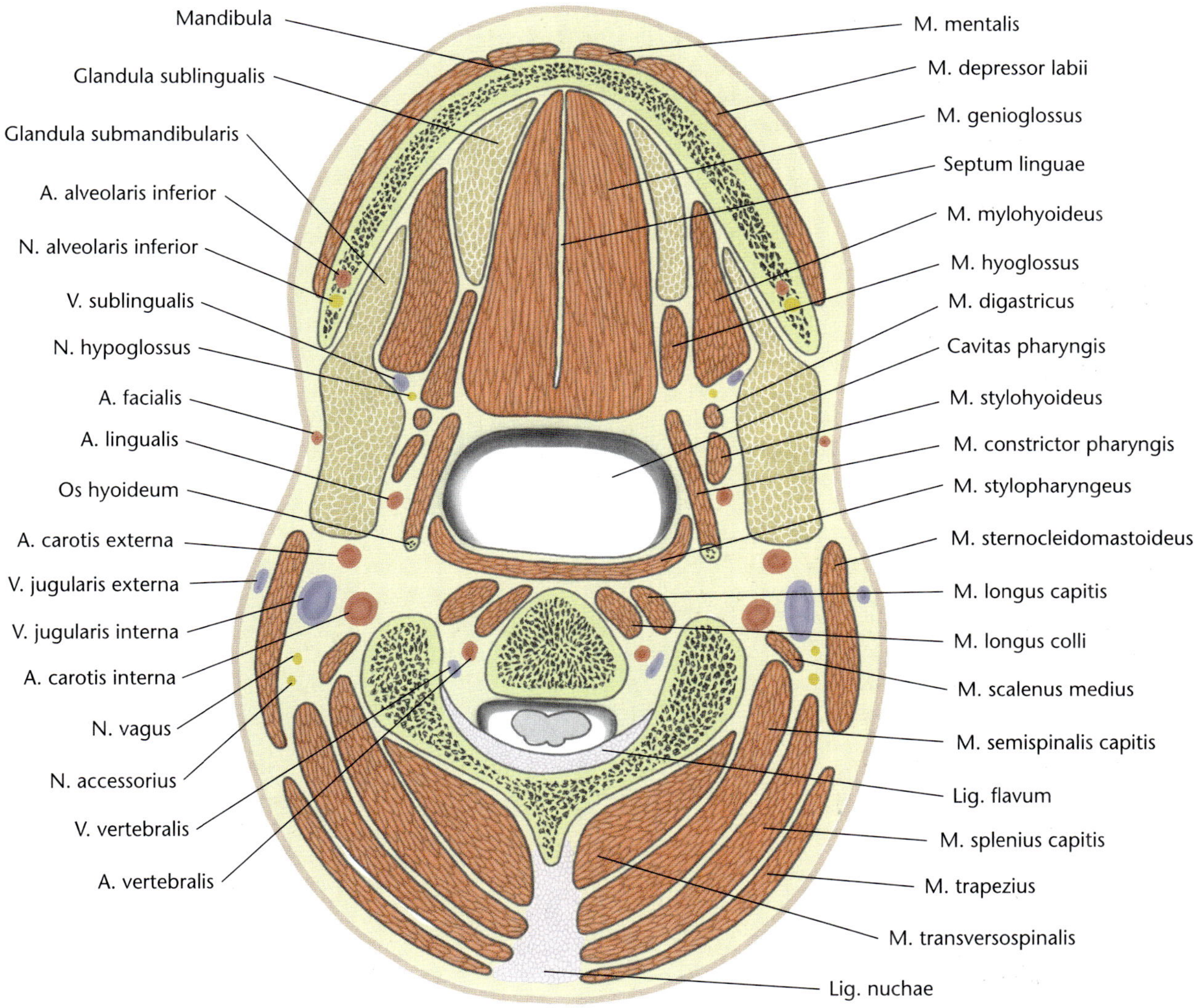

Abb. 4.70 Horizontalschnitt durch den Kopf in Höhe von C3.

5 Hals

5.1 Hals von ventral ... 186
5.2 Hals von lateral ... 187
5.3 Lymphknoten im Kopf- und Halsbereich ... 188
5.4 Os hyoideum von lateral/ventral ... 189
5.5 Medianer Längsschnitt durch das Os occipitale und den oberen Teil der Halswirbelsäule ... 189
5.6 Halsmuskulatur von ventral ... 190
5.7 Halsmuskulatur von ventral, nach Entfernung des M. sternocleidomastoideus ... 190
5.8 Halsmuskulatur von lateral ... 191
5.9 Halsmuskulatur von lateral, nach Entfernung des M. sternocleidomastoideus ... 192
5.10 Regio nuchae (oberflächliche Schicht) ... 193
5.11 Regio nuchae (tiefe Schicht) ... 193
5.12 Pharynxmuskulatur von dorsal ... 194
5.13 Pharynxmuskulatur von dorsal (eröffnet) ... 195
5.14 Gefäße im Bereich der oberflächlichen Halsschicht von ventral ... 196
5.15 Gefäße im Halsbereich von ventral ... 197
5.16 Gefäße und Nerven im Halsbereich von ventral ... 197
5.17 Nerven und Gefäße im Bereich der oberflächlichen Halsschicht von lateral ... 198
5.18 Nerven und Gefäße im Halsbereich von lateral, nach Entfernung des M. sternocleidomastoideus ... 199
5.19 Nerven und Gefäße im Bereich des Pharynx von dorsal ... 200
5.20 Sonographie der Schilddrüse im Querschnitt ... 201
5.21 Schilddrüsenszintigramm ... 201
5.22 Schilddrüse und ihre Lage zum Kehlkopf ... 202
5.23 Kehlkopf mit seinen Bändern von ventral ... 202
5.24 Kehlkopf mit seinen Bändern von dorsal ... 203
5.25 Kehlkopf mit seinen Bändern im Medianschnitt ... 203
5.26 Kehlkopfmuskeln von ventrolateral ... 204
5.27 Kehlkopfmuskeln von dorsal ... 204
5.28 Kehlkopfmuskeln von dorsolateral ... 205
5.29 Medianschnitt durch den Kehlkopf ... 205
5.30 Horizontalschnitt durch den Kehlkopf in Höhe der Rima glottidis ... 206
5.31 Frontalschnitt durch den Kehlkopf mit Sicht von dorsal ... 206
5.32 Kehlkopfspiegelung, Larynx bei geschlossener Stimmlippe ... 207
5.33 Kehlkopfspiegelung, Larynx bei halb geöffneter Stimmlippe ... 207
5.34 Kehlkopfspiegelung, Larynx bei offener Stimmlippe ... 207
5.35 Gefäß- und Nervenversorgung des Kehlkopfs ... 208
5.36 Querschnitt in Höhe des 6. Halswirbels (Rima glottidis) ... 209
5.37 Querschnitt in Höhe des 7. Halswirbels ... 210

Klinik

Koniotomie

Die Koniotomie ist eine Notfalltracheotomie, die notwendig wird, wenn die Atmung durch ein mechanisches Hindernis lebensbedrohlich behindert ist und eine Intubation durch den Rachenraum nicht mehr möglich ist, wie z.B. nach einer Schleimhautentzündung infolge eines Wespenstichs im Rachenraum, einer Verätzung oder einem Fremdkörper.
Bei der Koniotomie wird zuerst die Lage des gut tastbaren Schildknorpels bestimmt, dann wird in der Mittellinie des Halses vorsichtig, vom unteren Ende des Schildknorpels ausgehend, ein Hautschnitt gelegt (s. Abb. 5.22,5.23), wobei eine Verletzung des unterhalb des Schildknorpels liegenden Ringknorpels verhindert werden muss (Gefahr einer Knorpelentzündung).

Das zwischen dem Schild- und Ringknorpel liegende Lig. cricothyroideum wird quer durchtrennt und sofort ein möglichst steriles Röhrchen eingesetzt (es soll auch schon der vordere Teil eines Kugelschreibers bei einem Notfall eingesetzt worden sein).

Bei der in der Klinik durchgeführten Tracheotomie wird zwischen einer oberen und unteren Tracheotomie unterschieden.
In der Klinik wird zumeist die obere Tracheotomie durchgeführt. Der Hautschnitt wird vorsichtig in der Mittellinie des Halses ab dem Ringknorpel gelegt. In diesem Bereich kann der Isthmus der Schilddrüse die oberen Ringe der Trachea überlagern. In diesem Fall muss der Isthmus nach kaudal gedrückt oder durchtrennt werden. Im Bereich des 2. oder 3. Trachealrings wird ein kleines Fenster ausgestanzt und eine Trachealkanüle gelegt.
Bei der unteren Tracheotomie geht man oberhalb der Fossa jugularis vor.

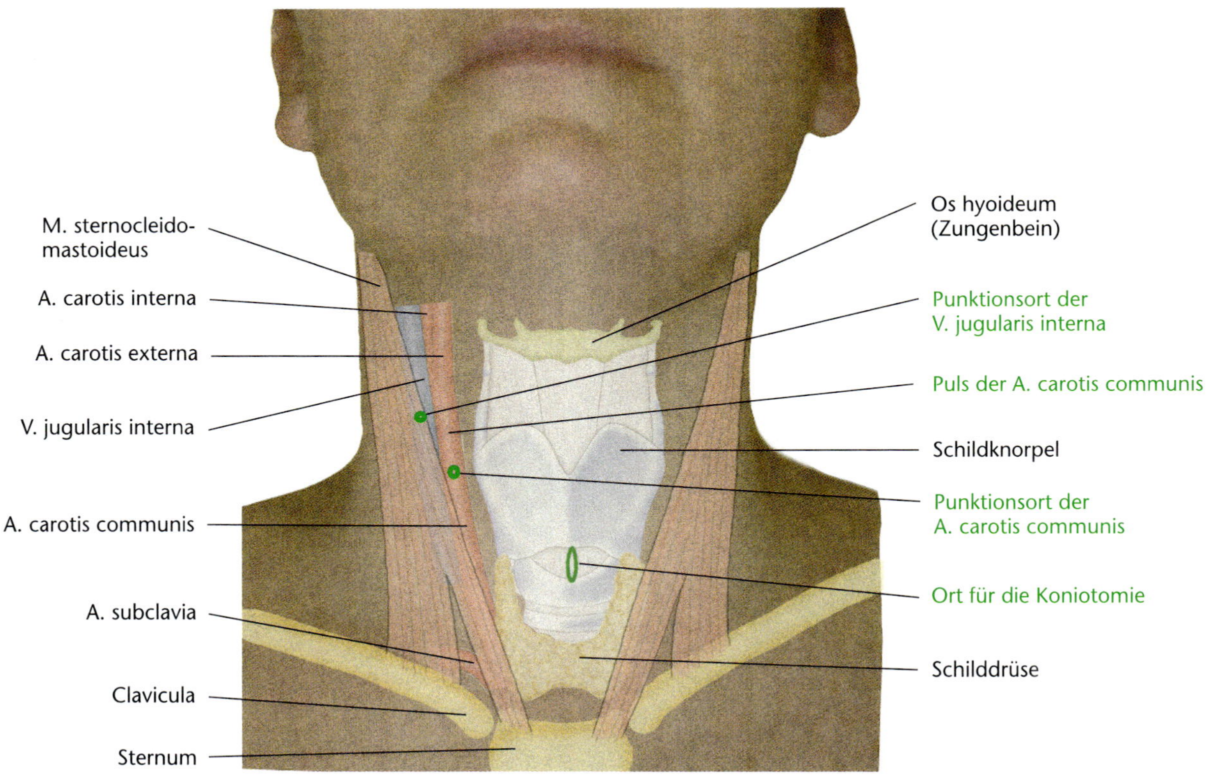

Abb. 5.1 Hals von ventral.

KLINIK

Zentralvenöser Zugang
Als Indikation für einen zentralvenösen Zugang gilt, wenn der Zugang lange Zeit benötigt wird (Intensivpflege, große Op., parenterale Ernährung) oder wenn der zentrale Venendruck gemessen werden soll.

Der Zugang wird über die V. cephalica, V. basilica, V. subclavia oder die V. jugularis interna gelegt. Die Letalität soll bei diesem Eingriff bei etwa 1Promille liegen, weshalb das Legen eines zentralvenösen Zugangs am sinnvollsten zuvor am Toten (Präp.-Kurs!) geübt und später zunächst unter Anleitung eines erfahrenen Kollegen durchgeführt wird!

Punktion der V. subclavia
Die V. subclavia kreuzt die 1. Rippe dorsal vom mittleren Drittel der Clavicula (Schlüsselbein). Die V. subclavia verläuft vor der A. subclavia und liegt ventral von der Pleurakuppel. Nachdem das Gewebe und das Periost der Clavicula anästhesiert sind, setzen Sie die Punktionskanüle unterhalb der Clavicula lateral des Punkts an, an dem sich die Clavicula und die 1. Rippe kreuzen.

Unter ständiger Aspiration durchstechen Sie die Haut zunächst senkrecht. Nachdem Sie den unteren Rand der Clavicula erreicht haben, schieben Sie die Kanüle horizontal am dorsalen Teil der Clavicula nach oben, wobei Sie auf das Lig. costoclaviculare treffen sollten (am Widerstand zu erkennen). Durch das Ligamentum hindurch erreichen Sie nach insgesamt etwa 4 – 5 cm die V. subclavia.

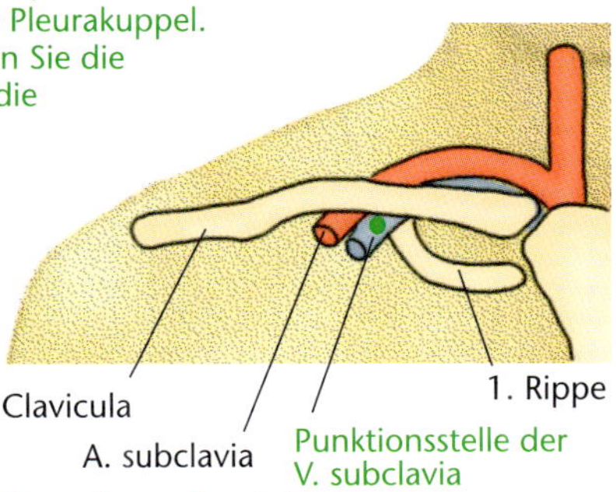

Punktion der V. jugularis interna (Abb. 5.1)
Zunächst bestimmen Sie etwa in der Mitte zwischen dem Zungenbein und dem oberen Rand des Schildknorpels durch Palpation die Lage der A. carotis communis (A. carotis externa; Puls). Dann durchstoßen Sie mit der Kanüle ca. 1 cm lateral der Arterie in einem Winkel von etwa 30° die Haut und den medialen Rand des M. sternocleidomastoideus. Nach etwa 3 – 4 cm erreichen Sie unter Aspiration die V. jugularis interna.

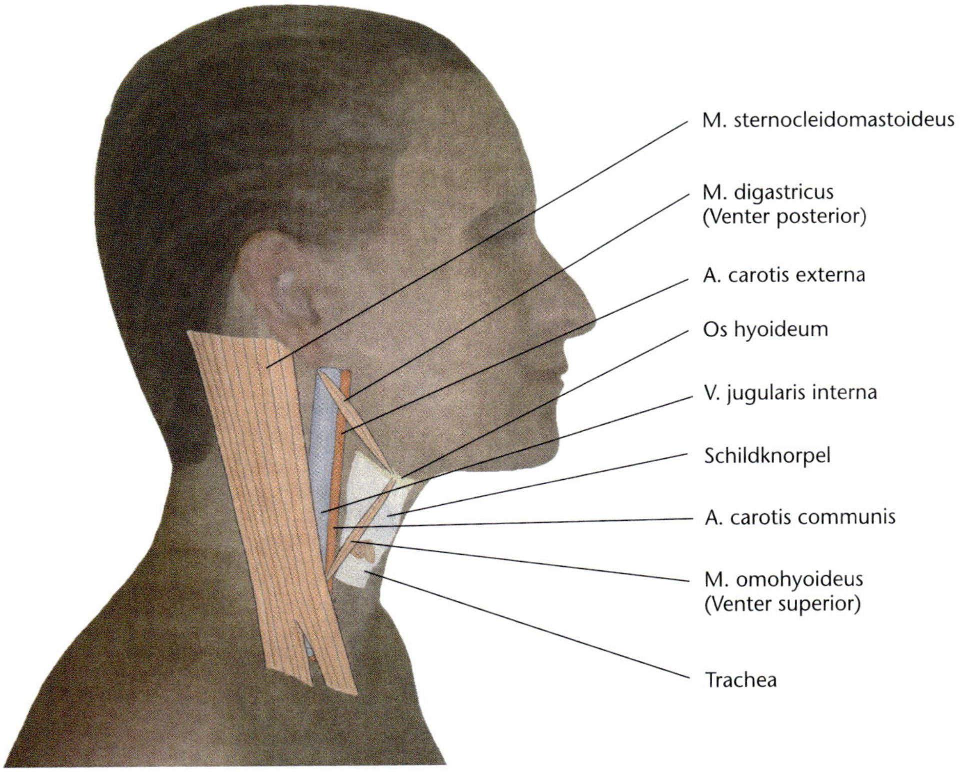

Abb. 5.2 Hals von lateral.

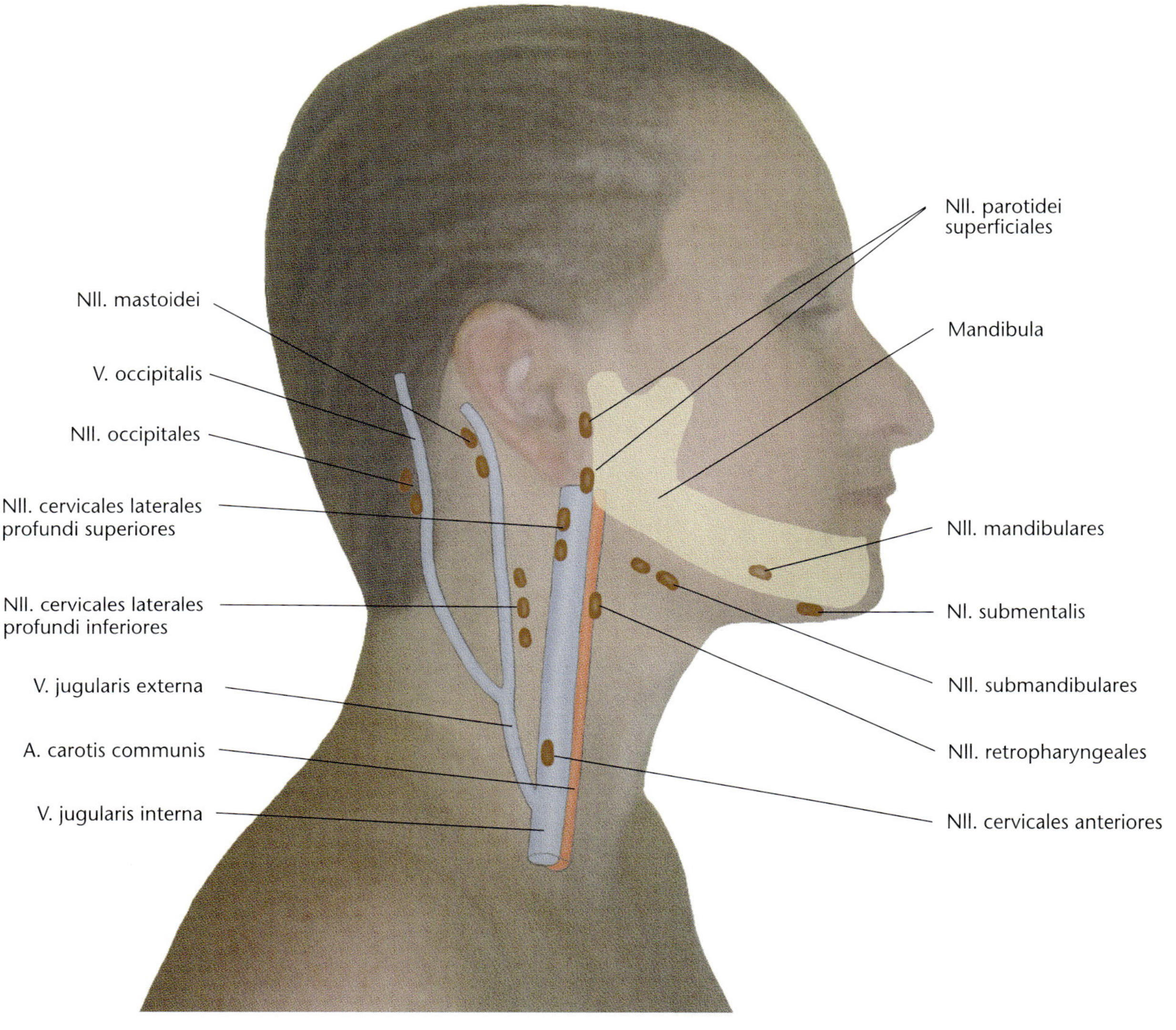

Abb. 5.3 Lymphknoten im Kopf- und Halsbereich.

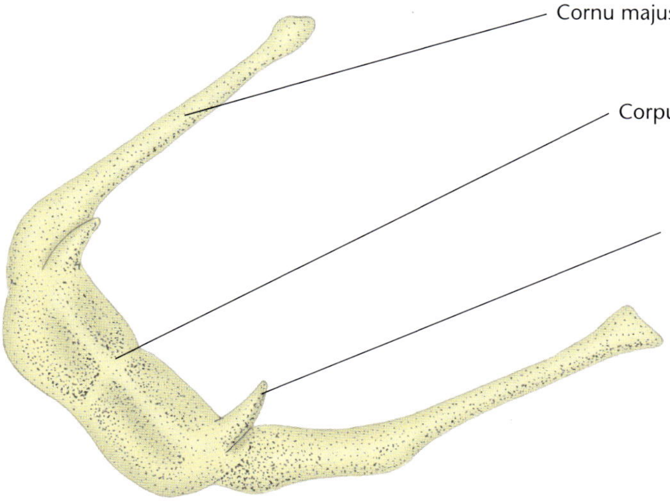

Abb. 5.4 Os hyoideum von lateral/ventral.

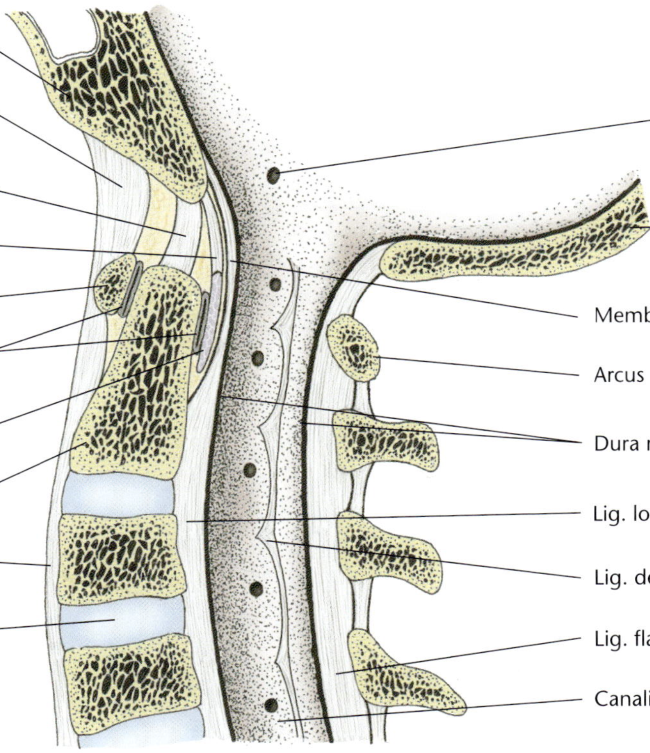

Abb. 5.5 Medianer Längsschnitt durch das Os occipitale und den oberen Teil der Halswirbelsäule.

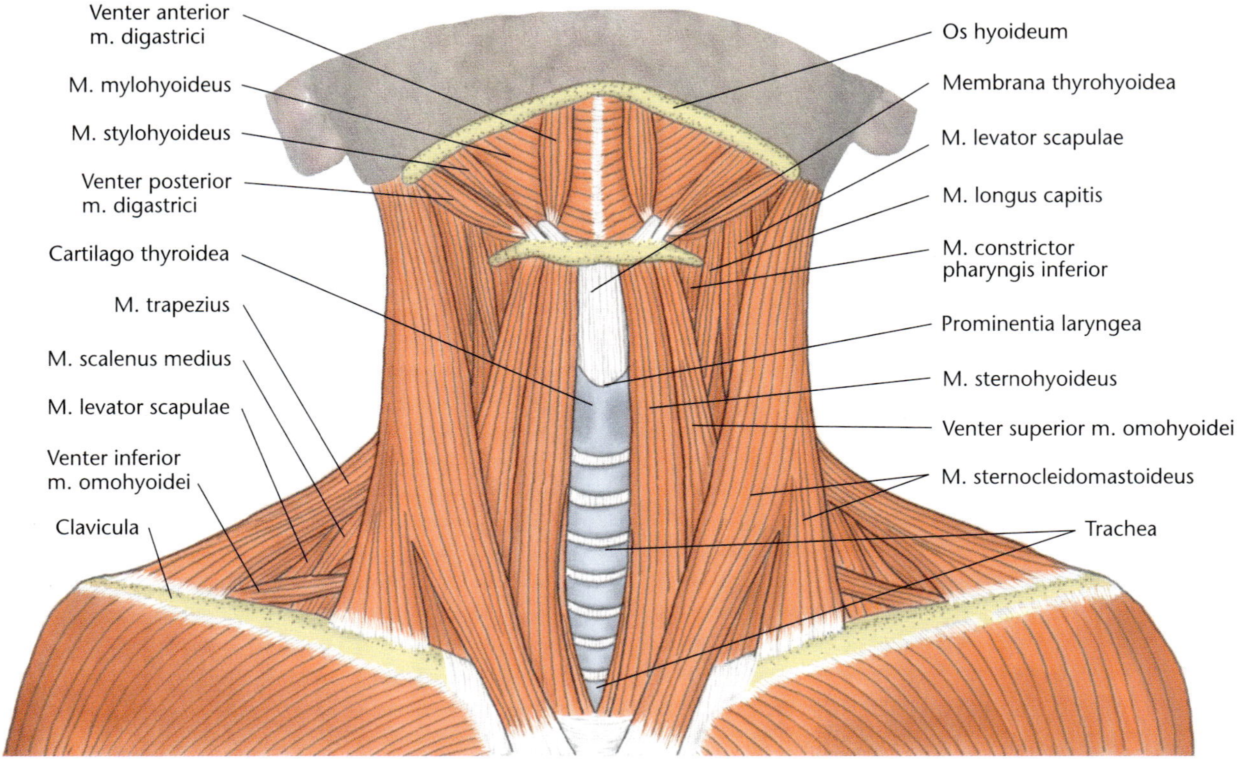

Abb. 5.6 Halsmuskulatur von ventral.

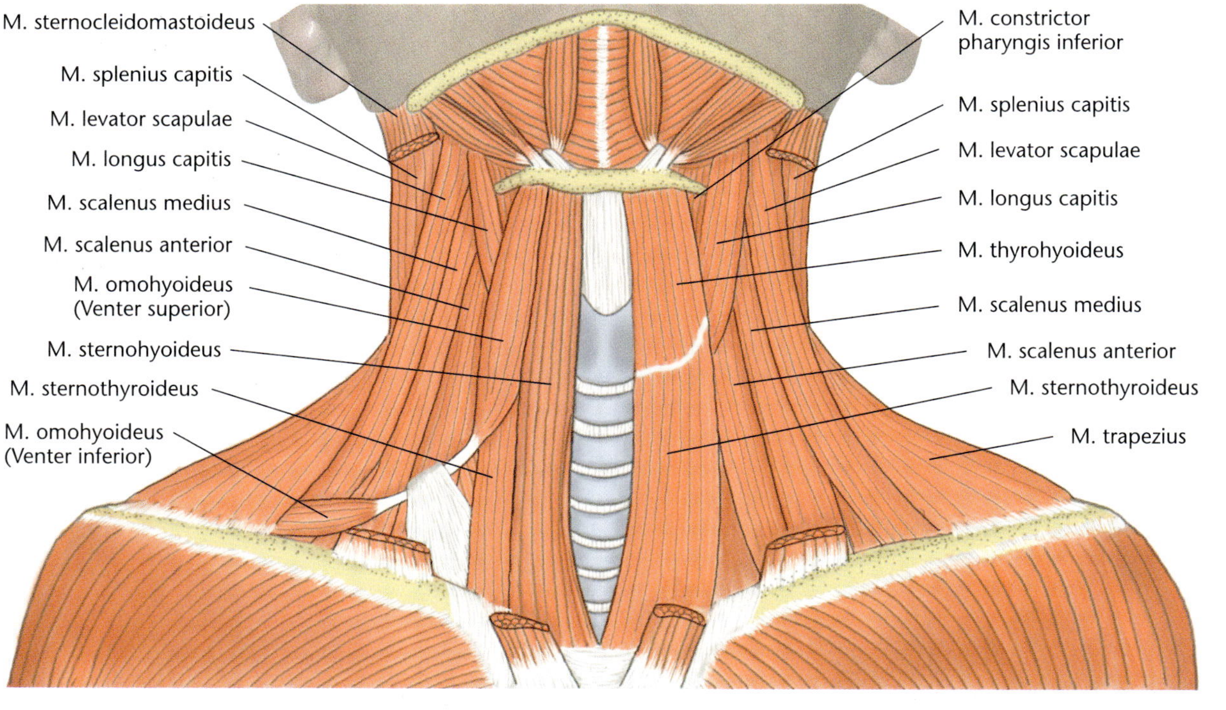

Abb. 5.7 Halsmuskulatur von ventral, nach Entfernung des M. sternocleidomastoideus.

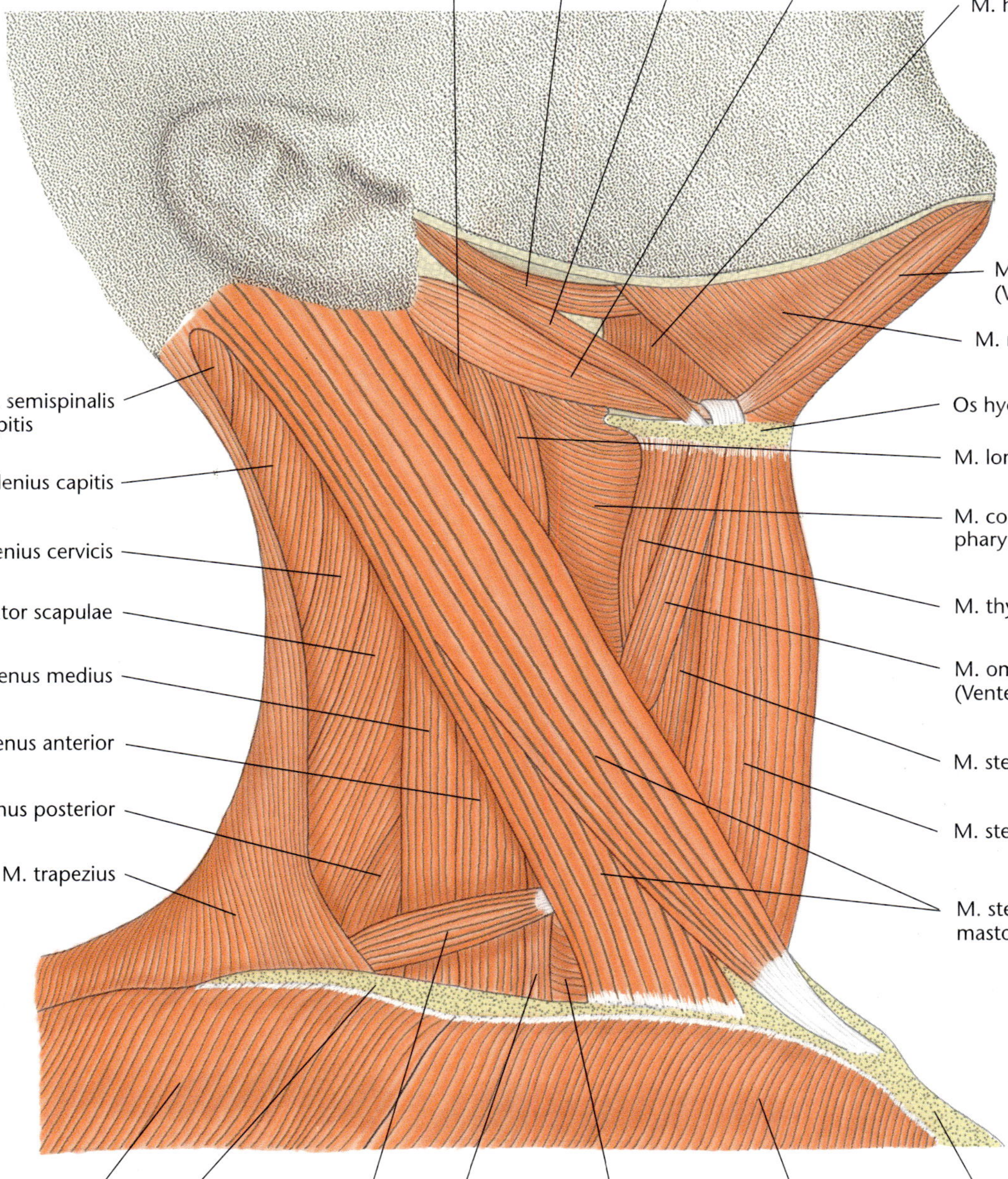

Abb. 5.8 Halsmuskulatur von lateral.

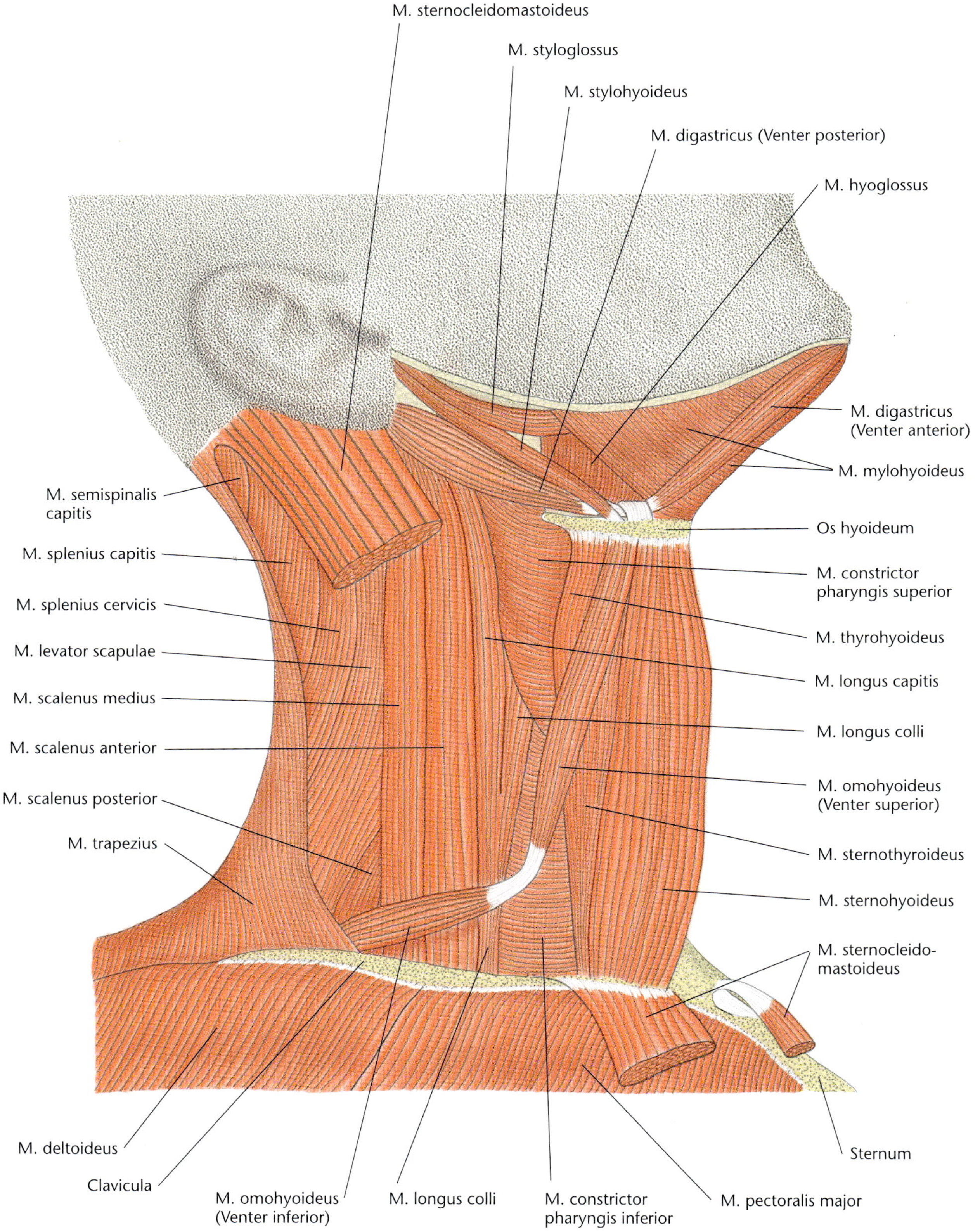

Abb. 5.9 Halsmuskulatur von lateral, nach Entfernung des M. sternocleidomastoideus.

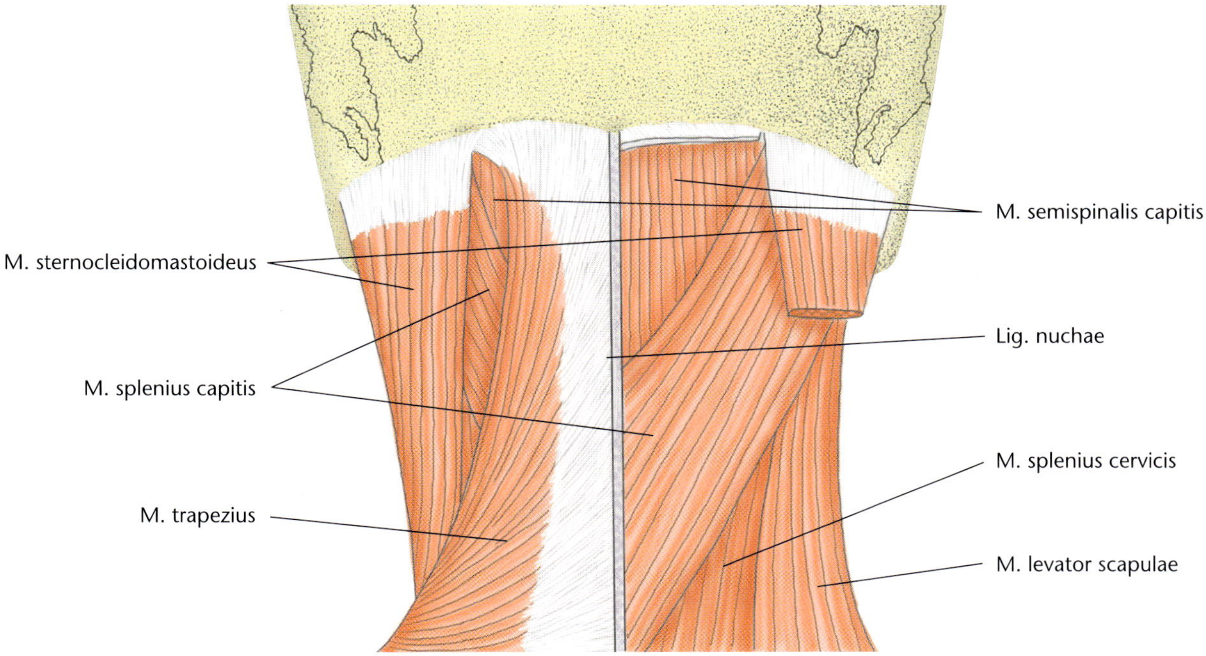

Abb. 5.10 Regio nuchae (oberflächliche Schicht).

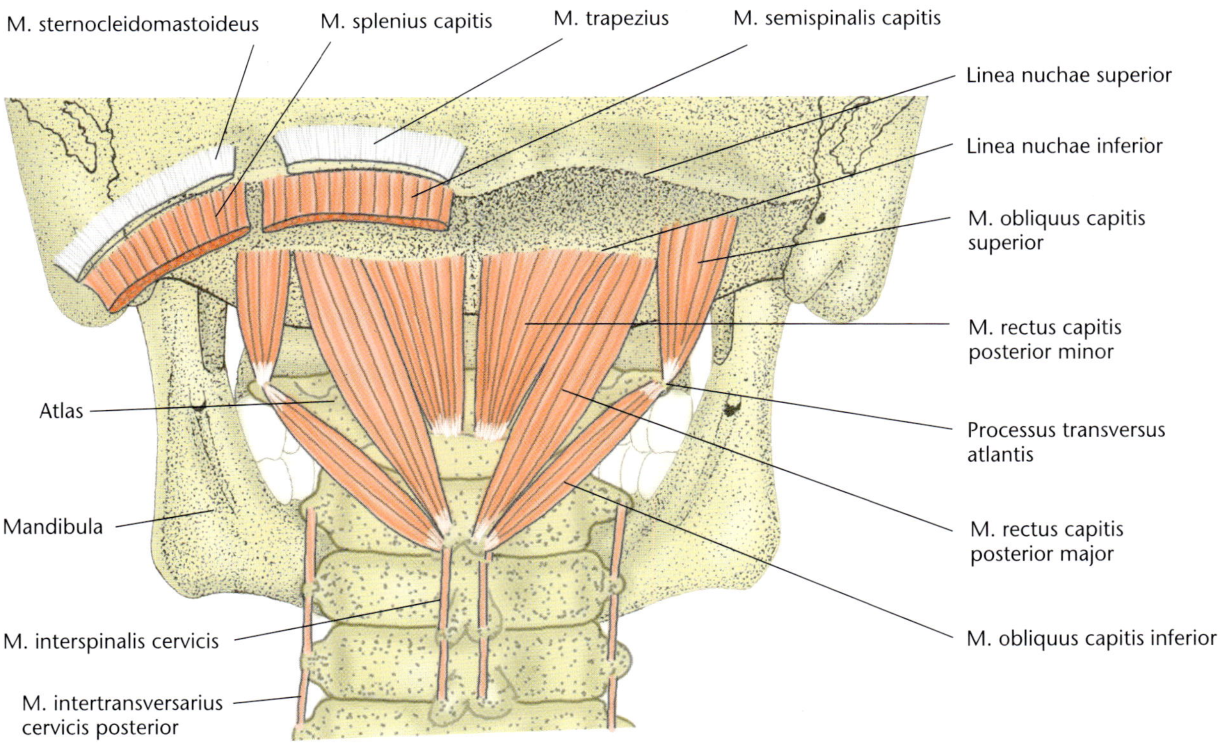

Abb. 5.11 Regio nuchae (tiefe Schicht).

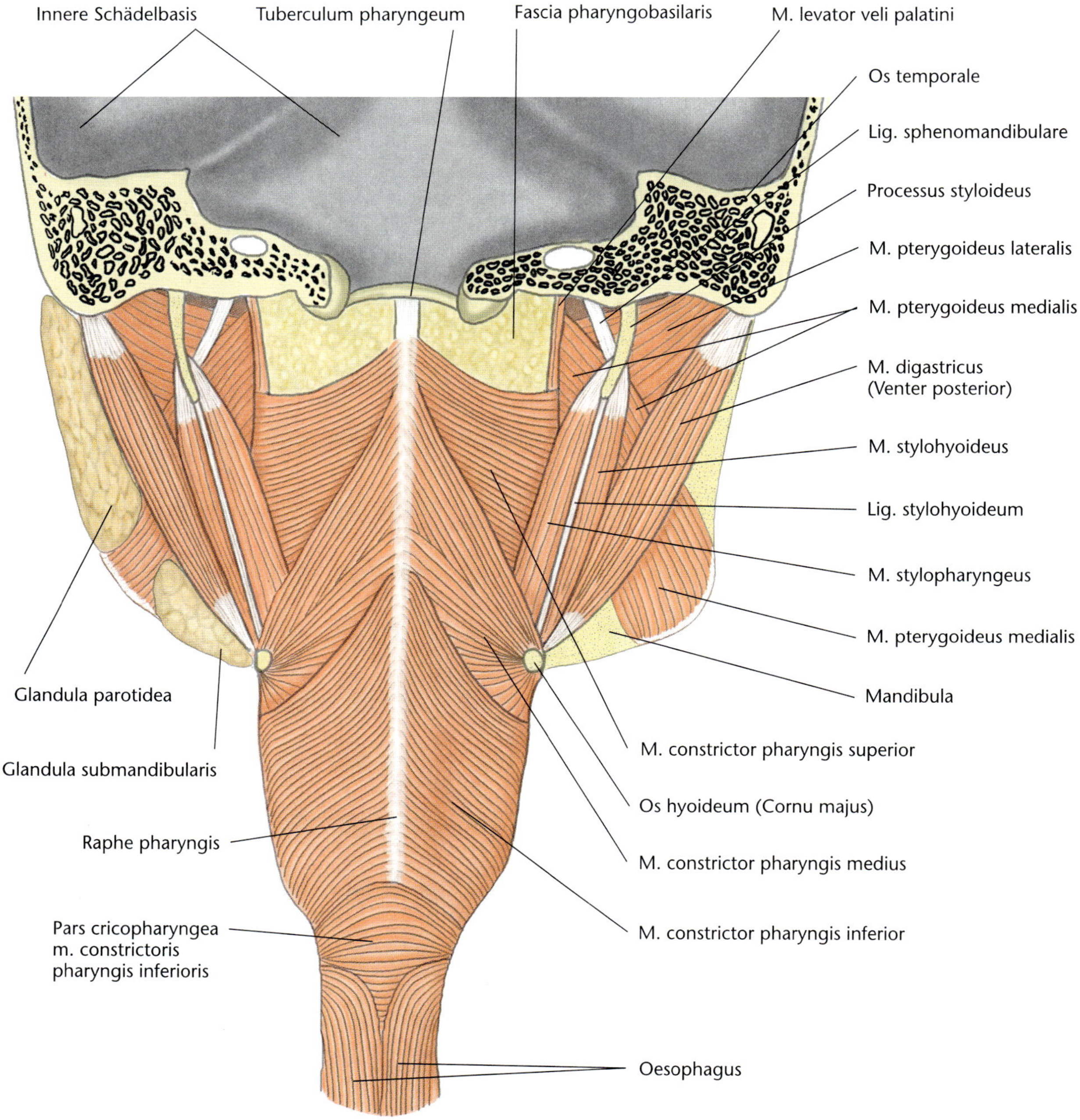

Abb. 5.12 Pharynxmuskulatur von dorsal.

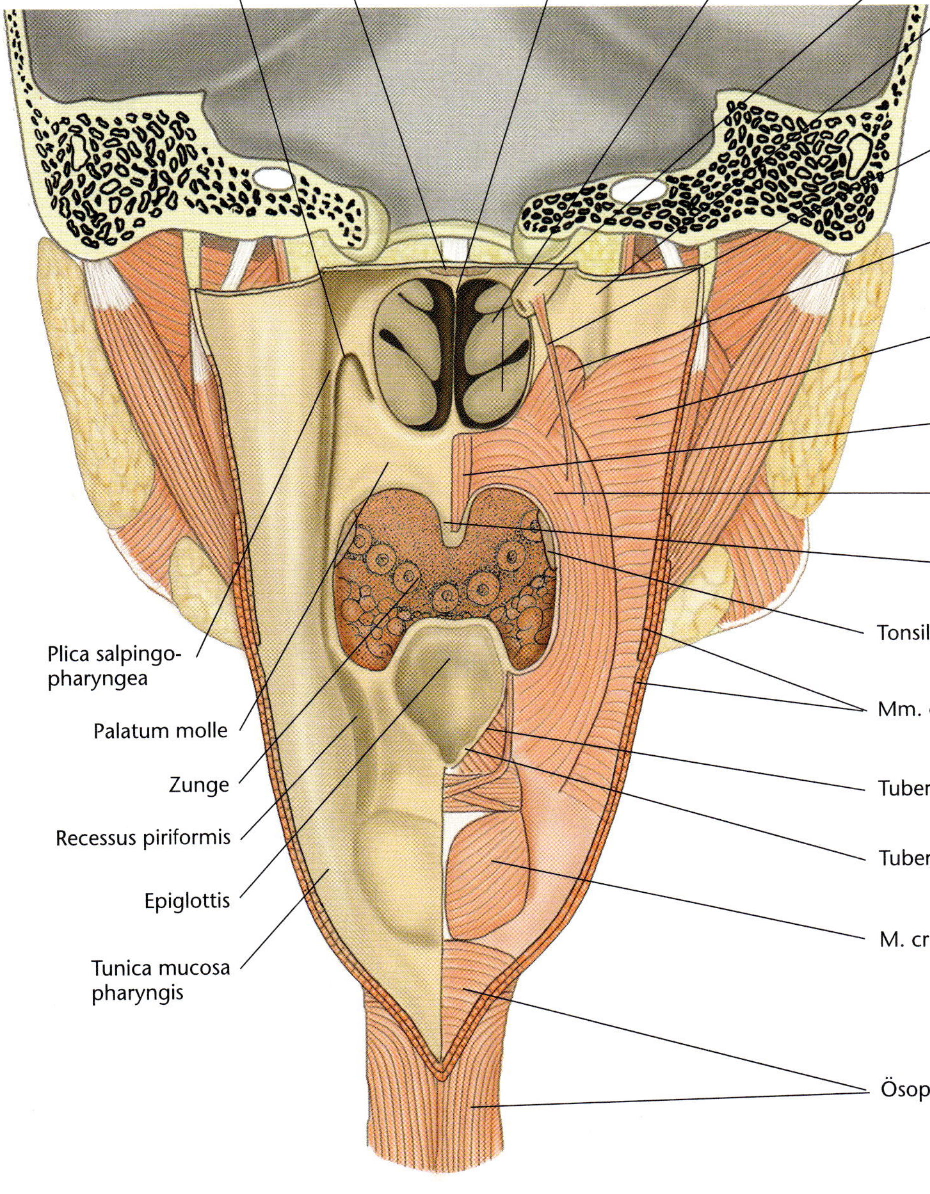

Abb. 5.13 Pharynxmuskulatur von dorsal (eröffnet).

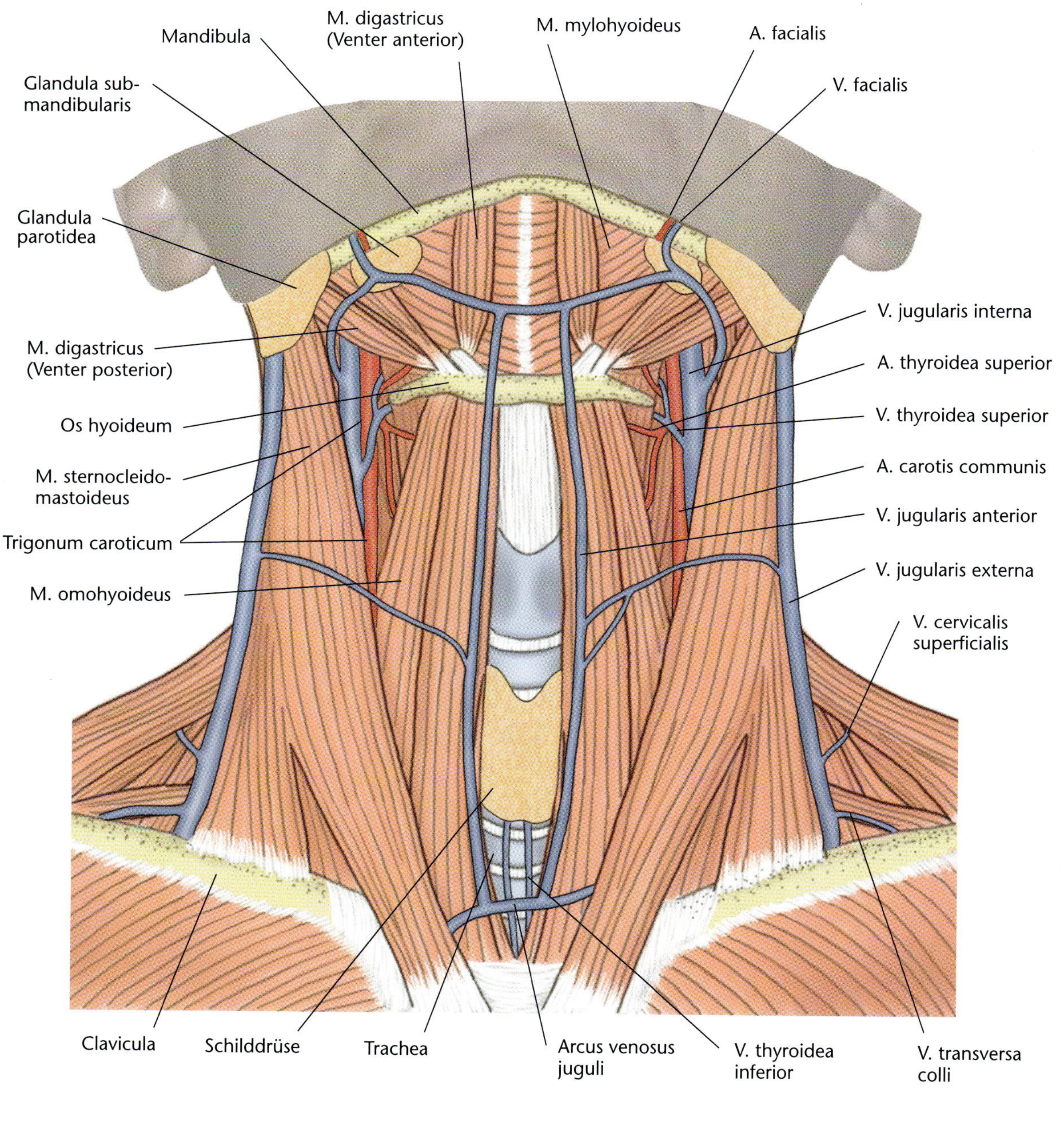

Abb. 5.14 Gefäße im Bereich der oberflächlichen Halsschicht von ventral.

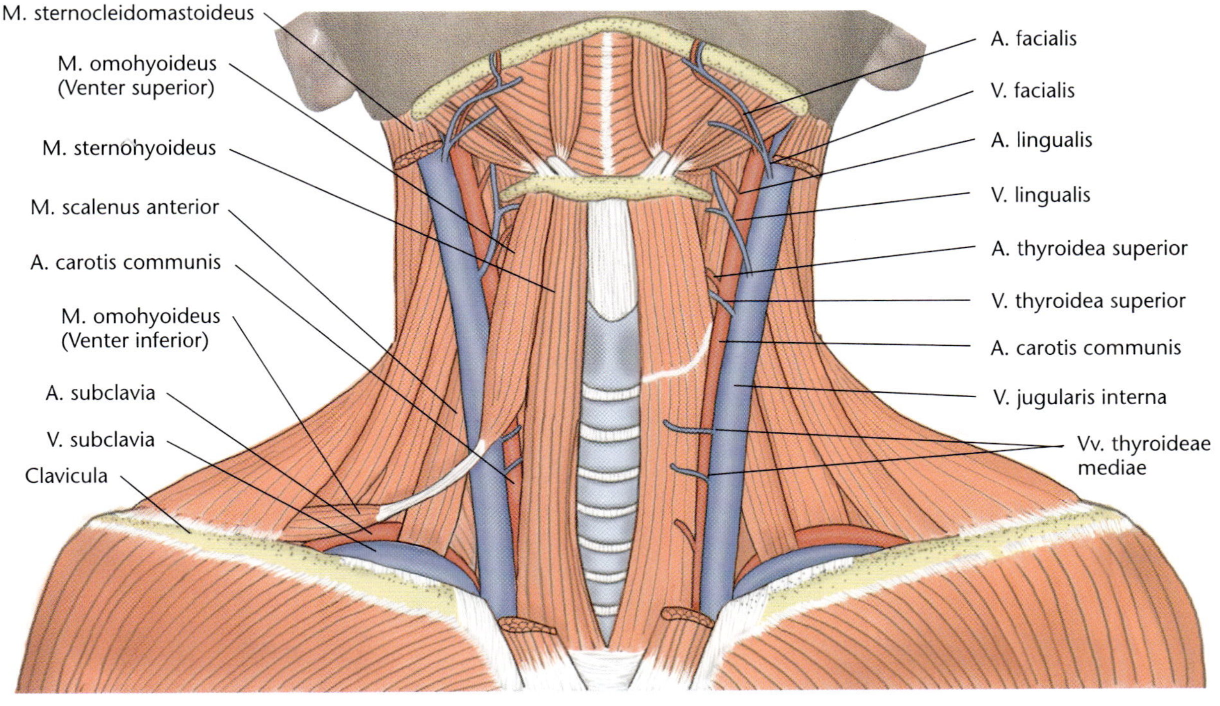

Abb. 5.15 Gefäße im Halsbereich von ventral.

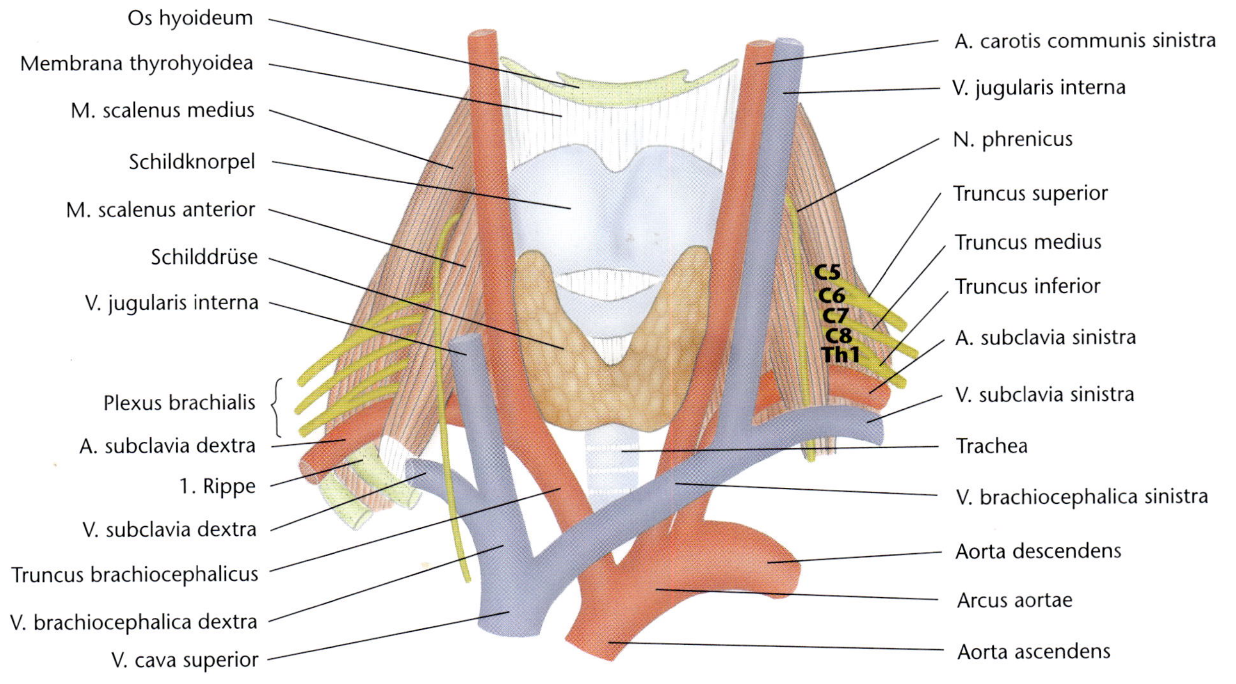

Abb. 5.16 Gefäße und Nerven im Halsbereich von ventral.

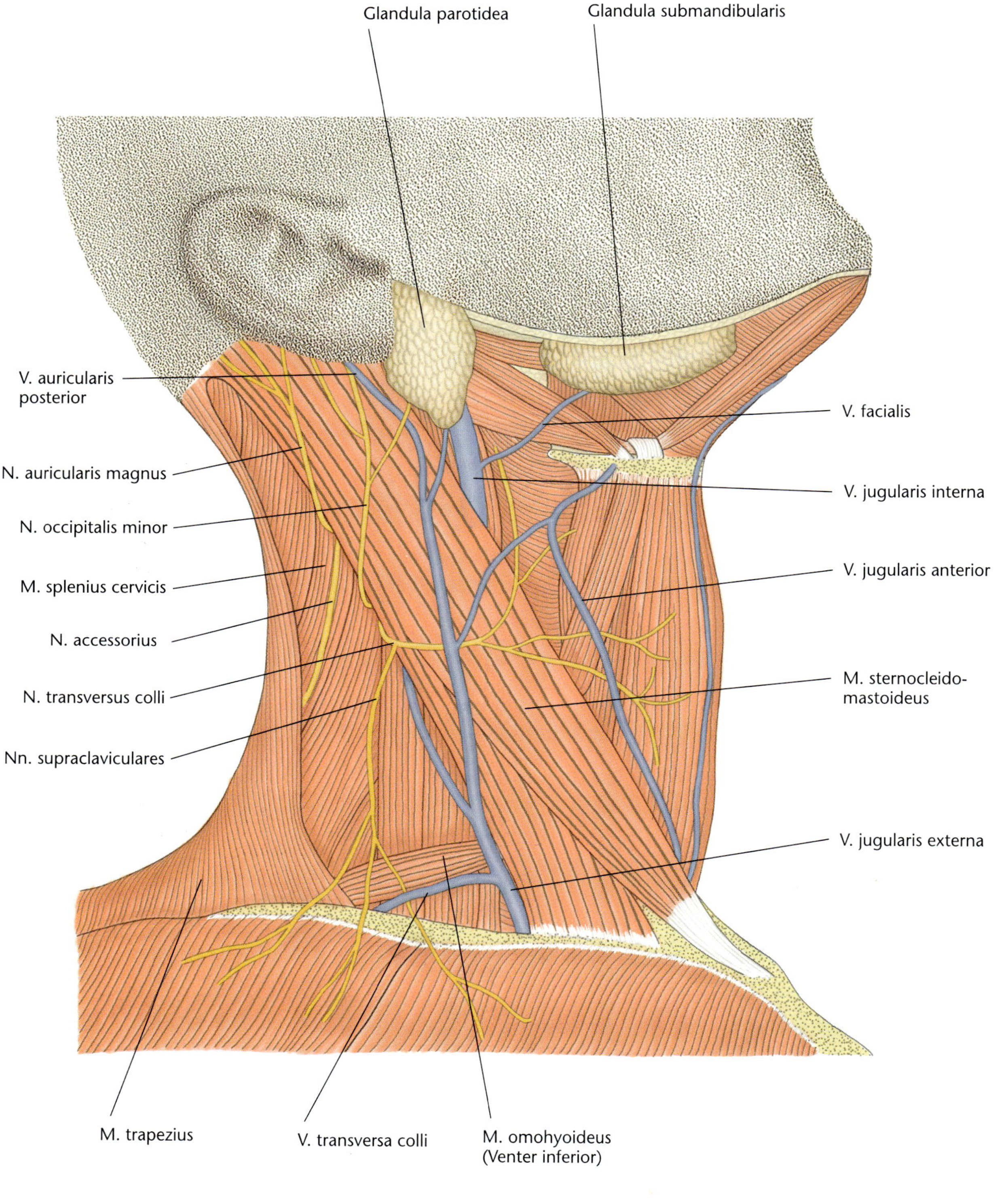

Abb. 5.17 Nerven und Gefäße im Bereich der oberflächlichen Halsschicht von lateral.

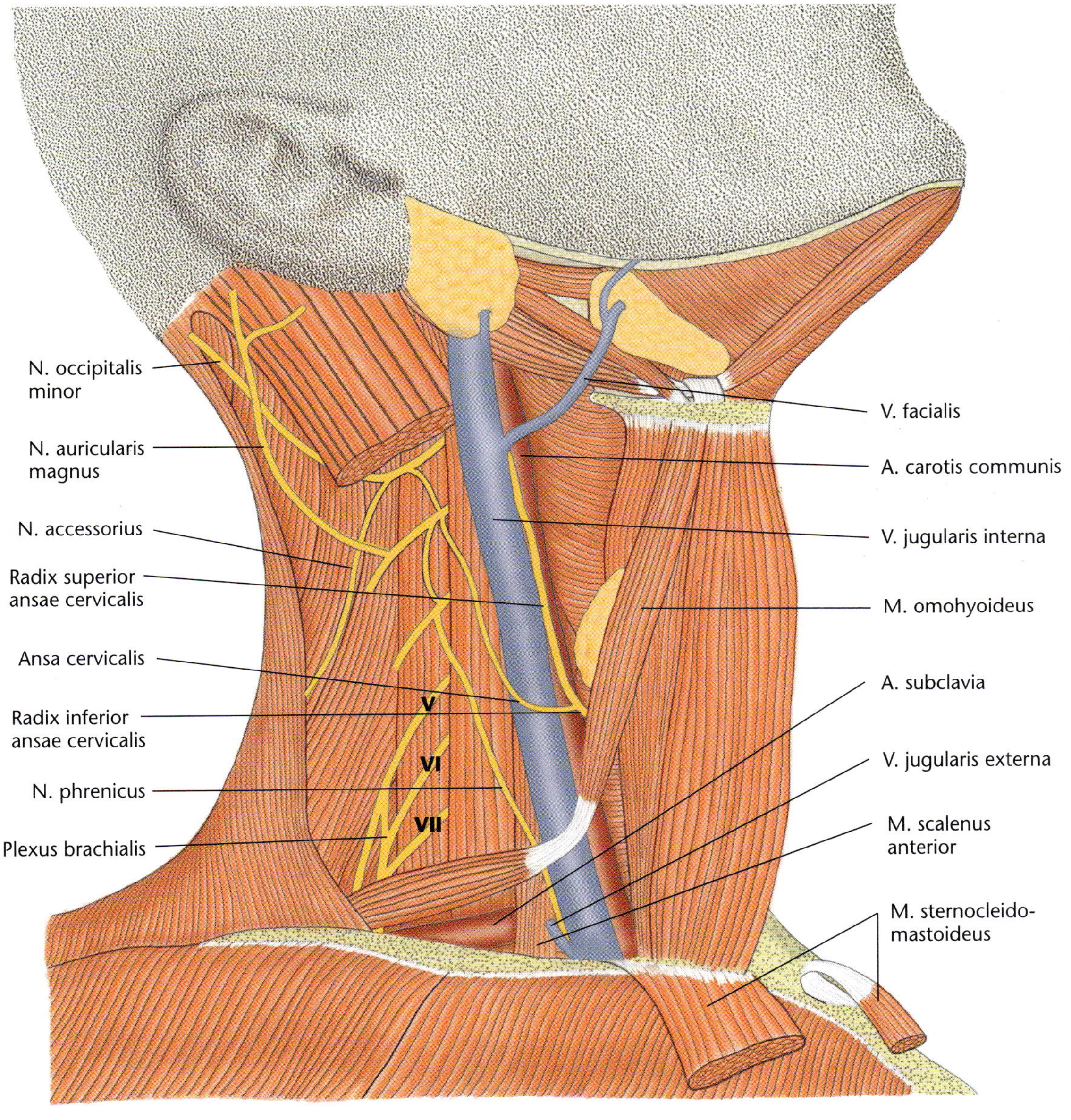

Abb. 5.18 Nerven und Gefäße im Halsbereich von lateral, nach Entfernung des M. sternocleidomastoideus.

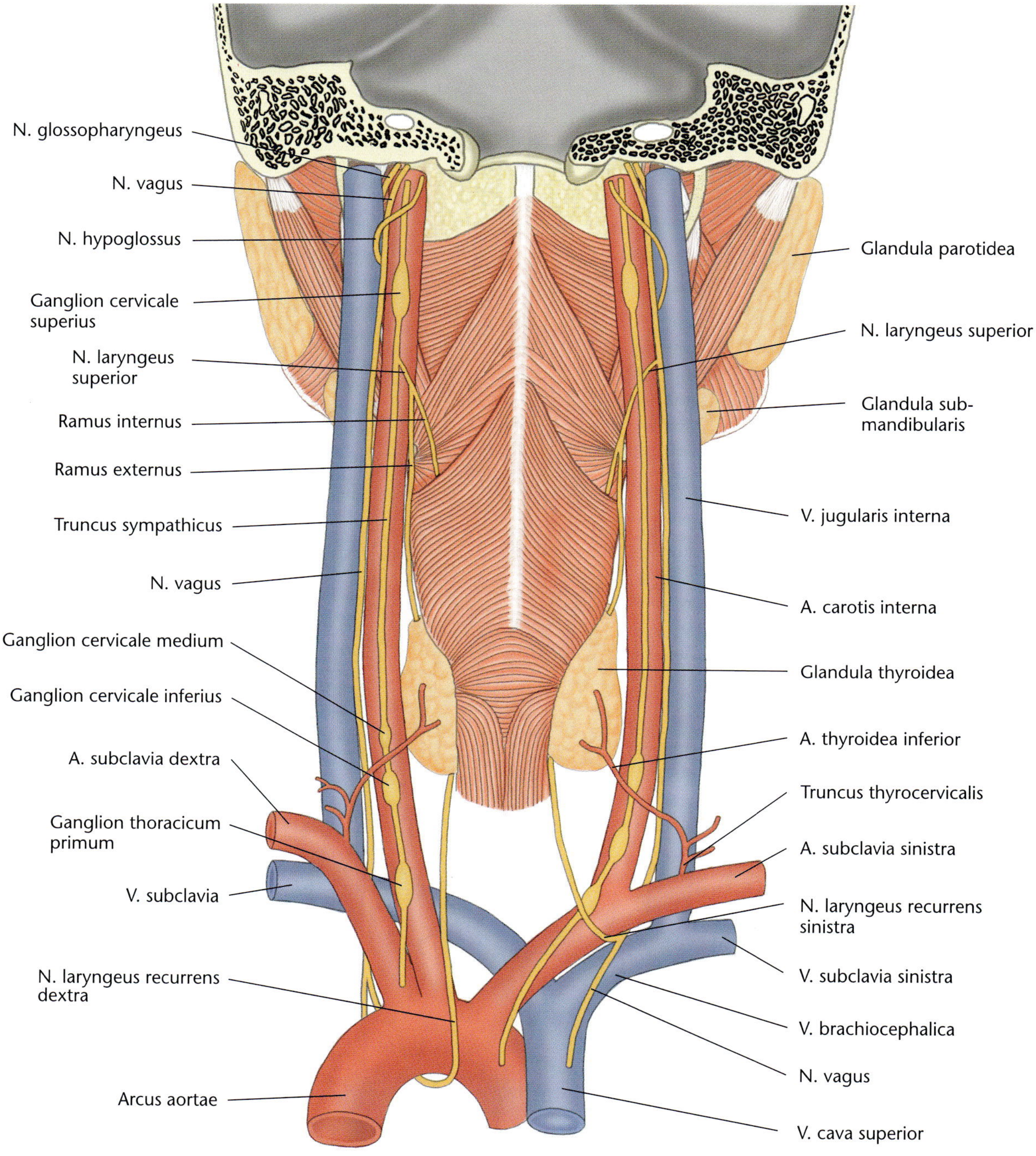

Abb. 5.19 Nerven und Gefäße im Bereich des Pharynx von dorsal.

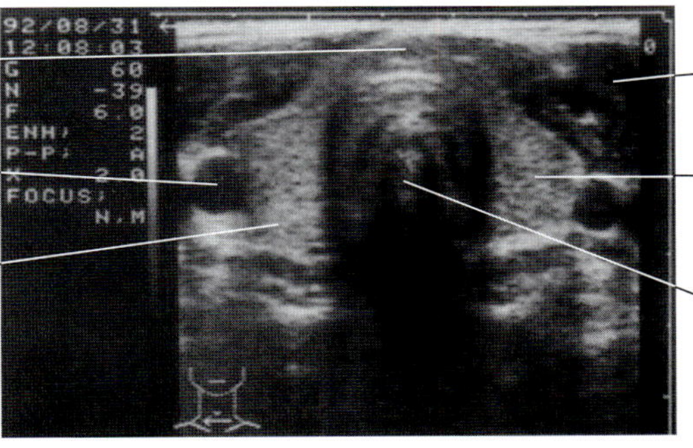

Abb. 5.20 Sonographie der Schilddrüse im Querschnitt.

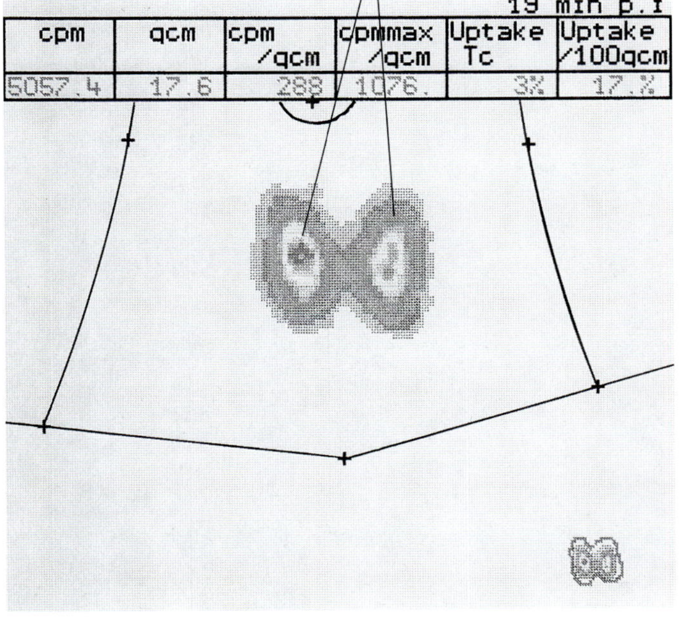

Abb. 5.21 Schilddrüsenszintigramm.

KLINIK

Mit dem Schilddrüsenszintigramm werden die Funktion, die Lage und die Größe der Schilddrüse bestimmt.

Dazu wird dem Patienten ein Radioisotop (z.B. radioaktiv markiertes Jod, das fast ausschließlich von der Schilddrüse aufgenommen wird) i.v. injiziert oder oral verabreicht.

Nach etwa 20 Minuten werden mit einer Gammakamera in Höhe der Schilddrüse die Bilder angefertigt. In der Kamera befindet sich ein Szintillationskristall, der auf die Gammastrahlen des radioaktiven Jods mit dem Aussenden von Lichtquanten reagiert.

Das links abgebildete Szintigramm ist im Original rot bis blau, wobei die jeweilige Farbe Rückschlüsse auf die Stoffwechselaktivität zulässt, wodurch z.B. eine Schilddrüsenüberfunktion (Hyperthyreose) oder eine Schilddrüsenunterfunktion (Hypothyreose) nachgewiesen werden kann.

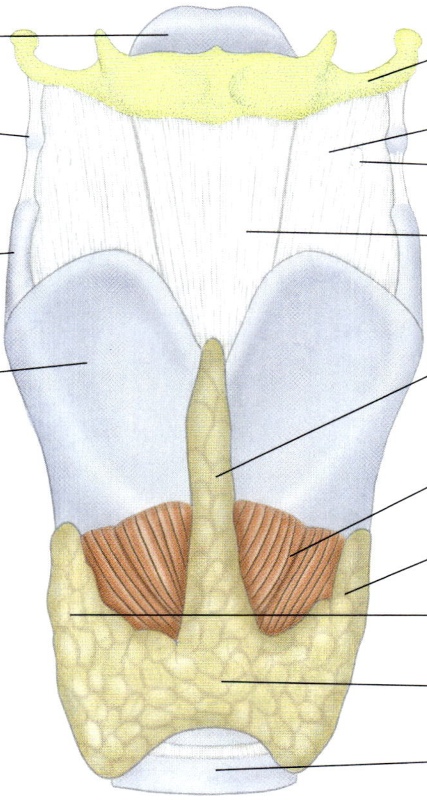

Abb. 5.22 Schilddrüse und ihre Lage zum Kehlkopf.

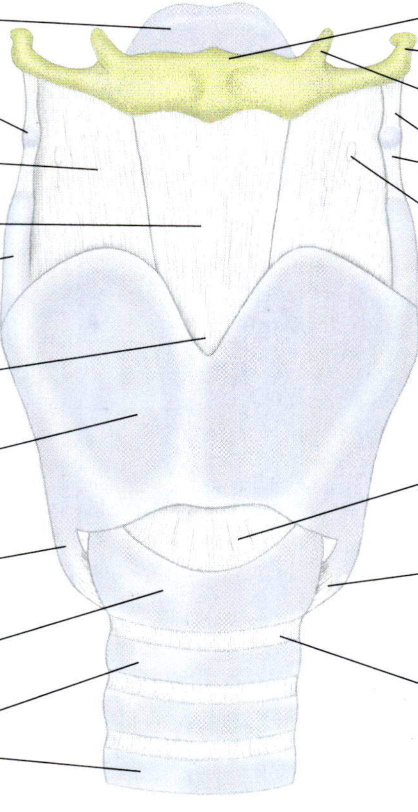

Abb. 5.23 Kehlkopf mit seinen Bändern von ventral.

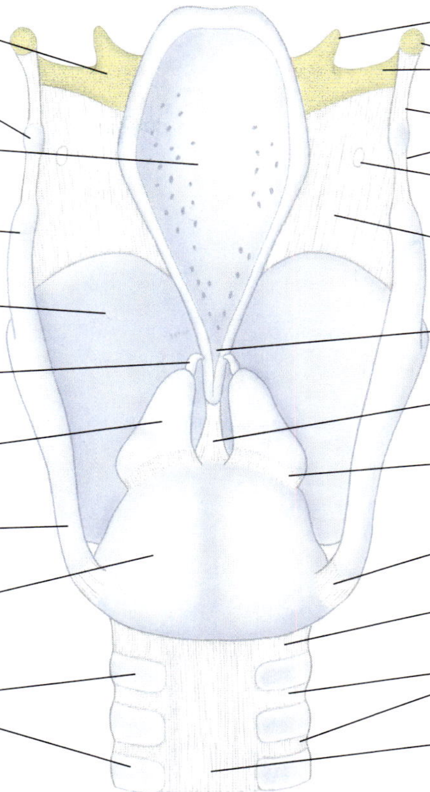

Abb. 5.24 Kehlkopf mit seinen Bändern von dorsal.

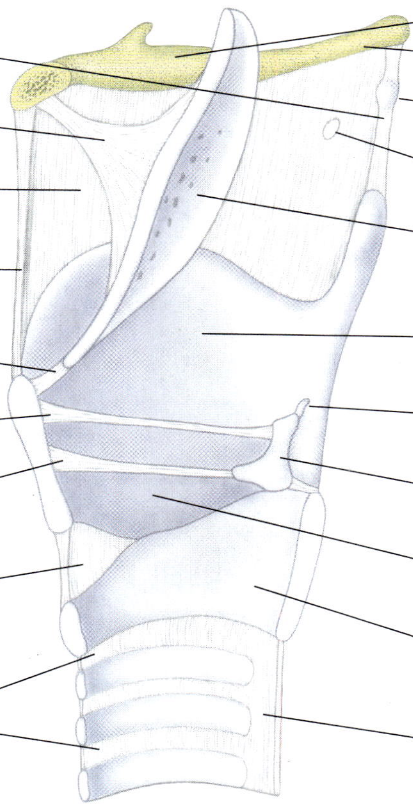

Abb. 5.25 Kehlkopf mit seinen Bändern im Medianschnitt.

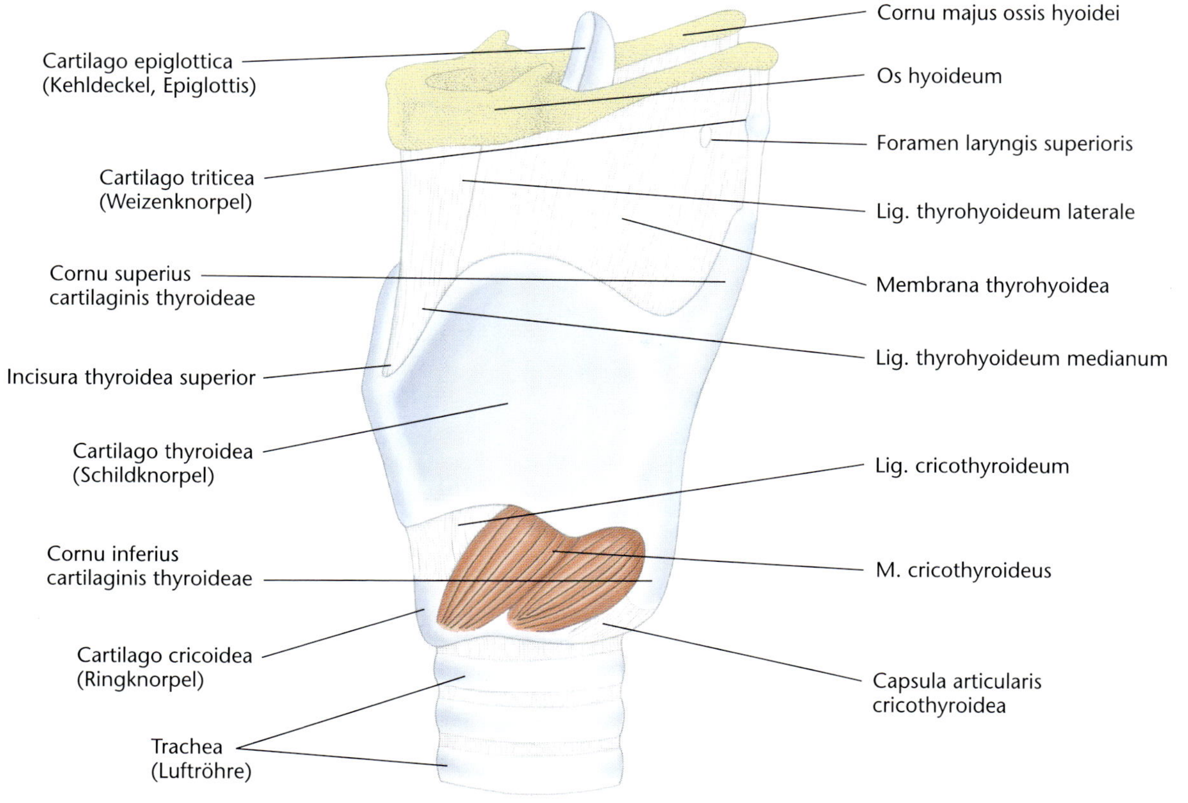

Abb. 5.26 Kehlkopfmuskeln von ventrolateral.

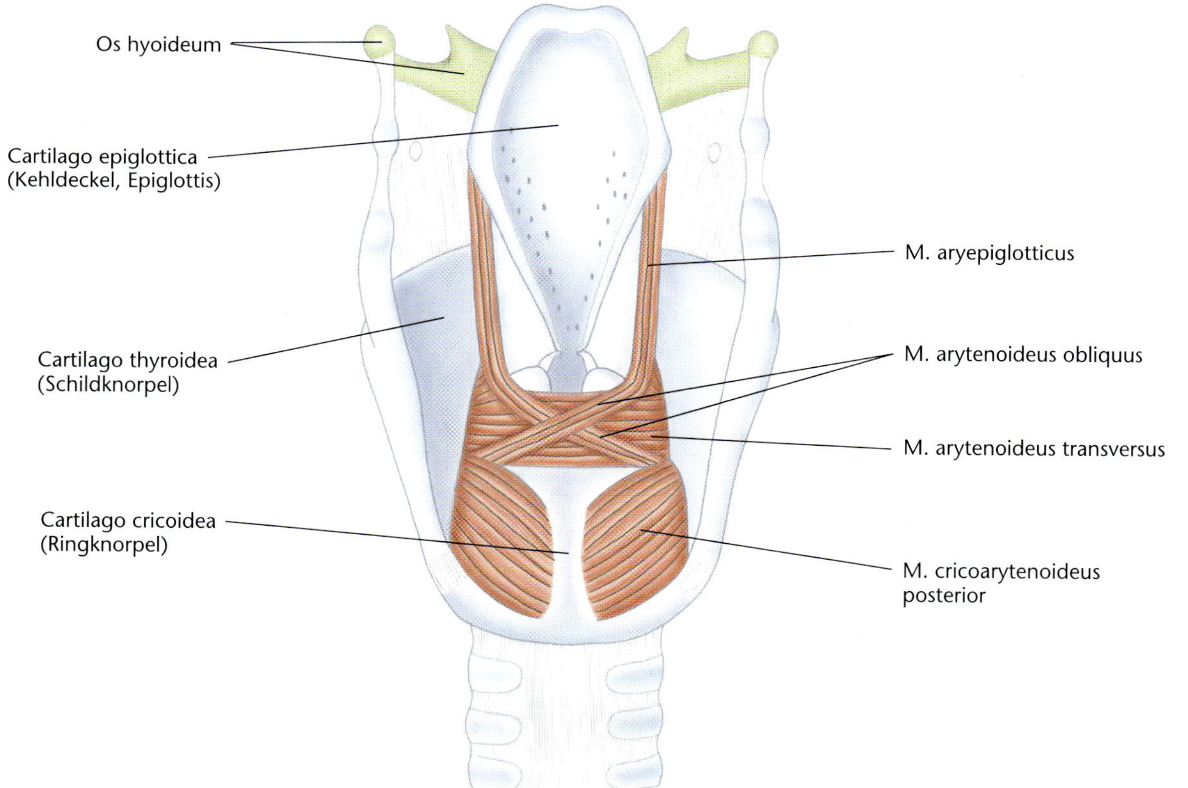

Abb. 5.27 Kehlkopfmuskeln von dorsal.

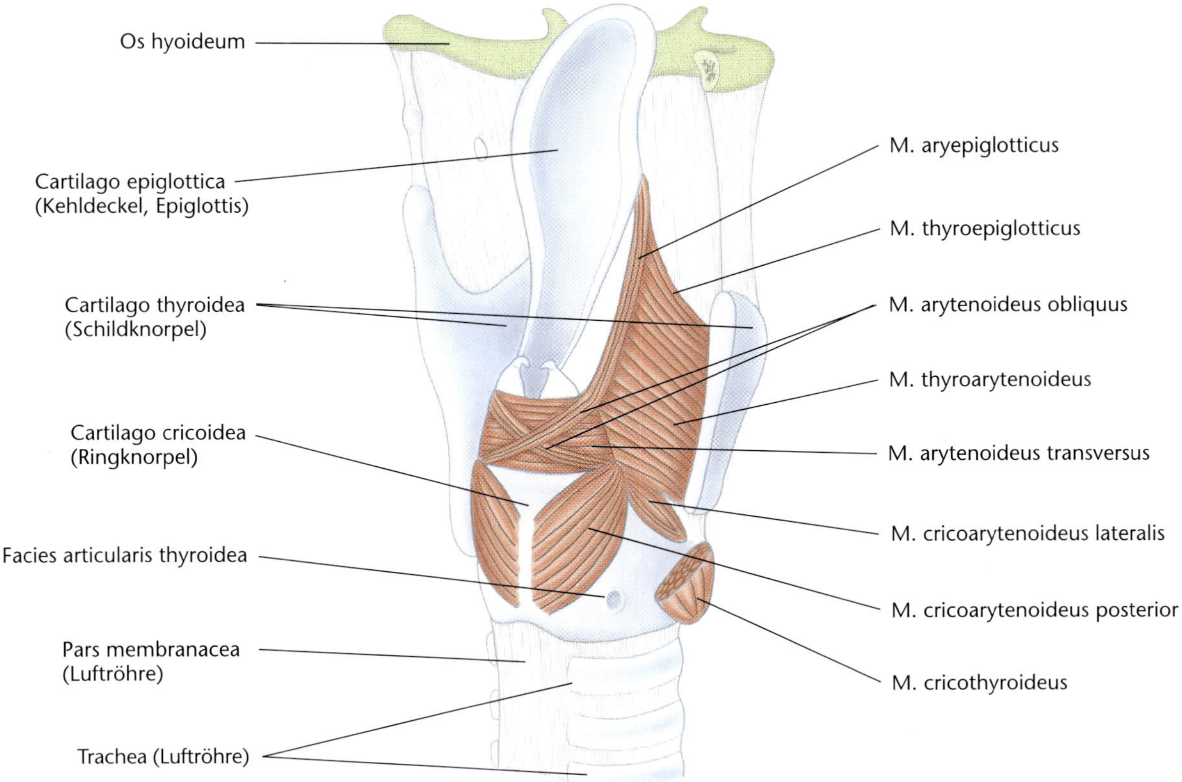

Abb. 5.28 Kehlkopfmuskeln von dorsolateral.

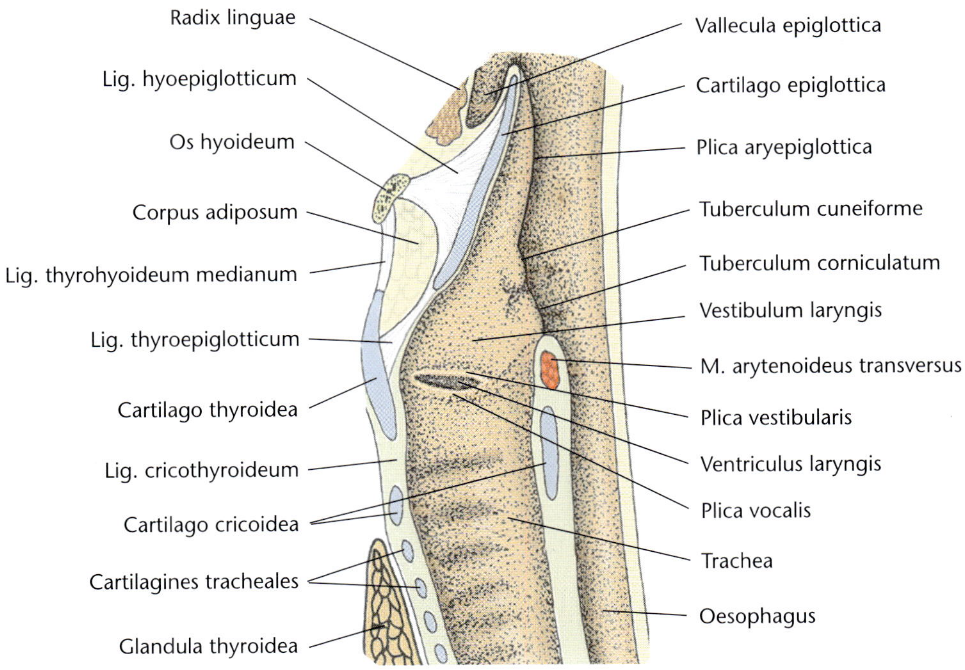

Abb. 5.29 Medianschnitt durch den Kehlkopf.

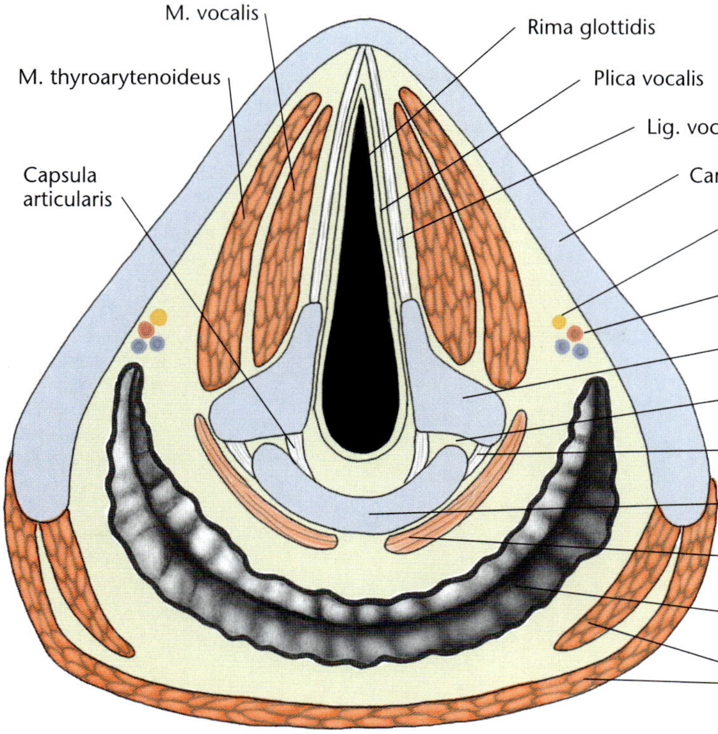

Abb. 5.30 Horizontalschnitt durch den Kehlkopf in Höhe der Rima glottidis.

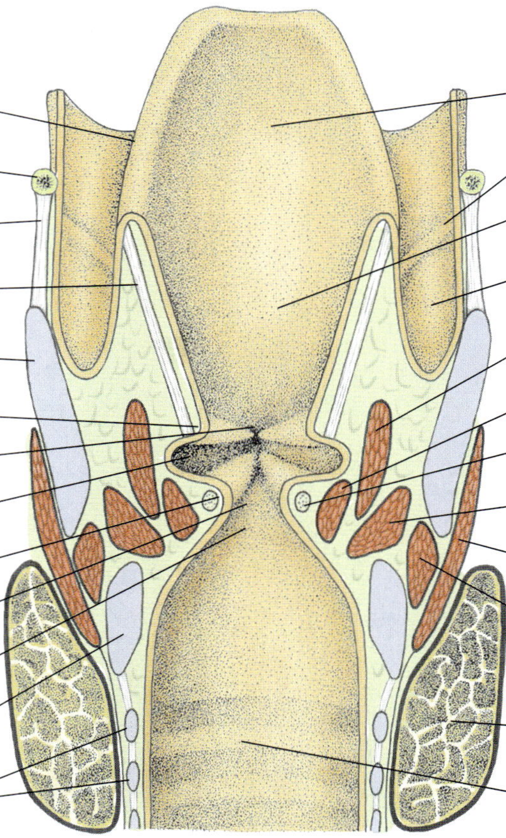

Abb. 5.31 Frontalschnitt durch den Kehlkopf mit Sicht von dorsal.

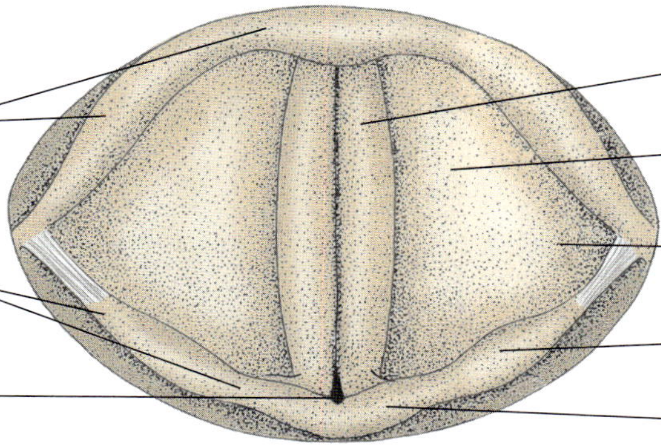

Abb. 5.32 Kehlkopfspiegelung, Larynx bei geschlossener Stimmlippe.

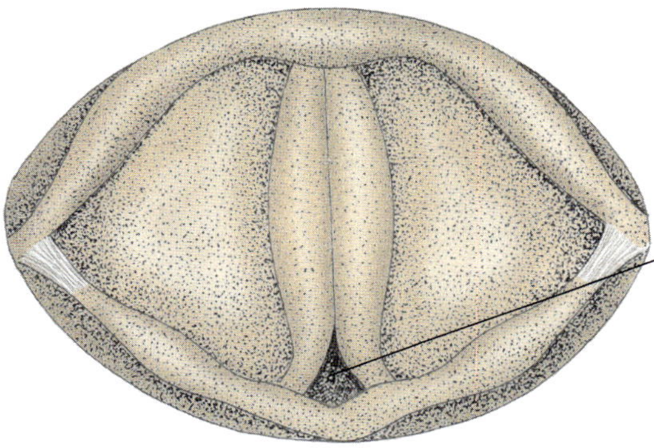

Abb. 5.33 Kehlkopfspiegelung, Larynx bei halb geöffneter Stimmlippe.

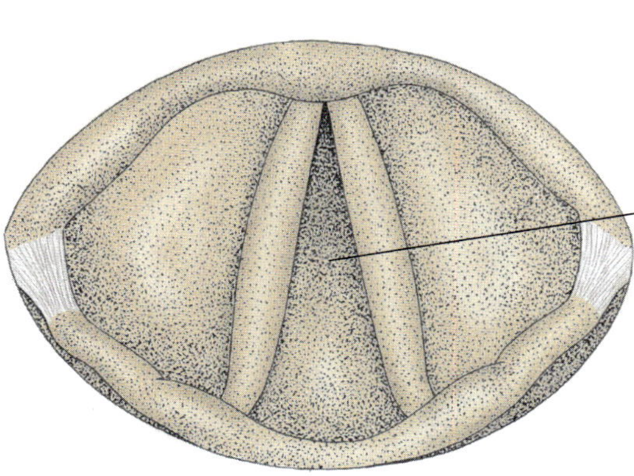

Abb. 5.34 Kehlkopfspiegelung, Larynx bei offener Stimmlippe.

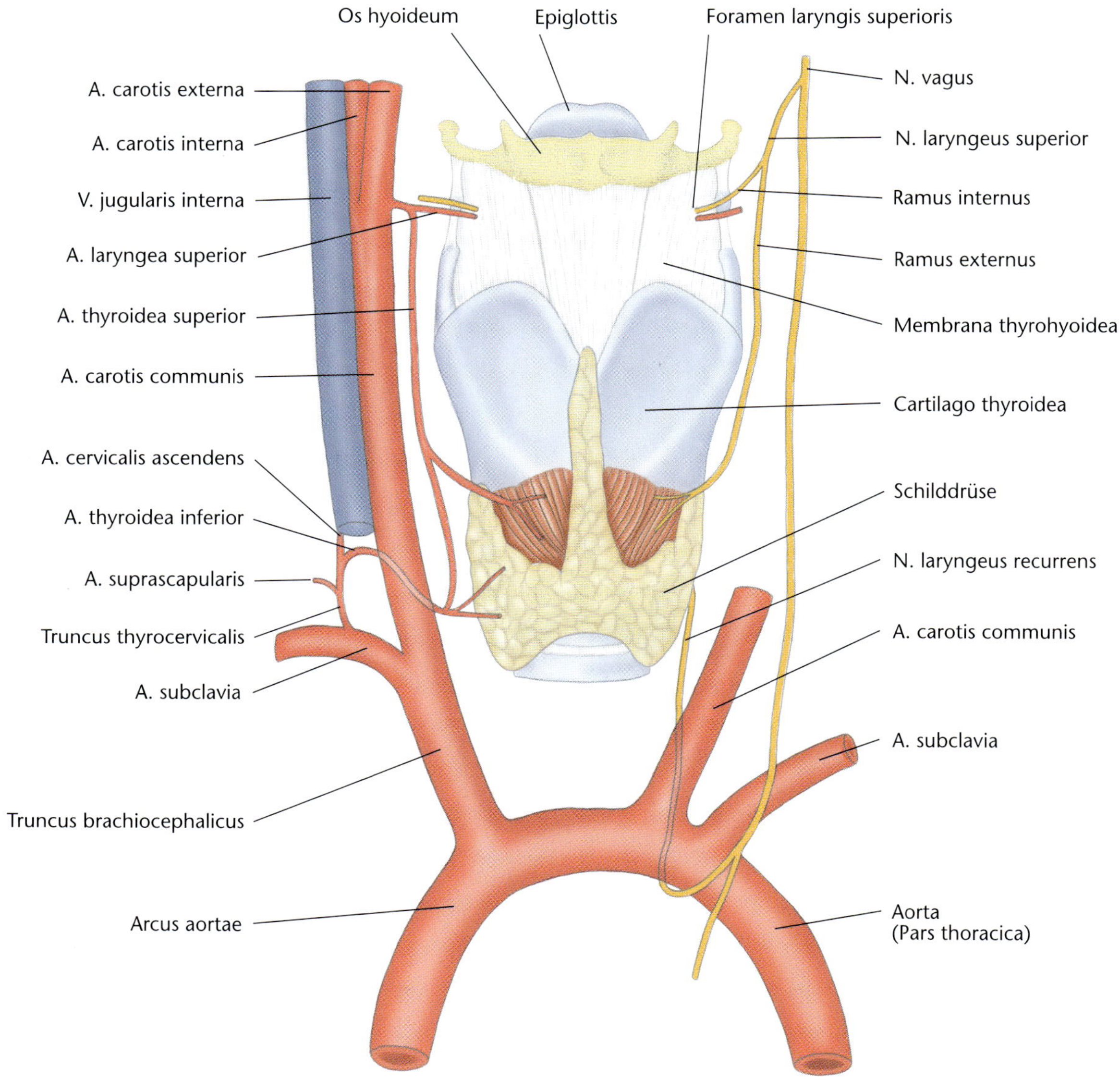

Abb. 5.35 Gefäß- und Nervenversorgung des Kehlkopfs.

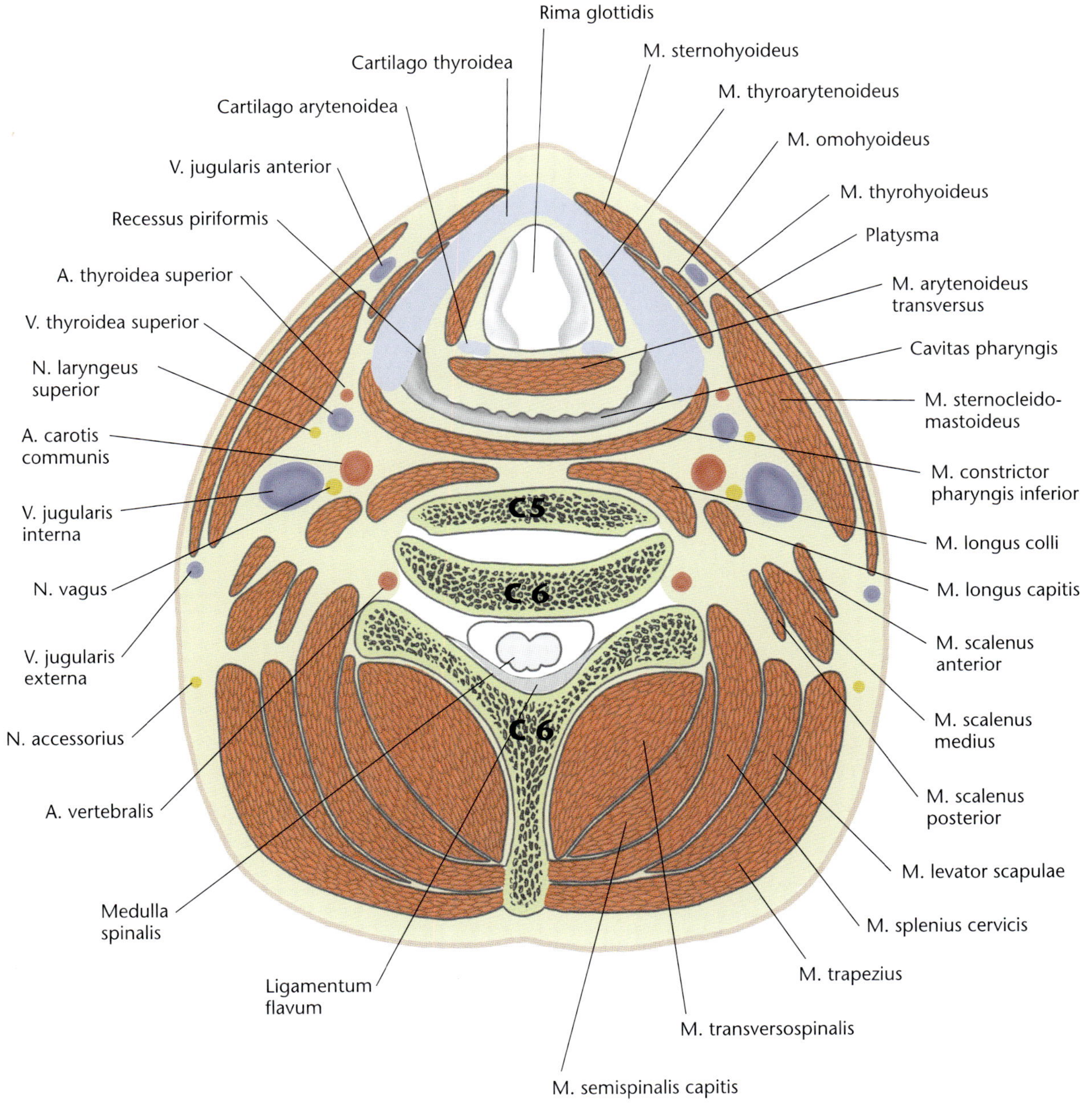

Abb. 5.36 Querschnitt in Höhe des 6. Halswirbels (Rima glottidis).

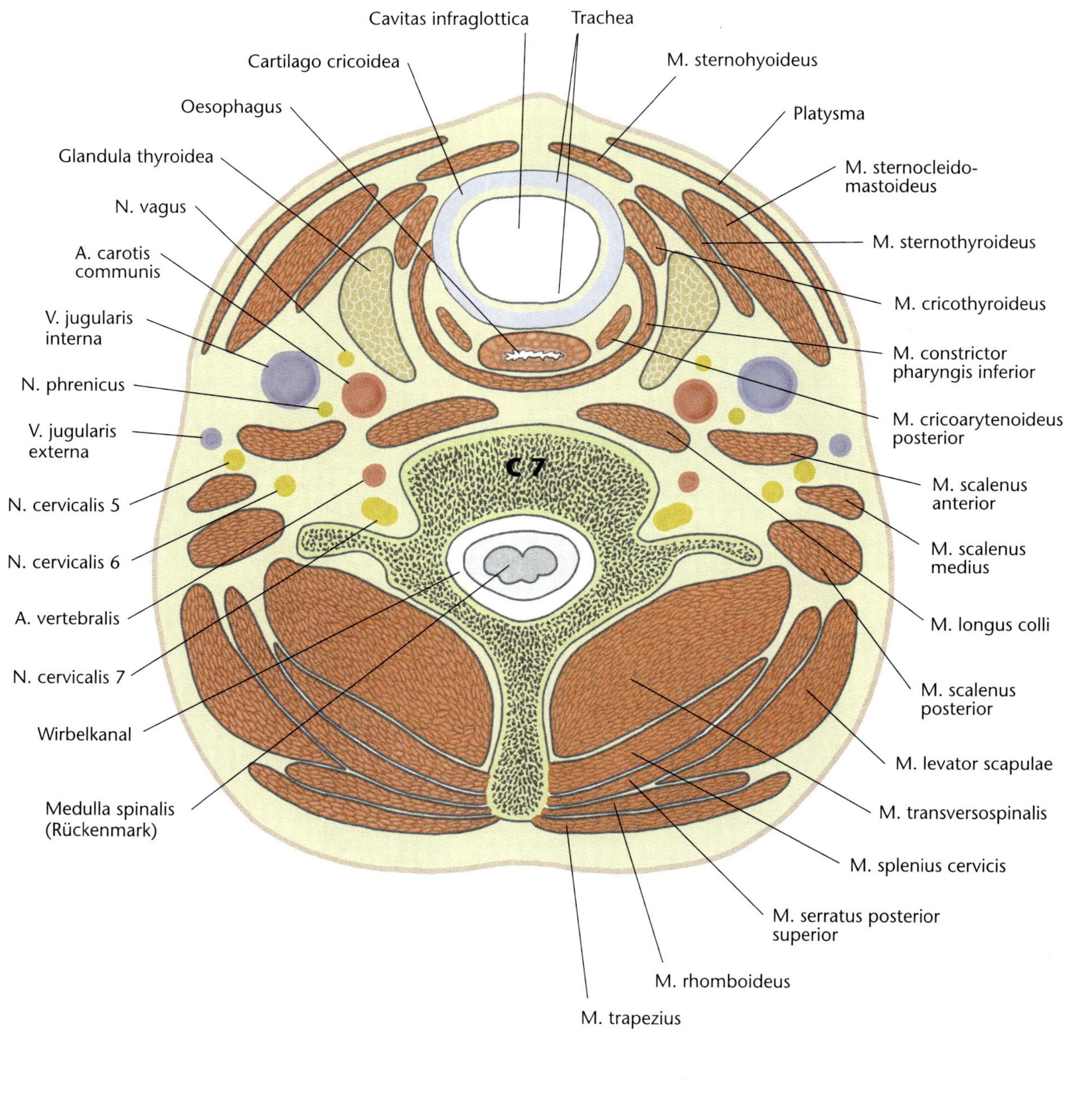

Abb. 5.37 Querschnitt in Höhe des 7. Halswirbels.

6 Leibeswand

6.1	Oberflächenrelief der Brust- und Bauchwand	213
6.2	Oberflächenrelief des Rückens	213
6.3	Inguinalregion	214
6.4	Inguinalregion	214
6.5	Mamma von ventral	215
6.6	Sagittalschnitt durch die Mamma einer Schwangeren (schematisiert)	215
6.7	Knochen auf die Oberfläche von Brust und Bauch projiziert	216
6.8	Knochen auf die Oberfläche des Rückens projiziert	216
6.9	Gesamter Thorax von ventral	217
6.10	Gesamter Thorax mit Scapula und Clavicula von dorsal	217
6.11	Sternum von ventral	218
6.12	Sternum von lateral	218
6.13	1. rechte Rippe von kranial	219
6.14	5. rechte Rippe von kaudal	219
6.15	12. rechte Rippe von kranial	219
6.16	Brustwirbel und Rippen von kranial	220
6.17	Rippengelenke	220
6.18	Bänder im Bereich des Sternoklavikulargelenks von ventral	221
6.19	Wirbel-/Rippenbänder von lateral	221
6.20	Wirbel-Rippen-Verbindung von kranial	221
6.21	Interkostalmuskeln von ventral	222
6.22	Interkostalmuskeln und tiefe Rückenmuskeln von dorsal	222
6.23	Vordere Brustwand mit Interkostalmuskeln von innen	223
6.24	Hintere Brustwand mit Interkostalmuskeln von innen	223
6.25	Längsschnitt durch den Interkostalraum	223
6.26	Querschnitt durch den Interkostalraum mit Arterien und Nerven	224
6.27	Frontalschnitt durch den Thorax zur Darstellung des Zwerchfells	224
6.28	Zwerchfell von kranial	225
6.29	Zwerchfell von kaudal	226
6.30	Wirbelsäule mit ihren Krümmungen von lateral	227
6.31	Wirbelsäule von ventral	227
6.32	Wirbelsäule von dorsal	227
6.33	Magnetresonanztomographie durch die Hals- und Brustwirbelsäule (median-sagittal)	228
6.34	Röntgenbild der Brustwirbelsäule (BWS) (a.-p. Aufnahme)	229
6.35	Röntgenbild der Brustwirbelsäule (a.-p. Aufnahme)	229
6.36	Röntgenbild der Brustwirbelsäule (seitliche Aufnahme)	230
6.37	Röntgenbild der Brustwirbelsäule (seitliche Aufnahme)	230
6.38	Atlas von kranial	231
6.39	Atlas von kaudal	231
6.40	Atlas mit Axis verbunden von ventral	231
6.41	Axis von ventral	232
6.42	Axis von dorsolateral	232
6.43	Axis von lateral	232
6.44	5. Halswirbel von kranial	233
6.45	7. Halswirbel von kranial	233
6.46	7. Brustwirbel von rechts lateral	234
6.47	3. Lendenwirbel von kranial	234
6.48	Zwei Wirbel von lateral	235
6.49	Kreuzbein von kranial	235
6.50	Kreuzbein von ventral	236
6.51	Kreuzbein von dorsal	236
6.52	Beckengürtel von lateral	237
6.53	Medianschnitt durch das Kreuzbein	237
6.54	Steißbein von ventral	237
6.55	Männliches Becken von ventral	238
6.56	Männliches Becken von dorsal	238
6.57	Männliches Becken von kranial	239
6.58	Röntgenbild des Beckens (a.-p. Aufnahme)	239
6.59	Atlas und Dens axis von kranial	240
6.60	Kopfgelenk von dorsal	240
6.61	Bänder zwischen Os occipitale und Axis von dorsal (nach Entfernung der Membrana tectoria)	241
6.62	Bänder zwischen Os occipitale und Axis von dorsal (tiefe Schicht)	241
6.63	Bänder der Brustwirbelsäule von dorsal	242
6.64	Bänder der Brustwirbelsäule von ventral	242
6.65	Schnitt durch die Medianebene der Wirbelsäule	242

6.66 Männliches Becken von ventral/kranial ... 243
6.67 Männliches Becken von dorsal 243
6.68 Männliches Becken von kranial 244
6.69 Bauchmuskeln von ventral, oberflächliche und mittlere Schicht 245
6.70 Bauchmuskeln von ventral, tiefe Schicht .. 246
6.71 Bauchmuskeln von lateral 247
6.72 Vordere Bauchmuskeln von innen 248
6.73 Querschnitt durch die Bauchwand in Höhe des 2. Lendenwirbels 249
6.74 Längsschnitt durch die vordere Bauchwand zur Darstellung der einzelnen Muskeln ... 249
6.75 Querschnitt durch die ventrale Bauchwand oberhalb des Nabels 250
6.76 Querschnitt durch die ventrale Bauchwand unterhalb des Nabels 250
6.77 Vordere Bauchwand des Mannes von innen 251
6.78 Nacken-, Schulter- und Rückenmuskeln von dorsal 252
6.79 Tiefe Rückenmuskeln 253
6.80 Beckenbodenmuskeln des Mannes von kaudal 254
6.81 Beckenbodenmuskeln des Mannes von kranial 254
6.82 Beckenbodenmuskeln der Frau von kaudal 255
6.83 Beckenbodenmuskeln der Frau von kranial 255
6.84 Oberflächliche Nerven und Gefäße des Rückens 256
6.85 Nerven im Bereich der dorsalen Lenden- und Beckenmuskeln 257
6.86 Sensible Innervation der Brust- und Bauchhaut von ventral 258
6.87 Sensible Innervation der Rückenhaut 258

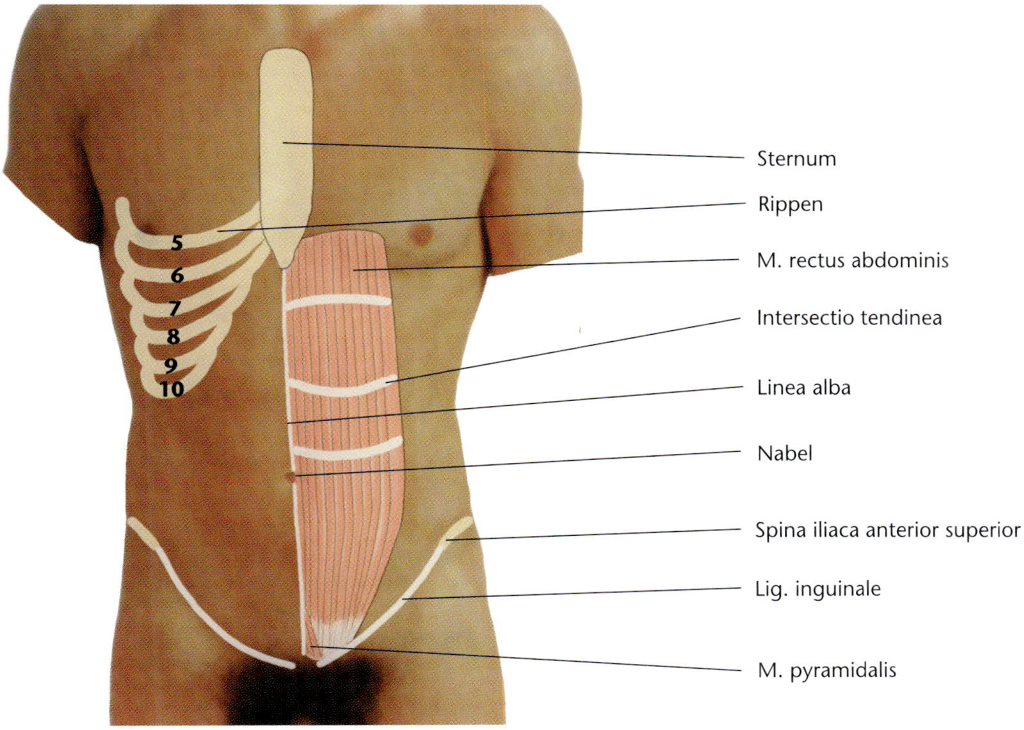

Abb. 6.1 Oberflächenrelief der Brust- und Bauchwand.

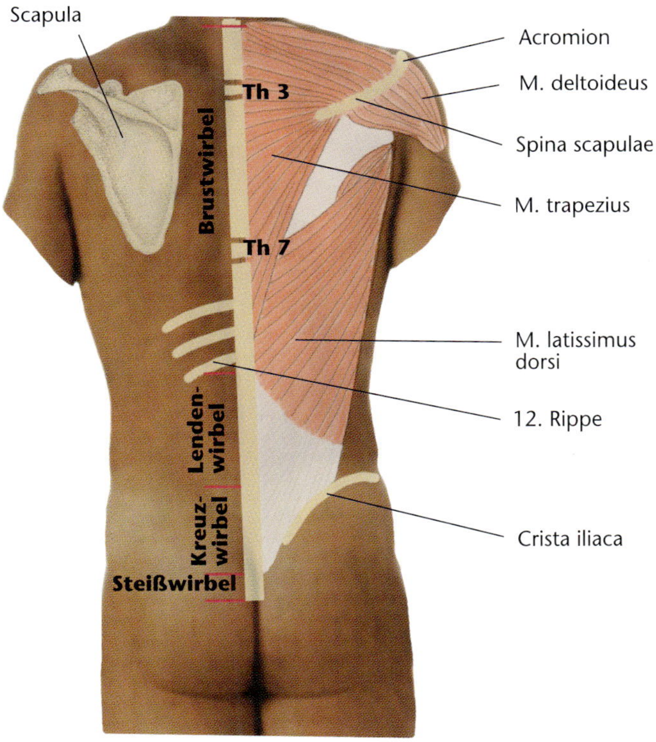

Abb. 6.2 Oberflächenrelief des Rückens.

Orientierung

C7 (Vertebra prominens) – der Proc. spinosus des 7. Halswirbels ragt, wenn der Patient den Kopf vorstreckt, am stärksten heraus;

Th3 – der Proc spinosus des 3. Brustwirbels liegt etwa in Höhe einer gedachten Linie zwischen der rechten und linken Spina scapulae der Schulterblätter;

Th7 – der Proc. spinosus des 7. Brustwirbels liegt in einer gedachten Linie zwischen den unteren Punkten der Schulterblätter;

Th12 – ist durch den Ansatz der 12. Rippe tastbar;

L4 – der Proc. spinosus des 4. Lendenwirbels liegt in Höhe einer Linie zwischen der rechten und linken Crista iliaca des Os coxae (Hüftbeins).

Klinik

Der **Leistenbruch** (Inguinalhernie) tritt in zwei Formen auf.

Etwa 3/4 aller Leistenbrüche stellen die lateralen Inguinalhernien, die zumeist angeboren sind. Der Anulus inguinalis profundus bildet bei der lateralen Inguinalhernie die Bruchpforte, durch die sich das parietale Peritoneum (mit oder ohne Darmschlingen) in den Canalis inguinalis vorstülpt. Der Bruchsack liegt im Samenstrang (Funiculus spermaticus), der im Canalis inguinalis verläuft. Daher kann der Bruchsack bis in das Skrotum (Hodensack) reichen.

Die medialen Inguinalhernien sind erworben. Die Bruchpforte liegt im muskelfreien Bereich der Fossa inguinalis medialis – und damit nicht im Leistenkanal!

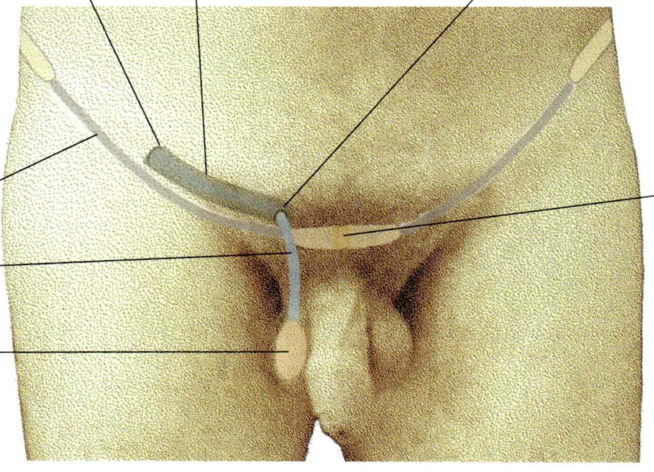

Abb. 6.3 Inguinalregion.

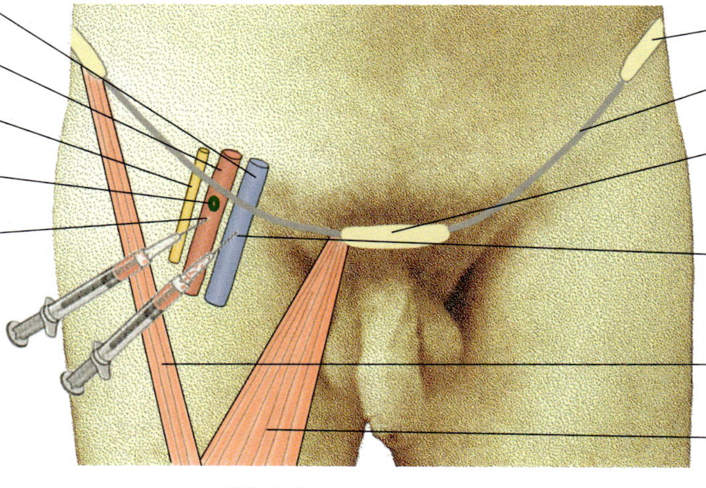

Abb. 6.4 Inguinalregion.

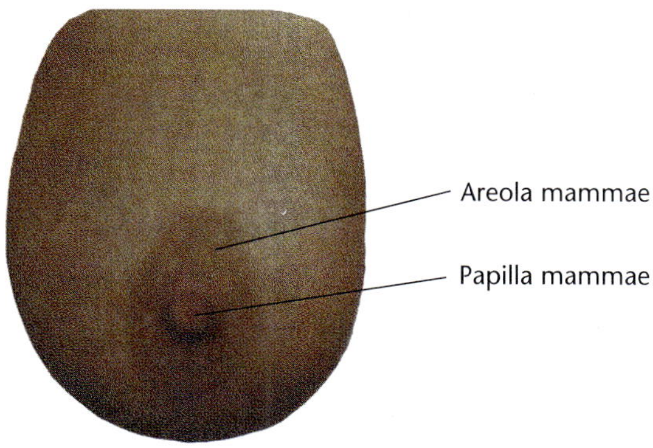

Abb. 6.5 Mamma von ventral.

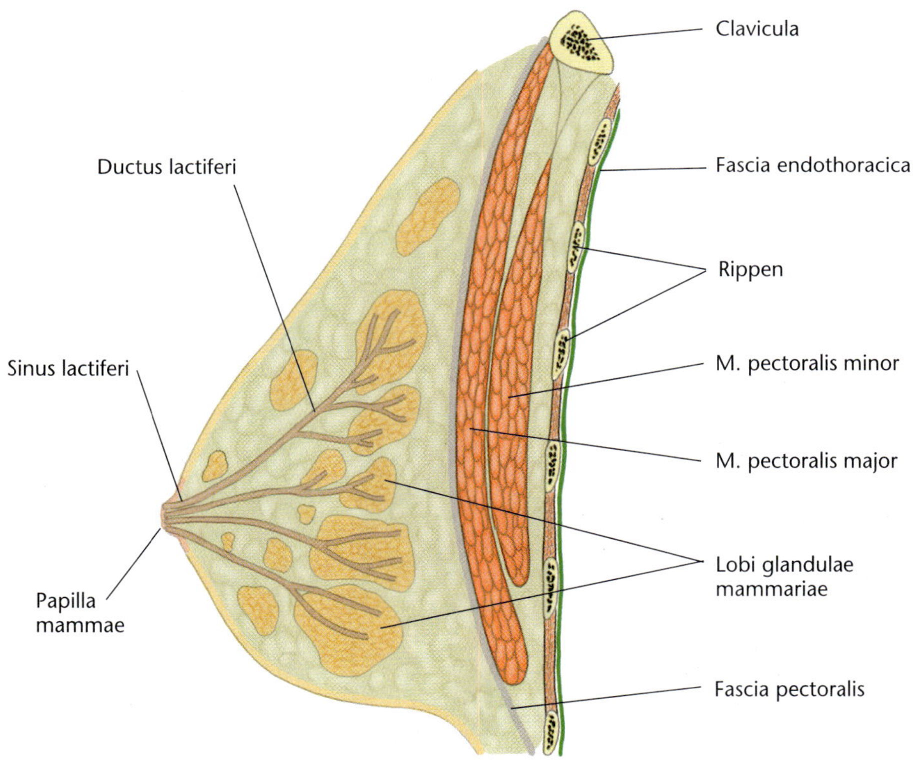

Abb. 6.6 Sagittalschnitt durch die Mamma einer Schwangeren (schematisiert).

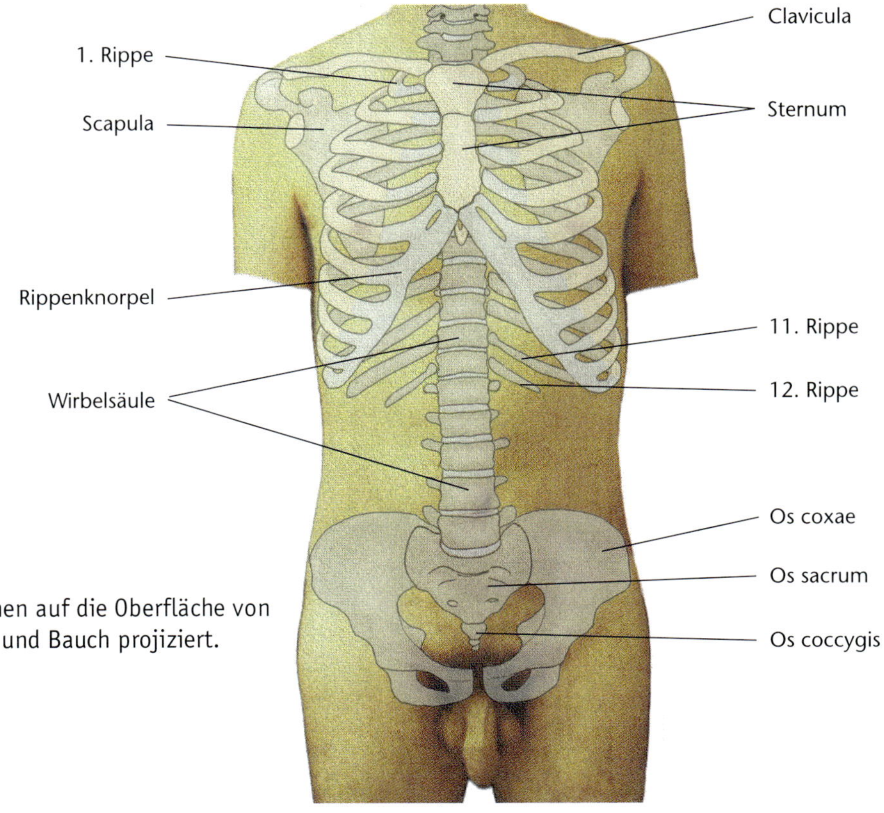

Abb. 6.7 Knochen auf die Oberfläche von Brust und Bauch projiziert.

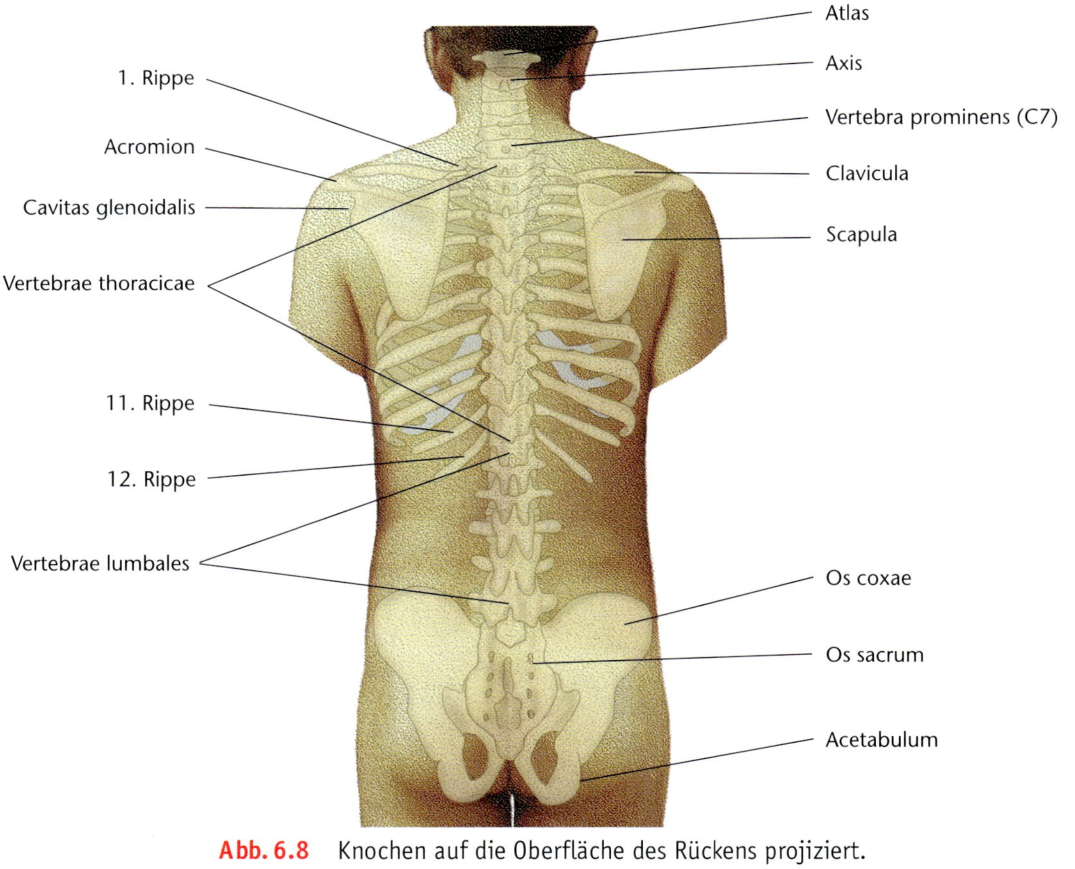

Abb. 6.8 Knochen auf die Oberfläche des Rückens projiziert.

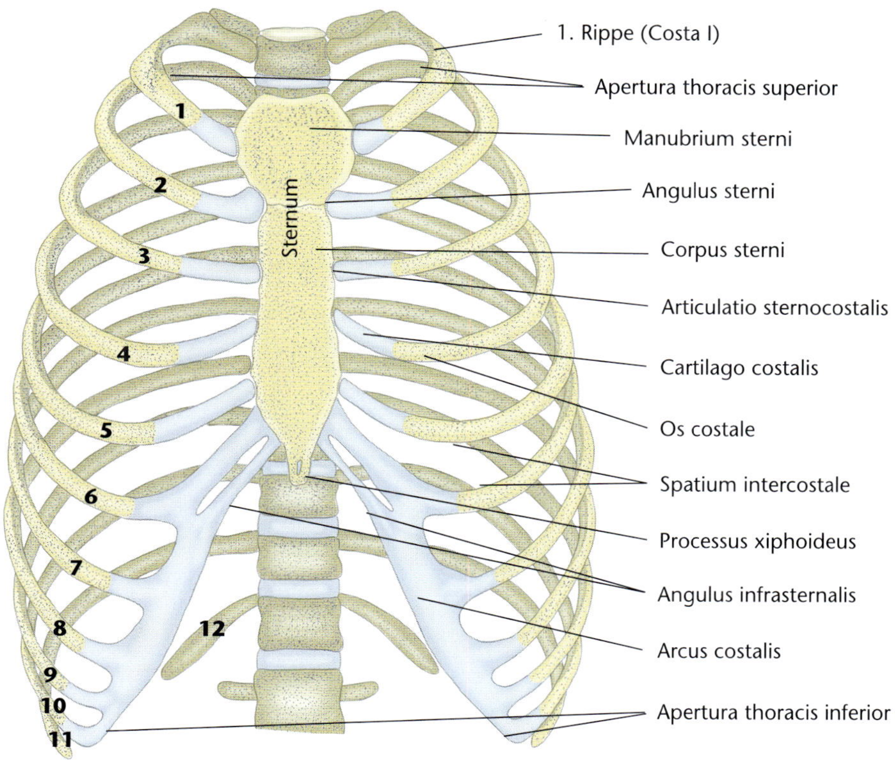

Abb. 6.9 Gesamter Thorax von ventral.

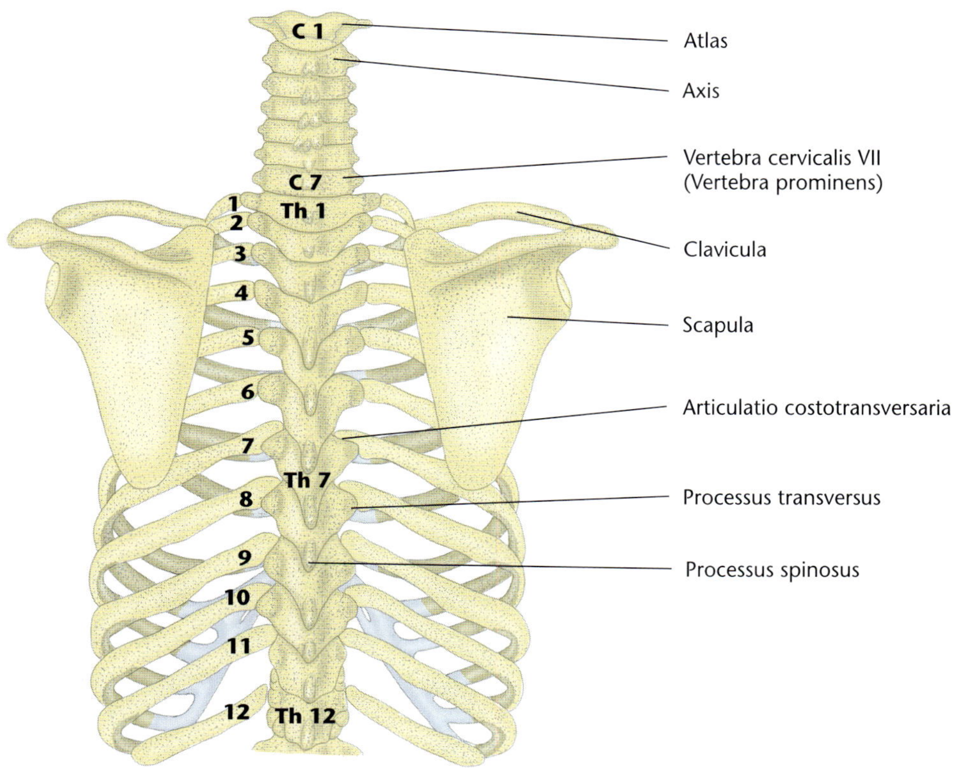

Abb. 6.10 Gesamter Thorax mit Scapula und Clavicula von dorsal.

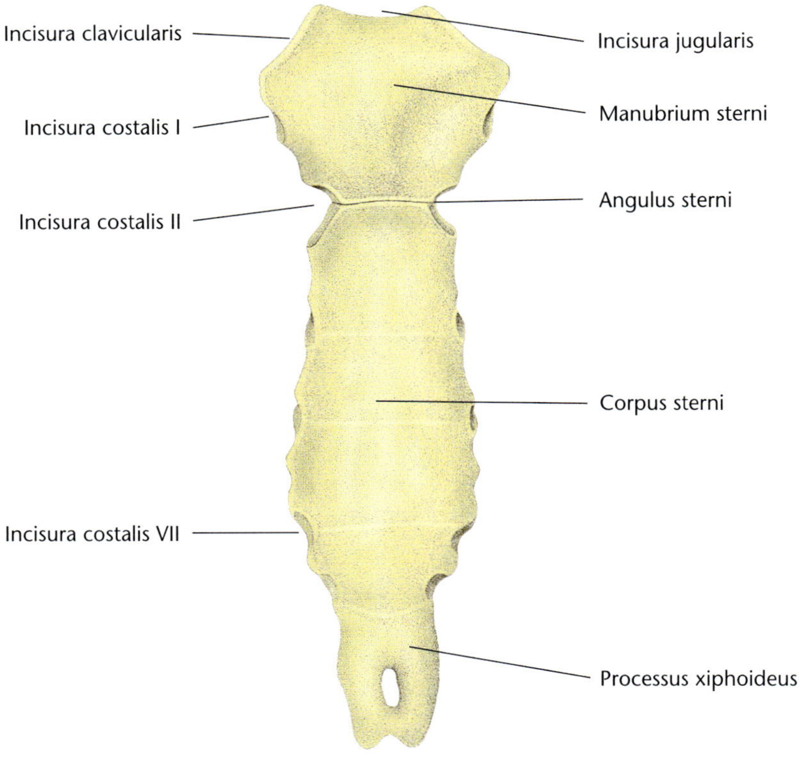

Abb. 6.11 Sternum von ventral.

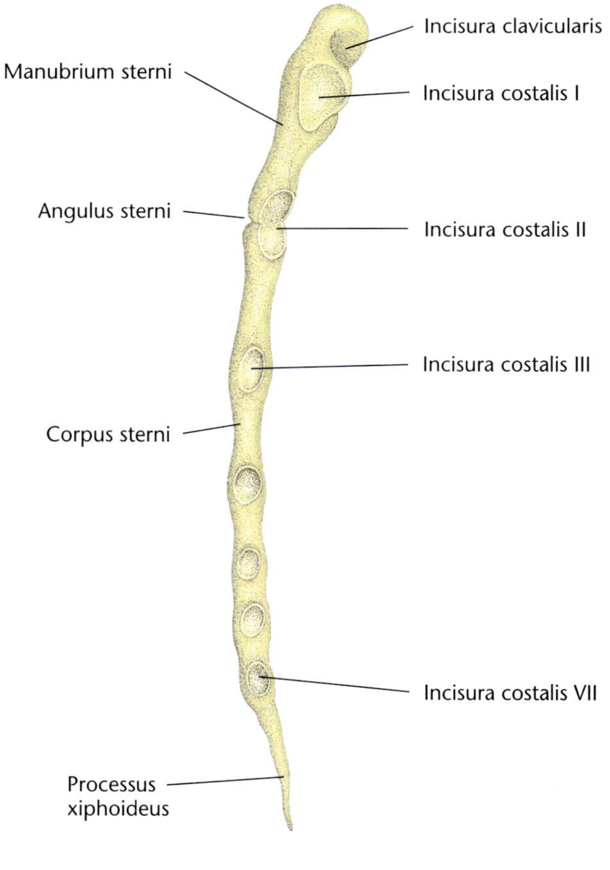

Abb. 6.12 Sternum von lateral.

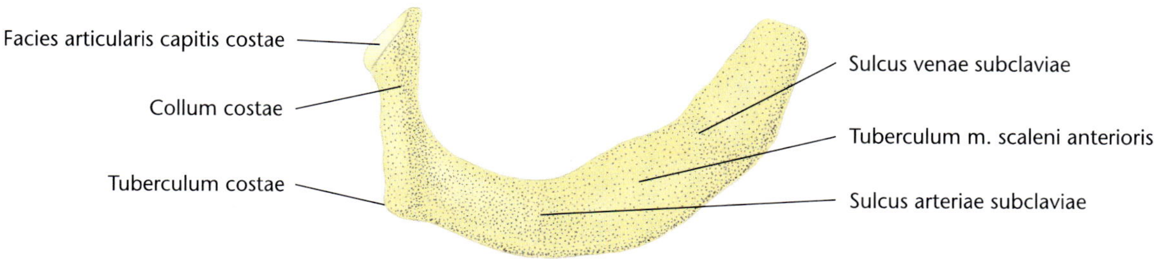

Abb. 6.13 1. rechte Rippe von kranial.

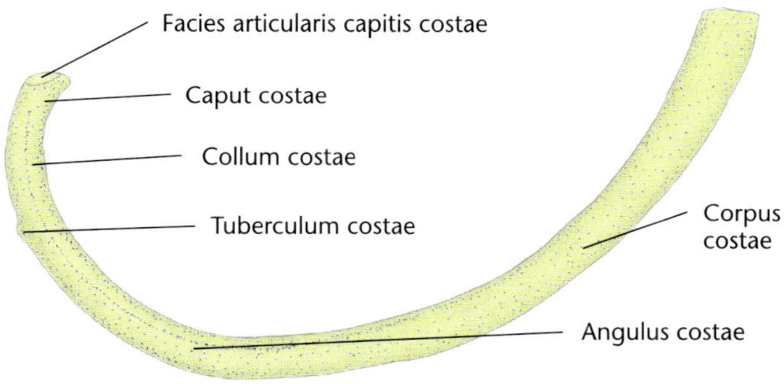

Abb. 6.14 5. rechte Rippe von kaudal.

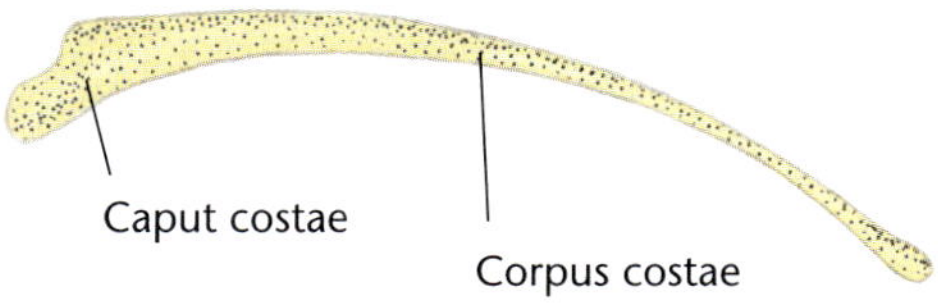

Abb. 6.15 12. rechte Rippe von kranial.

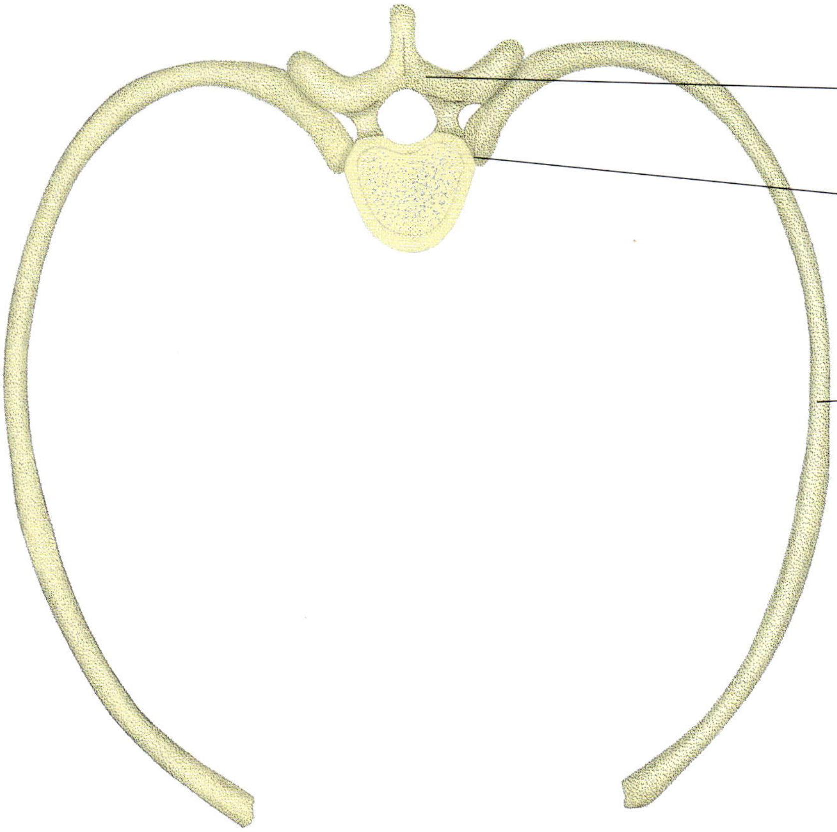

Abb. 6.16 Brustwirbel und Rippen von kranial.

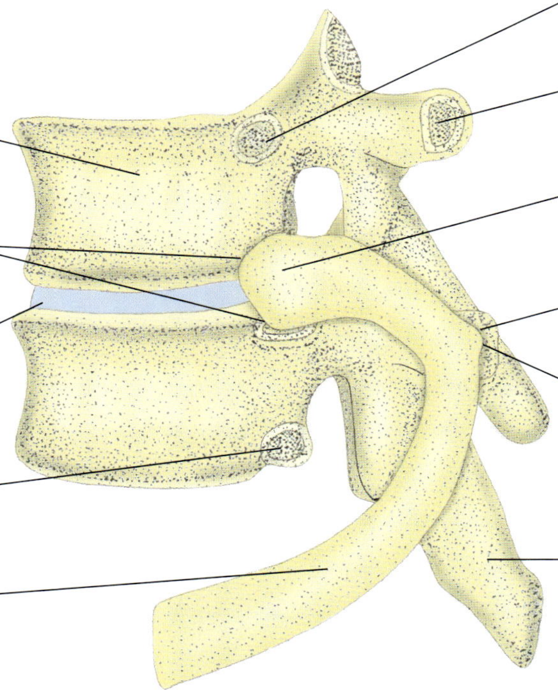

Abb. 6.17 Rippengelenke.

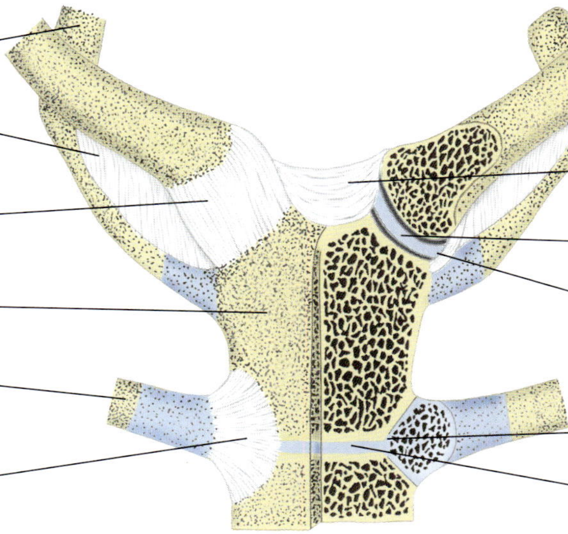

Abb. 6.18 Bänder im Bereich des Sternoklavikulargelenks von ventral.

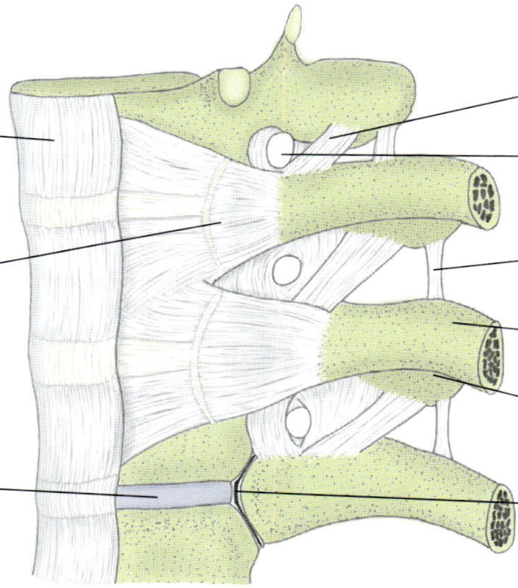

Abb. 6.19 Wirbel-/Rippenbänder von lateral.

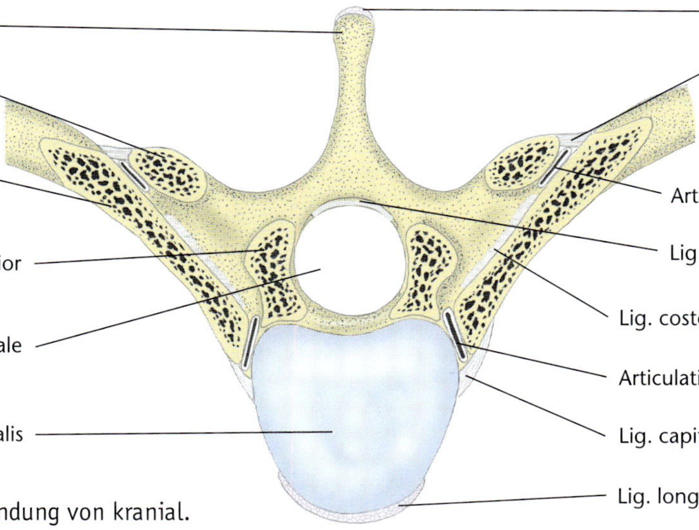

Abb. 6.20 Wirbel-Rippen-Verbindung von kranial.

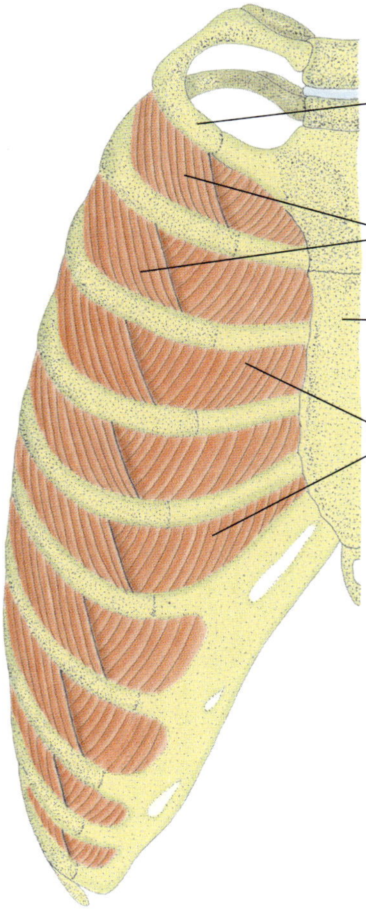

Abb. 6.21 Interkostalmuskeln von ventral.

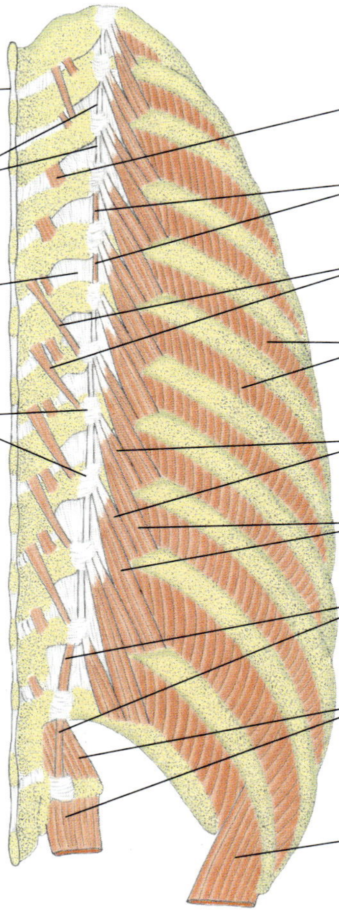

Abb. 6.22 Interkostalmuskeln und tiefe Rückenmuskeln von dorsal.

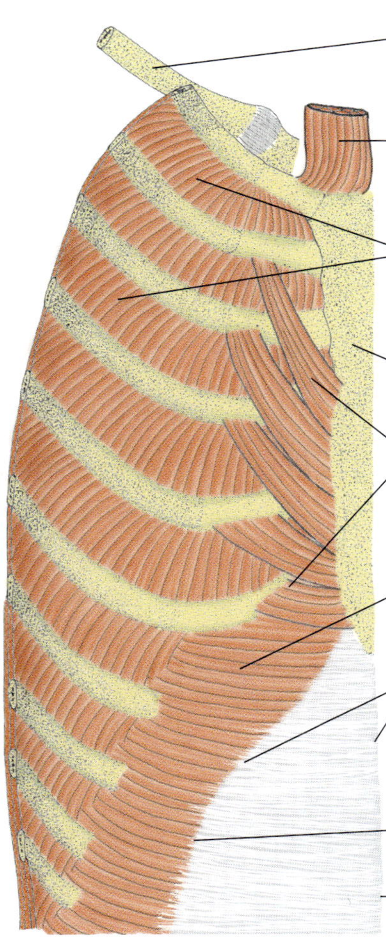

Abb. 6.23 Vordere Brustwand mit Interkostalmuskeln von innen.

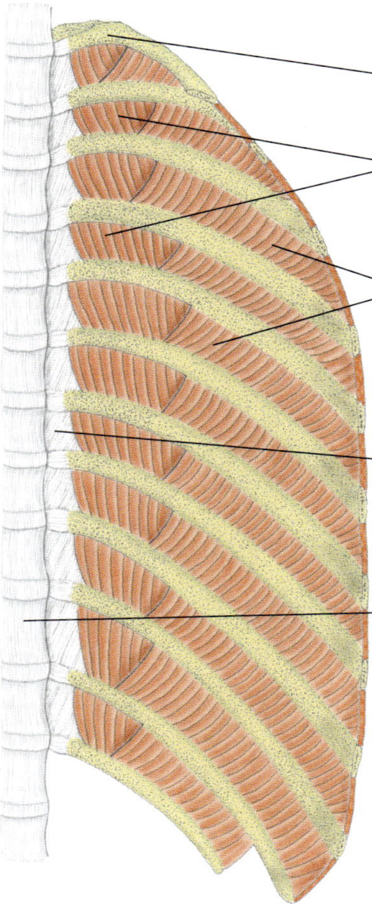

Abb. 6.24 Hintere Brustwand mit Interkostalmuskeln von innen.

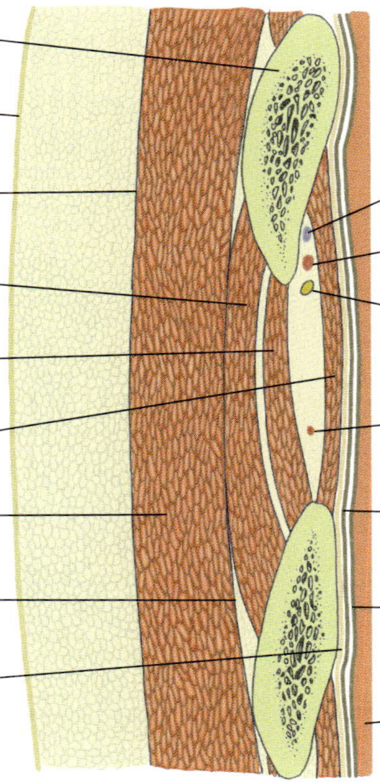

Abb. 6.25 Längsschnitt durch den Interkostalraum.

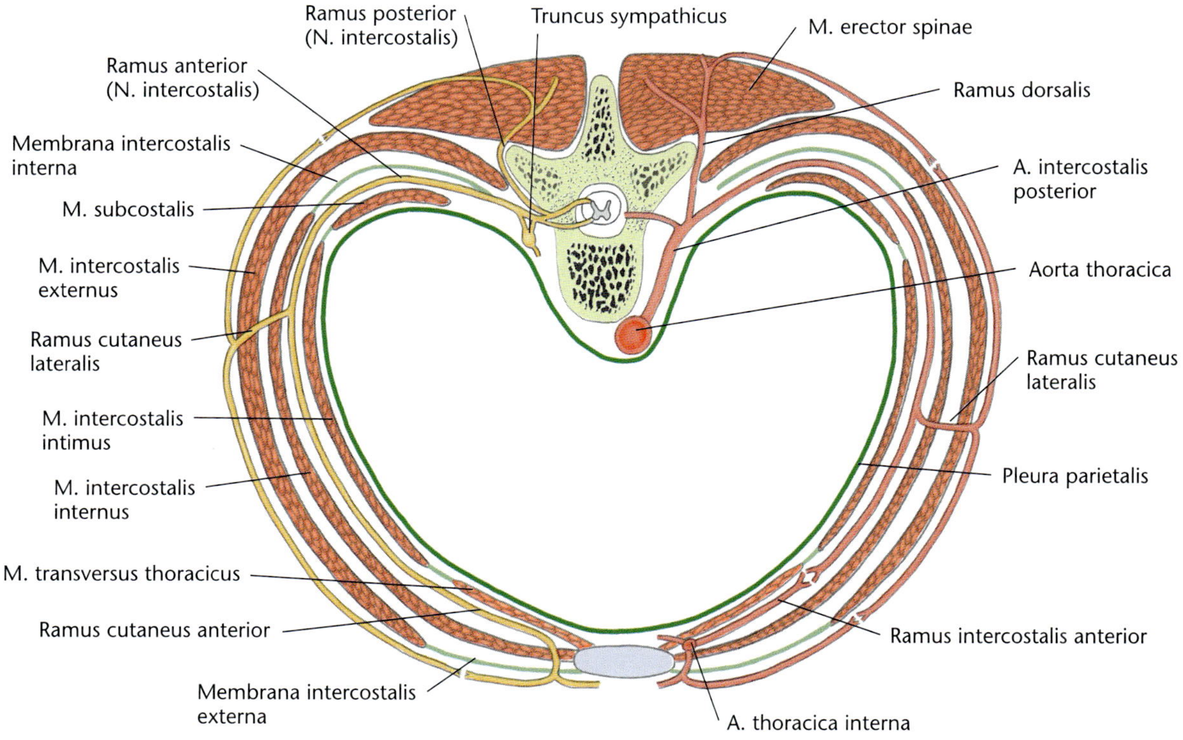

Abb. 6.26 Querschnitt durch den Interkostalraum mit Arterien und Nerven.

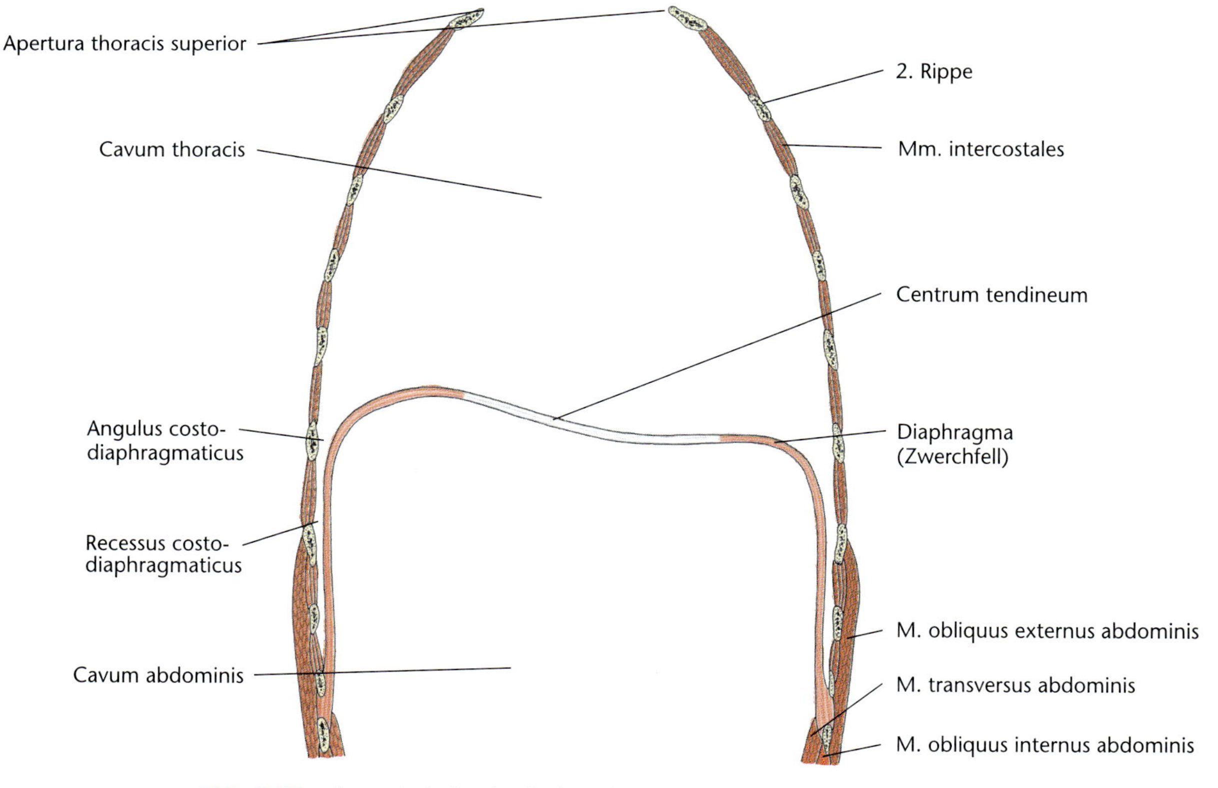

Abb. 6.27 Frontalschnitt durch den Thorax zur Darstellung des Zwerchfells.

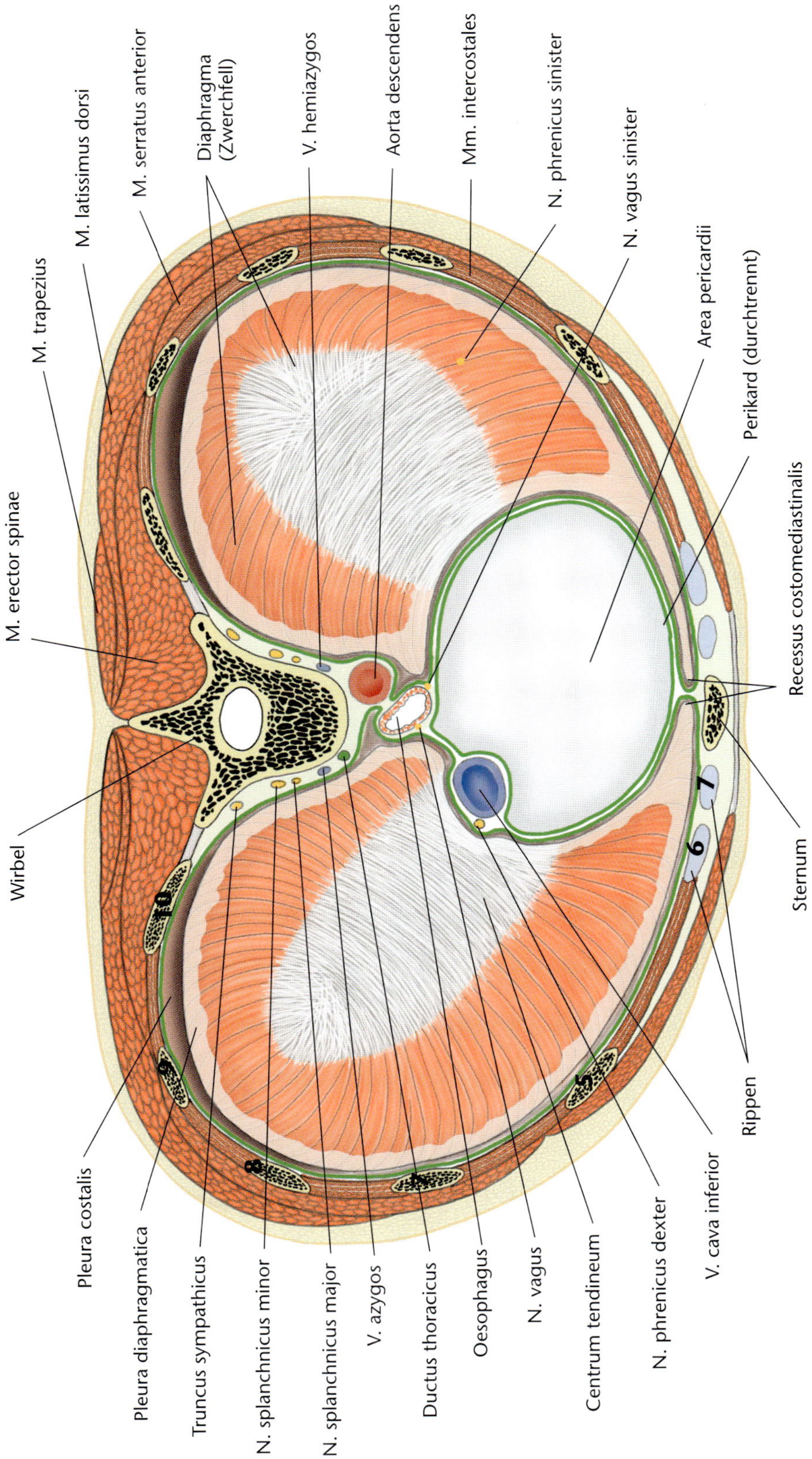

Abb. 6.28 Zwerchfell von kranial.

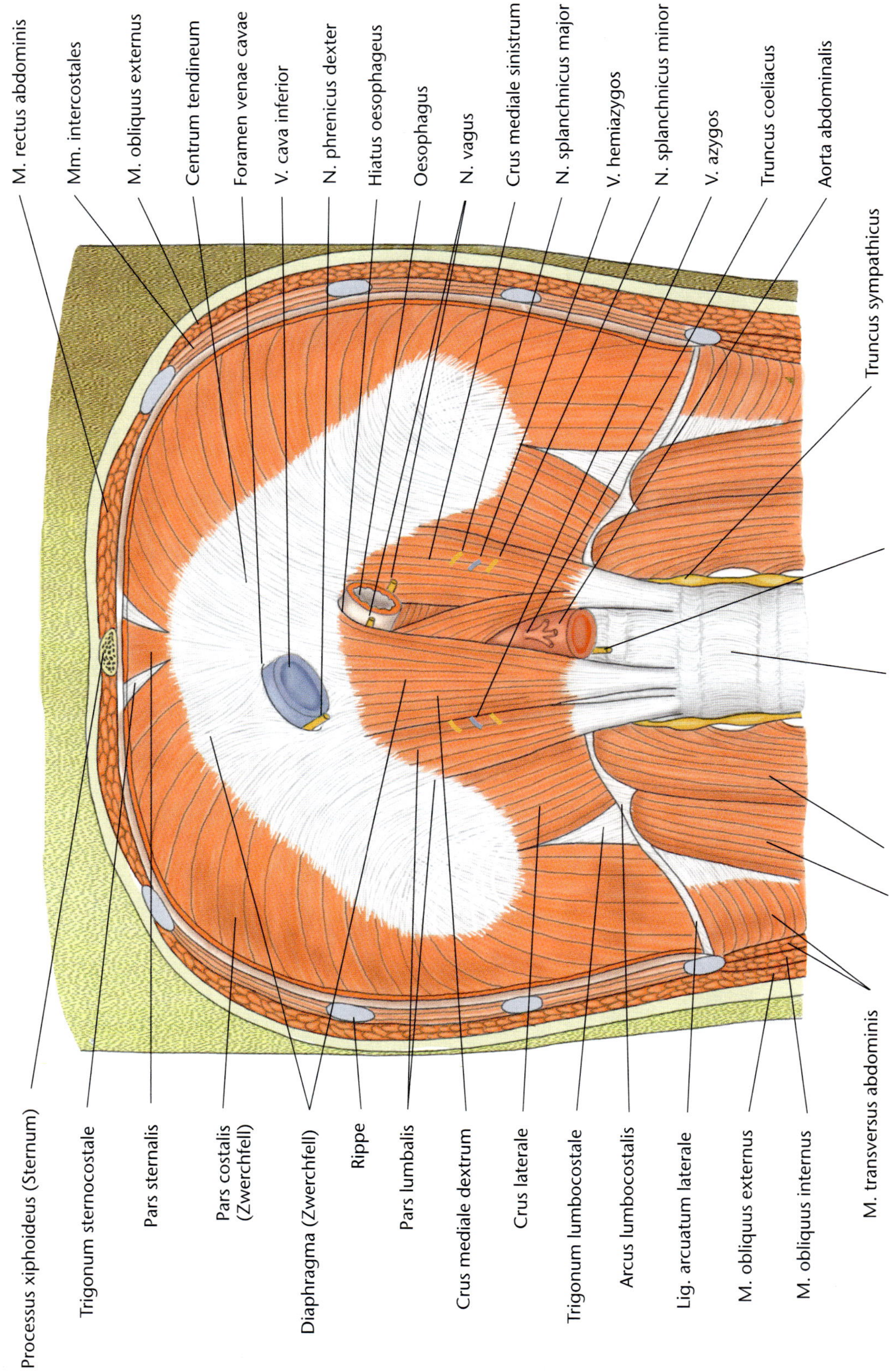

Abb. 6.29 Zwerchfell von kaudal.

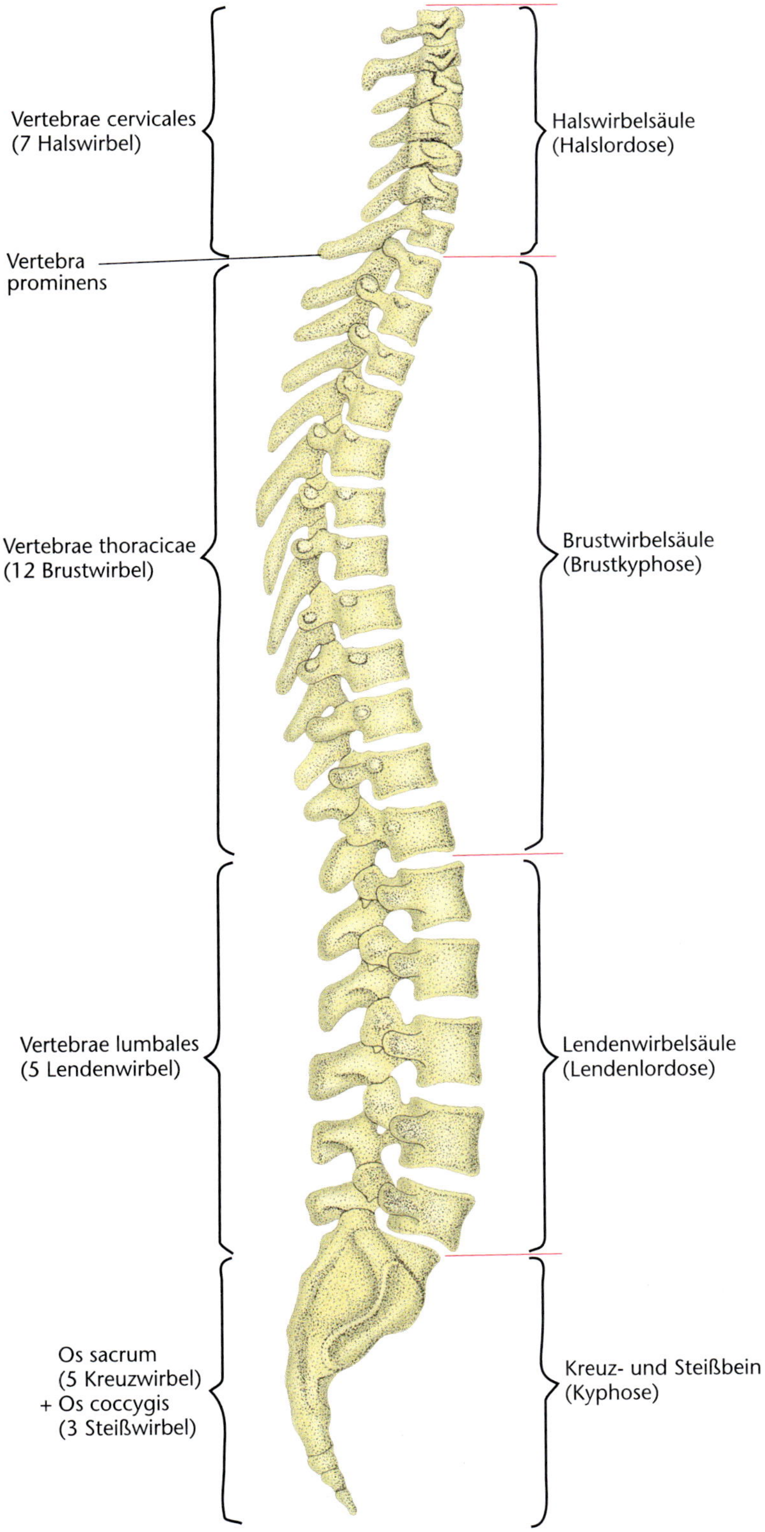

Abb. 6.30 Wirbelsäule mit ihren Krümmungen von lateral.

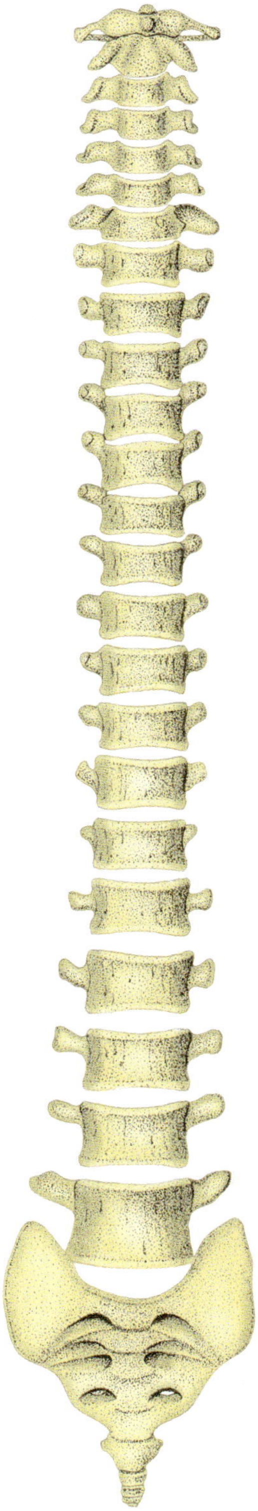

Abb. 6.31 Wirbelsäule von ventral.

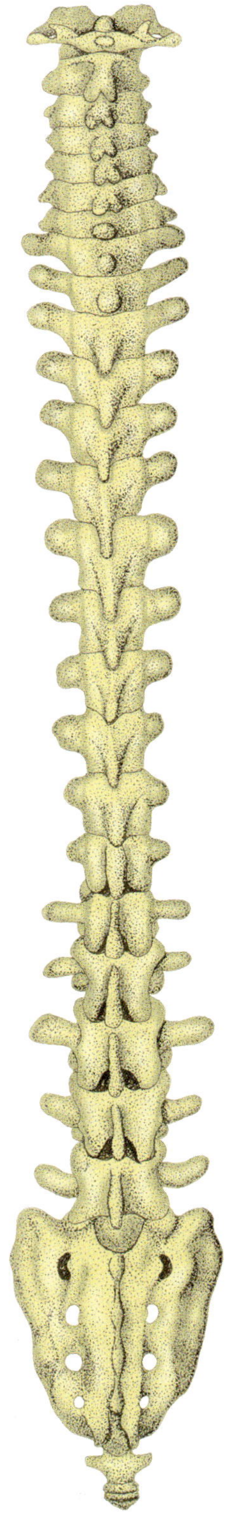

Abb. 6.32 Wirbelsäule von dorsal.

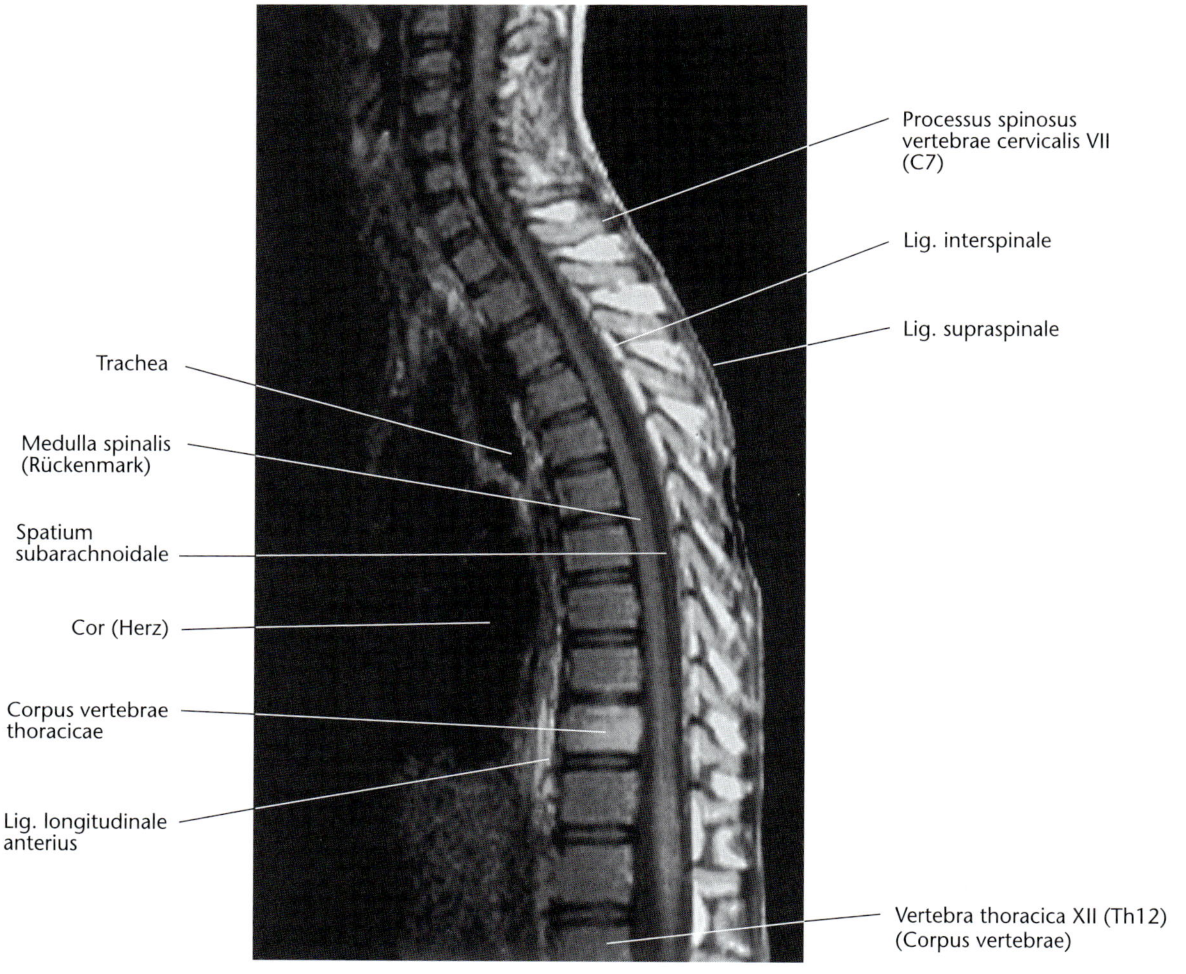

Abb. 6.33 Magnetresonanztomographie durch die Hals- und Brustwirbelsäule (median-sagittal).

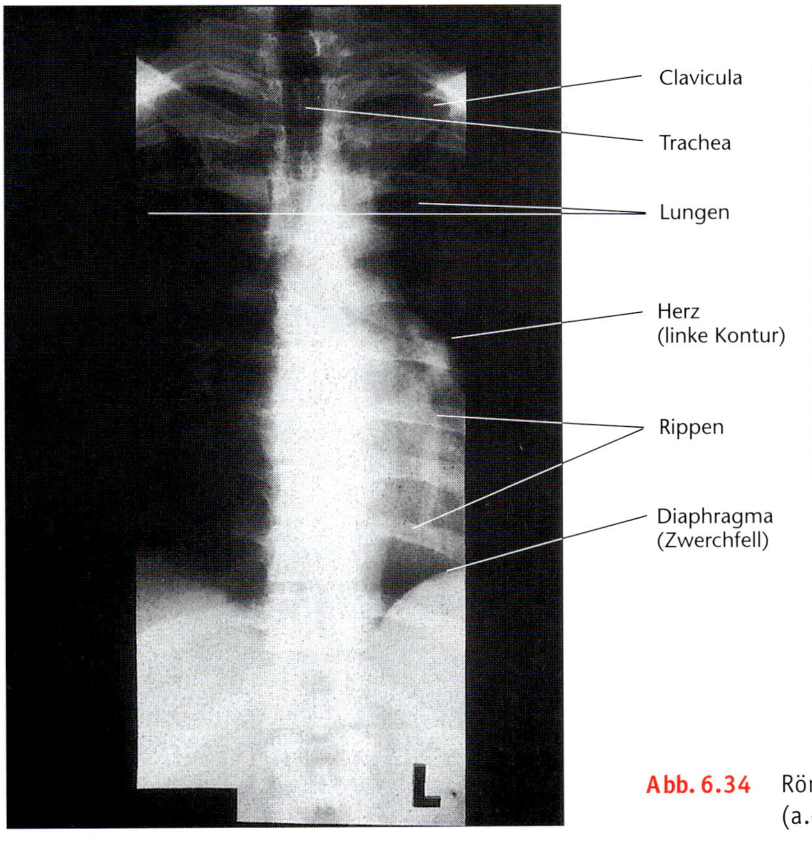

KLINIK

Das Röntgenbild zeigt die Brustwirbelsäule (BWS) bei Exspirationsstellung (gegenüber dem unteren Röntgenbild sehen Sie eine geringere „Schwärzung", was darauf schließen lässt, dass weniger Luft in der Lunge ist, es sich also um die Exspirationsphase handelt).

Wenn Sie die Rippen abzählen, sehen Sie, dass die luftgefüllte Lunge auf diesem Röntgenbild nur bis unterhalb der 9. Rippe reicht – auf der unteren Abbildung reicht sie bis an die 11. Rippe.

Abb. 6.34 Röntgenbild der Brustwirbelsäule (BWS) (a.-p. Aufnahme).

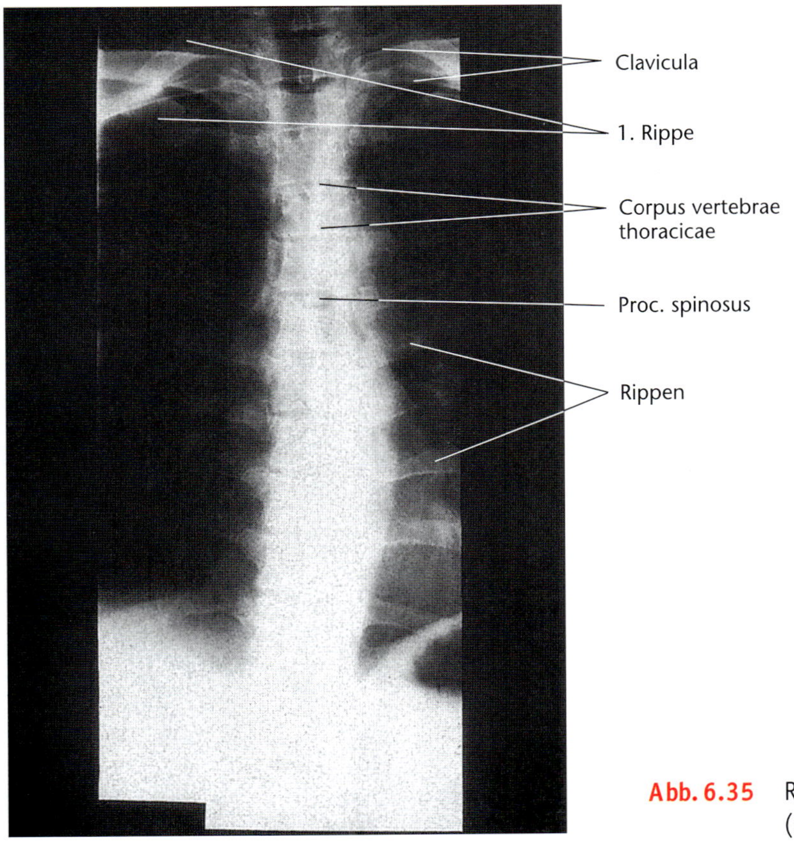

KLINIK

Das Röntgenbild zeigt die BWS bei Inspirationsstellung (die Lungen sind mit Luft gefüllt, was an der Schwarzfärbung zu erkennen ist).

Abb. 6.35 Röntgenbild der Brustwirbelsäule (a.-p. Aufnahme).

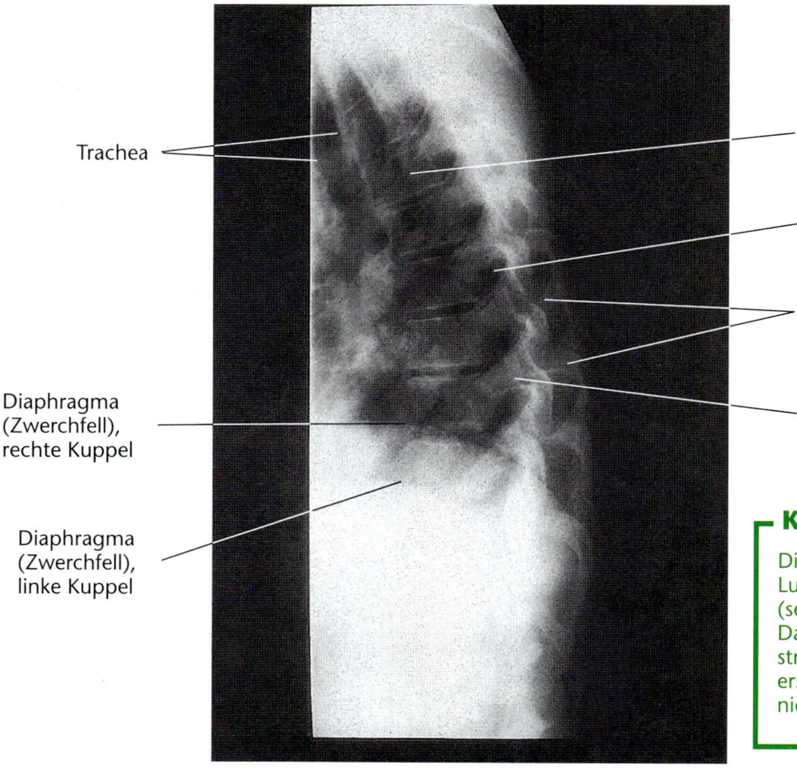

KLINIK

Dieses Röntgenbild zeigt die Lungen in Exspirationsstellung (sehr viel Luft ist ausgeatmet). Da die Weichteile mehr Röntgenstrahlen absorbieren als die Luft, erscheint der Lungenbereich nicht so schwarz.

Abb. 6.36 Röntgenbild der Brustwirbelsäule (seitliche Aufnahme).

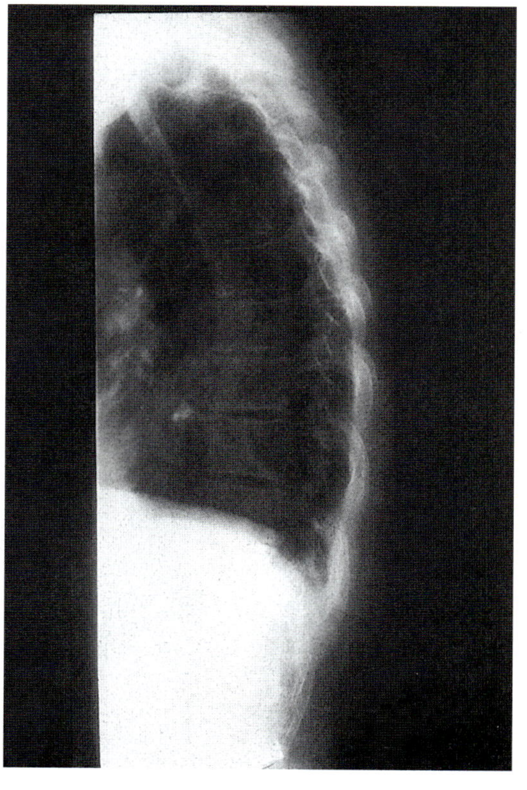

KLINIK

Dieses Röntgenbild zeigt die Lungen in Inspirationsstellung.

Abb. 6.37 Röntgenbild der Brustwirbelsäule (seitliche Aufnahme).

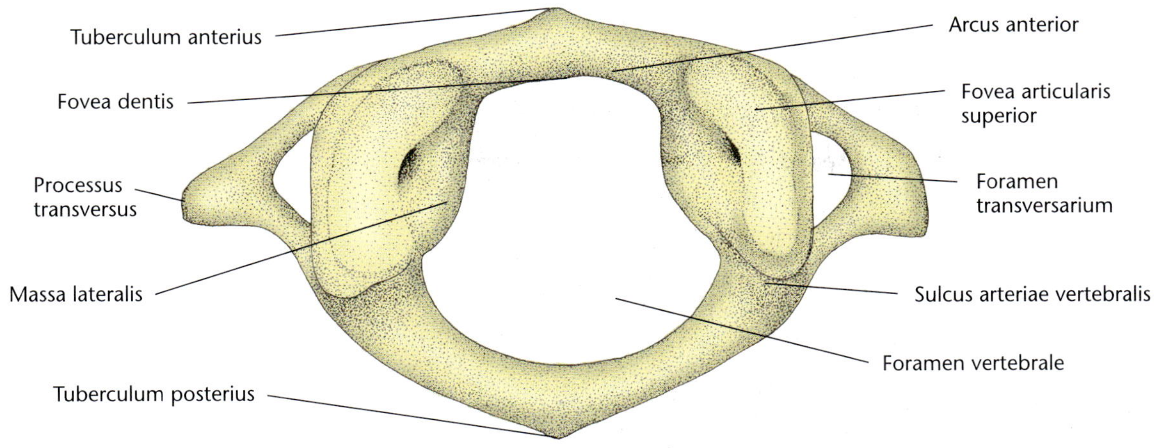

Abb. 6.38 Atlas von kranial.

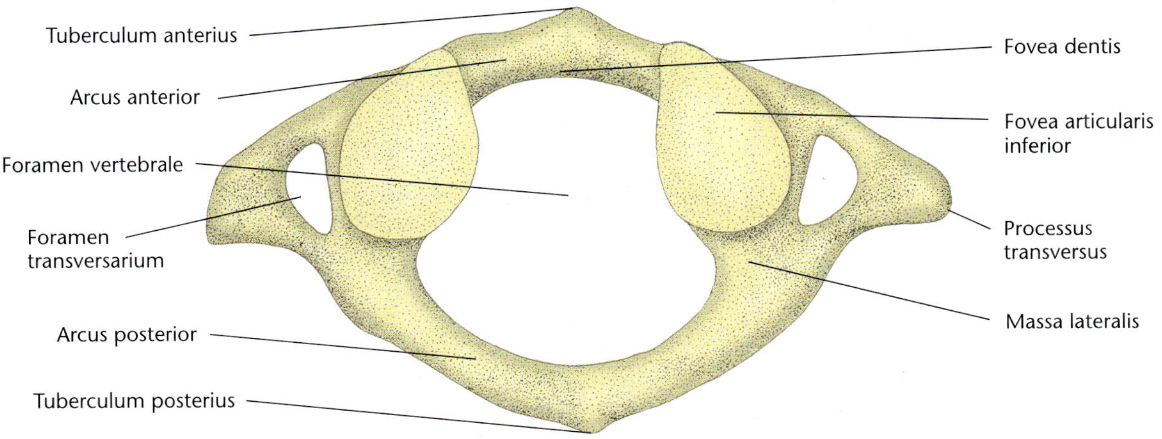

Abb. 6.39 Atlas von kaudal.

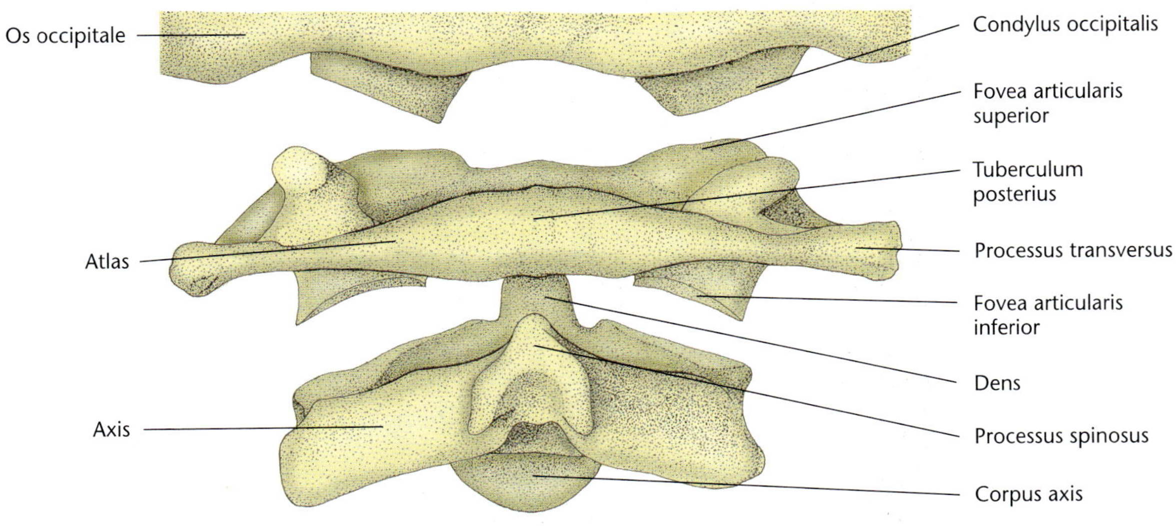

Abb. 6.40 Atlas mit Axis verbunden von ventral.

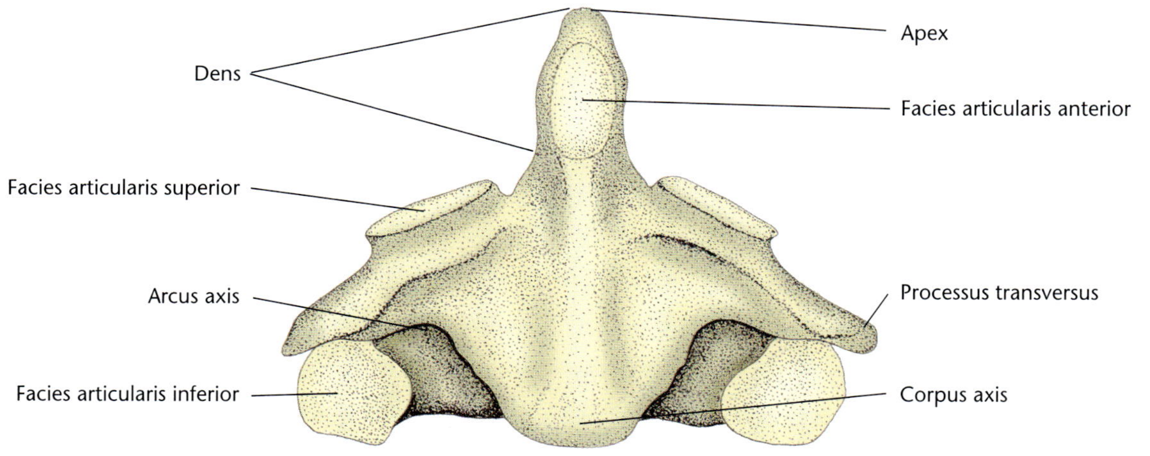

Abb. 6.41 Axis von ventral.

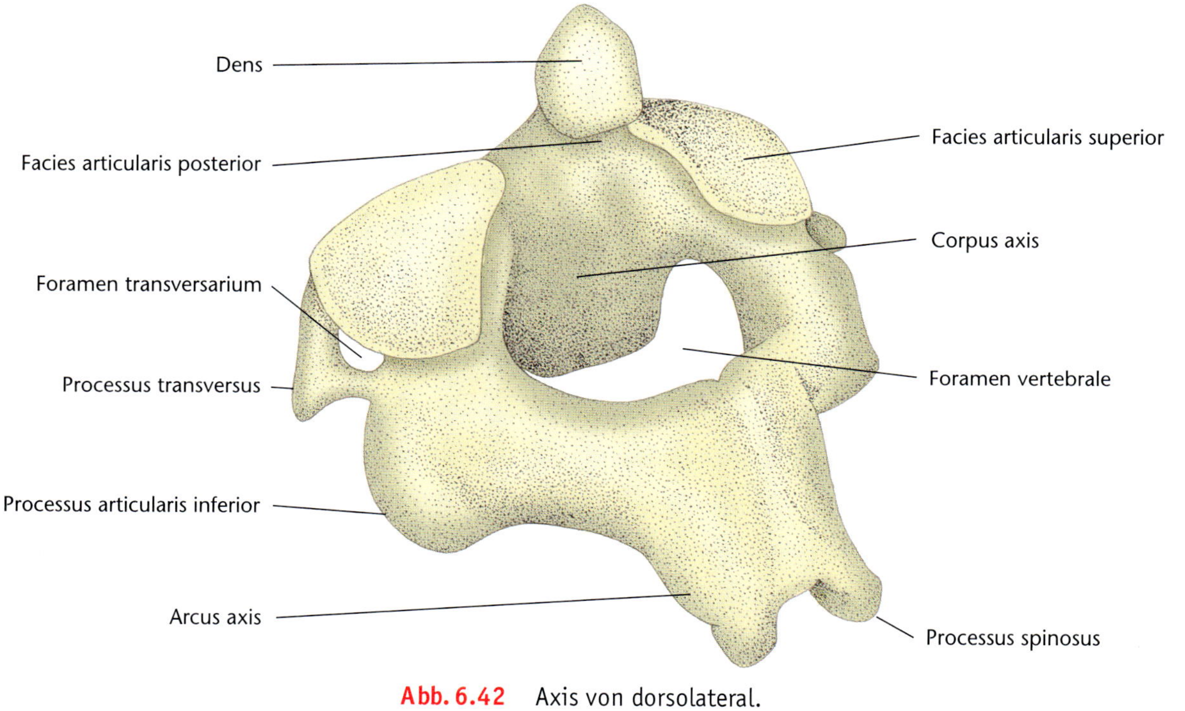

Abb. 6.42 Axis von dorsolateral.

Abb. 6.43 Axis von lateral.

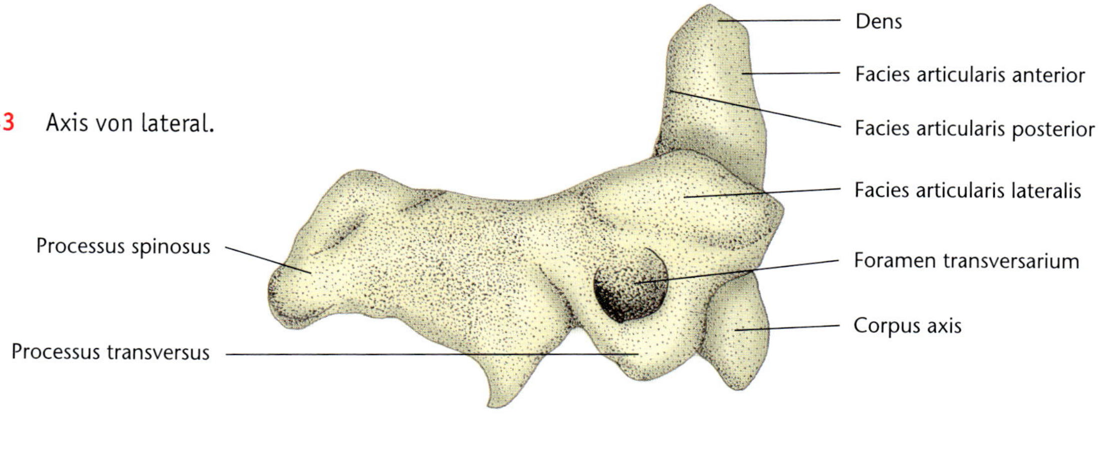

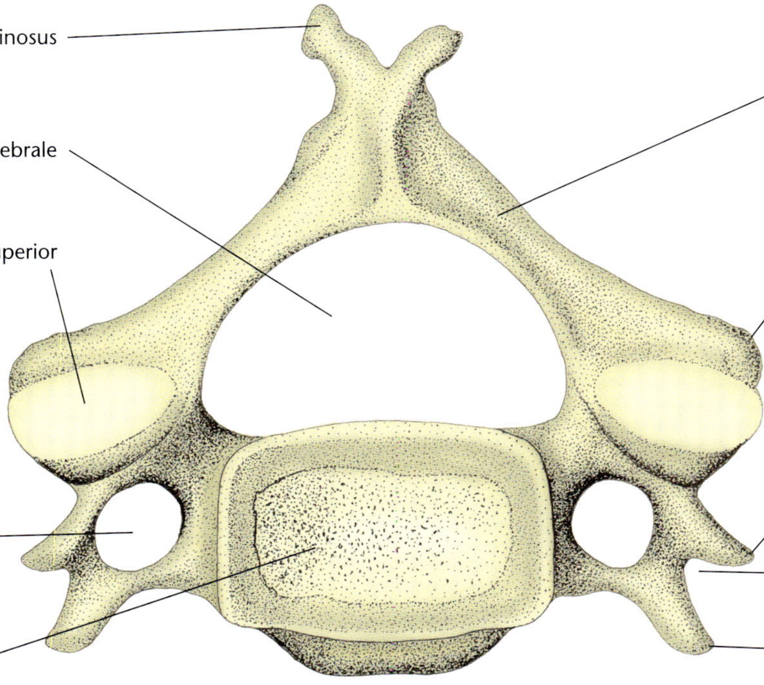

Abb. 6.44 5. Halswirbel von kranial.

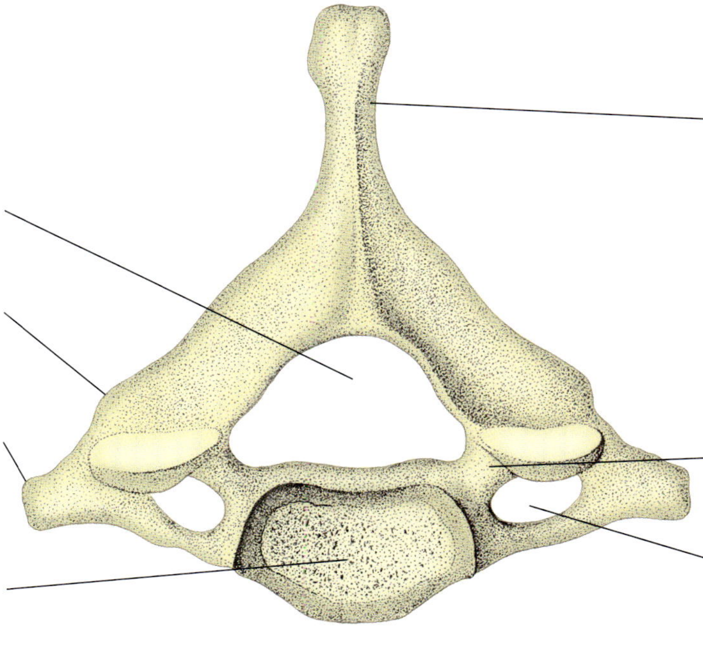

Abb. 6.45 7. Halswirbel von kranial.

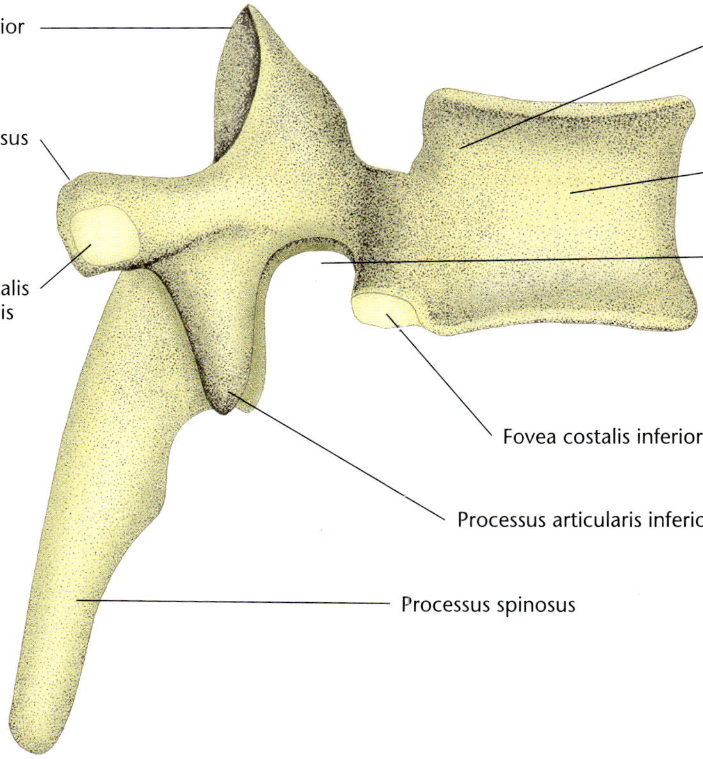

Abb. 6.46 7. Brustwirbel von rechts lateral.

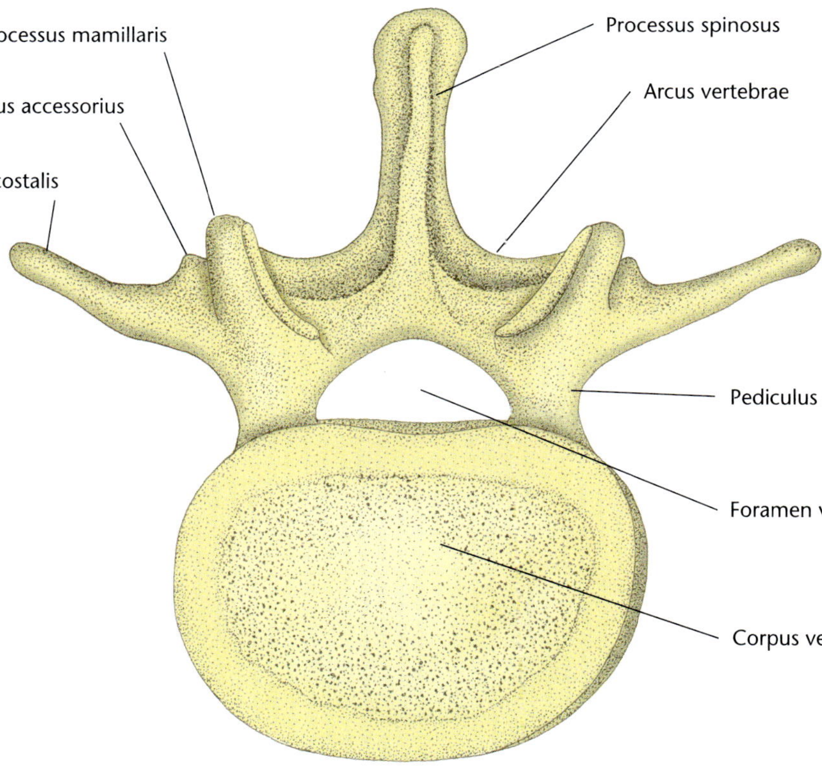

Abb. 6.47 3. Lendenwirbel von kranial.

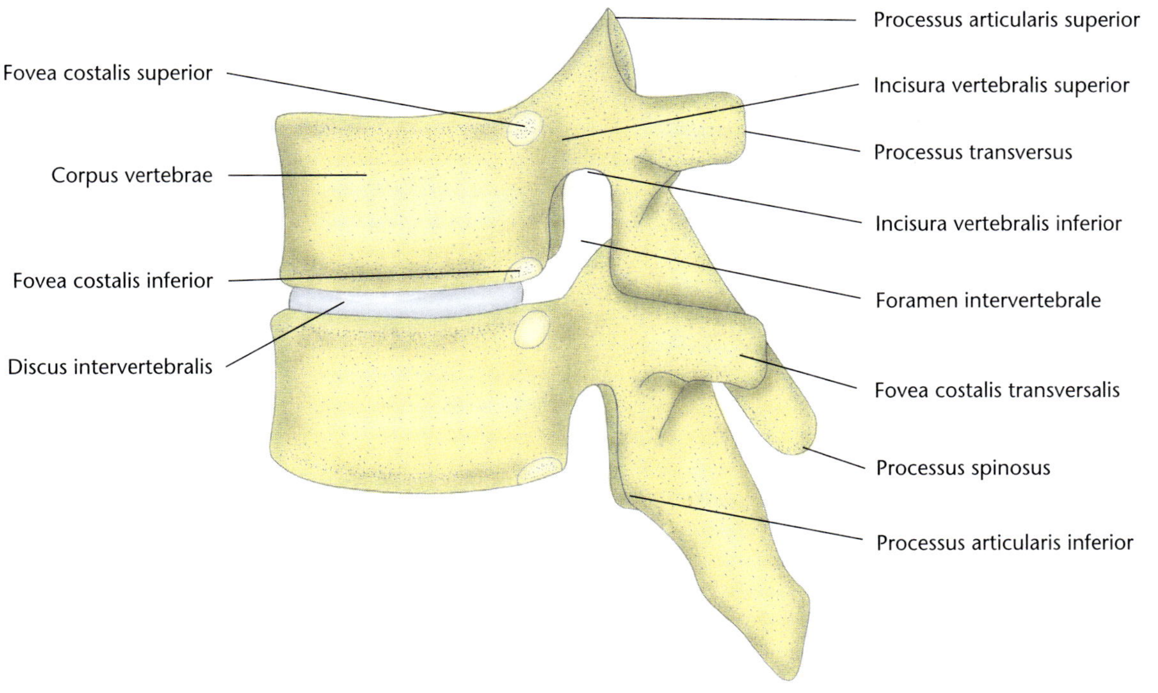

Abb. 6.48 Zwei Wirbel von lateral.

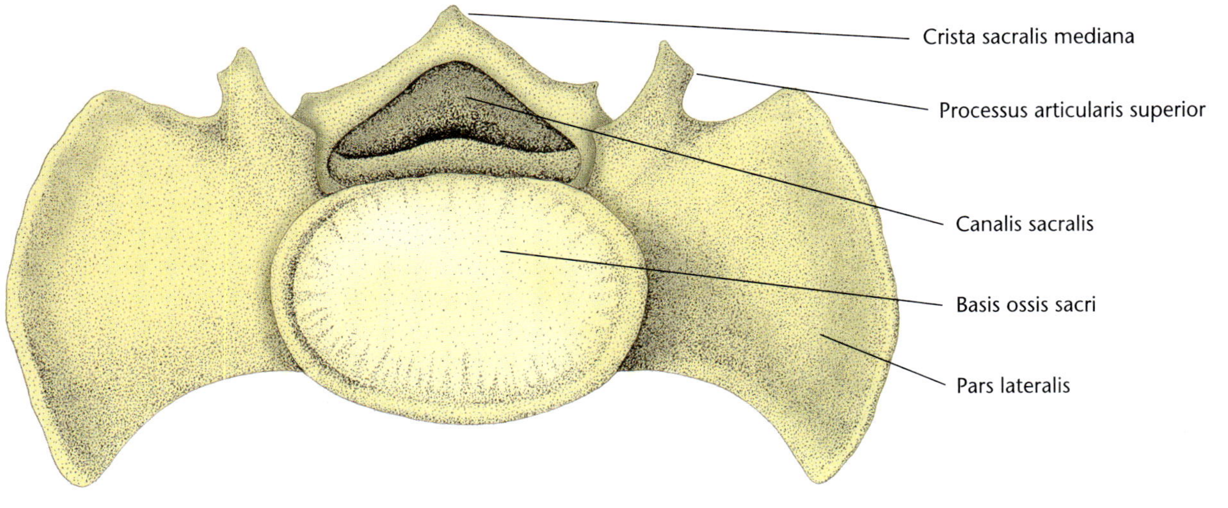

Abb. 6.49 Kreuzbein von kranial.

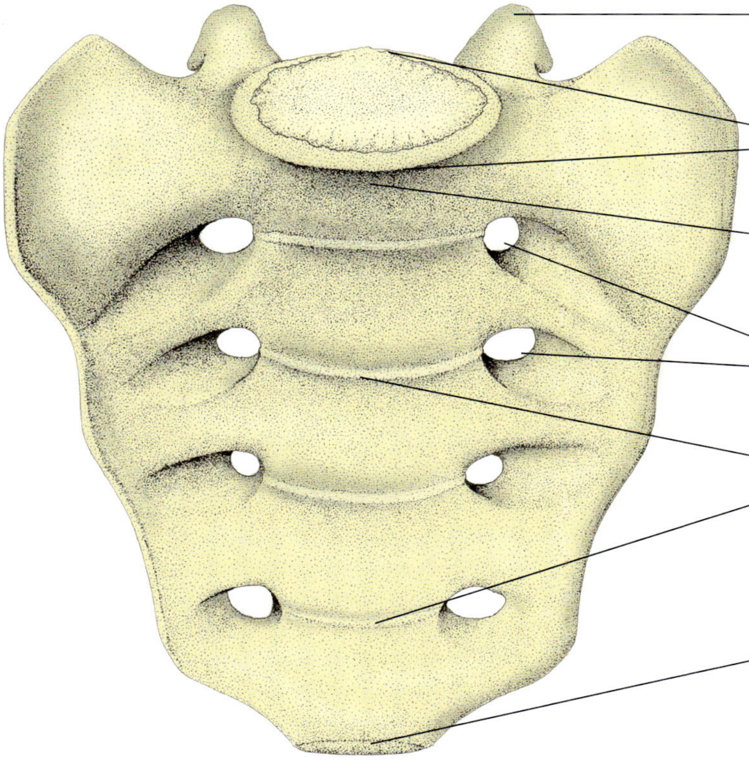

Abb. 6.50 Kreuzbein von ventral.

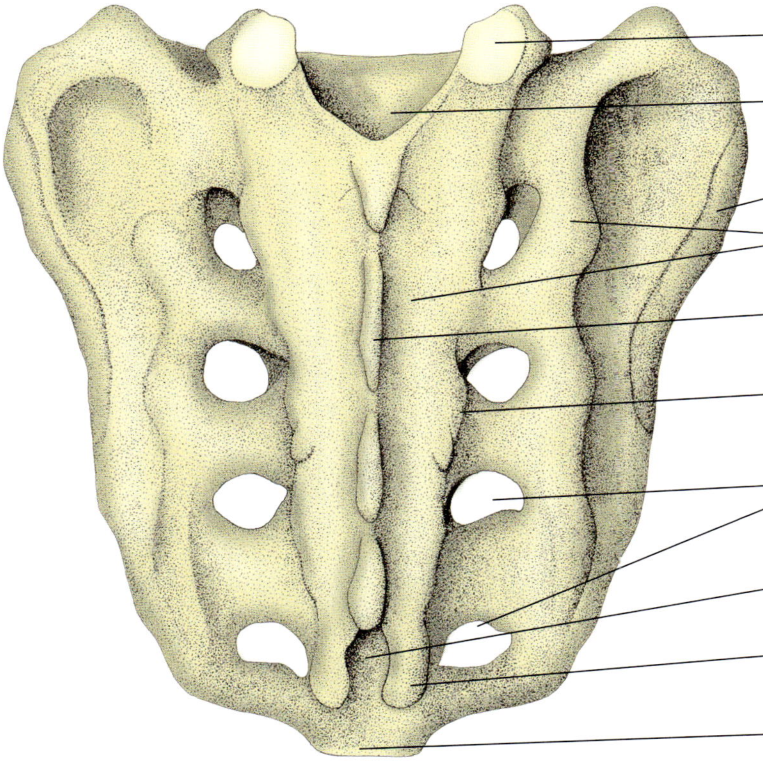

Abb. 6.51 Kreuzbein von dorsal.

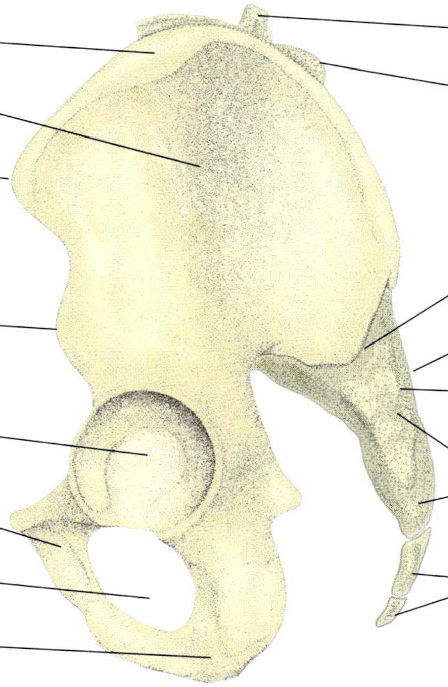

Abb. 6.52 Beckengürtel von lateral.

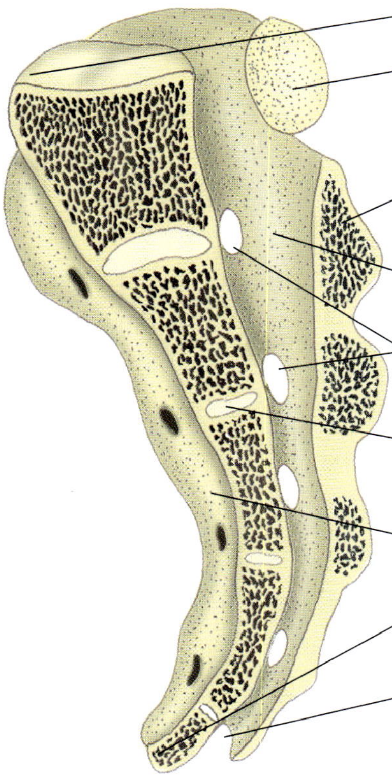

Abb. 6.53 Medianschnitt durch das Kreuzbein.

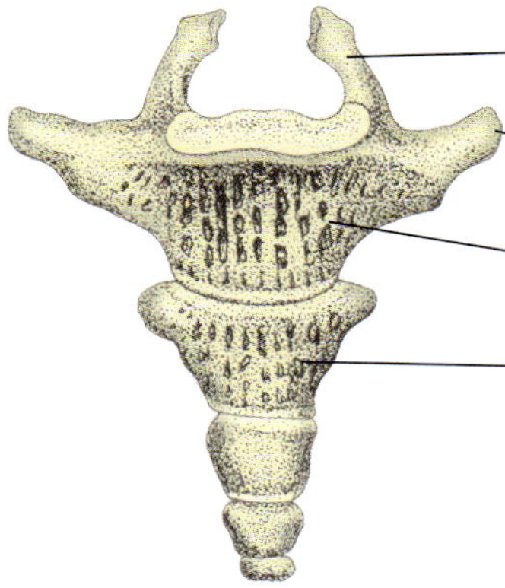

Abb. 6.54 Steißbein von ventral.

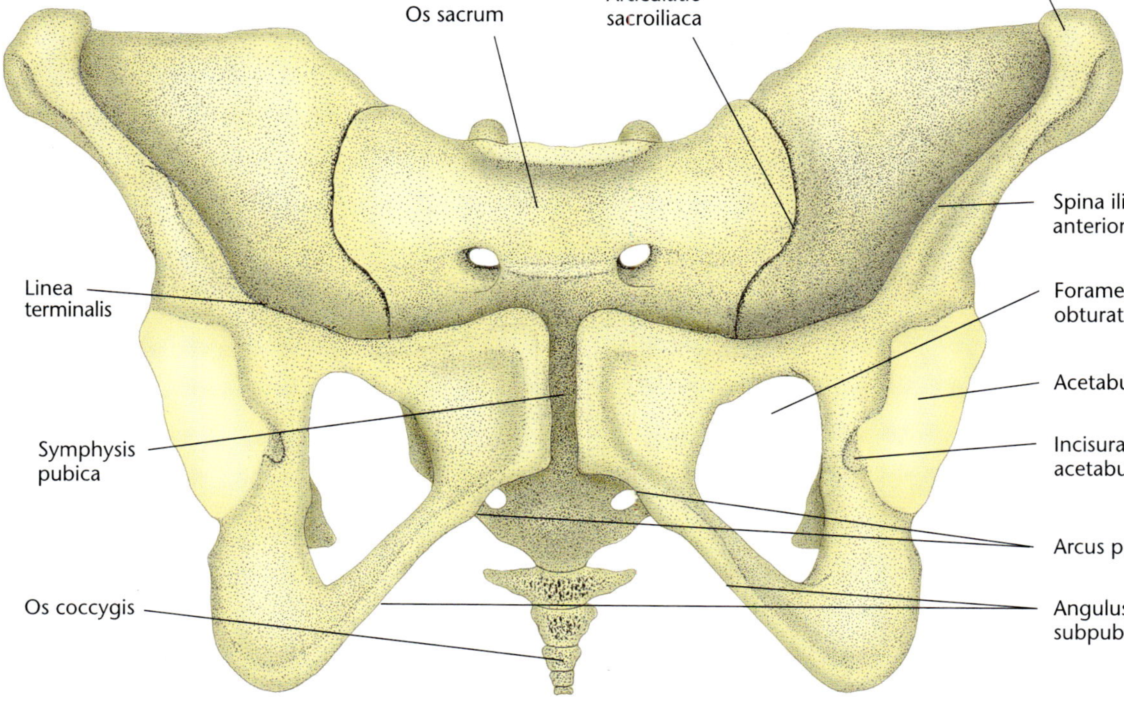

Abb. 6.55 Männliches Becken von ventral.

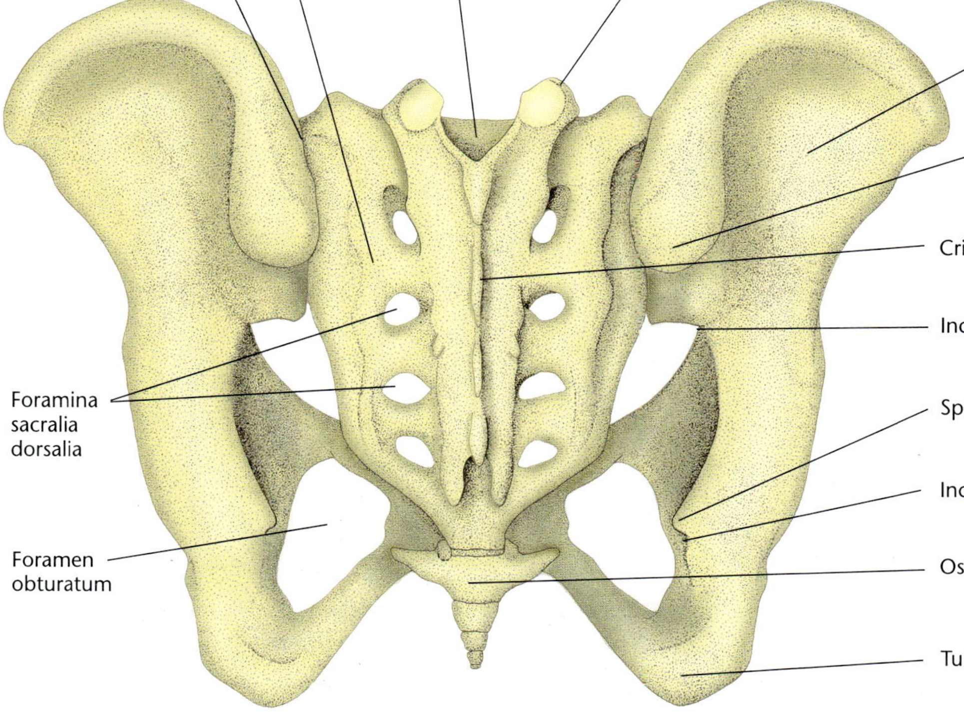

Abb. 6.56 Männliches Becken von dorsal.

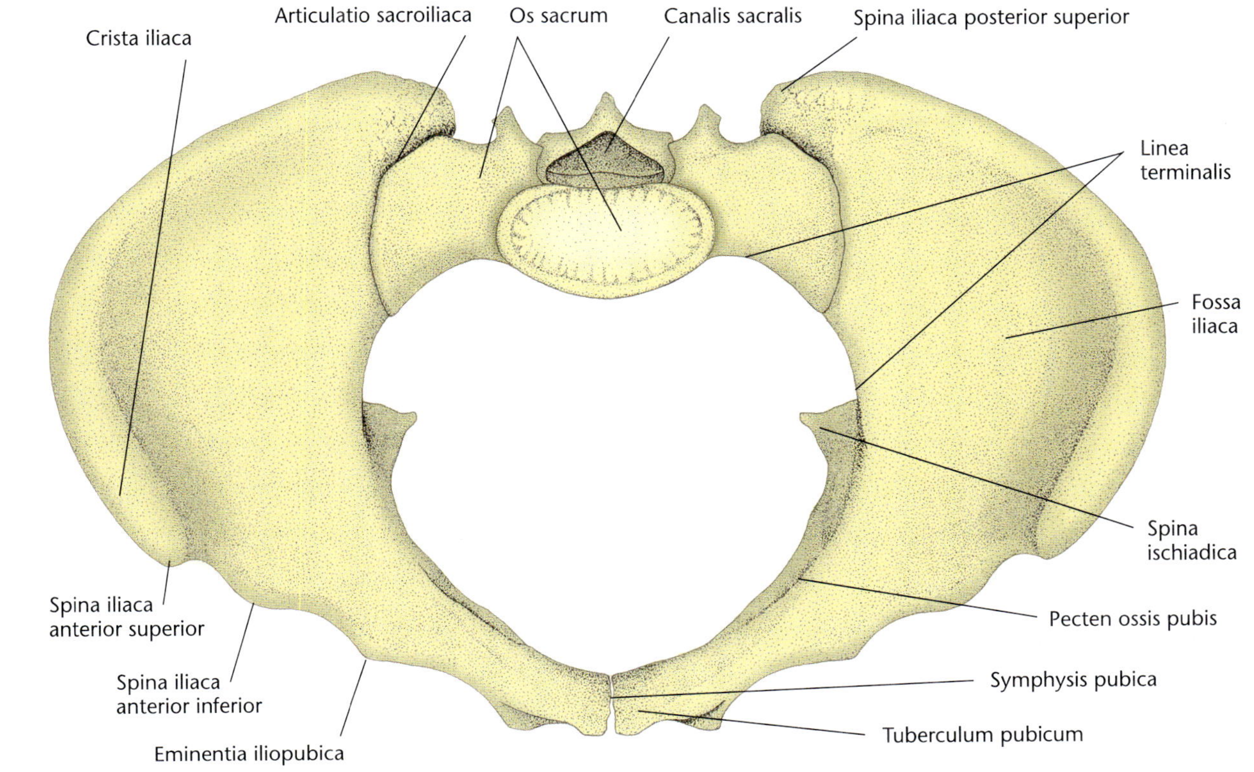

Abb. 6.57 Männliches Becken von kranial.

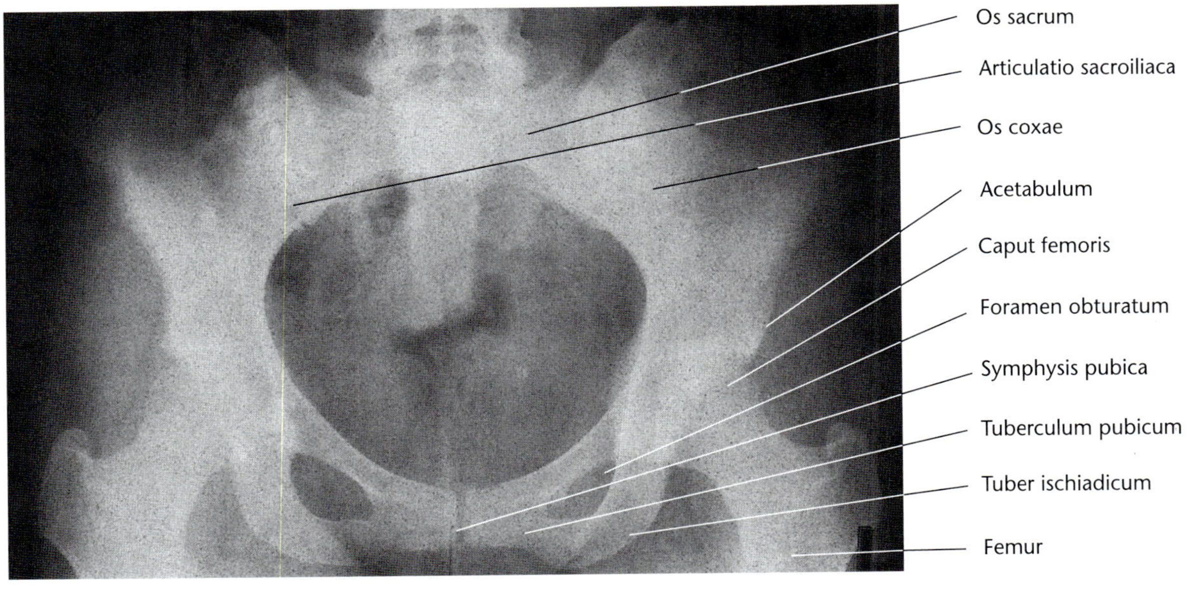

Abb. 6.58 Röntgenbild des Beckens (a.-p. Aufnahme).

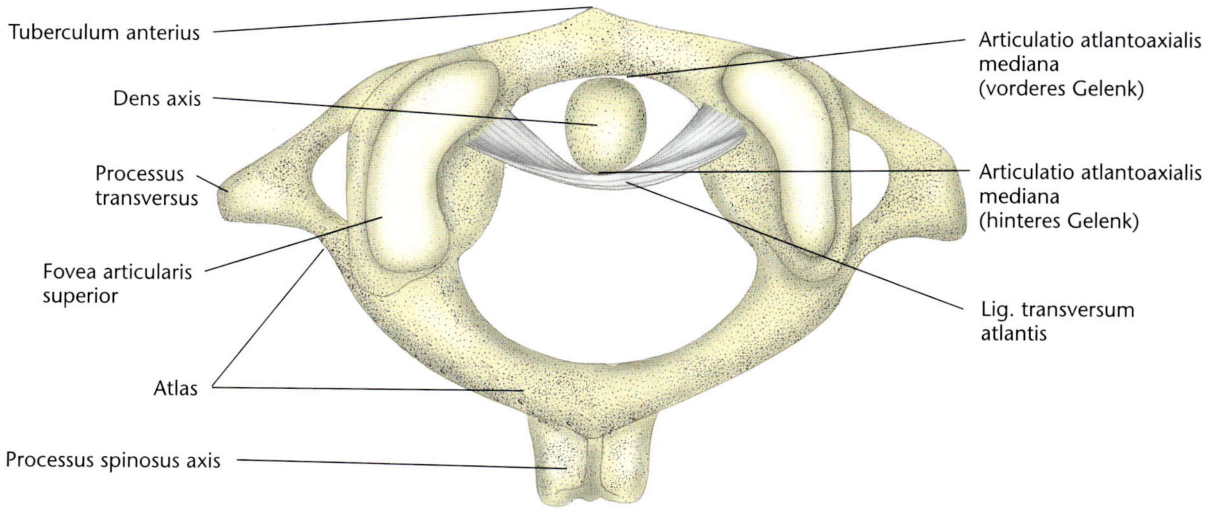

Abb. 6.59 Atlas und Dens axis von kranial.

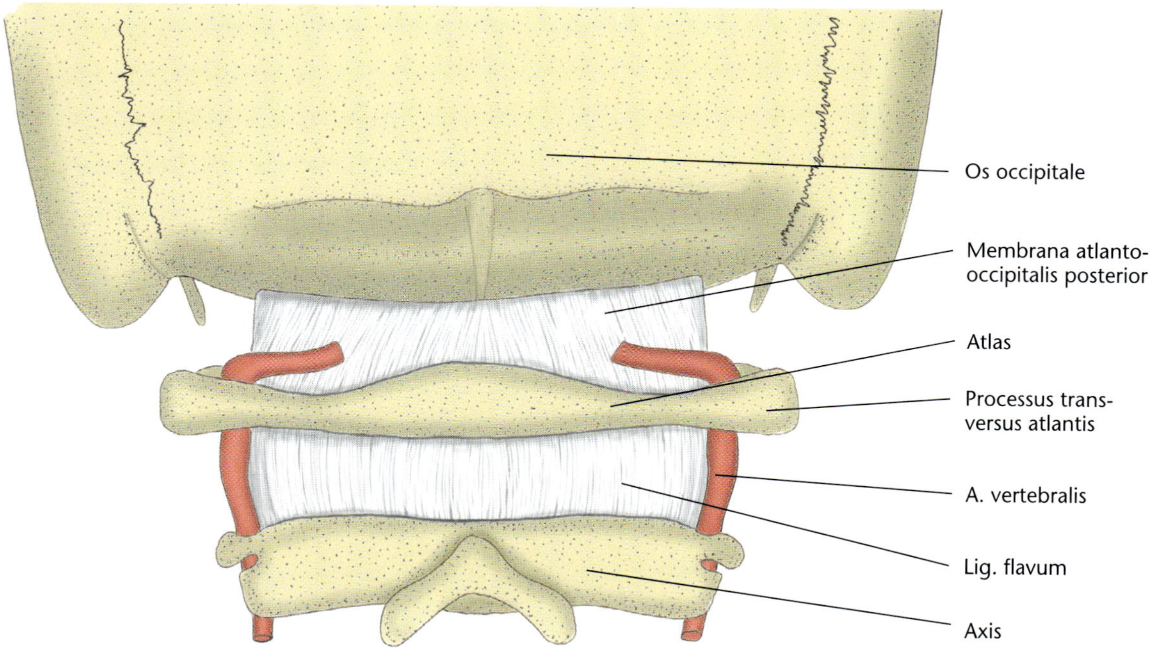

Abb. 6.60 Kopfgelenk von dorsal.

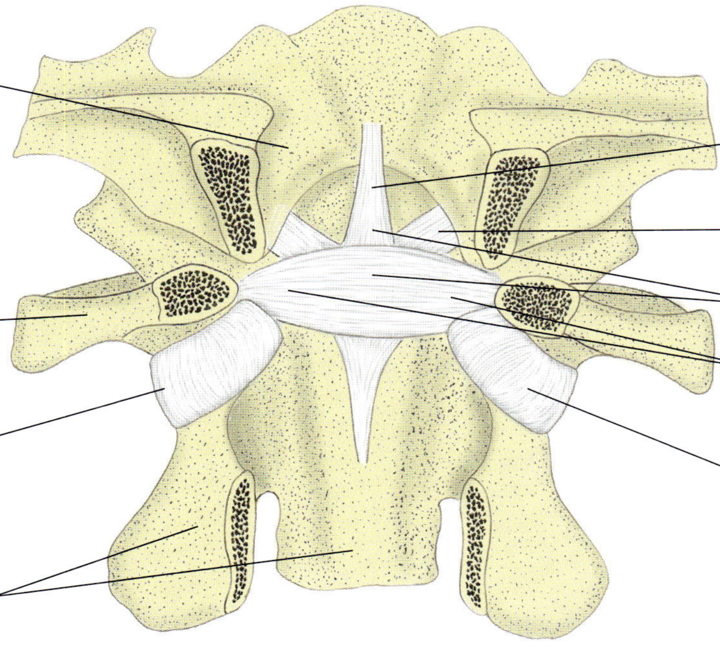

Abb. 6.61 Bänder zwischen Os occipitale und Axis von dorsal (nach Entfernung der Membrana tectoria).

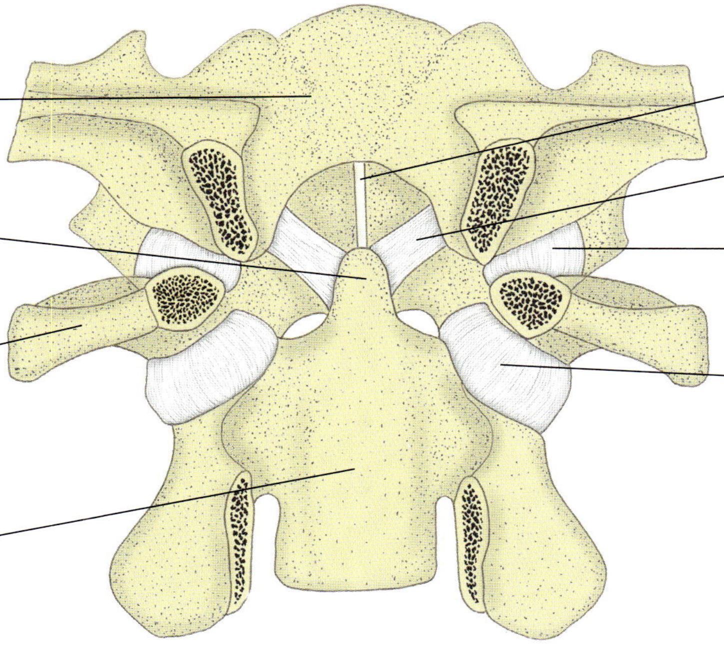

Abb. 6.62 Bänder zwischen Os occipitale und Axis von dorsal (tiefe Schicht).

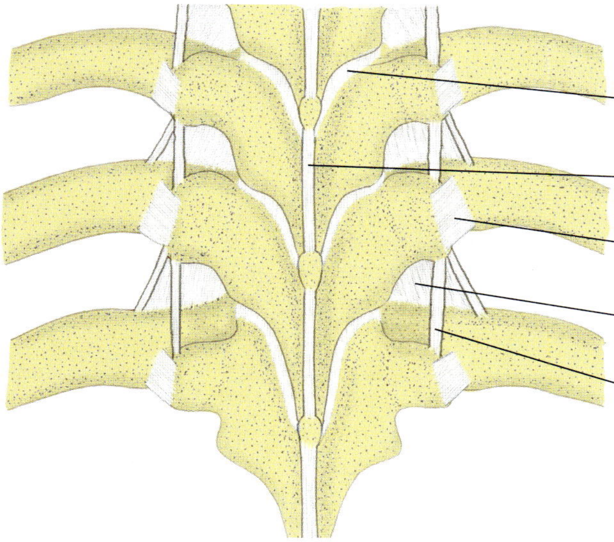

Abb. 6.63 Bänder der Brustwirbelsäule von dorsal.

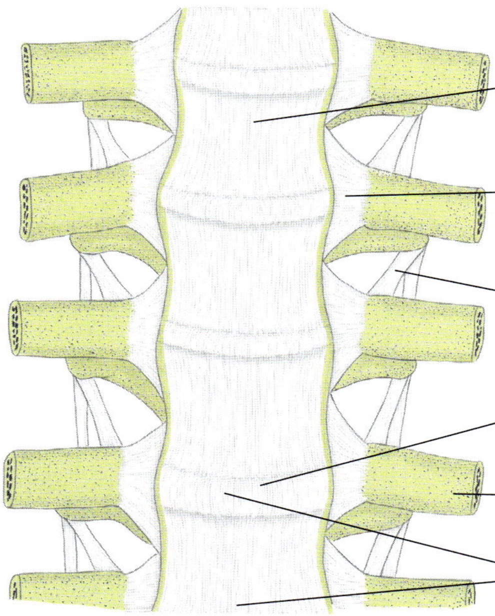

Abb. 6.64 Bänder der Brustwirbelsäule von ventral.

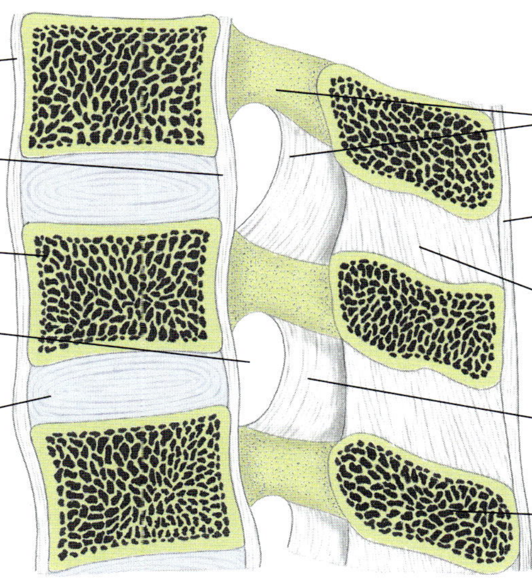

Abb. 6.65 Schnitt durch die Medianebene der Wirbelsäule.

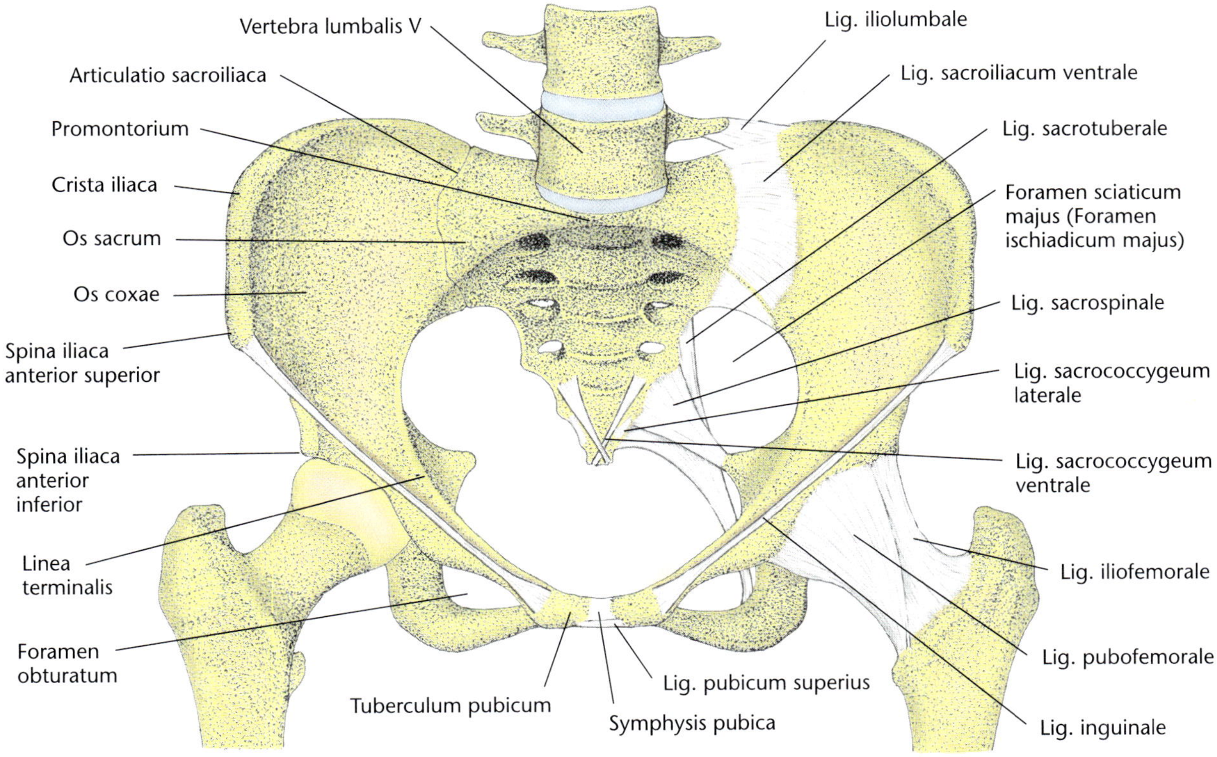

Abb. 6.66 Männliches Becken von ventral/kranial.

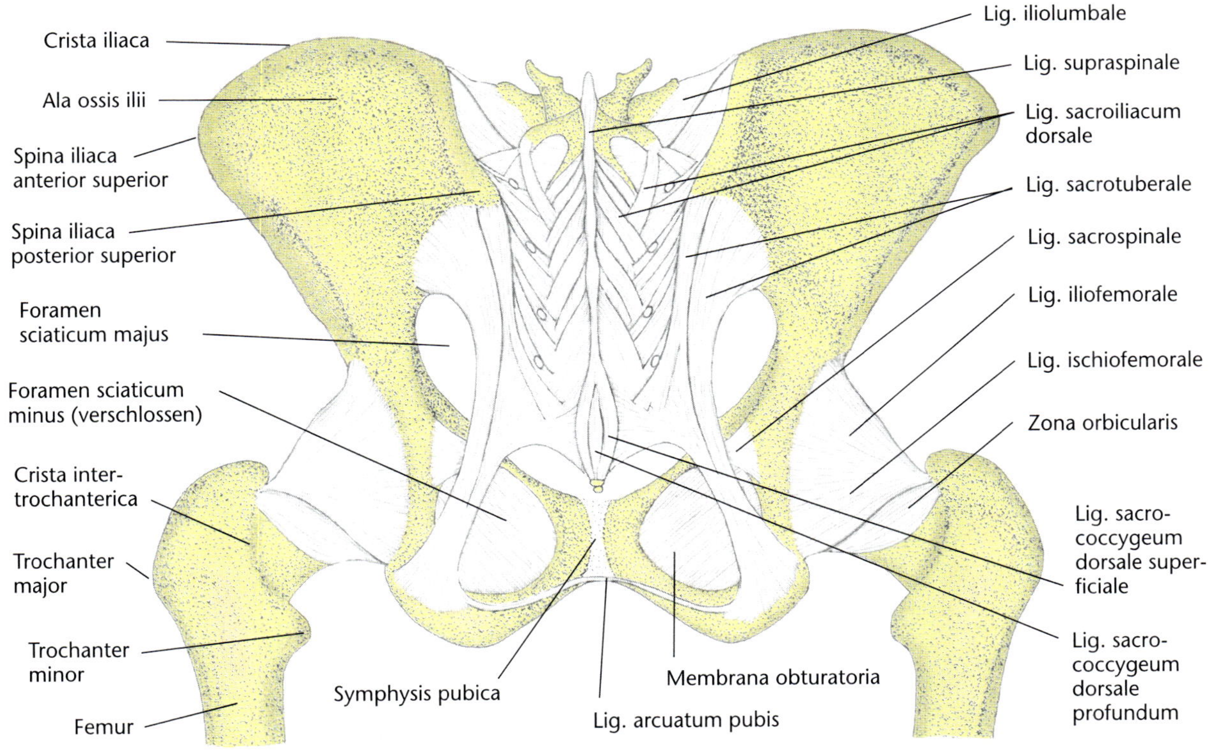

Abb. 6.67 Männliches Becken von dorsal.

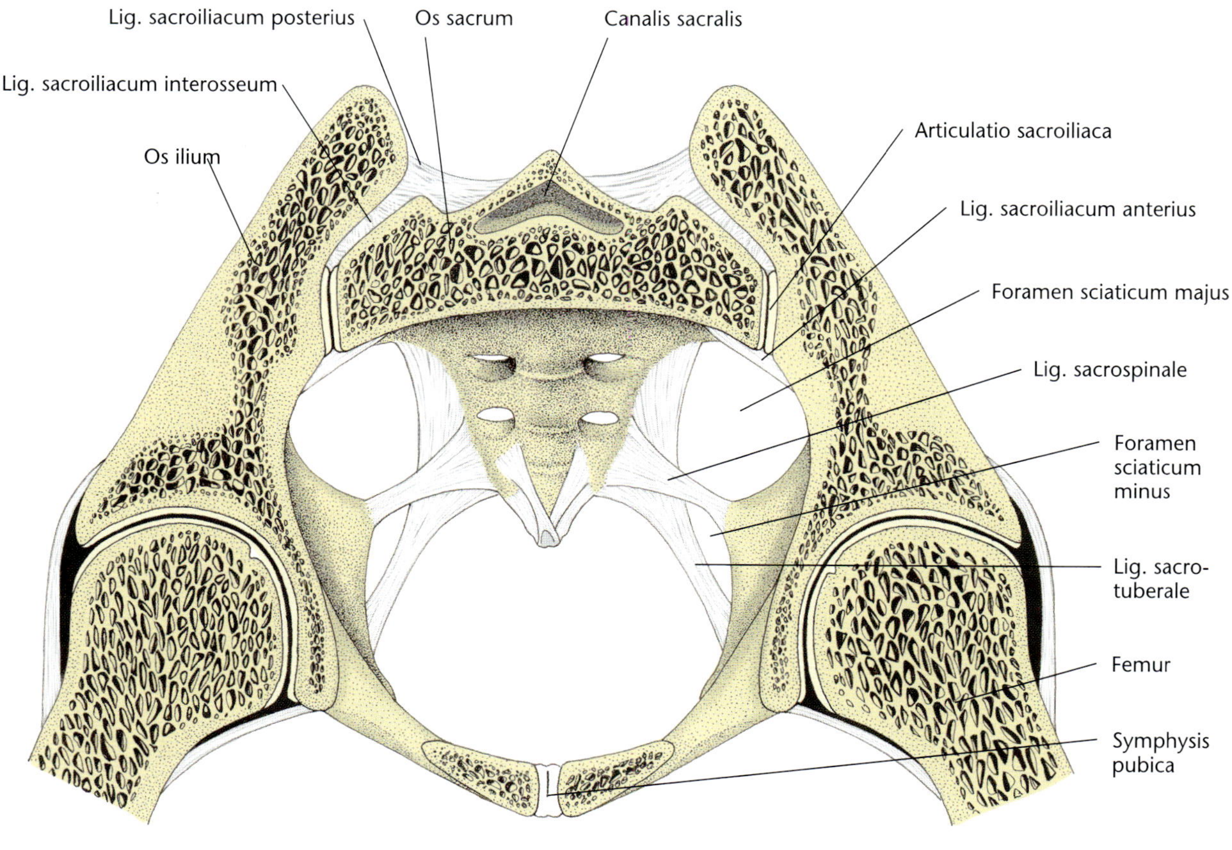

Abb. 6.68 Männliches Becken von kranial.

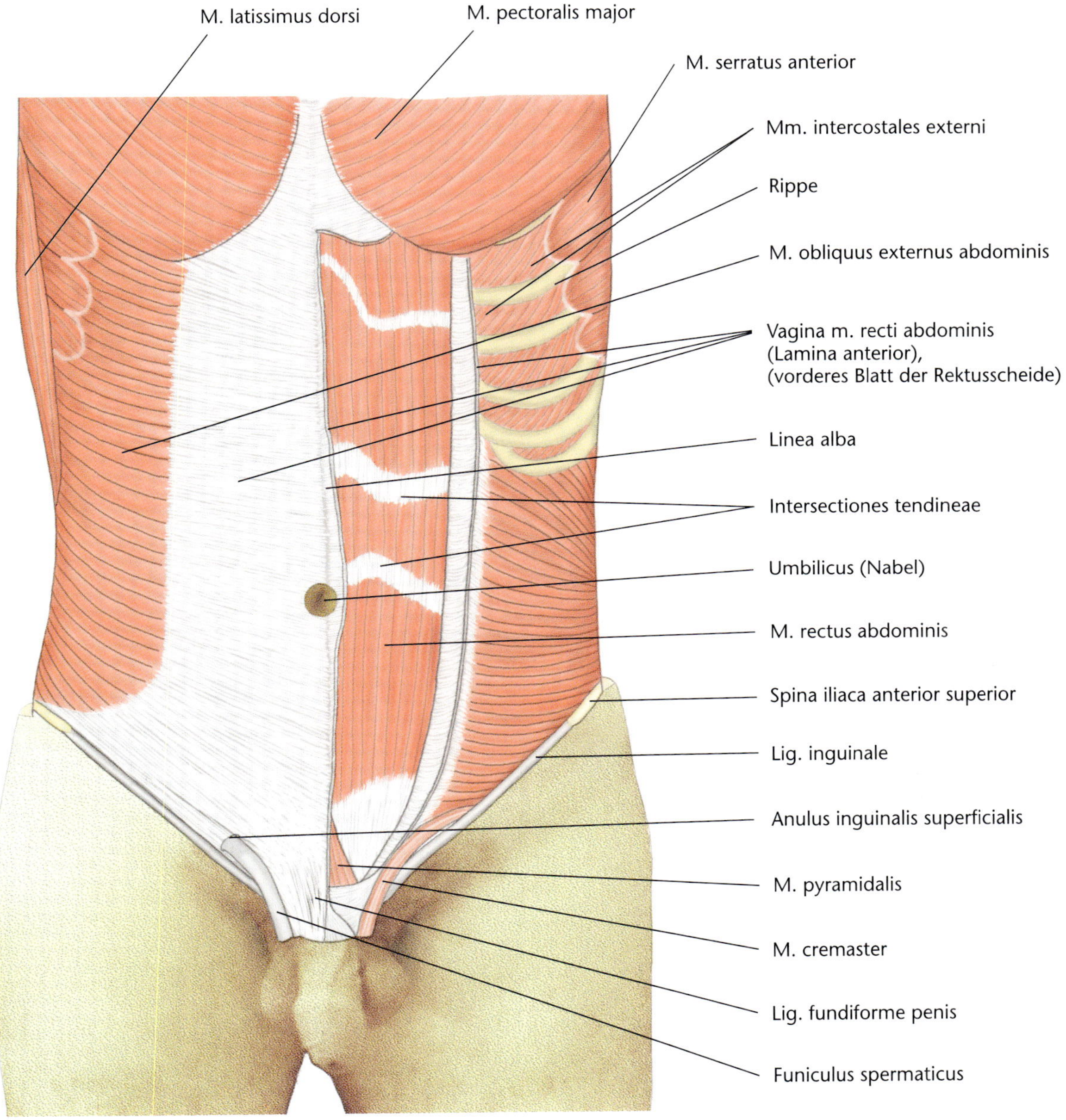

Abb. 6.69 Bauchmuskeln von ventral, oberflächliche und mittlere Schicht.

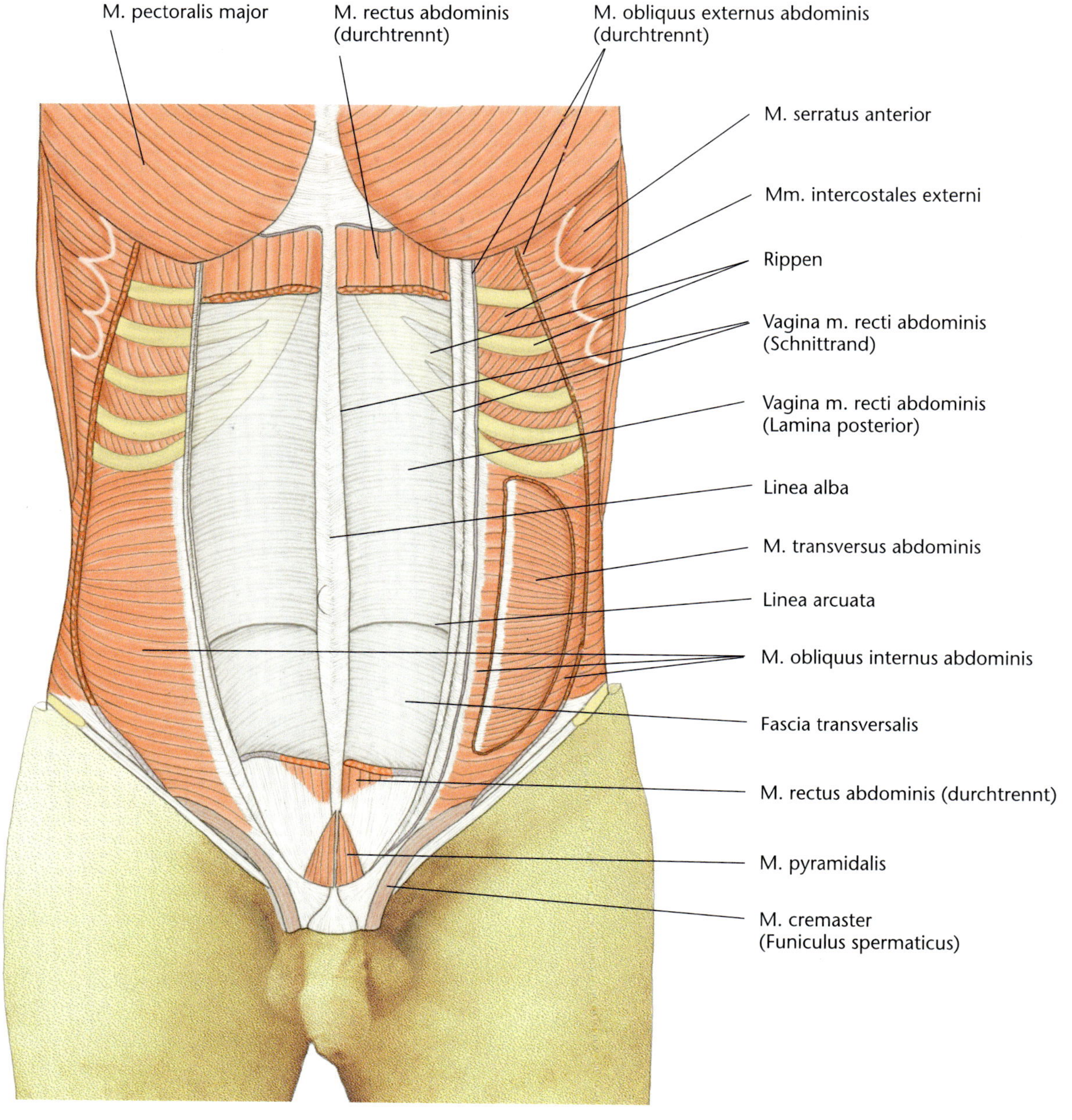

Abb. 6.70 Bauchmuskeln von ventral, tiefe Schicht.

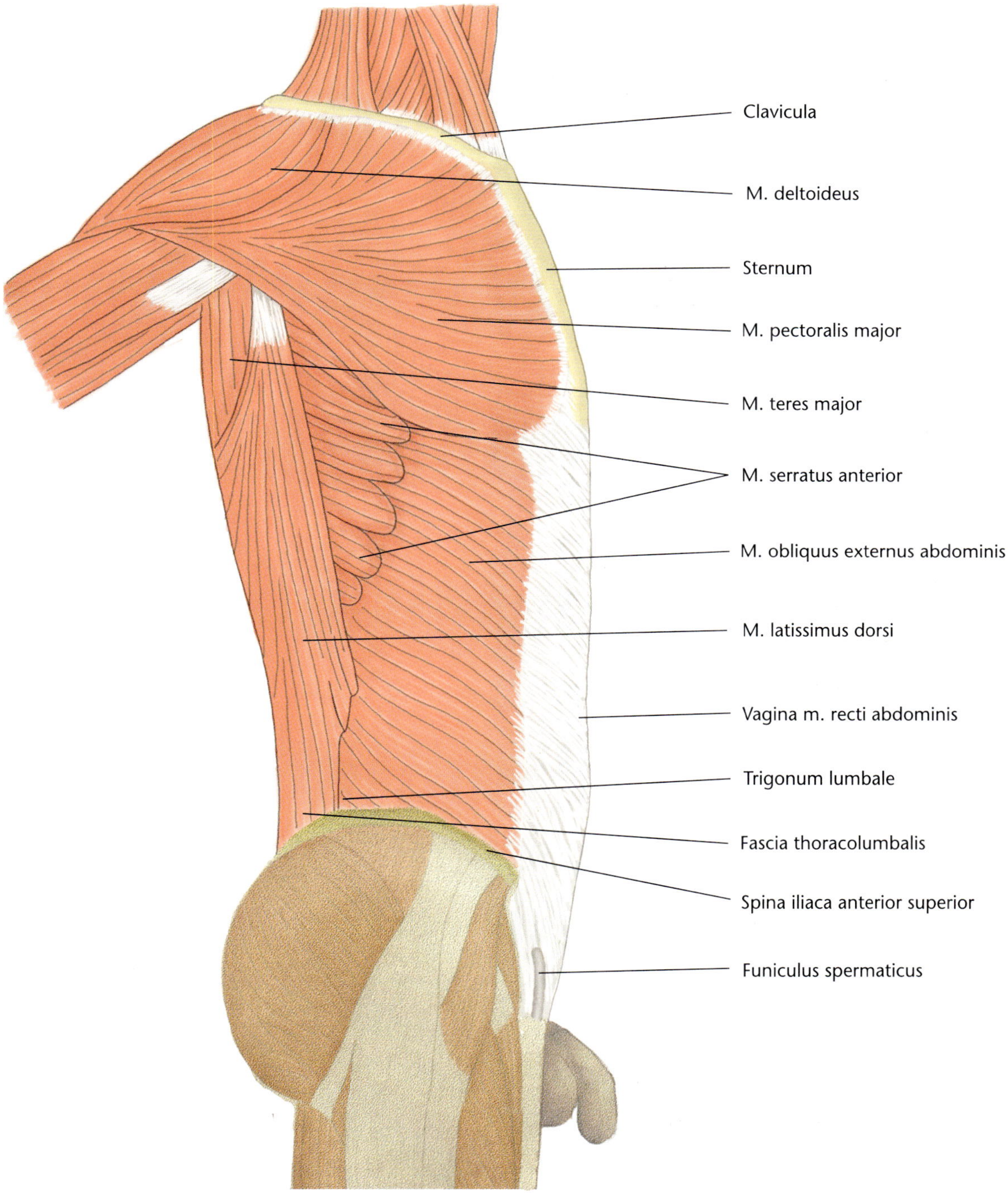

Abb. 6.71 Bauchmuskeln von lateral.

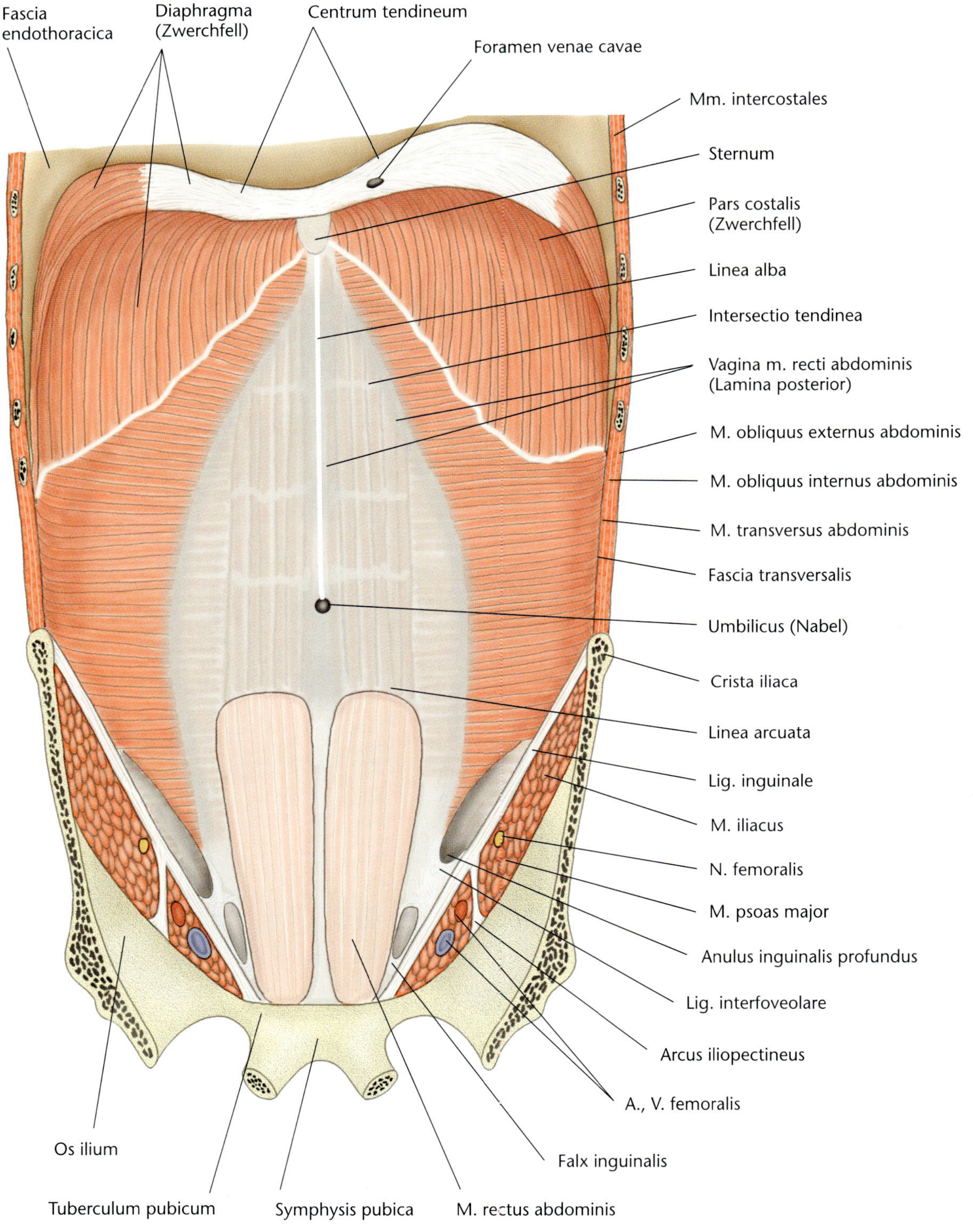

Abb. 6.72 Vordere Bauchmuskeln von innen.

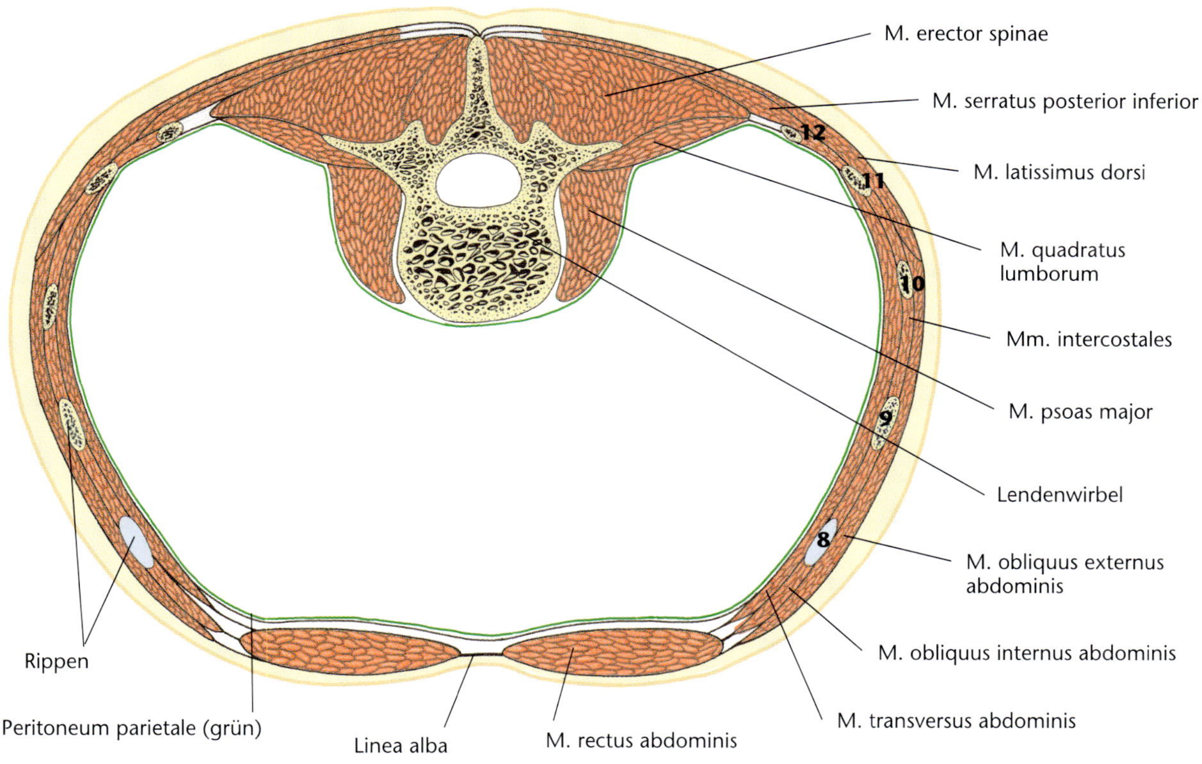

Abb. 6.73 Querschnitt durch die Bauchwand in Höhe des 2. Lendenwirbels.

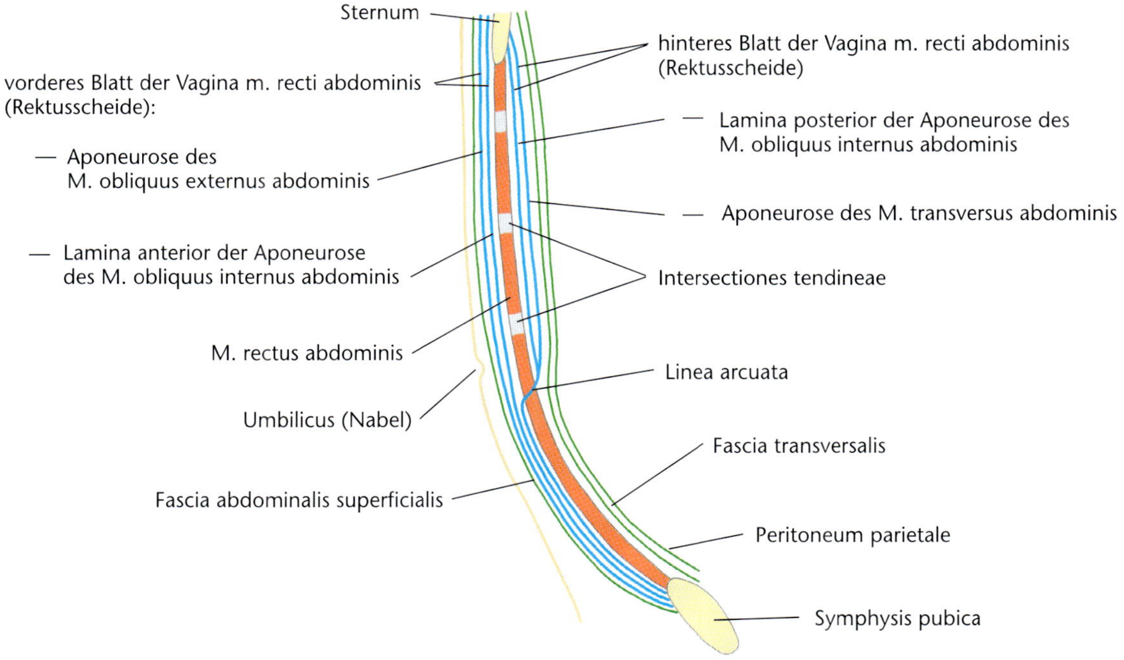

Abb. 6.74 Längsschnitt durch die vordere Bauchwand zur Darstellung der einzelnen Muskeln.

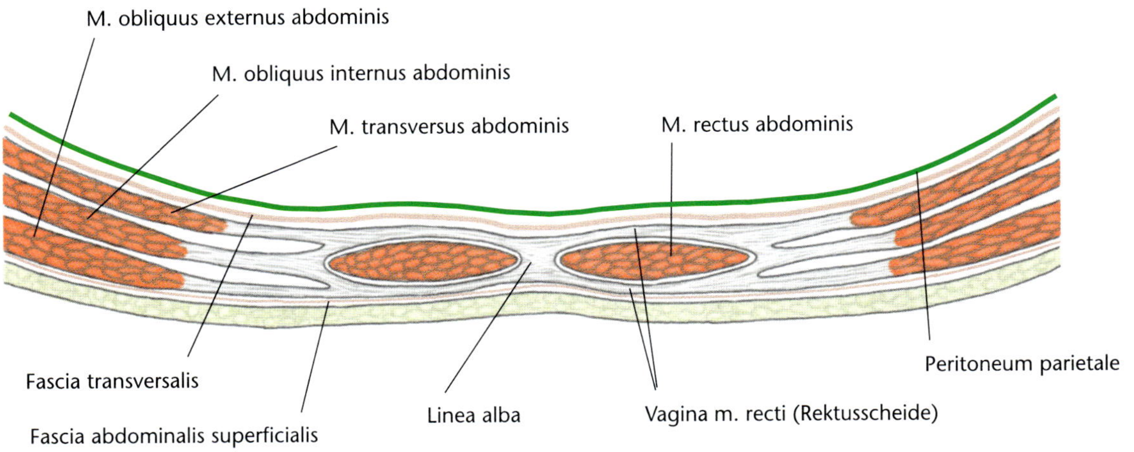

Abb. 6.75 Querschnitt durch die ventrale Bauchwand oberhalb des Nabels.

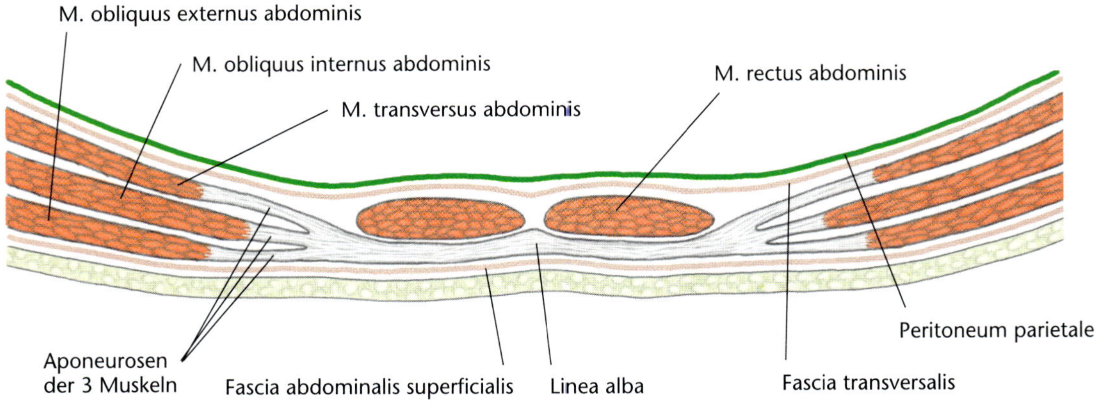

Abb. 6.76 Querschnitt durch die ventrale Bauchwand unterhalb des Nabels.

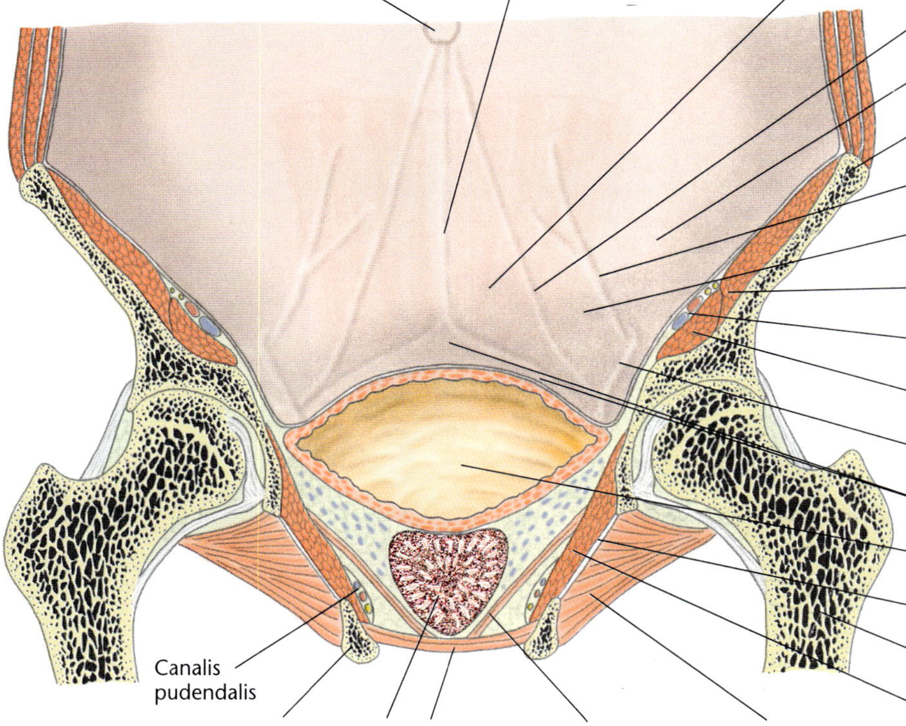

Abb. 6.77 Vordere Bauchwand des Mannes von innen.

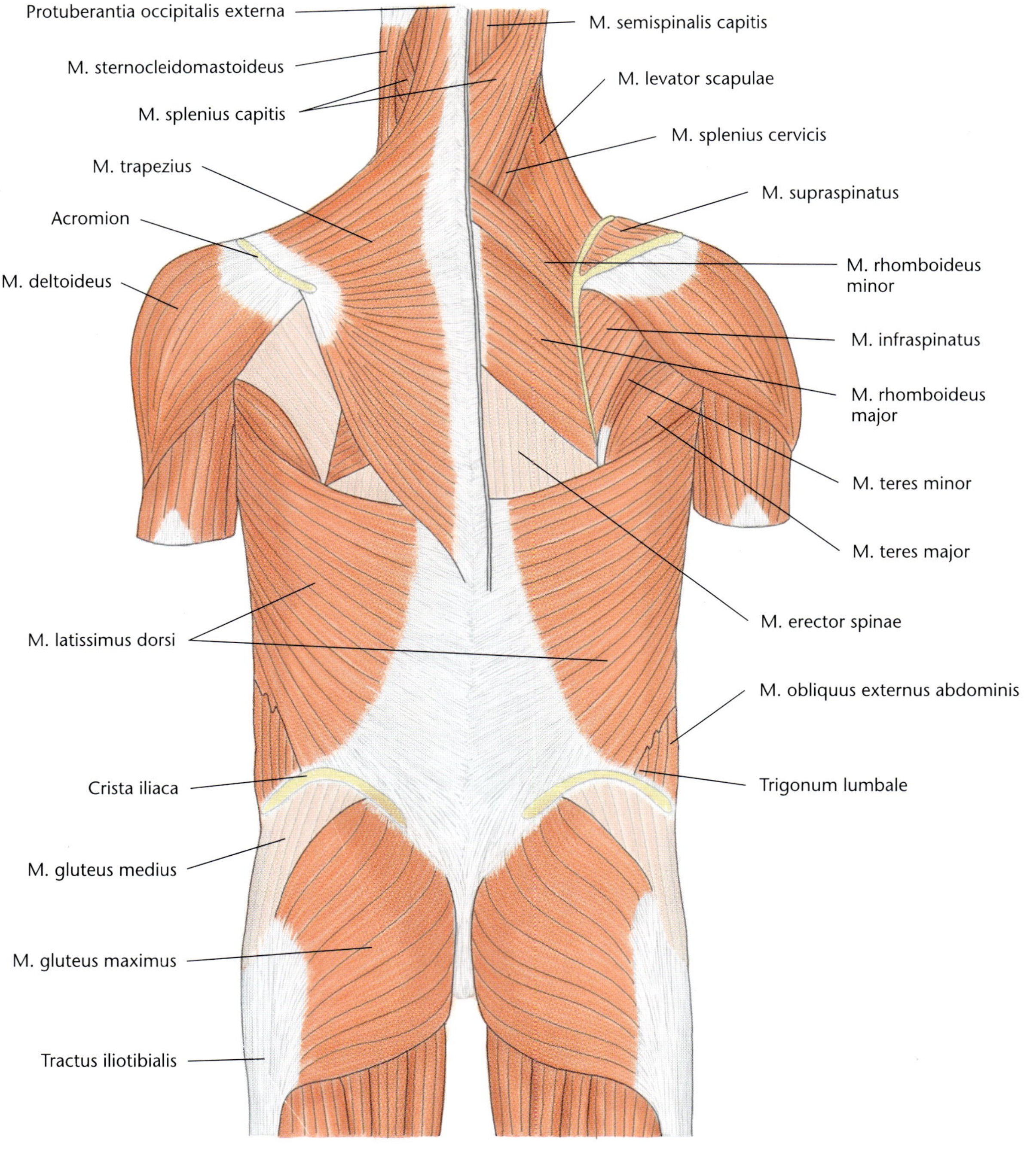

Abb. 6.78 Nacken-, Schulter- und Rückenmuskeln von dorsal.

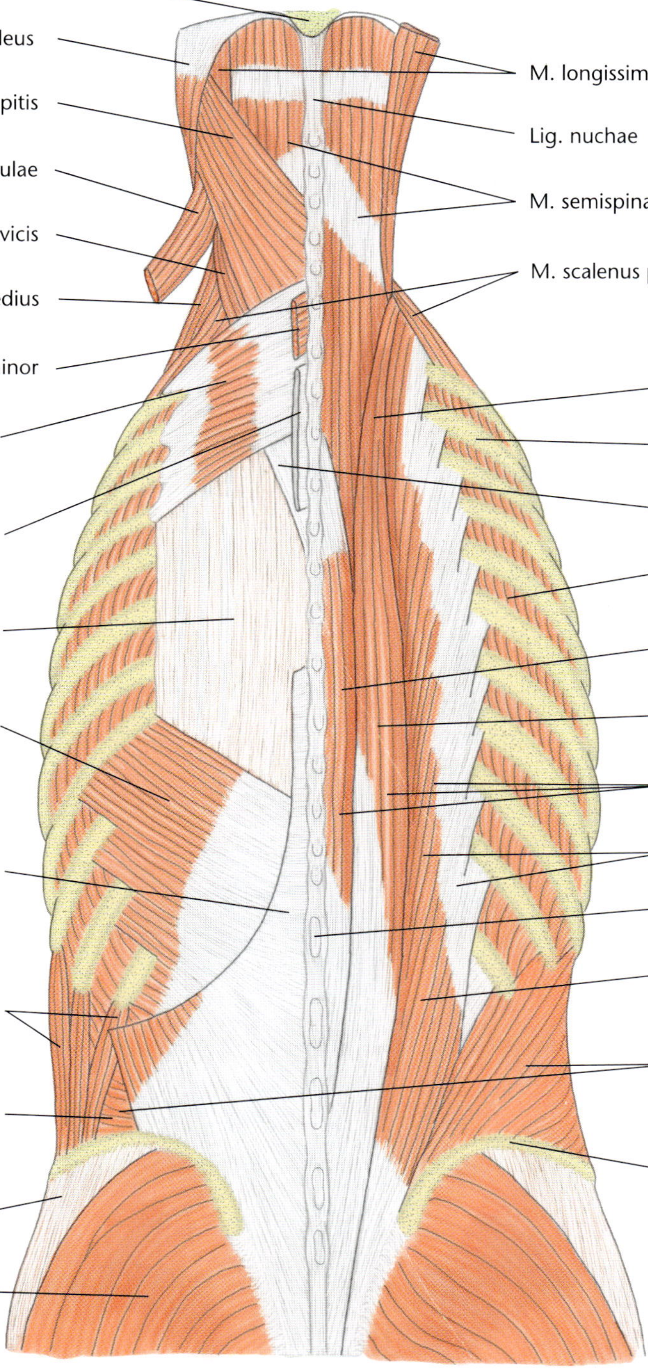

Abb. 6.79 Tiefe Rückenmuskeln.

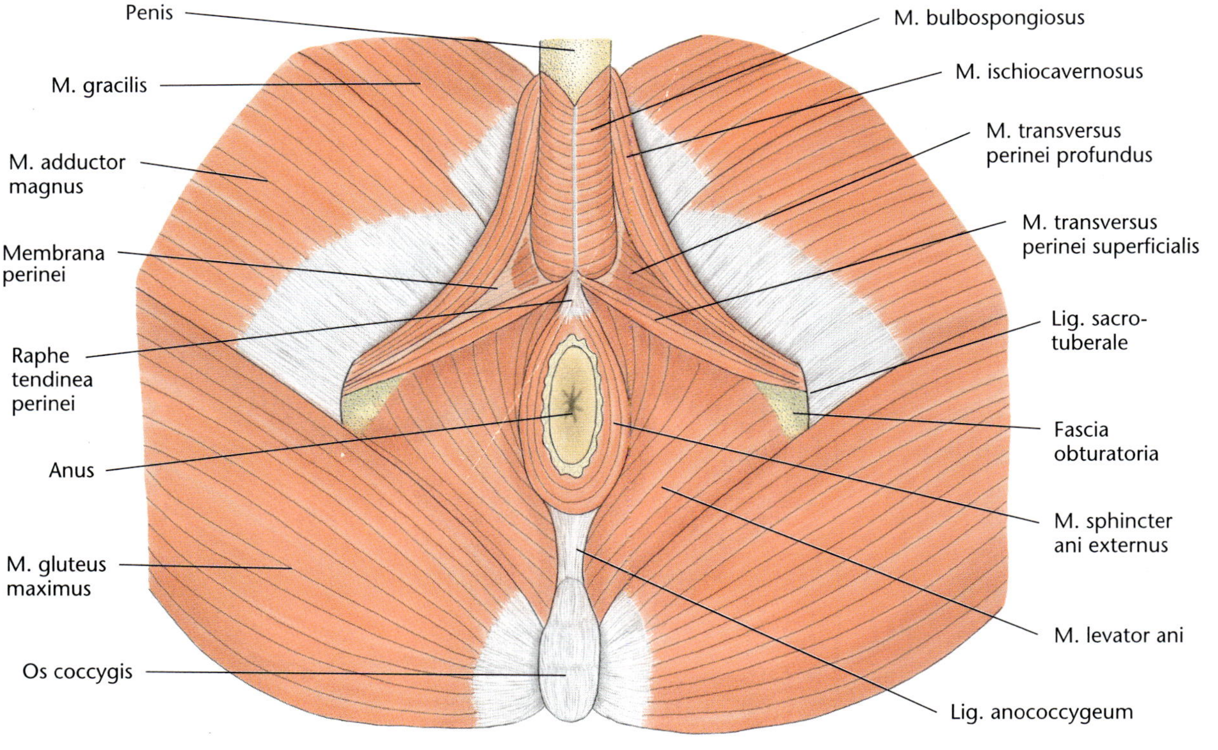

Abb. 6.80 Beckenbodenmuskeln des Mannes von kaudal.

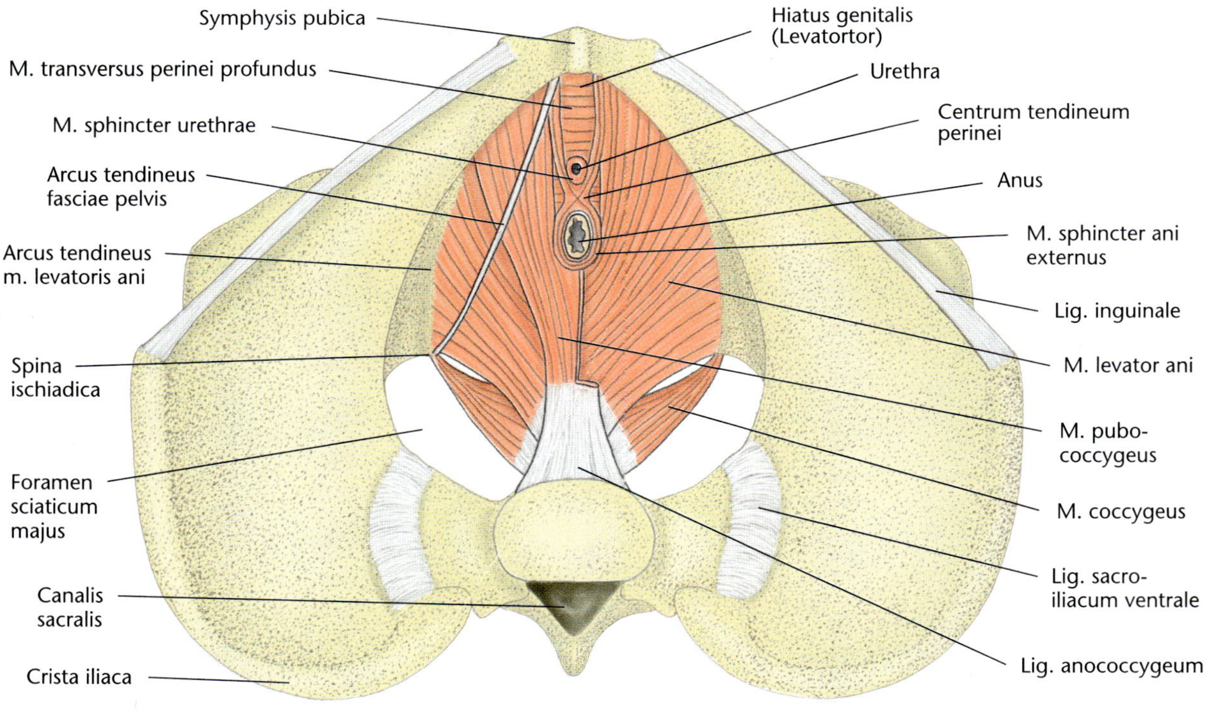

Abb. 6.81 Beckenbodenmuskeln des Mannes von kranial.

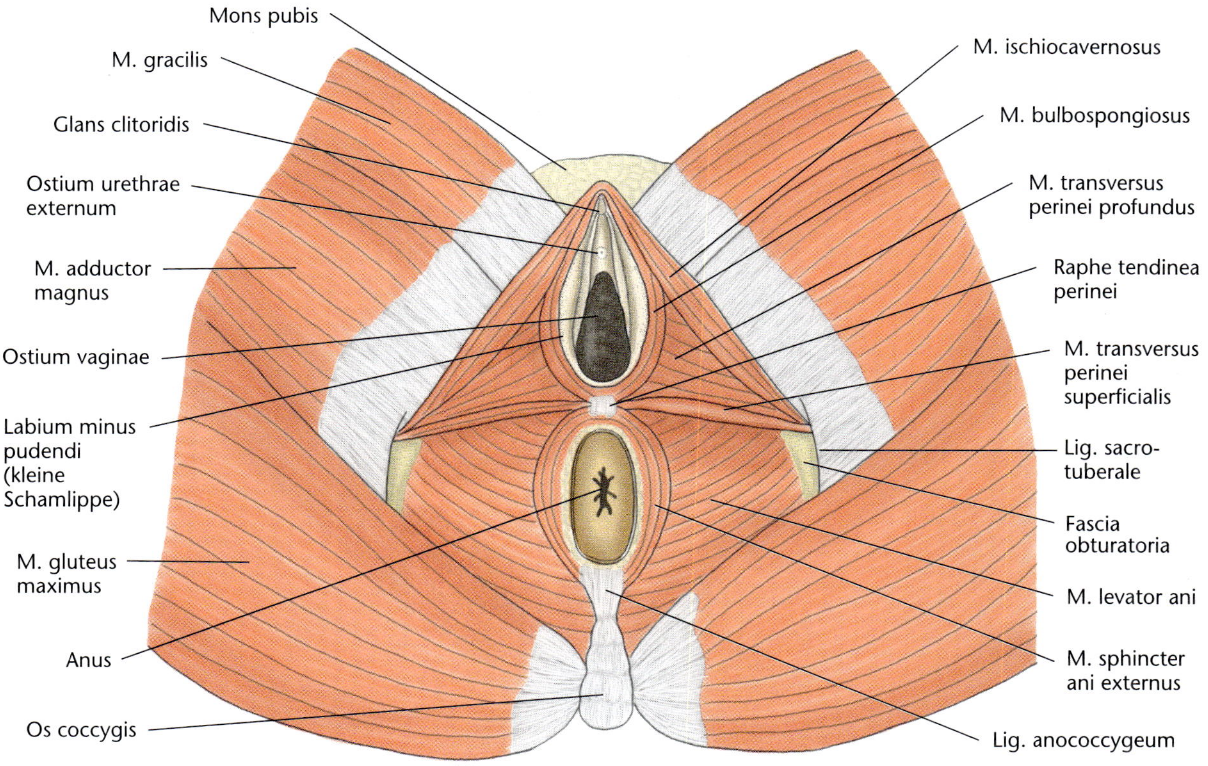

Abb. 6.82 Beckenbodenmuskeln der Frau von kaudal.

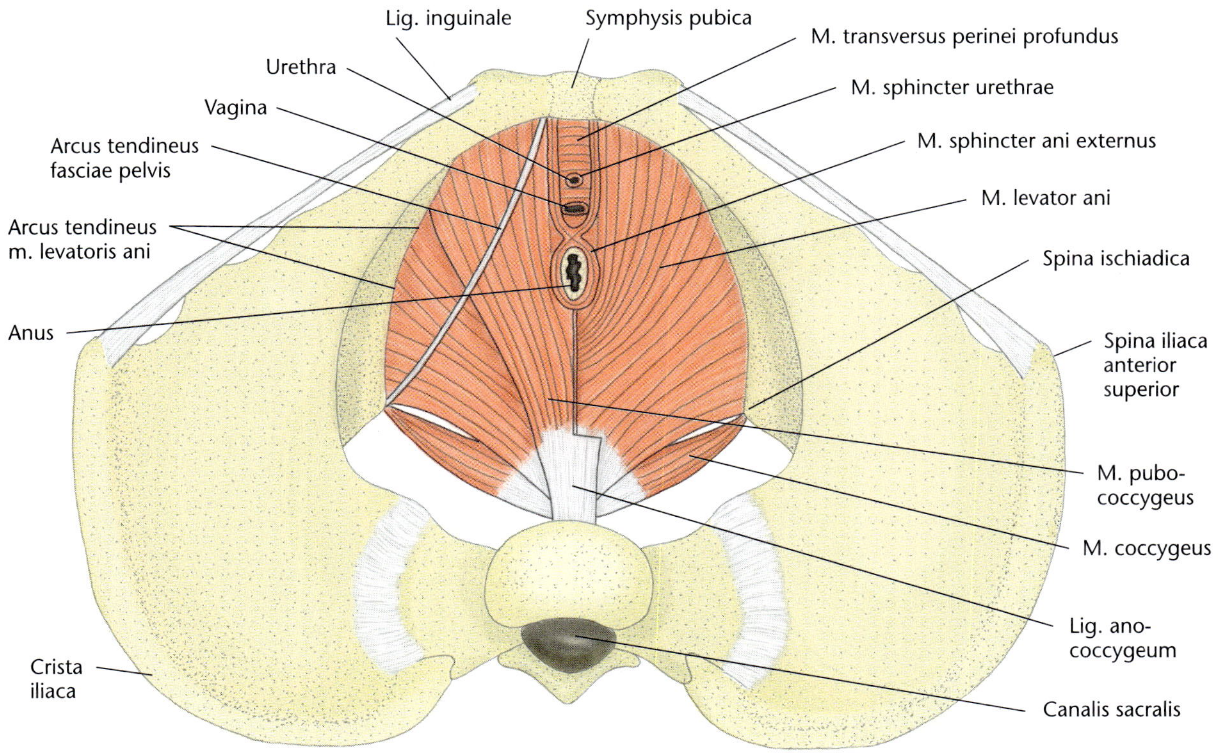

Abb. 6.83 Beckenbodenmuskeln der Frau von kranial.

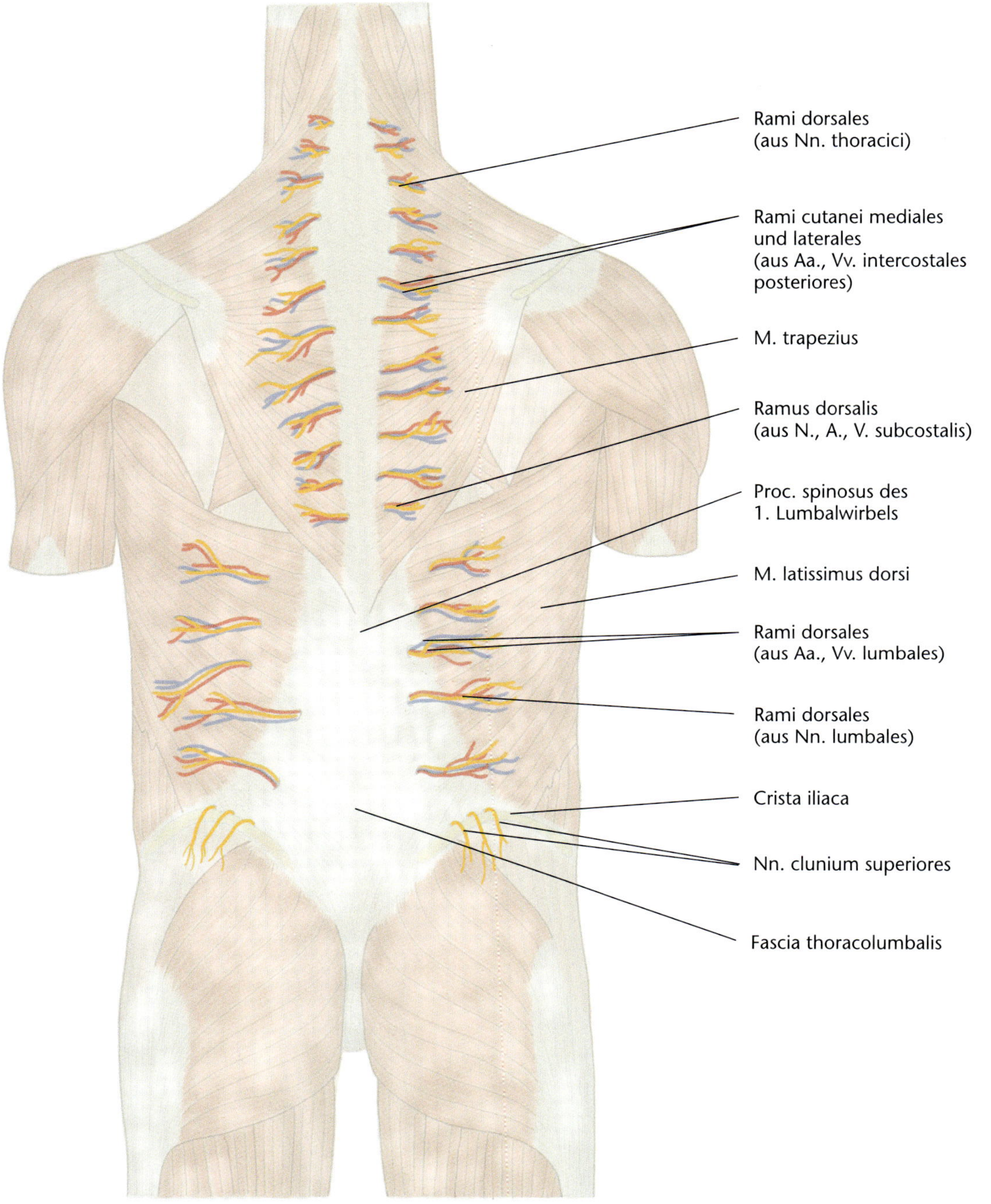

Abb. 6.84 Oberflächliche Nerven und Gefäße des Rückens.

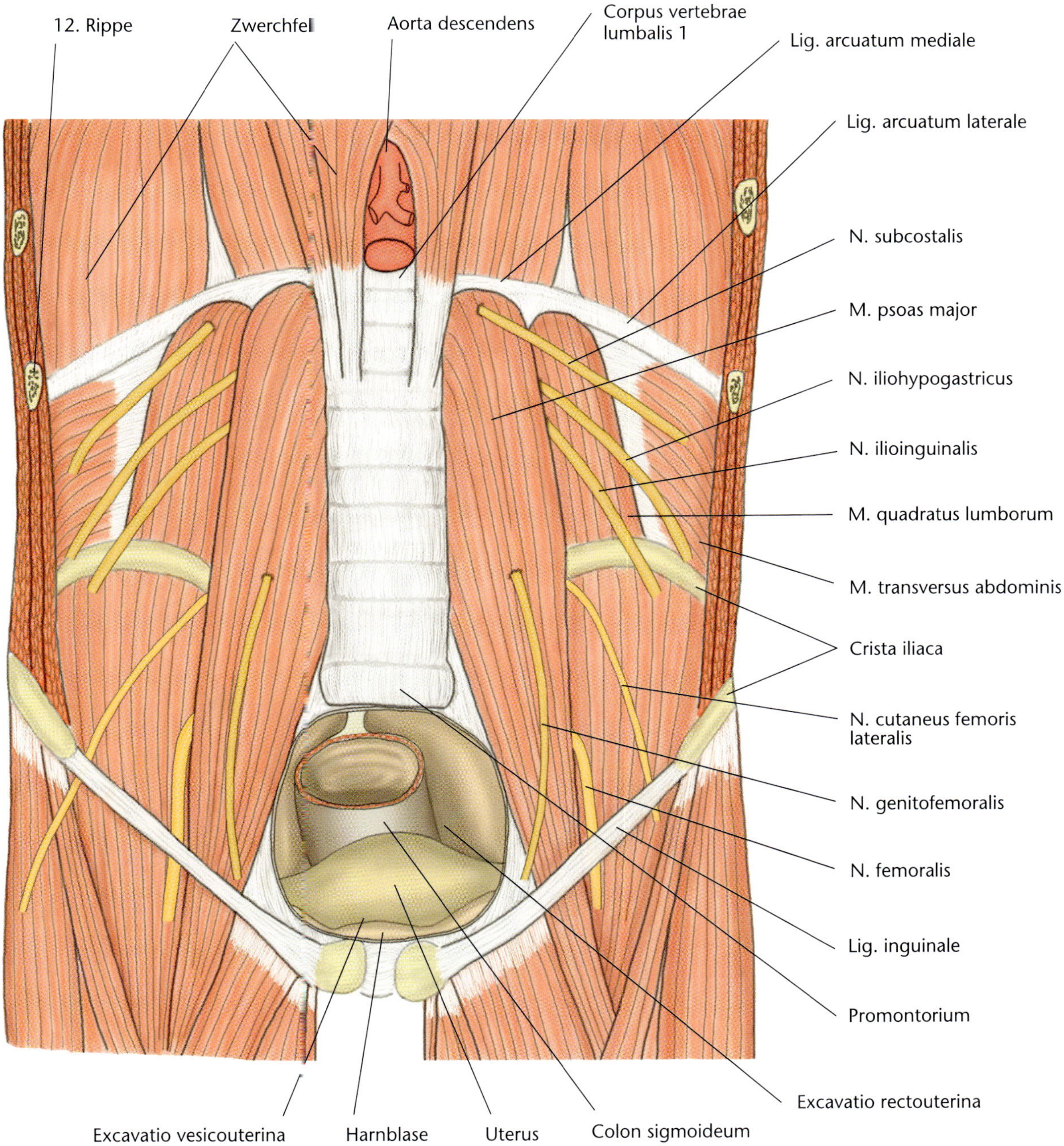

Abb. 6.85 Nerven im Bereich der dorsalen Lenden- und Beckenmuskeln.

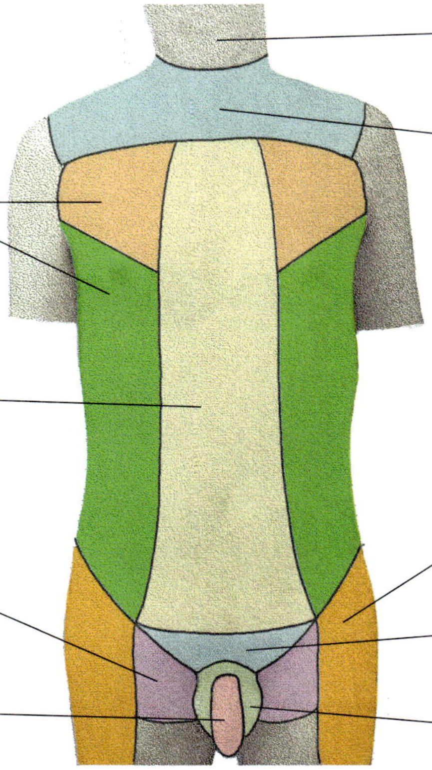

Abb. 6.86 Sensible Innervation der Brust- und Bauchhaut von ventral.

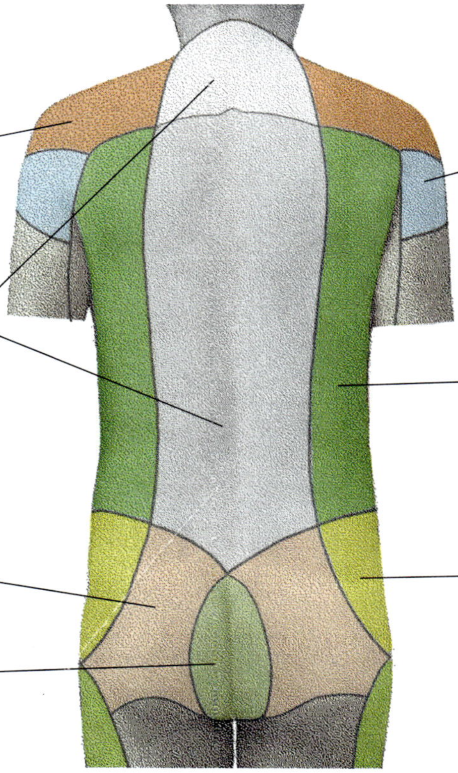

Abb. 6.87 Sensible Innervation der Rückenhaut.

7 Thorax

7.1 Die Lungen auf die vordere Körperwand projiziert ... 260
7.2 Die Lungen auf die Rückenwand projiziert 260
7.3 Das Herz auf die vordere Körperwand projiziert ... 261
7.4 Die Herzklappen und ihre Auskultationsstellen auf die vordere Körperwand projiziert ... 261
7.5 Brust- und obere Bauchorgane nach Entfernung der Rippen ... 262
7.6 Brusthöhle von links, nach Entfernung der Lunge ... 263
7.7 Brusthöhle von rechts, nach Entfernung der Lunge ... 264
7.8 Hintere Brustwand von ventral ... 265
7.9 Topographische Beziehungen des Ösophagus und seine physiologischen Engen ... 266
7.10 Topographische Beziehung im Bereich der Bifurcatio tracheae ... 266
7.11 Röntgenbild des Ösophagus ... 267
7.12 Auf die Lungen projizierter Bronchialbaum von ventral ... 268
7.13 Rechte Lunge von medial ... 269
7.14 Lungensegmente der rechten Lunge von medial ... 269
7.15 Rechte Lunge von lateral ... 270
7.16 Lungensegmente der rechten Lunge von lateral ... 270
7.17 Linke Lunge von medial ... 271
7.18 Lungensegmente der linken Lunge von medial ... 271
7.19 Linke Lunge von lateral ... 272
7.20 Lungensegmente der linken Lunge von lateral ... 272
7.21 Herz von ventral ... 273
7.22 Varianten der aus dem Arcus aortae hervorgehenden Äste ... 273
7.23 Herz von ventral nach Entfernung des Fettgewebes ... 274
7.24 Herz von dorsal ... 275
7.25 Herzklappen und Herzkranzgefäße nach Entfernung der Vorhöfe von oben (Herzbasis) ... 276
7.26 Eröffnetes Herz von ventral ... 277
7.27 Rückseite des Herzbeutels nach Entfernung des Herzens ... 278
7.28 Röntgenbild des Thorax (p.a. Aufnahme) ... 279
7.29 Röntgenbild des Thorax von lateral ... 280
7.30 Querschnitt durch den Thorax in Höhe des 2. Brustwirbels ... 281
7.31 Querschnitt durch den Thorax in Höhe des 4. Brustwirbels ... 282
7.32 Querschnitt durch den Thorax in Höhe des 8. Brustwirbels ... 283
7.33 Frontalschnitt durch den Thorax in Herzhöhe ... 284
7.34 Frontalschnitt durch den Thorax in Höhe der Wirbelsäule ... 285
7.35 Sagittalschnitt durch den Thorax (parasternal) und die Aorta ... 286
7.36 Sagittalschnitt durch das Herz und die Aorta ... 287
7.37 Sagittalschnitt im Bereich des Atrium dextrum (rechter Vorhof) ... 288

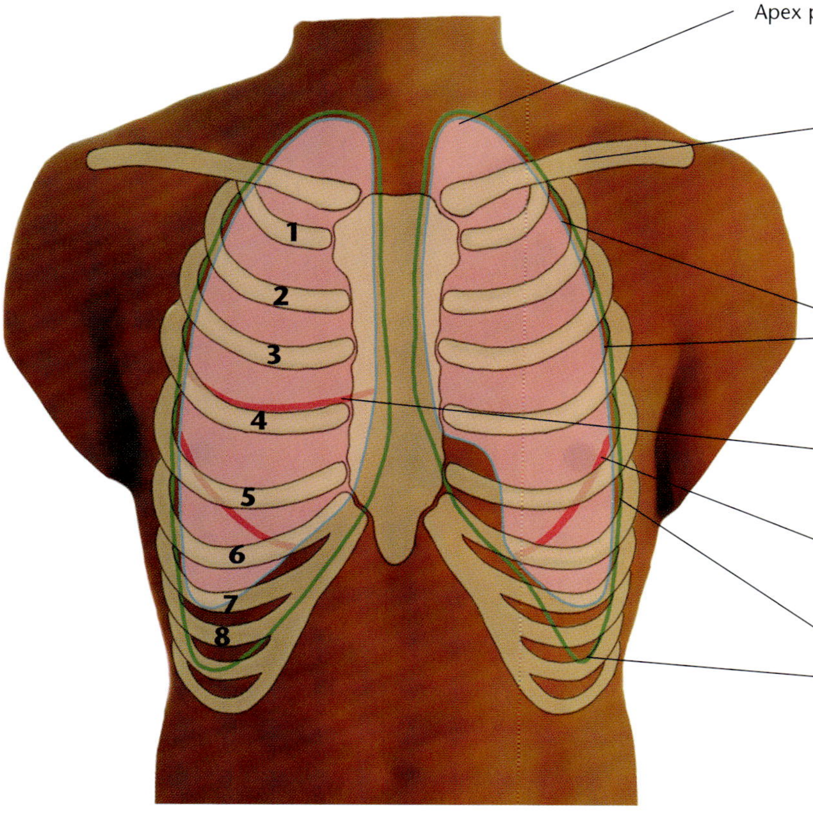

Abb. 7.1 Die Lungen auf die vordere Körperwand projiziert.

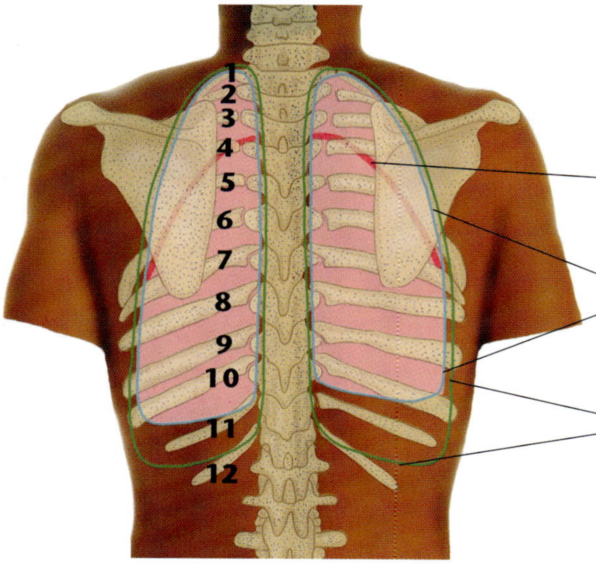

Abb. 7.2 Die Lungen auf die Rückenwand projiziert.

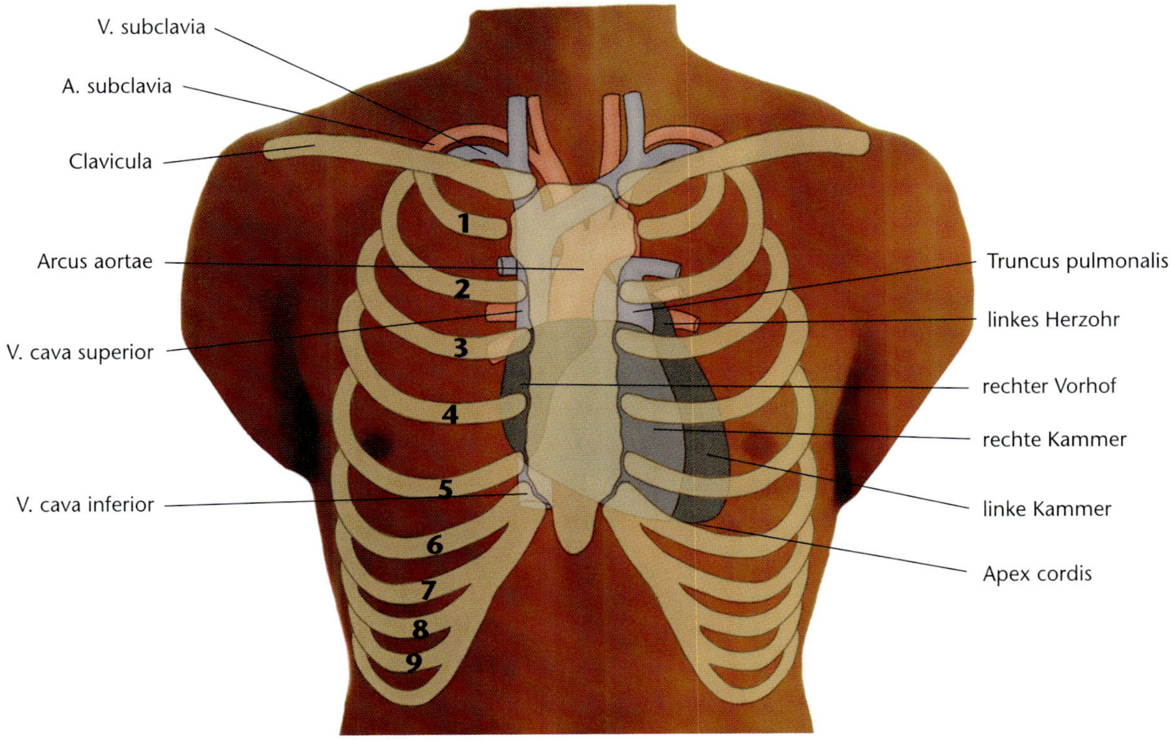

Abb. 7.3 Das Herz auf die vordere Körperwand projiziert.

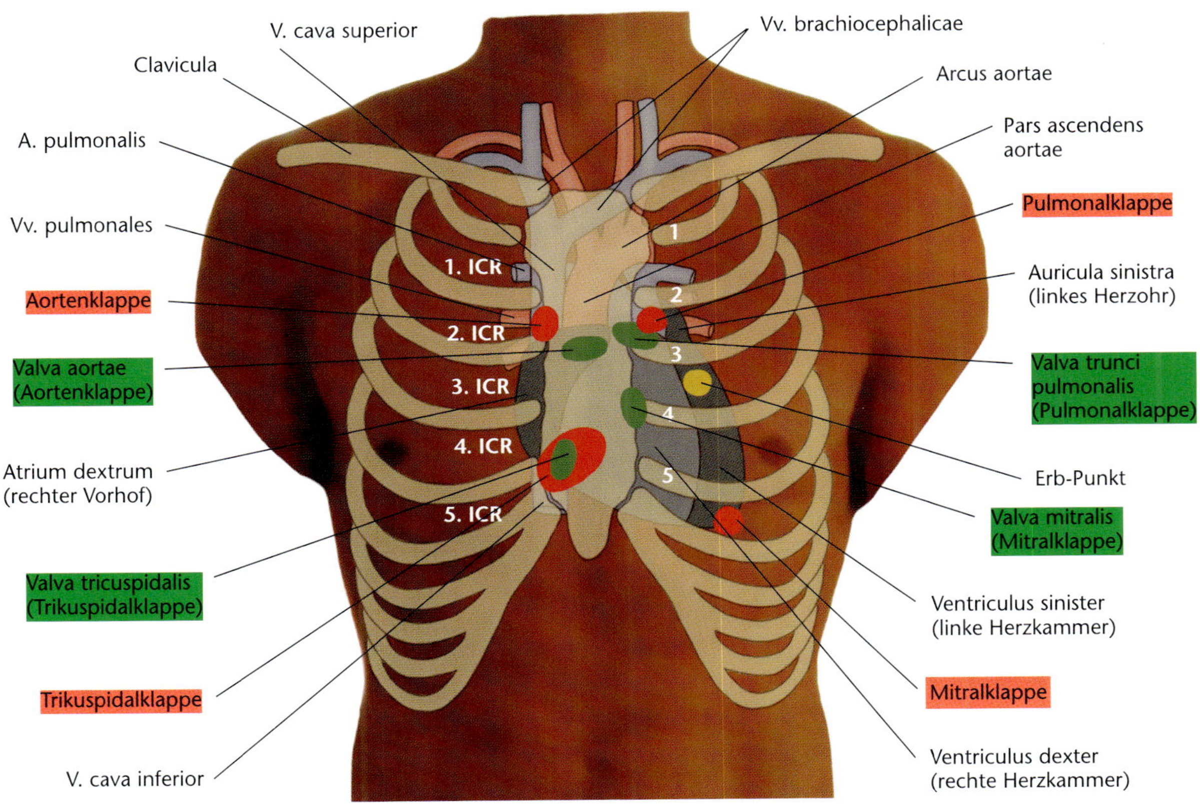

Abb. 7.4 Die Herzklappen (grün) und ihre Auskultationsstellen (rot) auf die vordere Körperwand projiziert.

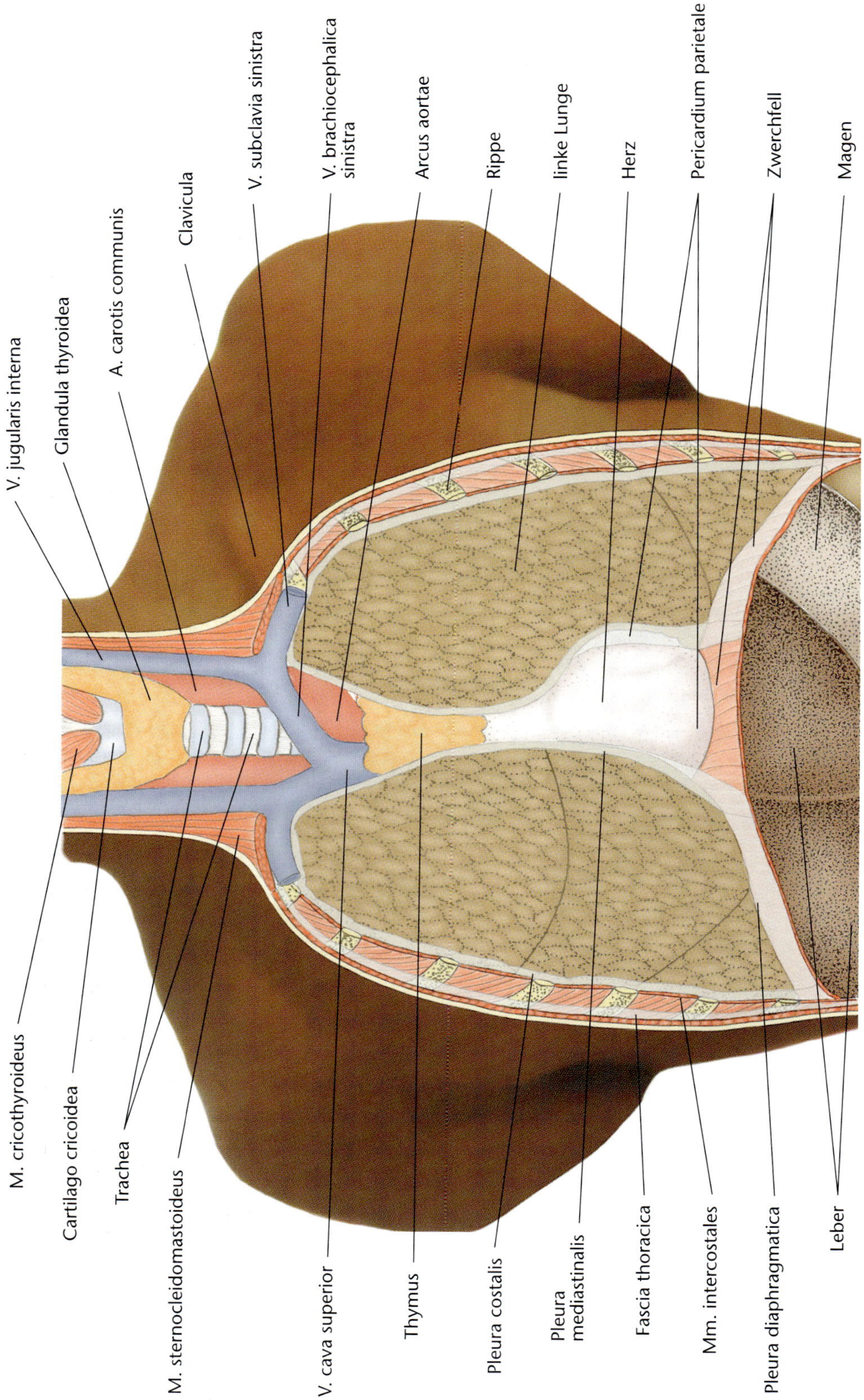

Abb. 7.5 Brust- und obere Bauchorgane nach Entfernung der Rippen.

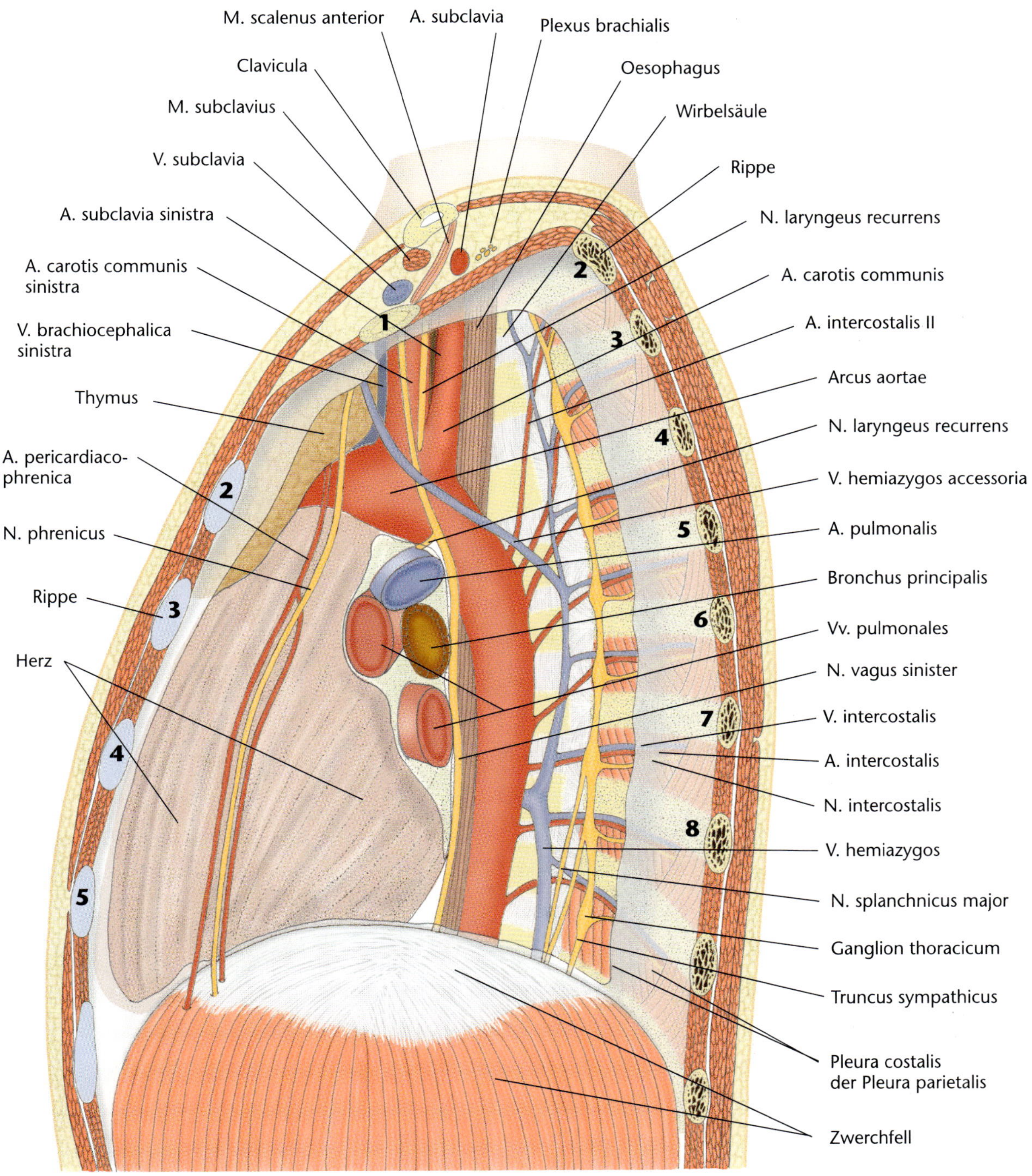

Abb. 7.6 Brusthöhle von links, nach Entfernung der Lunge.

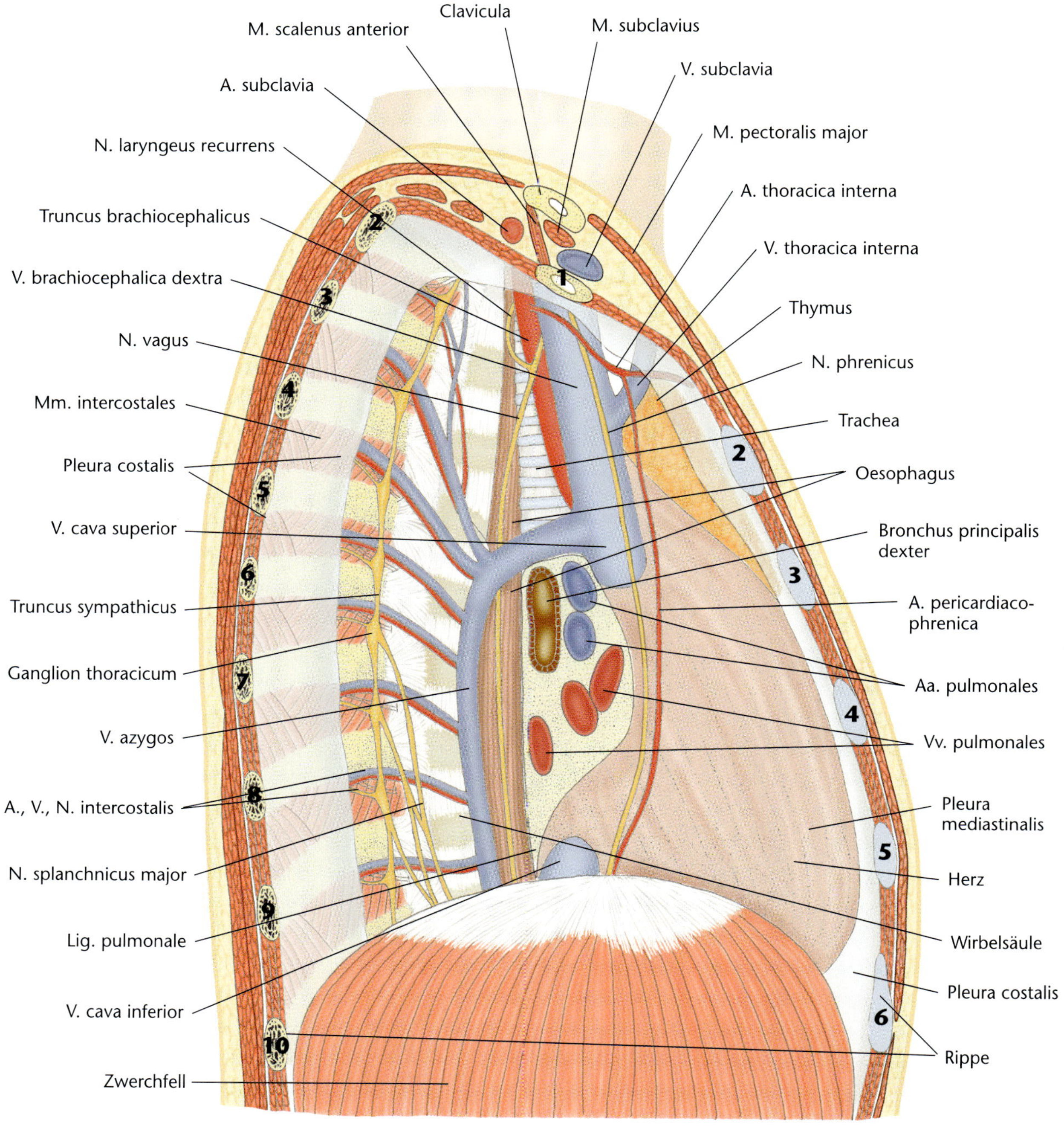

Abb. 7.7 Brusthöhle von rechts, nach Entfernung der Lunge.

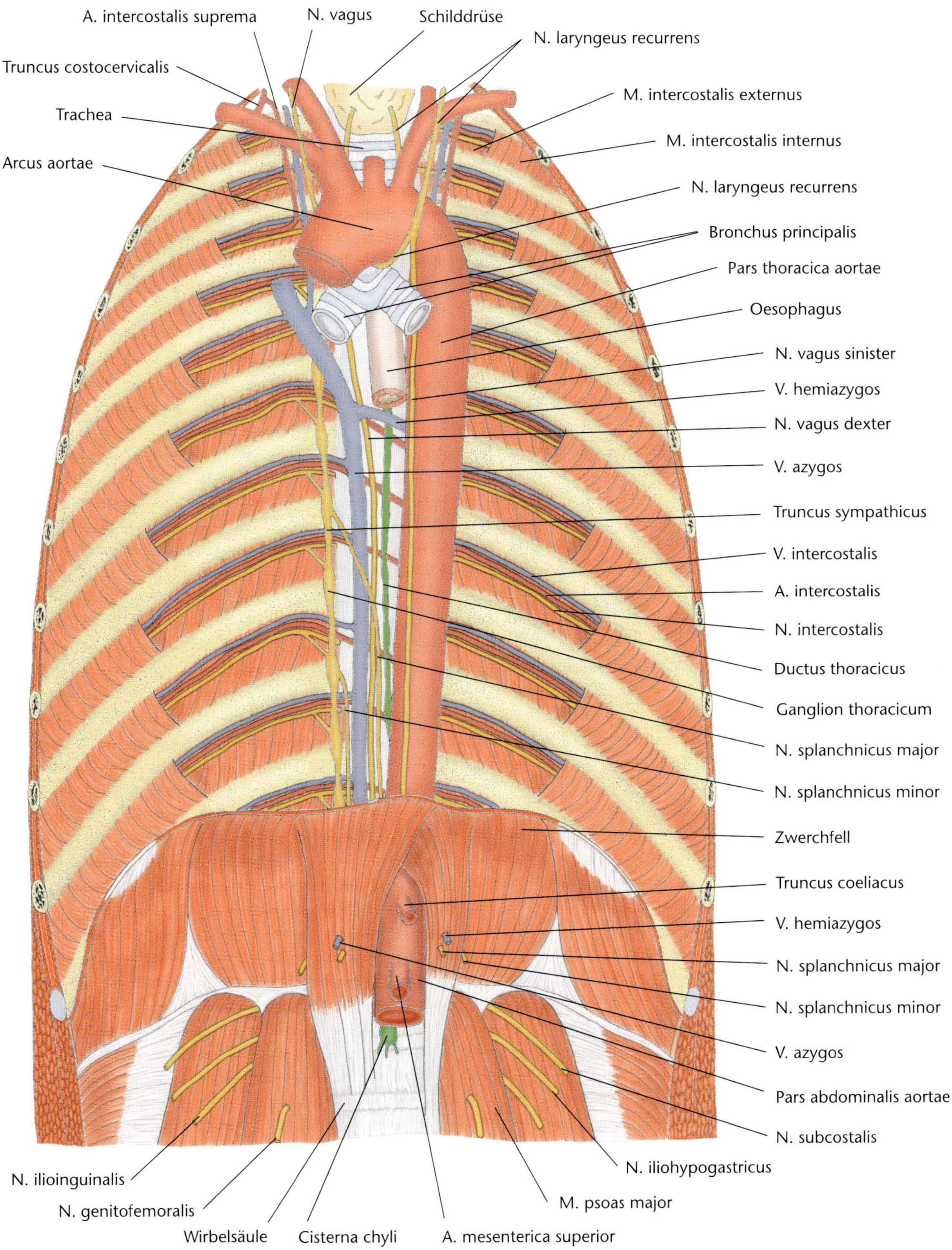

Abb. 7.8 Hintere Brustwand von ventral.

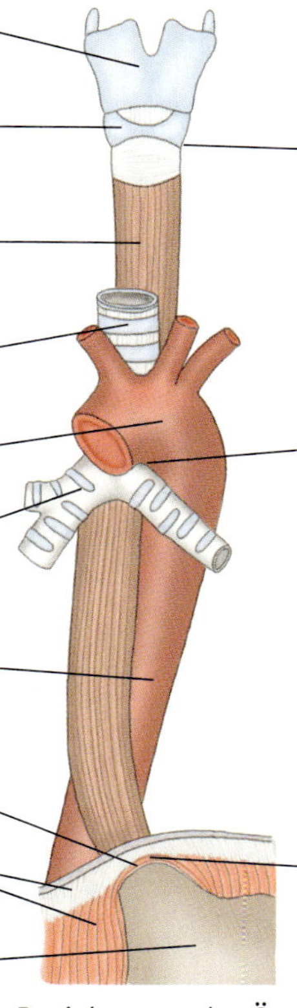

Abb. 7.9 Topographische Beziehungen des Ösophagus und seine physiologischen Engen.

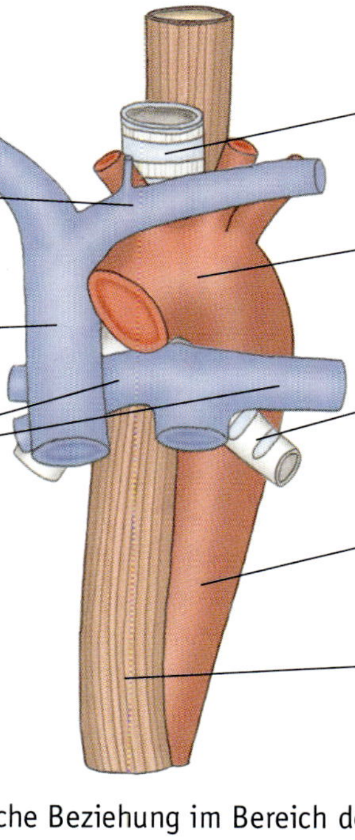

Abb. 7.10 Topographische Beziehung im Bereich der Bifurcatio tracheae.

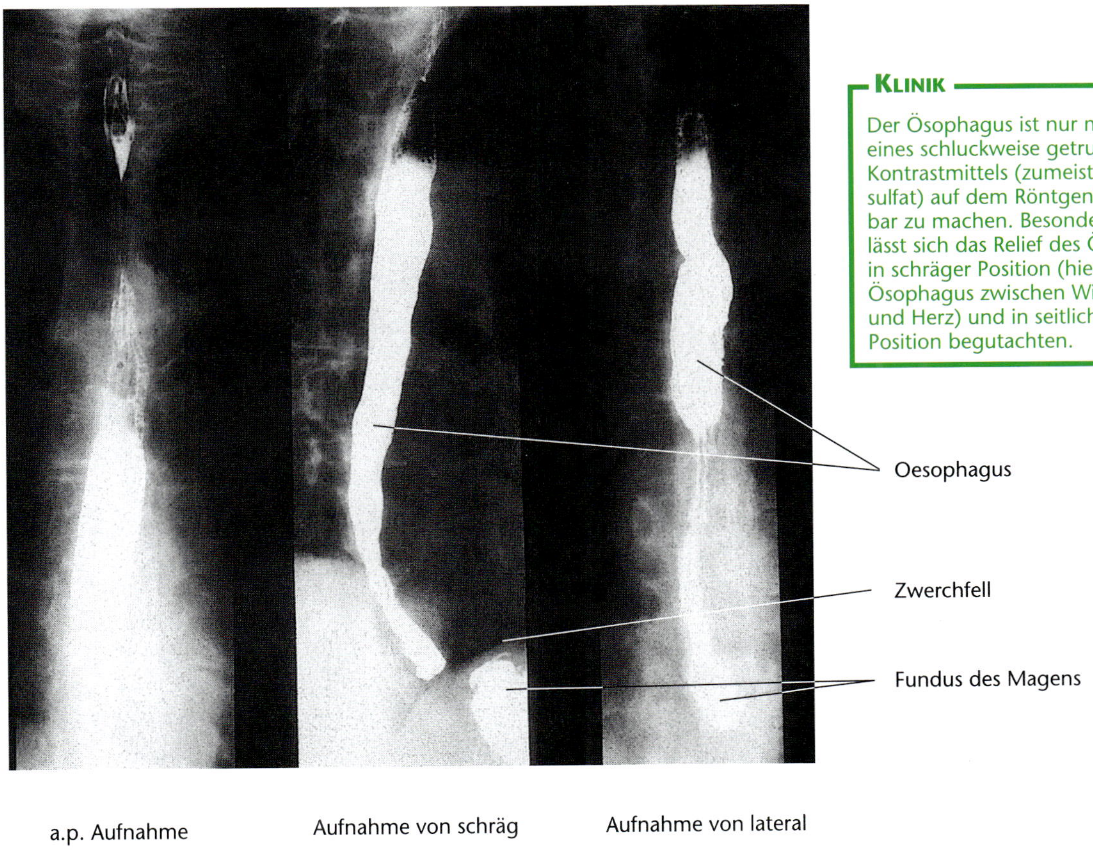

KLINIK

Der Ösophagus ist nur mit Hilfe eines schluckweise getrunkenen Kontrastmittels (zumeist Bariumsulfat) auf dem Röntgenbild sichtbar zu machen. Besonders gut lässt sich das Relief des Ösophagus in schräger Position (hier liegt der Ösophagus zwischen Wirbelsäule und Herz) und in seitlicher Position begutachten.

Abb. 7.11 Röntgenbild des Ösophagus.

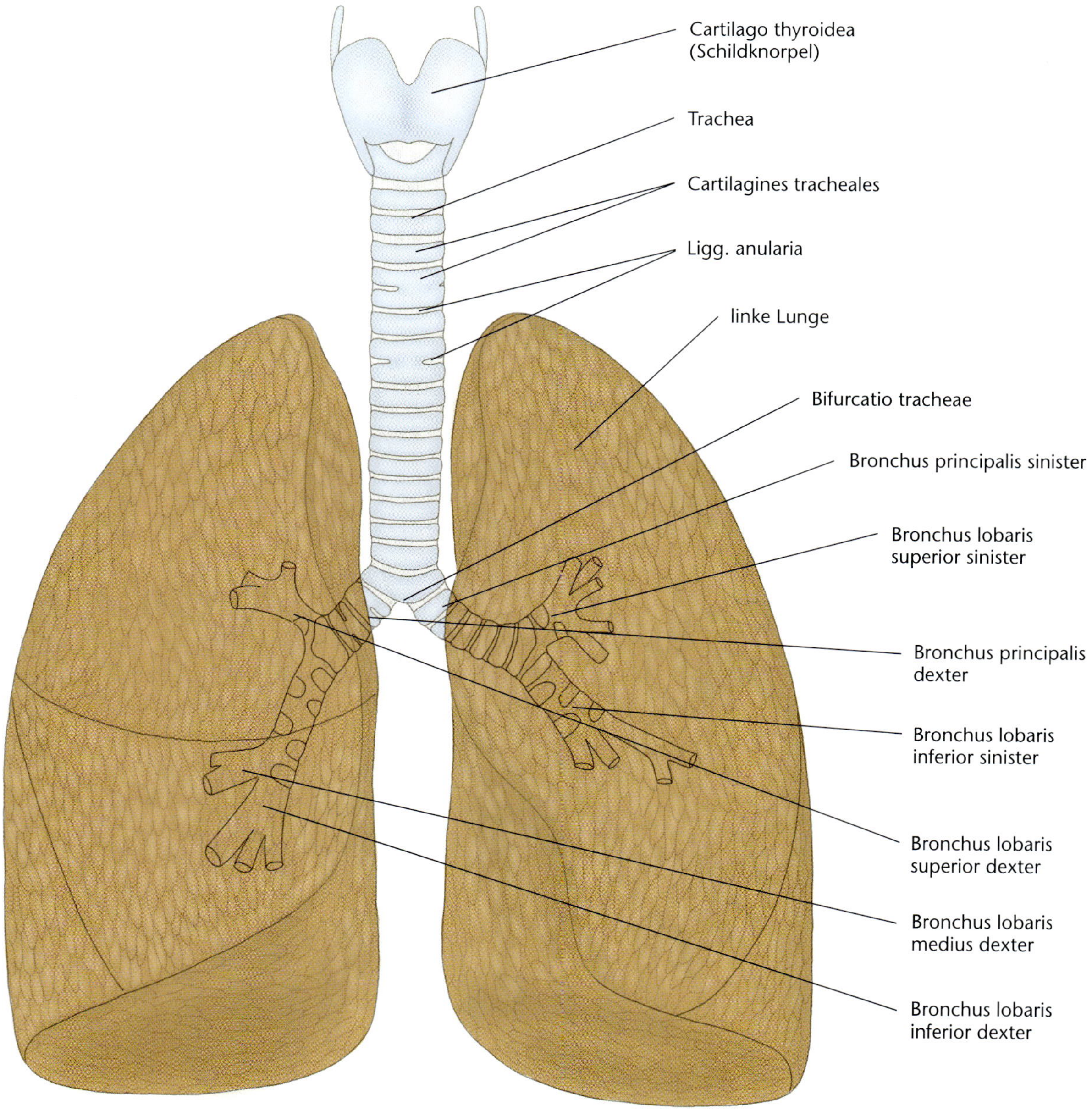

Abb. 7.12 Auf die Lungen projizierter Bronchialbaum von ventral.

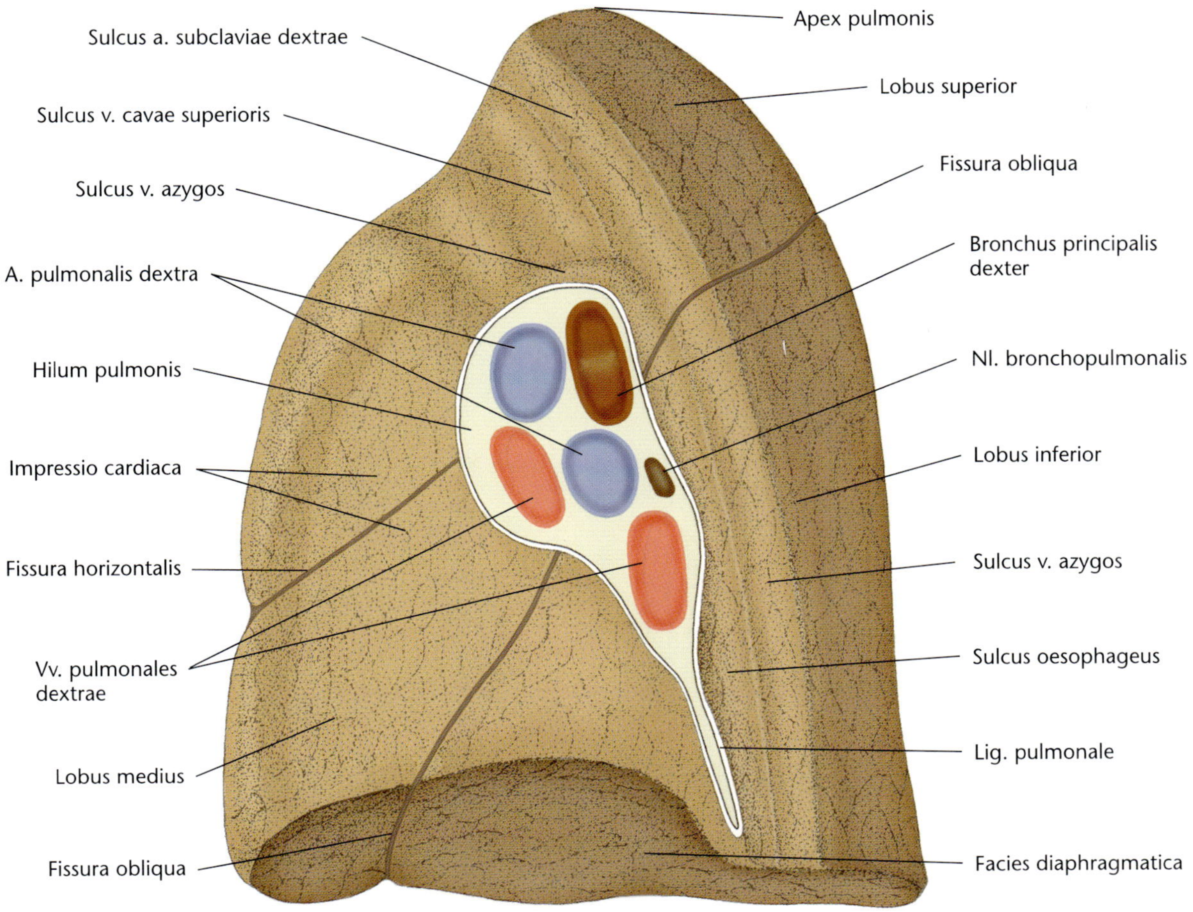

Abb. 7.13 Rechte Lunge von medial.

Bronchopulmonale Segmente der rechten Lunge:

Lobus superior (Oberlappen)
1. Segmentum apicale
2. Segmentum posterius
3. Segmentum anterius

Lobus medius (Mittellappen)
4. Segmentum laterale (s. Abb. 7.16)
5. Segmentum mediale

Lobus inferior (Unterlappen)
6. Segmentum superius
7. Segmentum basale mediale
8. Segmentum basale anterius
9. Segmentum basale laterale
10. Segmentum basale posterius

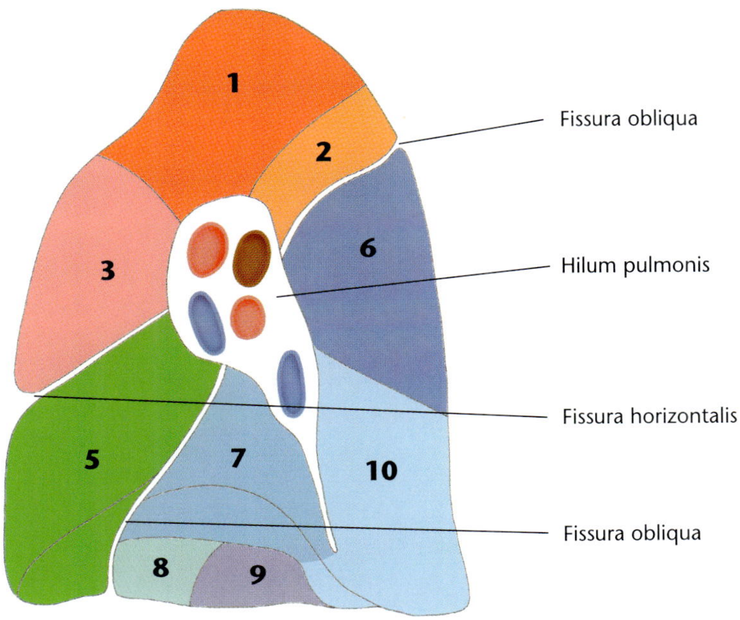

Abb. 7.14 Lungensegmente der rechten Lunge von medial.

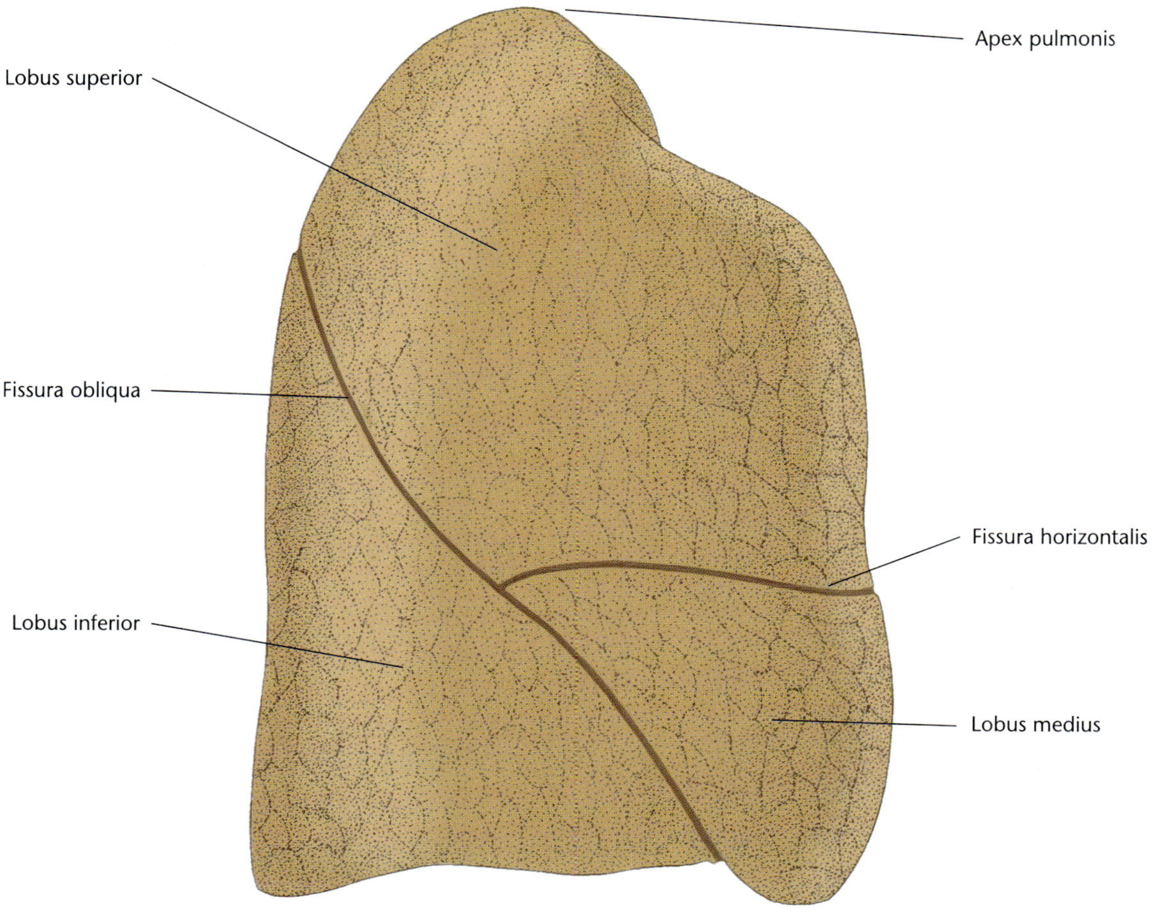

Abb. 7.15 Rechte Lunge von lateral.

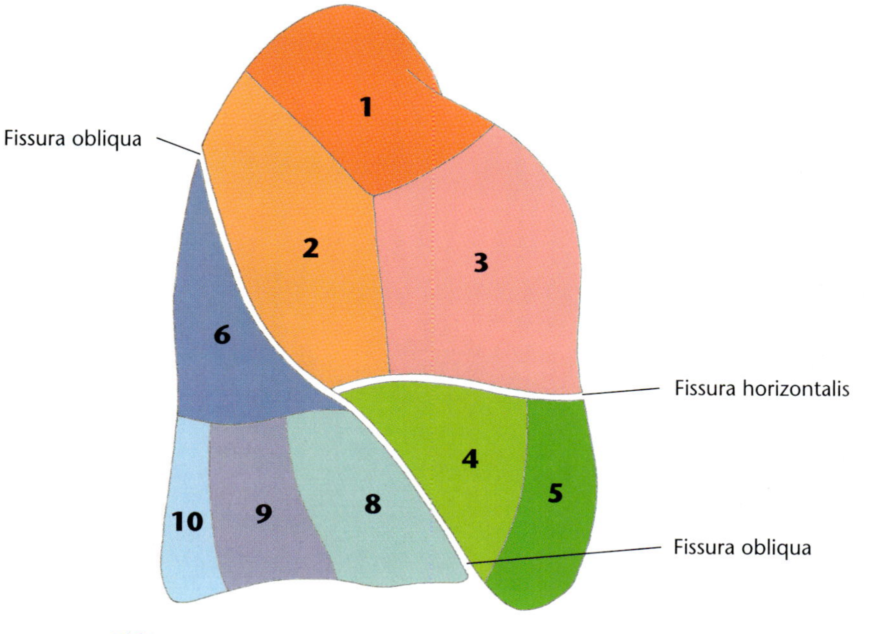

Abb. 7.16 Lungensegmente der rechten Lunge von lateral.

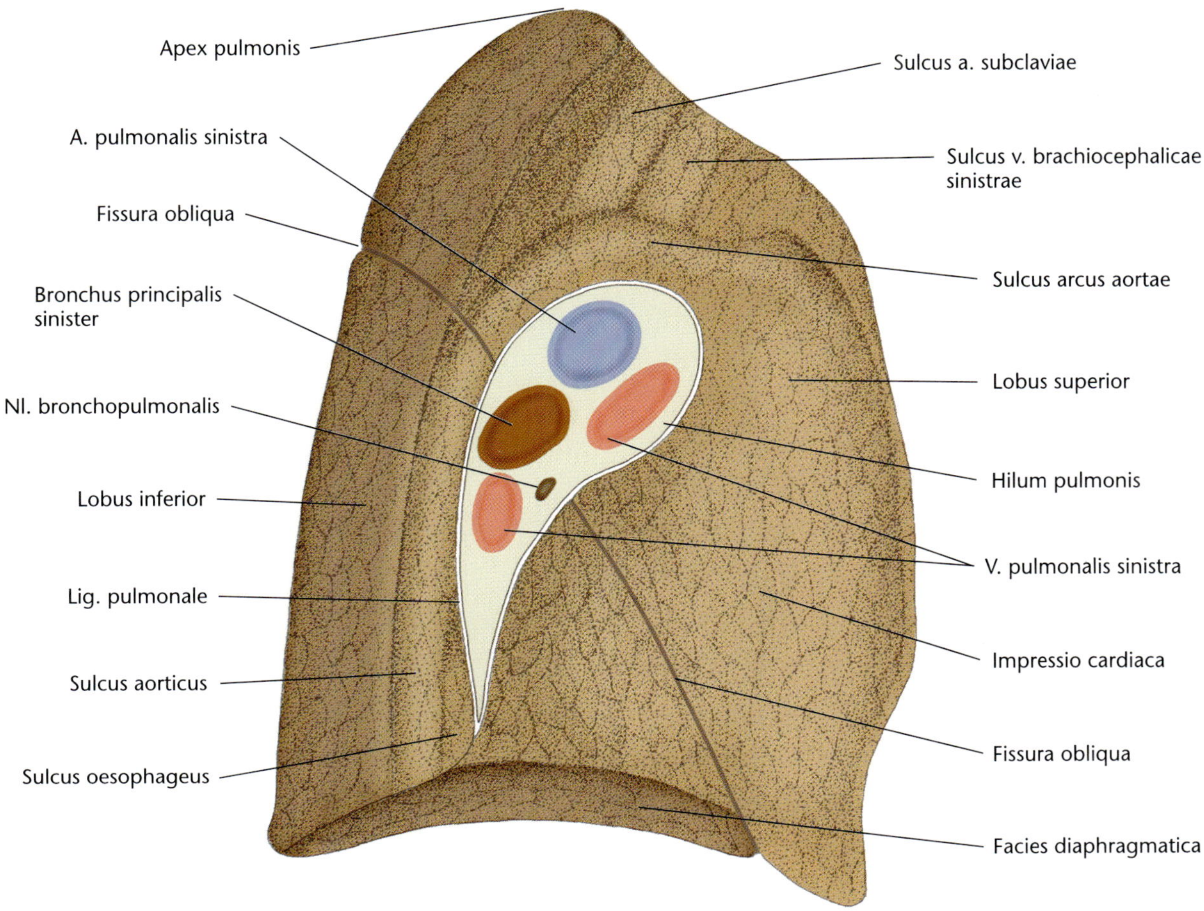

Abb. 7.17 Linke Lunge von medial.

Bronchopulmonale Segmente der linken Lunge:

Lobus superior (Oberlappen)
Pars superior
1. Segmentum apicale
2. Segmentum posterius
3. Segmentum anterius

Pars inferior
4. Segmentum lingulare superius
5. Segmentum lingulare inferius

Lobus inferior (Unterlappen)
6. Segmentum superius
7. Ist in der linken Lunge **nicht angelegt!**
8. Segmentum basale anterius
9. Segmentum basale laterale
10. Segmentum basale posterius

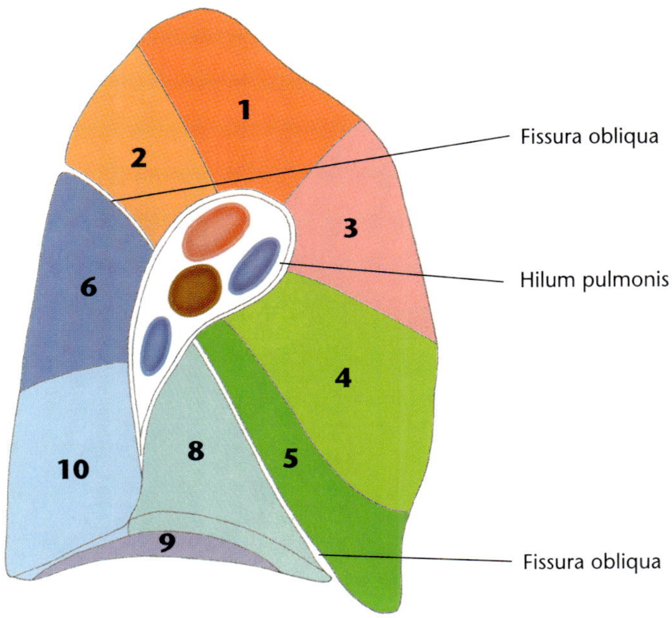

Abb. 7.18 Lungensegmente der linken Lunge von medial.

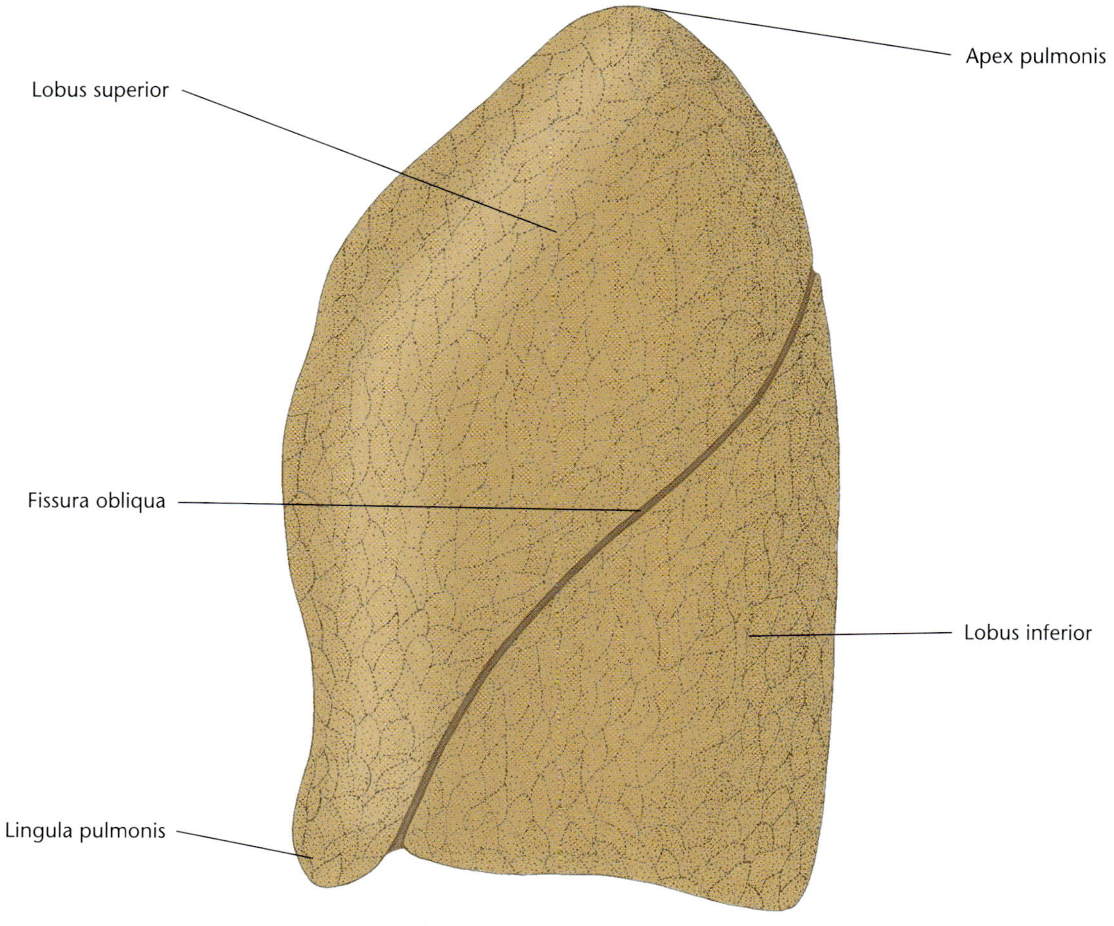

Abb. 7.19 Linke Lunge von lateral.

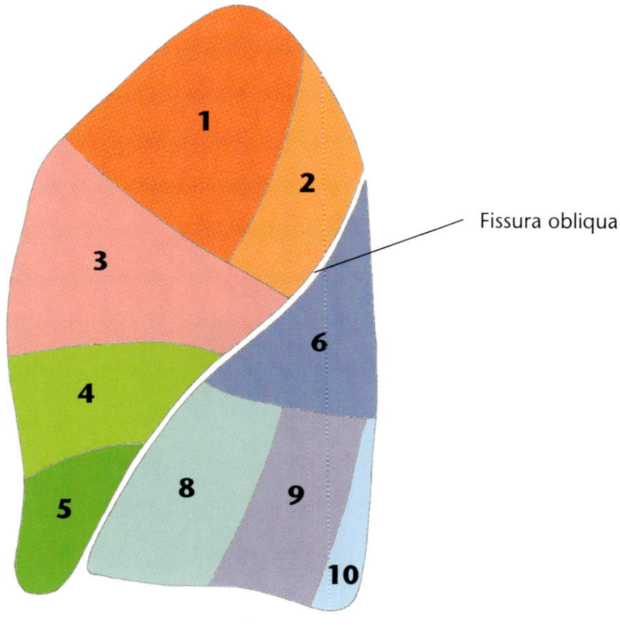

Abb. 7.20 Lungensegmente der linken Lunge von lateral.

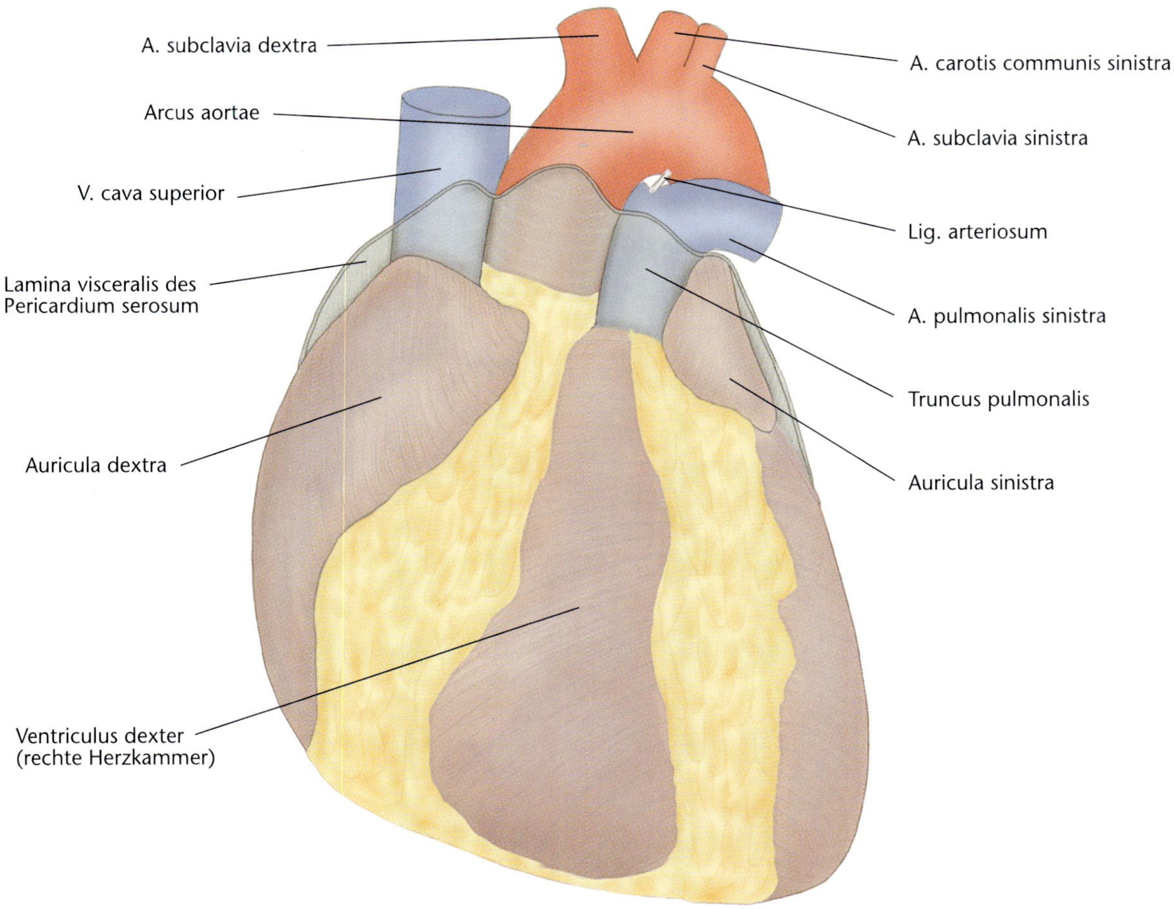

Abb. 7.21 Herz von ventral.

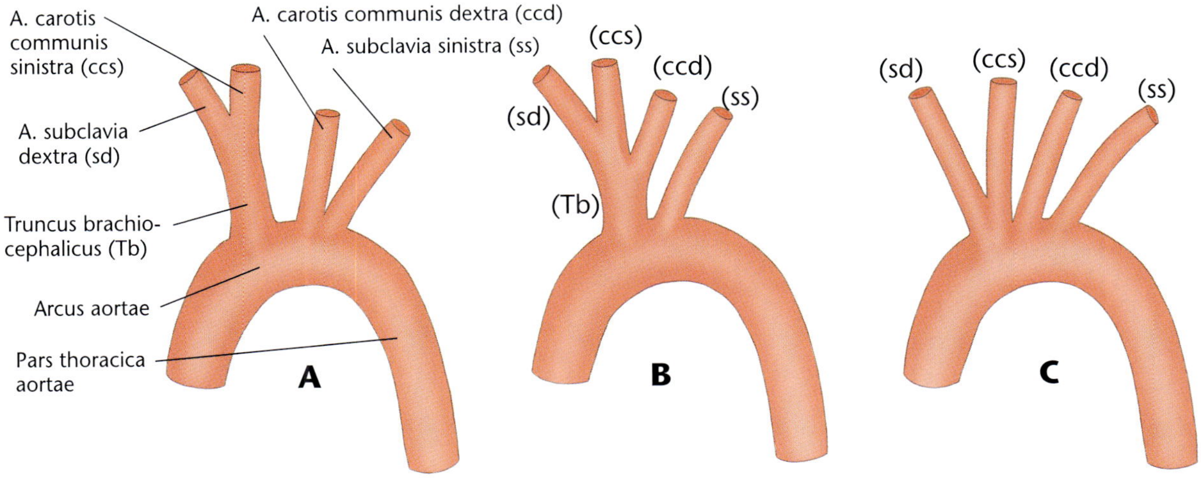

Abb. 7.22 Varianten der aus dem Arcus aortae hervorgehenden Äste.
A = kommt in etwa 65 % vor. Die A. carotis communis dextra und die A. subclavia gehen aus einem Truncus hervor.
B = kommt in etwa 25 % vor. Die A. carotis communis sinistra geht ebenfalls aus dem Truncus hervor.
C = etwa 3 %. Alle vier Arterien entspringen einzeln aus dem Arcus aortae.

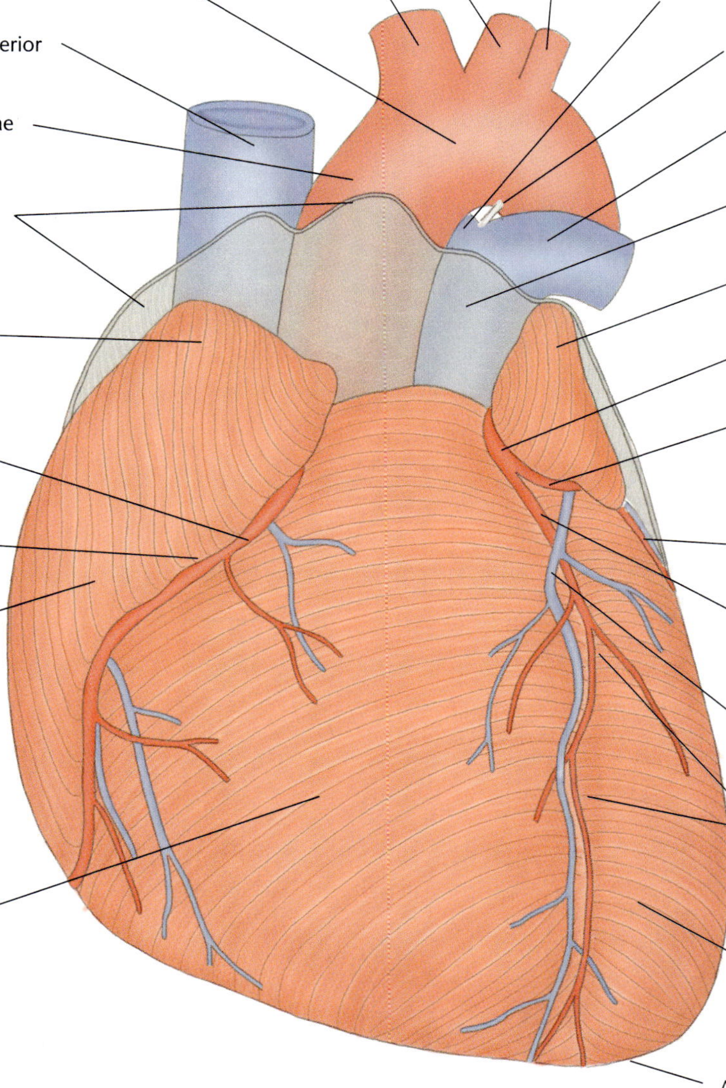

Abb. 7.23 Herz von ventral nach Entfernung des Fettgewebes.

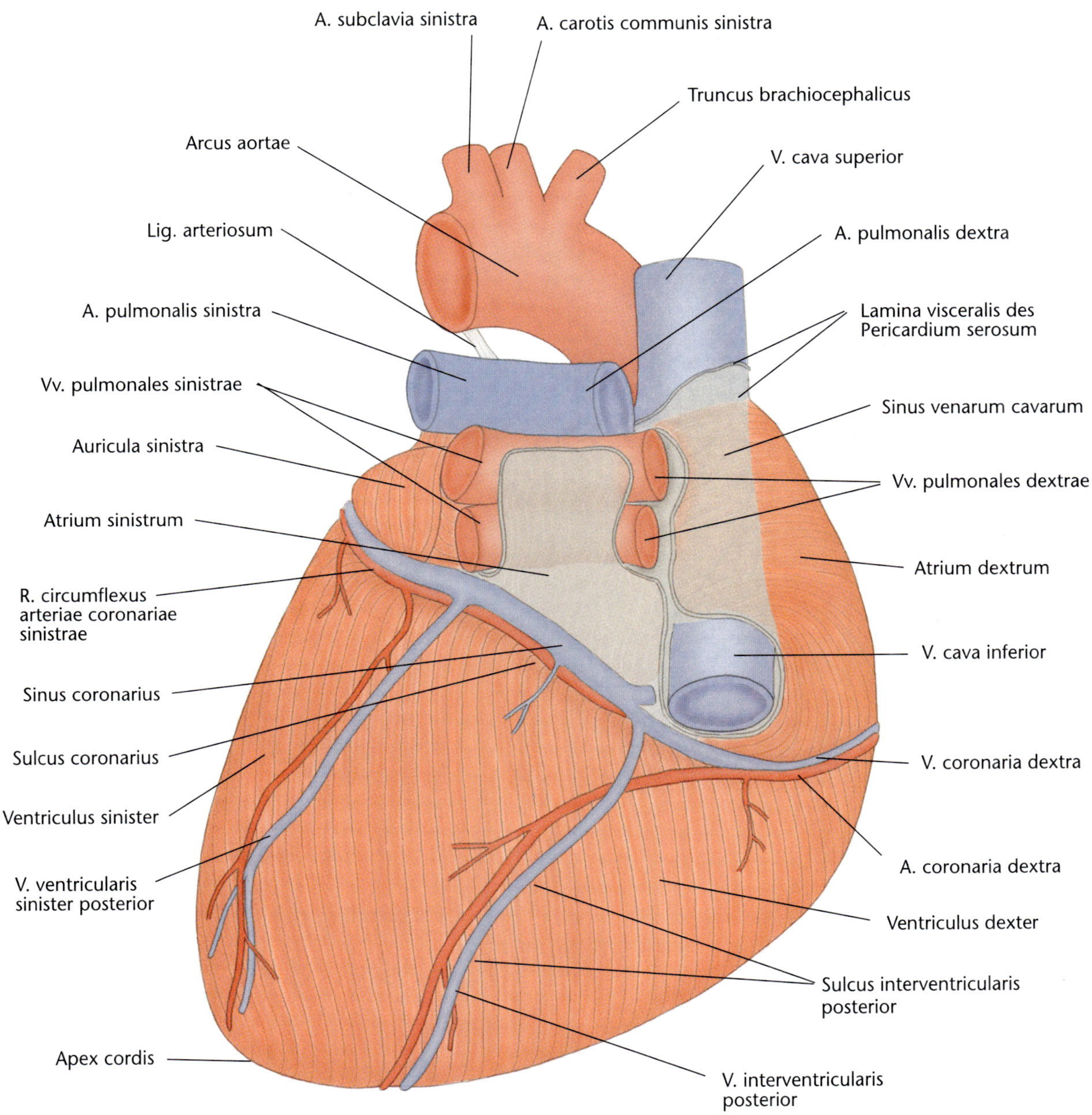

Abb. 7.24 Herz von dorsal.

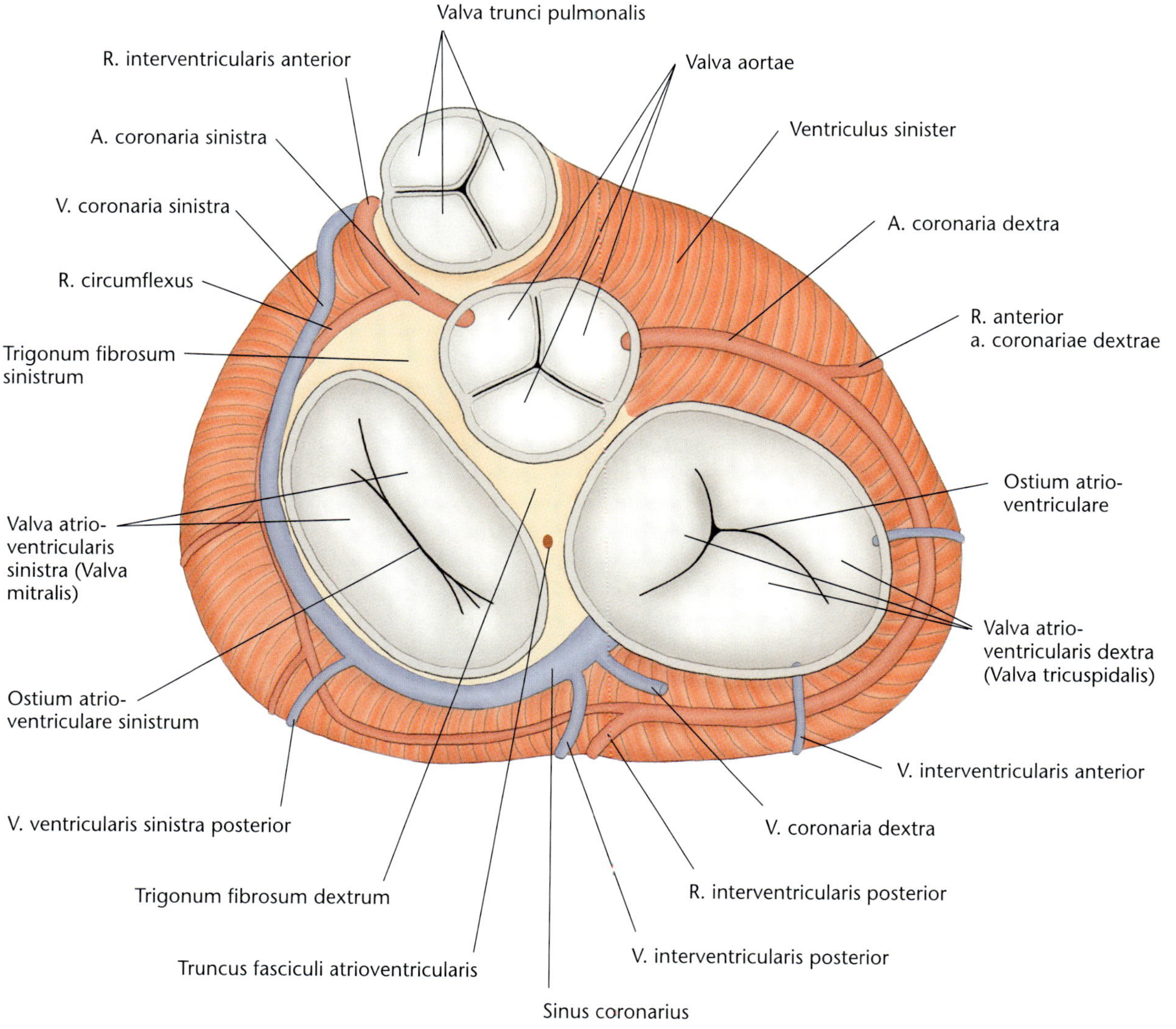

Abb. 7.25 Herzklappen und Herzkranzgefäße nach Entfernung der Vorhöfe von oben (Herzbasis).

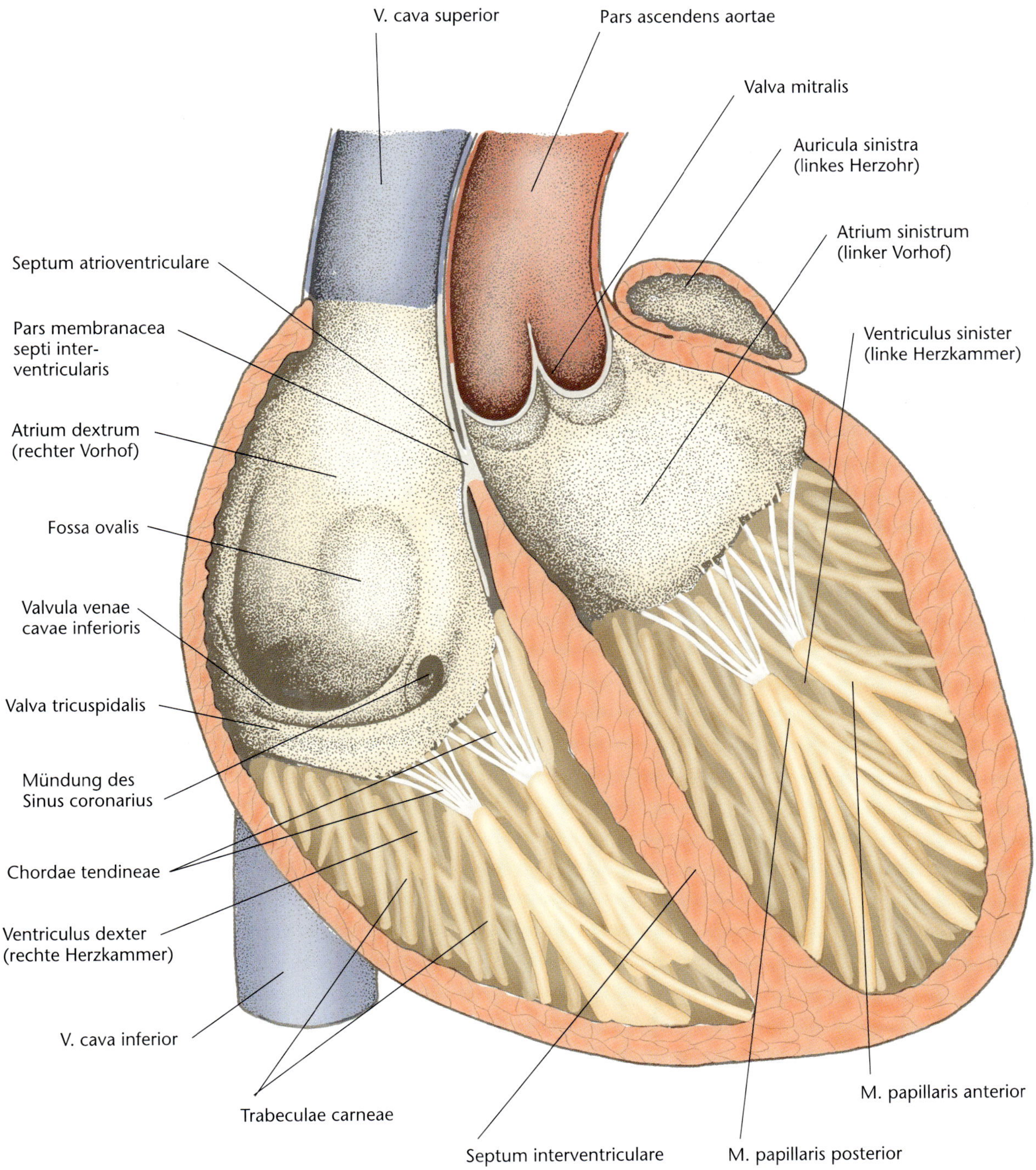

Abb. 7.26 Eröffnetes Herz von ventral.

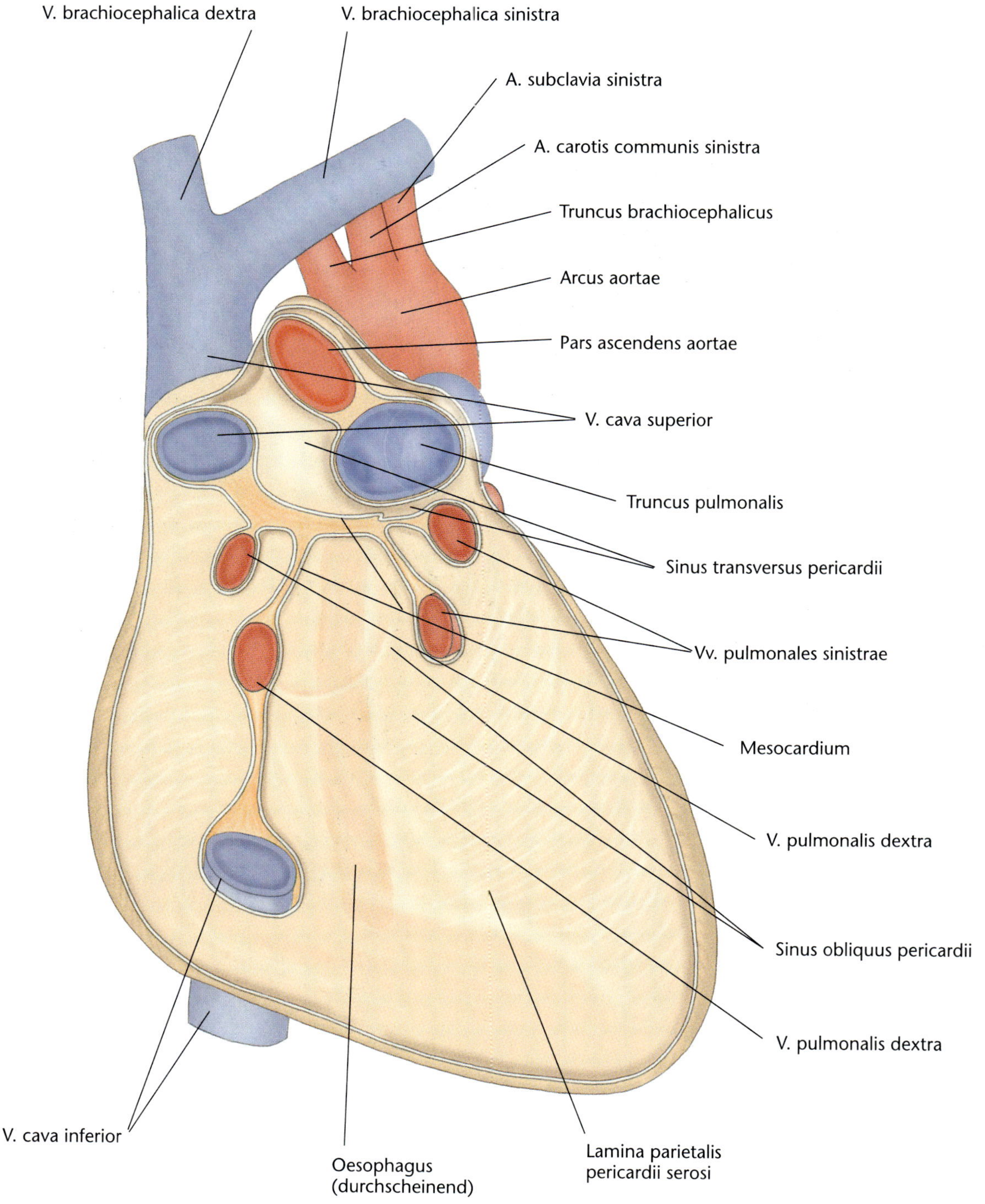

Abb. 7.27 Rückseite des Herzbeutels nach Entfernung des Herzens.

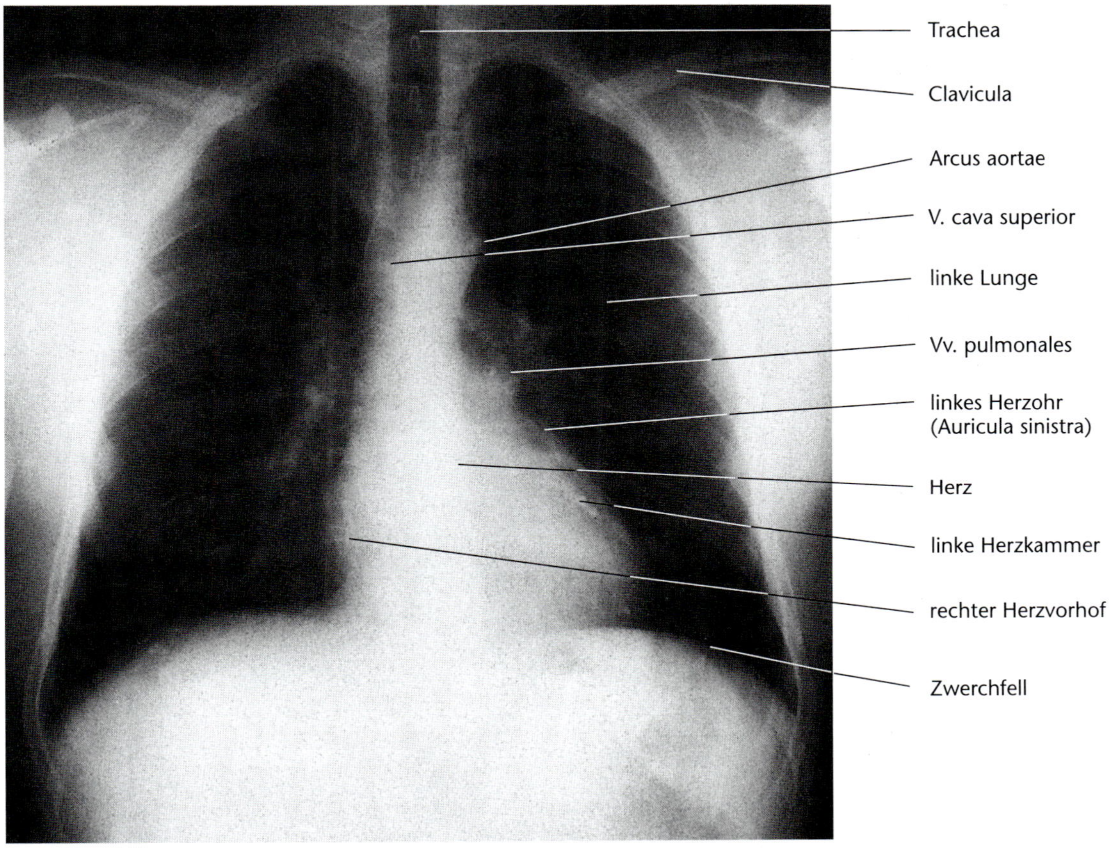

KLINIK

Diese Standard-Thorax-Aufnahme dient zur Übersicht über die Thoraxorgane (Herz, Lunge). Die rechte Zwerchfellkuppel steht immer etwas höher als die linke.

Abb. 7.28 Röntgenbild des Thorax (p.a. Aufnahme)

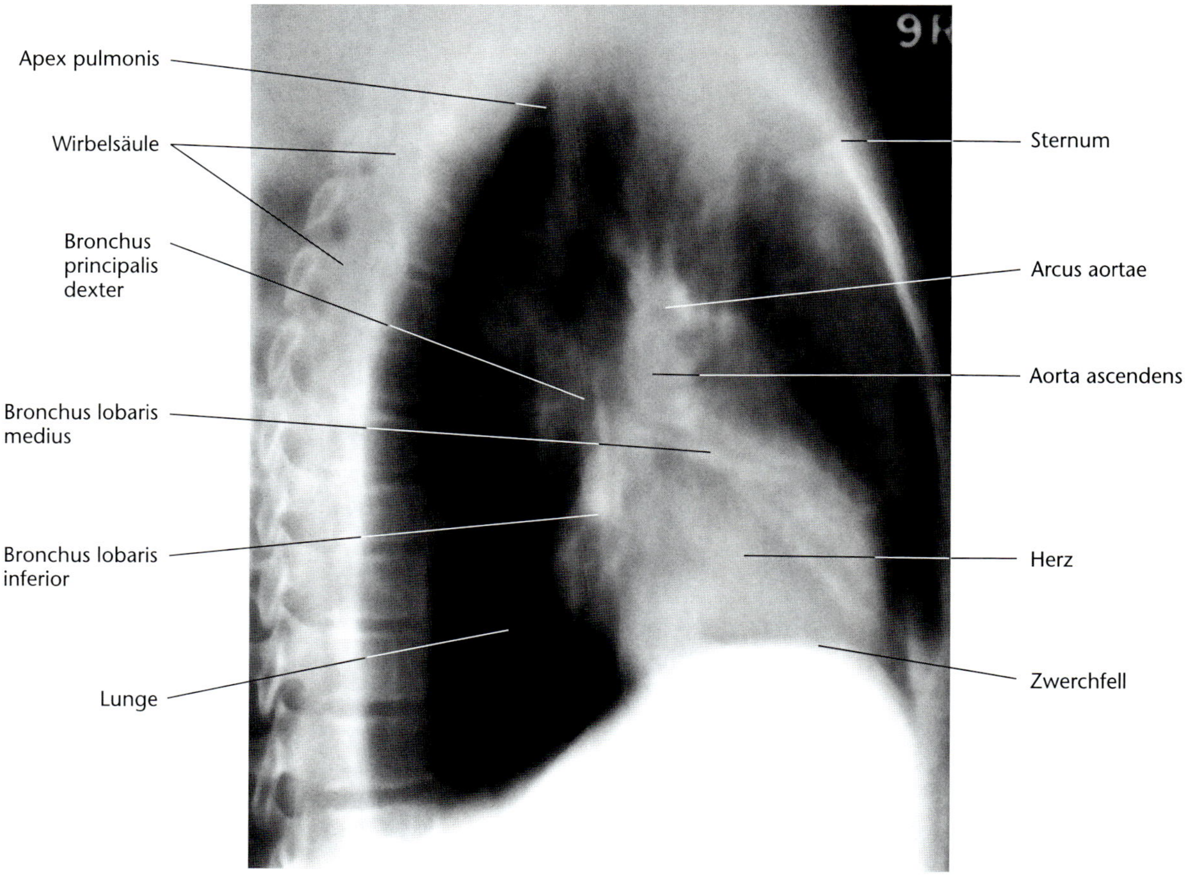

Abb. 7.29 Röntgenbild des Thorax von lateral.

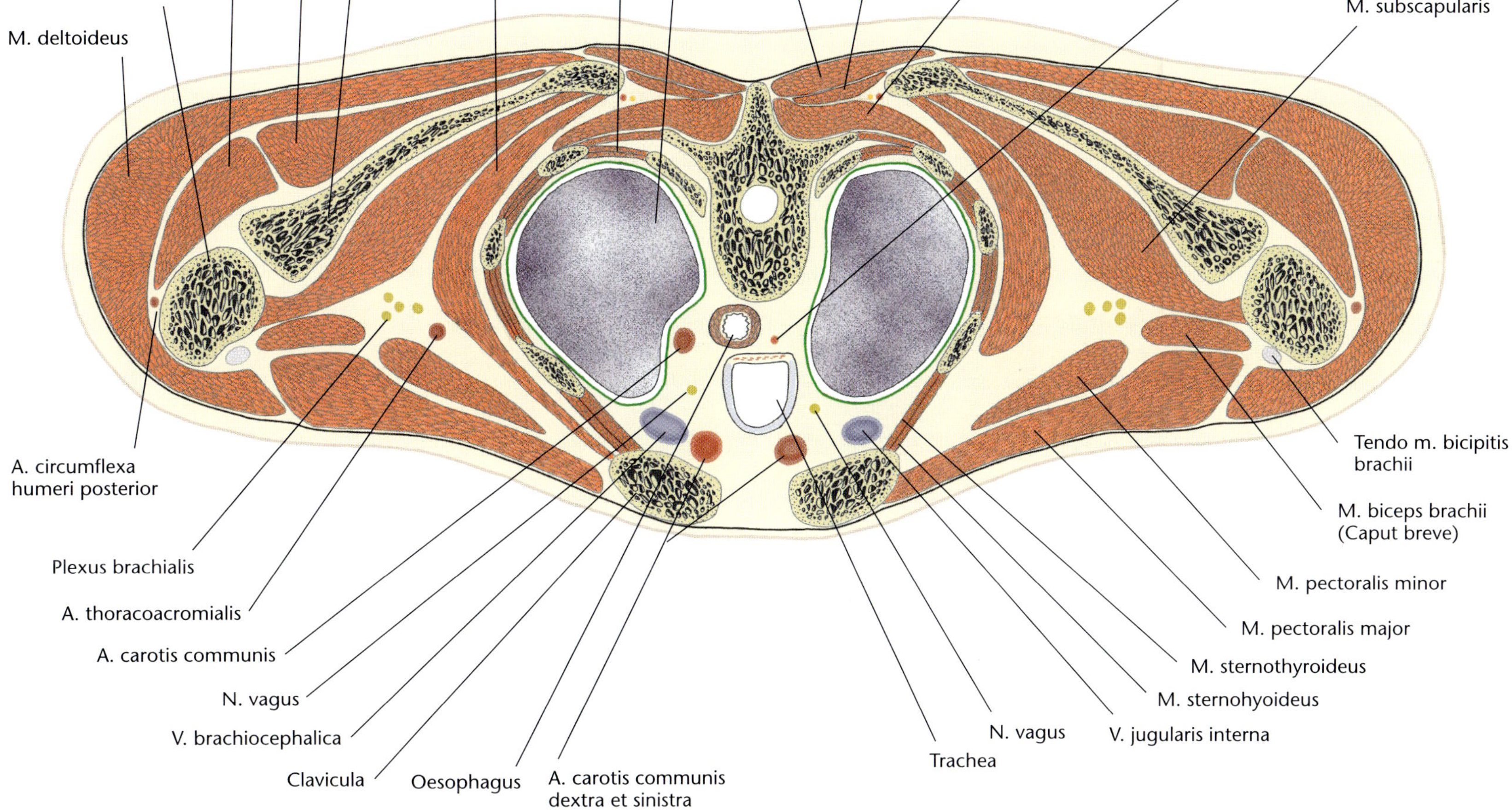

Abb. 7.30 Querschnitt durch den Thorax in Höhe des 2. Brustwirbels.

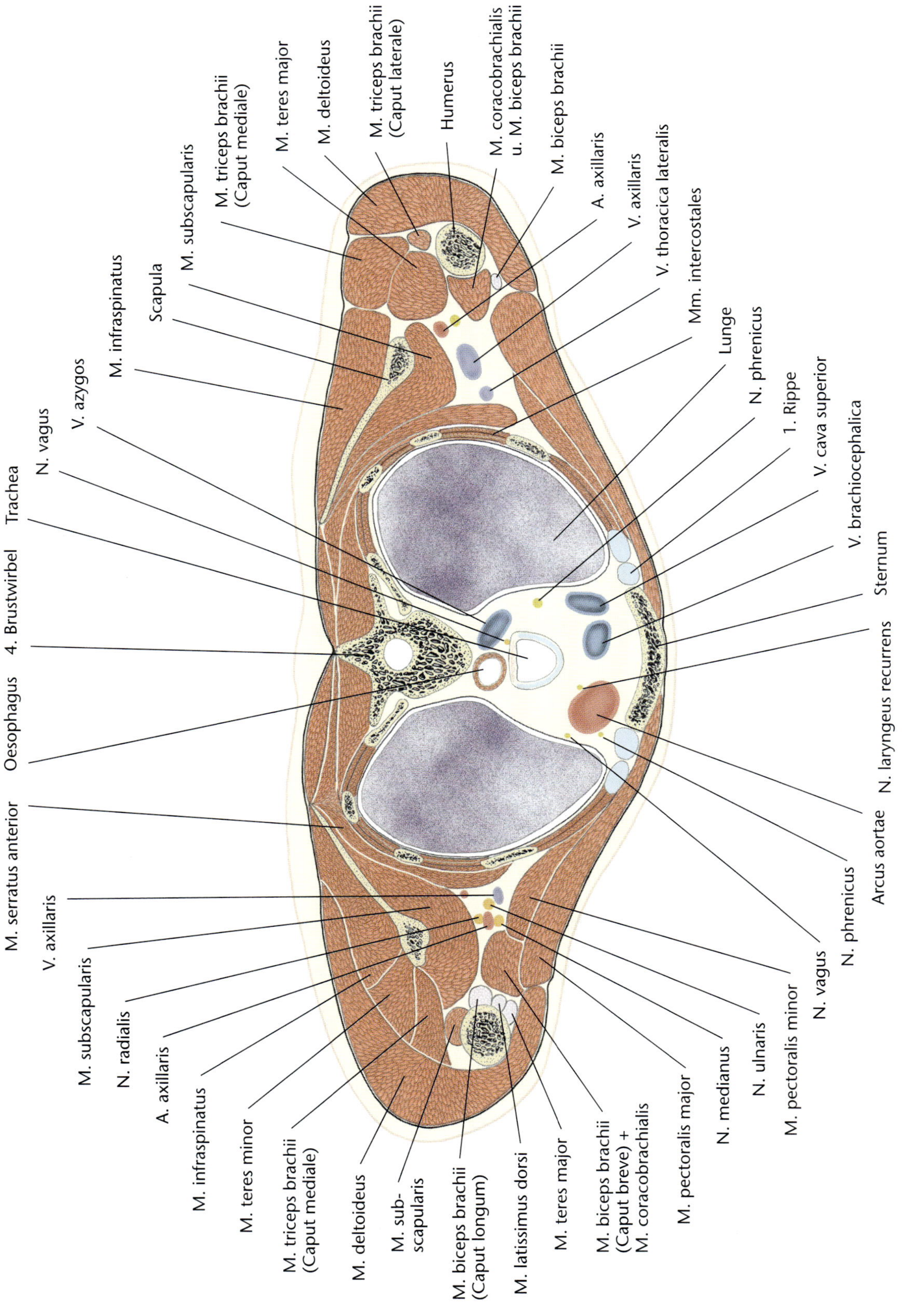

Abb. 7.31 Querschnitt durch den Thorax in Höhe des 4. Brustwirbels.

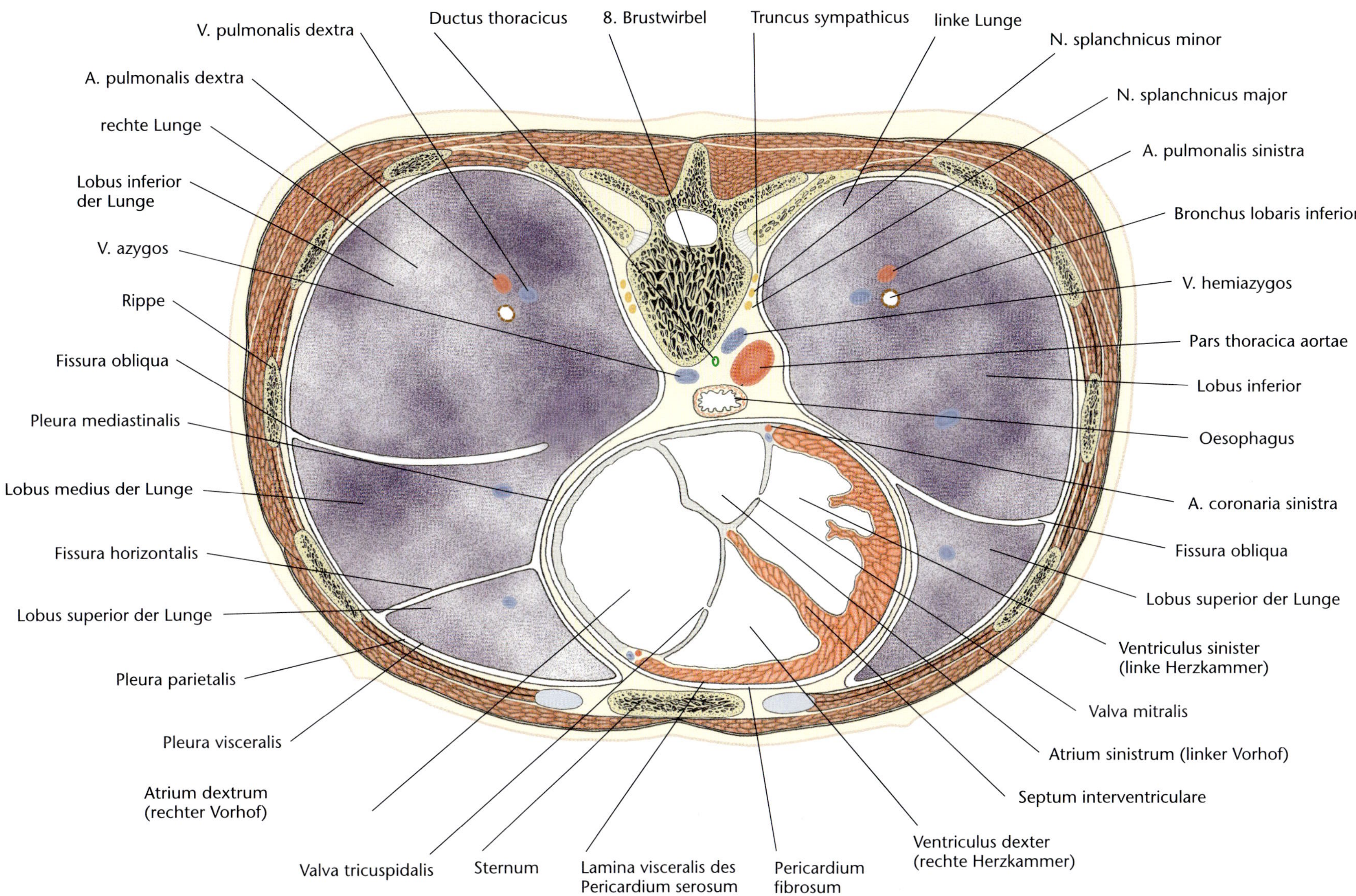

Abb. 7.32 Querschnitt durch den Thorax in Höhe des 8. Brustwirbels.

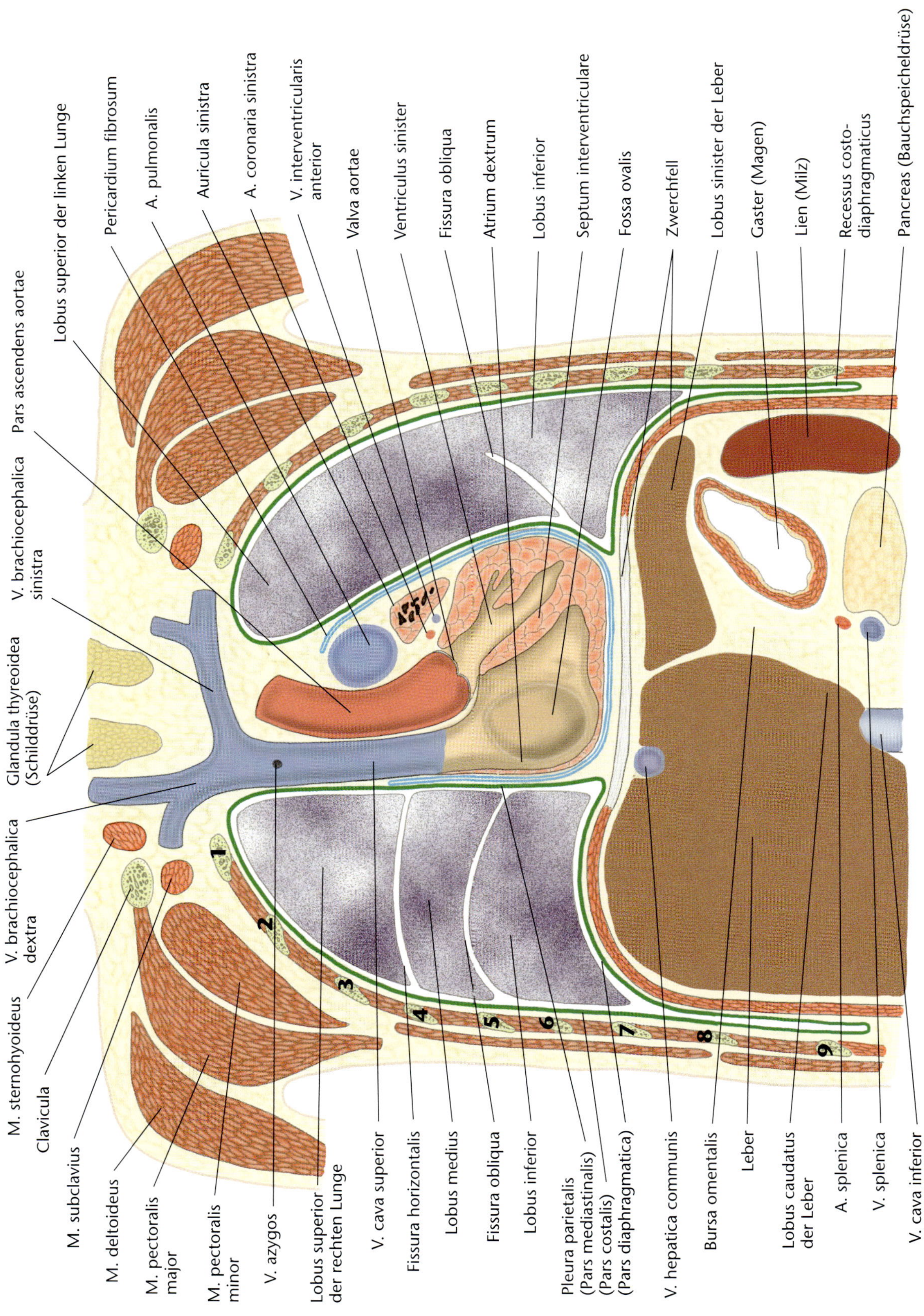

Abb. 7.33 Frontalschnitt durch den Thorax in Herzhöhe.

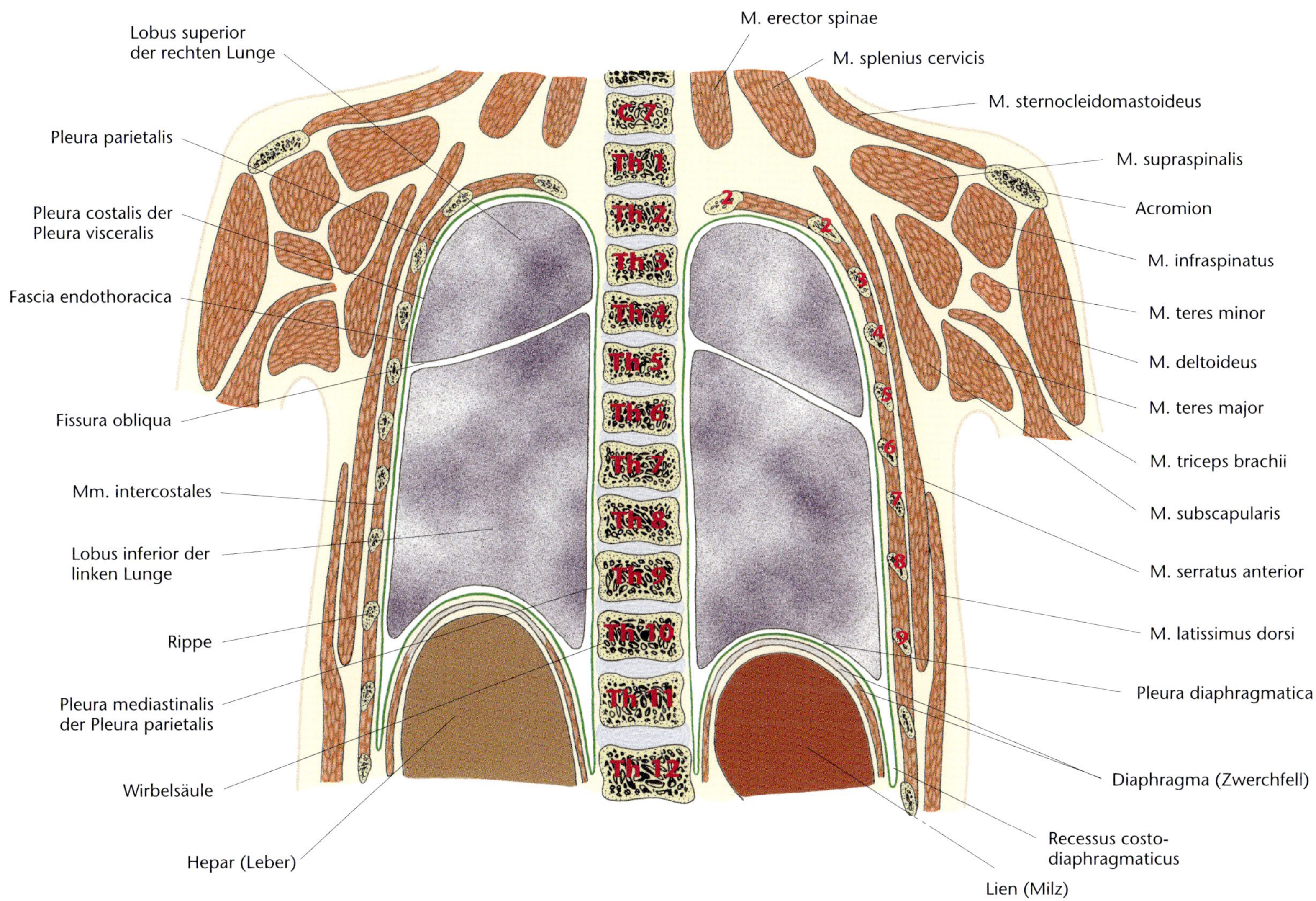

Abb. 7.34 Frontalschnitt durch den Thorax in Höhe der Wirbelsäule.

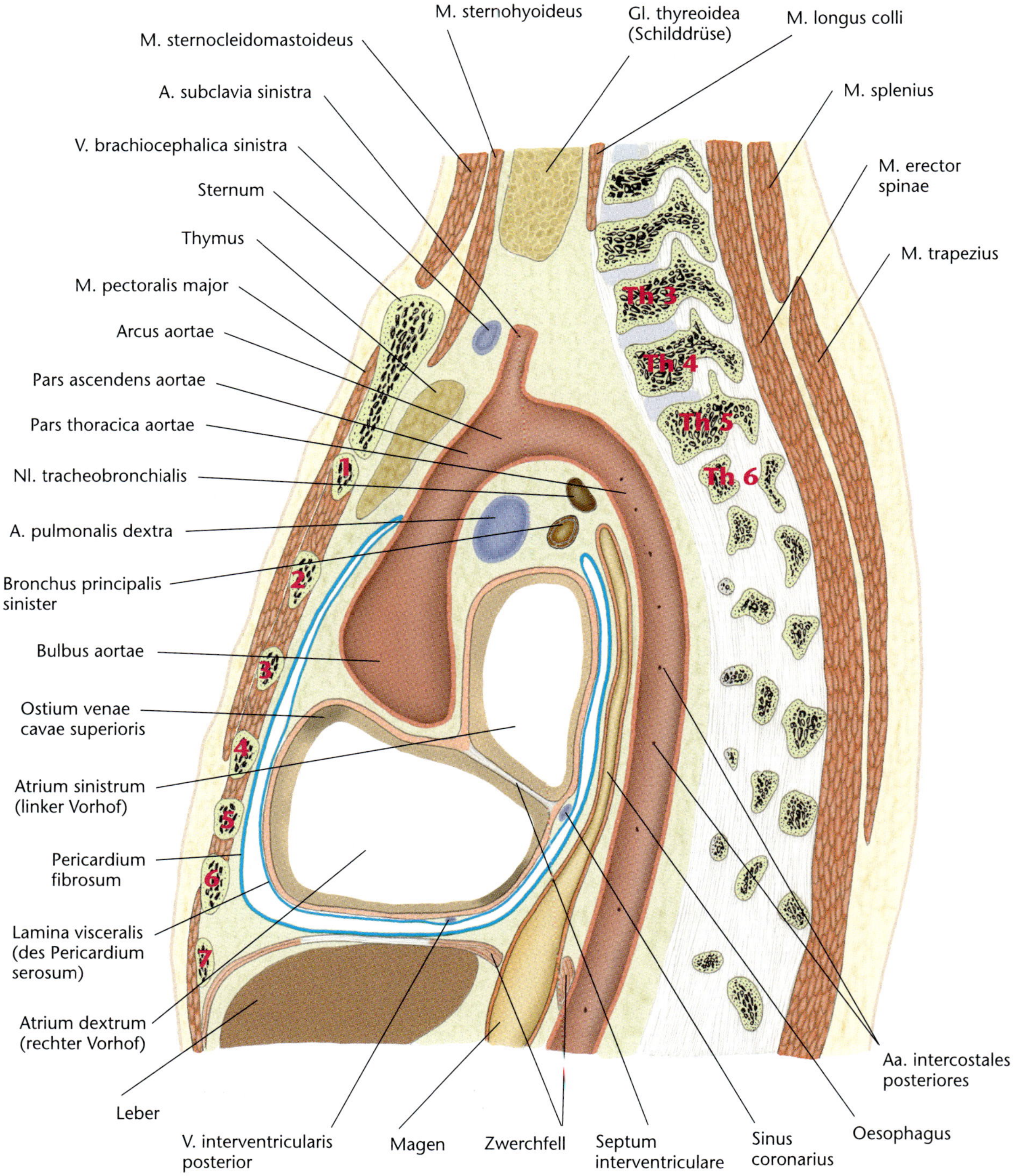

Abb. 7.35 Sagittalschnitt durch den Thorax (parasternal) und die Aorta.

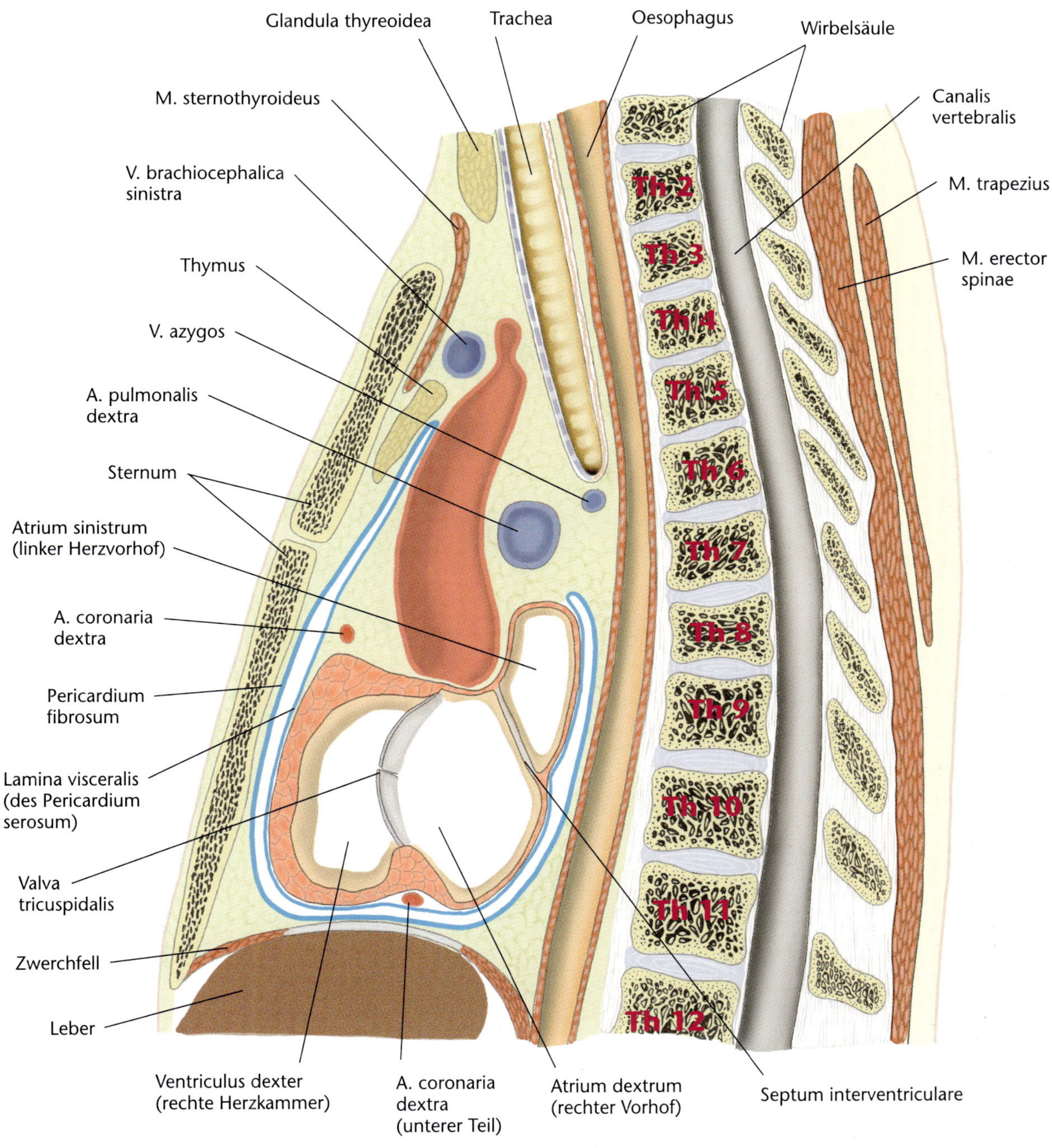

Abb. 7.36 Sagittalschnitt durch das Herz und die Aorta.

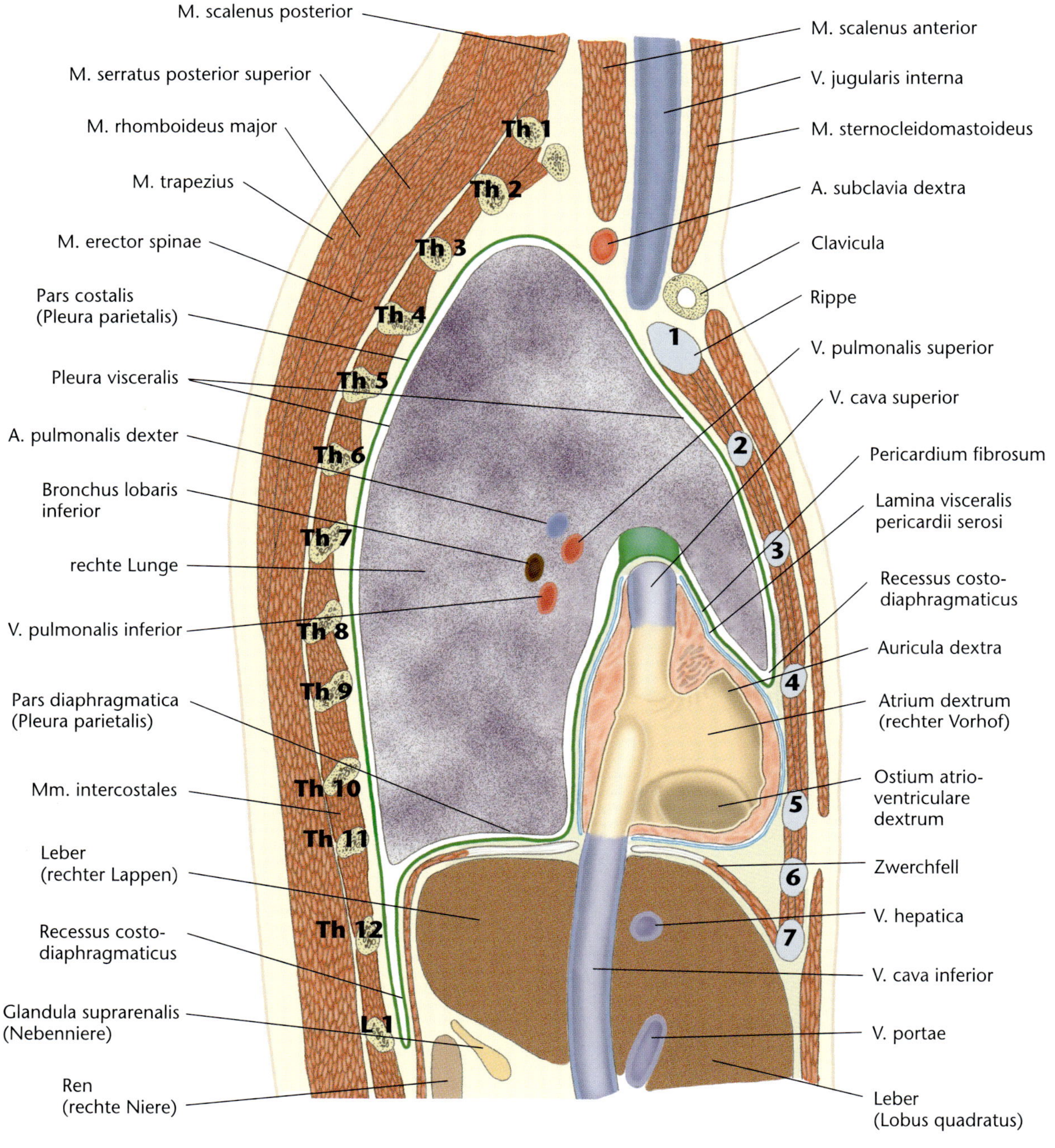

Abb. 7.37 Sagittalschnitt im Bereich des Atrium dextrum (rechter Vorhof).

8 Abdomen

8.1 Auf die Bauchwand projizierte Organe 291
8.2 Auf die Bauchwand projizierte Organe 291
8.3 Auf die Bauchwand projizierte Nieren 292
8.4 Auf den Rücken projizierte Nieren 292
8.5 Auf den Korpus projizierte Gefäße 293
8.6 Auf die Bauchwand projizierte Gefäße 293
8.7 Lagevariabilität der Appendix vermiformis 294
8.8 Baucheingeweide von ventral mit Darstellung des Omentum majus 295
8.9 Baucheingeweide von ventral nach Entfernung des Omentum majus 296
8.10 Peritoneum parietale mit den Gekrösewurzeln bei der Frau 297
8.11 Oberbauchsitus von ventral 298
8.12 Oberbauchsitus von ventral nach Entfernung des Omentum minus 299
8.13 Magen mit seinen einzelnen Abschnitten (schematisiert) 300
8.14 Magen von ventral 300
8.15 Magen nach Entfernung der Tunica serosa und subserosa 300
8.16 Röntgenbild der Magen-Darm-Passage mittels Kontrastmittel 301
8.17 Röntgenbild des Magens mit hochsitzendem Magenkarzinom 302
8.18 Magenformen 302
8.19 Mündung des Ileums in das Kolon 303
8.20 Mündung des Ileums in das Kolon (eröffnet) 303
8.21 Röntgenbild des Kolons mittels Kontrastmittel 304
8.22 Leber von ventral 305
8.23 Leber von dorsal 306
8.24 Sonographie der Leber 307
8.25 I.v. Cholezystocholangiographie 307
8.26 Sonographie im Leber- und Gallenblasenbereich (Gallenstein) 308
8.27 I.v. Cholezystocholangiographie (Gallenstein) 308
8.28 Röntgenaufnahme der extrahepatischen Gallenwege, der Gallenblase und des Pankreasgangs 309
8.29 Aortogramm der Bauchaorta mit den Aa. iliacae, a.-p. 310
8.30 Arteriogramm des Truncus coeliacus, a.-p. (Zöliakographie) 311
8.31 Arteriogramm der A. mesenterica superior, a.-p. 311
8.32 Arteriogramm der A. mesenterica inferior, a.-p. 312
8.33 Milz mit Hilum 313
8.34 Situs retroperitonealis 314
8.35 Lage des Pankreas zum Duodenum und zur Milz 315
8.36 Situs retroperitonealis nach Entfernung von Duodenum und Pankreas 316
8.37 Situs retroperitonealis nach Entfernung von Duodenum, Pankreas und Nieren 317
8.38 Linke Niere 318
8.39 Frontaler Längsschnitt durch die rechte Niere 319
8.40 Verschiedene Formen des Nierenbeckens .. 319
8.41 Röntgenbild Abdomenleeraufnahme 320
8.42 I.v. Urogramm 320
8.43 Röntgenbild des Nierenbeckens. Stauungsaufnahme bei Urogramm (a.-p. Aufnahme) 321
8.44 Sonographie der Niere 321
8.45 Harn- und Geschlechtsorgane des Mannes (schematisiert) 322
8.46 Hoden und Nebenhoden mit ihren Hüllen von ventral 323
8.47 Harnblase und Harnröhre von ventral (eröffnet) 324
8.48 Medianschnitt durch das Becken der Frau 325
8.49 Halteapparat des Uterus (schematisiert) .. 326
8.50 Weibliche Geschlechtsorgane von dorsal (teilweise eröffnet) 327
8.51 Sagittalschnitt durch den Uterus 328
8.52 Querschnitt durch den Uterus 328
8.53 Hystosalpingographie (a.-p. Aufnahme) .. 329
8.54 Querschnitt durch den Oberbauch in Höhe des 10. Brustwirbels 330
8.55 Querschnitt durch den Oberbauch in Höhe des 12. Brustwirbels 331
8.56 Querschnitt durch den Oberbauch in Höhe des 2. Lendenwirbels 332
8.57 Querschnitt durch das männliche Becken im Bereich des Os coccygis 333
8.58 Querschnitt durch das männliche Becken in Höhe der Prostata 334

8.59 Frontalschnitt durch die Bauch- und Beckenregion des Mannes 335
8.60 Querschnitt durch das Becken der Frau in Höhe des Uterus 336
8.61 Querschnitt durch das Becken der Frau in Höhe der Vagina 337
8.62 Querschnitt durch das Becken der Frau in Höhe der Klitoris 338
8.63 Frontalschnitt durch die Bauch- und Beckenregion der Frau 339
8.64 CT in Höhe des 12. Brustwirbels 340
8.65 CT in Höhe des unteren Teils des 12. Brustwirbels 341
8.66 CT in Höhe des unteren Teils des 12. Brustwirbels 342
8.67 CT in Höhe des 1. Lendenwirbels 342
8.68 CT in Höhe des 1. Lendenwirbels 343
8.69 CT in Höhe des 2. Lendenwirbels 344

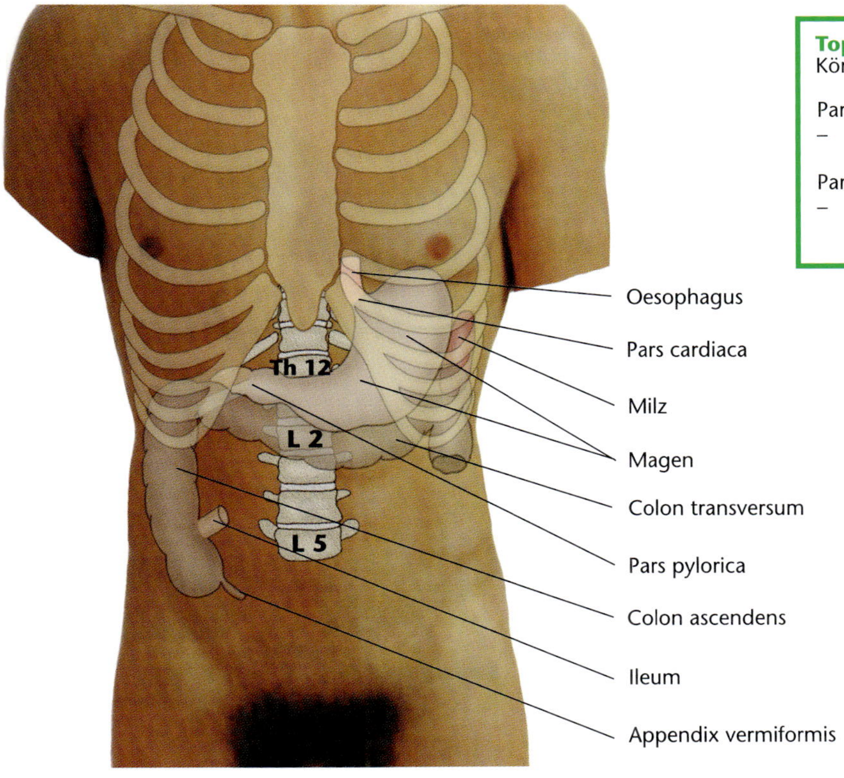

Topographie (auf die vordere Körperseite projiziert)

Pars cardiaca (Mageneingang)
- 10.–11. Brustwirbel, Knorpel der 7. Rippe.

Pars pylorica (Magenausgang)
- in Rückenlage 1. Lendenwirbel, im Stand bis 4. Lendenwirbel.

Abb. 8.1 Auf die Bauchwand projizierte Organe.

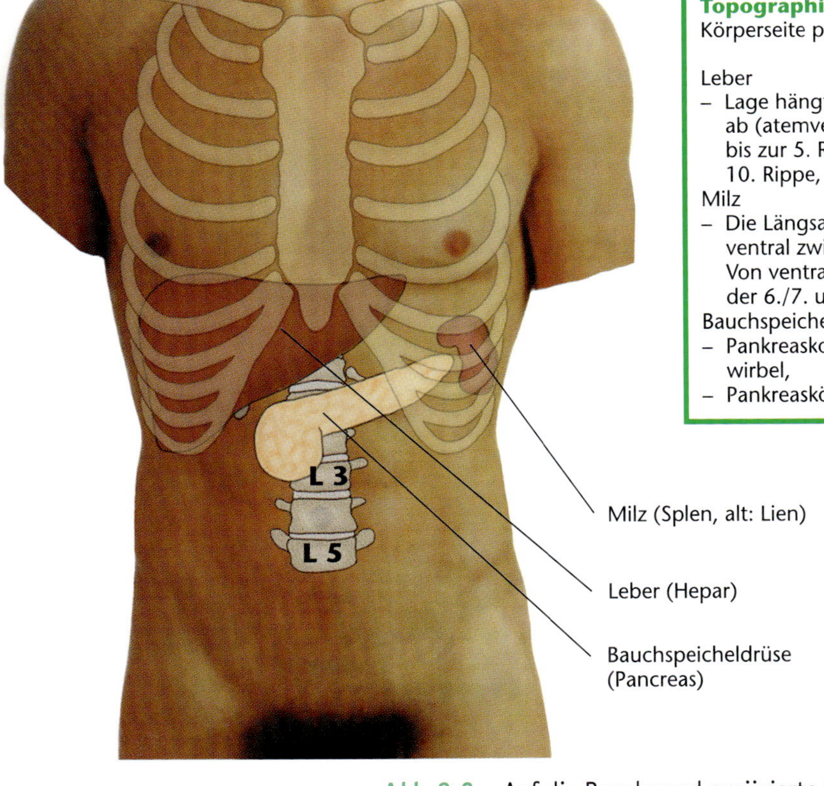

Topographie (auf die vordere Körperseite projiziert)

Leber
- Lage hängt vom Stand des Zwerchfells ab (atemverschieblich!). Kranial reicht sie bis zur 5. Rippe, kaudal rechts bis zur 10. Rippe, kaudal links bis zur 7. Rippe.

Milz
- Die Längsachse verläuft von dorsal nach ventral zwischen der 9. und 11. Rippe. Von ventral gesehen, liegt sie etwa zwischen der 6./7. und 10. Rippe (atemverschieblich).

Bauchspeicheldrüse
- Pankreaskopf – zwischen 1. bis 3. Lendenwirbel,
- Pankreaskörper – 1. bis 2. Lendenwirbel.

Abb. 8.2 Auf die Bauchwand projizierte Organe.

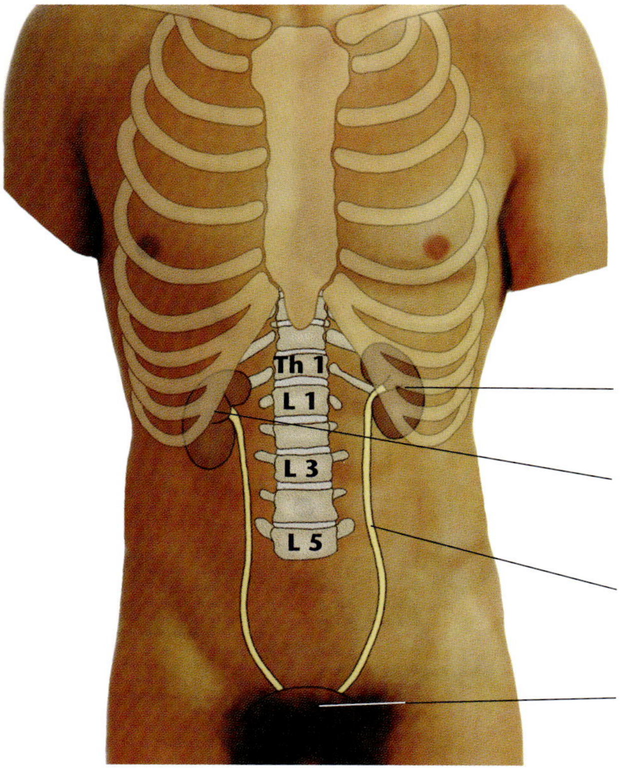

Topographie (auf die vordere Körperseite projiziert)

Nieren
Die Nieren sind atemverschieblich! Der Unterrand liegt etwa 5–6 cm oberhalb der Crista iliaca.
- Rechte Niere – liegt zwischen dem 12- Brust- und 3. Lendenwirbel,
- Linke Niere – liegt zwischen dem 11. Brust- und 2. Lendenwirbel.

Abb. 8.3 Auf die Bauchwand projizierte Nieren.

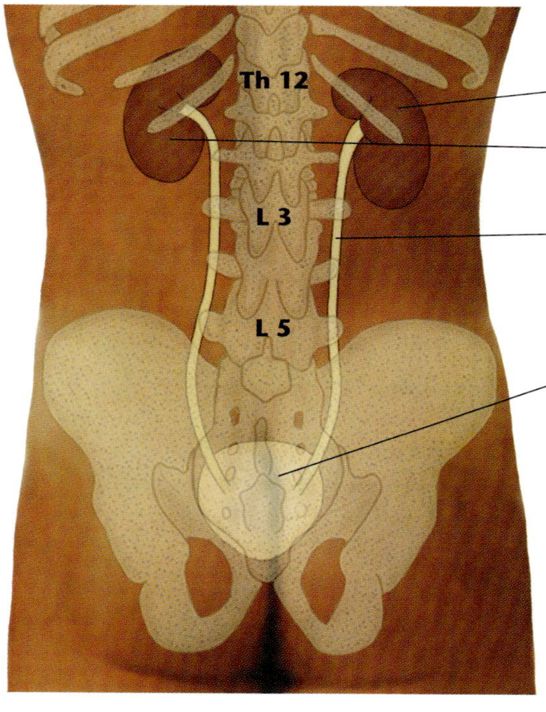

Topographie

Die Harnblase liegt von ventral gesehen hinter der Symphyse. Mit zunehmender Füllung dehnt sie sich in Richtung Nabel aus (erreicht ihn jedoch nicht).

Abb. 8.4 Auf den Rücken projizierte Nieren.

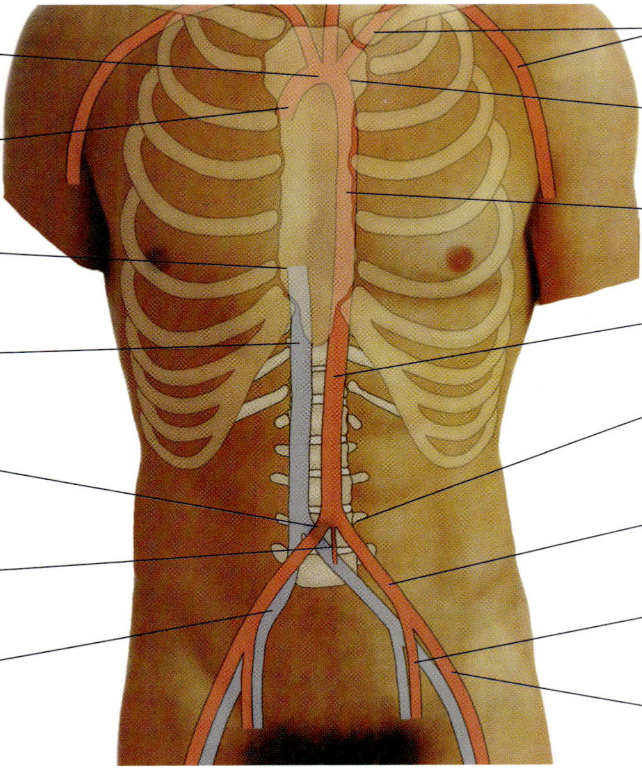

Abb. 8.5 Auf den Korpus projizierte Gefäße.

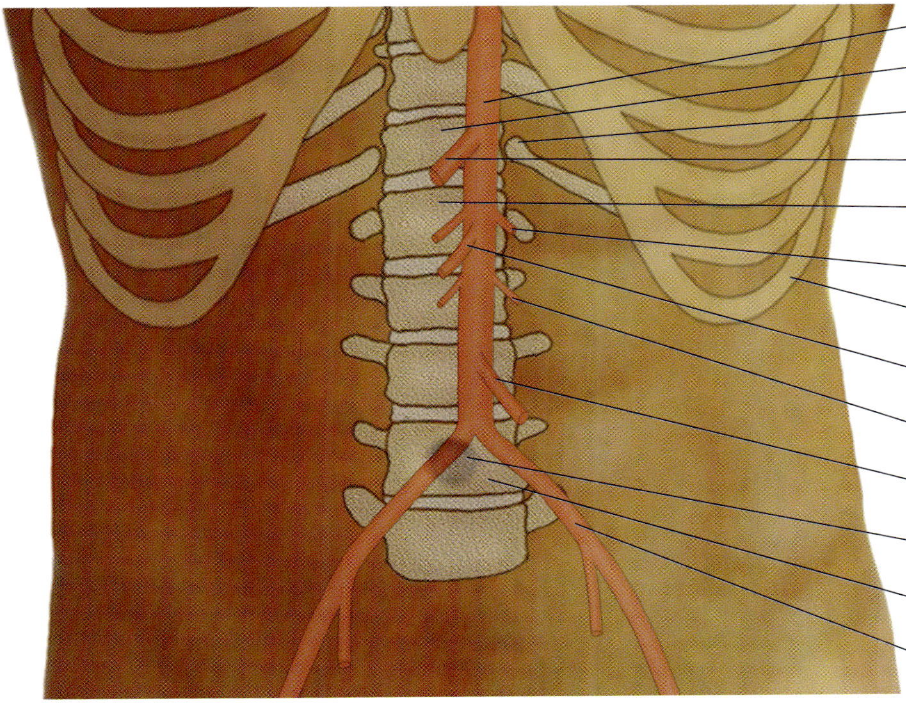

Abb. 8.6 Auf die Bauchwand projizierte Gefäße.

Bei der Diagnose Appendizitis (Blinddarmentzündung) helfen 2 Punkte bei der Diagnose:
McBurney-Punkt – hier geht bei normaler Lage die Appendix ab. Dieser Punkt liegt etwa in der Mitte zwischen dem Nabel und der Spina iliaca anterior superior.

Lanz-Punkt – bei einer zwischen der rechten und linken Spina iliaca anterior superior gedrittelten Linie liegt die Spitze der Appendix beim absteigenden Typ ungefähr am Übergang vom rechten zum mittleren Drittel dieser Linie.

Klinik

Sollten Sie bei einer Appendektomie („Blinddarmoperation") die Appendix nicht gleich finden, folgen Sie der auf dem Colon ascendens (Dickdarm) sichtbaren Taenia libera nach kaudal, die an der Appendix endet.

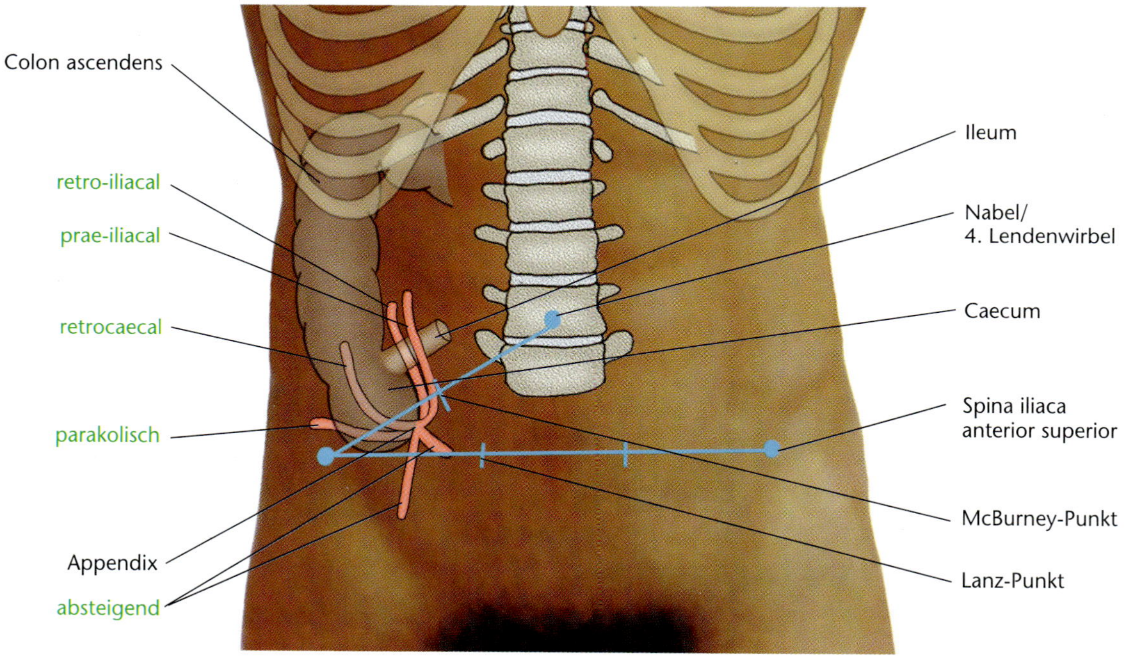

Abb. 8.7 Lagevariabilität der Appendix vermiformis.

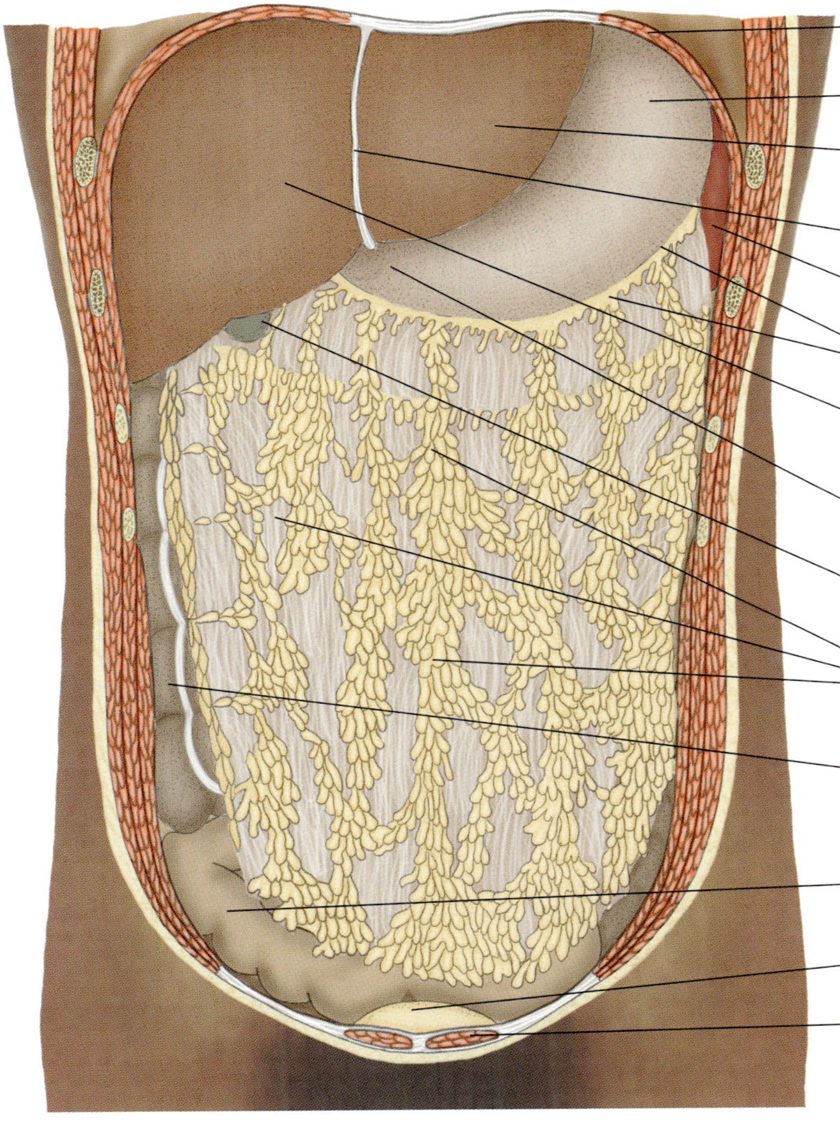

Abb. 8.8 Baucheingeweide von ventral mit Darstellung des Omentum majus.

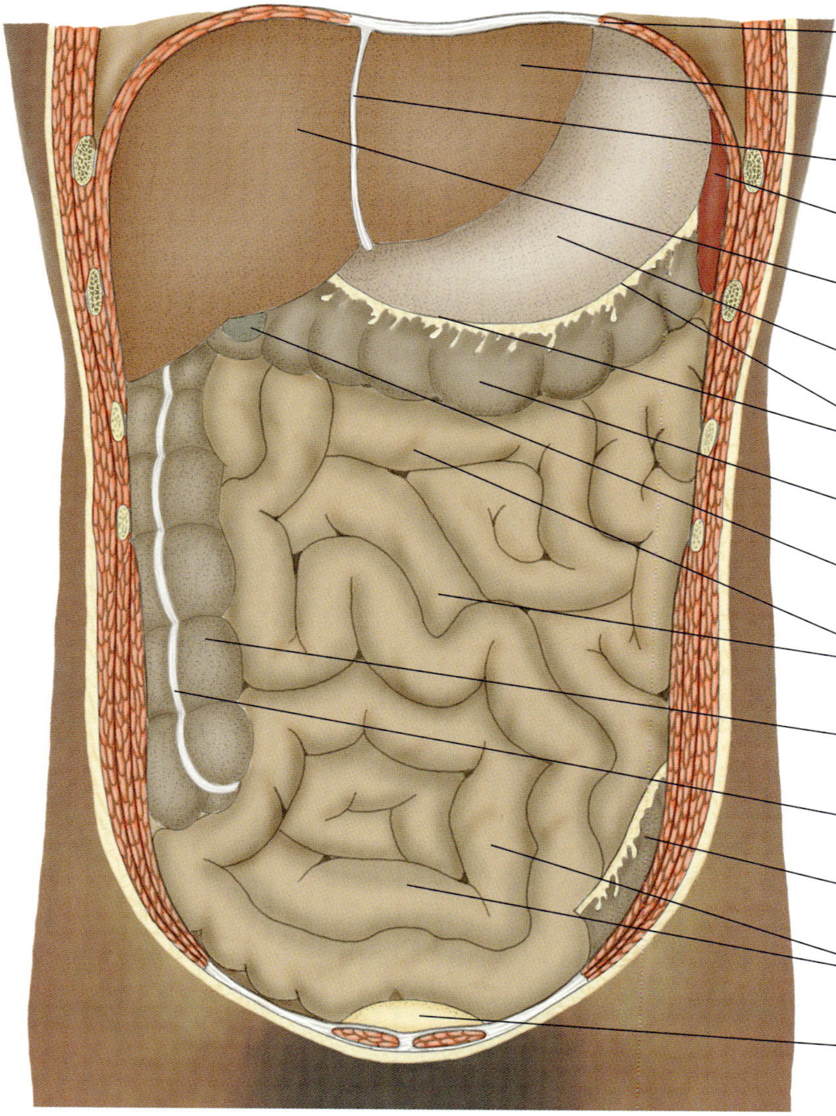

Abb. 8.9 Baucheingeweide von ventral nach Entfernung des Omentum majus.

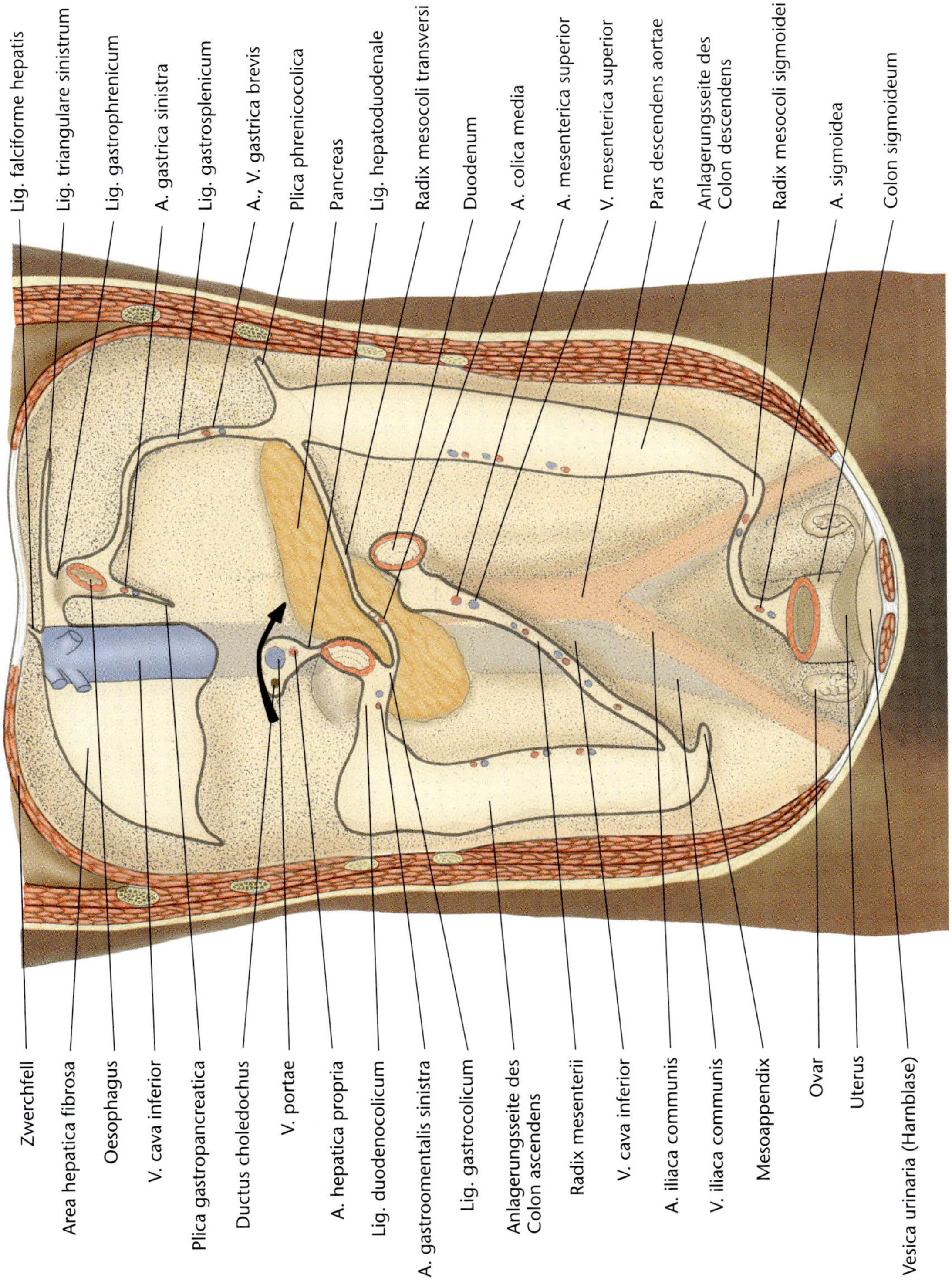

Abb. 8.10 Peritoneum parietale mit den Gekrösewurzeln bei der Frau. Der Pfeil verläuft durch das Foramen omentale (epiploicum).

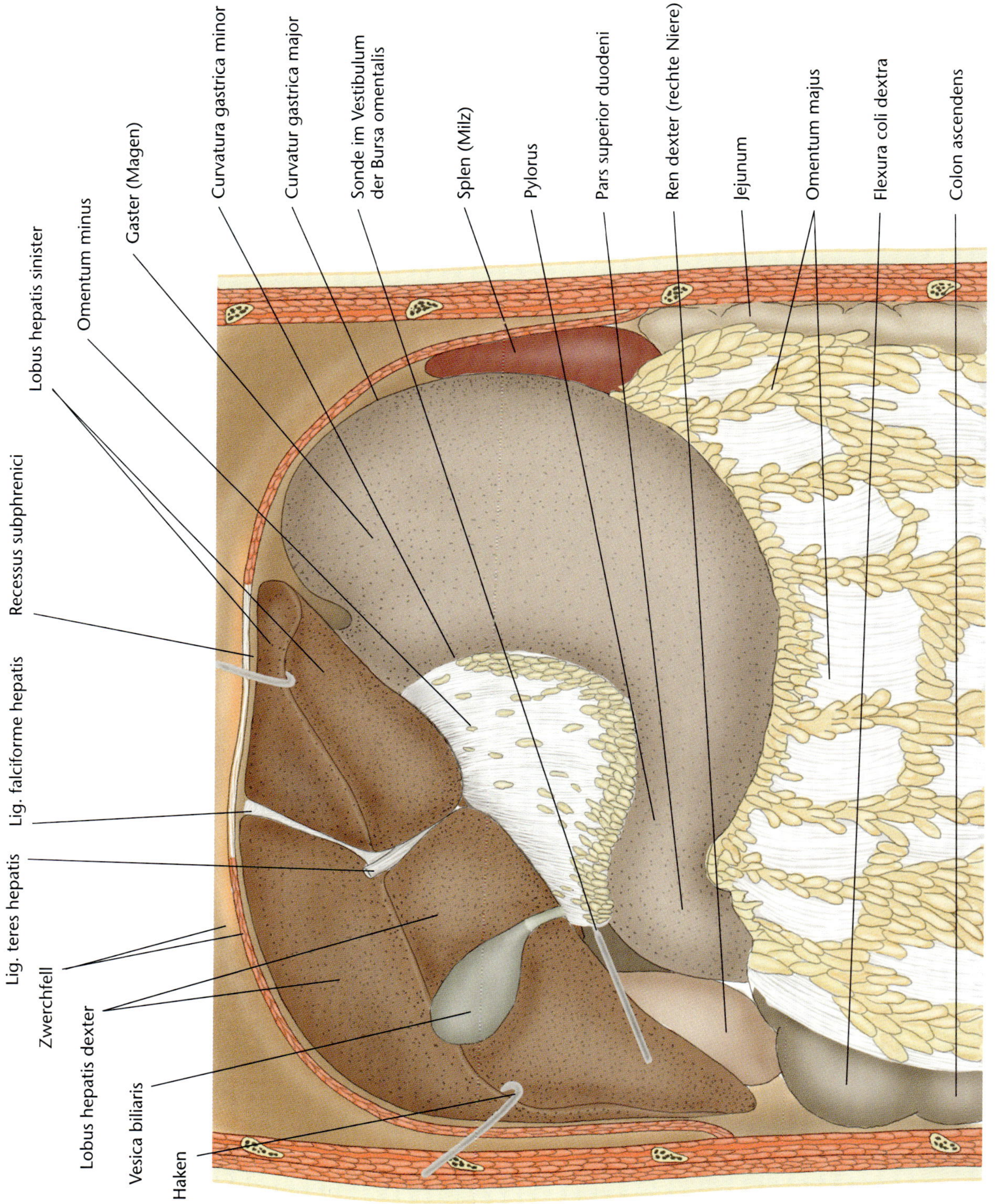

Abb. 8.11 Oberbauchsitus von ventral.

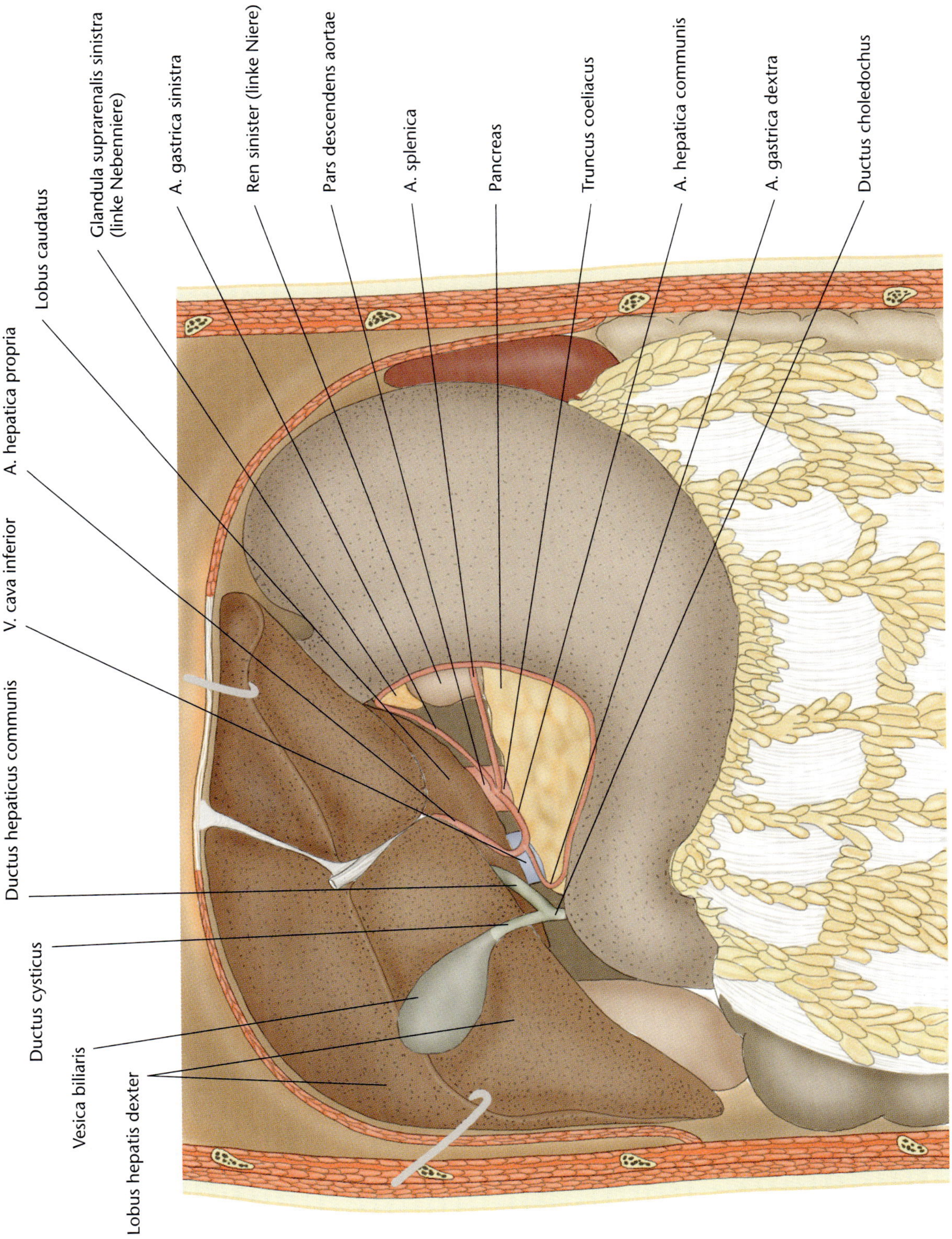

Abb. 8.12 Oberbauchsitus von ventral nach Entfernung des Omentum minus.

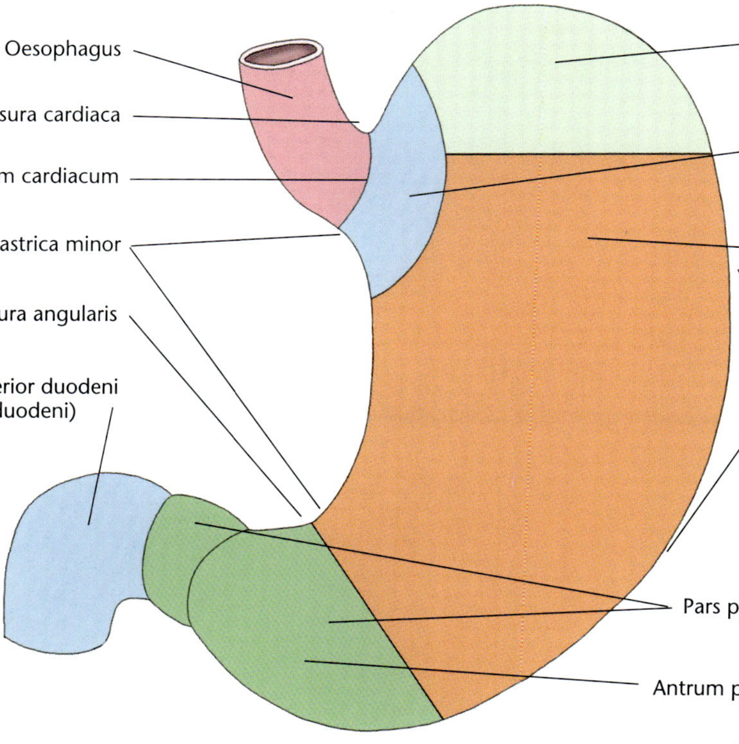

Abb. 8.13 Magen mit seinen einzelnen Abschnitten (schematisiert).

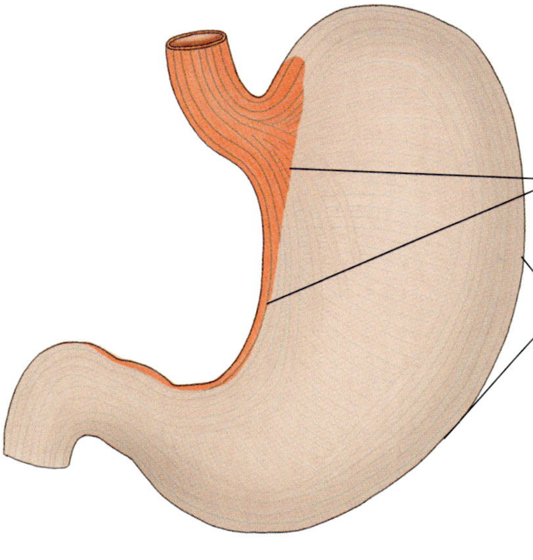

Abb. 8.14 Magen von ventral.

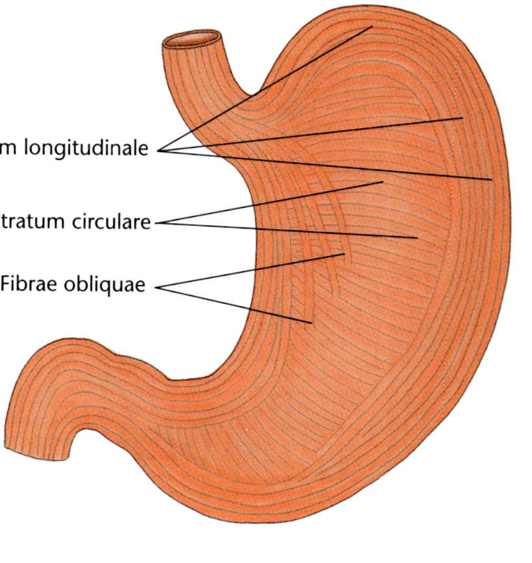

Abb. 8.15 Magen nach Entfernung der Tunica serosa und subserosa.

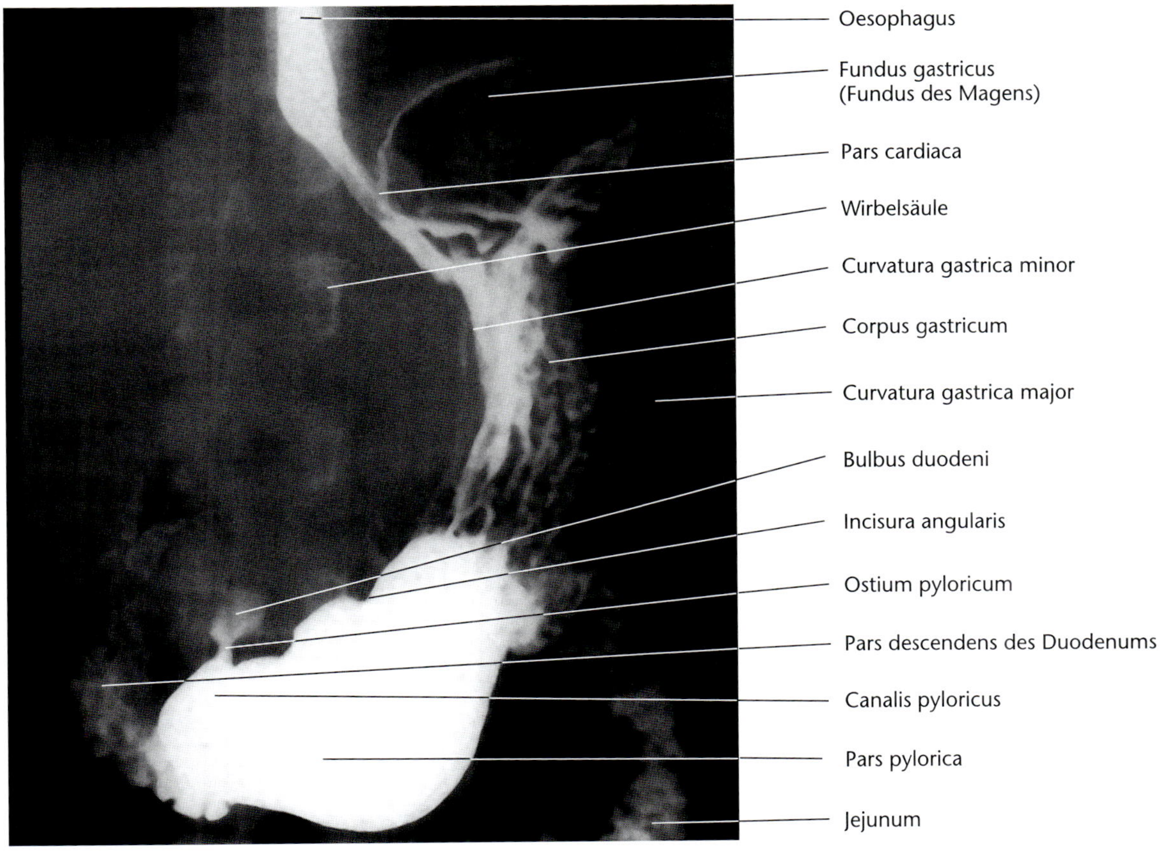

Abb. 8.16 Röntgenbild der Magen-Darm-Passage mittels Kontrastmittel.

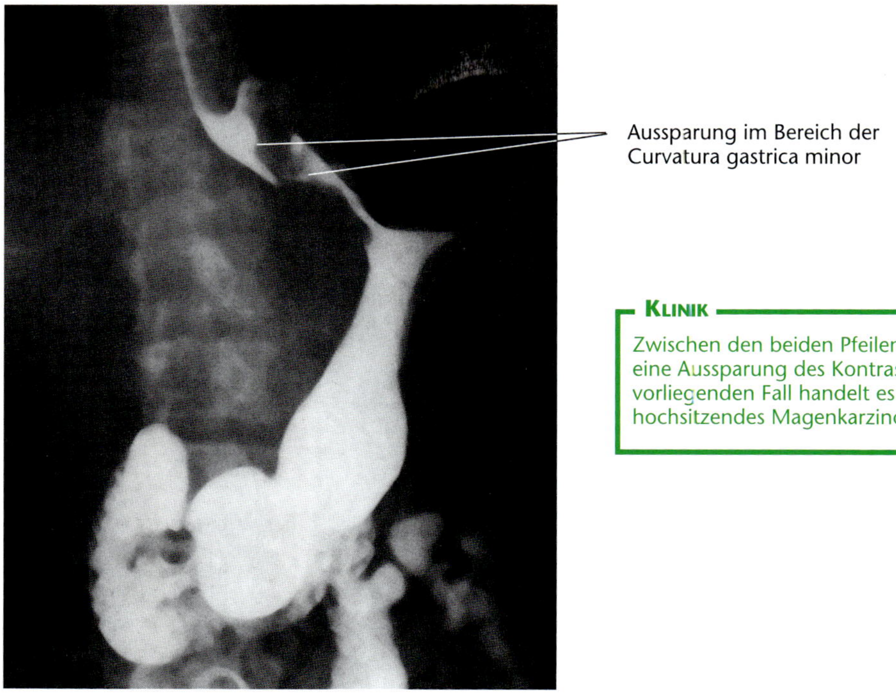

Klinik

Zwischen den beiden Pfeilen sehen Sie eine Aussparung des Kontrastbreis. Im vorliegenden Fall handelt es sich um ein hochsitzendes Magenkarzinom.

Abb. 8.17 Röntgenbild des Magens mit hochsitzendem Magenkarzinom.

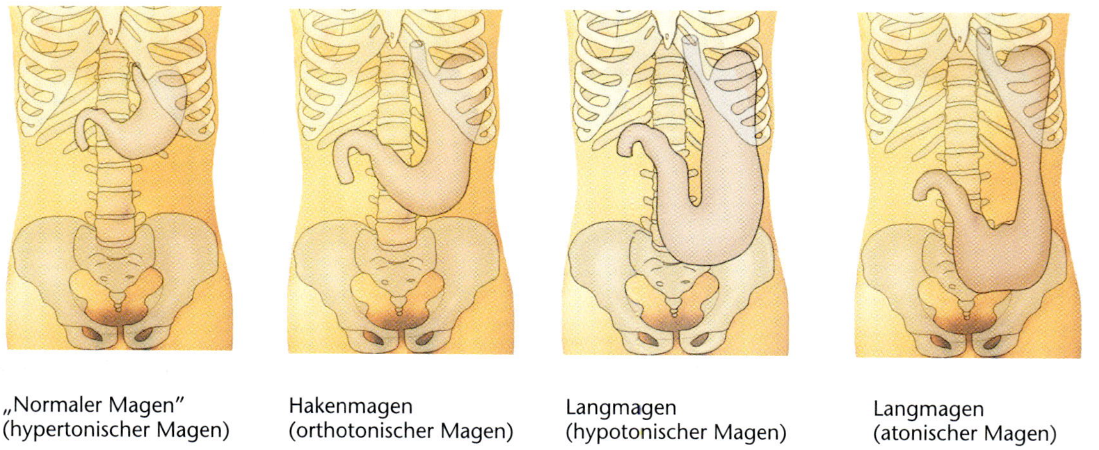

Abb. 8.18 Magenformen.

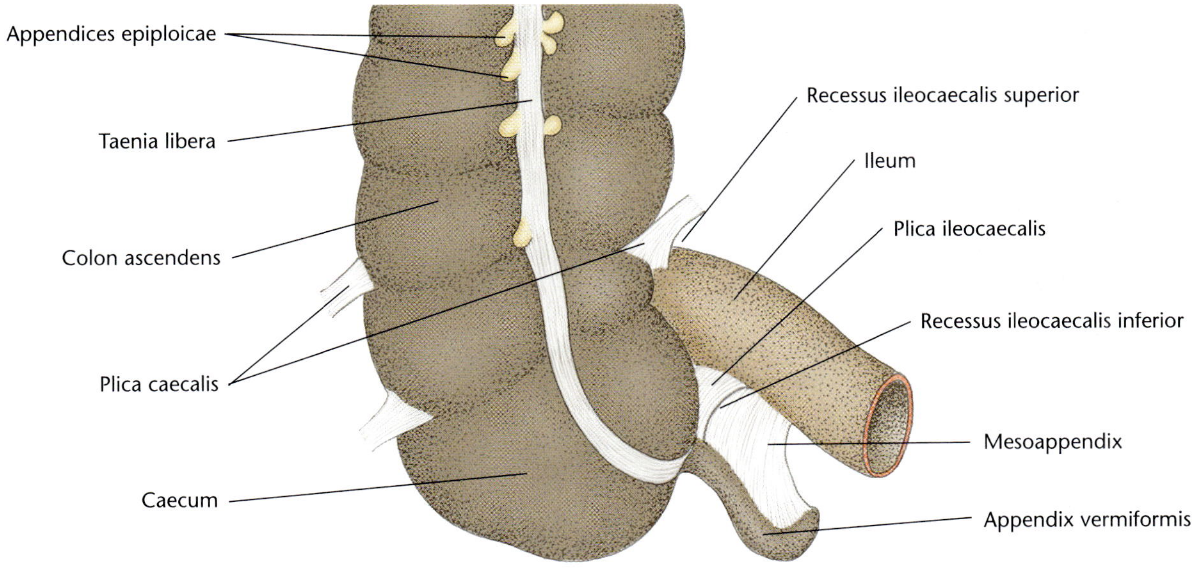

Abb. 8.19 Mündung des Ileums in das Kolon.

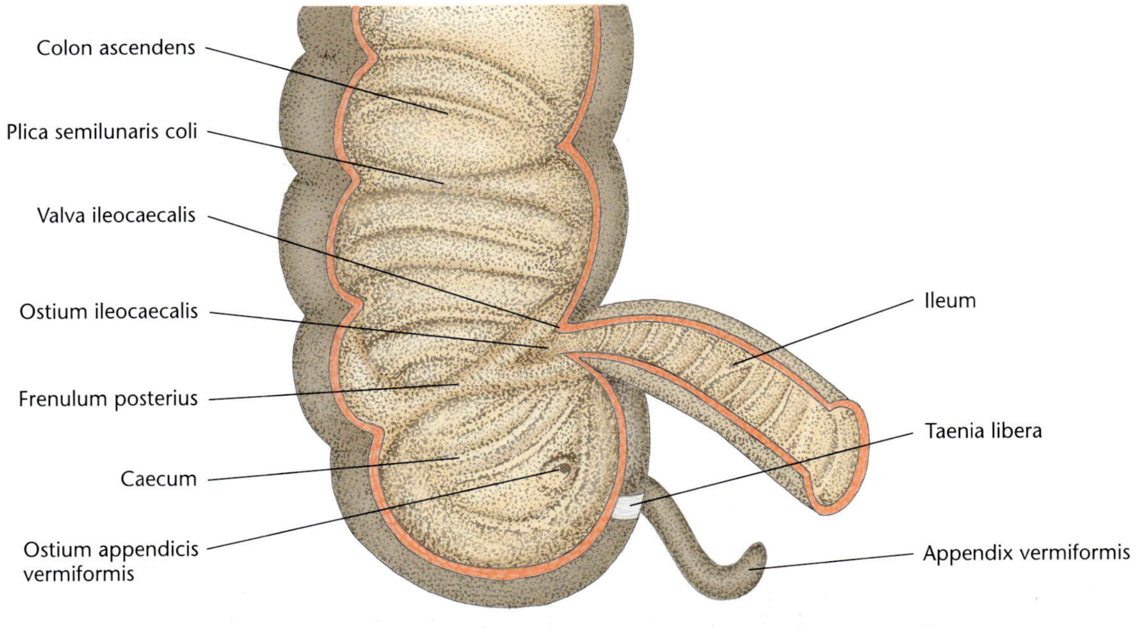

Abb. 8.20 Mündung des Ileums in das Kolon (eröffnet).

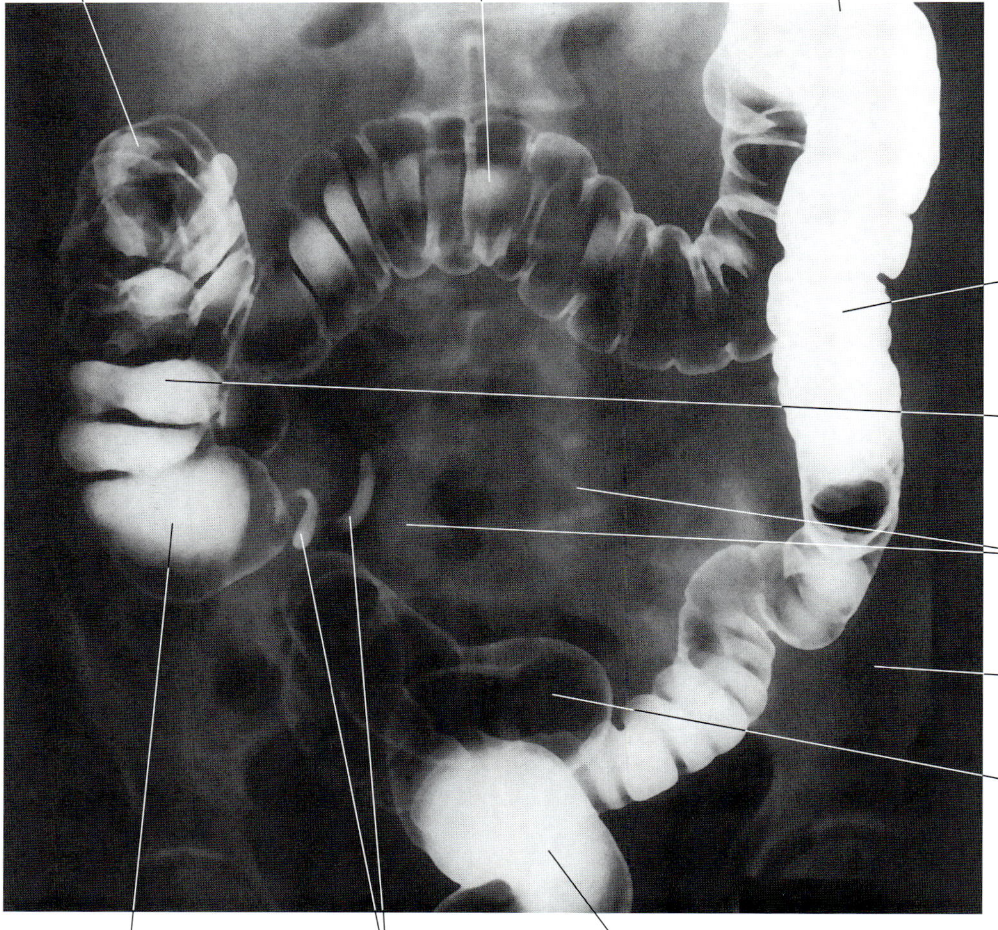

Abb. 8.21 Röntgenbild des Kolons mittels Kontrastmittel.

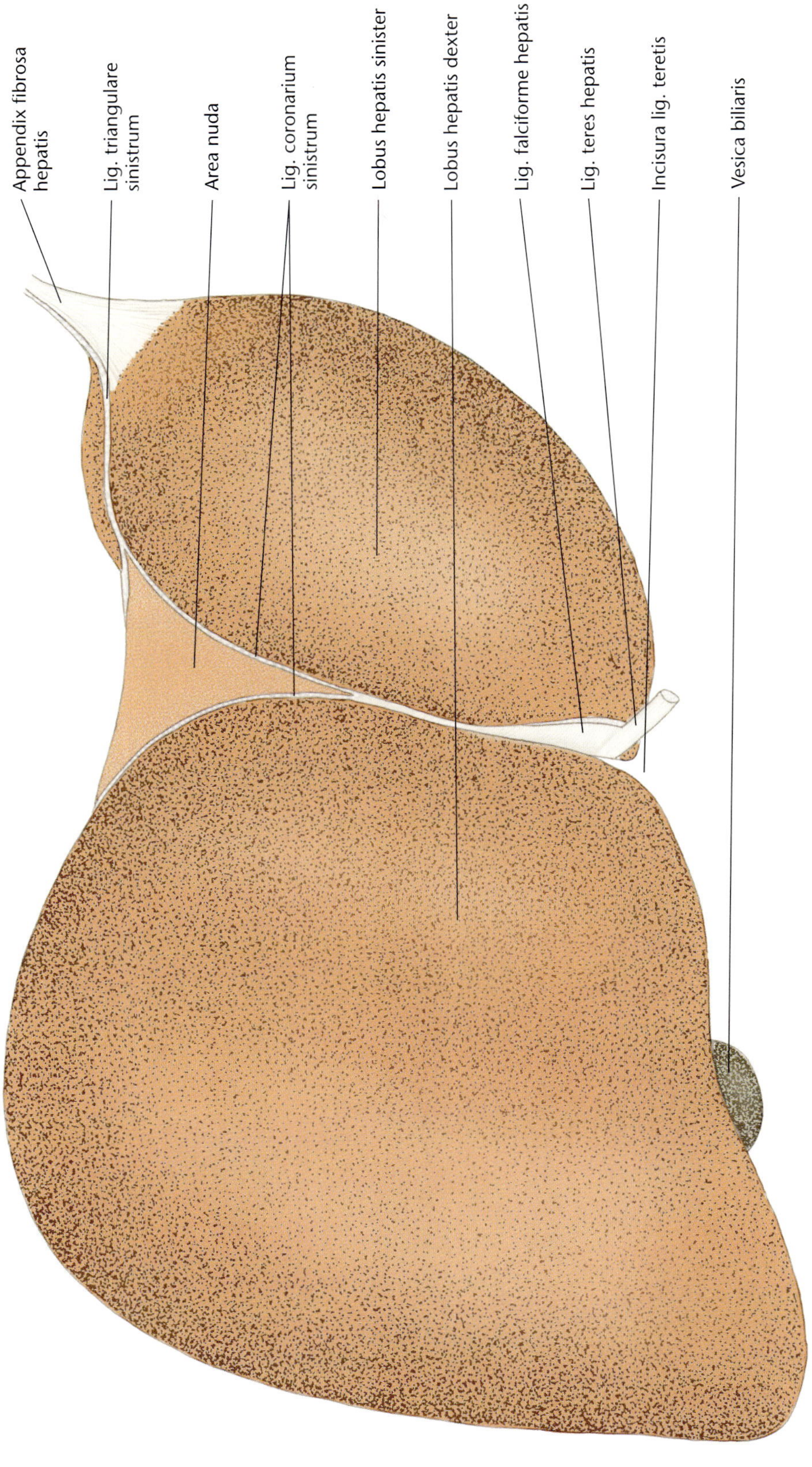

Abb. 8.22 Leber von ventral.

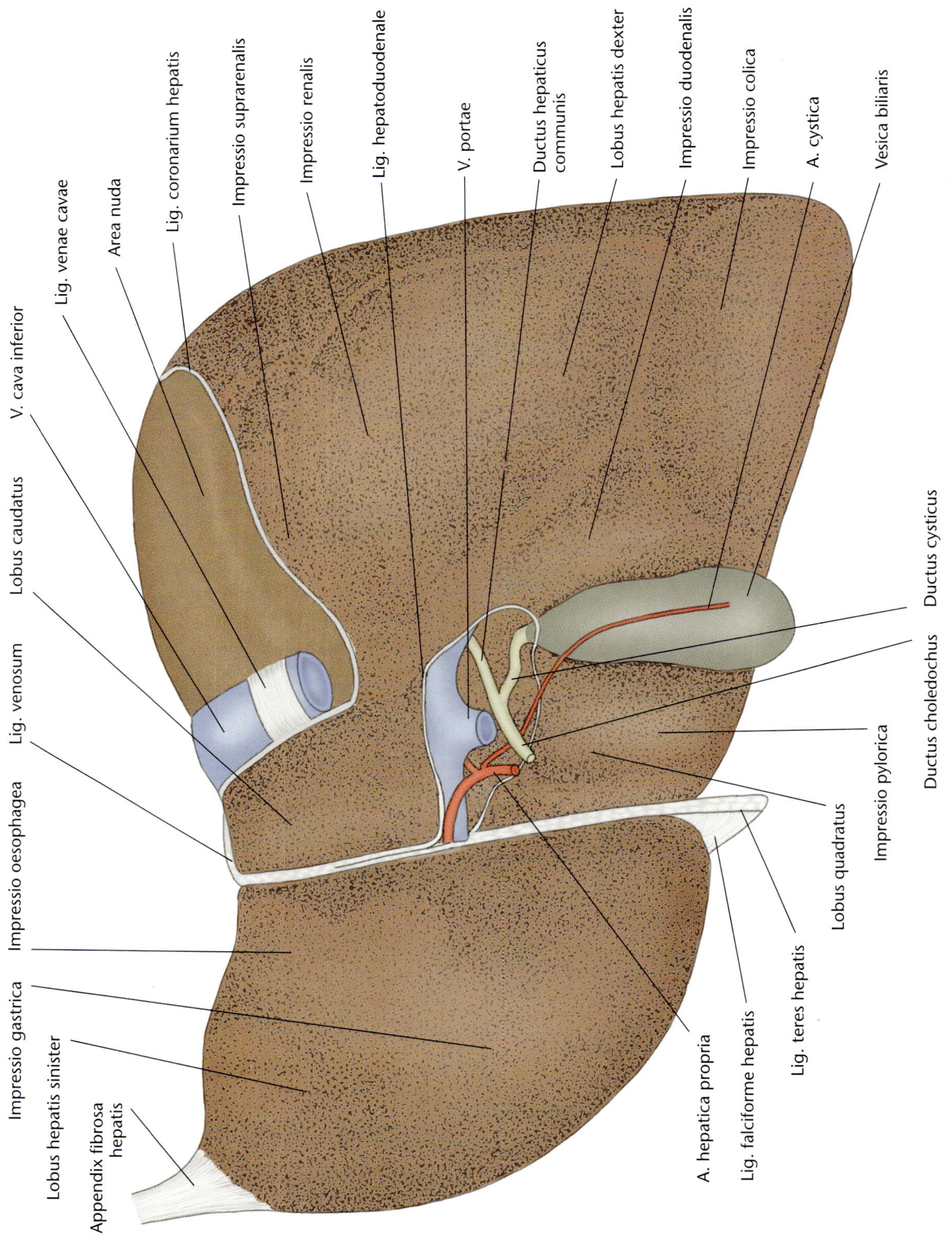

Abb. 8.23 Leber von dorsal.

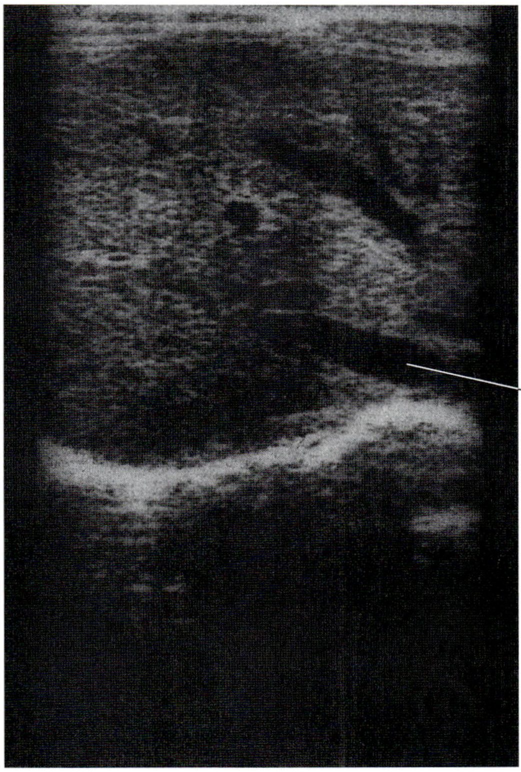

Abb. 8.24 Sonographie der Leber.

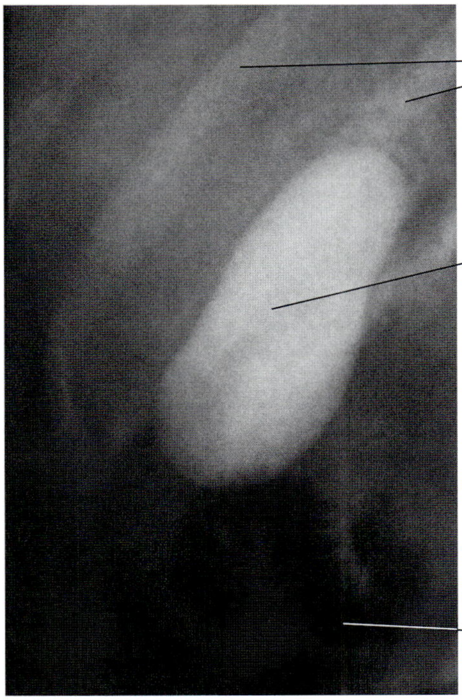

Abb. 8.25 I.v. Cholezystocholangiographie.

Klinik

Cholezystocholangiographie
(Cholezystographie = Darstellung der Gallenblase, Cholangiographie = Darstellung der Gallengänge).
Bei der Cholezysto-cholangio-graphie werden also die Gallenblase und die Gallengänge dargestellt.
Dazu wird das Kontrastmittel oral verabreicht oder i.v. injiziert.
Gallensteine, Gallenwegsverschlüsse oder Gallenwegsverengungen können so erkannt werden.

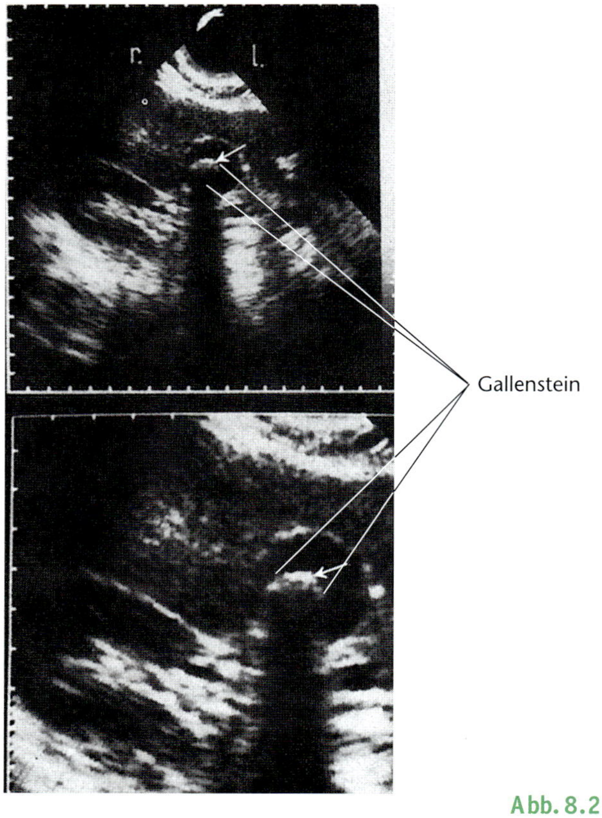

Abb. 8.26 Sonographie im Leber- und Gallenblasenbereich (Gallenstein).

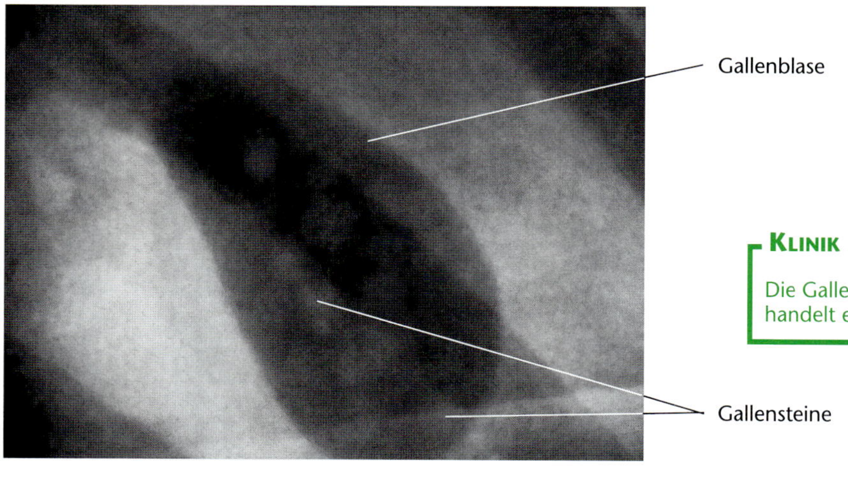

Klinik

Die Gallenblase erscheint „gefleckt". Hierbei handelt es sich um kleine Gallensteine.

Abb. 8.27 I.v. Cholezystocholangiographie (Gallenstein).

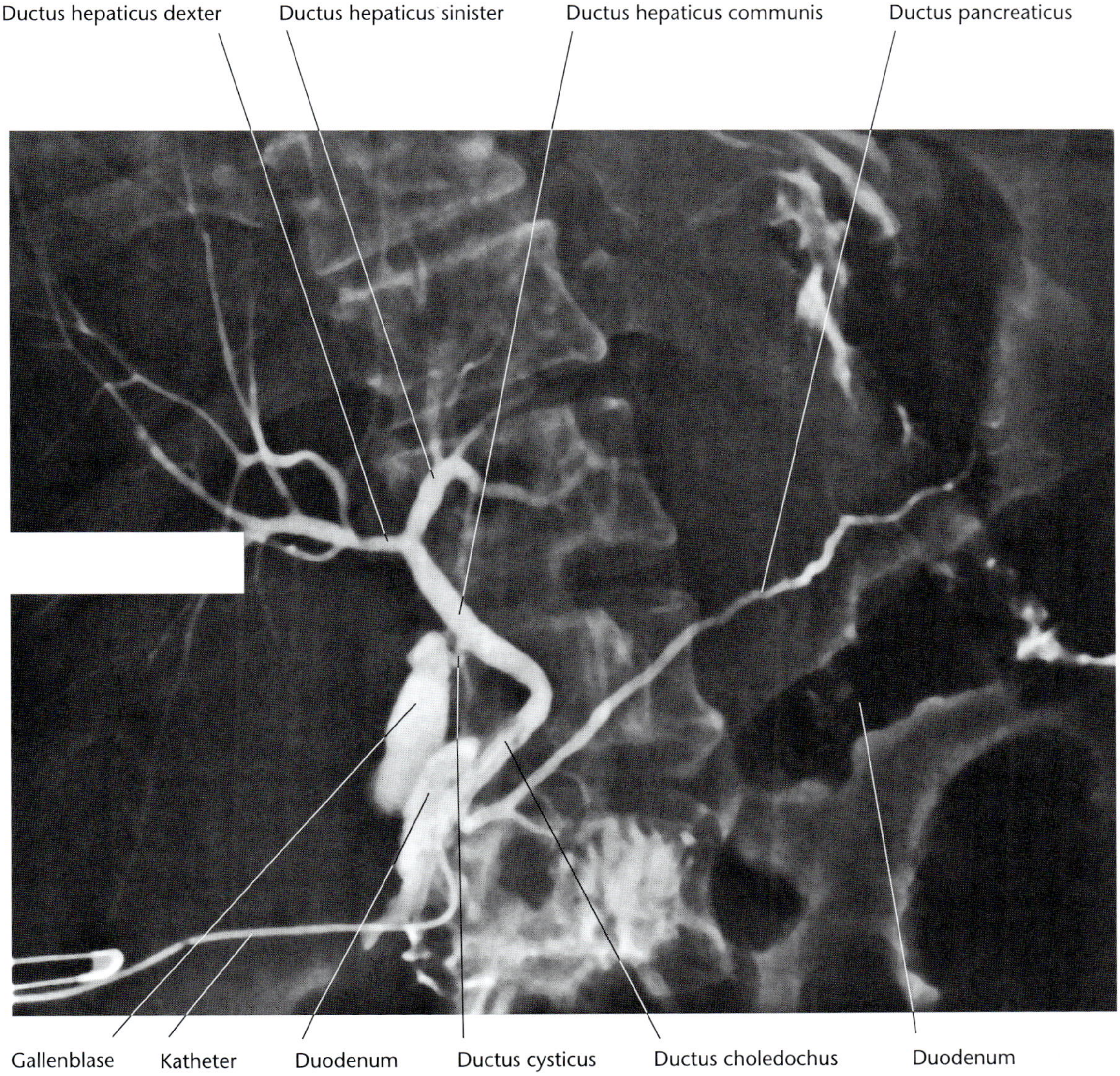

Abb. 8.28 Röntgenaufnahme der extrahepatischen Gallenwege, der Gallenblase und des Pankreasgangs.

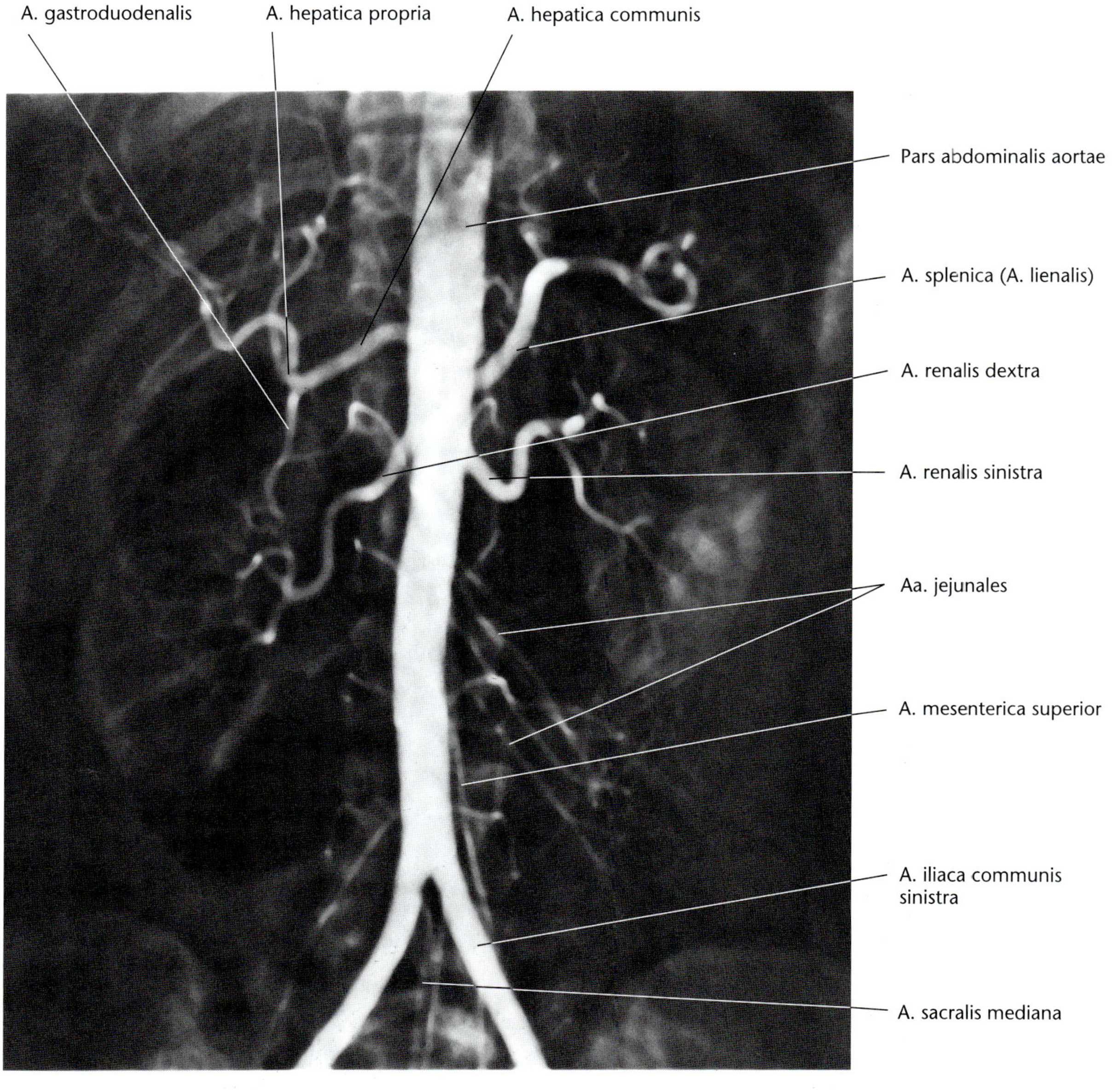

Abb. 8.29 Aortogramm der Bauchaorta mit den Aa. iliacae, a.-p.

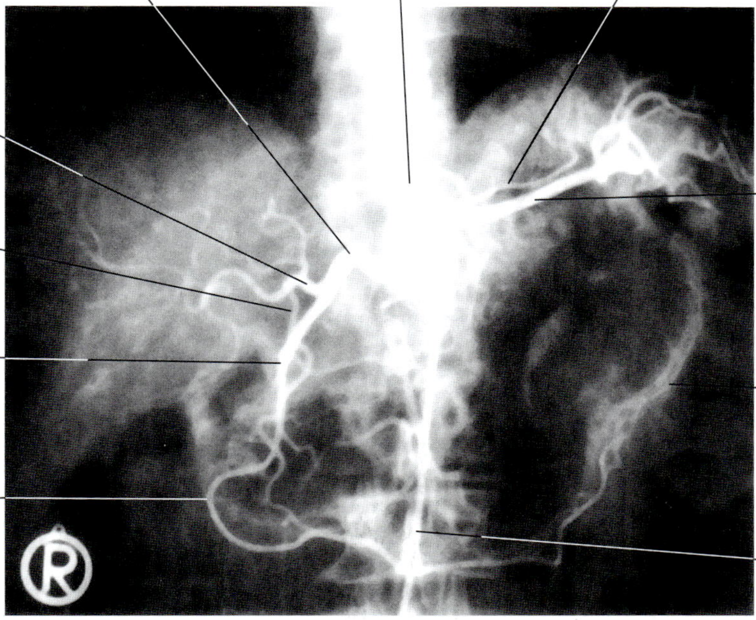

Abb. 8.30 Arteriogramm des Truncus coeliacus, a.-p. (Zöliakographie).

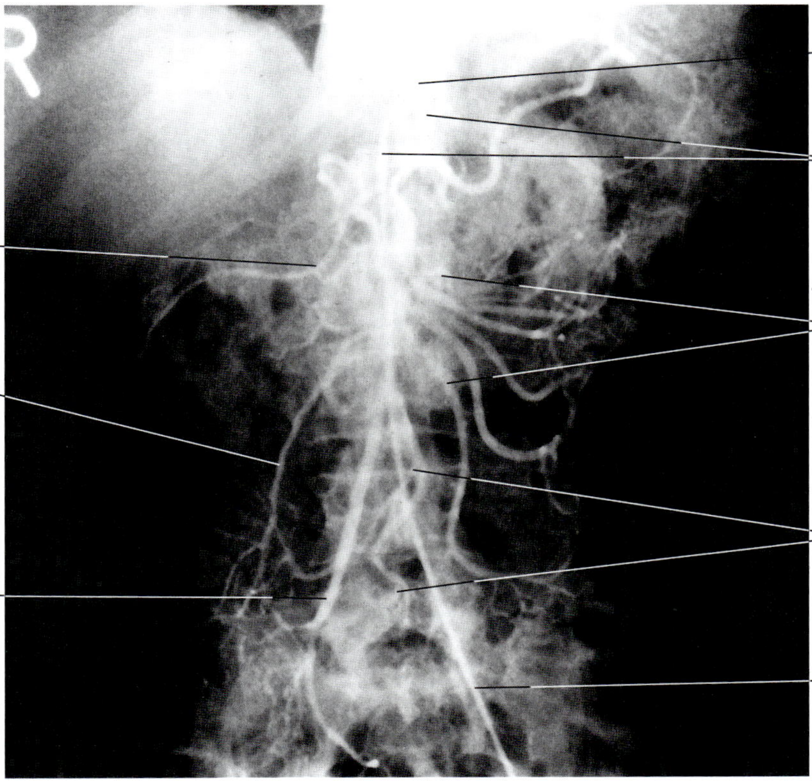

Abb. 8.31 Arteriogramm der A. mesenterica superior, a.-p.

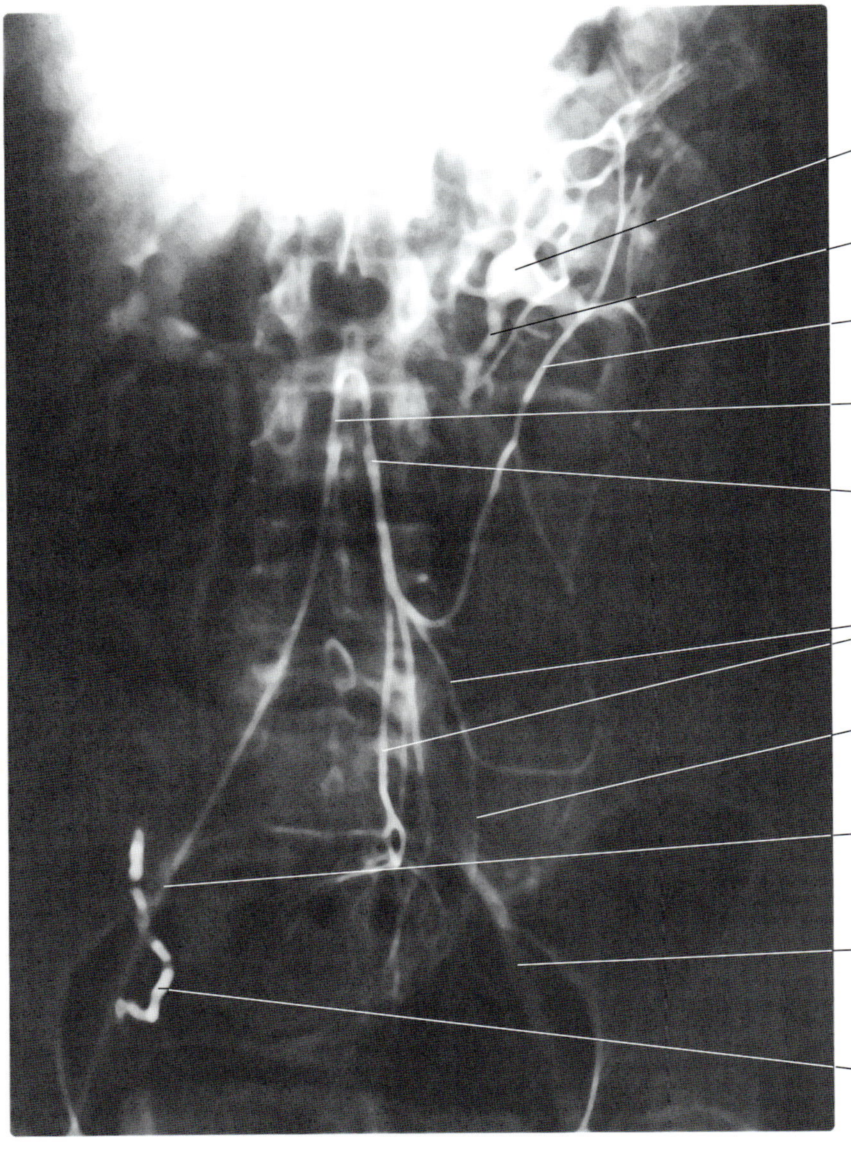

Abb. 8.32 Arteriogramm der A. mesenterica inferior, a.-p.

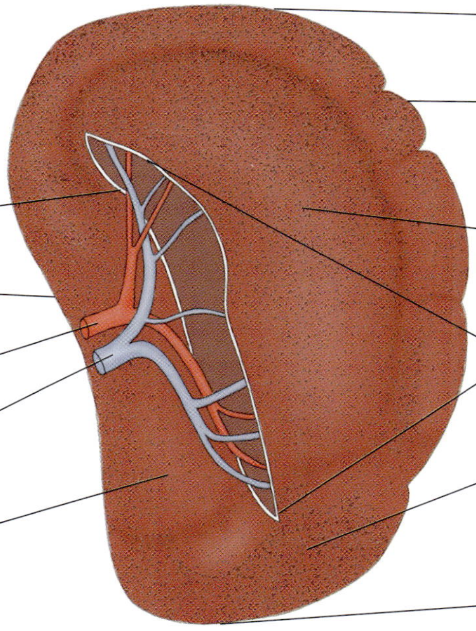

Abb. 8.33 Milz mit Hilum.

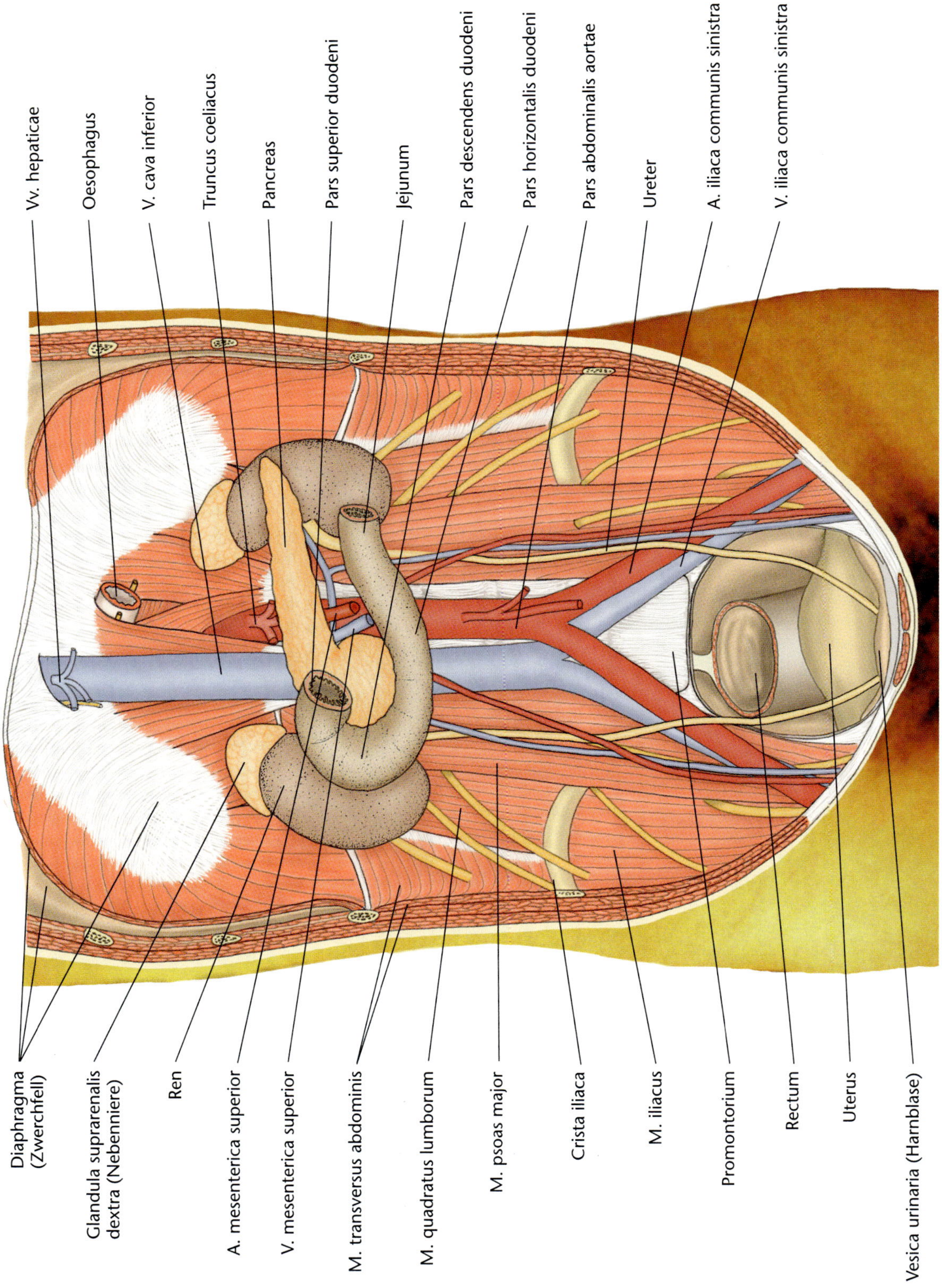

Abb. 8.34 Situs retroperitonealis.

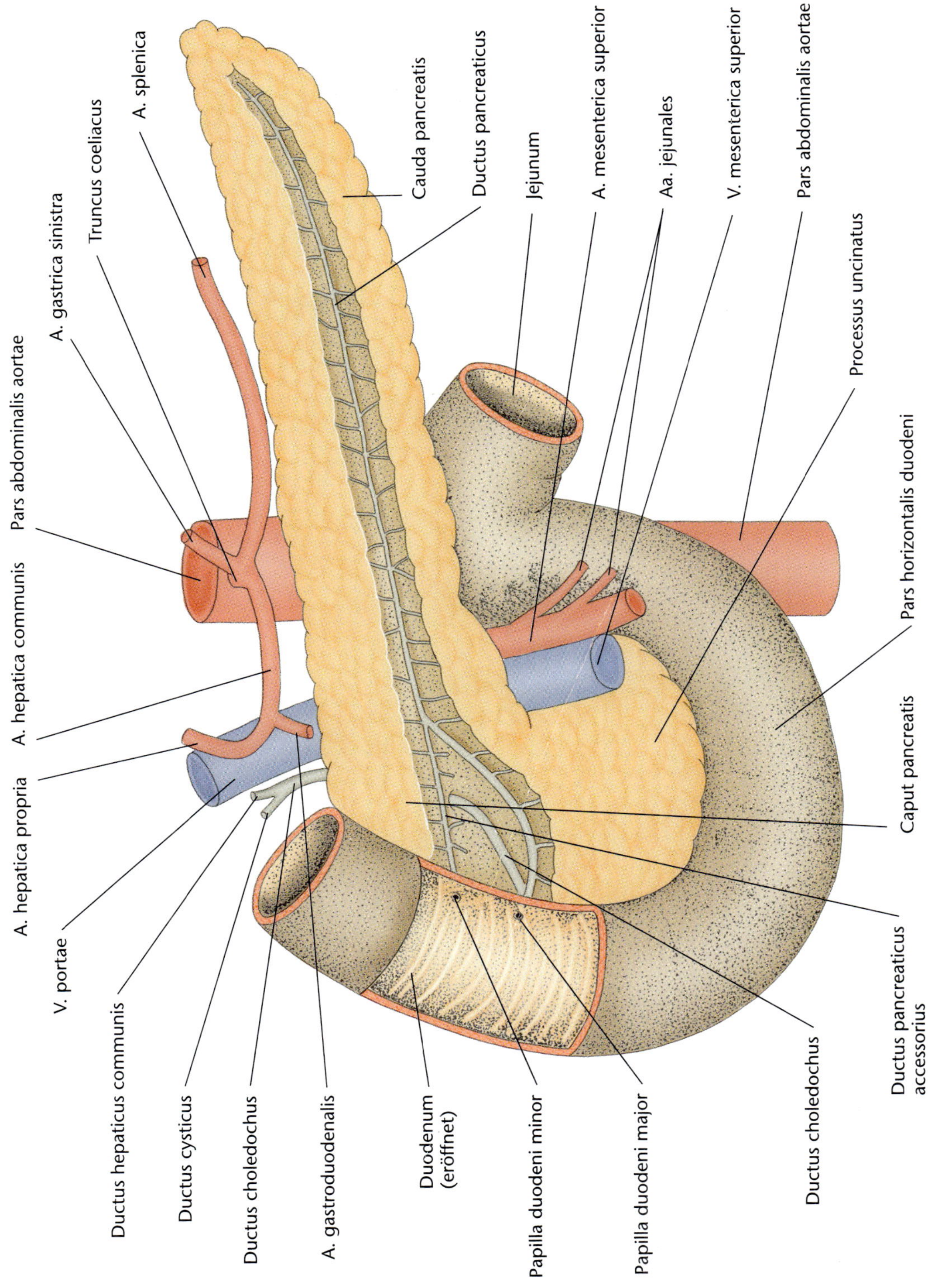

Abb. 8.35 Lage des Pankreas zum Duodenum und zur Milz.

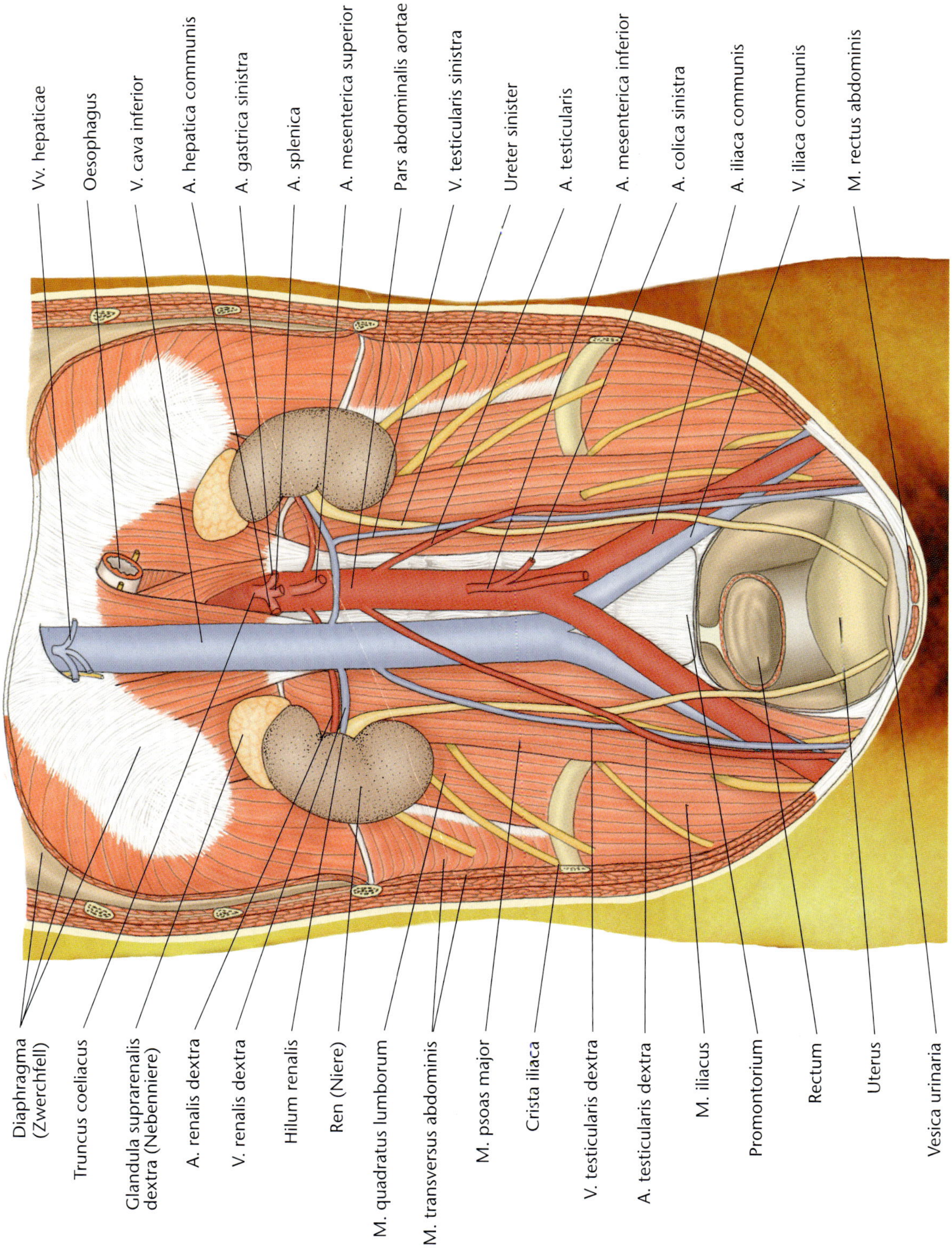

Abb. 8.36 Situs retroperitonealis nach Entfernung von Duodenum und Pankreas.

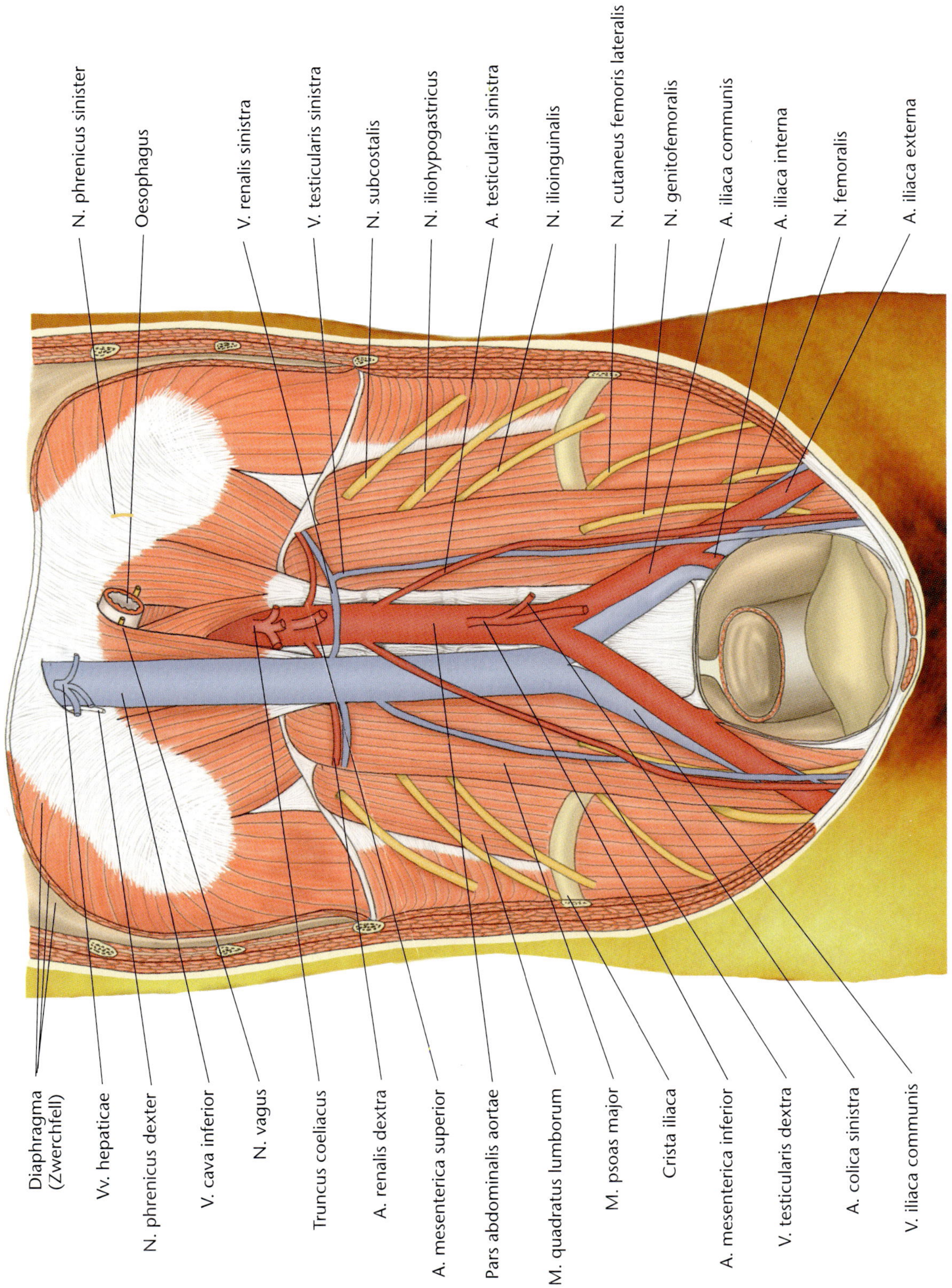

Abb. 8.37 Situs retroperitonealis nach Entfernung von Duodenum, Pankreas und Nieren.

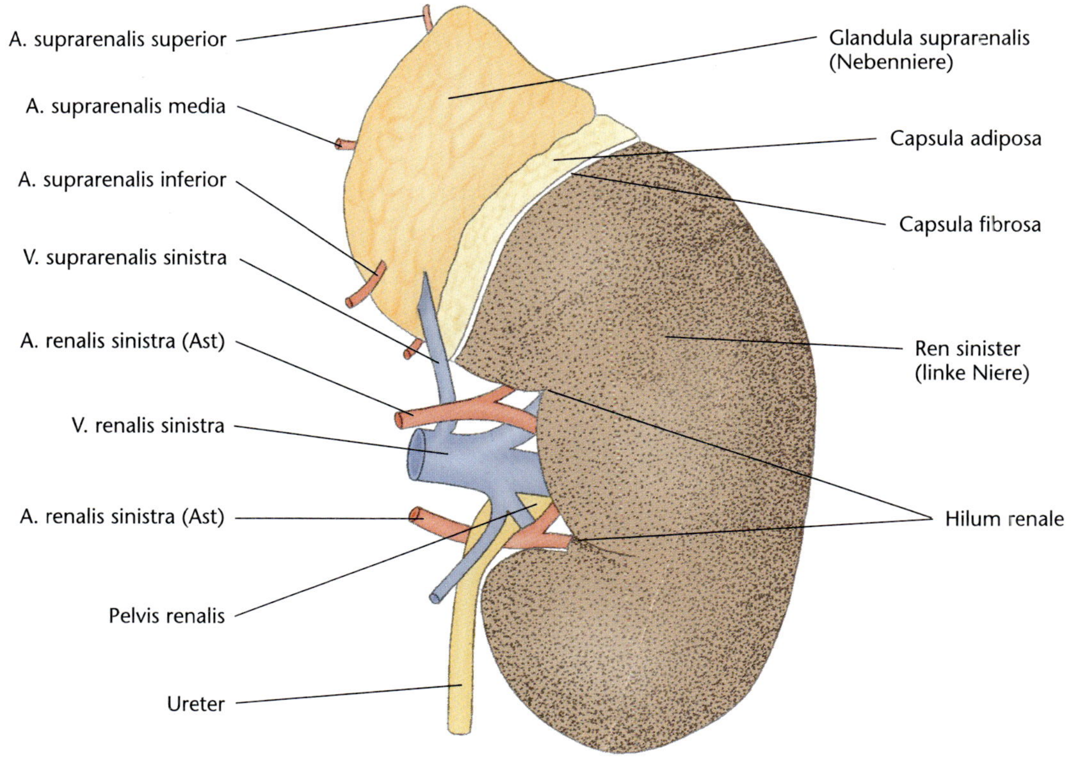

Abb. 8.38 Linke Niere.

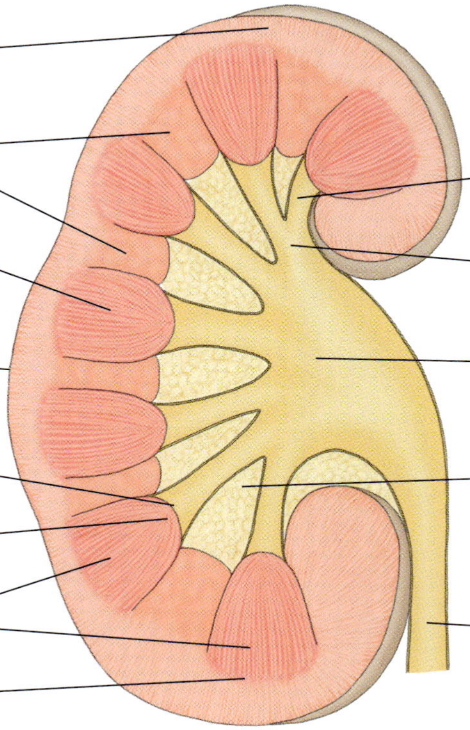

Abb. 8.39 Frontaler Längsschnitt durch die rechte Niere.

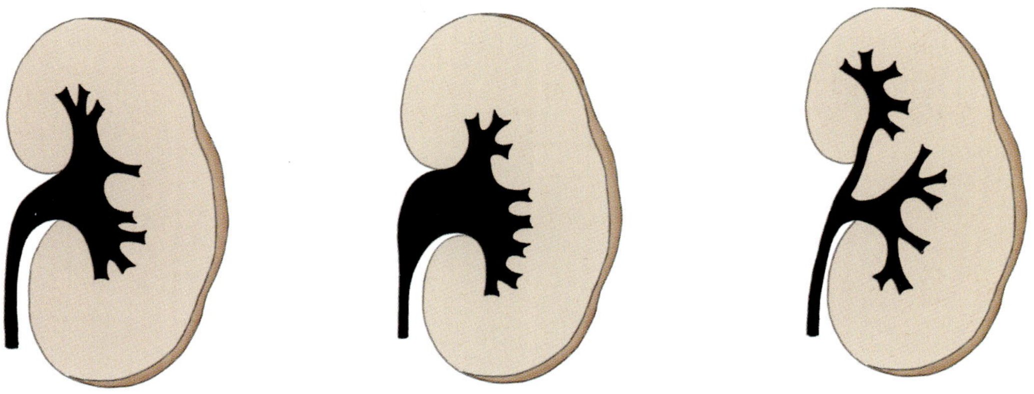

Abb. 8.40 Verschiedene Formen des Nierenbeckens.

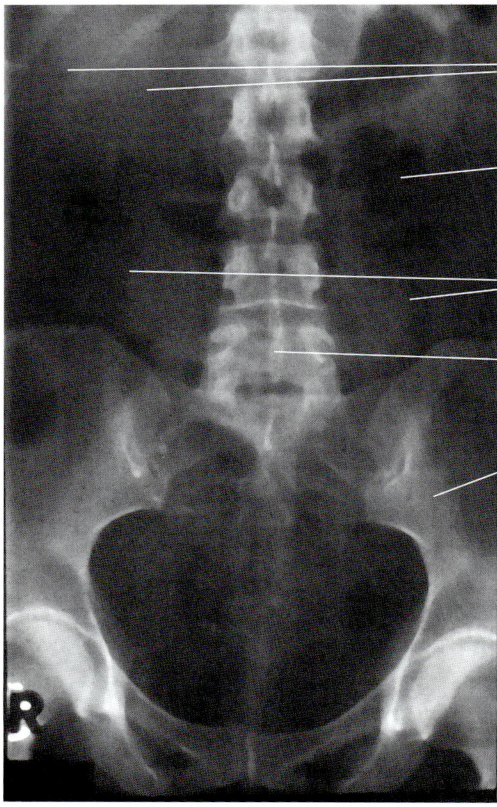

KLINIK

Auf einer Abdomenleeraufnahme (= ohne Kontrastmittel) sind die Weichteilschatten von Leber, Milz und Nieren sowie der Schatten (= Rand) des M. psoas major meist gut abgrenzbar.

Abb. 8.41 Röntgenbild Abdomenleeraufnahme.

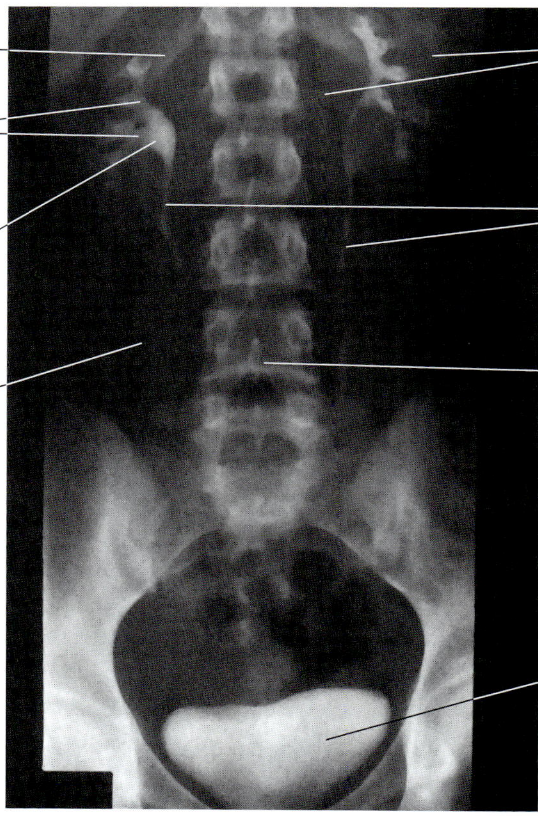

Abb. 8.42 I.v. Urogramm.

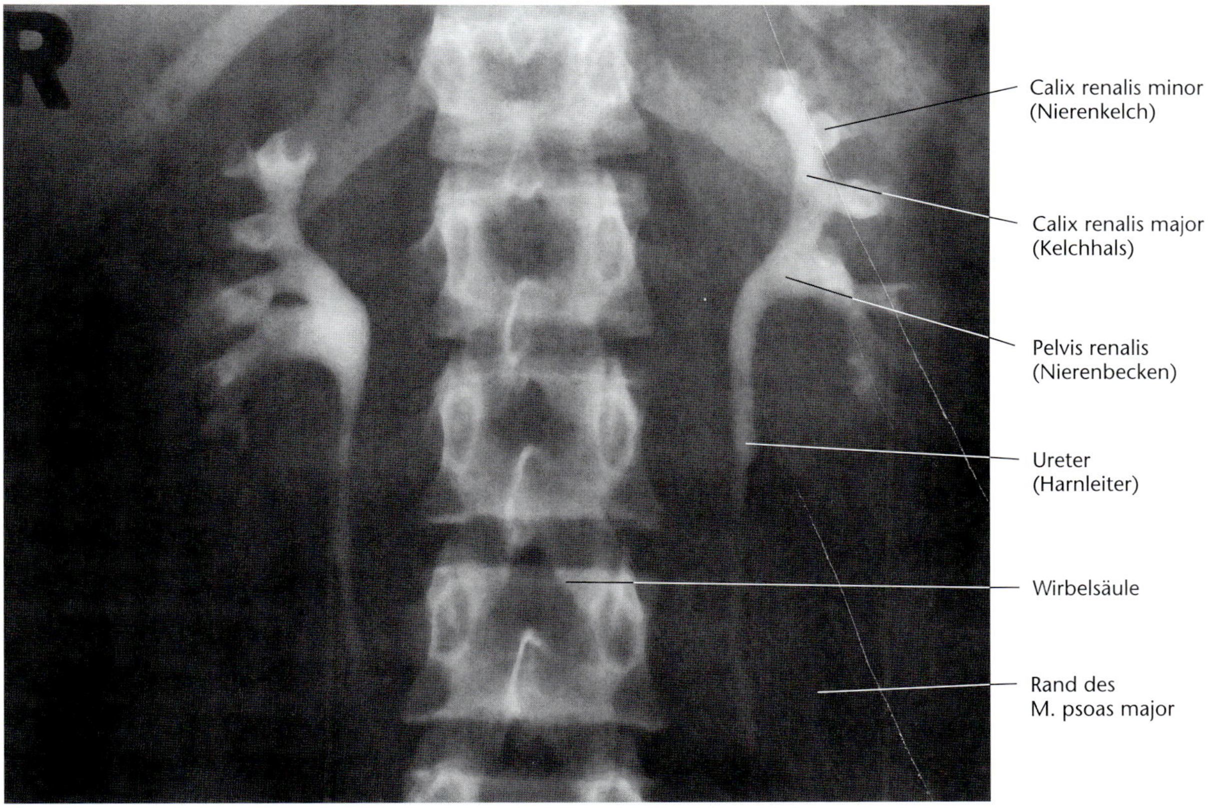

Abb. 8.43 Röntgenbild des Nierenbeckens. Stauungsaufnahme bei Urogramm (a.-p. Aufnahme).

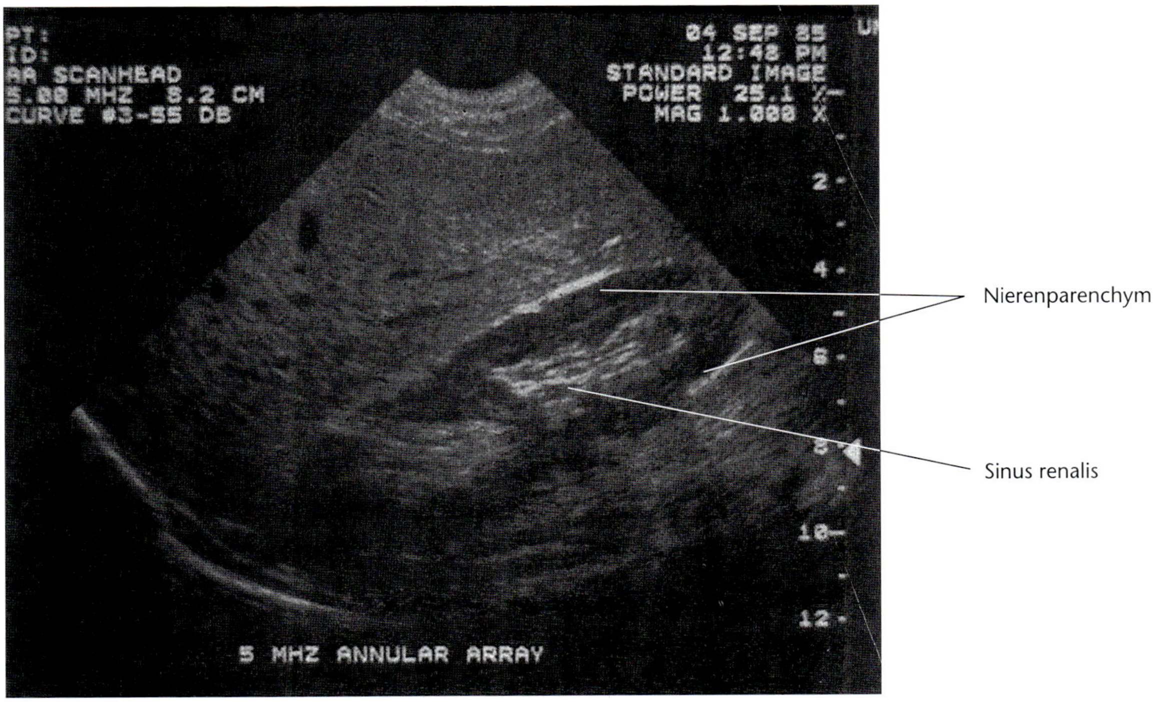

Abb. 8.44 Sonographie der Niere.

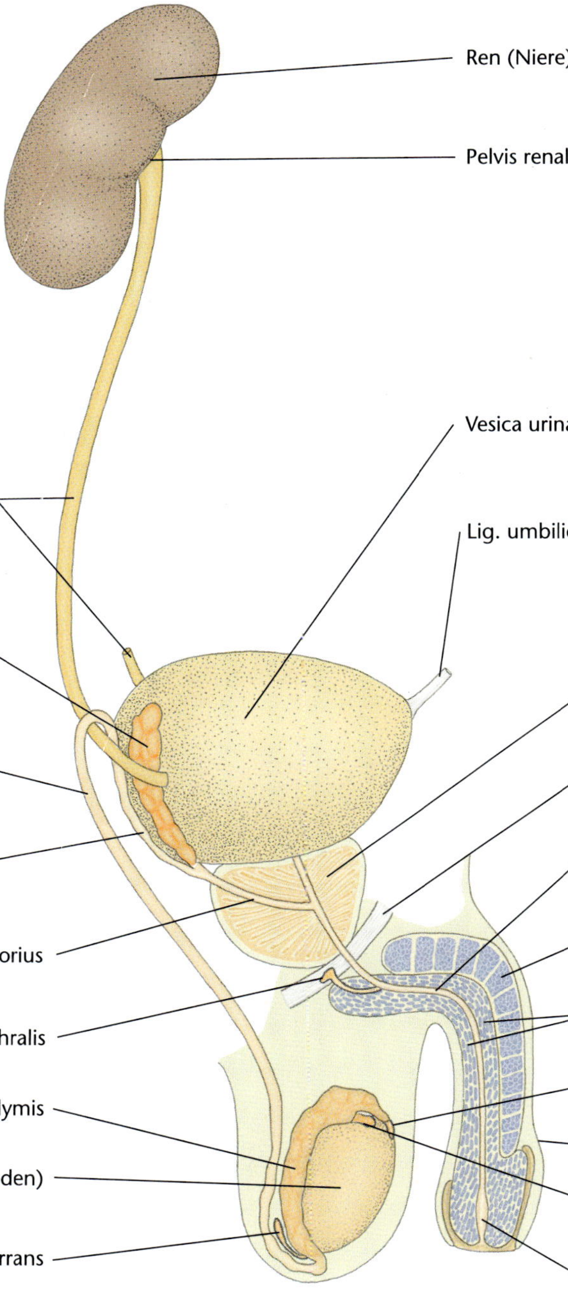

Abb. 8.45 Harn- und Geschlechtsorgane des Mannes (schematisiert).

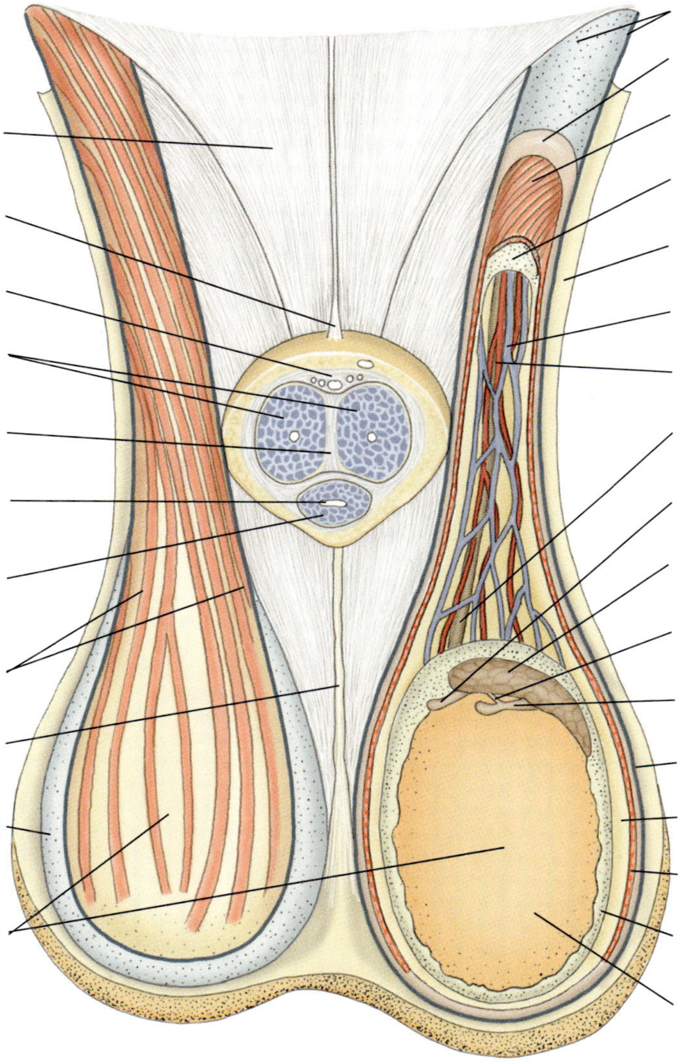

Abb. 8.46 Hoden und Nebenhoden mit ihren Hüllen von ventral.

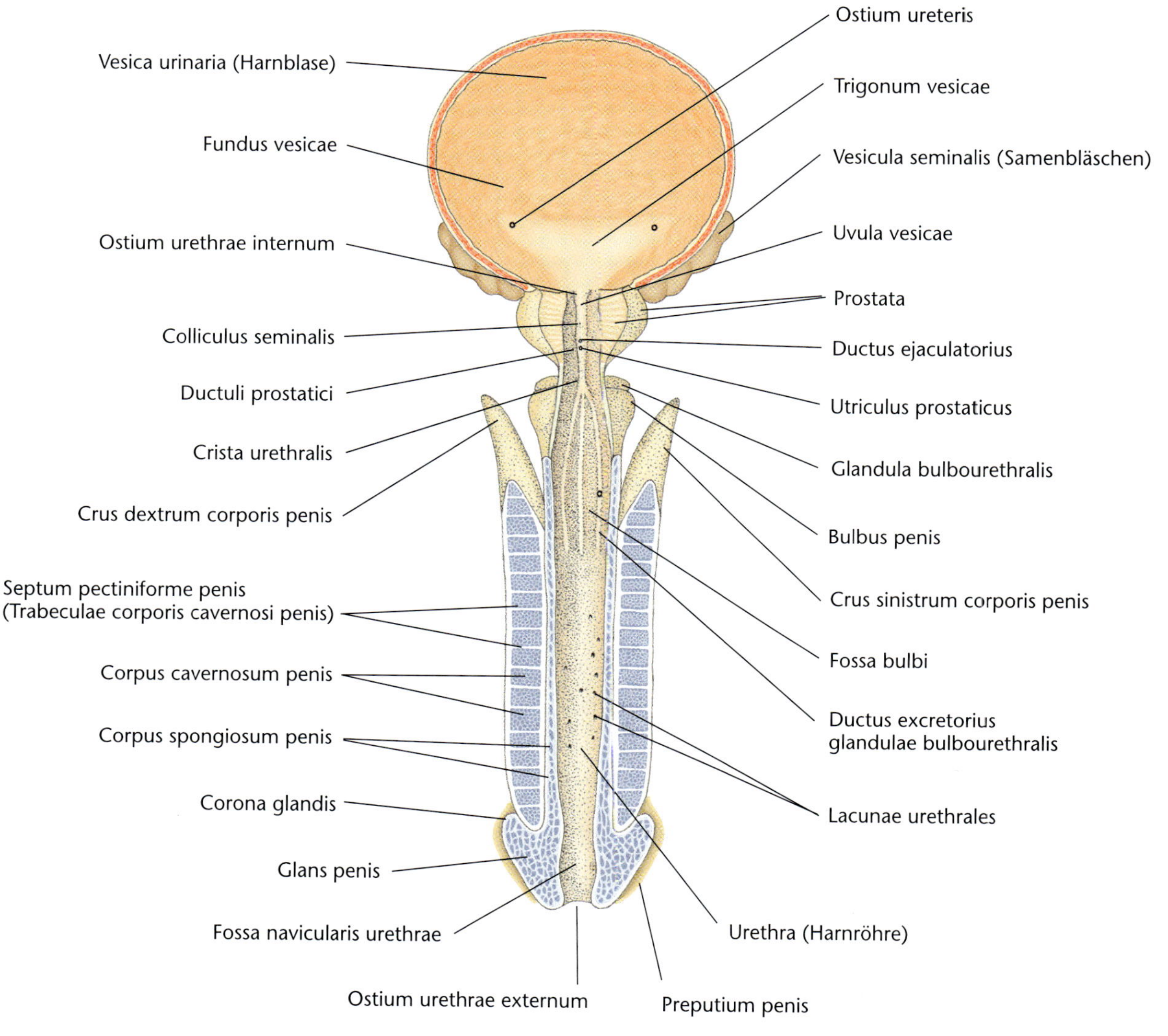

Abb. 8.47 Harnblase und Harnröhre von ventral (eröffnet).

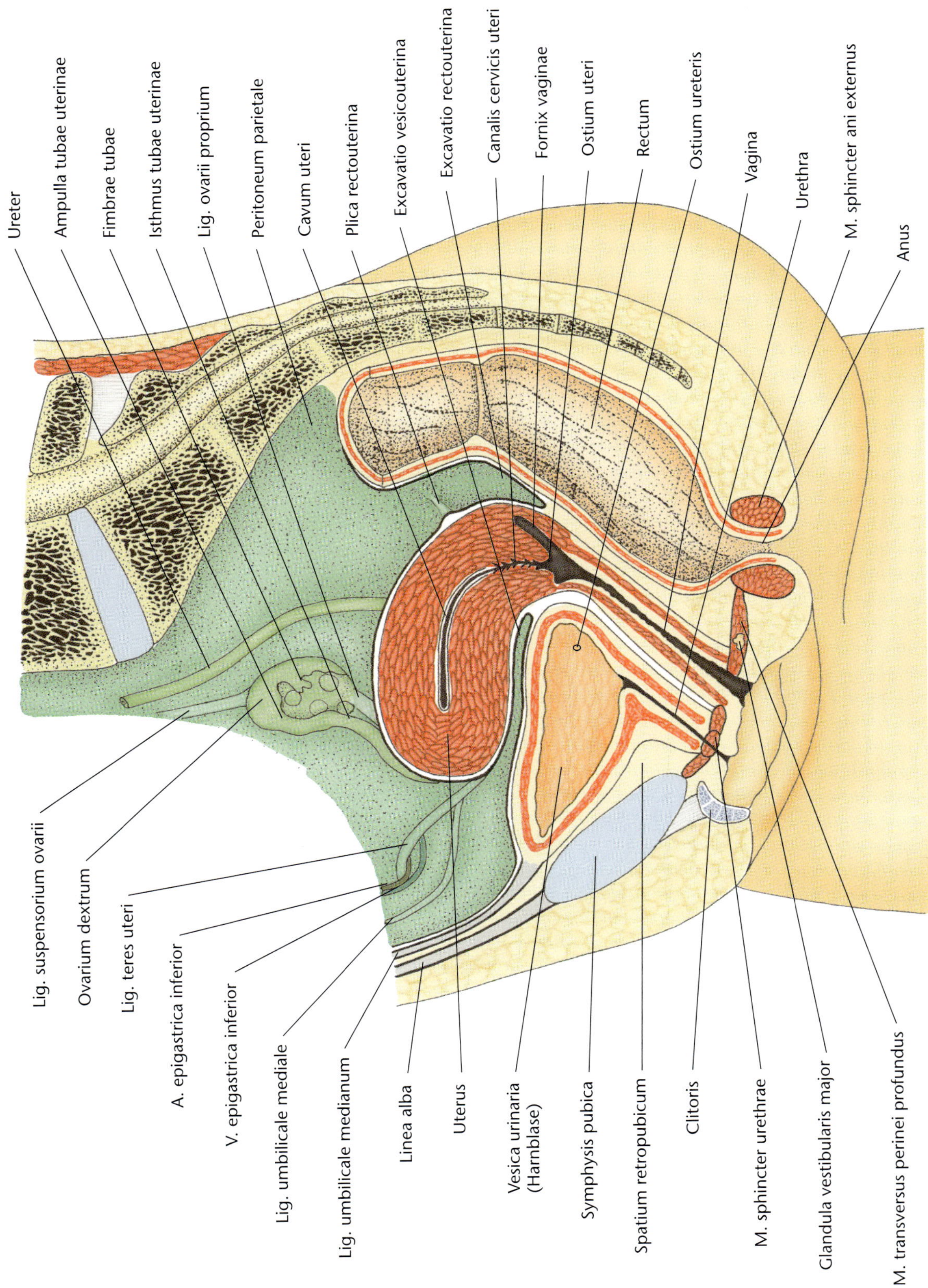

Abb. 8.48 Medianschnitt durch das Becken der Frau.

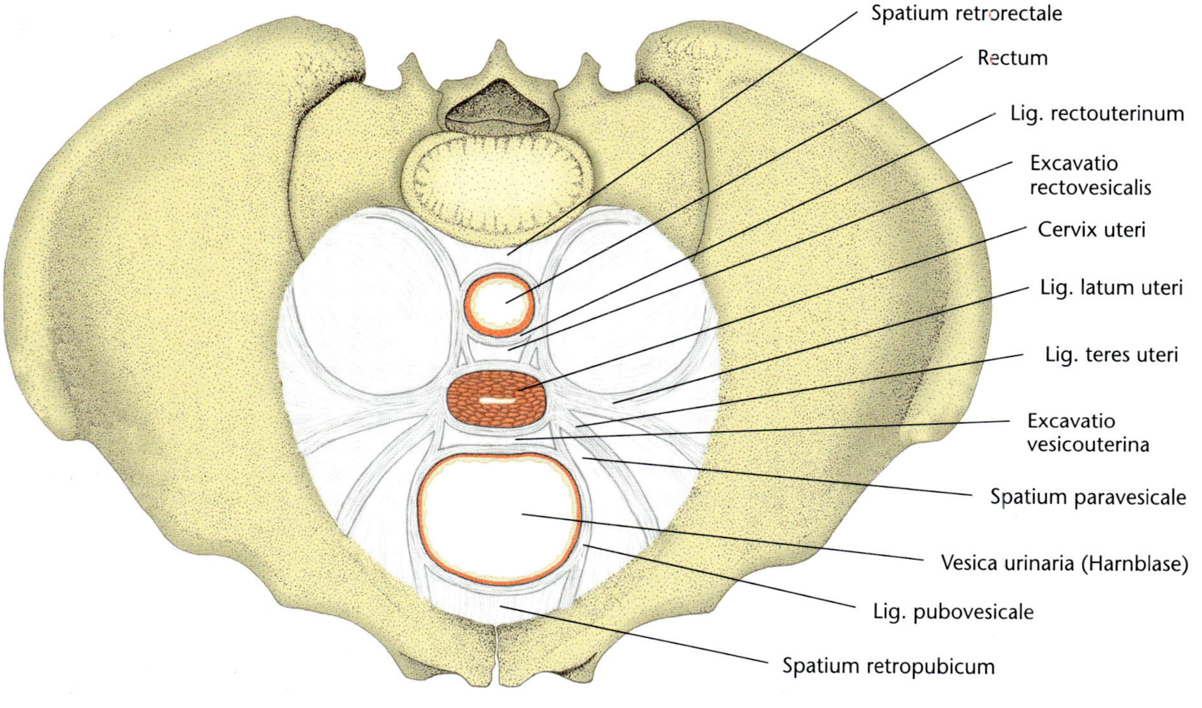

Abb. 8.49 Halteapparat des Uterus (schematisiert).

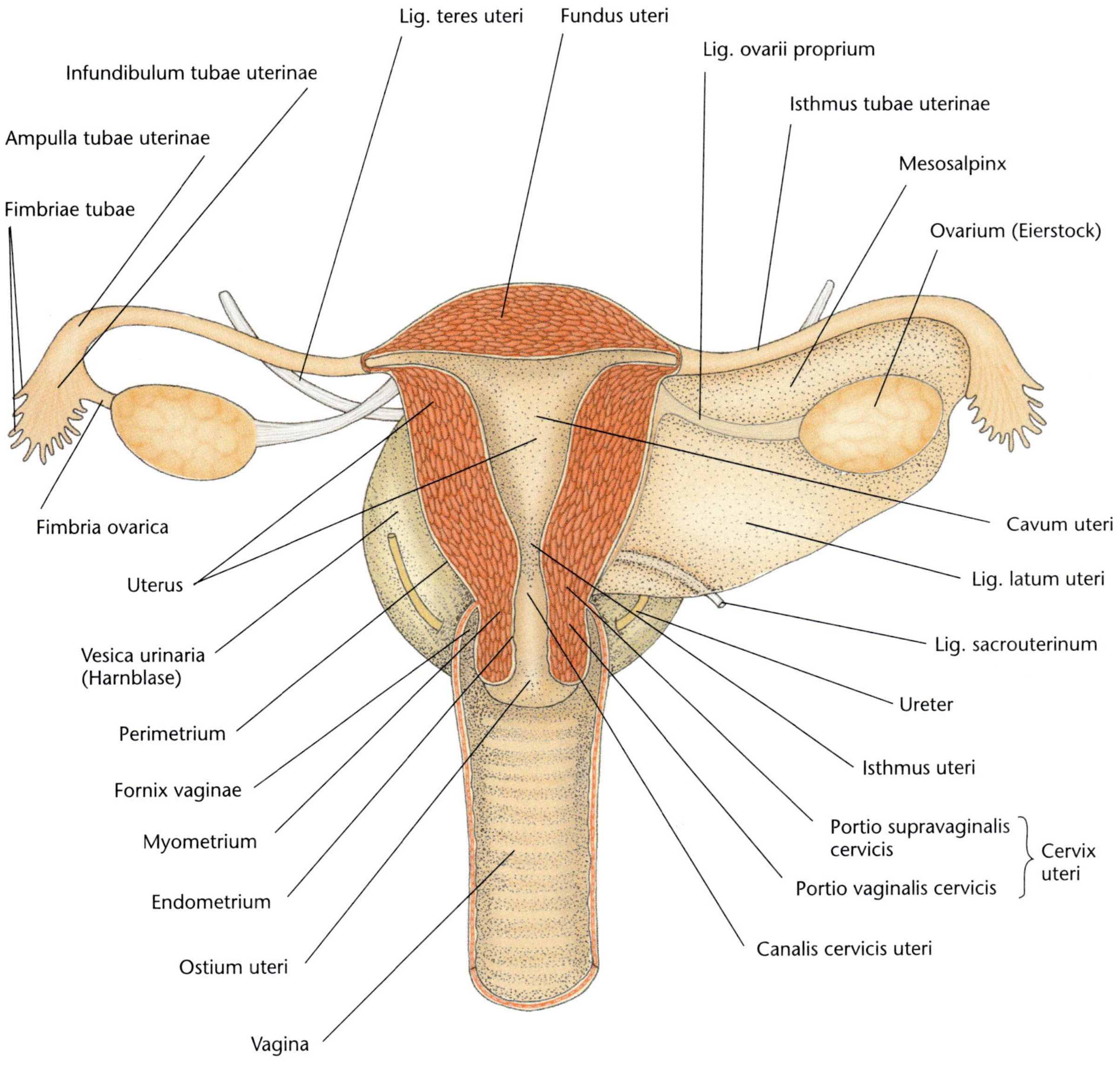

Abb. 8.50 Weibliche Geschlechtsorgane von dorsal (teilweise eröffnet).

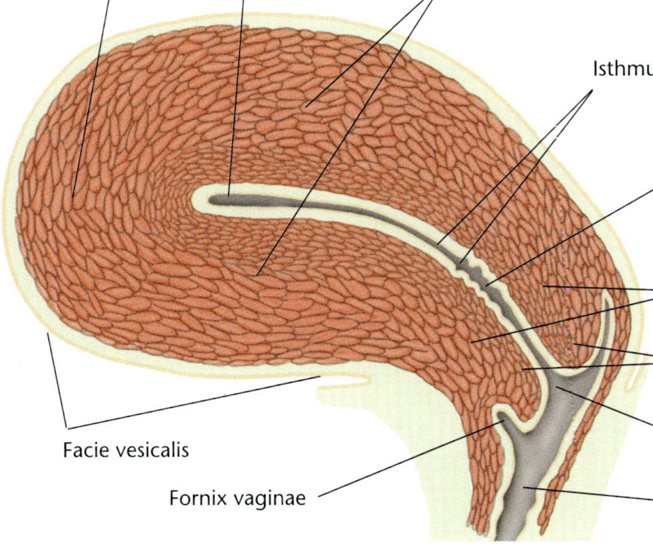

Abb. 8.51 Sagittalschnitt durch den Uterus.

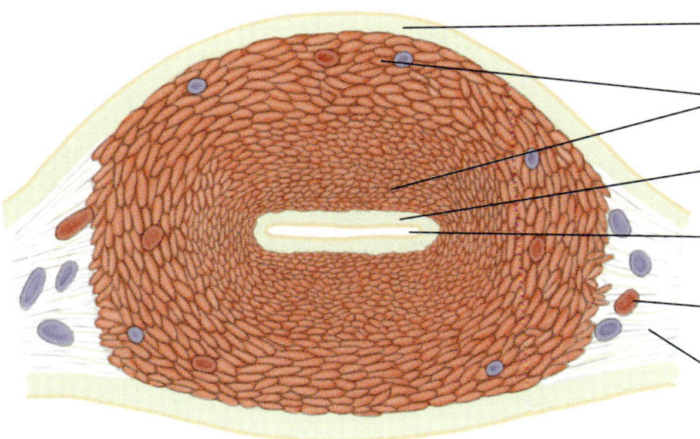

Abb. 8.52 Querschnitt durch den Uterus.

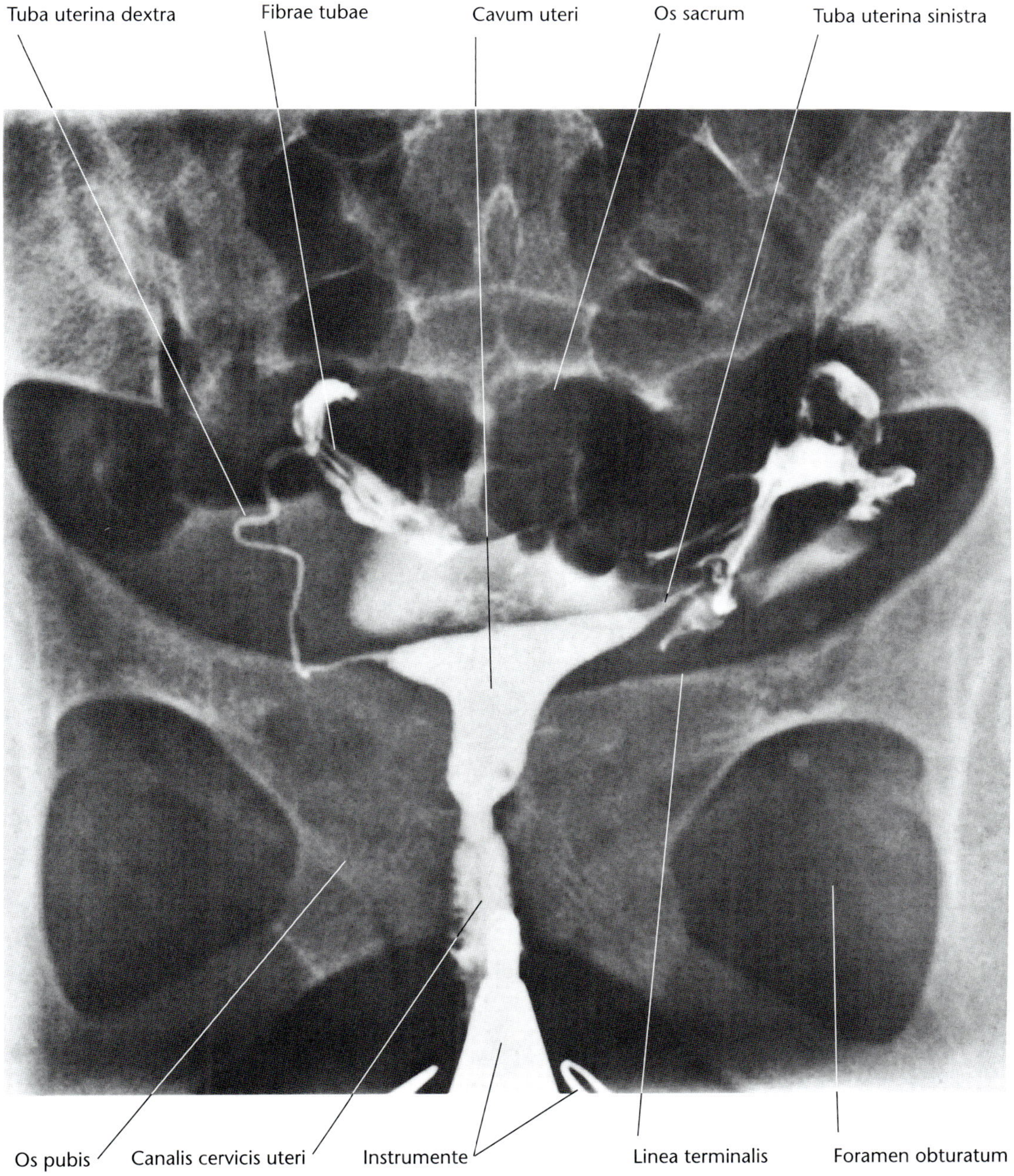

Abb. 8.53 Hystosalpingographie (a.-p. Aufnahme).

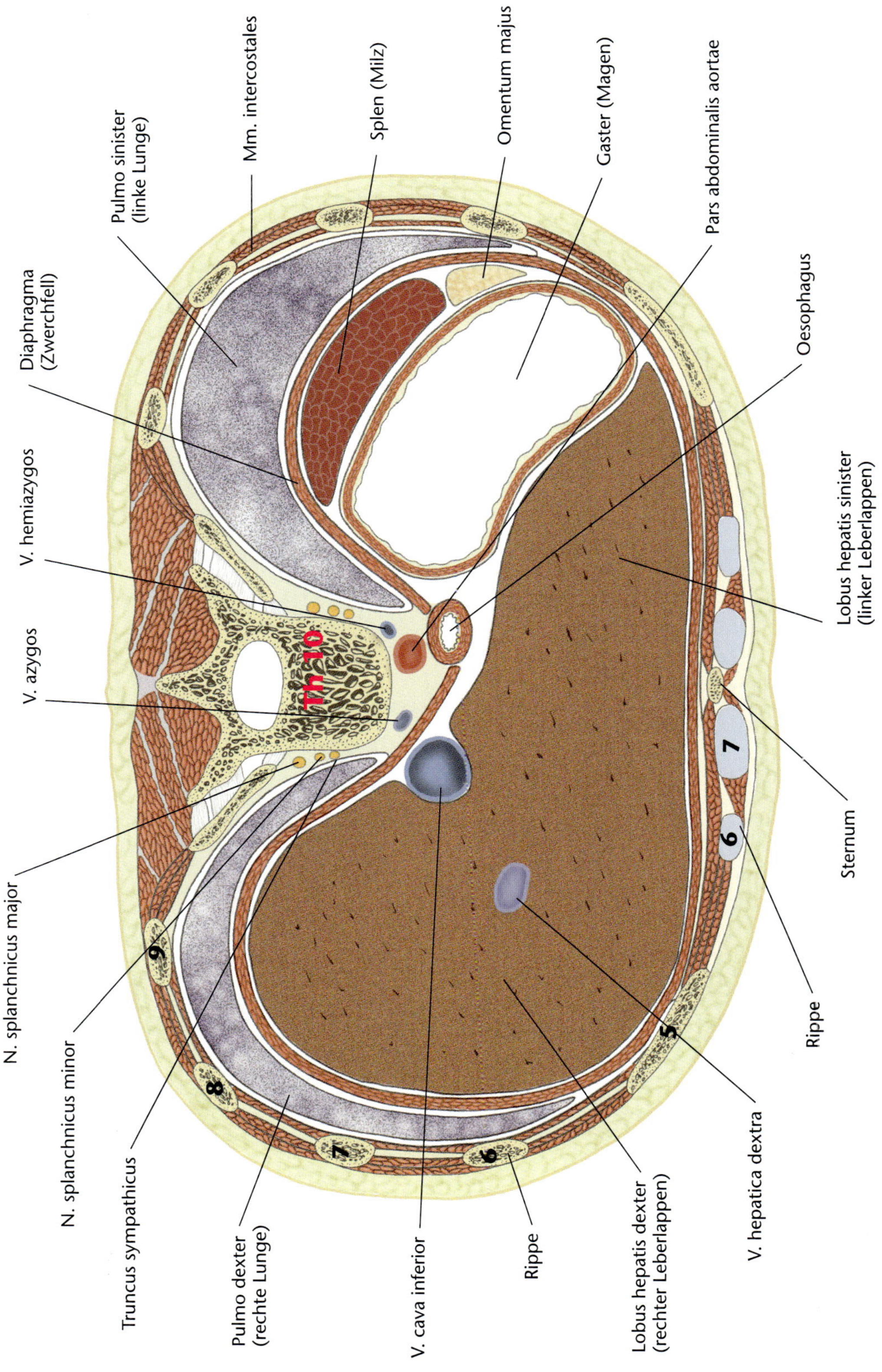

Abb. 8.54 Querschnitt durch den Oberbauch in Höhe des 10. Brustwirbels.

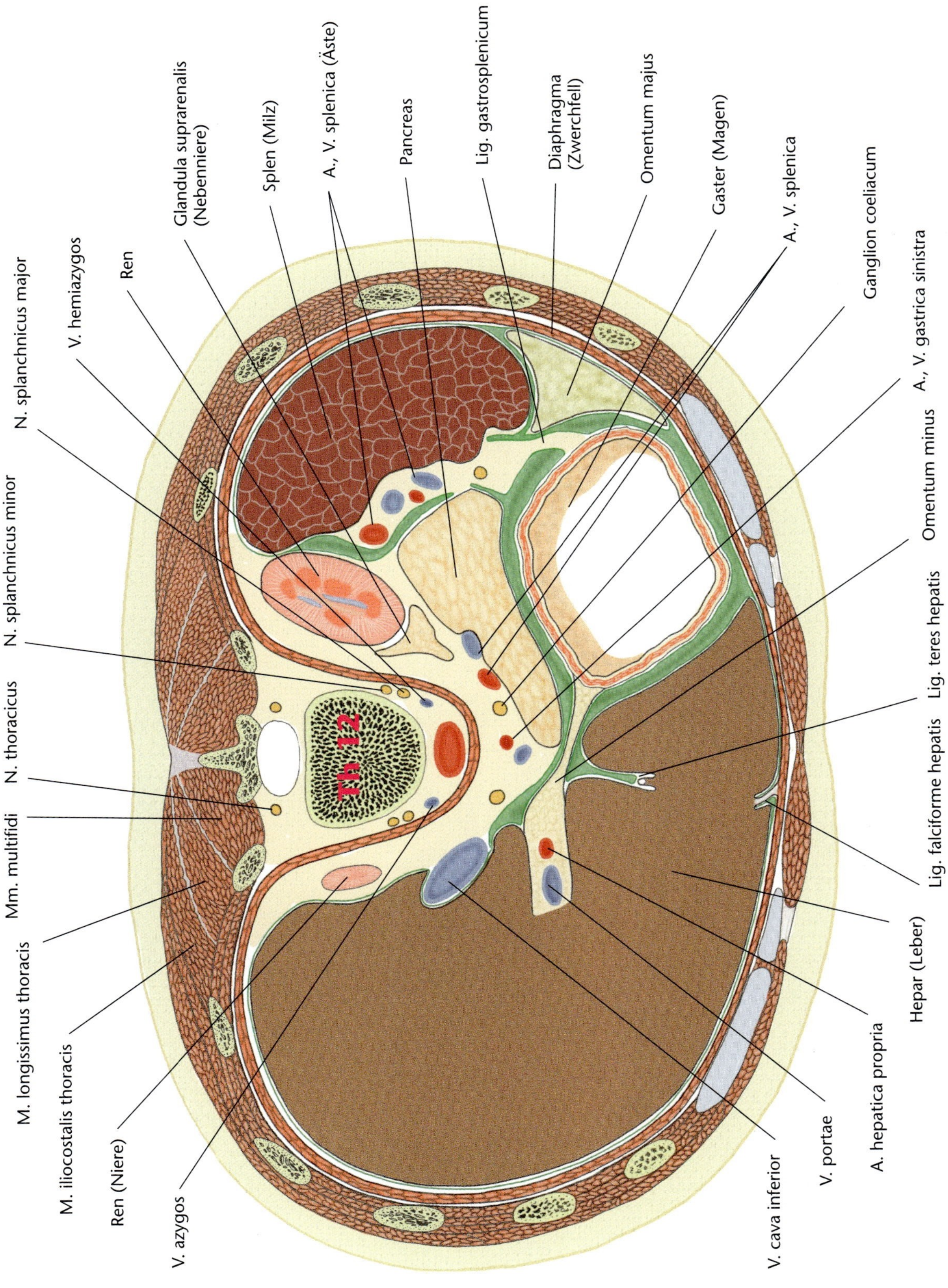

Abb. 8.55 Querschnitt durch den Oberbauch in Höhe des 12. Brustwirbels.

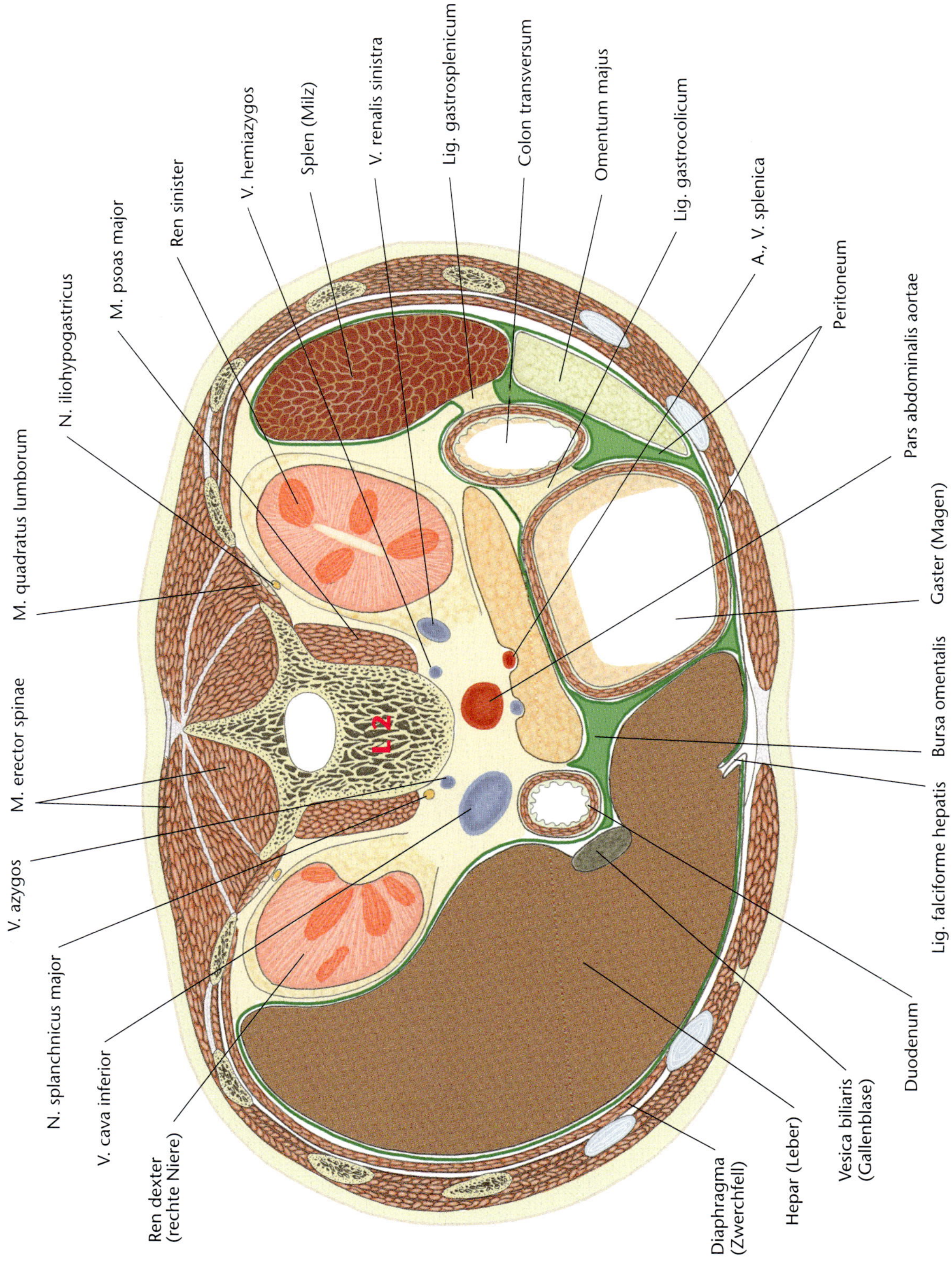

Abb. 8.56 Querschnitt durch den Oberbauch in Höhe des 2. Lendenwirbels.

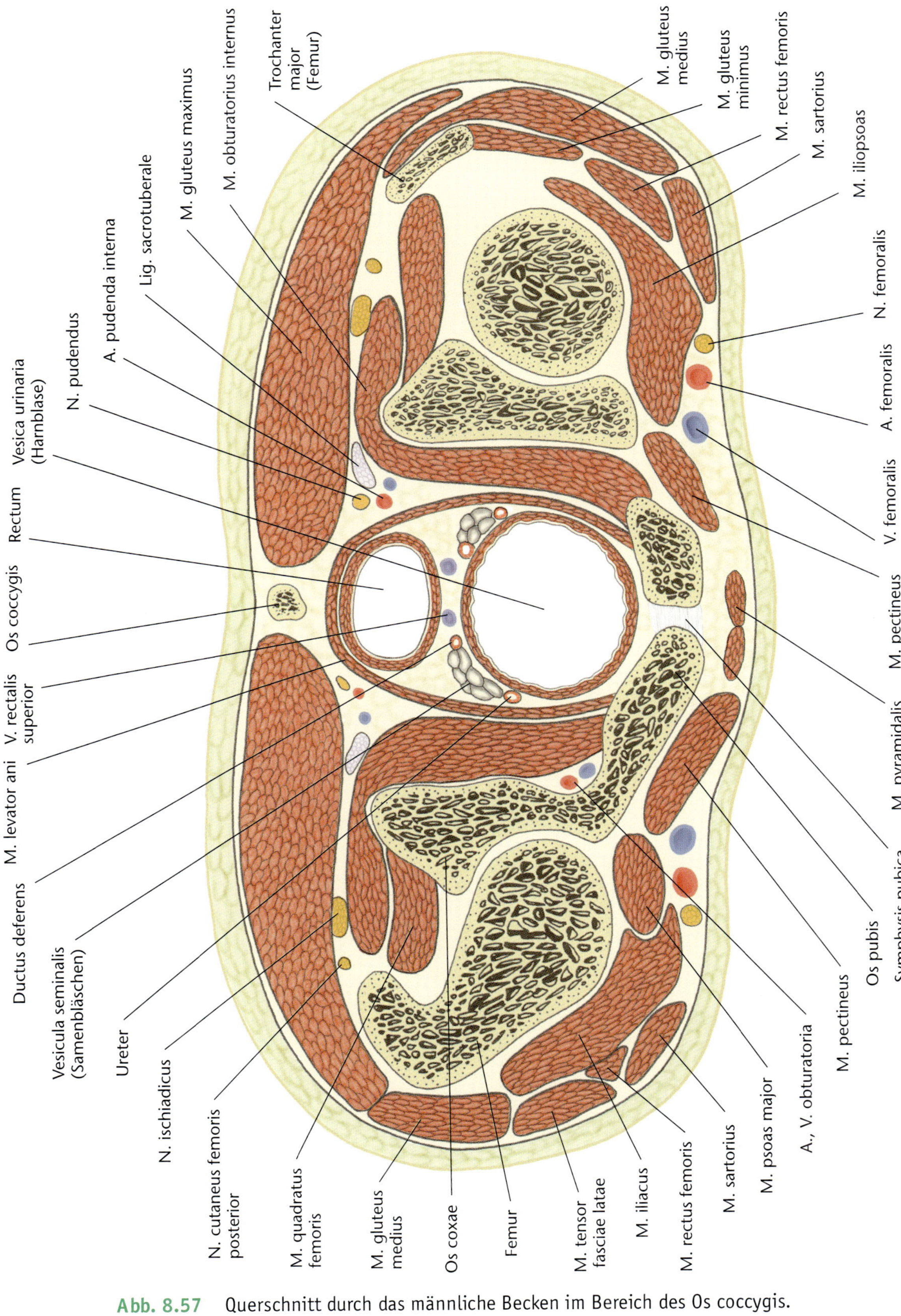

Abb. 8.57 Querschnitt durch das männliche Becken im Bereich des Os coccygis.

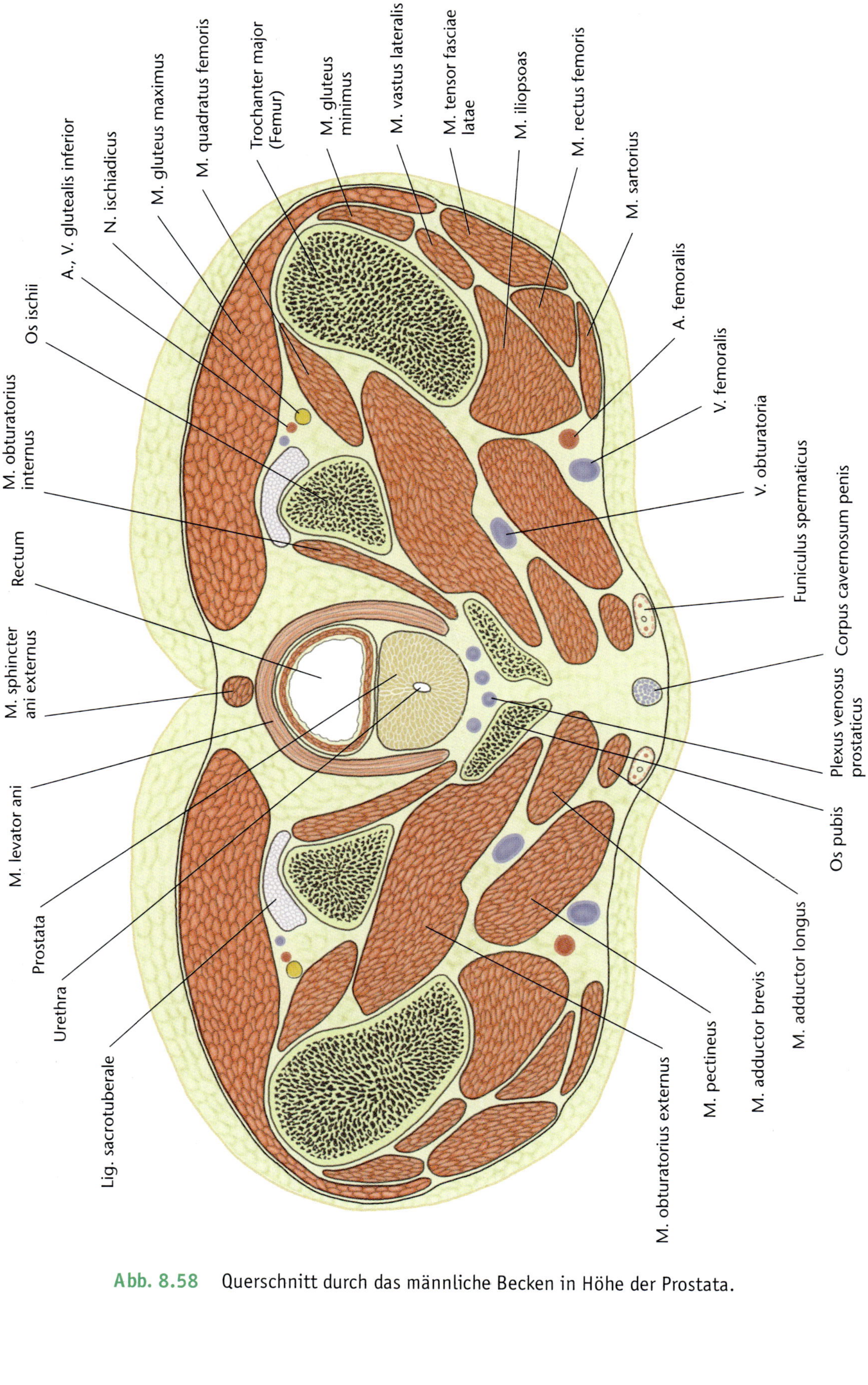

Abb. 8.58 Querschnitt durch das männliche Becken in Höhe der Prostata.

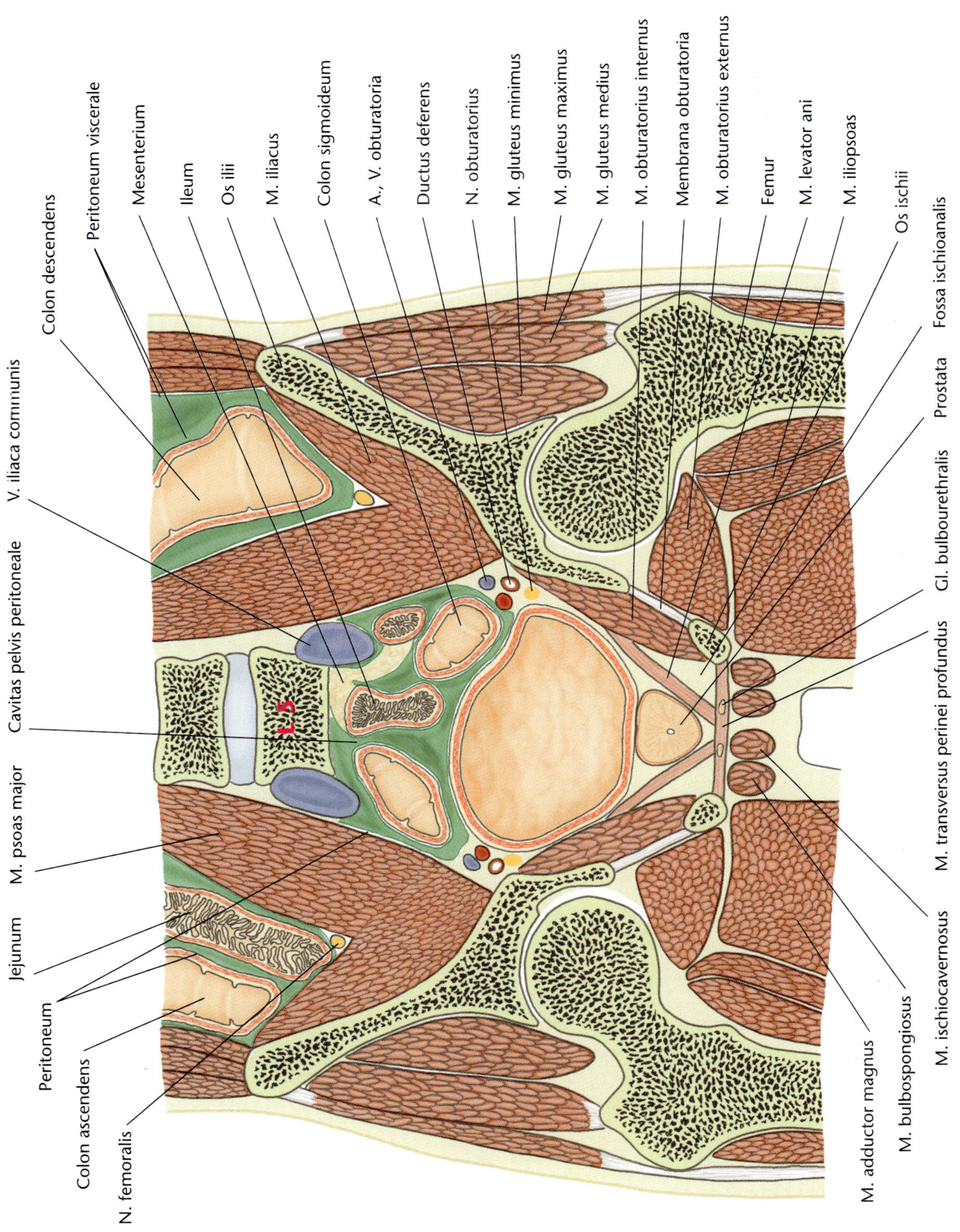

Abb. 8.59 Frontalschnitt durch die Bauch- und Beckenregion des Mannes.

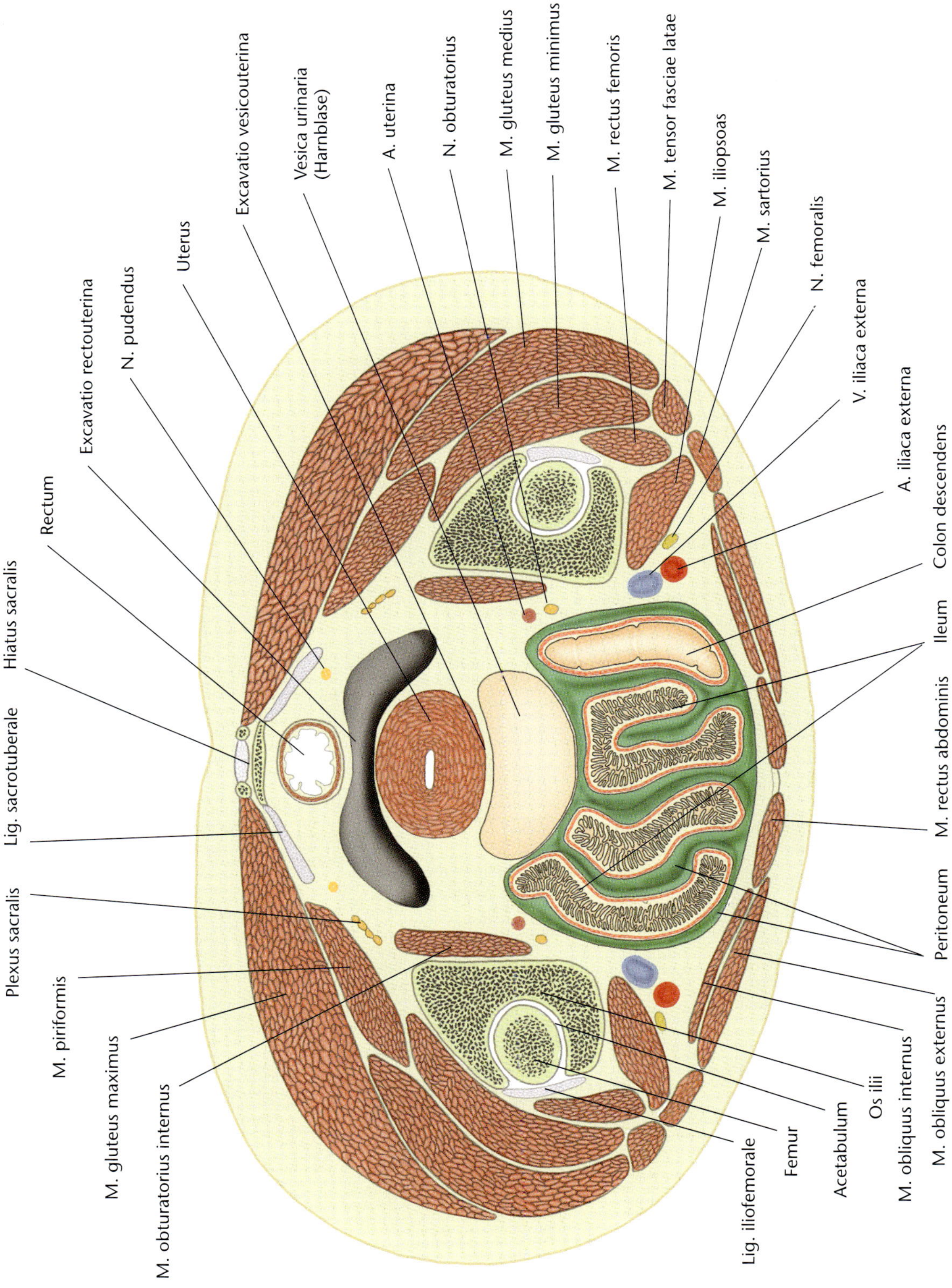

Abb. 8.60 Querschnitt durch das Becken der Frau in Höhe des Uterus.

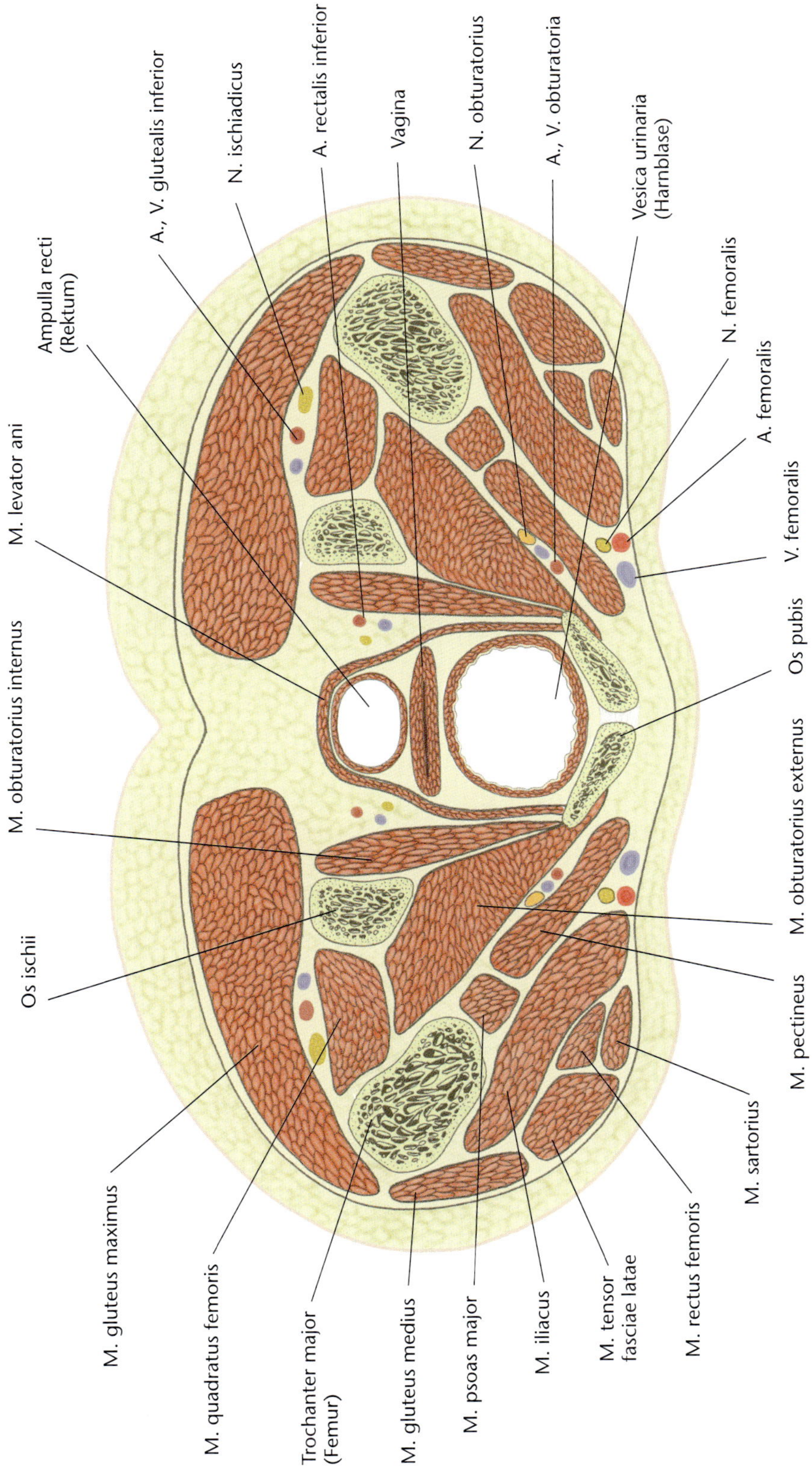

Abb. 8.61 Querschnitt durch das Becken der Frau in Höhe der Vagina.

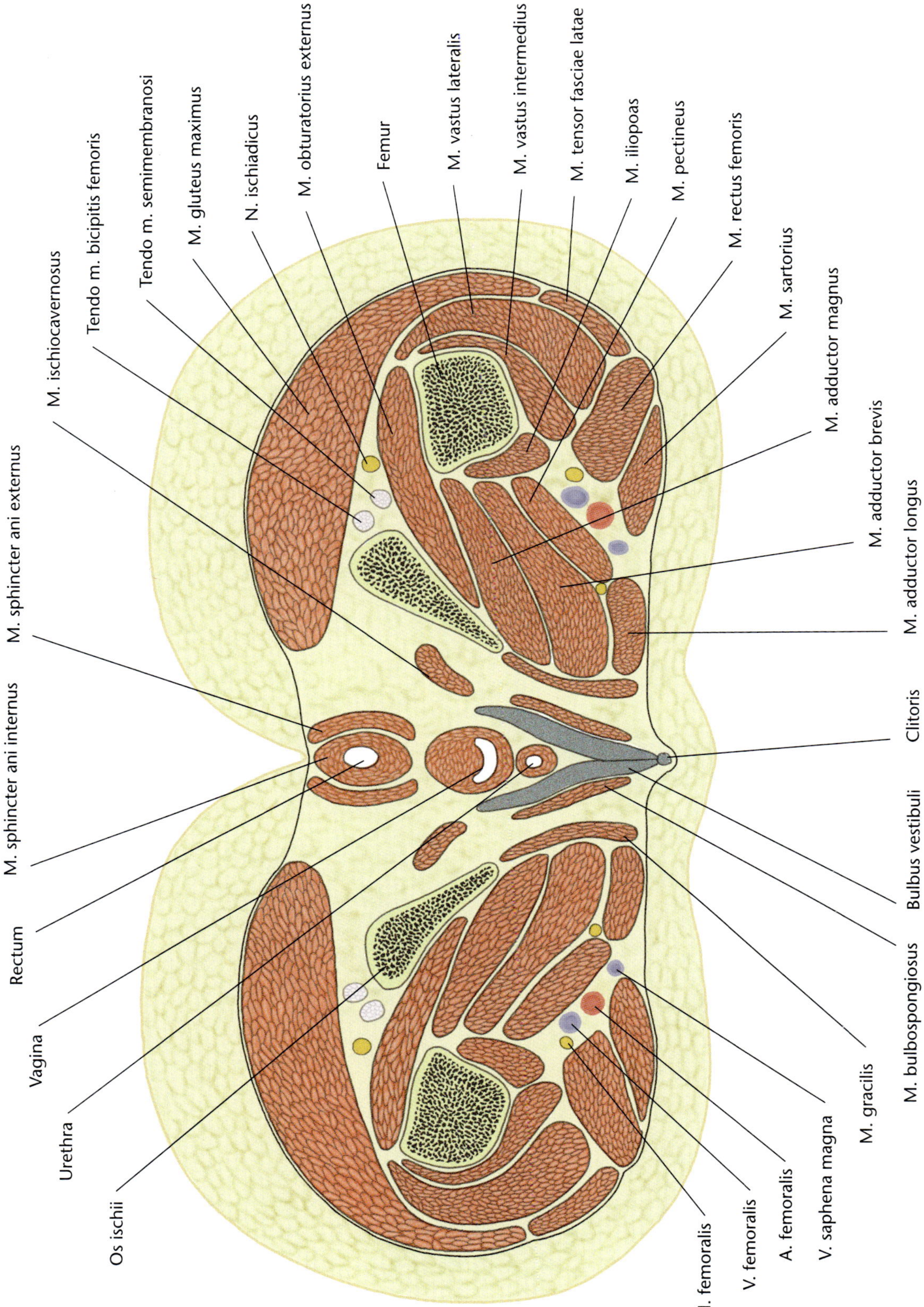

Abb. 8.62 Querschnitt durch das Becken der Frau in Höhe der Klitoris.

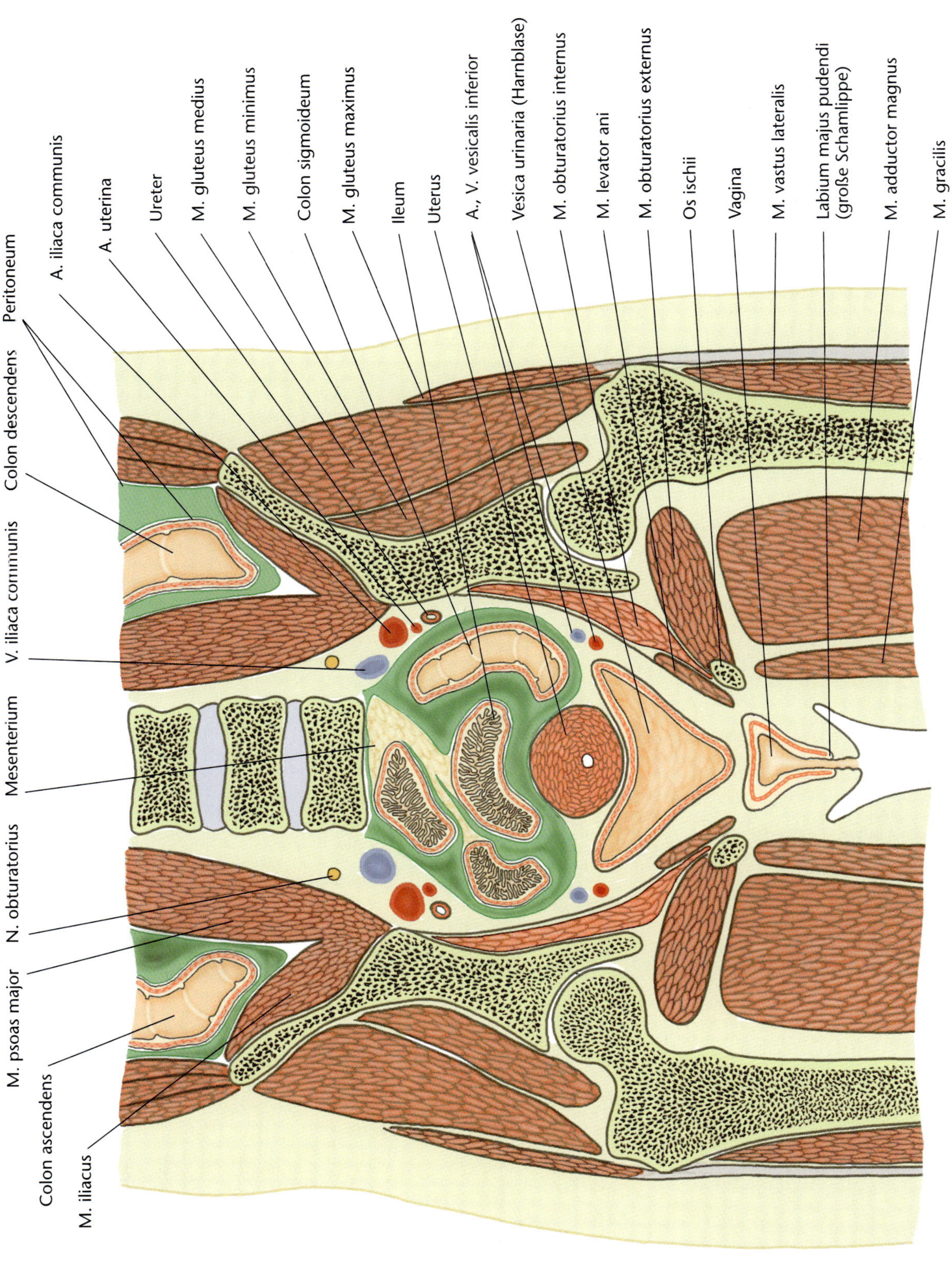

Abb. 8.63 Frontalschnitt durch die Bauch- und Beckenregion der Frau.

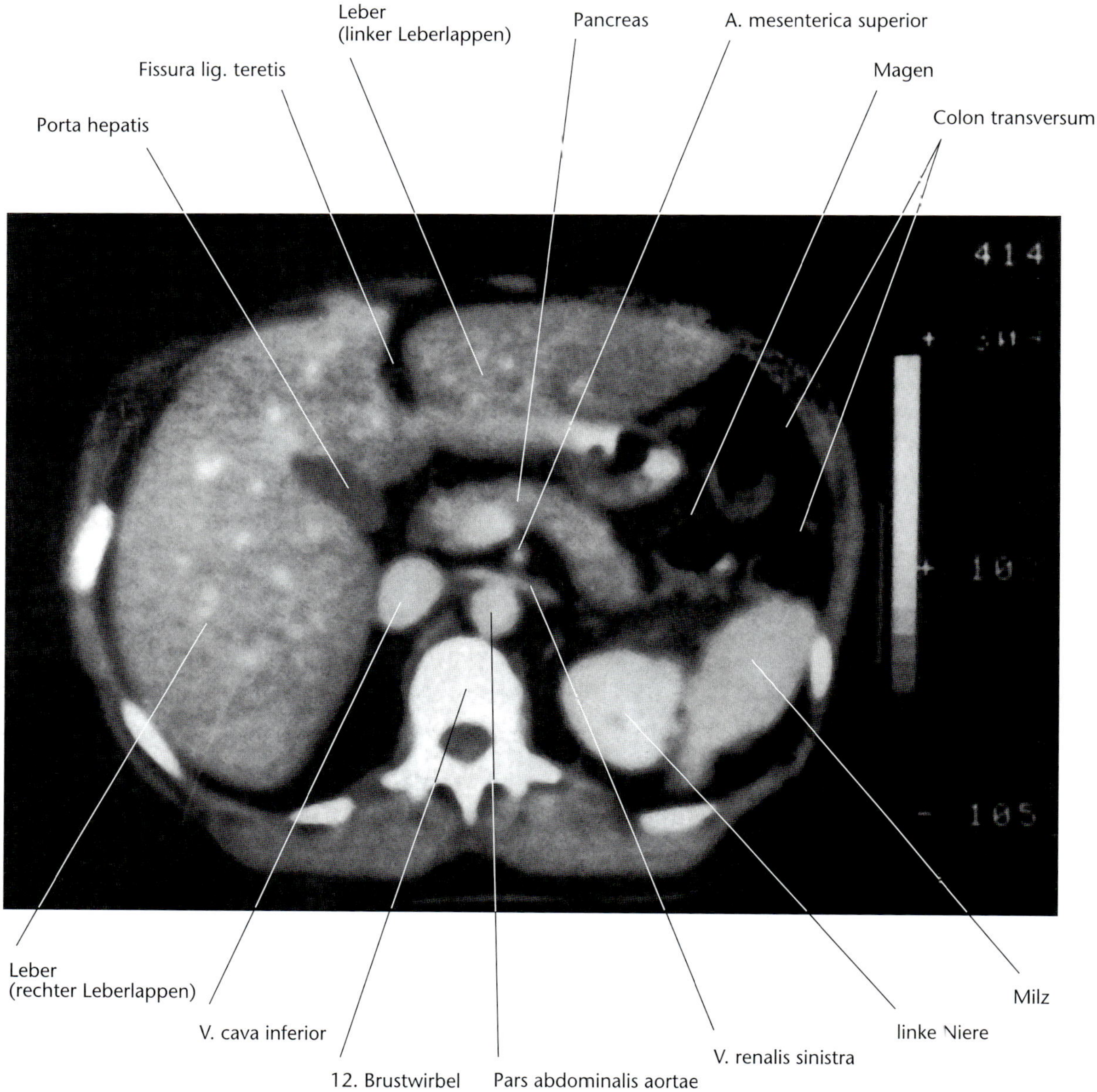

Abb. 8.64 CT in Höhe des 12. Brustwirbels.

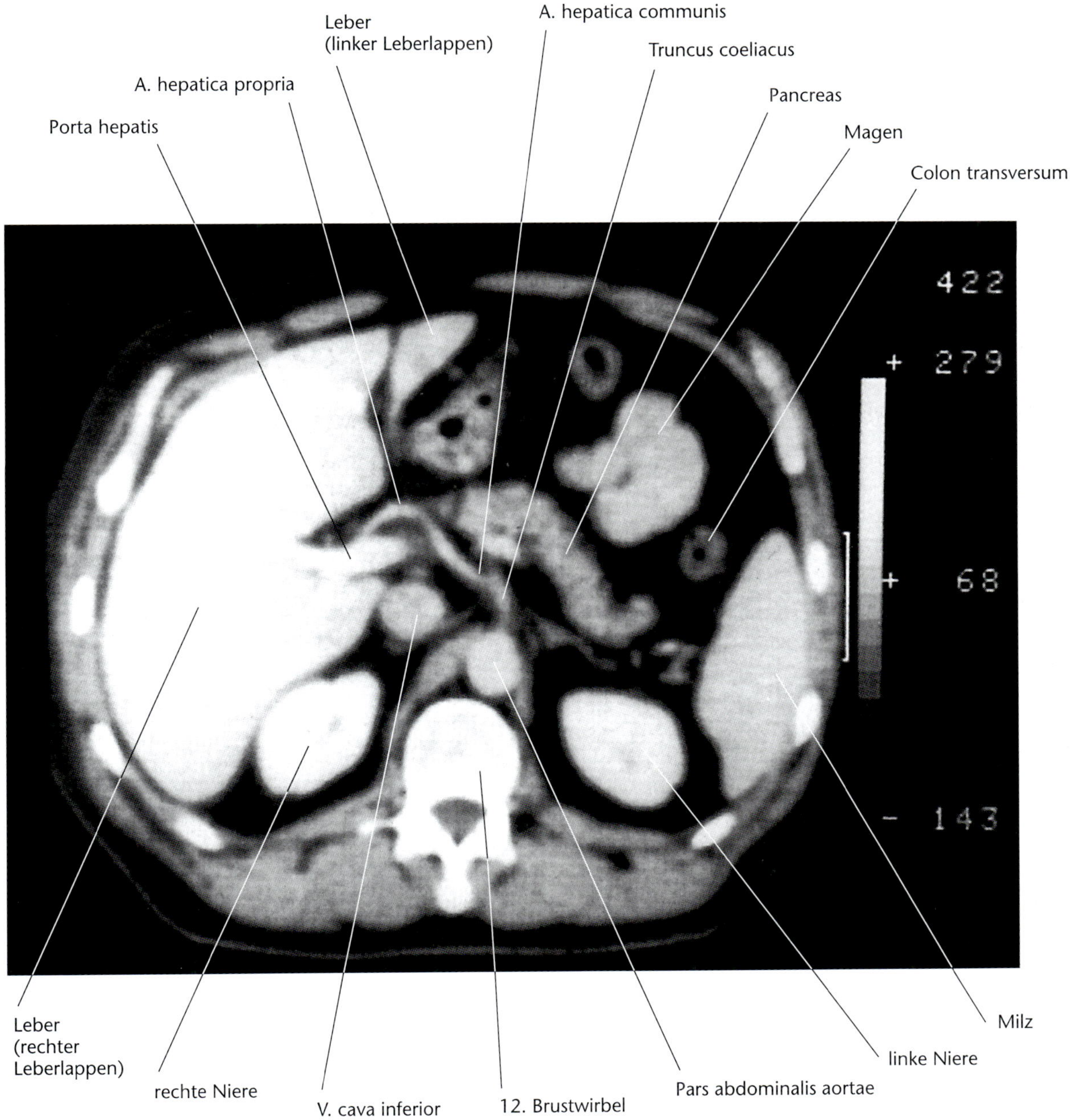

Abb. 8.65 CT in Höhe des unteren Teils des 12. Brustwirbels.

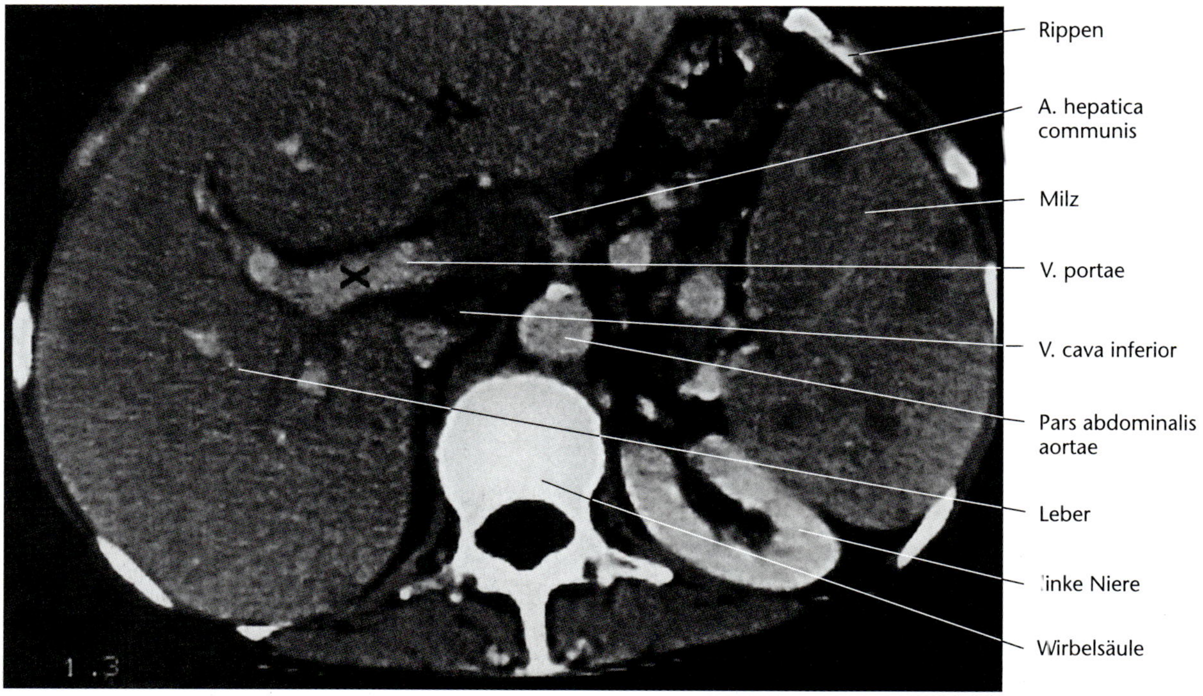

Abb. 8.66 CT in Höhe des unteren Teils des 12. Brustwirbels.

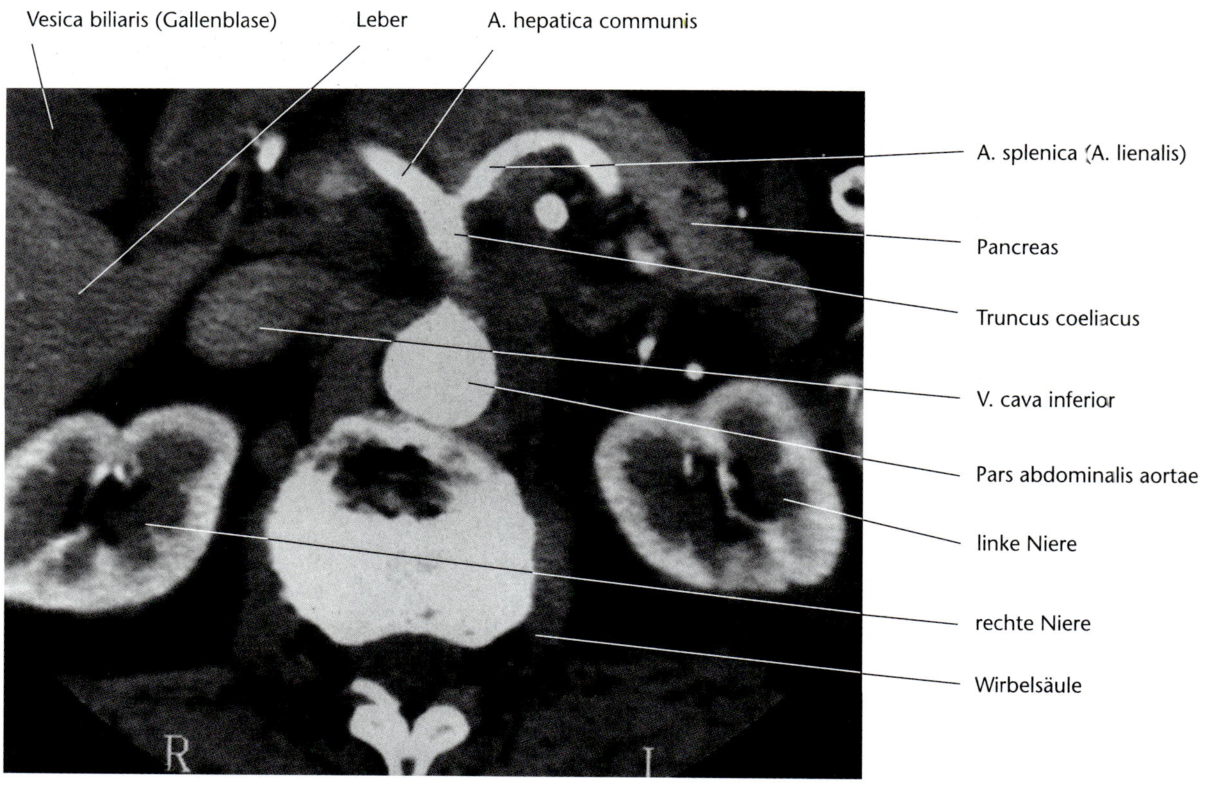

Abb. 8.67 CT in Höhe des 1. Lendenwirbels.

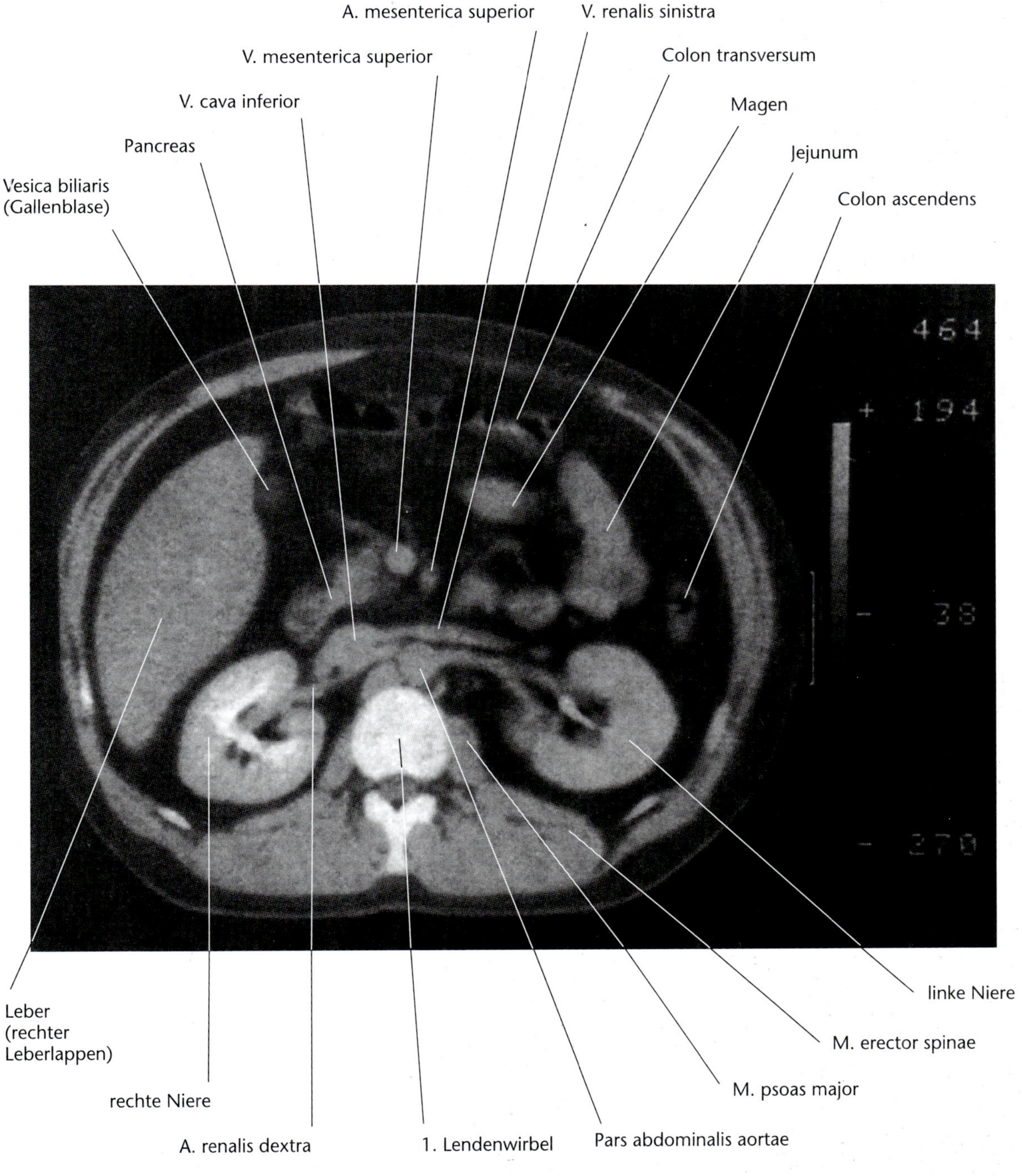

Abb. 8.68 CT in Höhe des 1. Lendenwirbels.

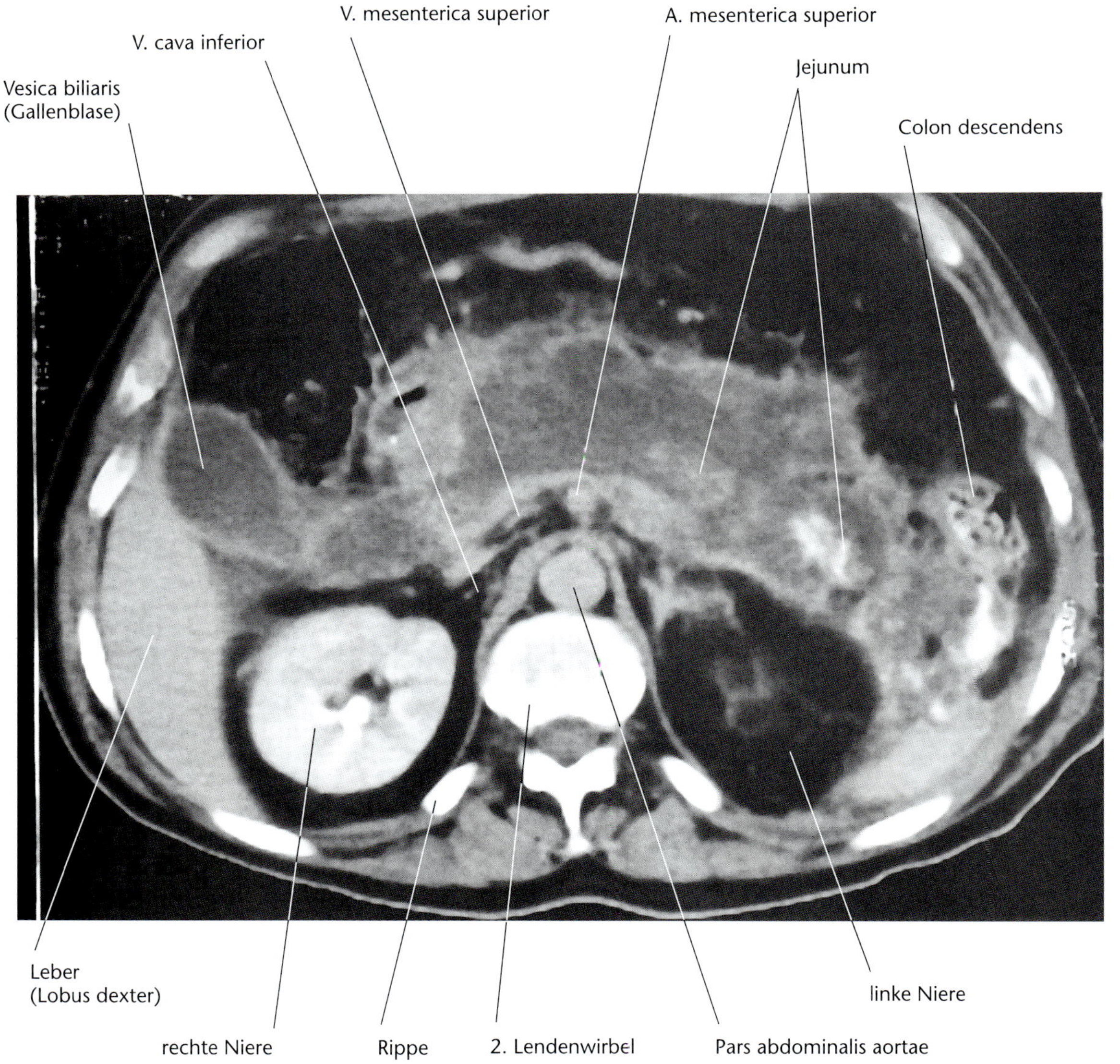

Abb. 8.69 CT in Höhe des 2. Lendenwirbels.

9 Zentralnervensystem

9.1 Gehirn auf den Kopf projiziert (von ventral) 347
9.2 Gehirn auf den Kopf projiziert (von lateral) 347
9.3 Gehirn von kranial 348
9.4 Gehirn von kranial (schematisiert) 348
9.5 Gehirn von lateral 349
9.6 Gehirn von lateral (schematisiert) 349
9.7 Entfernung eines Teils des Stirn- und Schläfenlappens zur Darstellung der Insula 350
9.8 Gehirn von medial 351
9.9 Gehirn von medial (schematisiert) 351
9.10 Gehirn von basal 352
9.11 Gehirn von basal (schematisiert) 352
9.12 Medianschnitt durch das Gehirn von medial mit Hirnstamm und Kleinhirn 353
9.13 Schematische Darstellung von Hirnstamm und Kleinhirn 353
9.14 Gehirn von basal mit Hirnnerven 354
9.15 Einzeichnung der einzelnen Horizontalschnitte 355
9.16 Horizontalschnitt durch den obersten Teil des Großhirns 355
9.17 Horizontalschnitt durch das Großhirn oberhalb des Corpus callosum 356
9.18 Horizontalschnitt durch das Großhirn 356
9.19 Horizontalschnitt durch das Großhirn oberhalb des Corpus pineale 357
9.20 Horizontalschnitt durch das Großhirn oberhalb des Colliculus superior 357
9.21 Horizontalschnitt durch das Gehirn in Höhe des Kleinhirns und der Hypophyse 358
9.22 Horizontalschnitt durch das Gehirn und den Kopf in Höhe des Cerebellum und des Meatus acusticus externus 358
9.23 Einzeichnung der einzelnen Frontalschnitte 359
9.24 Frontalschnitt durch den Scheitel- und Schläfenlappen des Großhirns 359
9.25 Frontalschnitt durch das Großhirn und den Hirnstamm 360
9.26 Kernspintomographie des Kopfes in axialer Schnittführung 360
9.27 Frontalschnitt durch das Großhirn im Bereich des Hypothalamus 361
9.28 Frontalschnitt durch das Großhirn im Bereich der Nuclei corporum mamillaria .. 361
9.29 Frontalschnitt durch das Os sphenoidale mit Darstellung der Hypophyse und des Sinus cavernosus 362
9.30 Sagittalschnitt durch das Großhirn 362
9.31 Sagittalschnitt durch das Großhirn im Bereich des Hirnstamms 363
9.32 Medianschnitt durch das Zwischen-, Mittel- und Rautenhirn 363
9.33 Kernspintomographie des Kopfes in sagittaler Schnittführung 364
9.34 Hirnstamm von rechts 365
9.35 Hirnstamm von dorsal 365
9.36 Hirnstamm von basal 366
9.37 Hirnstamm von links mit Hirnnerven (schematisiert) 366
9.38 Hirnstamm von dorsal mit eingezeichneten Hirnnervenkernen (schematisiert) 367
9.39 Einzeichnung der einzelnen Querschnitte durch den Hirnstamm 368
9.40 Querschnitt durch den oberen Teil der Medulla oblongata 368
9.41 Querschnitt durch die Medulla oblongata in Höhe des N. hypoglossus 369
9.42 Querschnitt durch die Medulla oblongata in Höhe des N. vagus 369
9.43 Querschnitt durch das Rautenhirn am Übergang von der Medulla oblongata zum Pons 370
9.44 Querschnitt durch den kranialen Teil des Pons in Höhe des N. trochlearis 370
9.45 Querschnitt durch das Mittelhirn in Höhe der Colliculi inferiores 371
9.46 Querschnitt durch das Mittelhirn in Höhe der Colliculi superiores 371
9.47 Horizontalschnitt durch das Kleinhirn mit den Kleinhirnkernen 372
9.48 Kleinhirn von kranial 372
9.49 Kleinhirn von ventral unten 373
9.50 Kleinhirn von dorsal 373
9.51 Ventrikel auf das Gehirn projiziert von lateral 374
9.52 Ventrikel auf das Gehirn projiziert von kranial 374
9.53 Ventrikelsystem von ventral (nach einem Ausgusspräparat gezeichnet) 374

9.54 Ventrikelsystem von kranial (nach einem Ausgusspräparat gezeichnet) 375
9.55 Ventrikelsystem von lateral (nach einem Ausgusspräparat gezeichnet) 375
9.56 Seitenventrikel mit Corpus striatum von lateral 376
9.57 Seitenventrikel mit Corpus striatum von ventral 376
9.58 Gehirn- und Rückenmarkshäute mit Liquorräumen von medial 377
9.59 Hirngefäße von lateral 378
9.60 Hirnarterien von medial 378
9.61 Hirnarterien im Bereich der Hirnbasis 379
9.62 Arterielle Versorgung des Gehirns auf einen Frontalschnitt projiziert 379
9.63 Hirnarterien auf Schädelbasis projiziert ... 380
9.64 Arterielle Versorgung des Gehirns von lateral 381
9.65 Arterielle Versorgung des Gehirns von medial 381
9.66 Arterielle Versorgung des Gehirns von basal 381
9.67 Karotisangiographie (frontal) 382
9.68 Karotisangiographie (a.-p.) 382
9.69 Vertebralisangiographie (a.-p.) 383
9.70 Karotisangiographie (a.-p.) während der venösen Phase 383
9.71 Dura mater und Sinus durae matris von links oben 384
9.72 Frontalschnitt durch das Schädeldach zur Darstellung der Hirnhäute 384
9.73 Venöse Versorgung im Kopf- und Gehirnbereich (schematisiert) 385
9.74 Sinus durae matris auf die innere Schädelbasis projiziert (schematisiert) 386
9.75 Rindenzentren auf die Außenseite des Gehirns projiziert 387
9.76 Rindenzentren auf die mediale Hirnseite projiziert (schematisiert) 387
9.77 Auf Wirbel projizierter Querschnitt durch den Wirbelkanal mit den Rückenmarkshäuten (schematisiert) 388
9.78 Hüllen des Rückenmarks von dorsal 388
9.79 Cauda equina von ventral 389
9.80 Medianschnitt durch das Os sacrum mit Filum terminale 389
9.81 Kernspintomographie der Brustwirbelsäule von median-sagittal 390
9.82 Lumbalpunktion 390
9.83 Querschnitt durch das Rückenmark (schematisiert) 391
9.84 Querschnitt durch das Rückenmark im Halsbereich 391

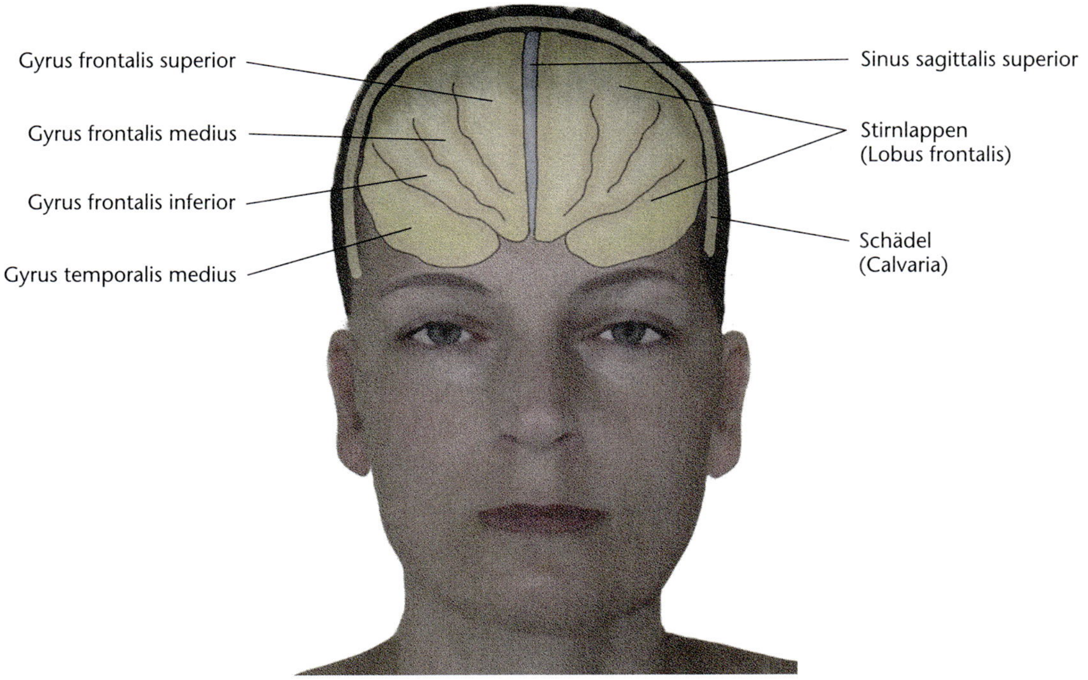

Abb. 9.1 Gehirn auf den Kopf projiziert (von ventral).

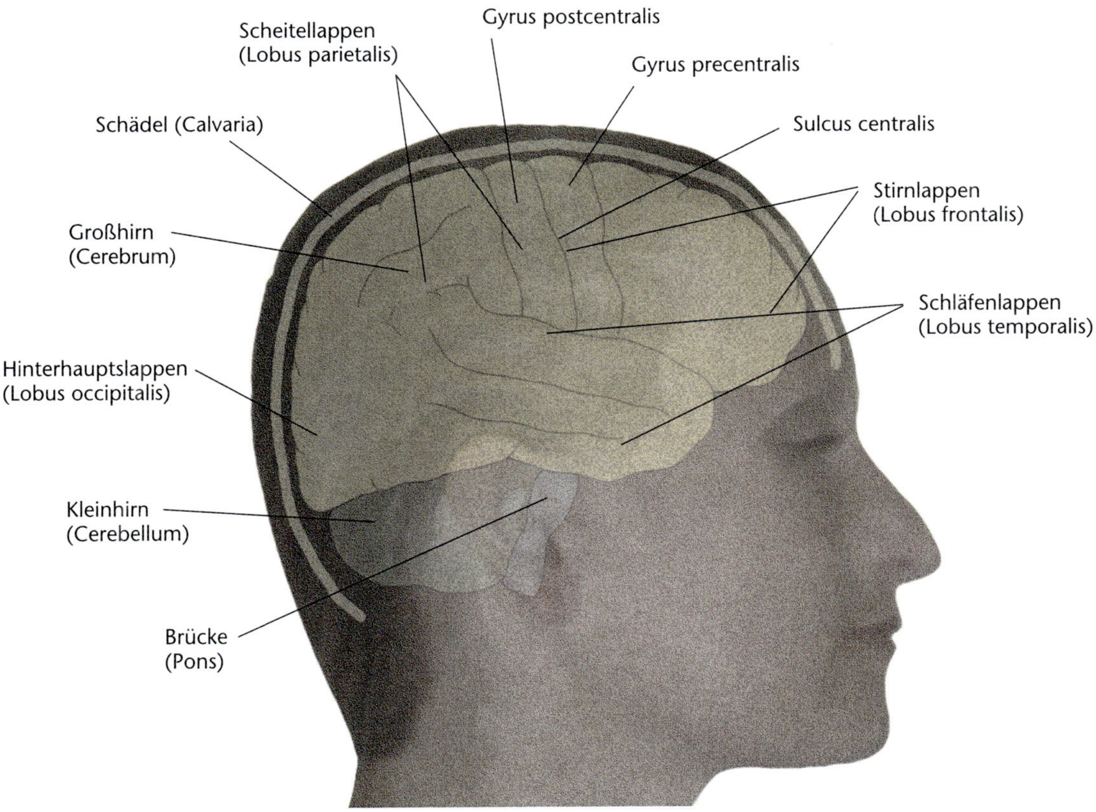

Abb. 9.2 Gehirn auf den Kopf projiziert (von lateral).

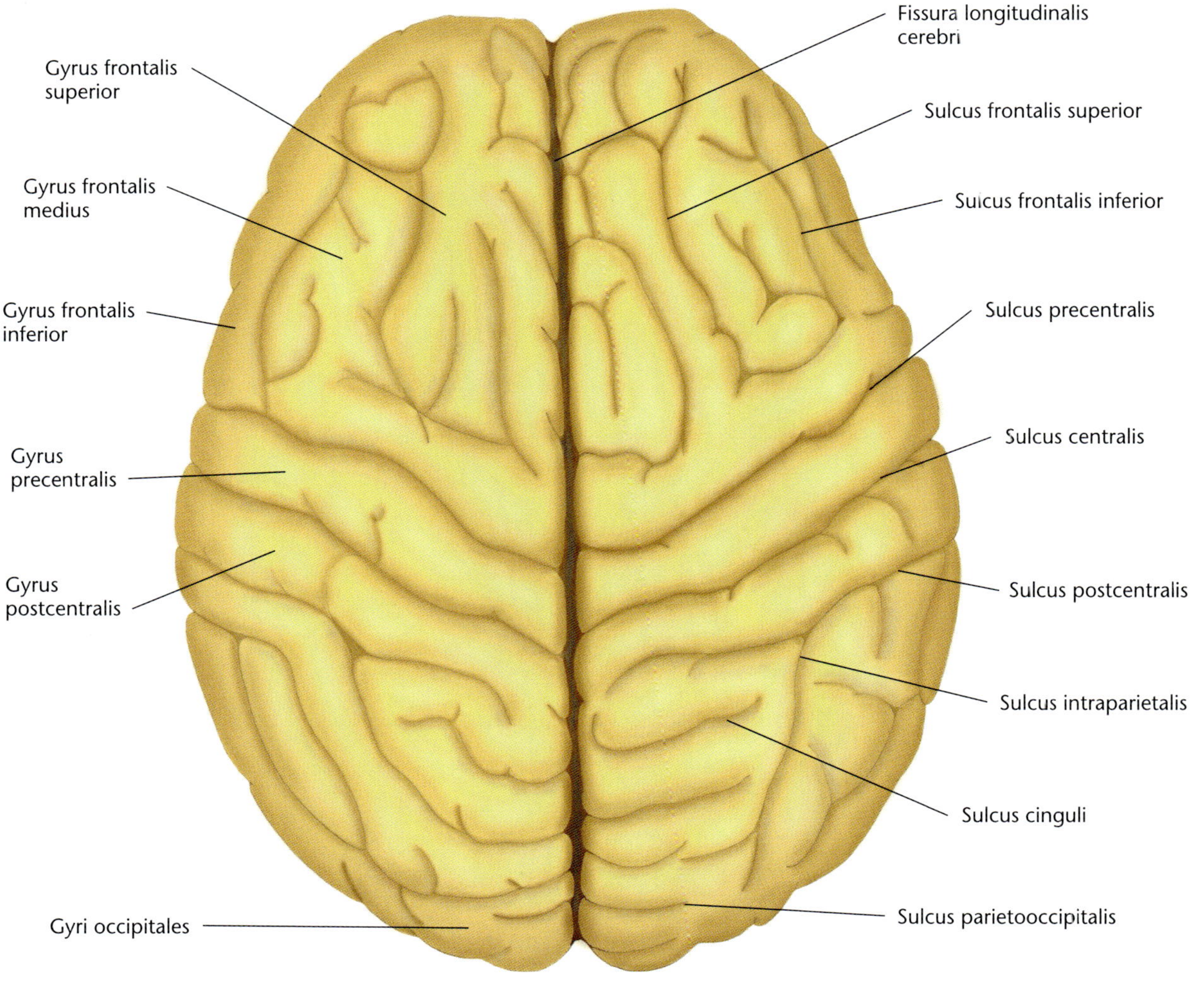

Abb. 9.3 Gehirn von kranial.

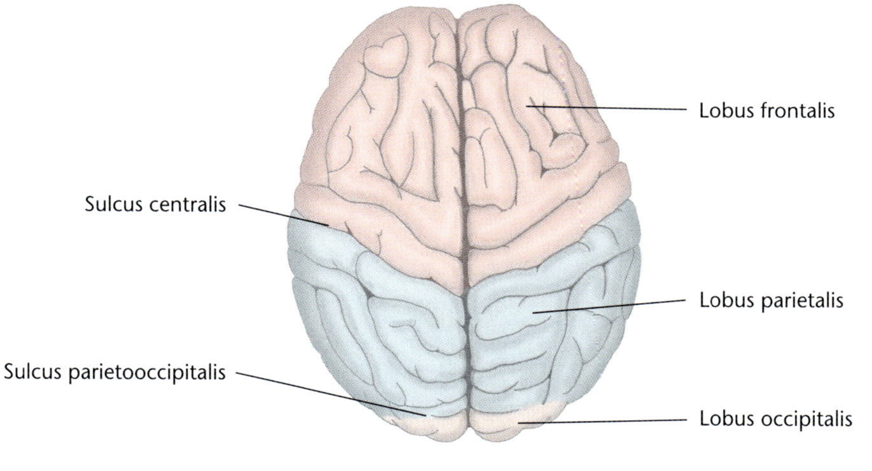

Abb. 9.4 Gehirn von kranial (schematisiert).

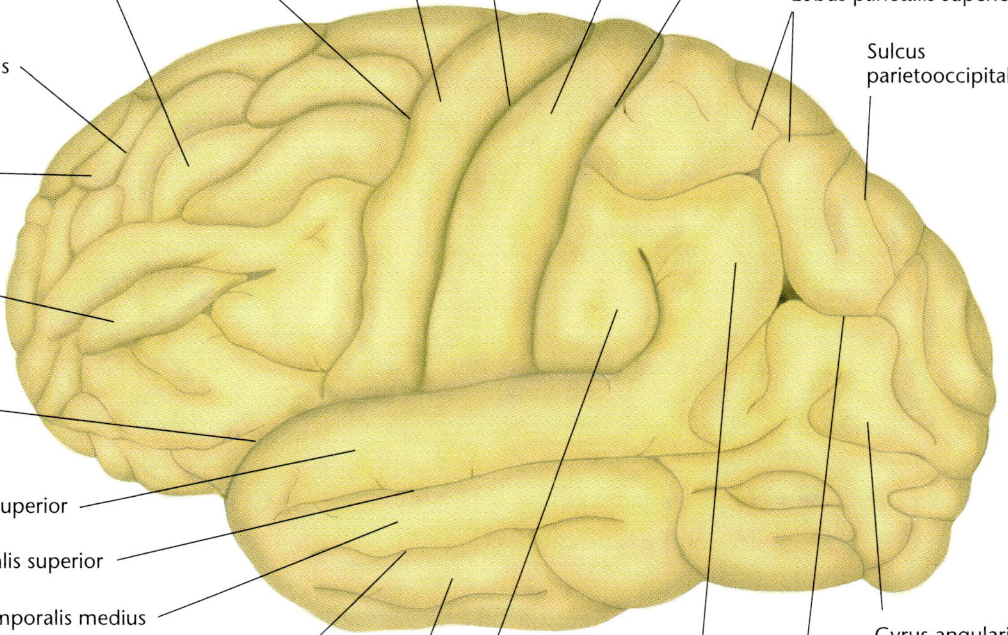

Abb. 9.5 Gehirn von lateral.

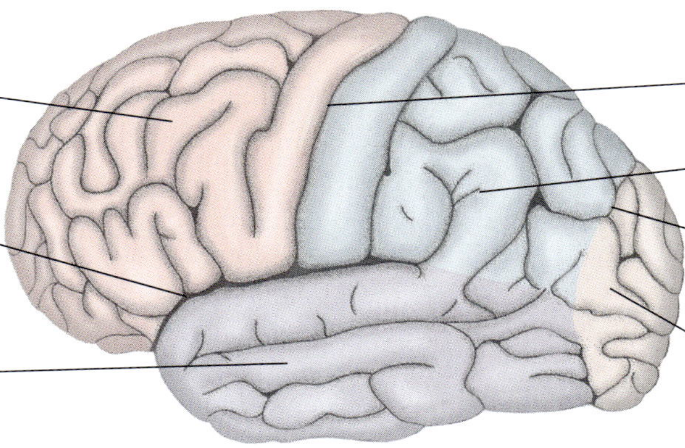

Abb. 9.6 Gehirn von lateral (schematisiert).

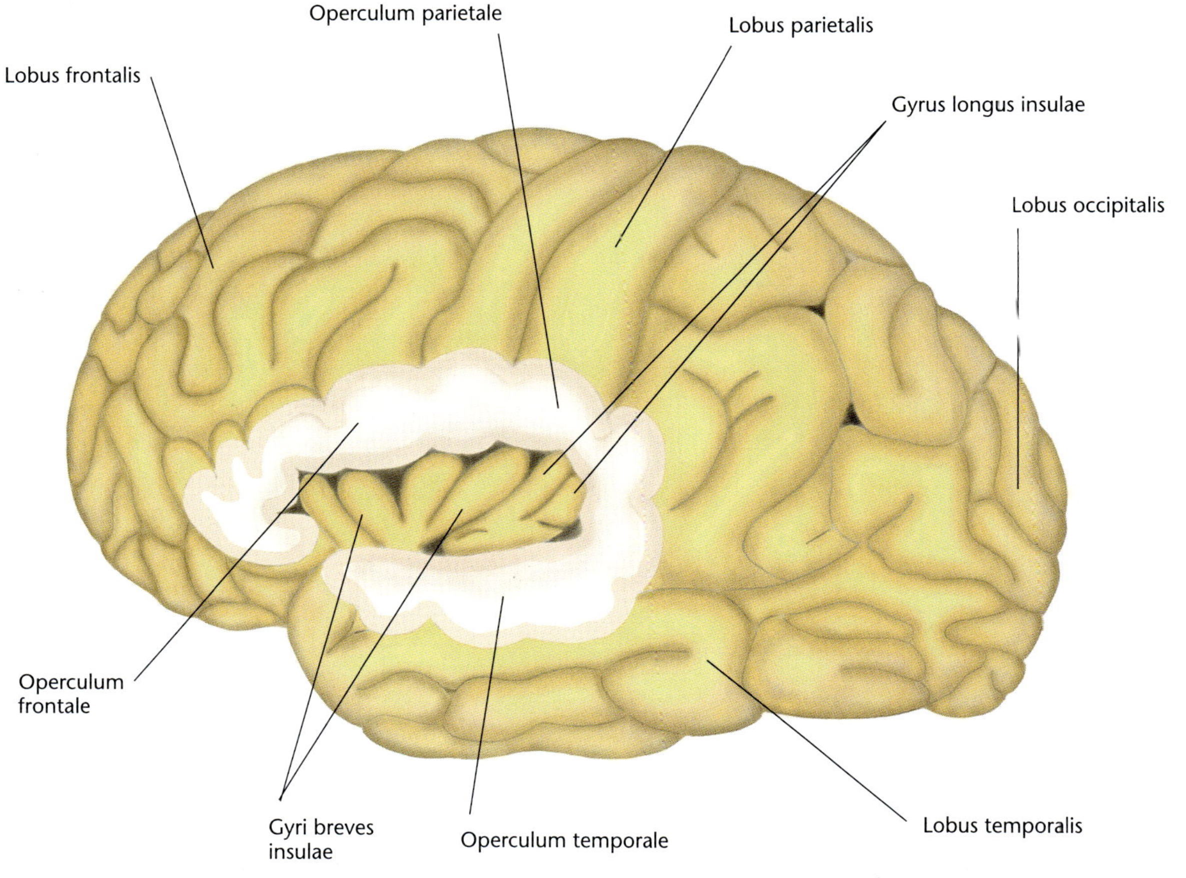

Abb. 9.7 Entfernung eines Teils des Stirn- und Schläfenlappens zur Darstellung der Insula.

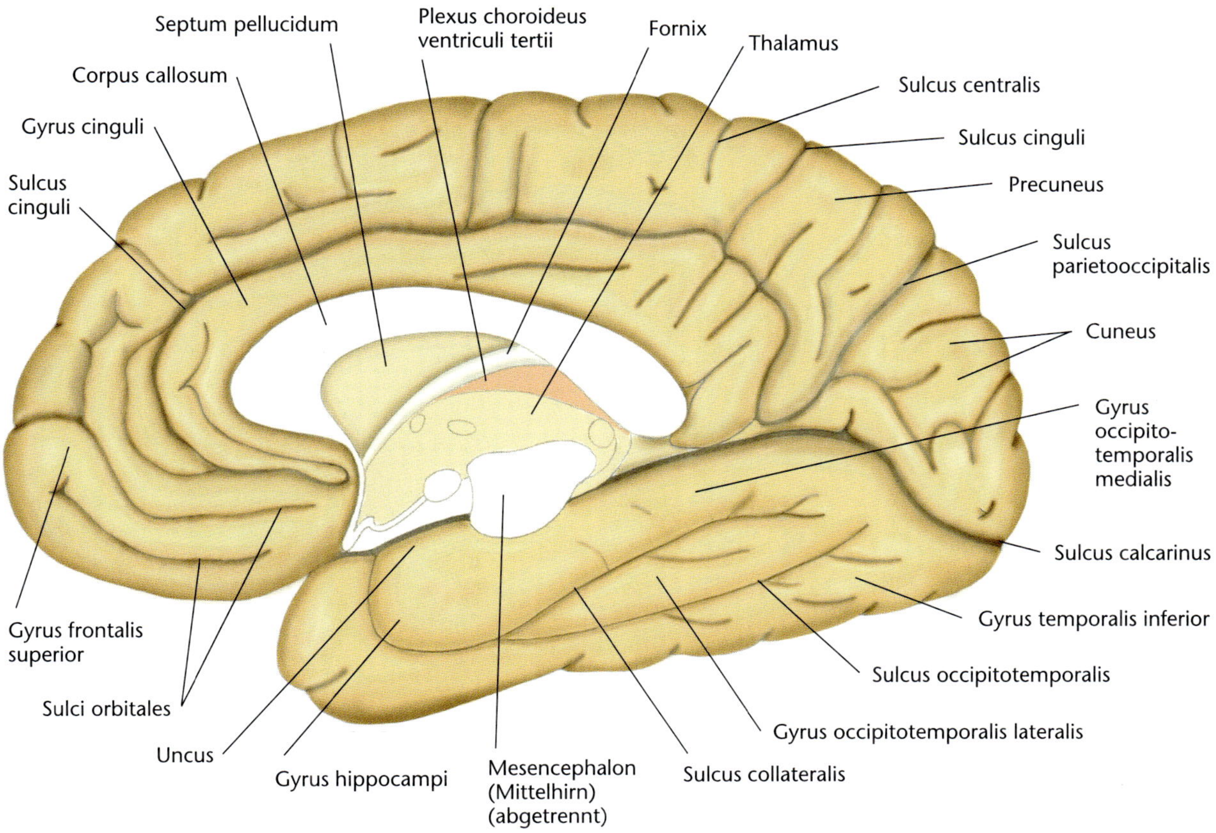

Abb. 9.8 Gehirn von medial.

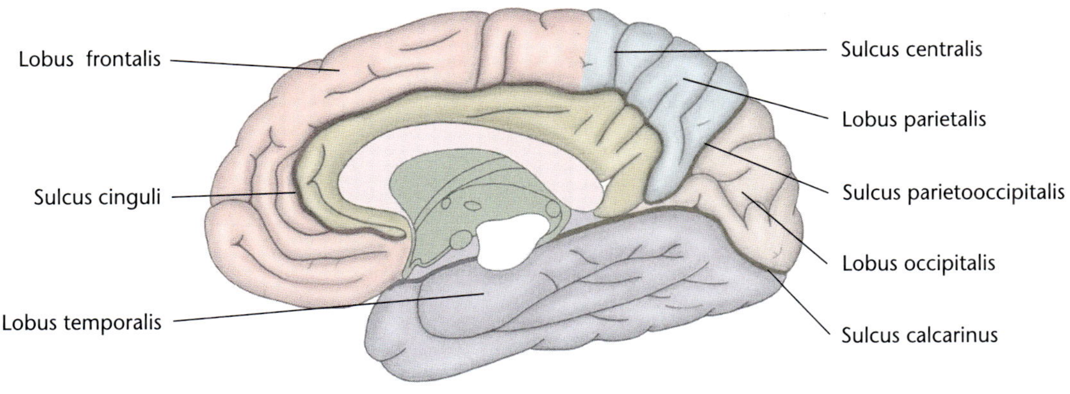

Abb. 9.9 Gehirn von medial (schematisiert).

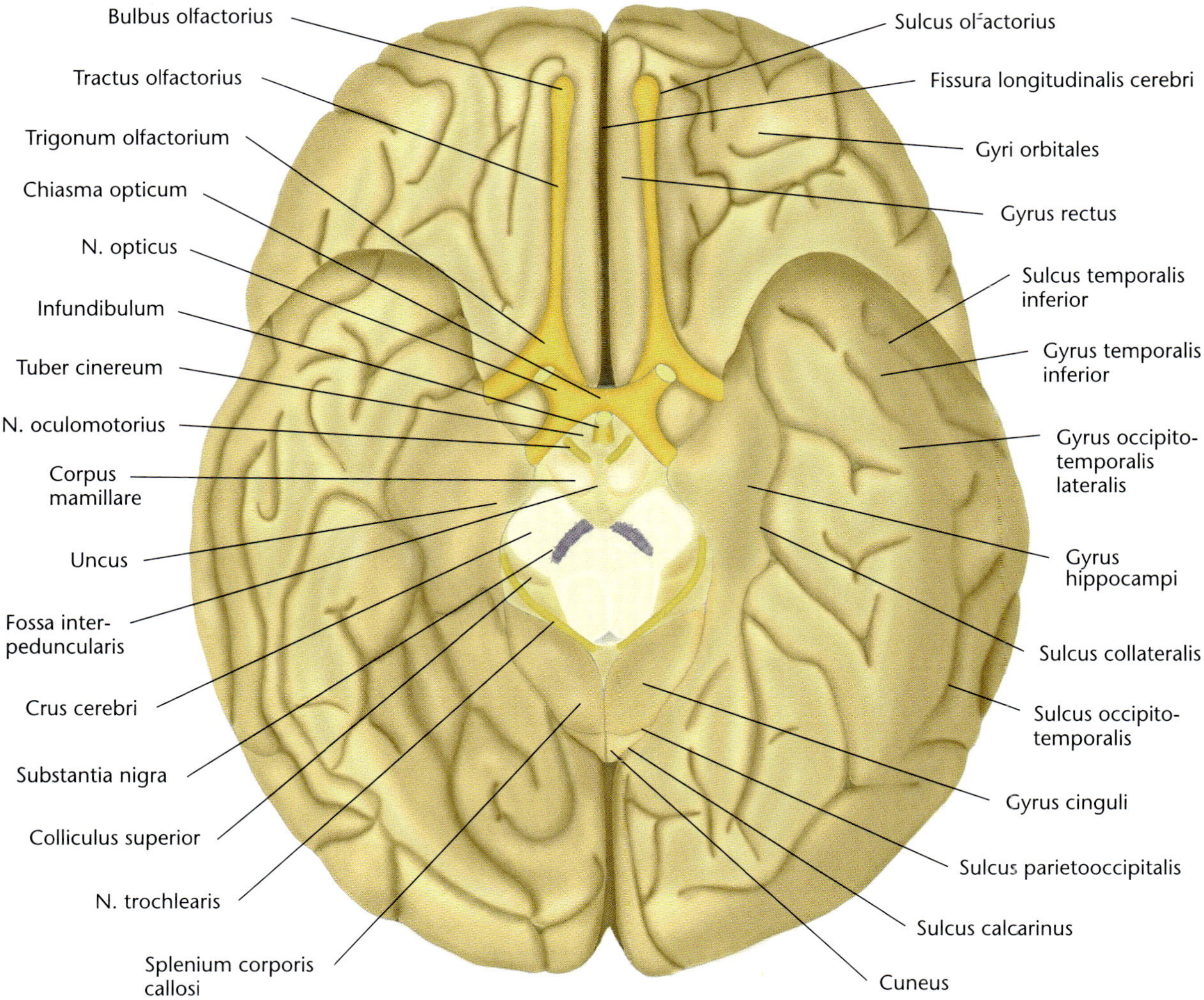

Abb. 9.10 Gehirn von basal.

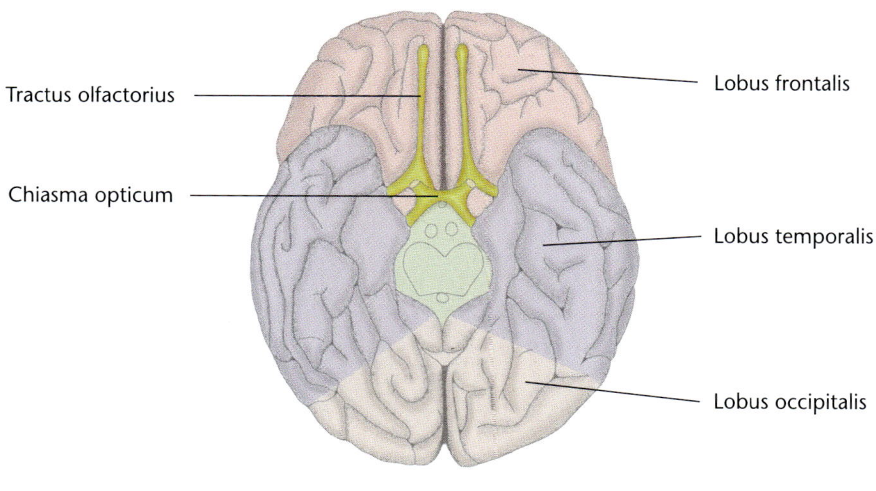

Abb. 9.11 Gehirn von basal (schematisiert).

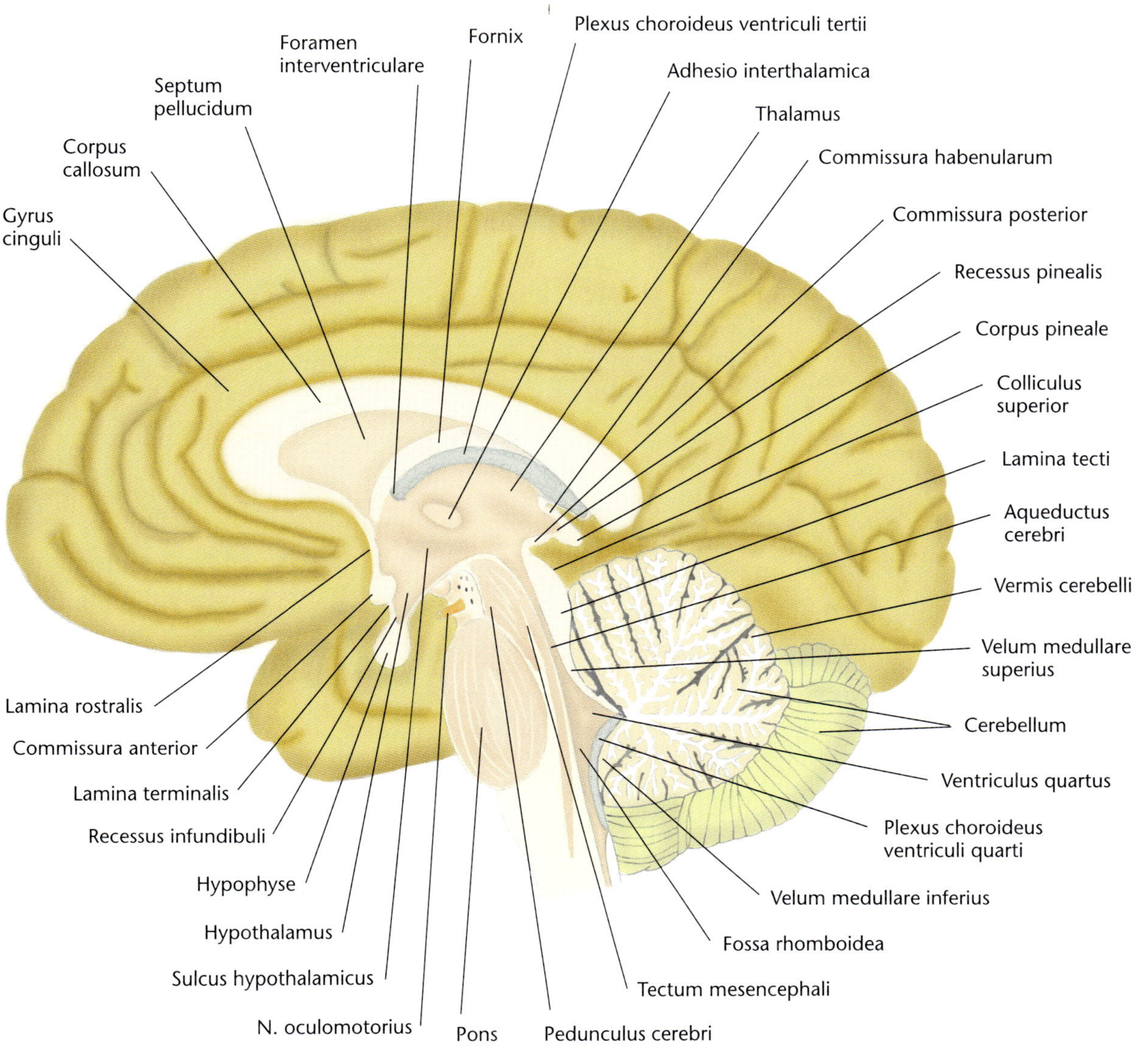

Abb. 9.12 Medianschnitt durch das Gehirn von medial mit Hirnstamm und Kleinhirn.

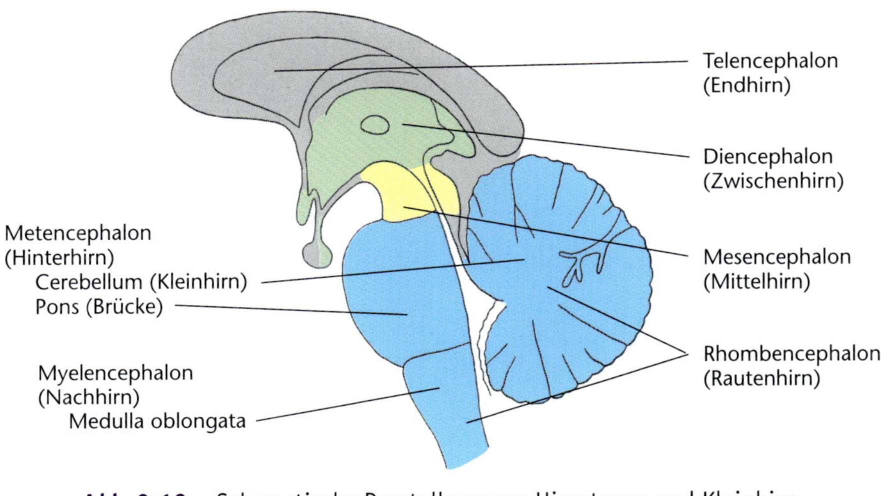

Abb. 9.13 Schematische Darstellung von Hirnstamm und Kleinhirn.

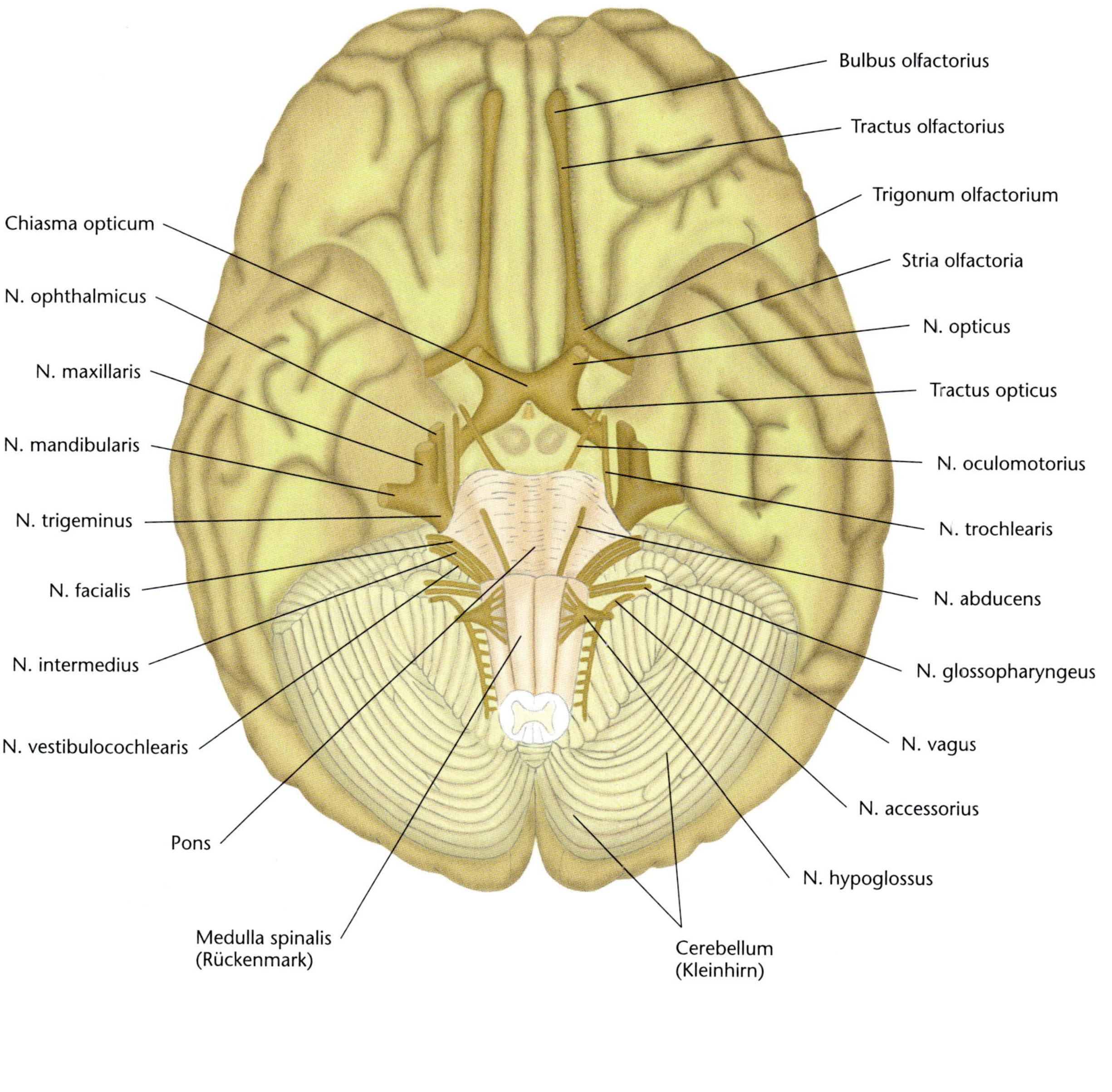

Abb. 9.14 Gehirn von basal mit Hirnnerven.

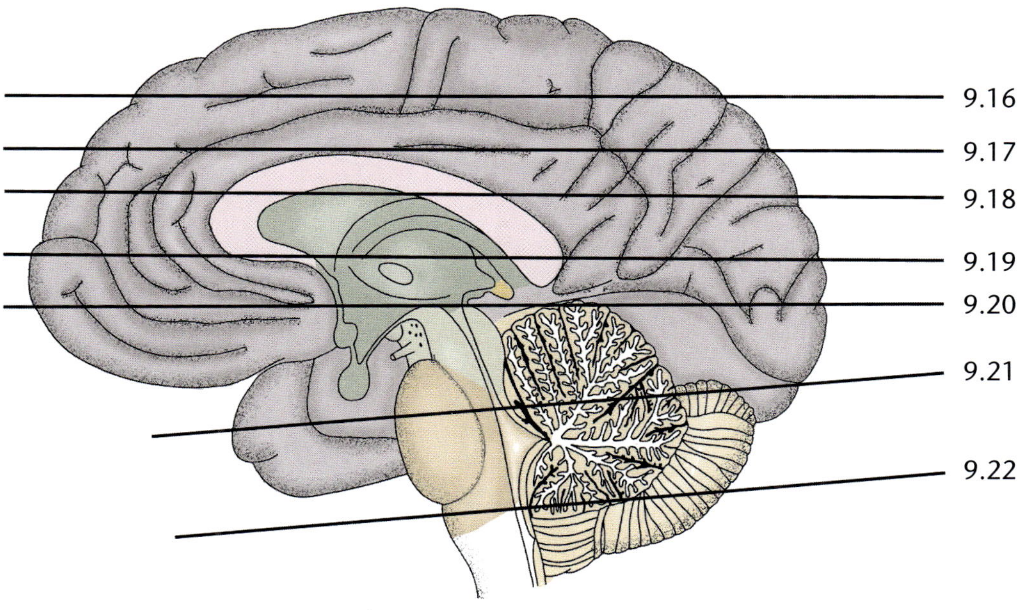

Abb. 9.15 Einzeichnung der einzelnen Horizontalschnitte.

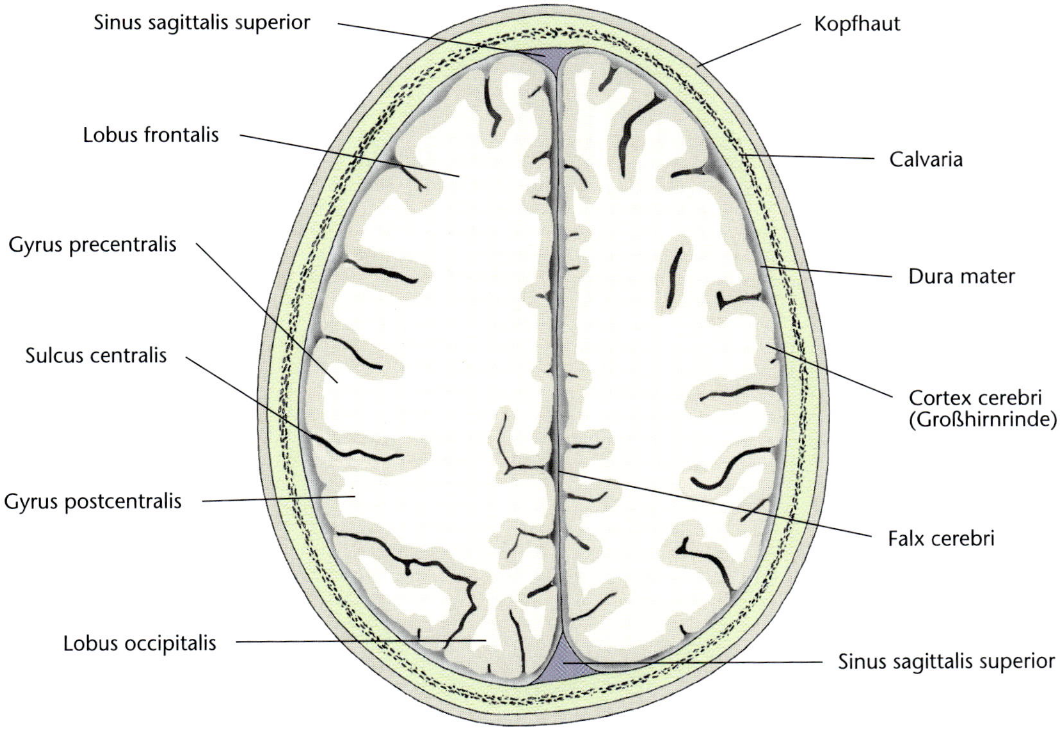

Abb. 9.16 Horizontalschnitt durch den obersten Teil des Großhirns.

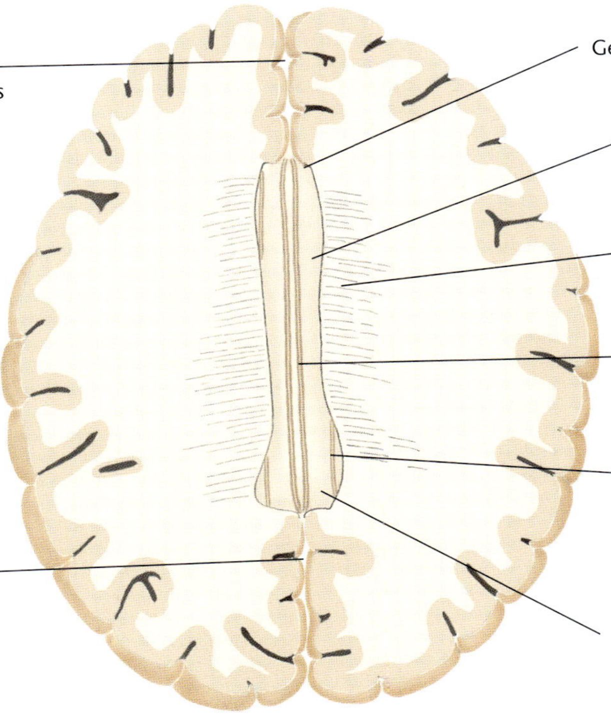

Abb. 9.17 Horizontalschnitt durch das Großhirn oberhalb des Corpus callosum.

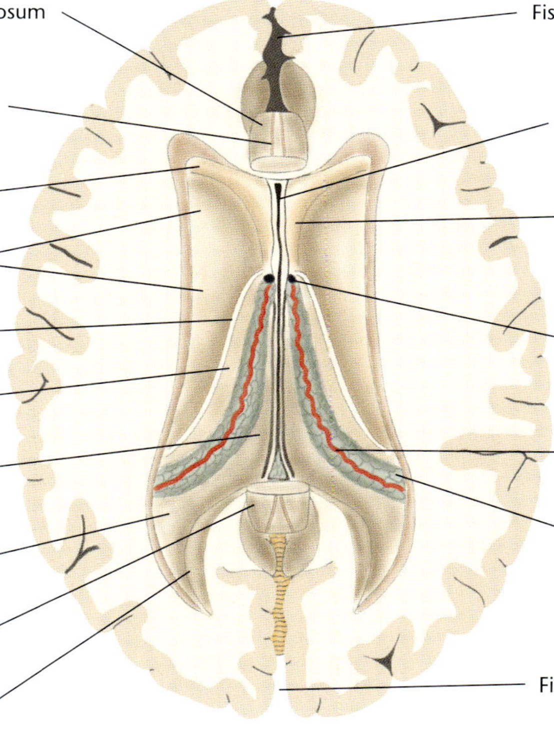

Abb. 9.18 Horizontalschnitt durch das Großhirn. Die Ventriculi laterales wurden von kranial her eröffnet.

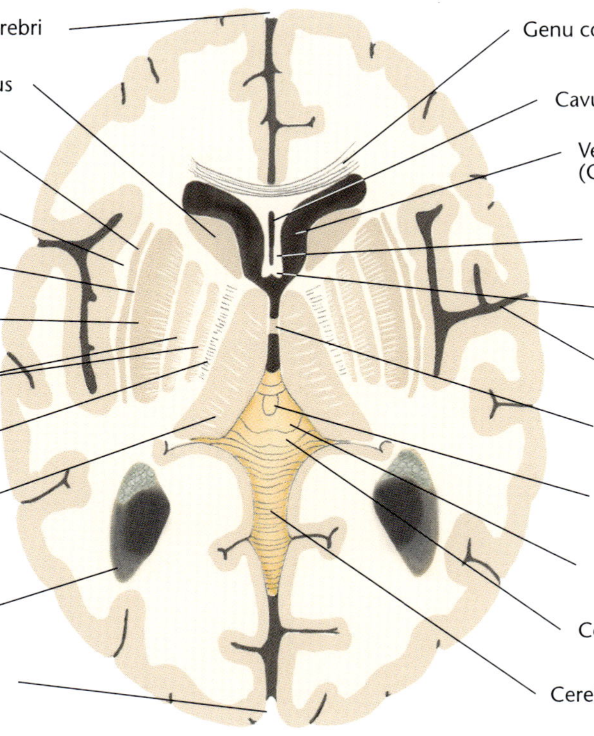

Abb. 9.19 Horizontalschnitt durch das Großhirn oberhalb des Corpus pineale.

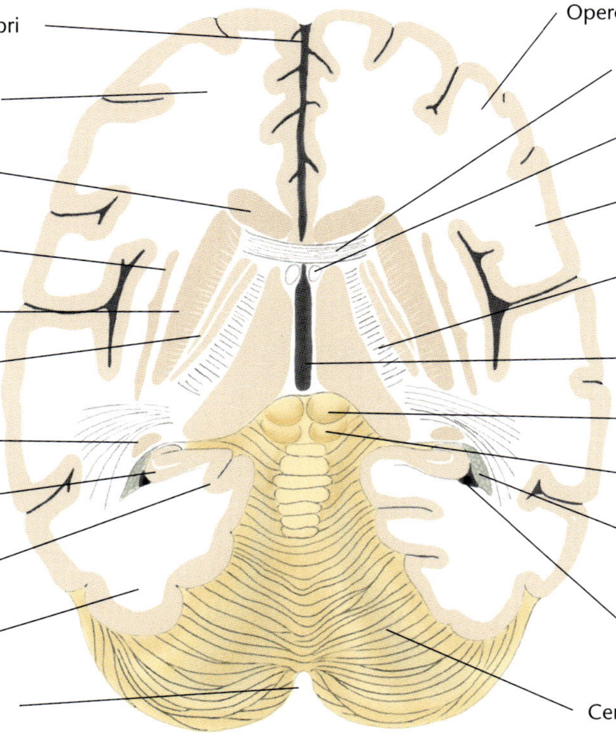

Abb. 9.20 Horizontalschnitt durch das Großhirn oberhalb des Colliculus superior.

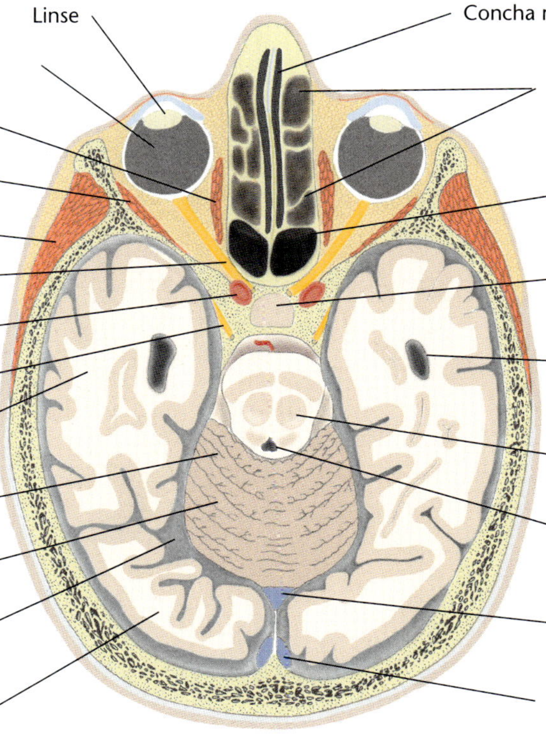

Abb. 9.21 Horizontalschnitt durch das Gehirn in Höhe des Kleinhirns und der Hypophyse.

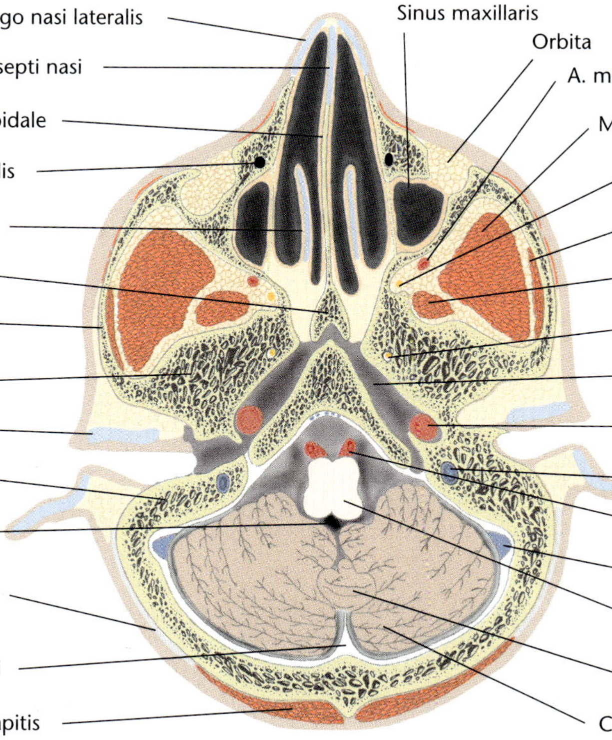

Abb. 9.22 Horizontalschnitt durch das Gehirn und den Kopf in Höhe des Cerebellum und des Meatus acusticus externus.

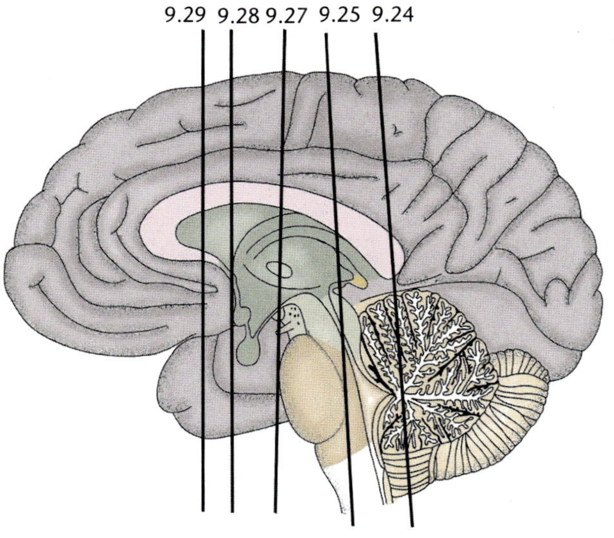

Abb. 9.23 Einzeichnung der einzelnen Frontalschnitte.

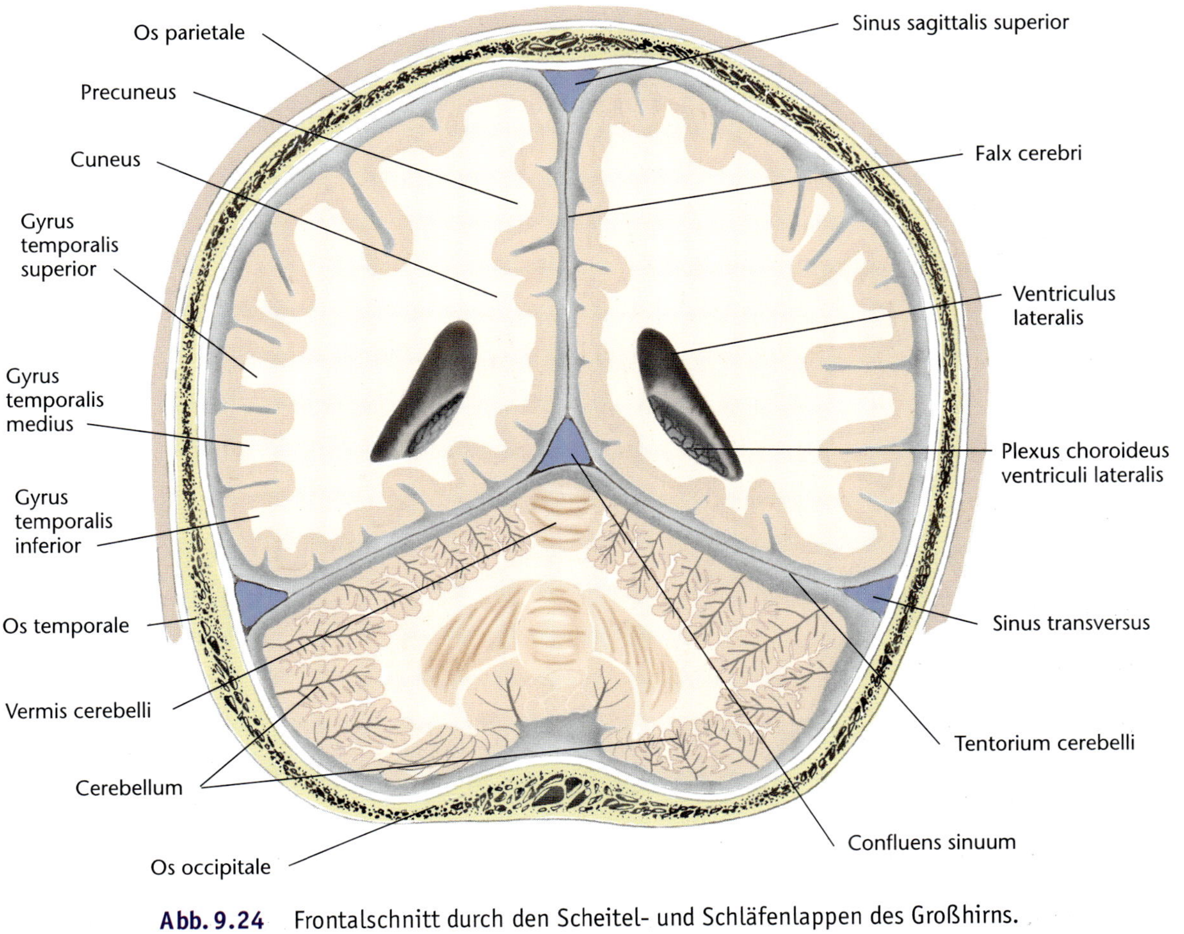

Abb. 9.24 Frontalschnitt durch den Scheitel- und Schläfenlappen des Großhirns.

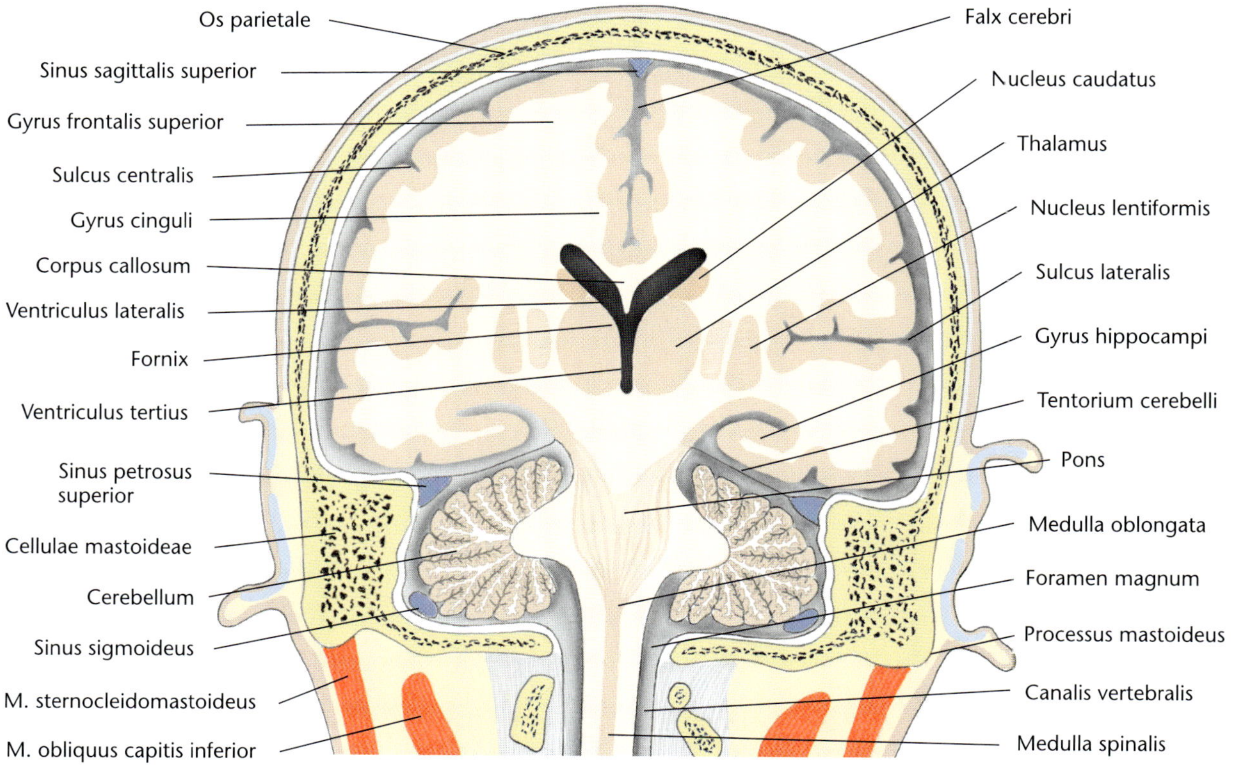

Abb. 9.25 Frontalschnitt durch das Großhirn und den Hirnstamm.

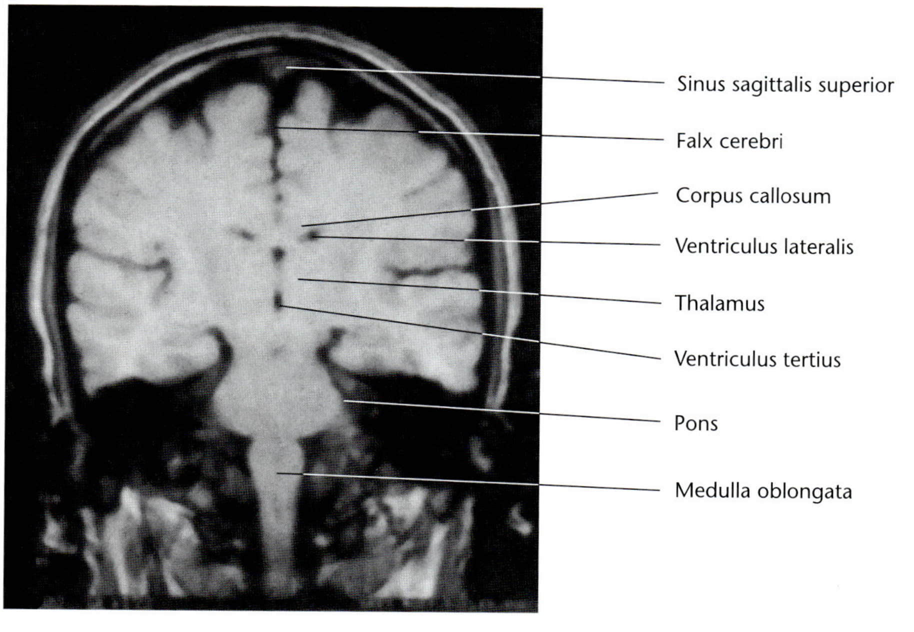

Abb. 9.26 Kernspintomographie des Kopfes in axialer Schnittführung.

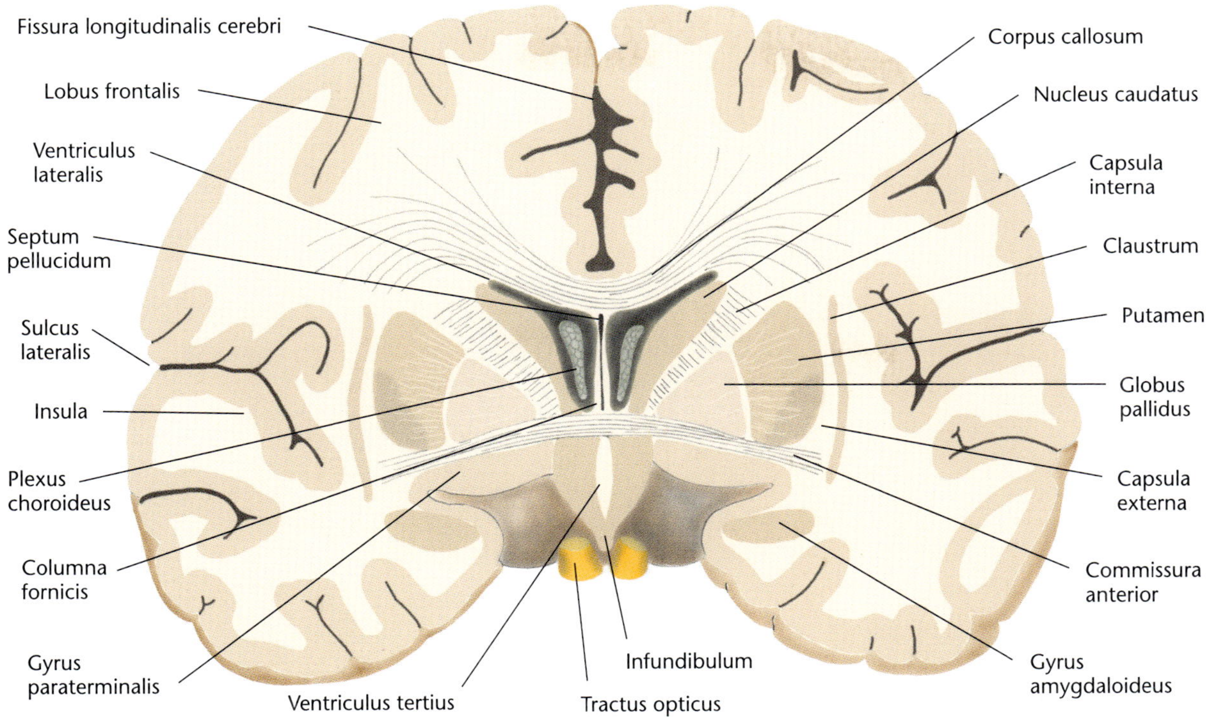

Abb. 9.27 Frontalschnitt durch das Großhirn im Bereich des Hypothalamus.

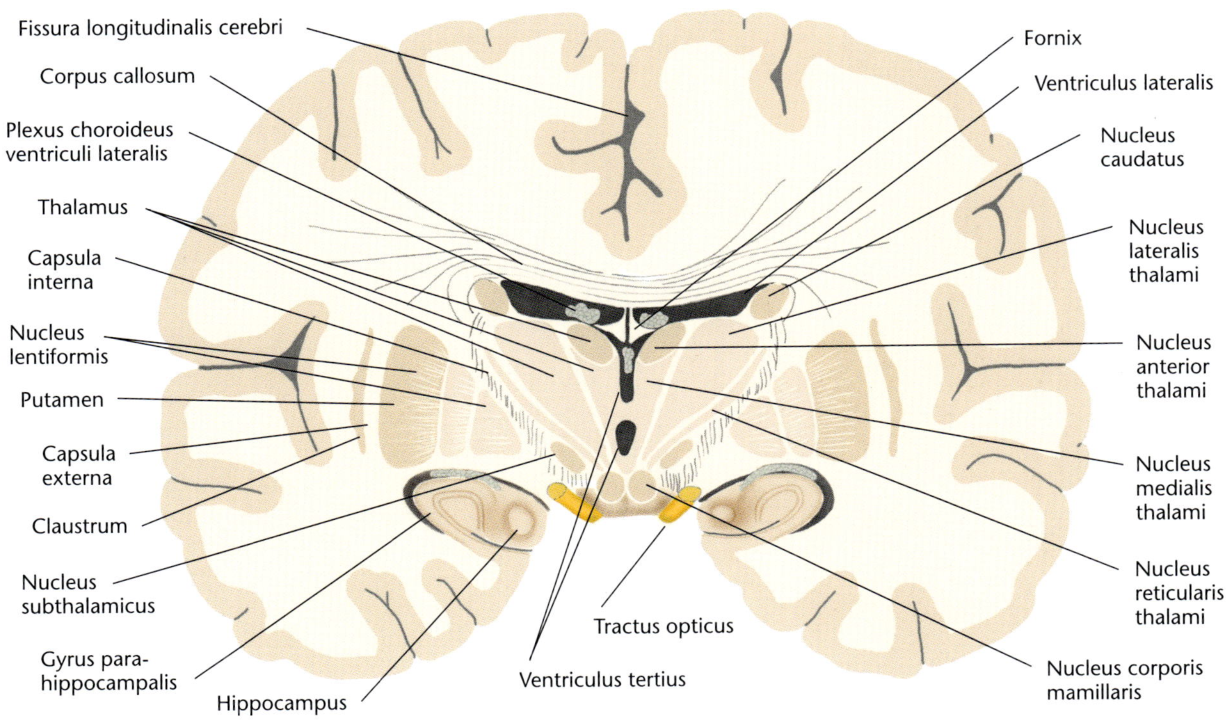

Abb. 9.28 Frontalschnitt durch das Großhirn im Bereich der Nuclei corporum mamillaria.

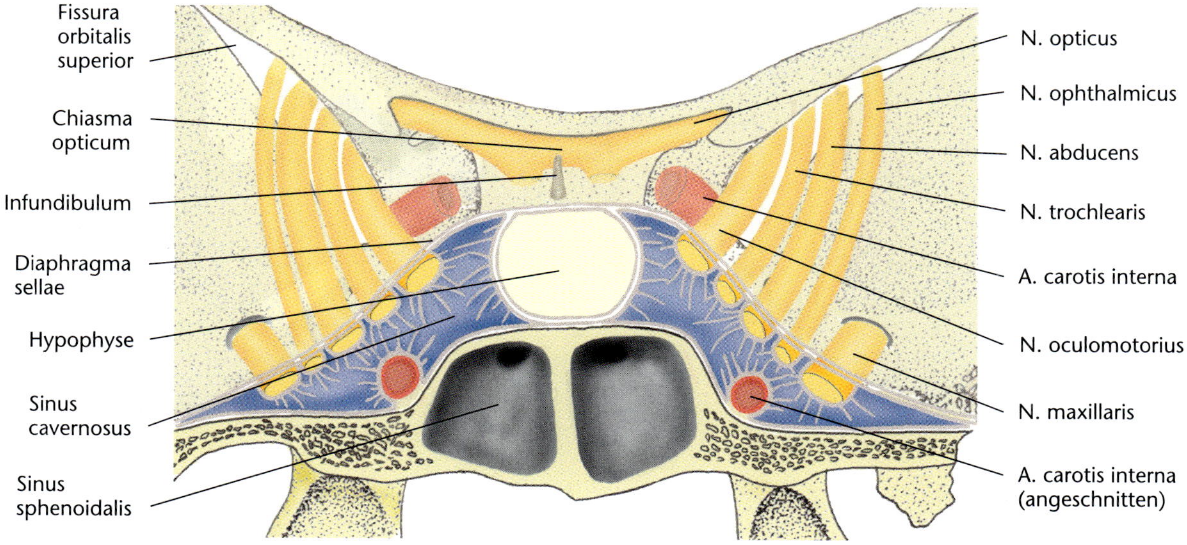

Abb. 9.29 Frontalschnitt durch das Os sphenoidale mit Darstellung der Hypophyse und des Sinus cavernosus.

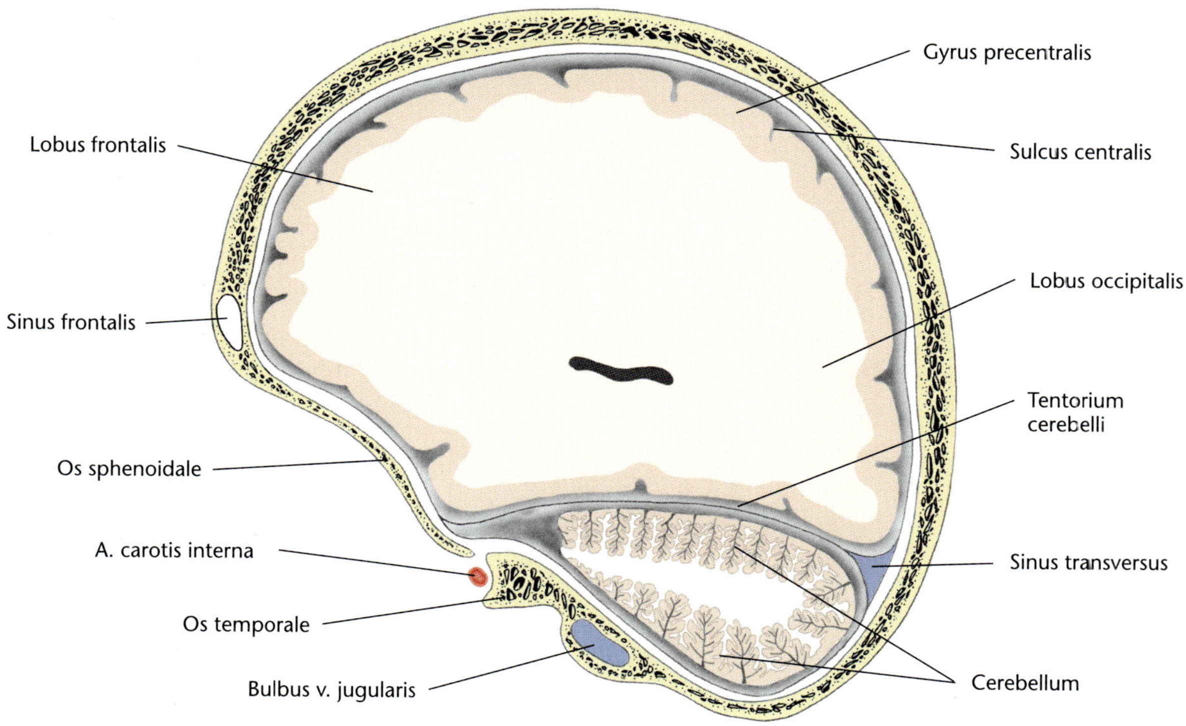

Abb. 9.30 Sagittalschnitt durch das Großhirn.

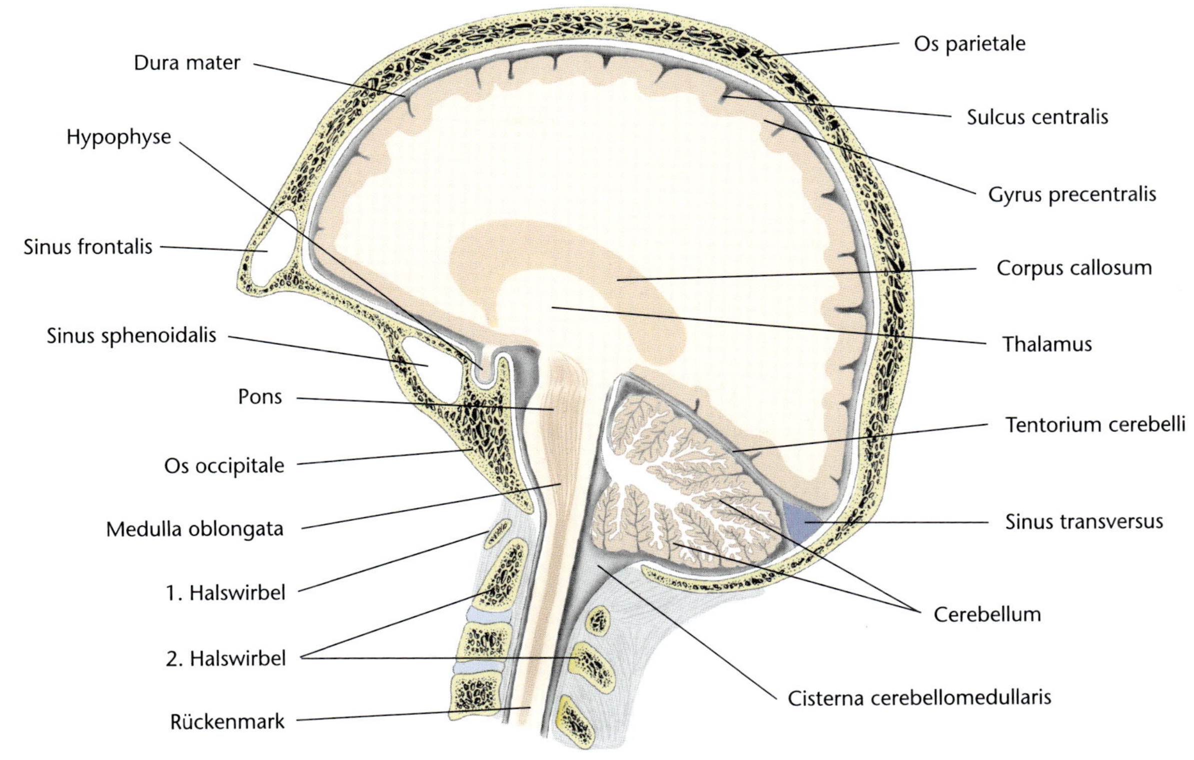

Abb. 9.31 Sagittalschnitt durch das Großhirn im Bereich des Hirnstamms.

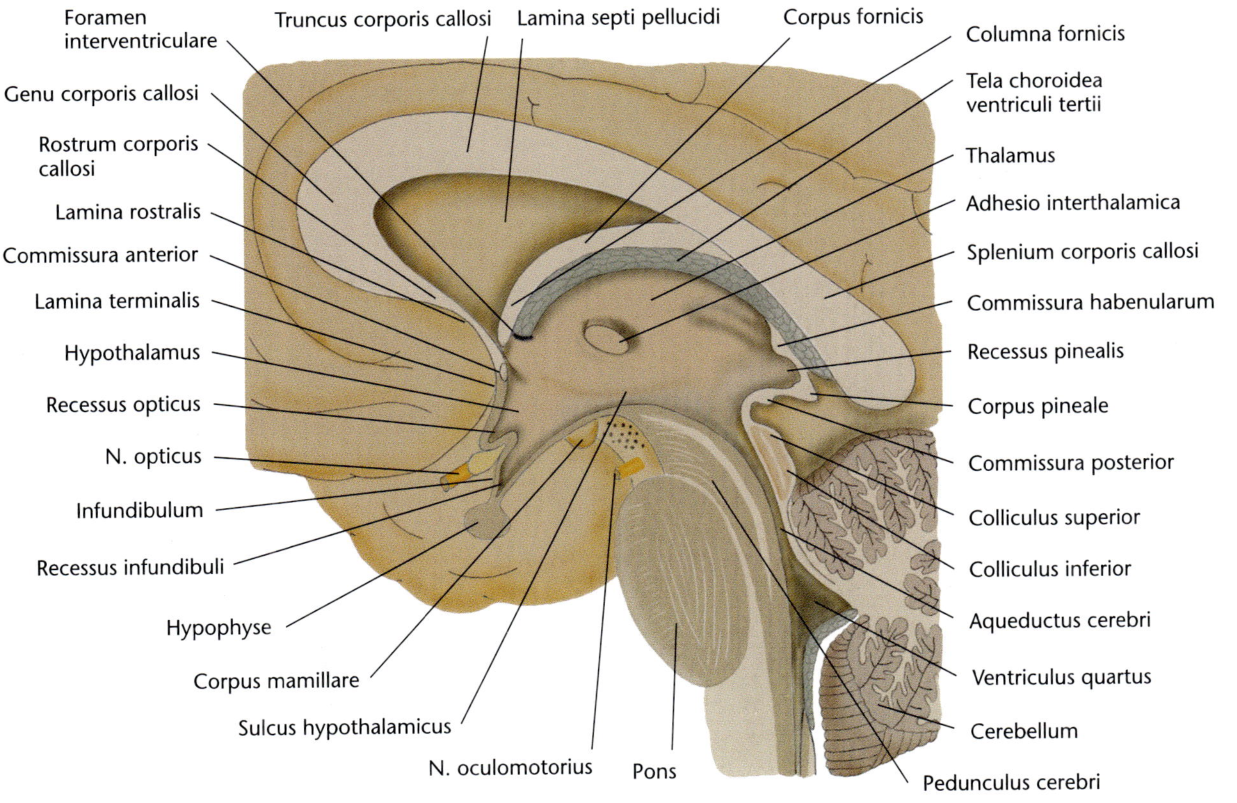

Abb. 9.32 Medianschnitt durch das Zwischen-, Mittel- und Rautenhirn.

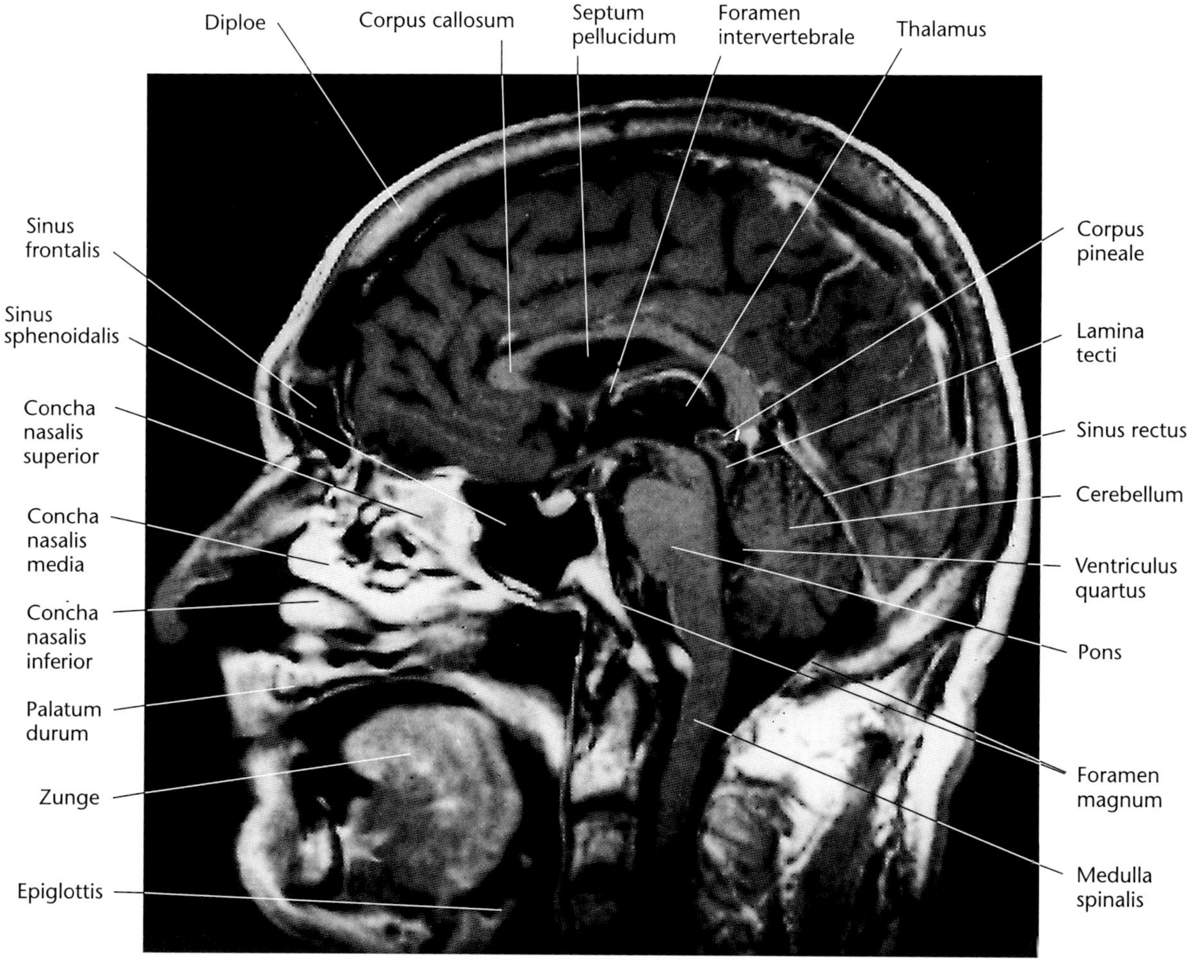

Abb. 9.33 Kernspintomographie des Kopfes in sagittaler Schnittführung.

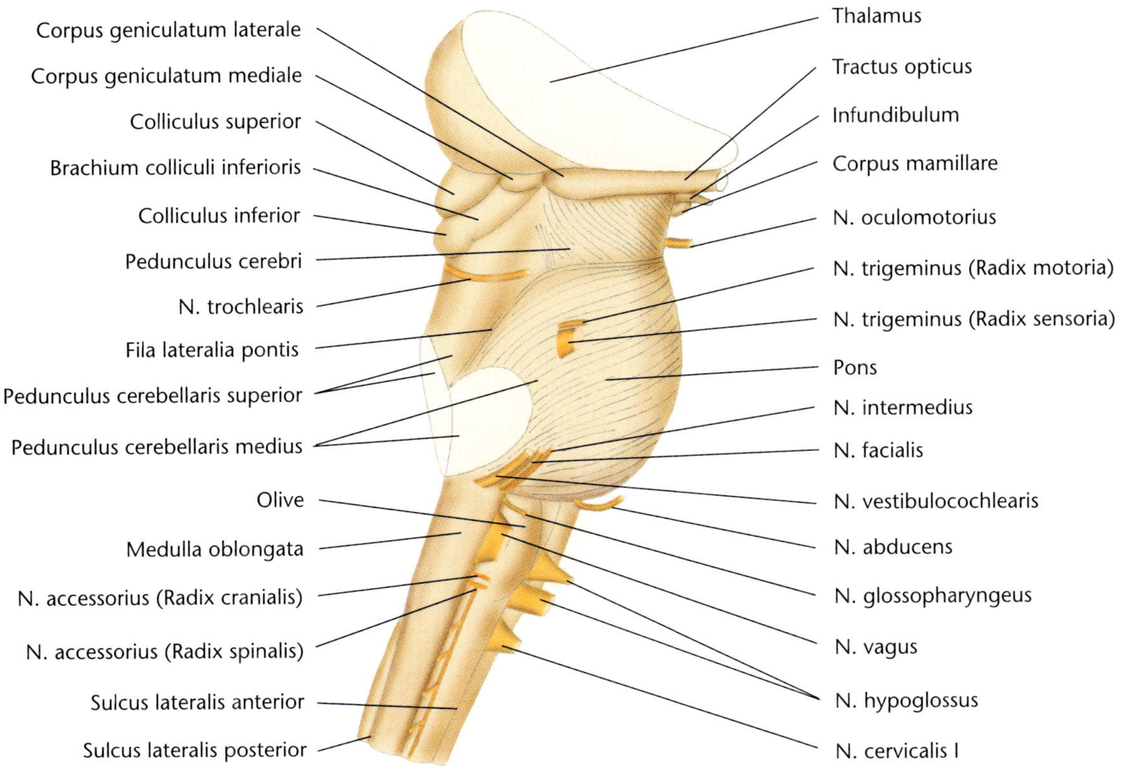

Abb. 9.34 Hirnstamm von rechts.

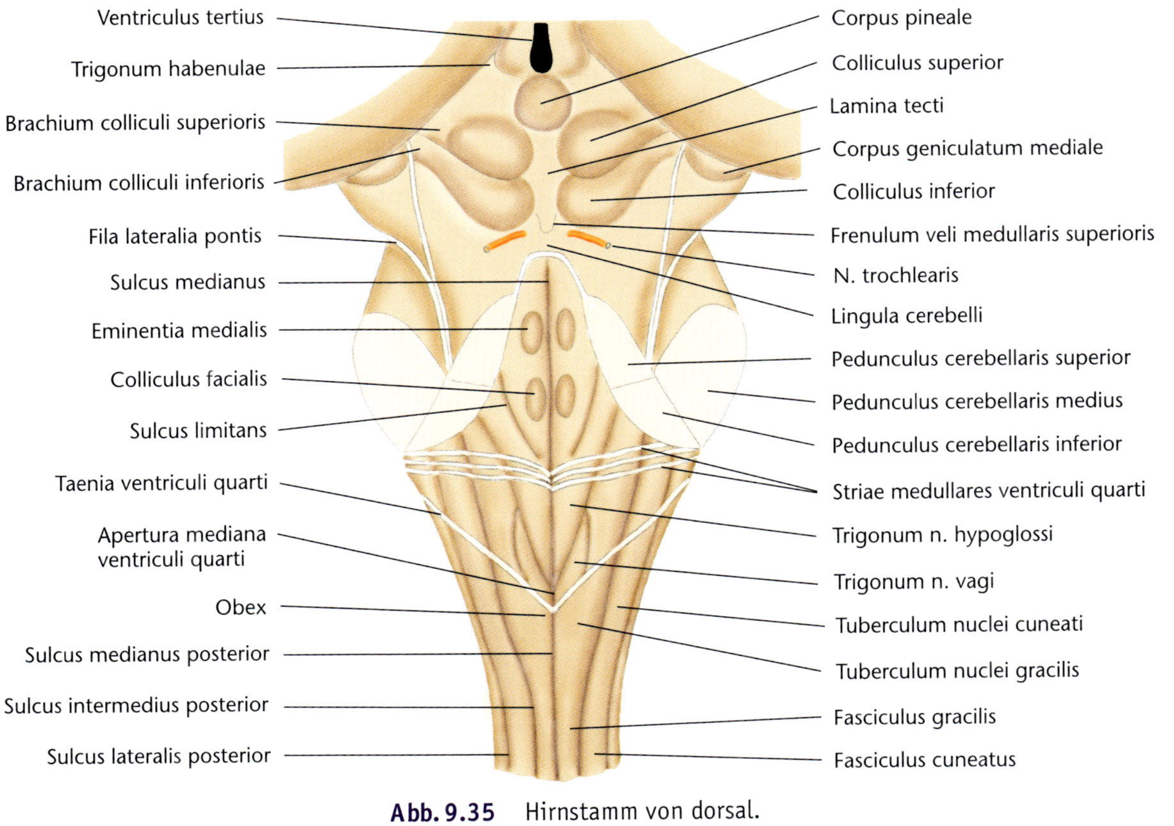

Abb. 9.35 Hirnstamm von dorsal.

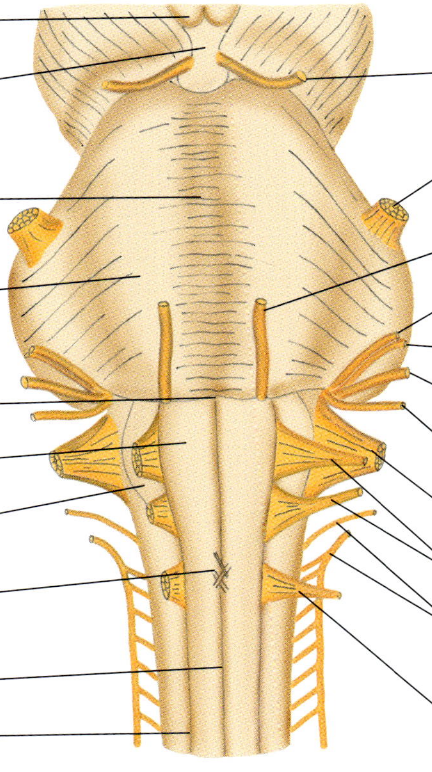

Abb. 9.36 Hirnstamm von basal.

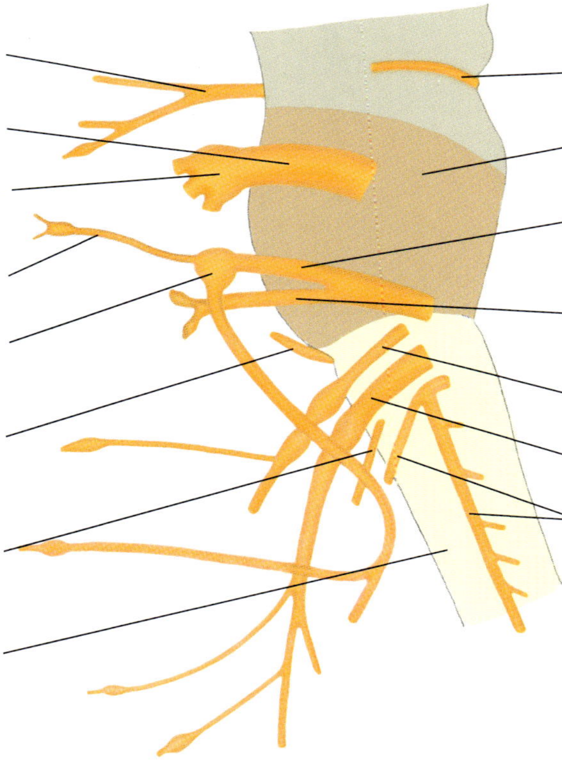

Abb. 9.37 Hirnstamm von links mit Hirnnerven (schematisiert).

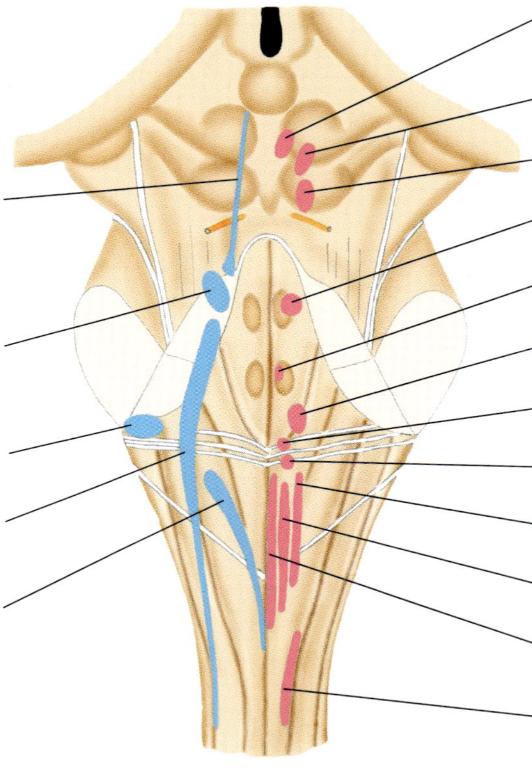

Abb. 9.38 Hirnstamm von dorsal mit eingezeichneten Hirnnervenkernen (schematisiert).

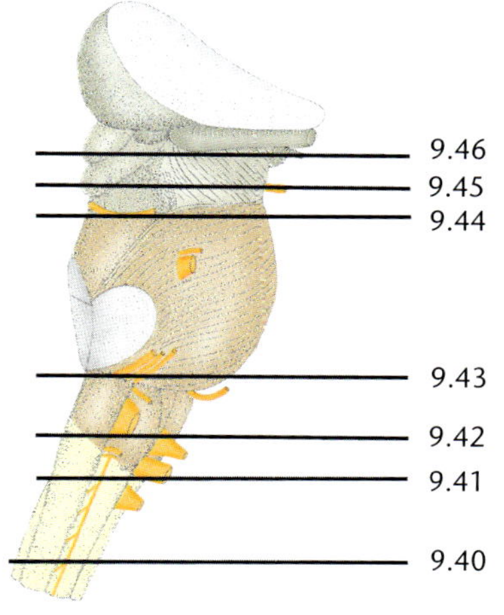

Abb. 9.39 Einzeichnung der einzelnen Querschnitte durch den Hirnstamm.

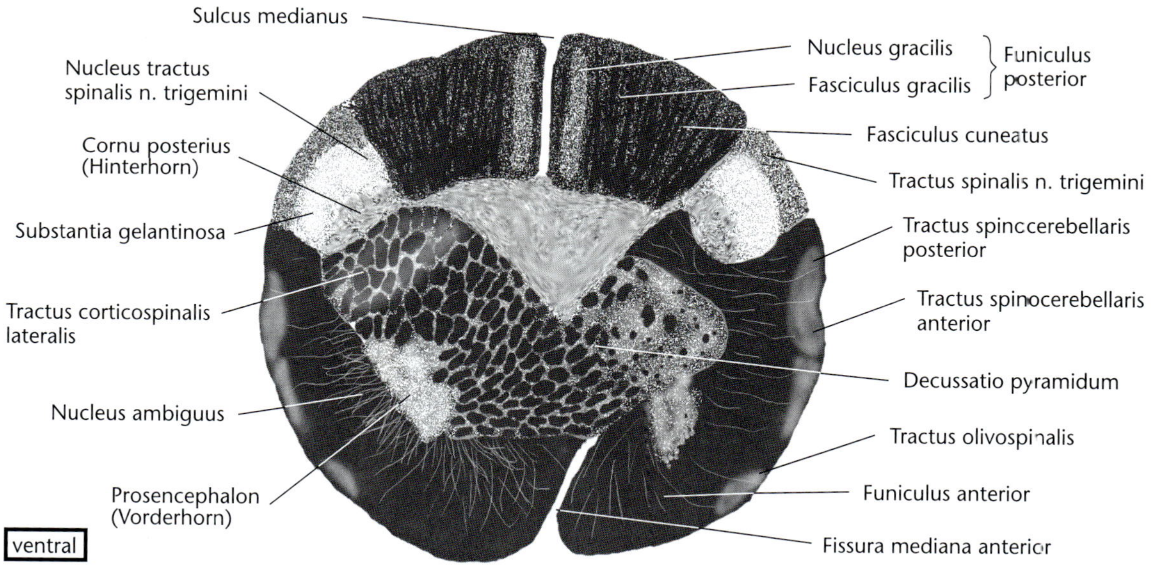

Abb. 9.40 Querschnitt durch den oberen Teil der Medulla oblongata (Färbung nach Weigert).

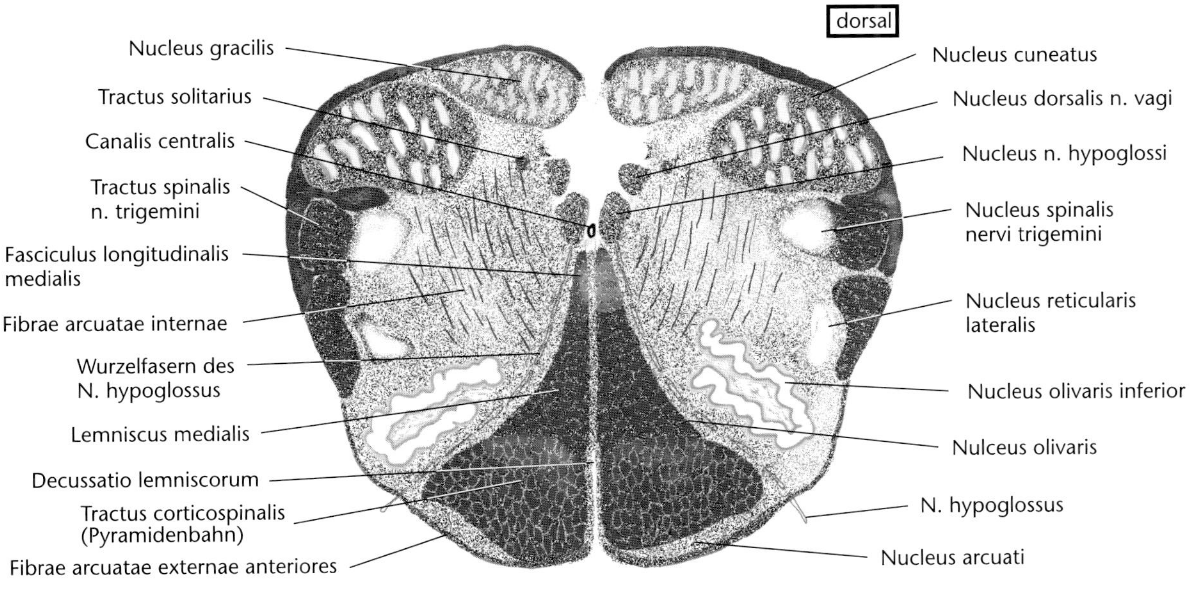

Abb. 9.41 Querschnitt durch die Medulla oblongata in Höhe des N. hypoglossus (Färbung nach Weigert).

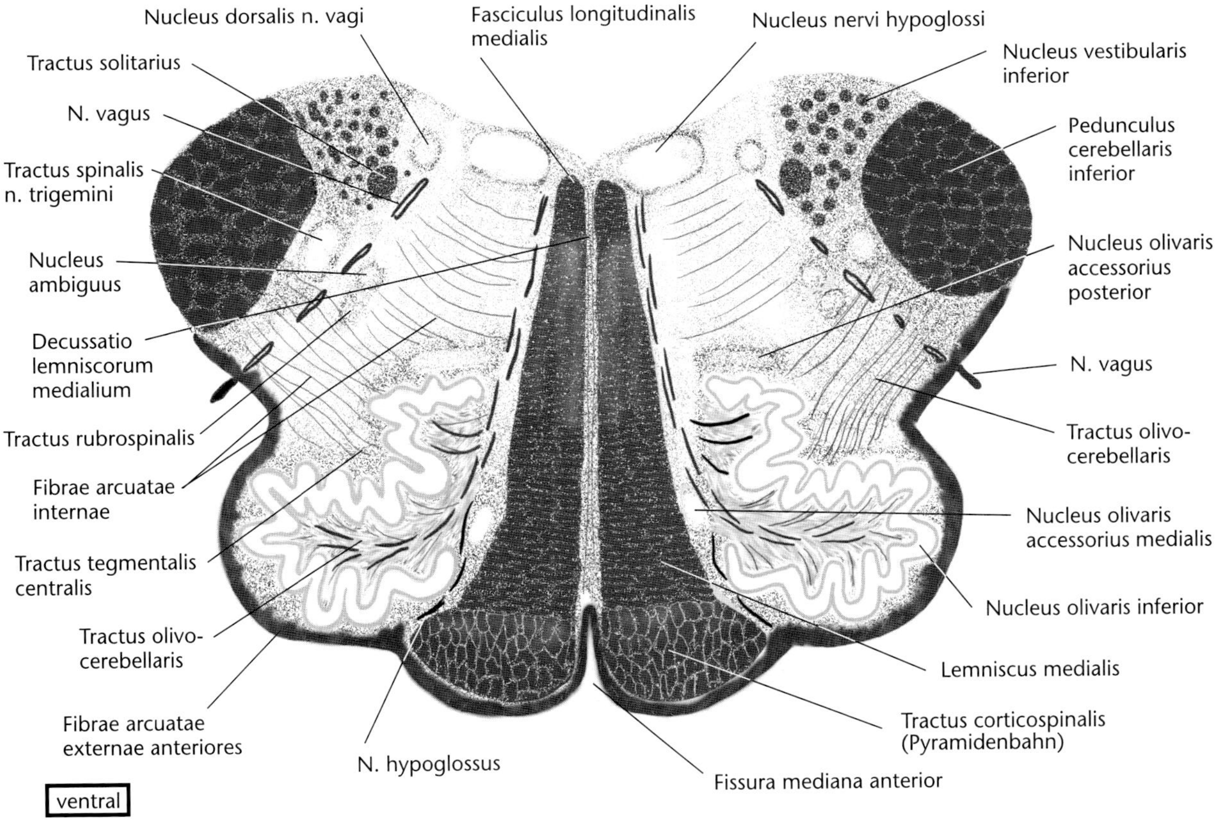

Abb. 9.42 Querschnitt durch die Medulla oblongata in Höhe des N. vagus (Färbung nach Weigert).

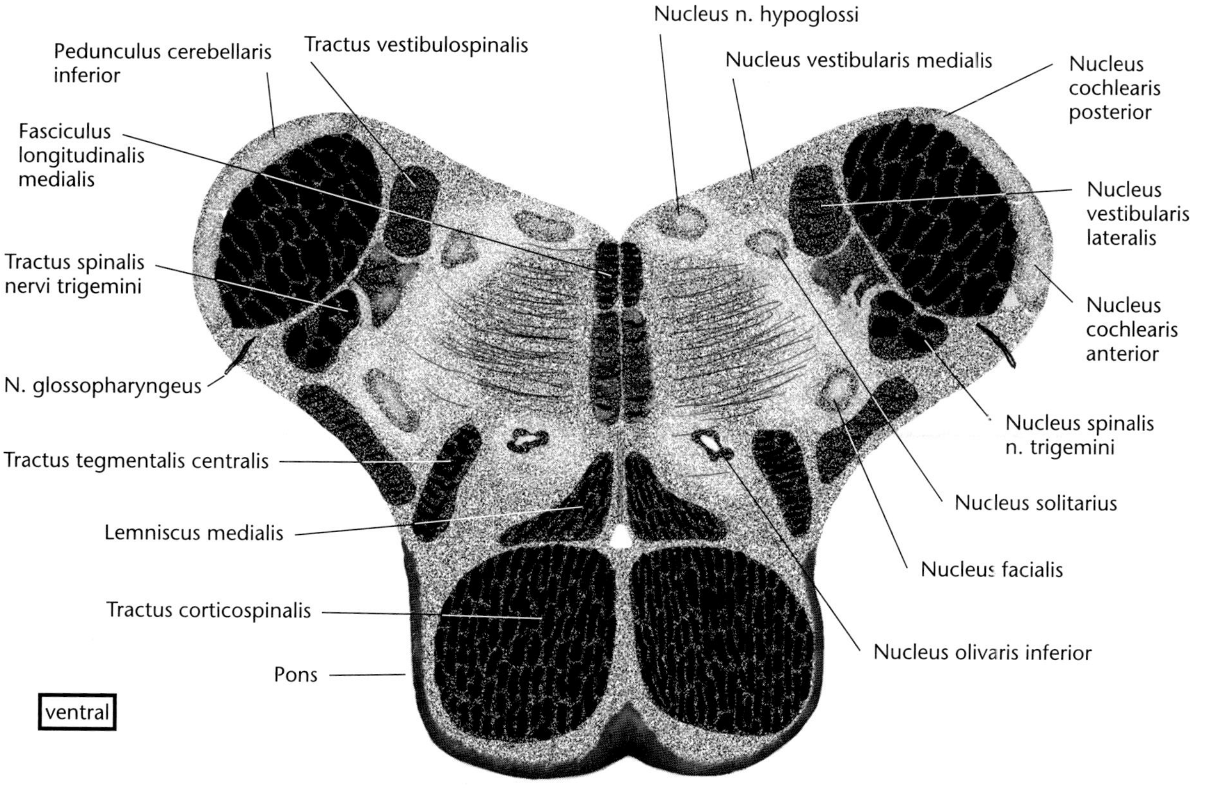

Abb. 9.43 Querschnitt durch das Rautenhirn am Übergang von der Medulla oblongata zum Pons (Färbung nach Weigert).

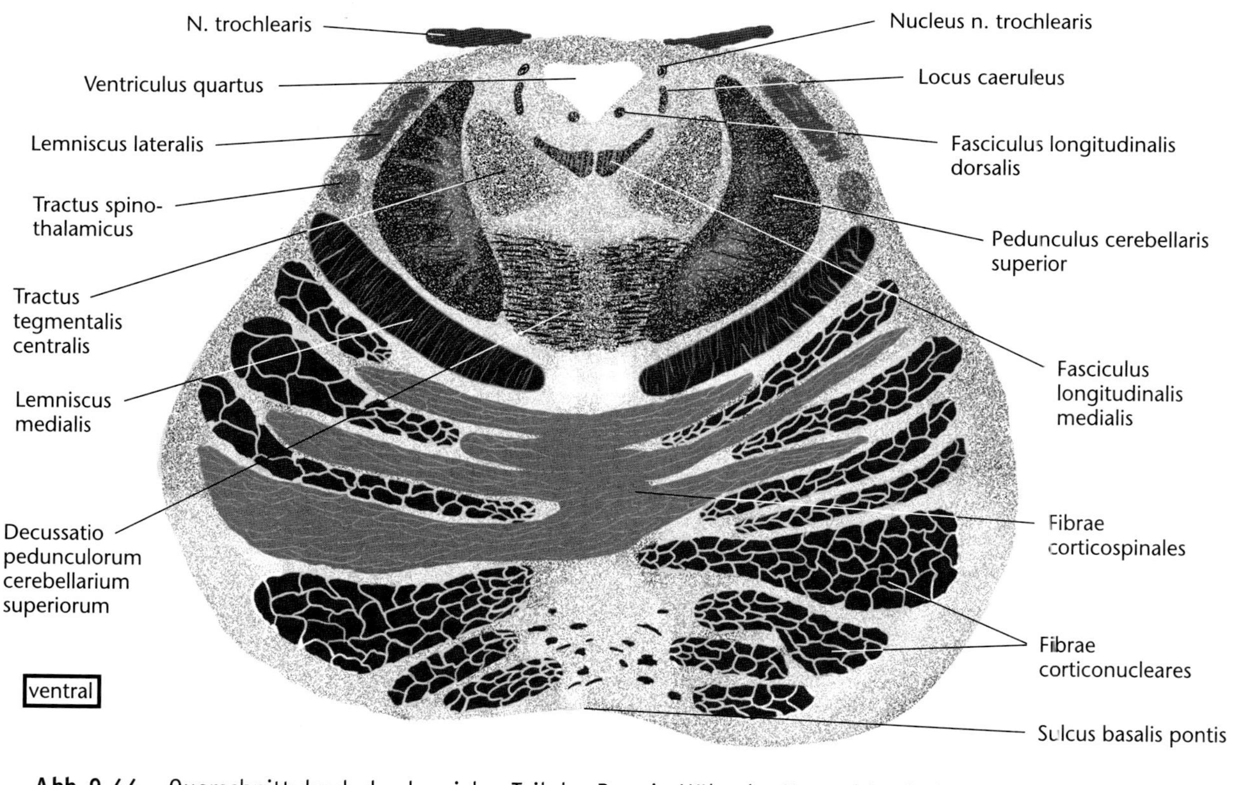

Abb. 9.44 Querschnitt durch den kranialen Teil des Pons in Höhe des N. trochlearis (Färbung nach Weigert).

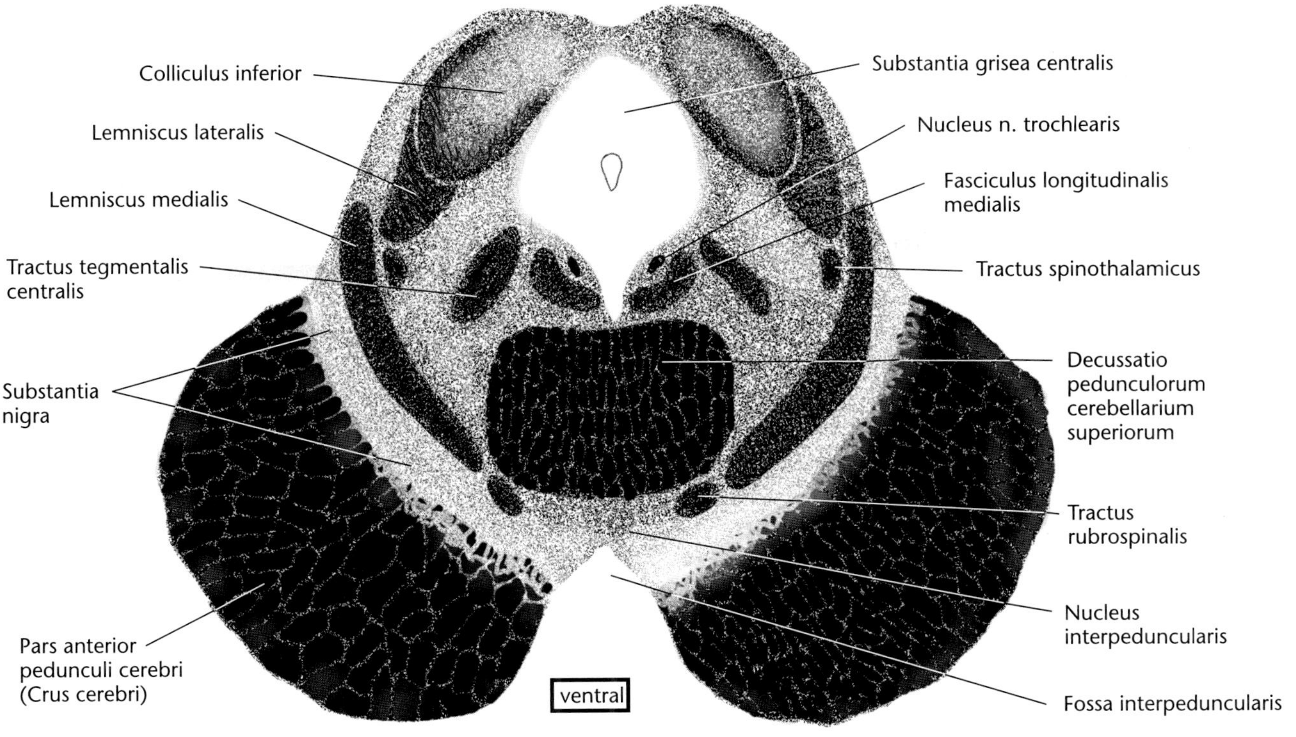

Abb. 9.45 Querschnitt durch das Mittelhirn in Höhe der Colliculi inferiores.

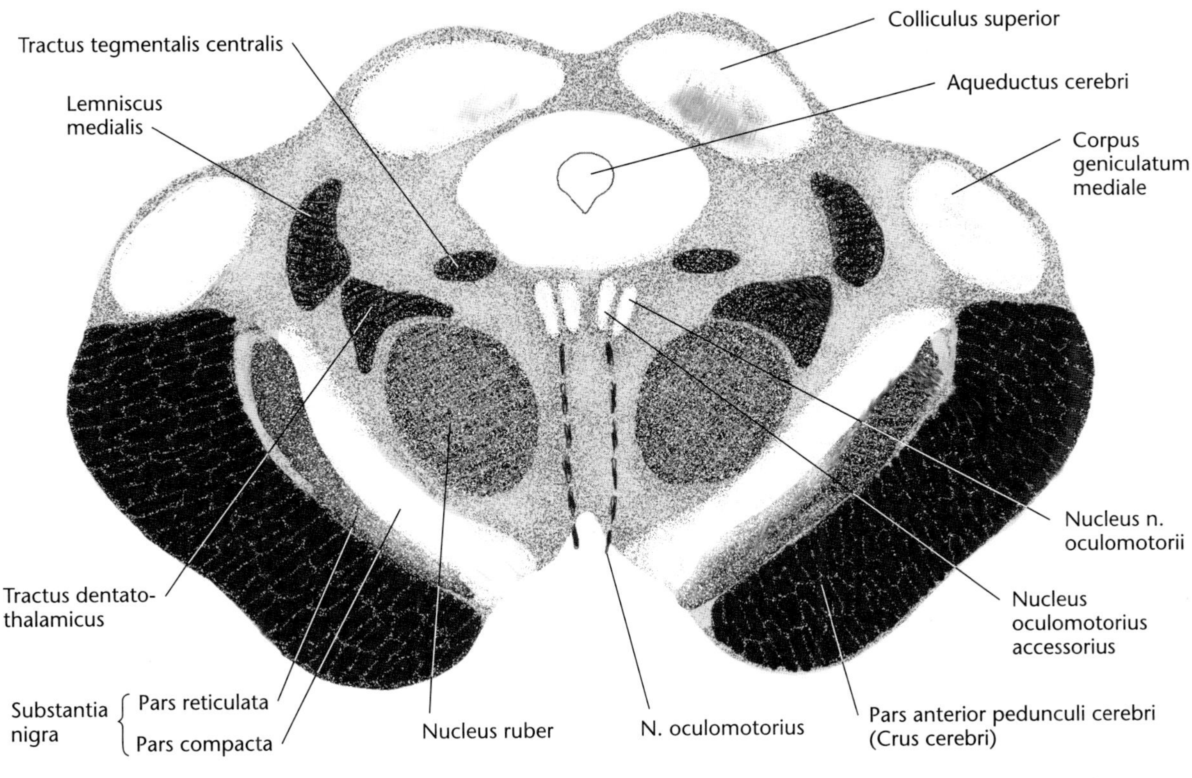

Abb. 9.46 Querschnitt durch das Mittelhirn in Höhe der Colliculi superiores.

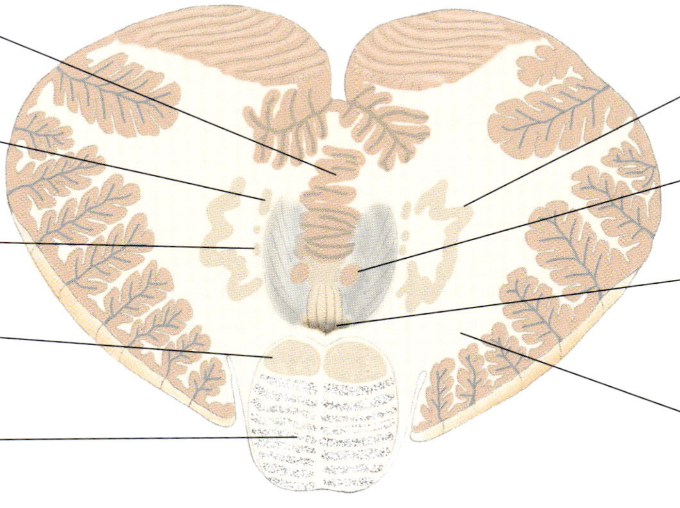

Abb. 9.47 Horizontalschnitt durch das Kleinhirn mit den Kleinhirnkernen.

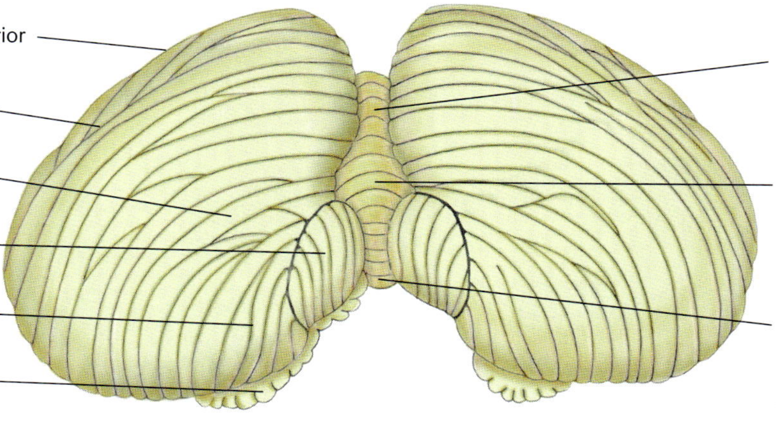

Abb. 9.48 Kleinhirn von kranial.

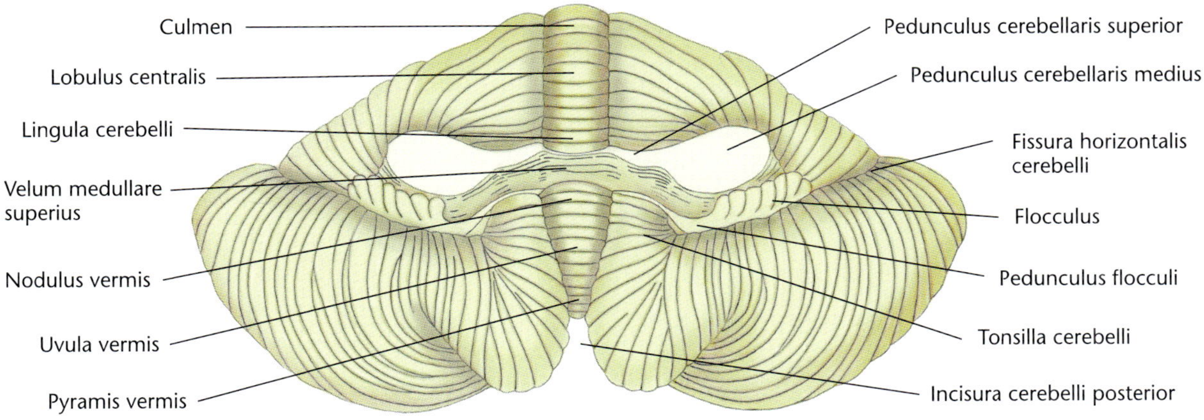

Abb. 9.49 Kleinhirn von ventral unten.

Abb. 9.50 Kleinhirn von dorsal.

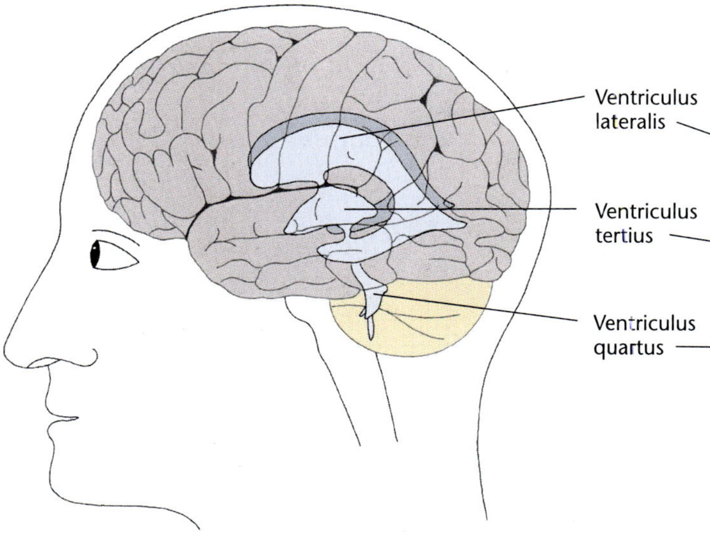

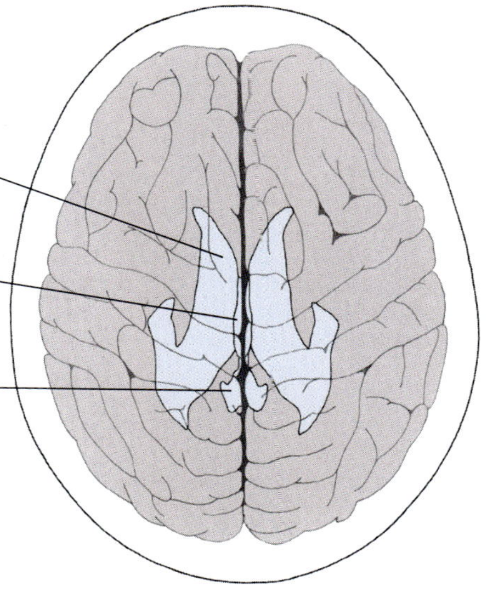

Abb. 9.51 Ventrikel auf das Gehirn projiziert von lateral.

Abb. 9.52 Ventrikel auf das Gehirn projiziert von kranial.

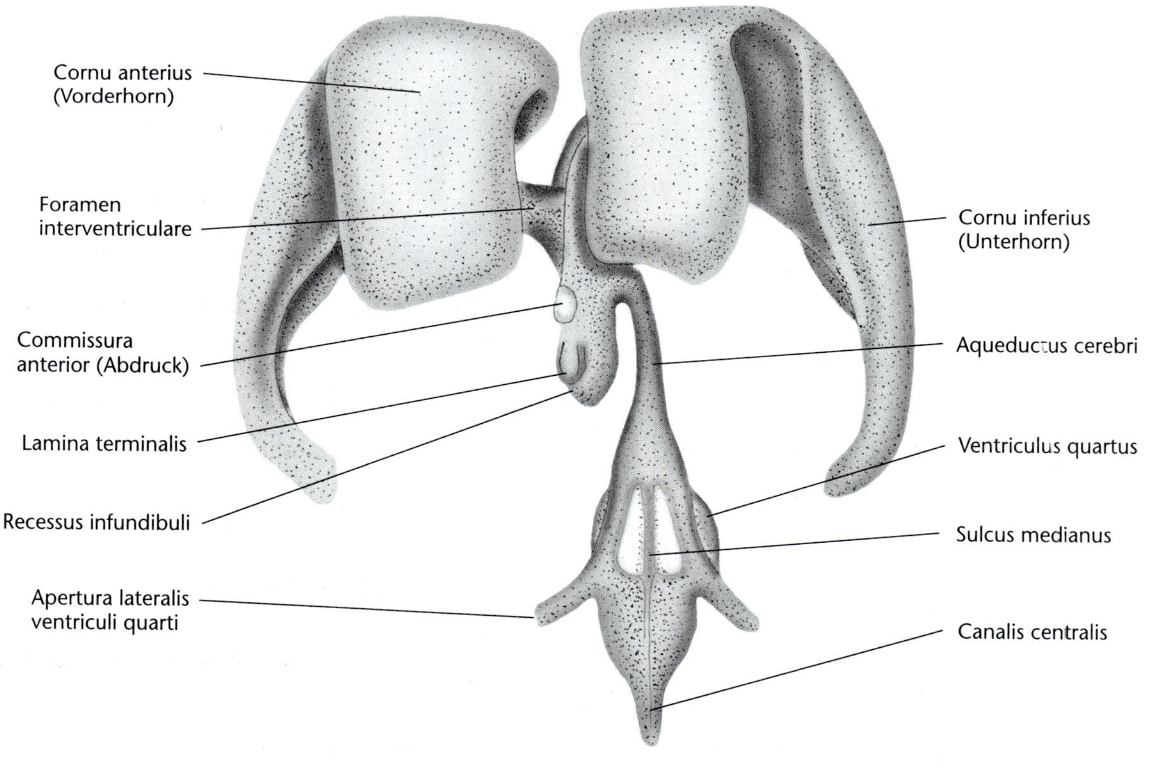

Abb. 9.53 Ventrikelsystem von ventral (nach einem Ausgusspräparat gezeichnet).

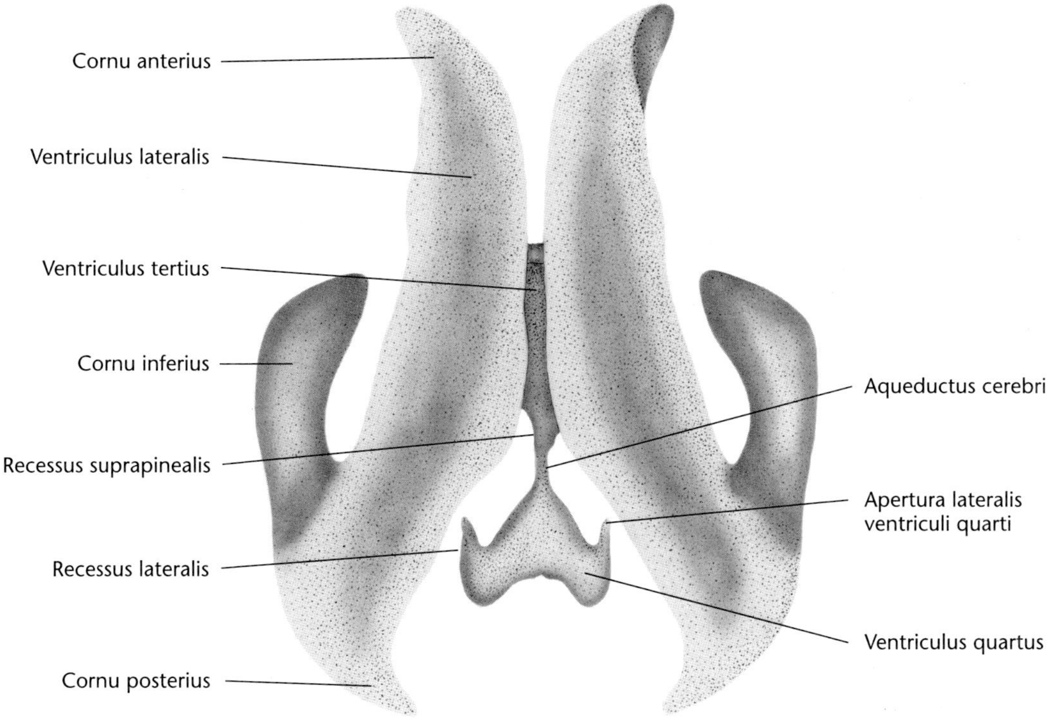

Abb. 9.54 Ventrikelsystem von kranial (nach einem Ausgusspräparat gezeichnet).

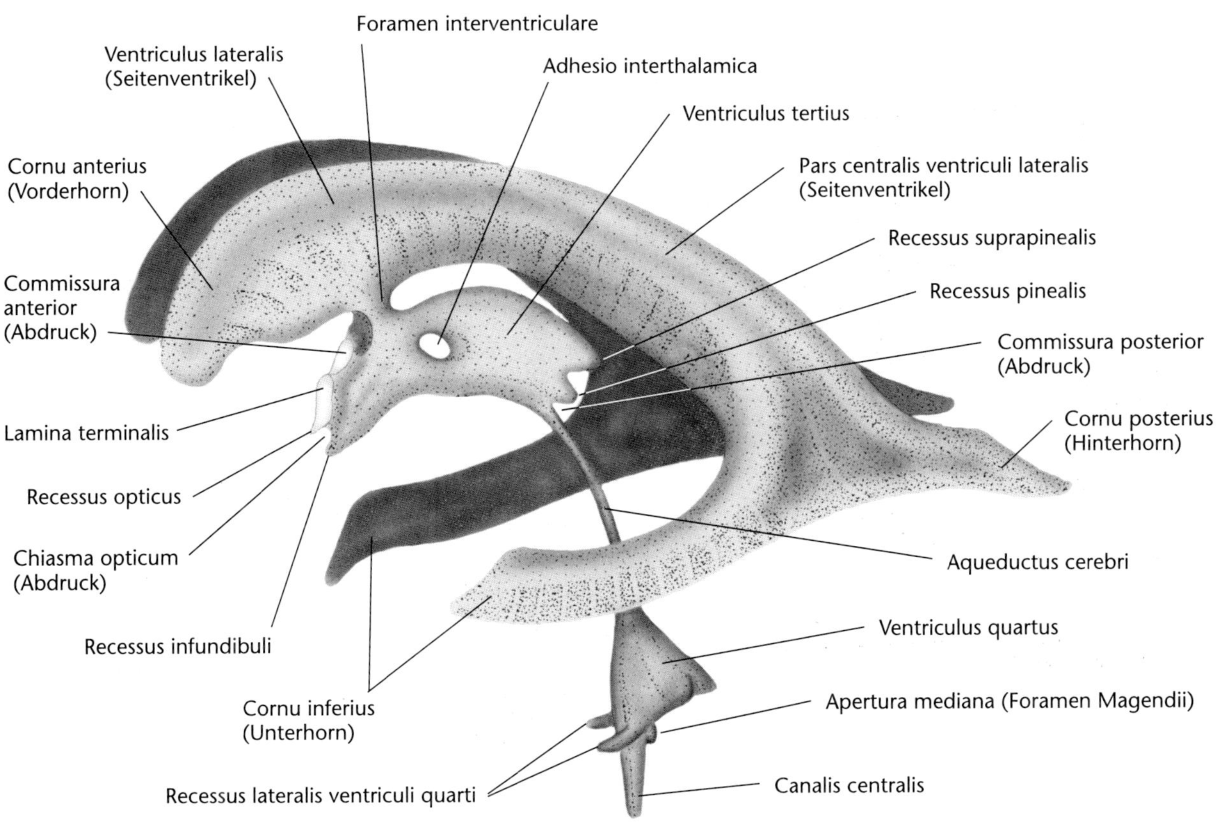

Abb. 9.55 Ventrikelsystem von lateral (nach einem Ausgusspräparat gezeichnet).

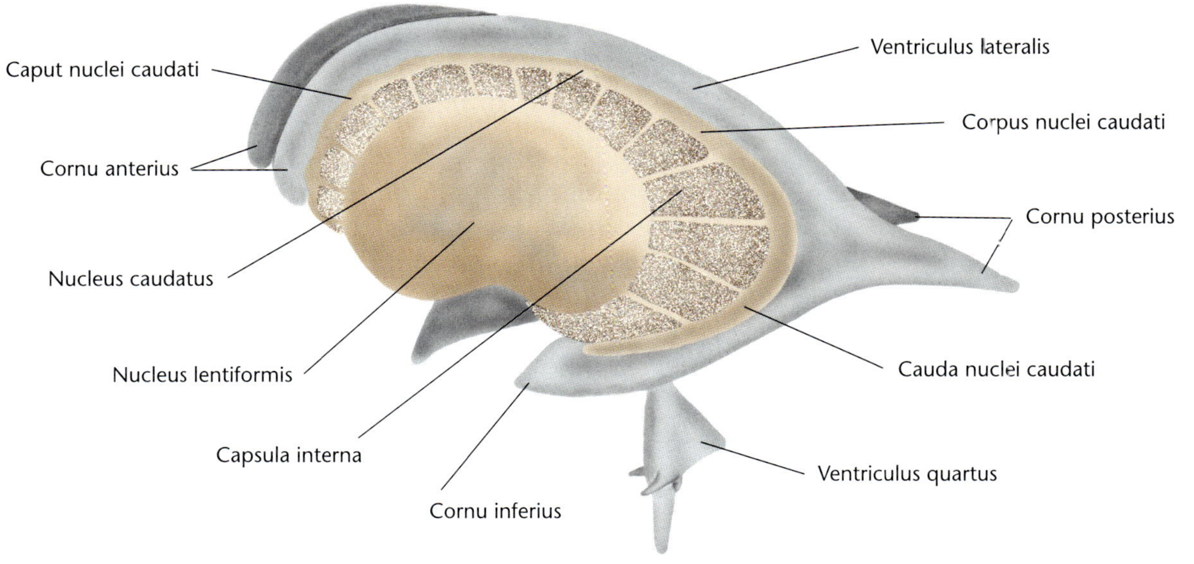

Abb. 9.56 Seitenventrikel mit Corpus striatum von lateral.

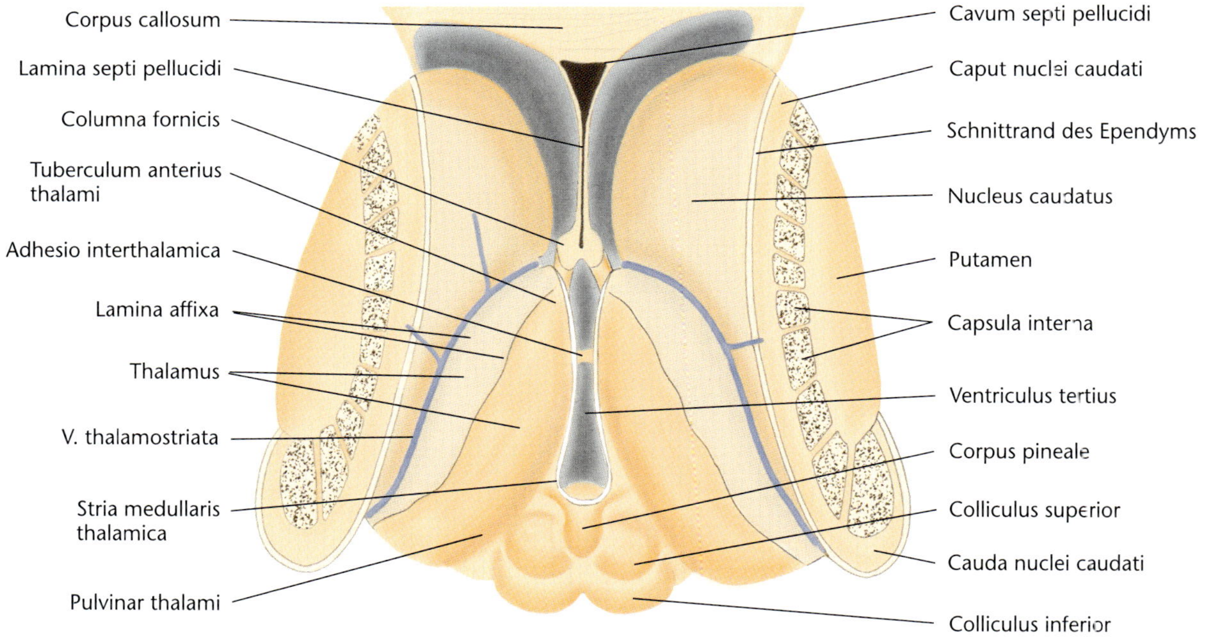

Abb. 9.57 Seitenventrikel mit Corpus striatum von ventral.

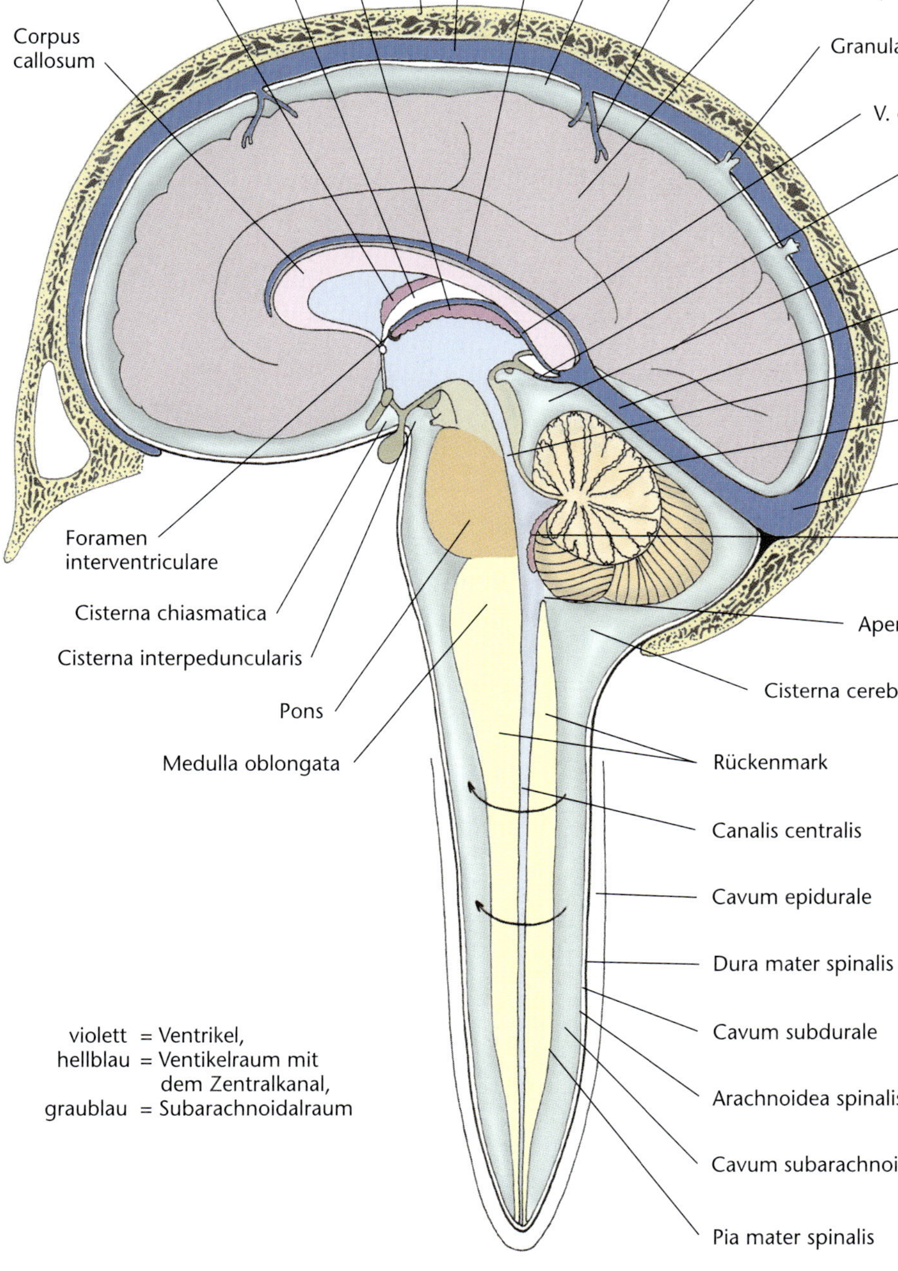

Abb. 9.58 Gehirn- und Rückenmarkshäute mit Liquorräumen von medial.

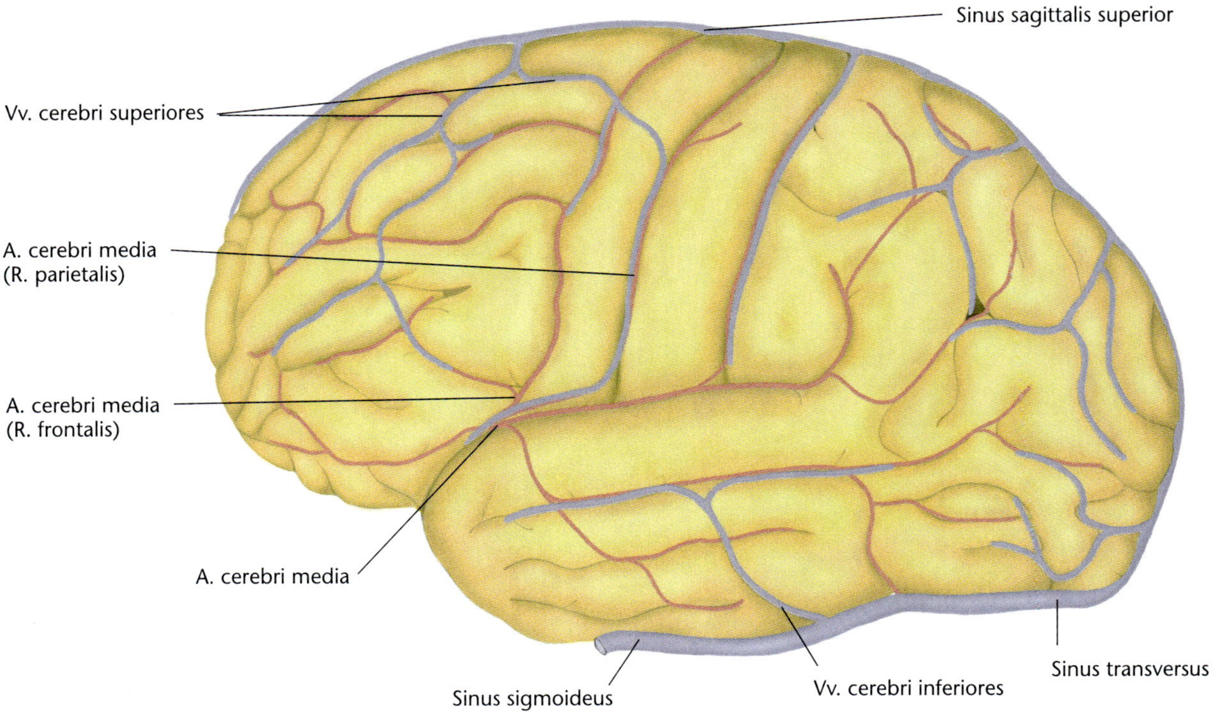

Abb. 9.59 Hirngefäße von lateral.

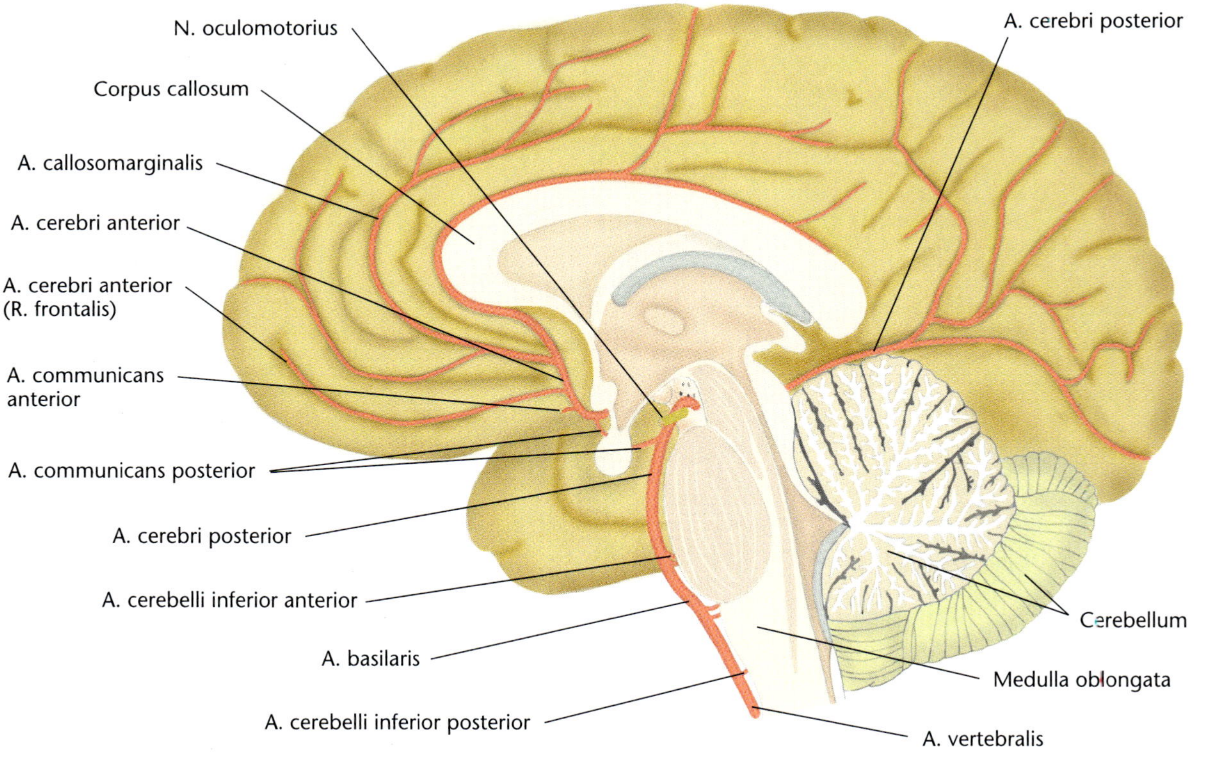

Abb. 9.60 Hirnarterien von medial.

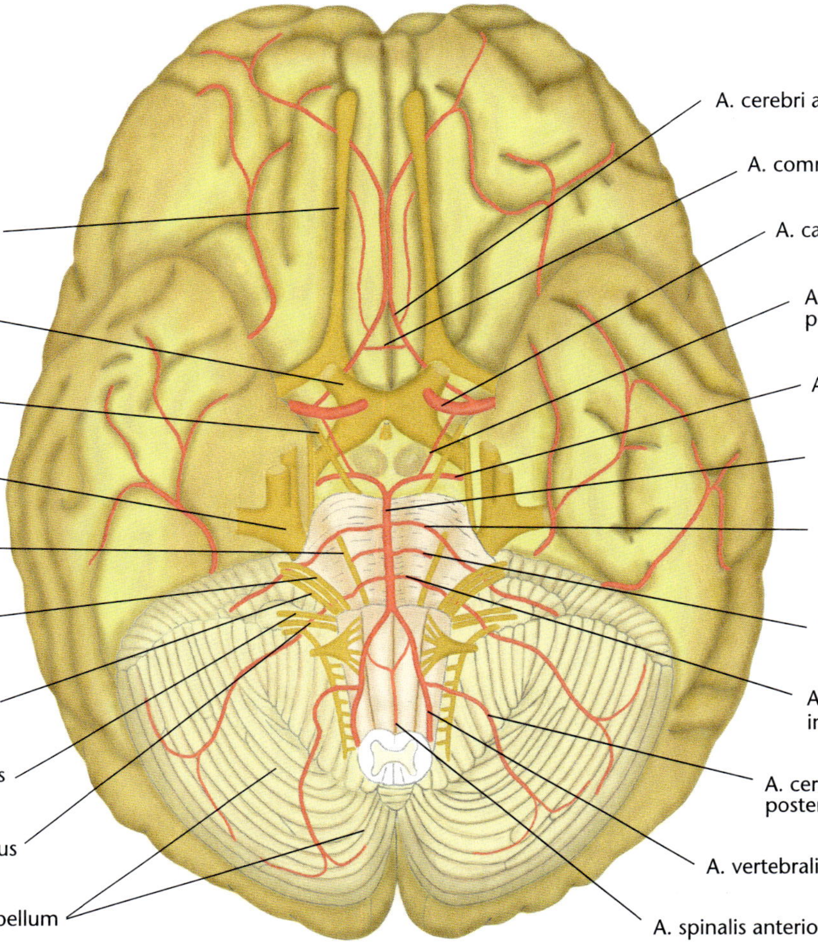

Abb. 9.61 Hirnarterien im Bereich der Hirnbasis.

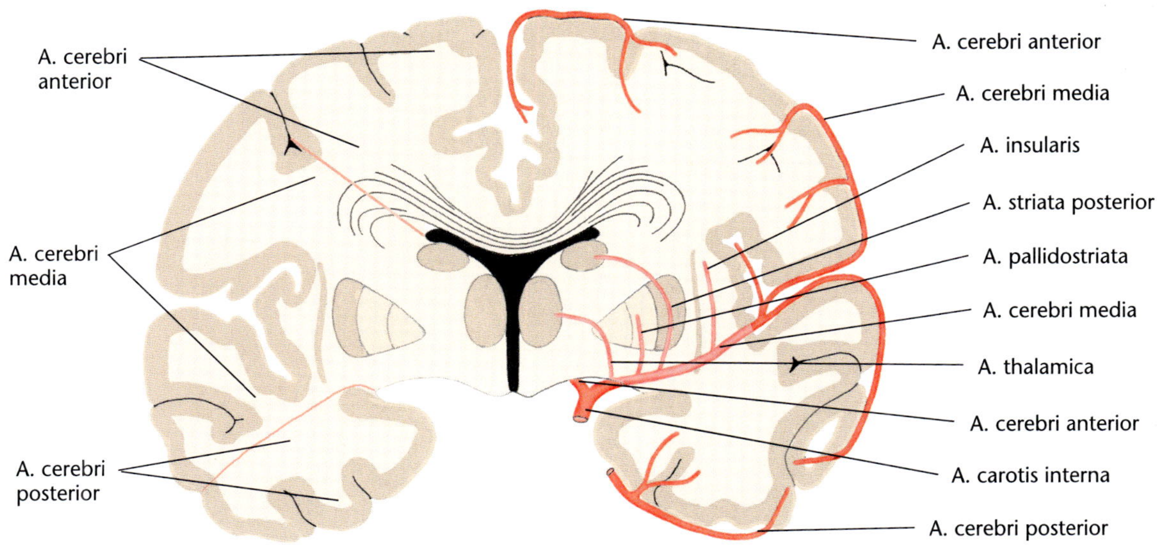

Abb. 9.62 Arterielle Versorgung des Gehirns auf einen Frontalschnitt projiziert.

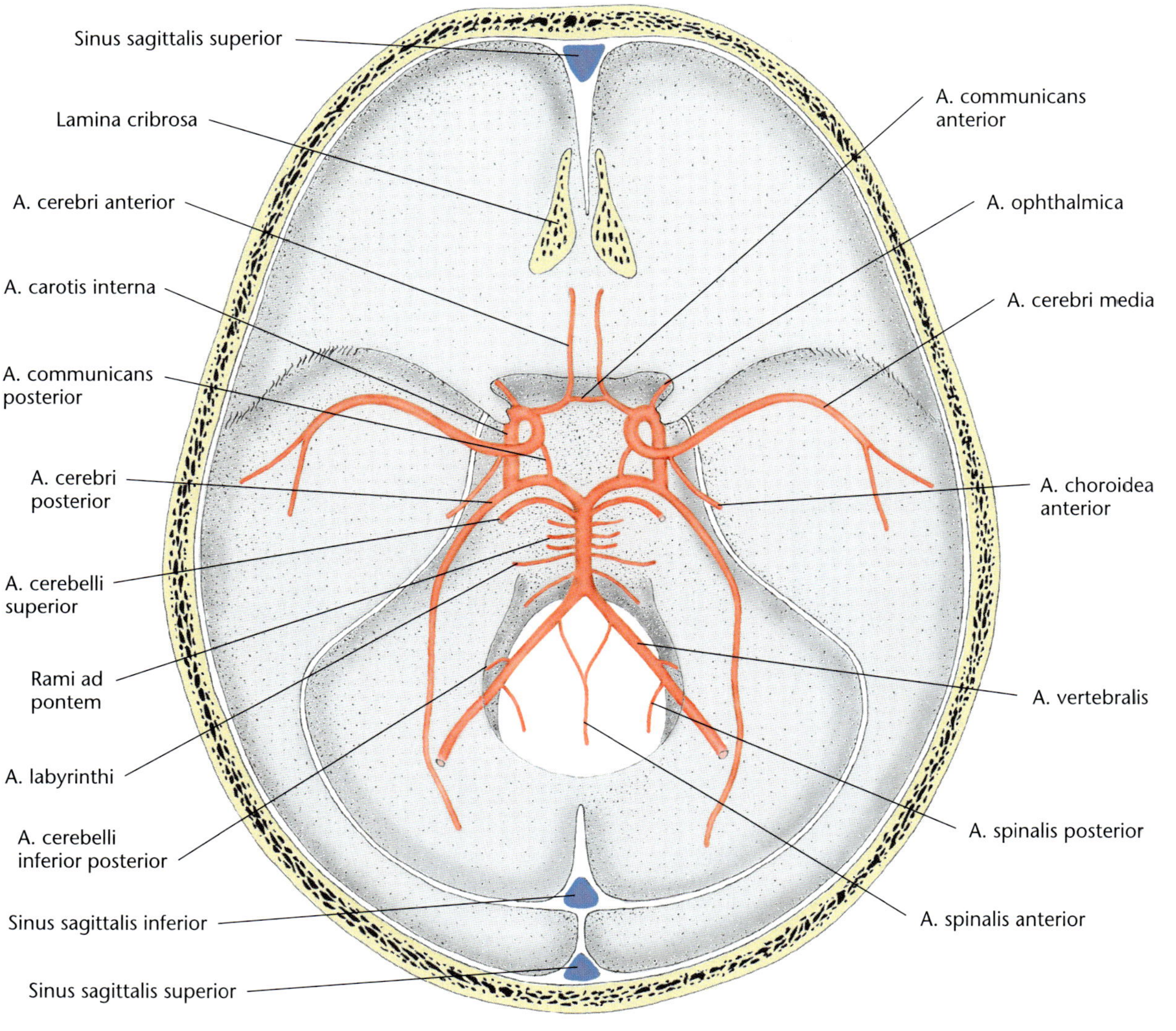

Abb. 9.63 Hirnarterien auf Schädelbasis projiziert.

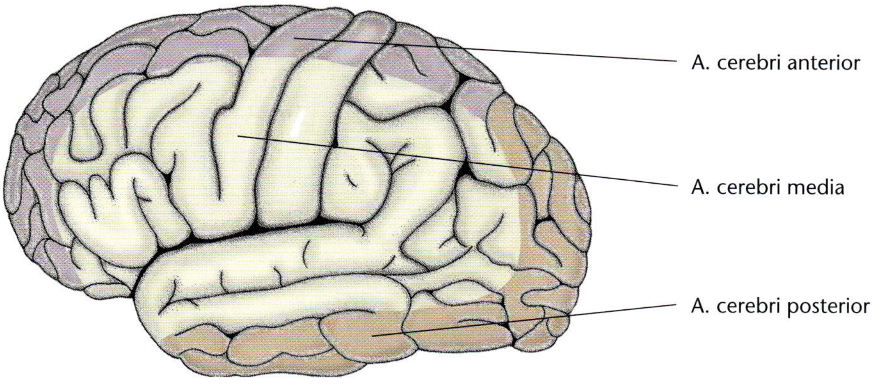

Abb. 9.64 Arterielle Versorgung des Gehirns von lateral.

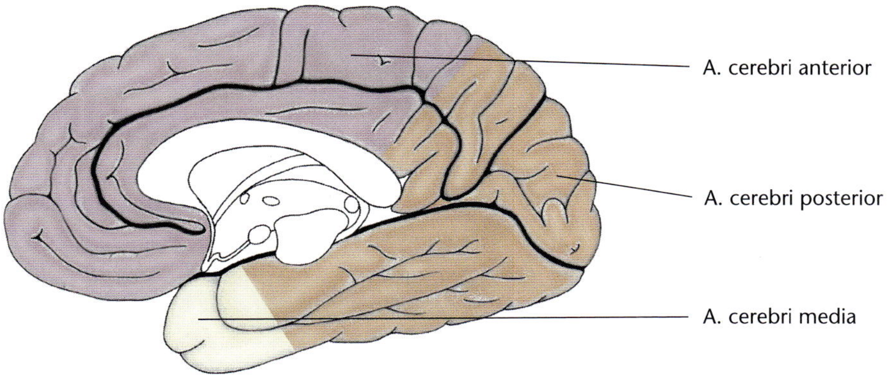

Abb. 9.65 Arterielle Versorgung des Gehirns von medial.

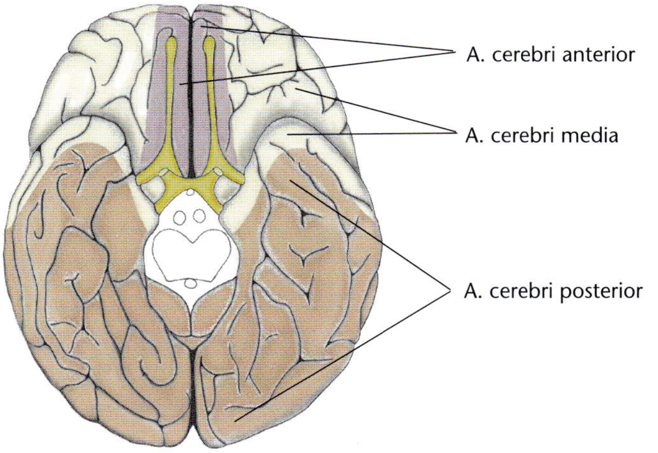

Abb. 9.66 Arterielle Versorgung des Gehirns von basal.

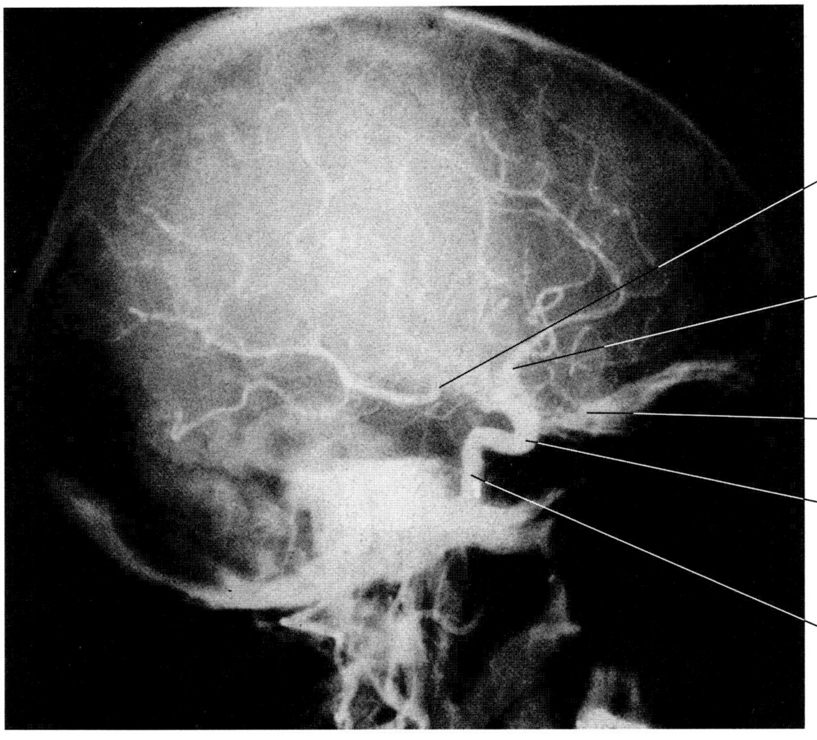

Abb. 9.67 Karotisangiographie (frontal).

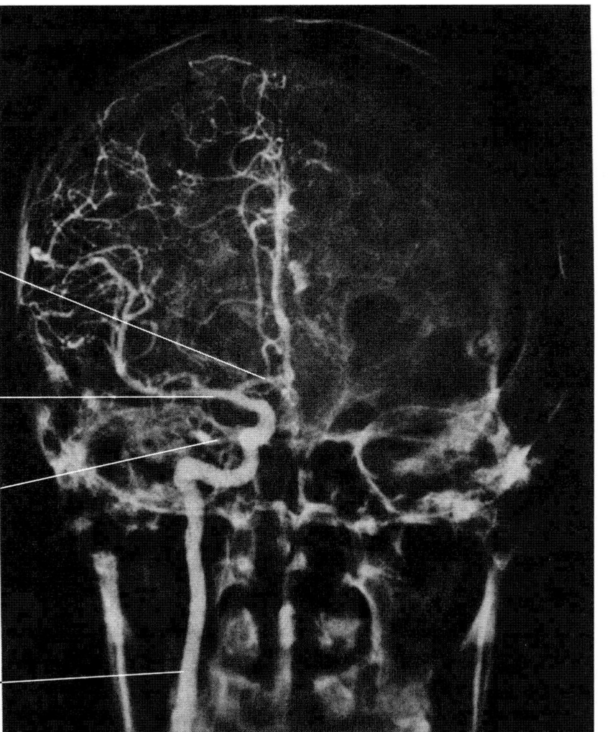

Abb. 9.68 Karotisangiographie (a.-p.).

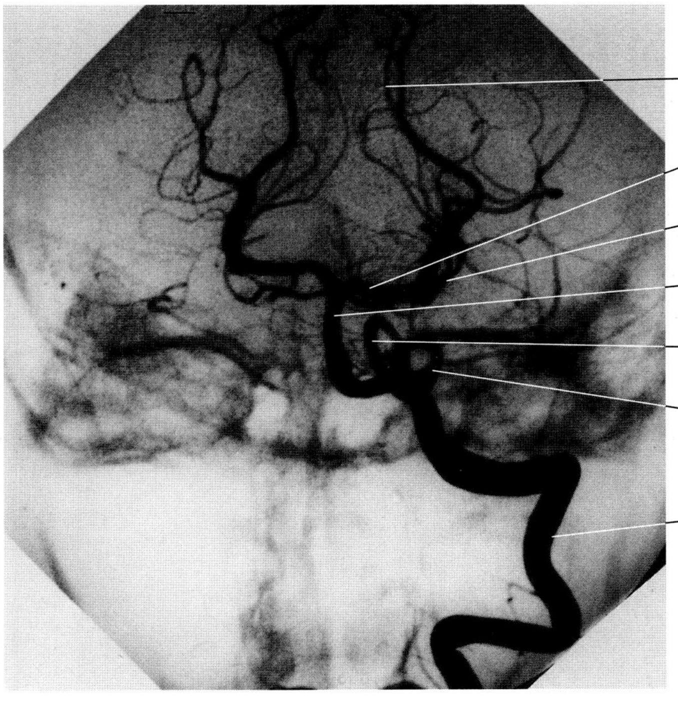

Abb. 9.69 Vertebralisangiographie (a.-p.).

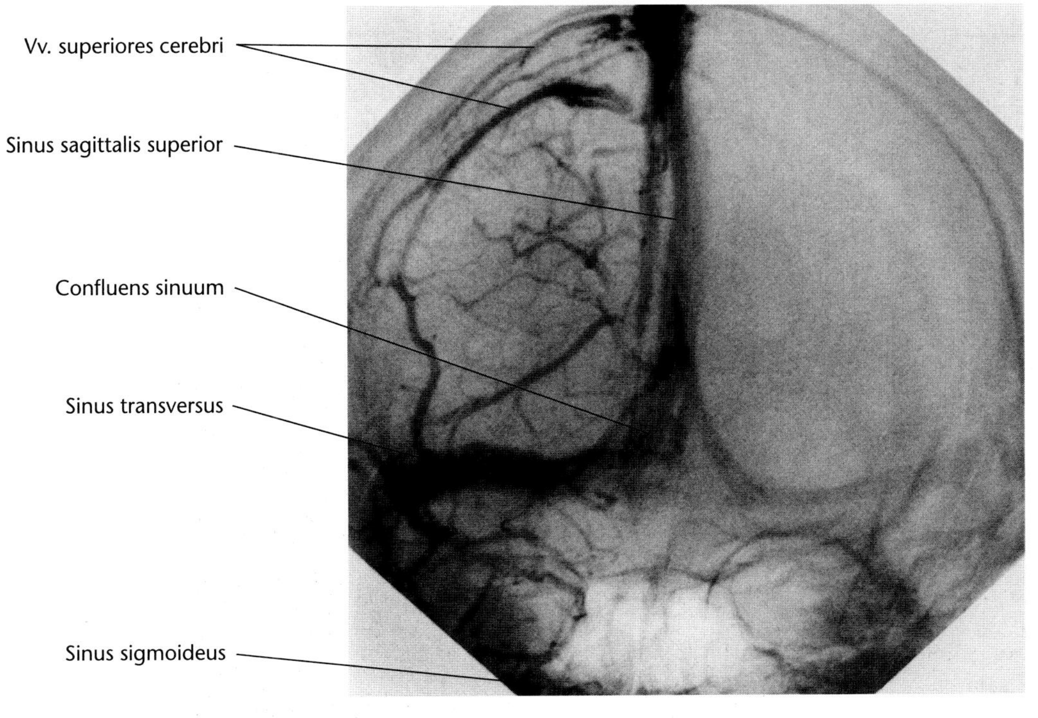

Abb. 9.70 Karotisangiographie (a.-p.) während der venösen Phase.

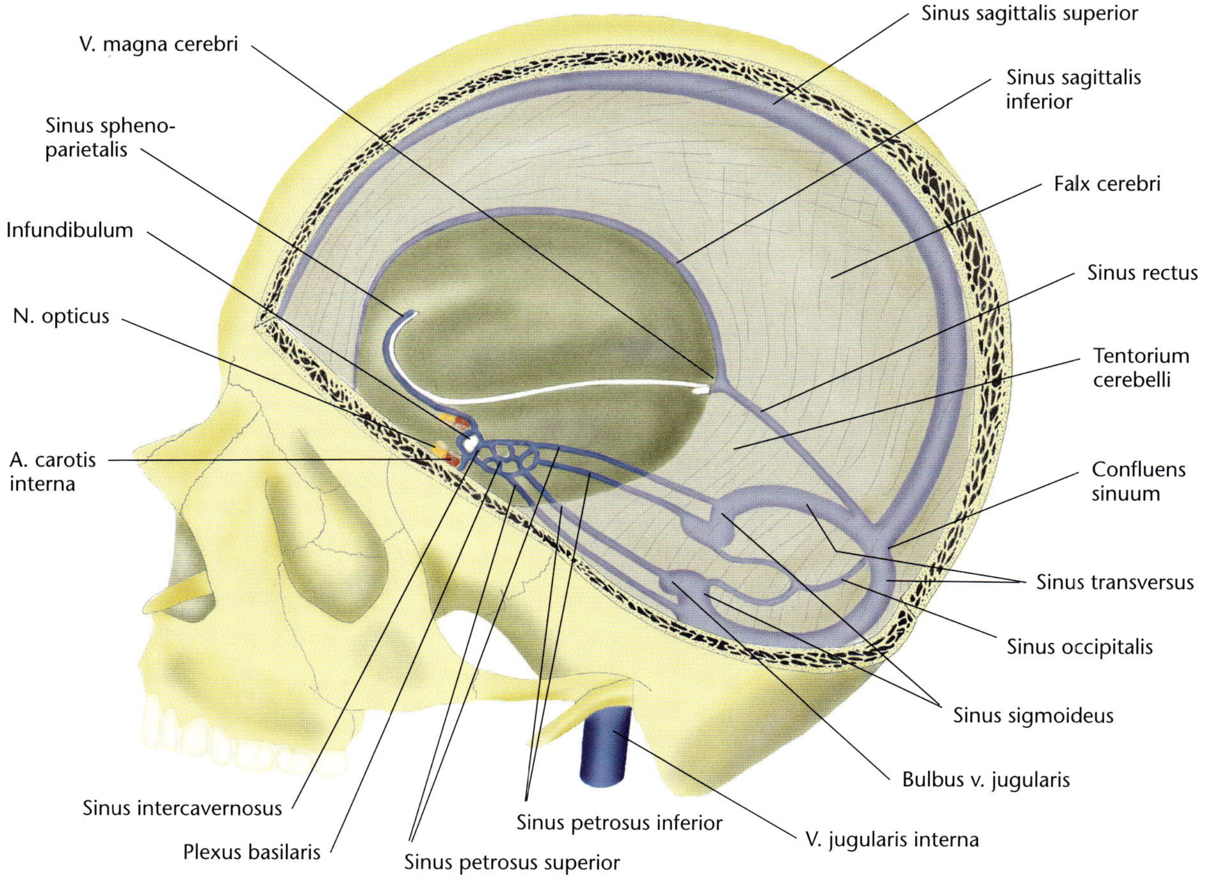

Abb. 9.71 Dura mater und Sinus durae matris von links oben.

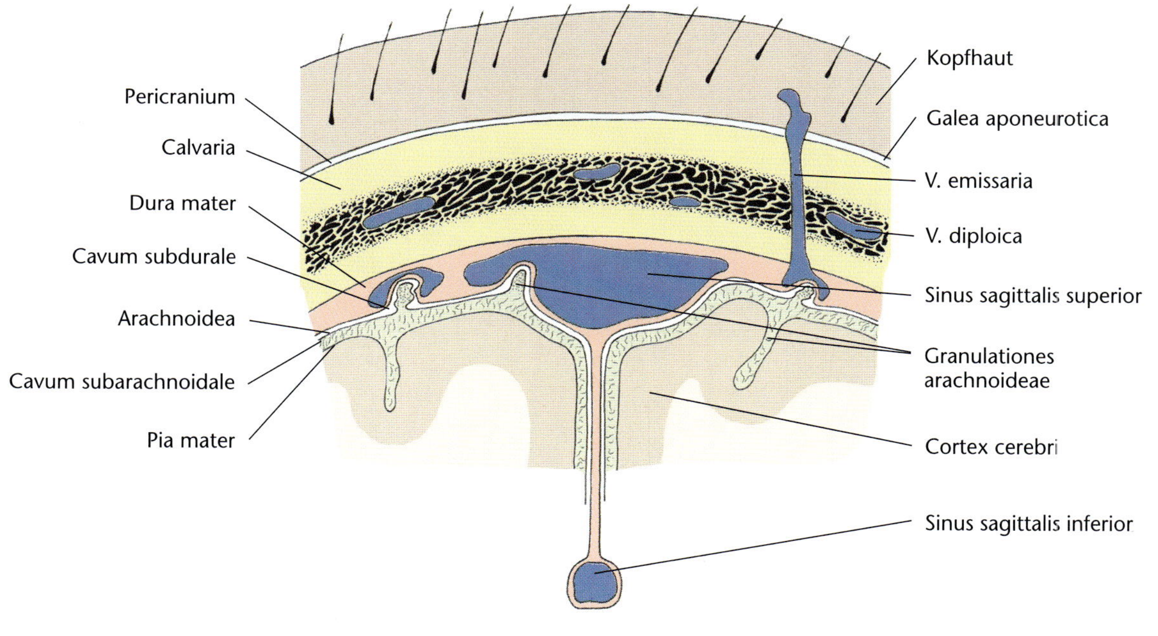

Abb. 9.72 Frontalschnitt durch das Schädeldach zur Darstellung der Hirnhäute.

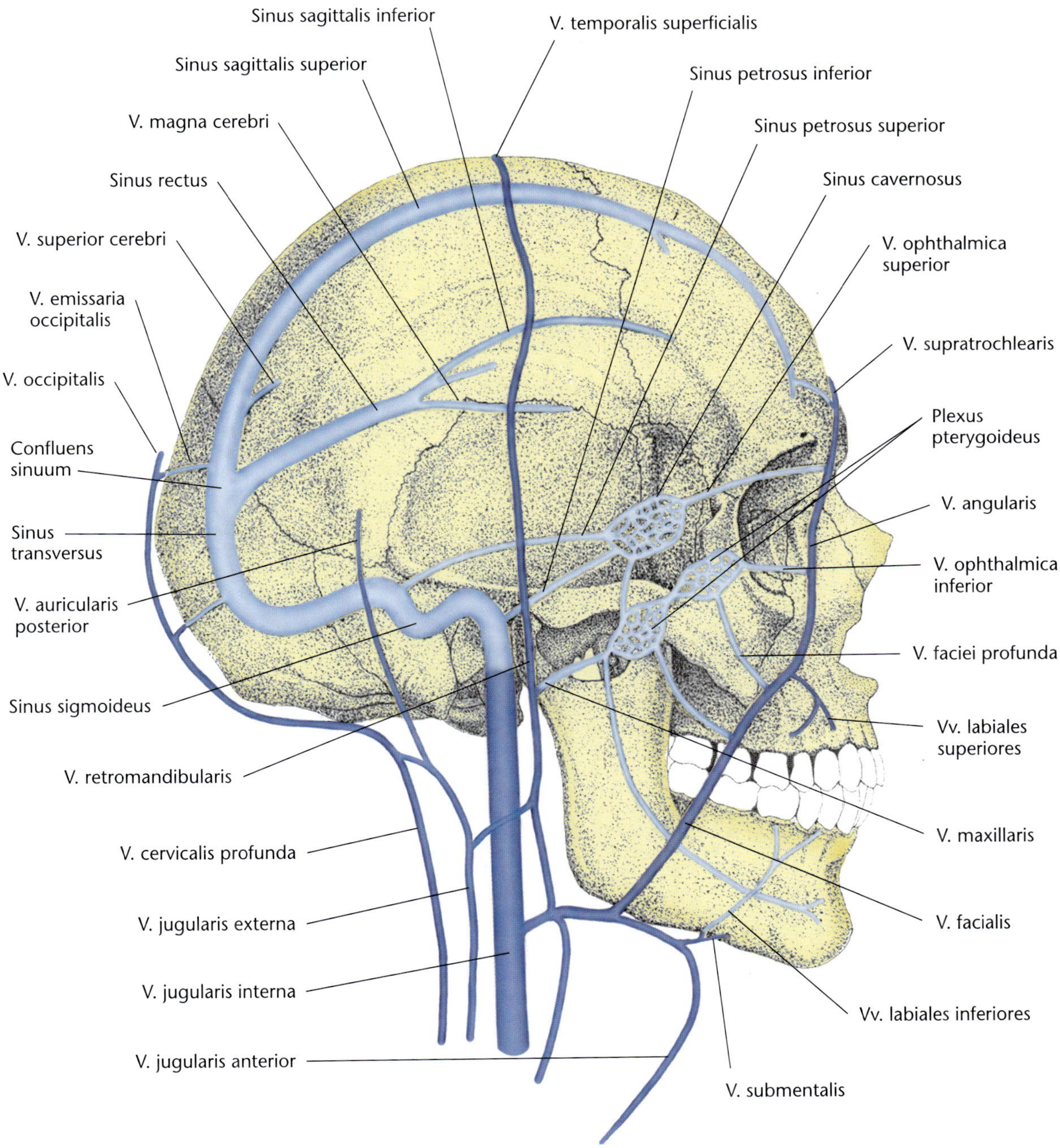

Abb. 9.73 Venöse Versorgung im Kopf- und Gehirnbereich (schematisiert) (die hellblau gezeichneten Gefäße verlaufen unter der Kalotte)

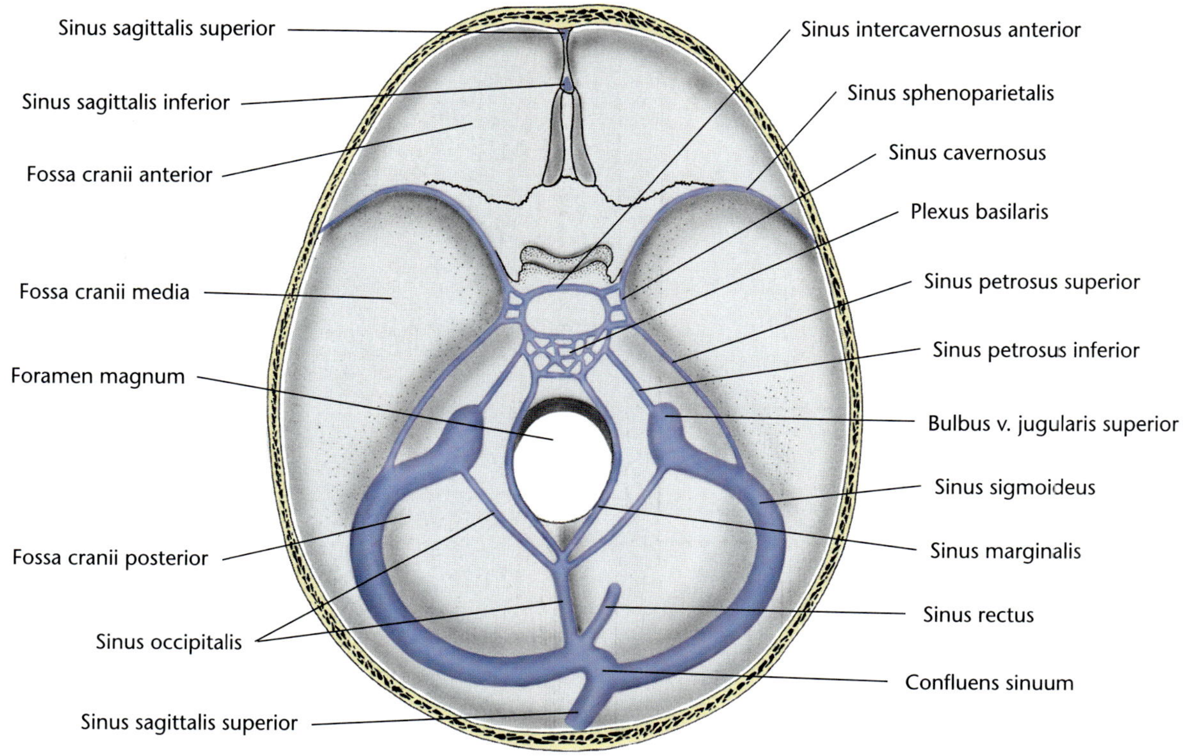

Abb. 9.74 Sinus durae matris auf die innere Schädelbasis projiziert (schematisiert).

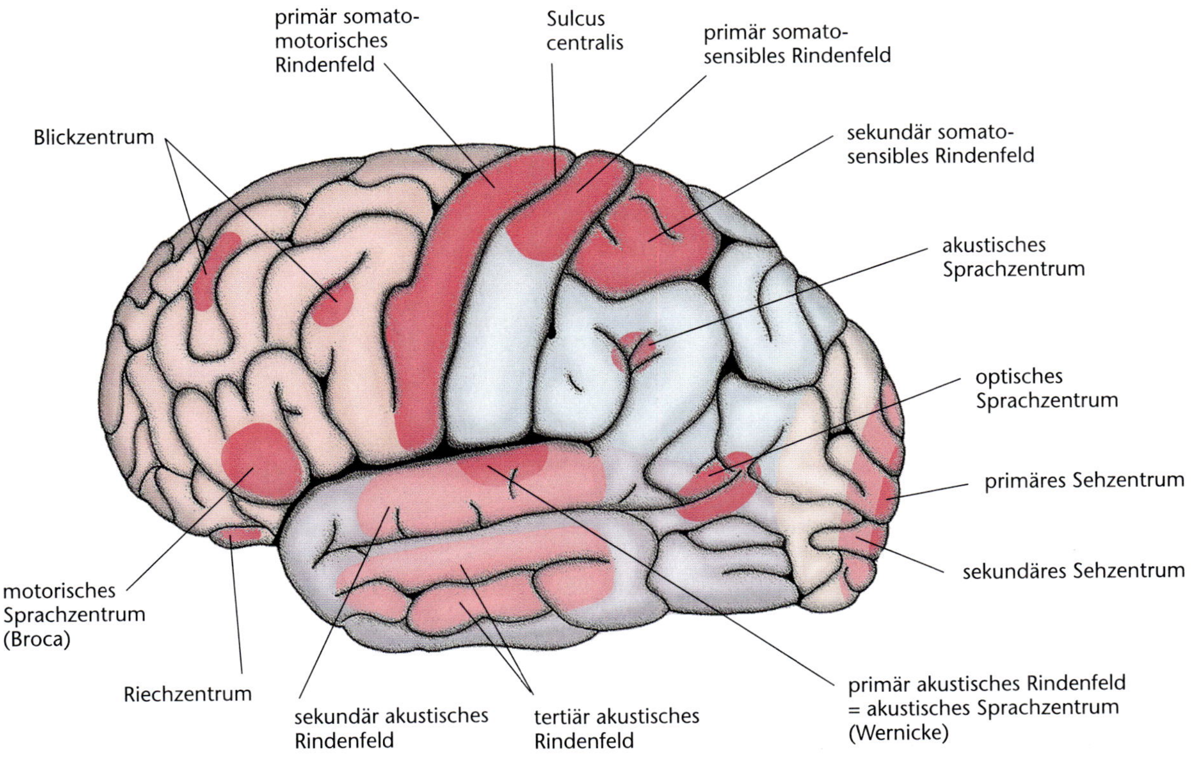

Abb. 9.75 Rindenzentren auf die Außenseite des Gehirns projiziert.

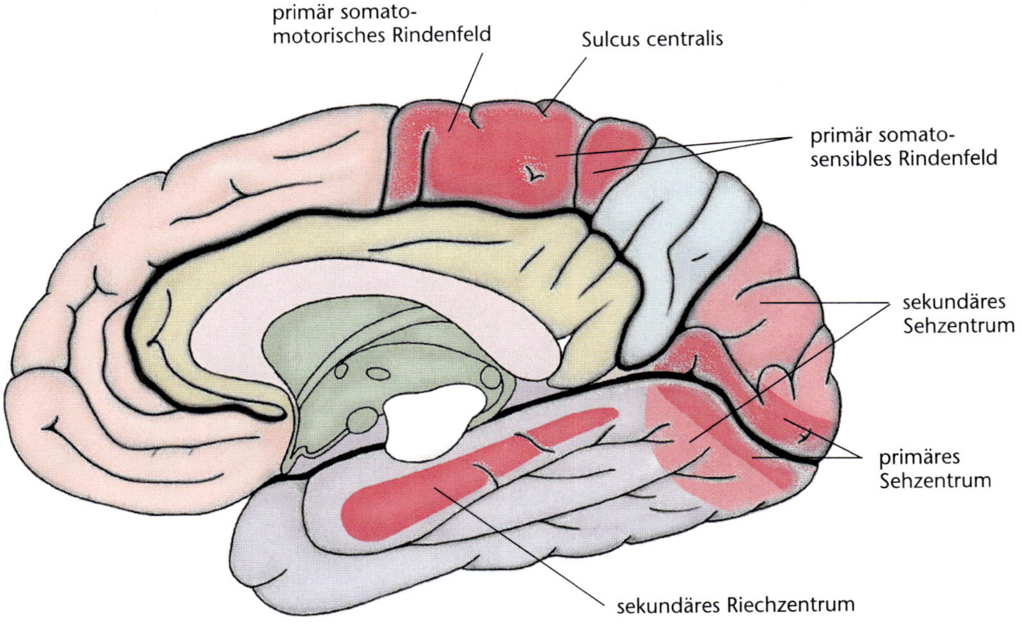

Abb. 9.76 Rindenzentren auf die mediale Hirnseite projiziert (schematisiert).

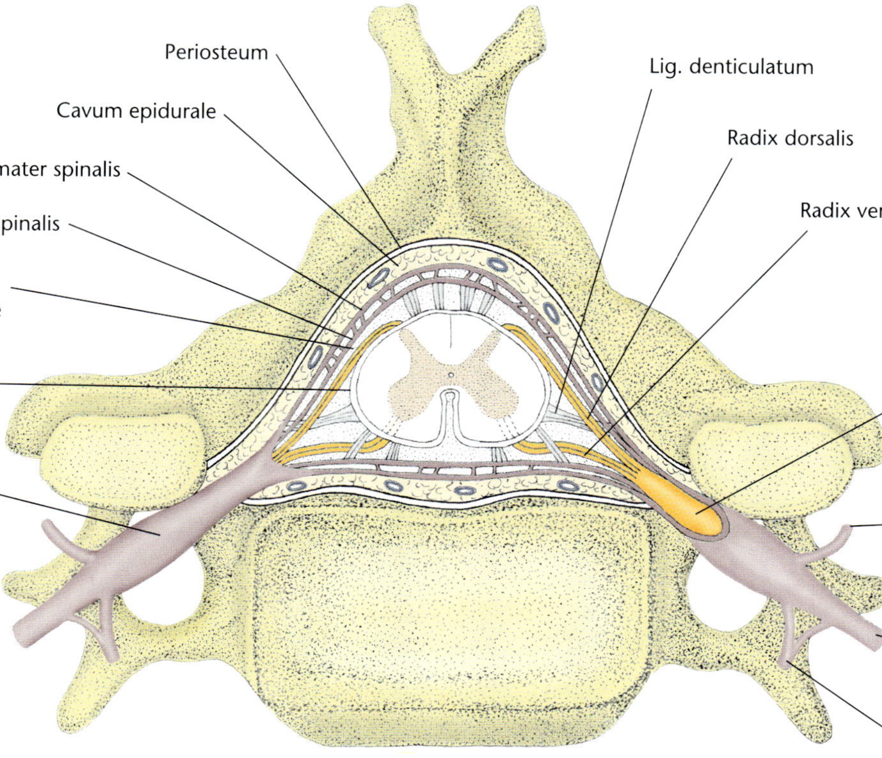

Abb. 9.77 Auf Wirbel projizierter Querschnitt durch den Wirbelkanal mit den Rückenmarkshäuten (schematisiert).

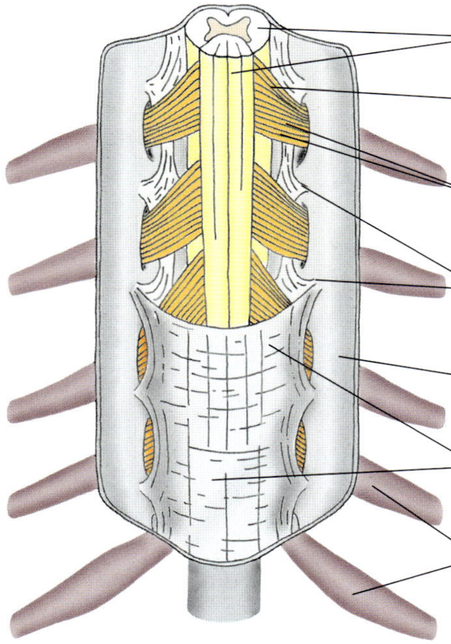

Abb. 9.78 Hüllen des Rückenmarks von dorsal.

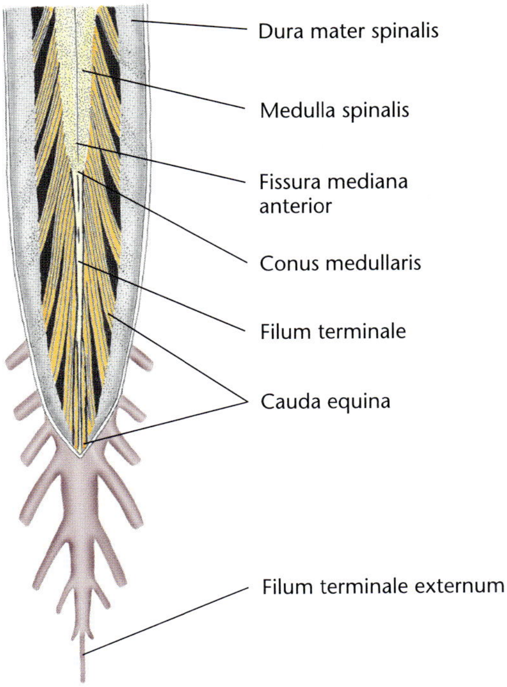

Abb. 9.79 Cauda equina von ventral.

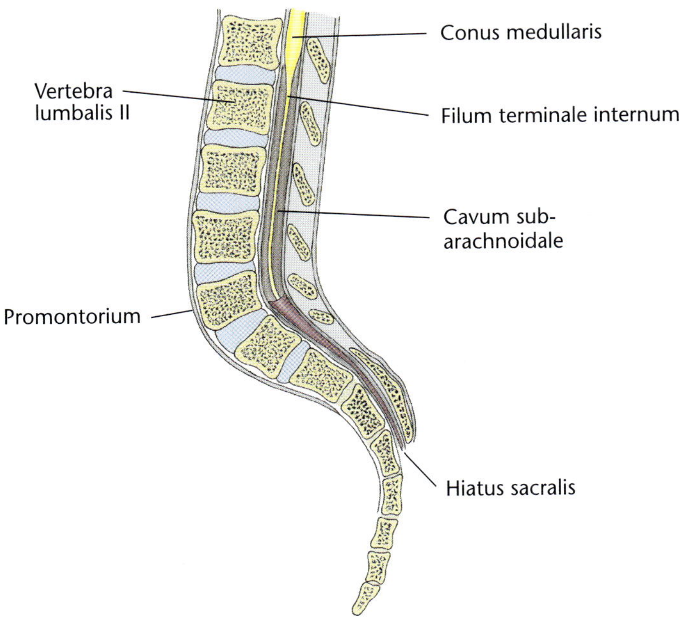

Abb. 9.80 Medianschnitt durch das Os sacrum mit Filum terminale.

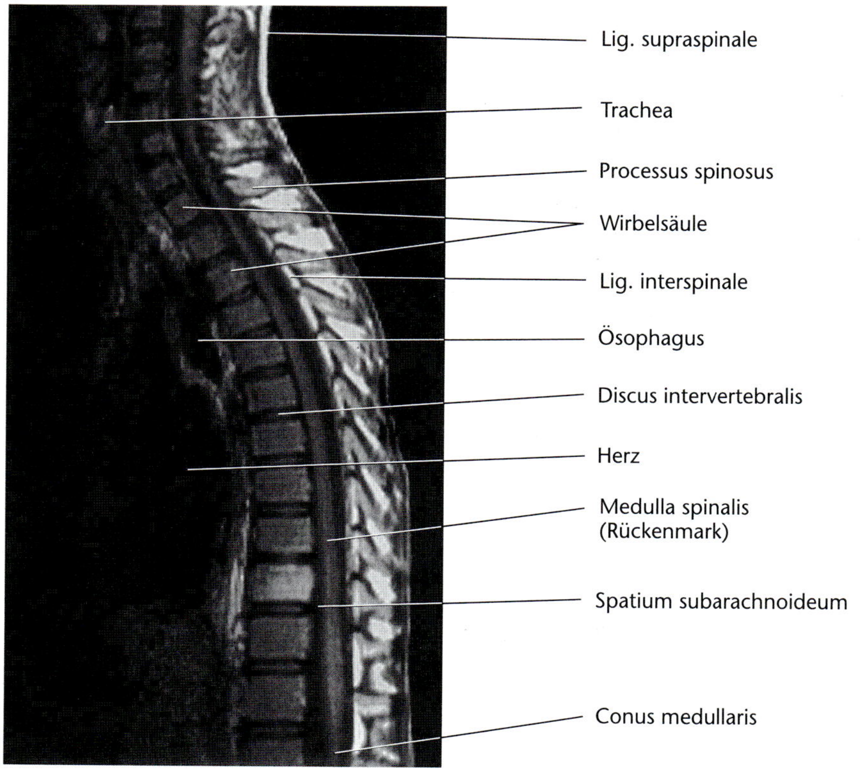

Abb. 9.81 Kernspintomographie der Brustwirbelsäule von median-sagittal.

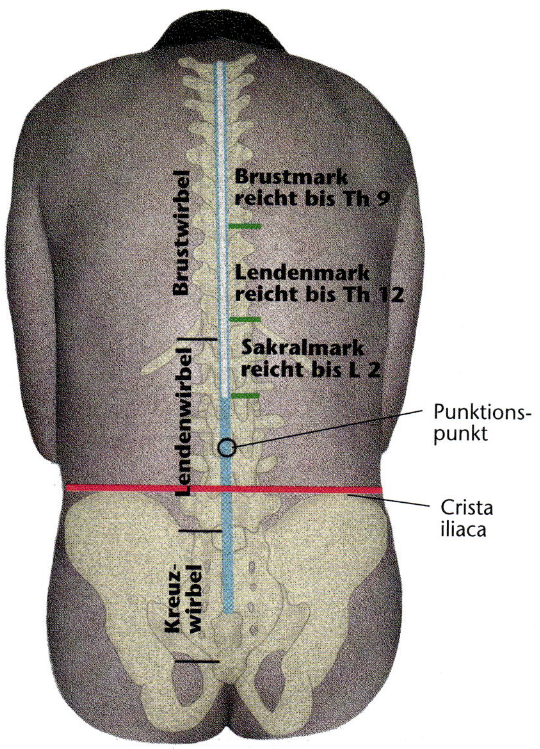

blau: mit Liquor gefüllter Rückenmarkkanal
weiß: Rückenmark

Klinik

Die **Lumbalpunktion** wird zur Entnahme von Liquor cerebrospinalis (Hirn-Rückenmarks-Flüssigkeit) oder zur Injektion von Medikamenten genutzt.
Das Rückenmark reicht beim Erwachsenen bis zum 1. oder 2. Lendenwirbel (selten bis zum 3.), beim Kind bis zum 4. Lendenwirbel. Damit das Rückenmark bei der Lumbalpunktion nicht gefährdet wird, muss deutlich unterhalb dieser Stelle punktiert werden.
Der Patient wird aufgefordert, sich zu setzen und den Rücken so stark wie möglich zu krümmen – dadurch weichen die Procc. spinosi (Dornfortstätze) der Wirbel etwas auseinander.

Zunächst bestimmen Sie den Entnahmeort, indem Sie eine Linie zwischen den oberen Punkten der rechten und linken Crista iliaca ziehen. Diese Linie kreuzt den Proc. spinosus des 4. Lendenwirbels.
Zwischen dem Proc. spinosus des 3. und 4. oder 4. und 5. Lendenwirbels schieben Sie eine Kanüle genau median vor. Zuerst durchstoßen Sie das Lig. supraspinale, was an einem deutlichen Widerstand zu erkennen ist, dann das Lig. interspinale und das Lig. flavum und gelangen damit in das Spatium epidurale.
Der Widerstand wird nun wesentlich geringer. Damit die Kanüle auf der ventralen Seite den Wirbelkanal nicht wieder verlässt und dort den Discus intervertebralis (Zwischenwirbelscheibe) verletzt, darf die Kanüle nach dem anfänglichen Widerstand nur noch etwa 1 cm vorgeschoben werden.

Bei richtiger Lage tropft der helle, gelbliche Liquor ab. Wenn Sie eine kleine Vene im Epiduralraum punktiert haben, ist der Liquor durch venöses Blut verunreinigt und damit unbrauchbar.

Abb. 9.82 Lumbalpunktion.

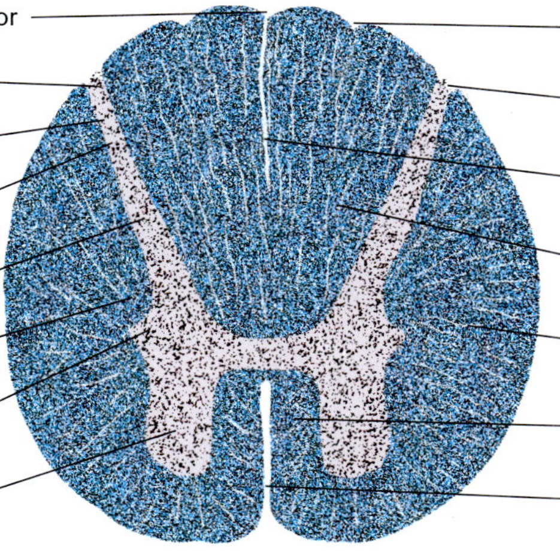

Abb. 9.83 Querschnitt durch das Rückenmark (schematisiert).

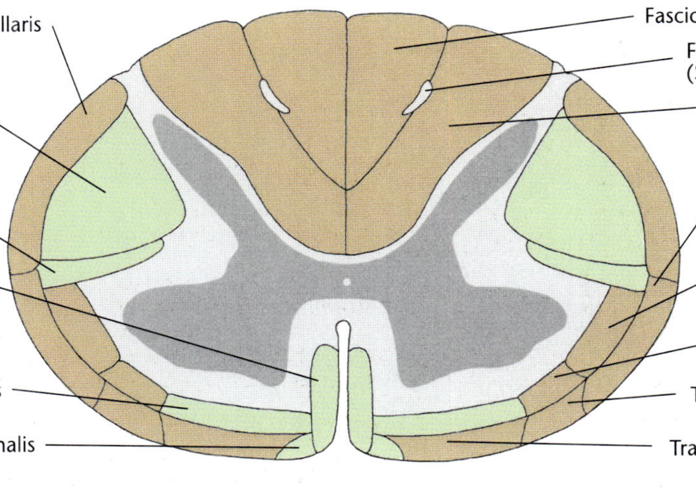

Abb. 9.84 Querschnitt durch das Rückenmark im Halsbereich.

10 Auge

10.1 Auge von vorn 394
10.2 Auge von vorn mit heruntergezogenen Augenlidern 394
10.3 Orbita von ventral 395
10.4 Orbita von lateral 395
10.5 Muskeln des rechten Auges von lateral 396
10.6 Muskeln des rechten Auges von kranial ... 396
10.7 Muskeln der Augen von kranial 397
10.8 Funktion der Augenmuskeln auf das linke Auge übertragen 397
10.9 Ansätze der Augenmuskeln von ventral ... 398
10.10 Ansätze der Augenmuskeln von dorsal 398
10.11 Ursprung der Augenmuskeln in der rechten Orbita 399
10.12 Tenon'sche Kapsel (Vagina bulbi) und Muskelstümpfe 399
10.13 Frontalschnitt durch die Orbita 400
10.14 Sagittalschnitt durch die Orbita 400
10.15 Oberflächlich verlaufende Nerven und Gefäße in der Orbita von kranial 401
10.16 Tiefe Nerven und Gefäße in der Orbita von kranial 401
10.17 Tiefe Nerven in der Orbita von lateral 402
10.18 Horizontalschnitt durch das rechte Auge 403
10.19 Horizontalschnitt durch den N. opticus ... 404
10.20 Querschnitt durch den N. opticus 404
10.21 Augenhintergrund (bei Spiegelung) 405

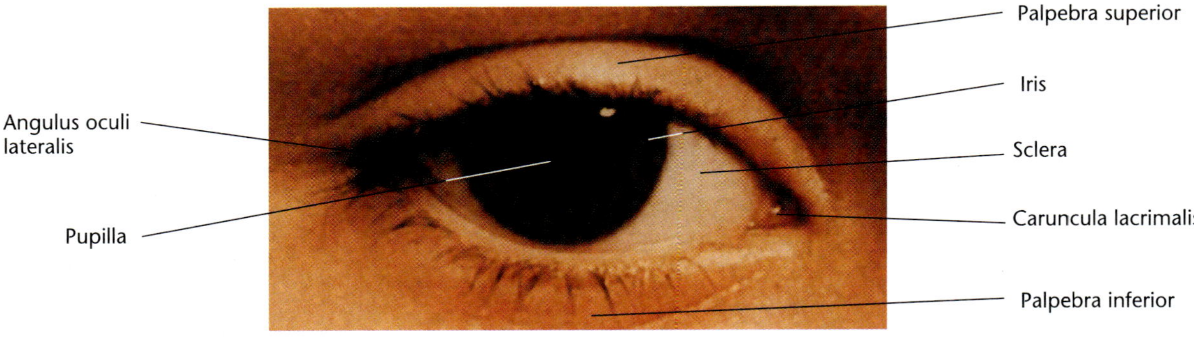

Abb. 10.1 Auge von vorn.

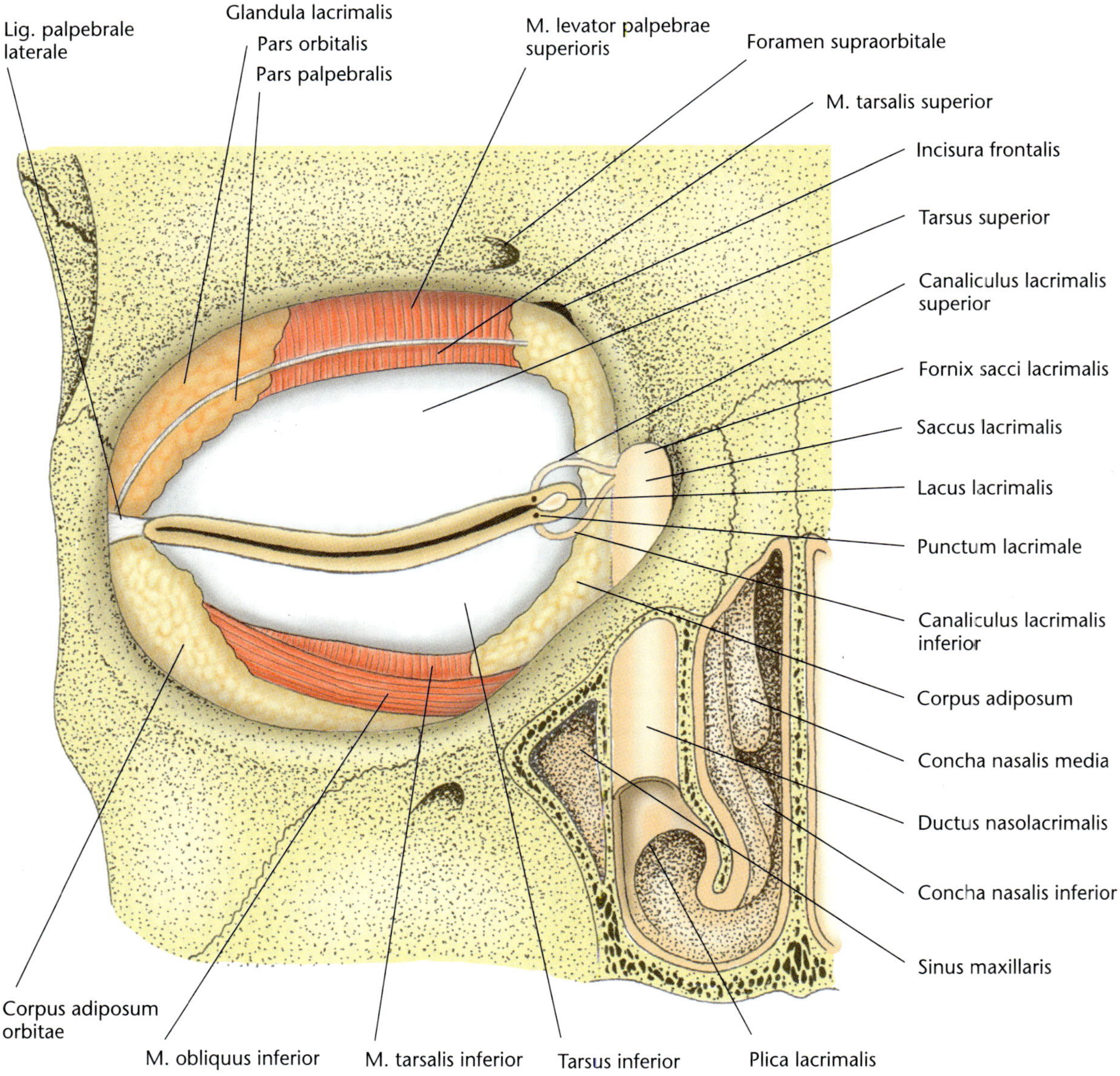

Abb. 10.2 Auge von vorn mit heruntergezogenen Augenlidern.

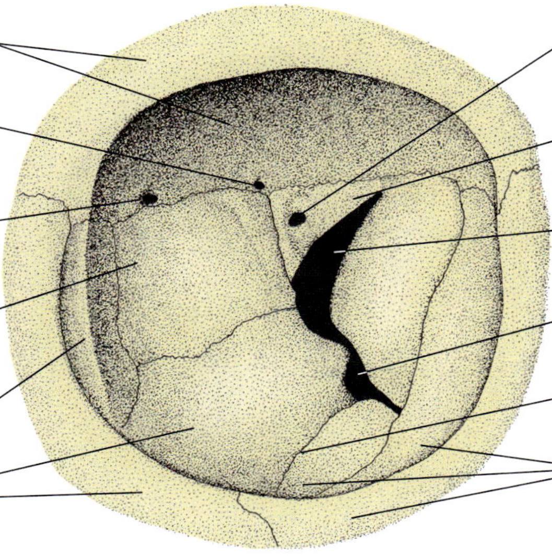

Abb. 10.3 Orbita von ventral.

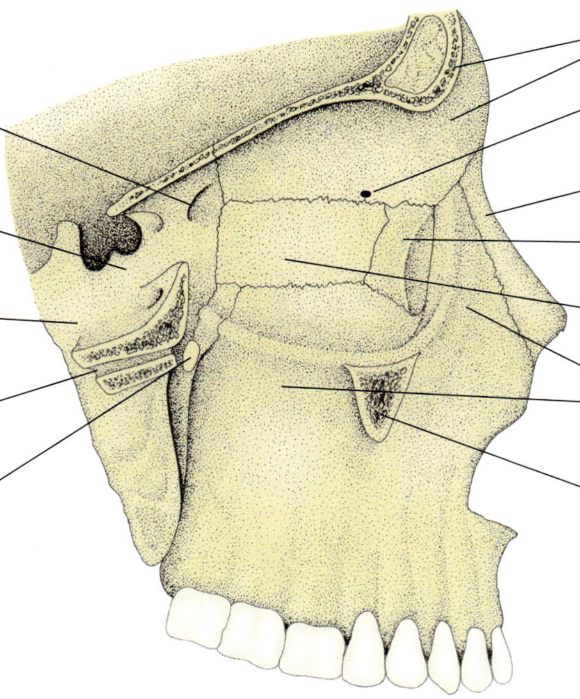

Abb. 10.4 Orbita von lateral.

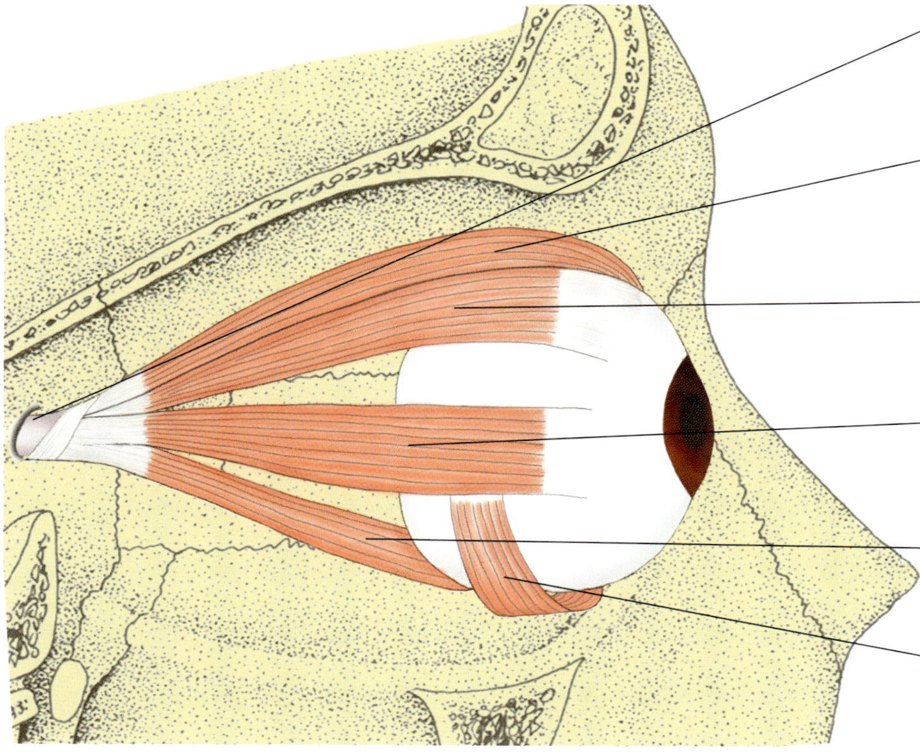

Abb. 10.5 Muskeln des rechten Auges von lateral.

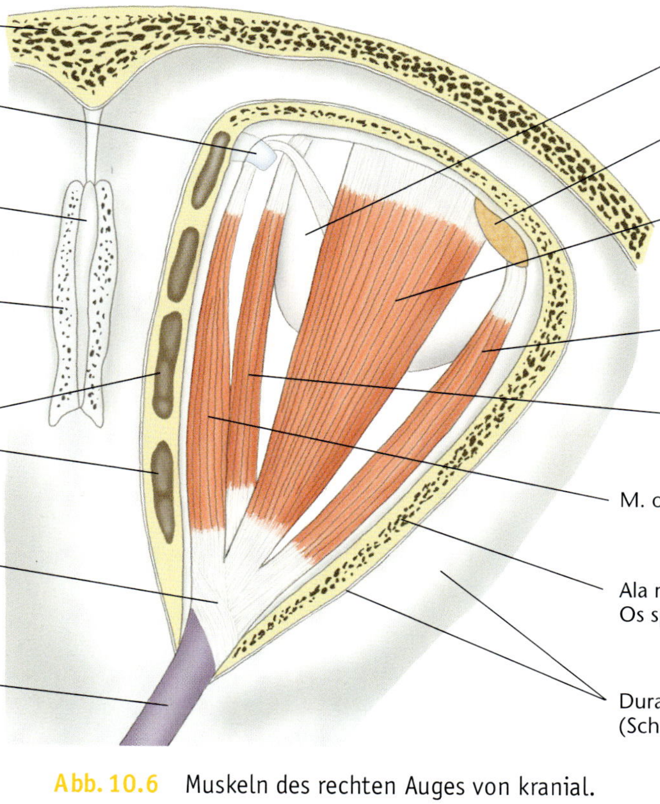

Abb. 10.6 Muskeln des rechten Auges von kranial.

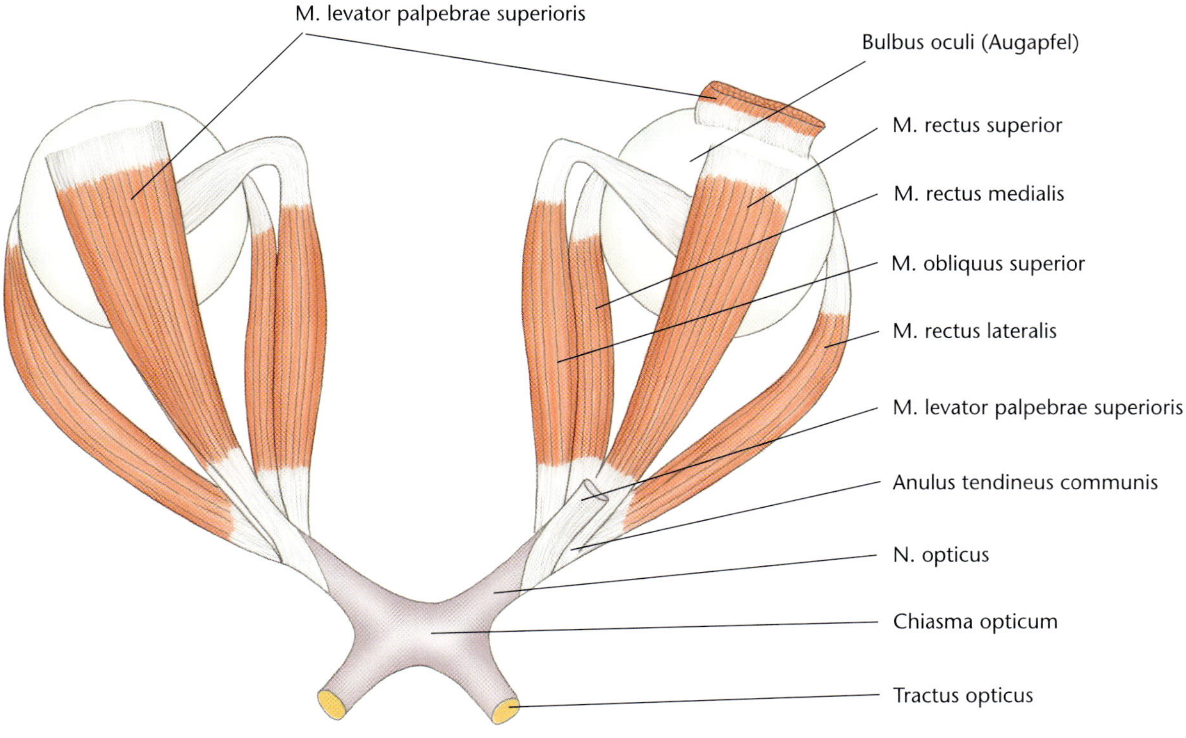

Abb. 10.7 Muskeln der Augen von kranial.

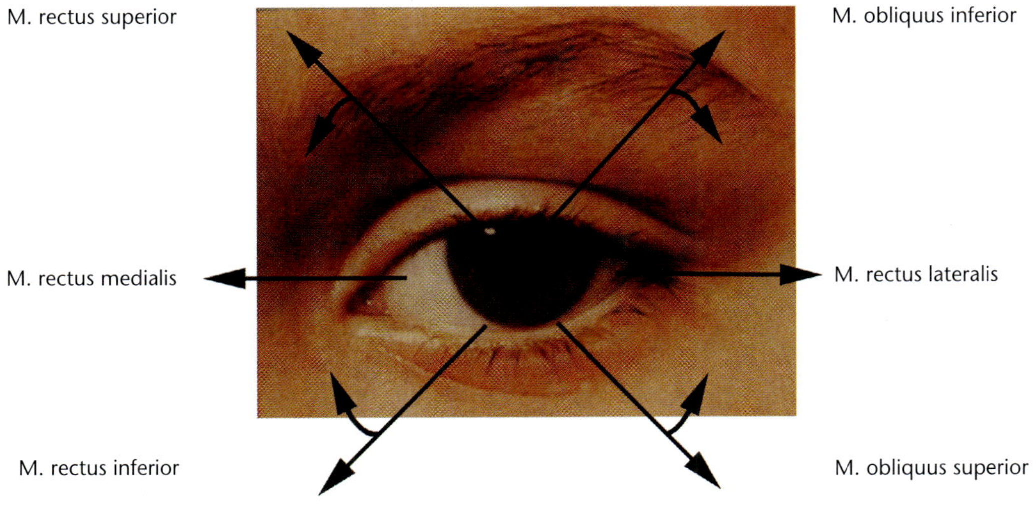

Abb. 10.8 Funktion der Augenmuskeln auf das linke Auge übertragen.

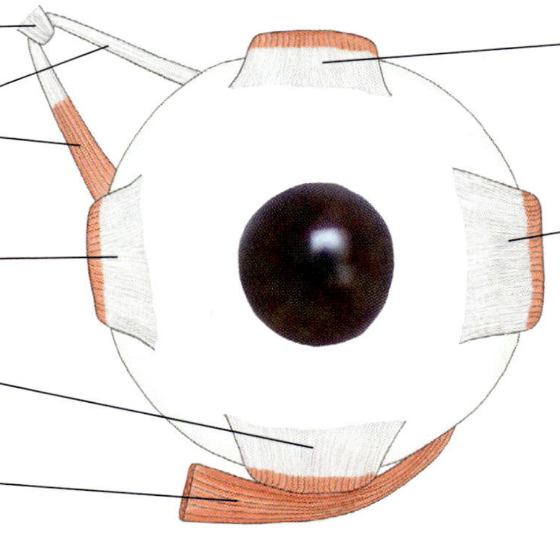

Abb. 10.9 Ansätze der Augenmuskeln von ventral.

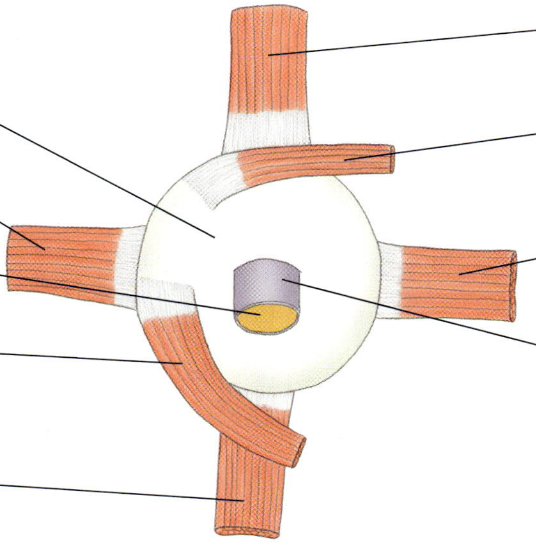

Abb. 10.10 Ansätze der Augenmuskeln von dorsal.

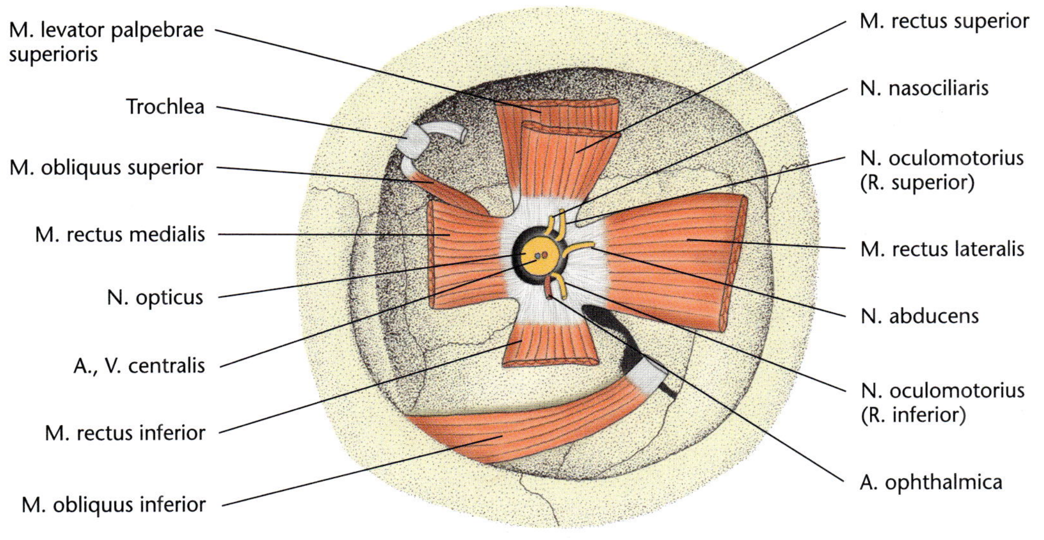

Abb. 10.11 Ursprung der Augenmuskeln in der rechten Orbita.

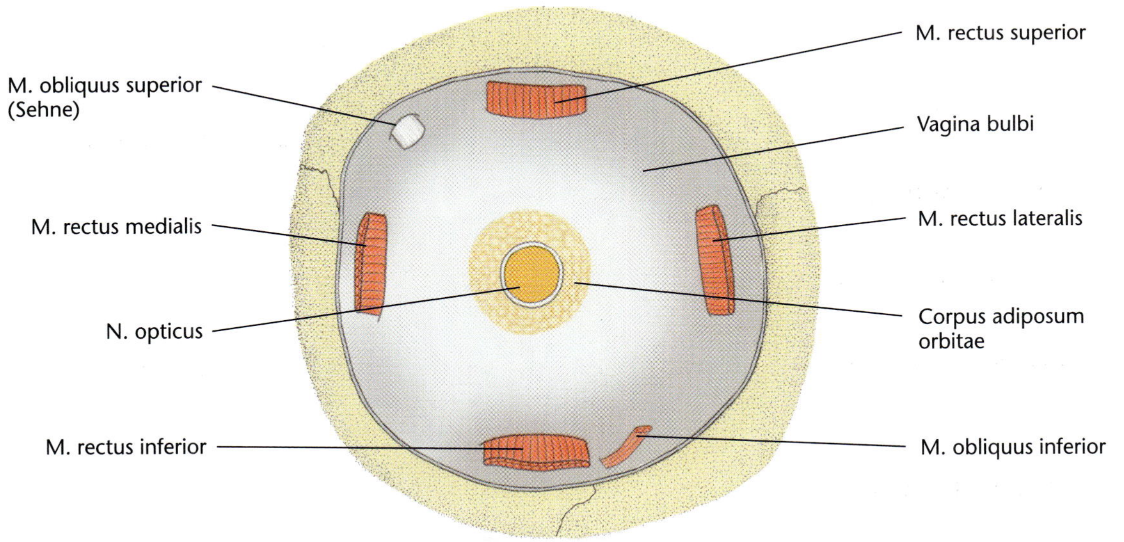

Abb. 10.12 Tenon'sche Kapsel (Vagina bulbi) und Muskelstümpfe.

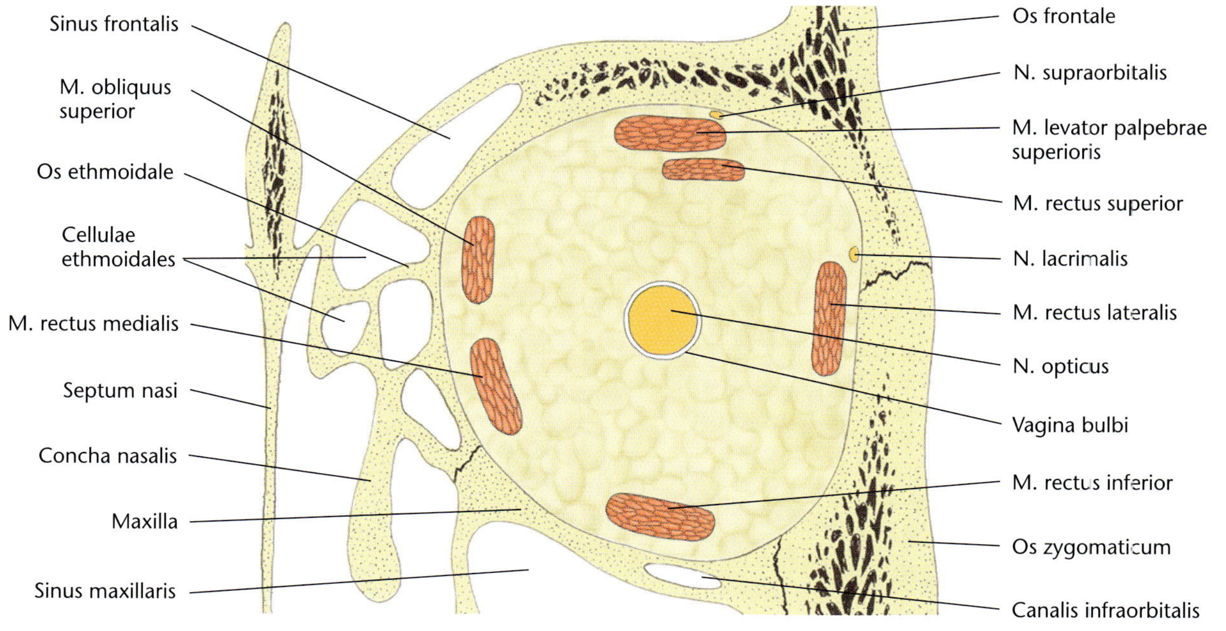

Abb. 10.13 Frontalschnitt durch die Orbita.

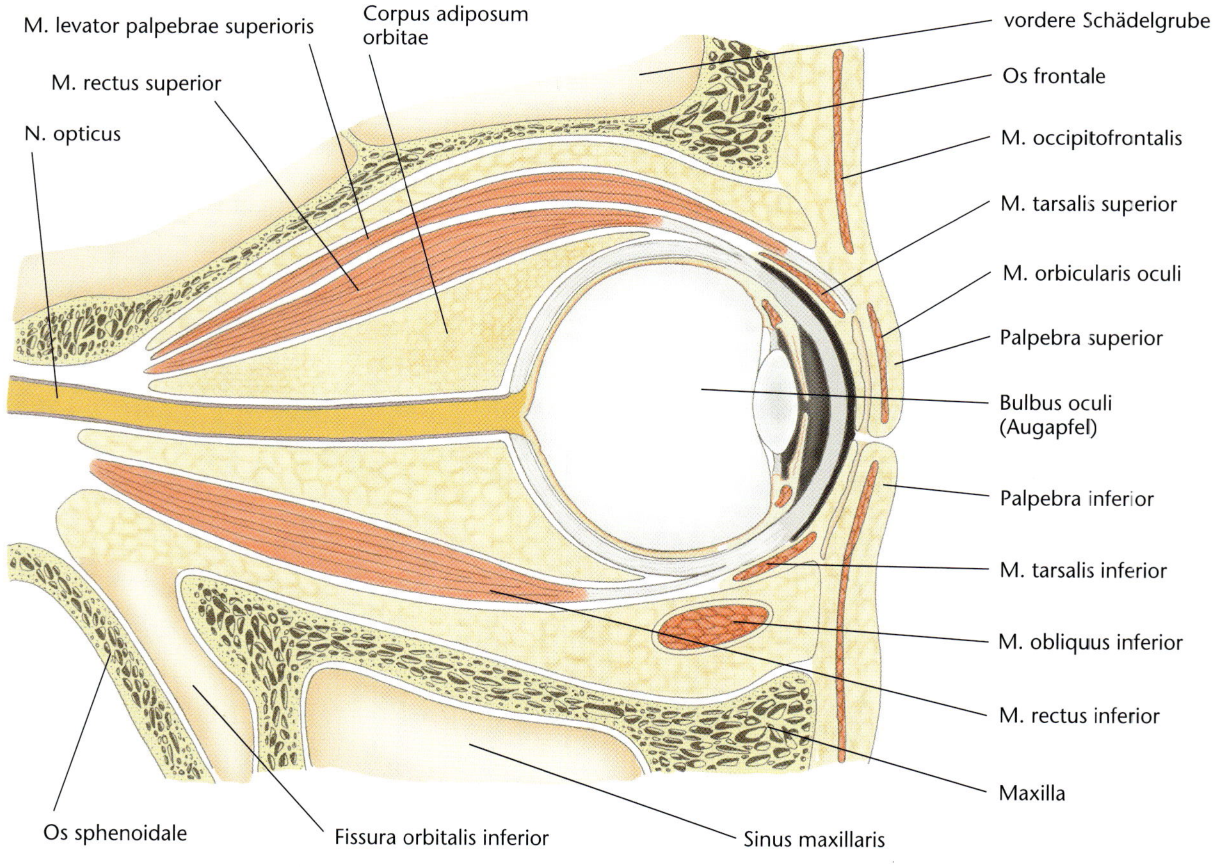

Abb. 10.14 Sagittalschnitt durch die Orbita.

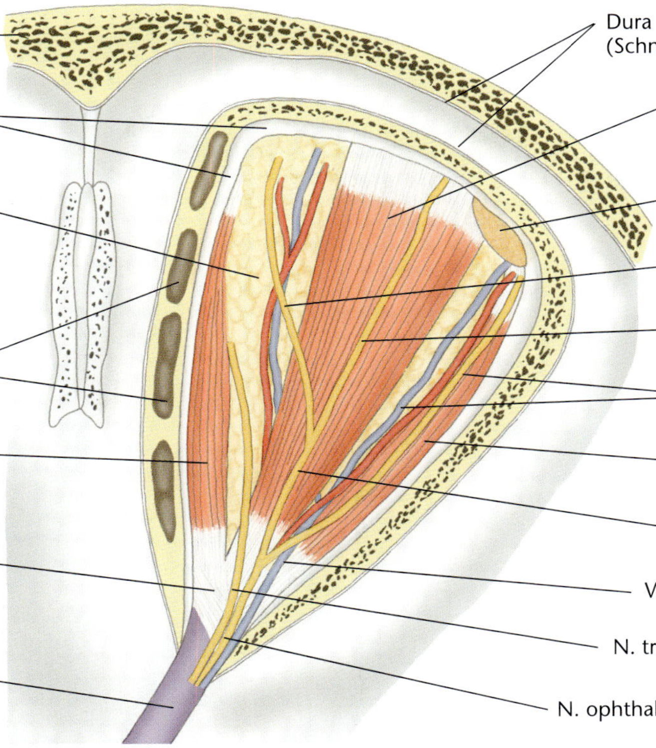

Abb. 10.15 Oberflächlich verlaufende Nerven und Gefäße in der Orbita von kranial.

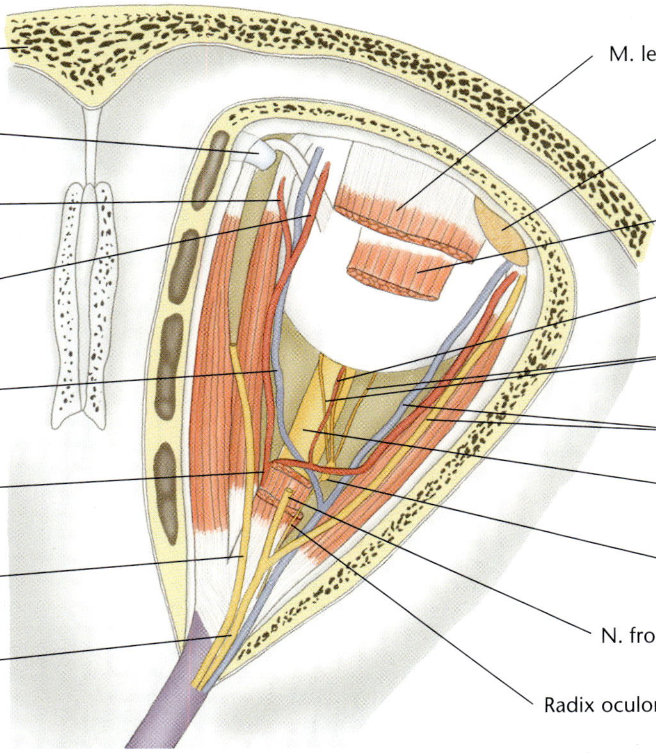

Abb. 10.16 Tiefe Nerven und Gefäße in der Orbita von kranial.

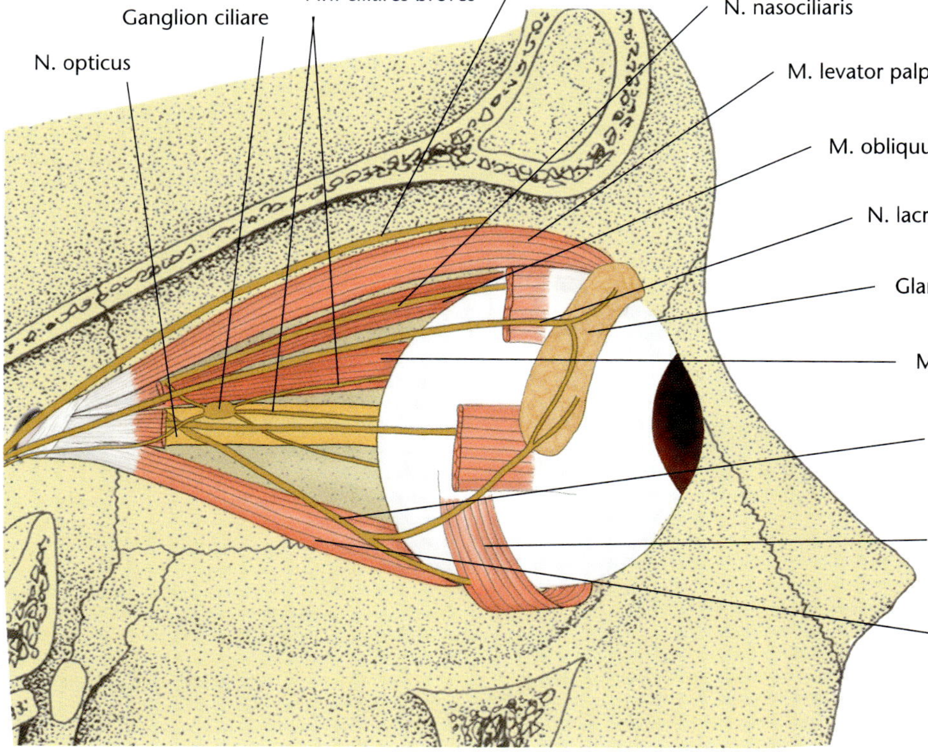

Abb. 10.17 Tiefe Nerven in der Orbita von lateral.

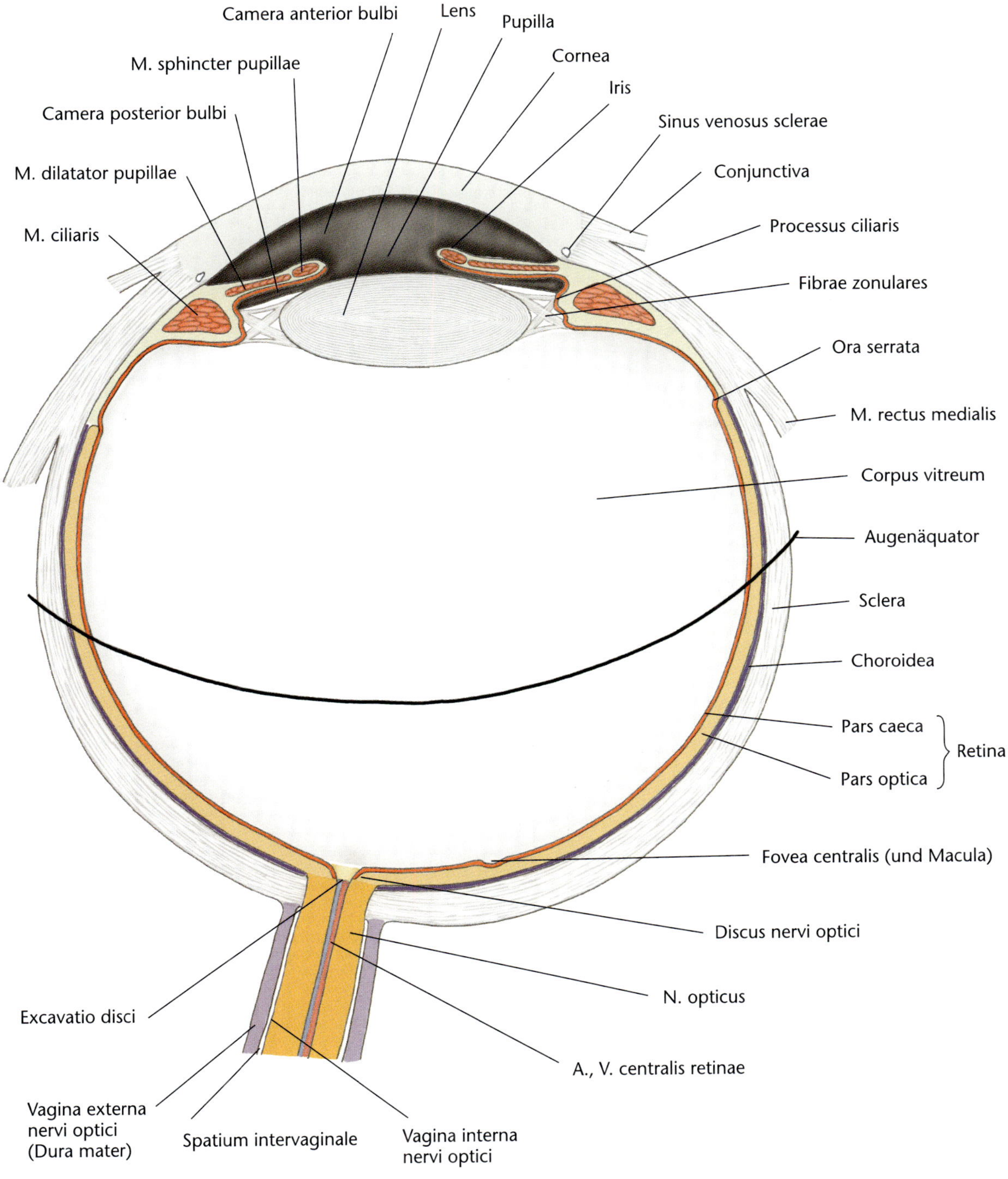

Abb. 10.18 Horizontalschnitt durch das rechte Auge.

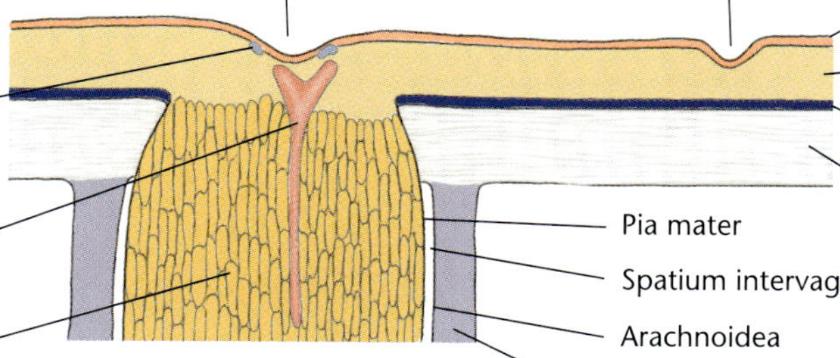

Abb. 10.19 Horizontalschnitt durch den N. opticus.

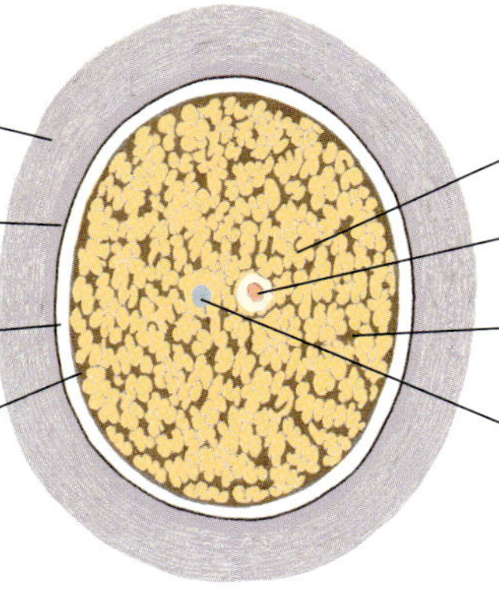

Abb. 10.20 Querschnitt durch den N. opticus.

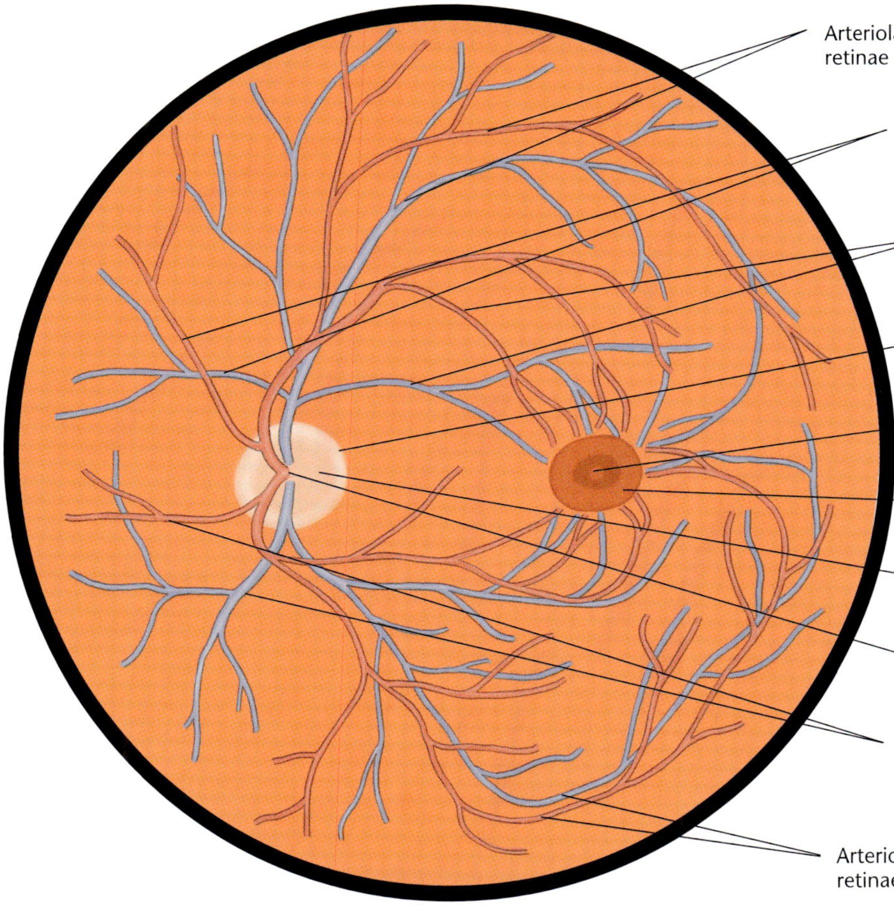

Abb. 10.21 Augenhintergrund (bei Spiegelung).

11 Ohr

11.1 Äußeres Ohr von lateral 408
11.2 Mittel- und Innenohr 408
11.3 Trommelfell 409
11.4 Gehörknöchelchen von medial 409
11.5 Gehörknöchelchen in ihrer natürlichen Größe 409
11.6 Mittel- und Innenohr 410
11.7 Cochlea lateral aufgeschnitten 411
11.8 Knöchernes Labyrinth im Ausgusspräparat von lateral 411
11.9 Häutiges Labyrinth mit dem N. vestibulocochlearis 412

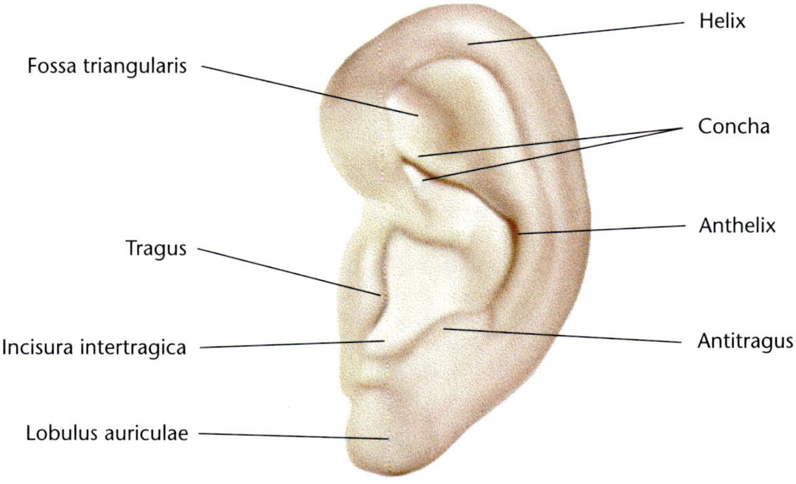

Abb. 11.1 Äußeres Ohr von lateral.

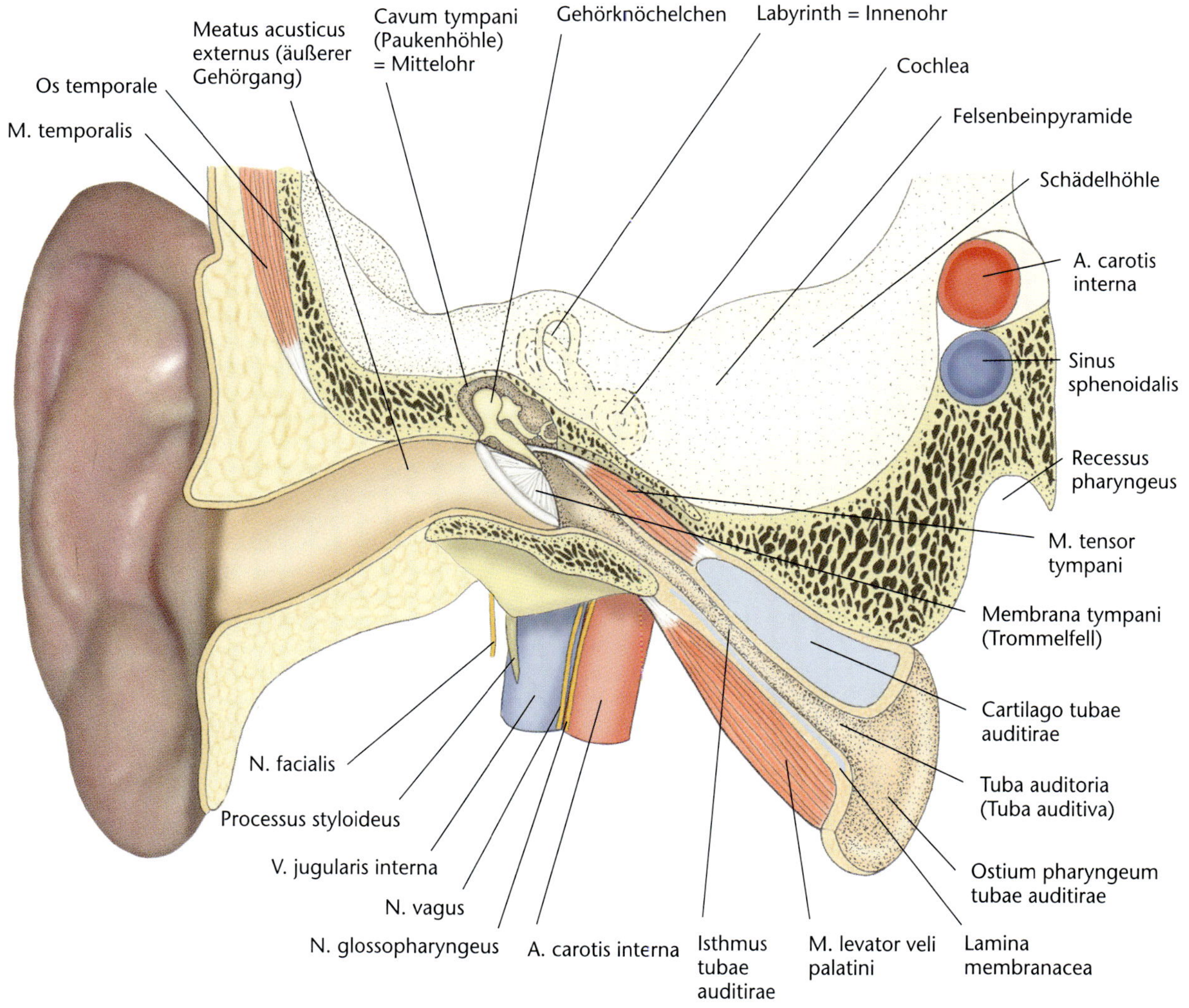

Abb. 11.2 Mittel- und Innenohr.

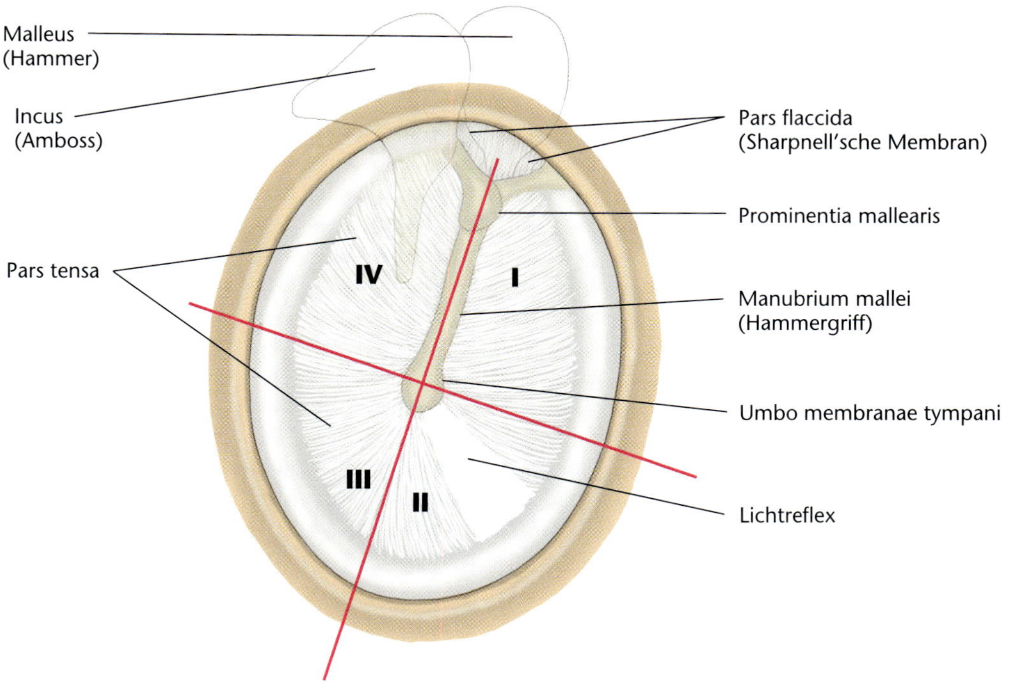

Abb. 11.3 Trommelfell.

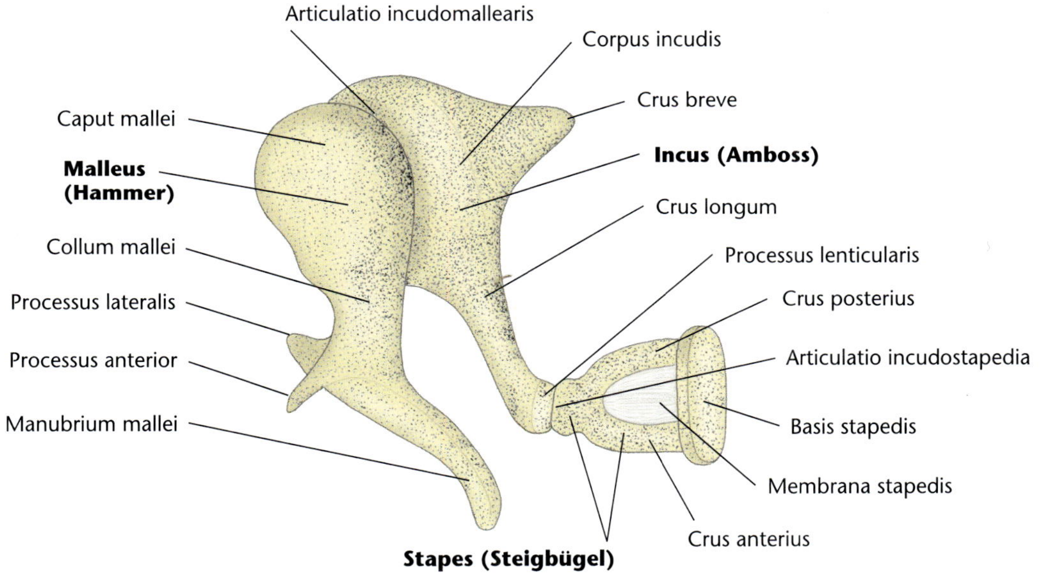

Abb. 11.4 Gehörknöchelchen von medial.

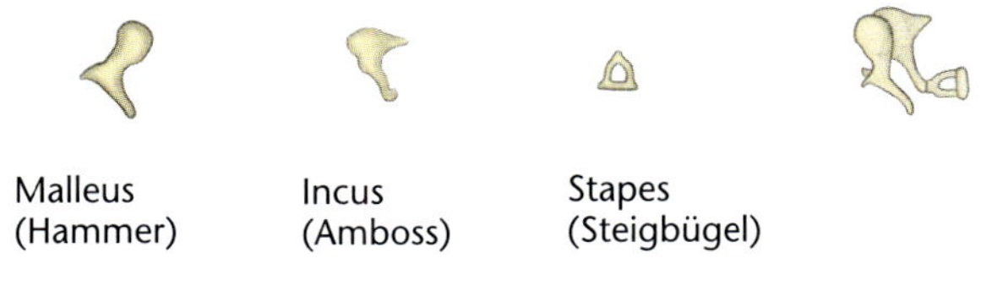

Abb. 11.5 Gehörknöchelchen in ihrer natürlichen Größe.

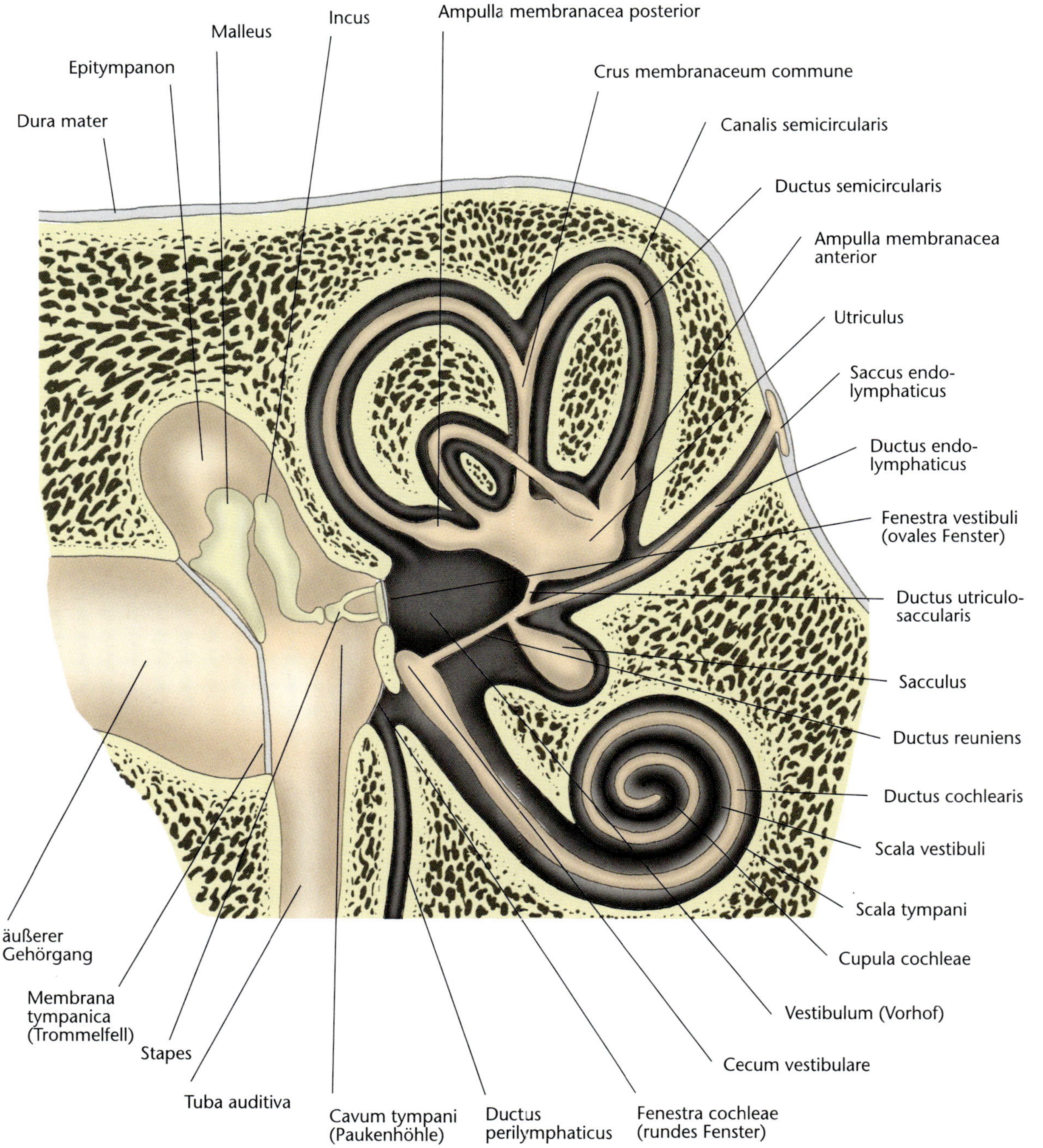

Abb. 11.6 Mittel- und Innenohr.

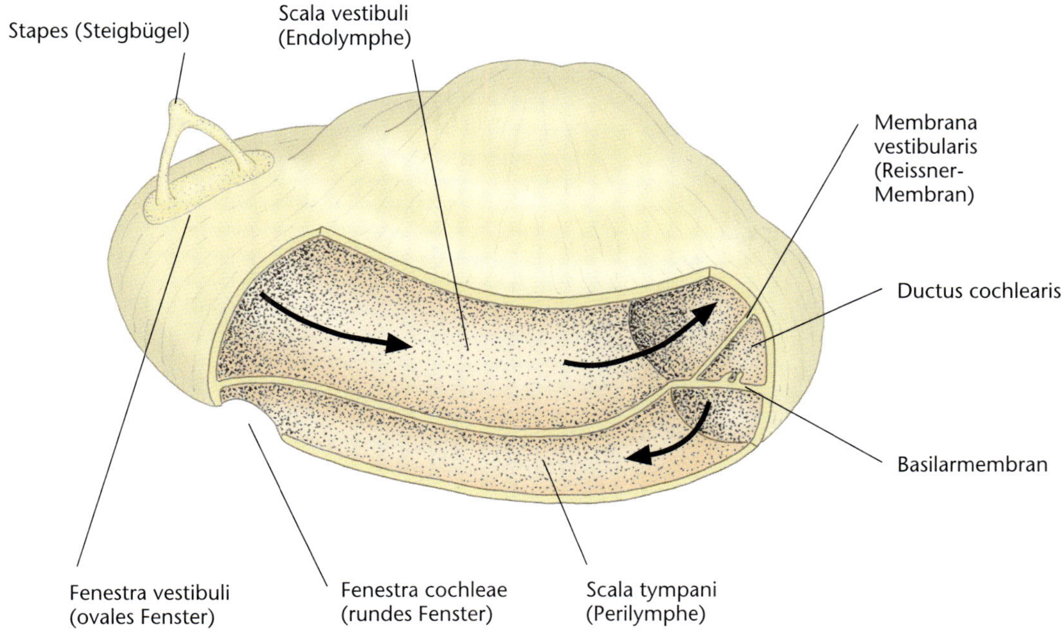

Abb. 11.7 Cochlea lateral aufgeschnitten.

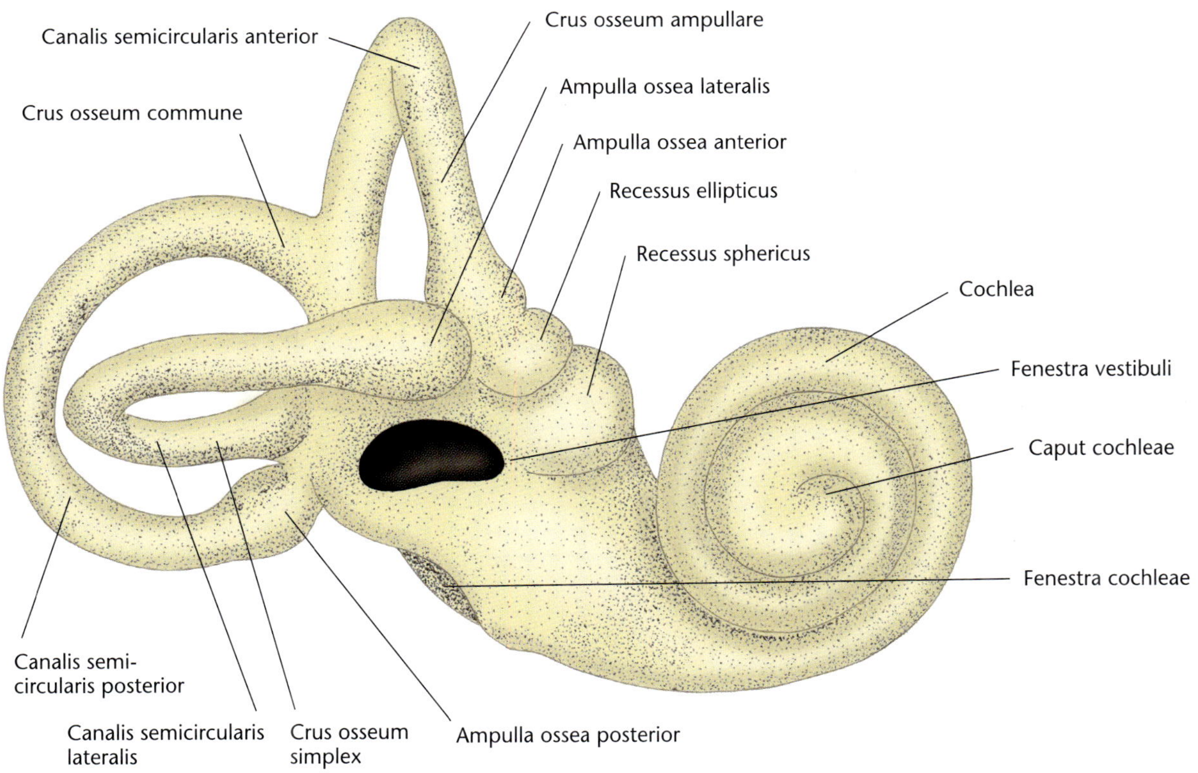

Abb. 11.8 Knöchernes Labyrinth im Ausgusspräparat von lateral.

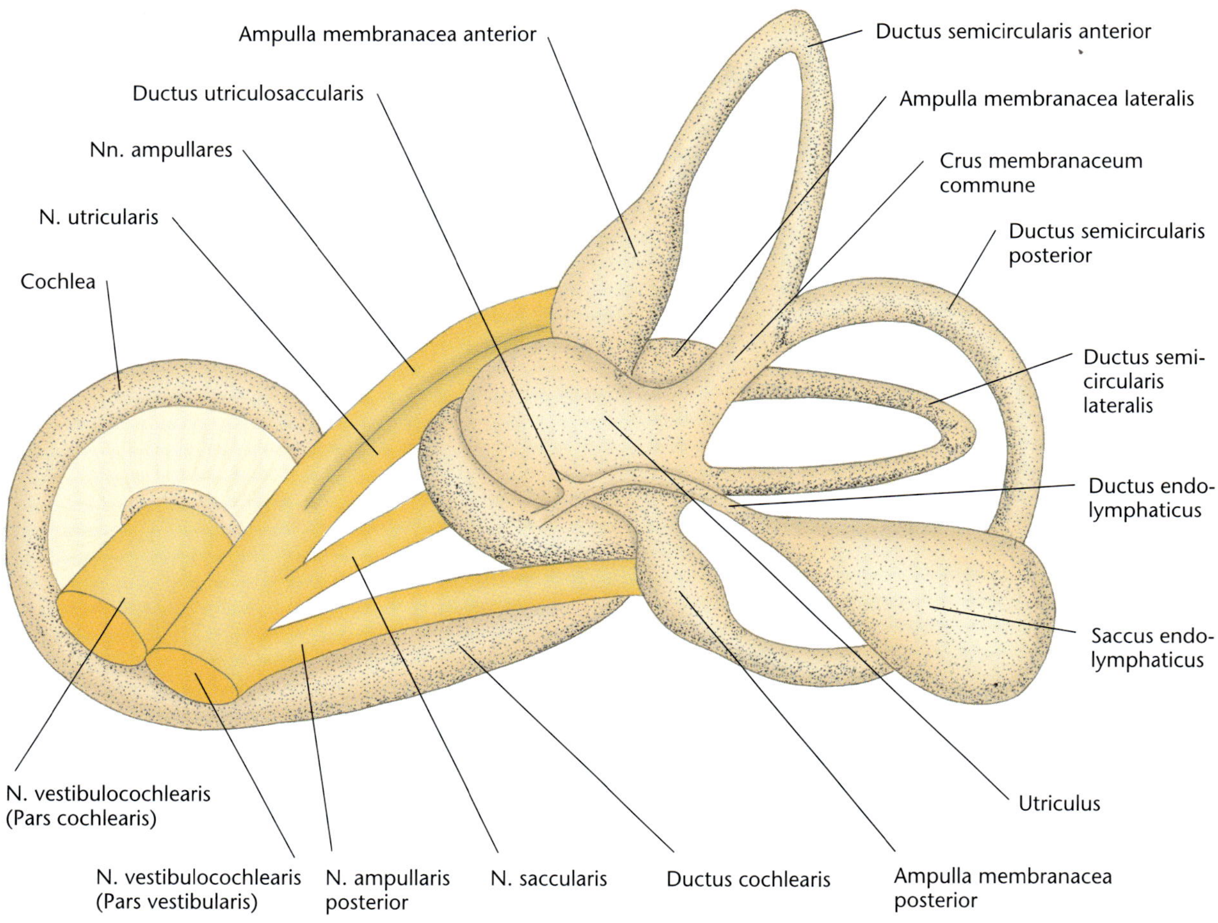

Abb. 11.9 Häutiges Labyrinth mit dem N. vestibulocochlearis.

Register

A

Abdomen 289–344
Abdomenleeraufnahme 320
Acetabulum 76, 84, 120, 216, 237–239, 336
– Rand 78
AC-Gelenk 29
Achillessehne 71–72, 92
Achselhöhle 14
– Gefäße und Nerven 51
– Lymphknoten 60
Acromion 13, 18–20, 26, 30–31, 39, 49, 61, 213, 216, 252, 285
Adhesio interthalamica 353, 357, 363, 375–376
Aditus laryngis 161, 173
Akromioklavikulargelenk 29
Ala
– major (Os sphenoidale) 140–141, 144
– minor (Os sphenoidale) 144, 395–396
– ossis ilii 76, 98, 243
Amboss 409
Ammonshorn 357
Ampulla
– ductus deferens 322
– membranacea anterior 410, 412
– – lateralis 412
– – posterior 410, 412
– ossea anterior 411
– – lateralis 411
– – posterior 411
– recti 130, 337
– tubae uterinae 325, 327
Angulus
– costae 219
– costodiaphragmaticus 224
– inferior (Scapula) 19–20
– infrasternalis 217
– mandibulae 156–158, 171
– oculi lateralis 394
– sterni 217–218
– subpubicus 238
– superior (Scapula) 19–20
– venosus 8
Ansa
– cervicalis 199
– tendinis m. digastrici 176
Anthelix 408
Antitragus 408
Antrum pyloricum 300
Anulus
– fibrosus 242
– inguinalis profundus 214, 248
– – superficialis 214, 245
– tendineus communis 396–397, 401
Anus 254–255, 325
Aorta 208, 286
– abdominalis 6, 121, 226
– ascendens 6, 197, 280
– descendens 197, 225, 257
– thoracica 6, 224
Aortenenge, Ösophagus 266
Aortenklappe 261
Aortogramm 310
Apertura
– lateralis ventriculi quarti 374–375
– mediana ventriculi quarti 365, 375, 377
– sinus sphenoidalis 144
– thoracis inferior 217
– – superior 217, 224
Apex 232
– capitis fibulae 79
– cordis 261, 274–275
– linguae 172–173
– ossis sacri 236–237
– pulmonis 260, 269–272, 280
Aponeurose/-neurosis
– linguae 173
– m. bicipitis brachii 37–38, 41, 53, 55–56
– M. obliquus externus abdominis 250
– M. obliquus internus abdominis 249–250
– M. transversus abdominis 250
– palmaris 41, 44, 56, 66
– plantaris 112–113, 135
– stylopharyngea 174
Appendektomie 294
Appendix(-ces)
– epididymidis 322–323
– epiploicae 303
– fibrosa hepatis 305–306
– testis 322–323
– vermiformis 291, 294, 303–304, 312
– – Lagevariabilität 294
Appendizitis 294
Aqueductus cerebri 353, 358, 363, 371, 374–375, 377
Arachnoidea 384, 404
– spinalis 377, 388
Arcus
– alveolaris 155, 157
– anterior atlantis 153, 189, 231
– aortae 6, 197, 200, 208, 261–263, 265–266, 273–275, 278–280, 282, 286, 293
– – Äste, Varianten 273
– axis 232
– cartilaginis cricoideae 161
– costalis 217
– iliopectineus 96, 100, 120, 248
– lumbocostalis 226
– palatoglossus 139, 165, 172
– palatopharyngeus 139, 161, 165, 172
– palmaris profundus 16
– – superficialis 16, 55, 58
– palpebralis inferior 179–180
– – superior 179–180
– plantaris profundus 128
– posterior atlantis 189, 231
– pubis 238
– superciliaris 138, 140
– tendineus fasciae pelvis 254–255
– – m. levatoris ani 254–255
Arcus
– venosus juguli 196
– – palmaris profundus 16
– – – superficialis 16
– – plantaris 74
– vertebrae 233–234
– zygomaticus 138, 142, 167, 170
Area
– cribrosa (Papilla renalis) 319
– hepatica fibrosa 297
– nuda 305–306
– pericardii 225
Areola mammae 215
Arm
– von dorsal, lateral bzw. ventral 13
– Gefäße 16
– – oberflächliche 50–51
– Hautinnervation 59
– – von ventral 59
– Venen, von ventral 16
Arteria(-ae)
– alveolaris inferior 158, 174, 177, 182–183
– angularis 177, 179–180
– arcuata 74
– auricularis posterior 177, 180
– axillaris 6, 16, 51–54, 62, 282
– basilaris 378–379, 383
– brachialis 6, 14, 16, 51–56, 63–64
– – Palpationsstelle 14
– buccalis 177
– callosomarginalis 378
– carotis communis 6, 50, 177, 186–188, 196–197, 199, 201, 208–210, 262–263, 273–275, 278, 281
– – – Punktionsort 186
– – externa 174, 177, 182–183, 186–187, 208
– – interna 150–151, 174, 177, 182–183, 186, 200, 208, 358, 362, 379–380, 382, 384, 408
– centralis retinae 399, 403–405
– cerebri 378
– – anterior 378–382
– – media 378–382
– – posterior 378–381, 383
– cervicalis ascendens 208
– choroidea anterior 356, 380
– ciliares posteriores 401
– circumflexa femoris lateralis 74, 132
– – – medialis 74
– – humeri posterior 54, 281
– colica dextra 311
– – media 297, 311
– – sinistra 312, 316–317
– collateralis media 16, 63
– – radialis 16, 57, 64
– – ulnaris inferior 16, 55
– – – superior 16, 64
– communicans anterior 378–380
– – posterior 378–380
– coronaria dextra 274–276, 287
– – sinistra 274, 276, 283–284

Arteria(-ae)
- cystica 306, 311
- digitales dorsales 127
- – palmares communes 16, 58
- – – propriae 16, 55, 58, 66
- – plantares communes 128
- – – propriae 128
- dorsalis pedis 6, 74, 127
- epigastrica inferior 121, 325
- facialis 138, 177, 179–180, 183, 196–197
- – Palpationsstelle 138
- femoralis 6, 73–74, 119–121, 123, 130–132, 248, 333–334, 337–338
- – Injektions-/Punktionsort 73, 214
- – Puls 73, 214
- fibularis 6, 74, 126, 134
- gastrica brevis 297
- – dextra 299
- – sinistra 297, 299, 311, 315–316, 331
- gastroduodenalis 310–311, 315
- gastroomentalis dextra 311
- – sinistra 297, 311
- genus descendens 6, 74
- – inferior lateralis/medialis 74
- – superior lateralis/medialis 74
- glutea inferior 73, 121–122, 130–131, 334, 337
- – superior 73, 121–122, 131
- hepatica communis 299, 310–311, 315–316, 341–342
- – propria 297, 299, 306, 310–311, 315, 331, 341
- ileocolica 311
- iliaca communis 6, 73–74, 121, 293, 297, 310, 312, 314, 316–317, 339
- – externa 6, 73–74, 121, 123, 214, 251, 293, 317, 336
- – interna 6, 73–74, 121, 293, 317
- inferior anterior cerebelli 378–379, 383
- – posterior cerebelli 379–380, 383
- infraorbitalis 151, 177, 179–180
- insularis 379
- intercostalis 223, 263–265
- – posterior 224, 286
- – suprema 265
- interossea communis 6, 64
- – inferior 16
- – posterior 16, 42, 57
- jejunales 310–311, 315
- jugularis interna 150
- labialis inferior 177, 179–180
- – superior 179–180
- labyrinthi 150, 380
- lacrimalis 401
- laryngea superior 206, 208
- lienalis 310–311, 342
- lingualis 173, 177, 183, 197
- malleolares anteriores mediales 74
- maxillaris 177, 358
- meningea accessoria 151
- – media 151
- – posterior 150–151

Arteria(-ae)
- mentalis 177, 179–180
- mesenterica inferior 6, 293, 312, 316–317
- – superior 6, 265, 293, 297, 310–311, 314–317, 340, 343–344
- – – Arteriogramm 311
- metacarpalis palmaris 66
- metatarsales plantares 128
- obturatoria 120–121, 132, 333, 335, 337
- occipitalis 177, 180
- – lateralis 383
- ophthalmica 150, 380, 382, 399, 401
- ovarica 6, 293
- palatina(-ae) major 151
- – minores 151
- pallidostriata 379
- perforantes 74
- pericardiacophrenica 263–264
- plantaris lateralis 113–114, 128
- – medialis 113–114, 128
- poplitea 6, 71, 74, 90, 105, 124–126, 1 33
- posterior 378
- profunda brachii 6, 16, 54
- – femoris 6, 74, 123, 132
- pudenda interna 121–122, 130, 333
- pulmonalis(-es) 261, 263–264, 266, 284
- – dextra 269, 274–275, 286–288
- – sinistra 271, 273–275, 283
- radialis 6, 16, 55–56, 58, 64–65
- – Palpationsstelle 13, 15
- rectalis inferior 337
- – superior 312
- renalis 6, 293, 310, 316–318, 343
- sacralis lateralis 121
- – mediana 6, 293, 310
- sigmoideae 297, 312
- spinalis anterior 150–151, 379–380
- – posterior 150–151, 380
- splenica 284, 299, 310–311, 313, 315–316, 331–332, 342
- striata posterior 379
- stylomastoidea 151
- subclavia 6, 16, 51, 186, 197, 199–200, 208, 261, 263–264, 273–275, 278, 286, 288, 293
- superior cerebelli 379–380, 383
- supraorbitalis 177, 180, 401
- suprarenalis inferior 318
- – media 318
- – superior 318
- suprascapularis 208
- supratrochlearis 180, 401
- tarsales dorsales 74, 127
- temporalis superficialis 179
- temporalis(-es) media 177
- – profundae 177
- – superficialis 6, 138, 177, 180
- testicularis 6, 293, 316–317, 323
- thalamica 379
- thoracica interna 224, 264
- thoracoacromialis 281

Arteria(-ae)
- thyroidea inferior 61, 200, 208, 281
- – superior 177, 196–197, 208–209
- tibialis 134
- – anterior 6, 74, 127, 134–135
- – posterior 6, 72, 74, 126, 128, 134–135
- – – Palpationsstelle 72
- transversa faciei 179–180
- ulnaris 6, 16, 55–56, 58, 64–65
- umbilicalis 121
- uterina 328, 336, 339
- vertebralis 150–151, 182–183, 209–210, 240, 358, 378–380, 383
- vesicalis(-es) inferior 121, 339
- – superiores 121
- zygomaticoorbitalis 180

Arterien 6
- s.a. Gefäße
- Arm 16
- Bein 74
- Ellenbeuge 55
- Hohlhand 58
- Interkostalraum 224
- Kopf 177
- Pulse, tastbare 6
- Unterarm 55, 57

Arterienpulse, tastbare 6

Arteriogramm
- A. mesenterica inferior 312
- A. mesenterica superior 311
- Truncus coeliacus 311

Arteriola
- macularis superior 405
- nasalis retinae inferior/superior 405
- temporalis retinae inferior/superior 405

Articulatio
- atlantoaxialis lateralis 241
- – mediana 189, 240
- atlantooccipitalis 241
- capitis costae 220–221
- costotransversaria 217, 220–221
- cricoarytenoidea 206
- cricothyroidea 203
- genus 78
- humeri 31, 49
- humeroradialis 22
- humeroulnaris 22
- incudomallearis 409
- incudostapedialis 409
- mediocarpalis 35
- radiocarpalis 35
- radioulnaris proximalis 22
- sacroiliaca 238–239, 243–244
- sternoclavicularis 221
- sternocostalis 217, 221
- subtalaris 86, 94–95, 113–114
- talocalcaneonavicularis 86, 113–114
- talocruralis 85–86, 94, 113–114
- talonavicularis 86
- tibiofibularis 78, 105

Atlas 161, 182, 193, 216–217, 231, 240–241

Atrium
– dextrum 261, 274–275, 277, 283–284, 286–288
– sinistrum 275, 277, 283, 286–287
Augapfel 358, 397–398, 400
Auge 393–406
– Horizontalschnitt 403
Augenäquator 403
Augenhintergrund, Spiegelung 405
Augenhöhle 138, 162
Augenmuskeln 396–398
– Funktion 397
– Ursprung 399
Auricula
– dextra 273–274, 288
– sinistra 261, 273–275, 277, 279, 284
Außenbandriss 91
Axis 161, 189, 216–217, 231–232, 240–241

B

Backenzahn 155, 157, 159
Bänder
– Brustwirbelsäule 242
– Fuß von lateral 94
– – von medial 94
– – von plantar 93
– Kehlkopf 202–203
– Sternoklavikulargelenk 221
Bandscheibe 99, 220
Basilarmembran 411
Basis
– ossis sacri 235–236
– phalangis 25, 81
– pyramidis 319
– stapedis 409
Bauch, Knochenprojektion 216
Baucheingeweide 295–296
Bauchhaut, Innervation, sensible 258
Bauchmuskeln 245–248
Bauchorgane, obere 262
Bauchregion
– der Frau 339
– des Mannes 335
– – Frontalschnitt 335
Bauchspeicheldrüse s. Pancreas/Pankreas
Bauchwand
– Oberflächenrelief 213
– Organprojektion 291
– Querschnitt 249–250
– ventrale, Querschnitt 250
– vordere von innen 251
– – Längsschnitt 249
Becken
– Gefäße, von medial 121
– männliches, von dorsal 238, 243
– – von kranial 239, 243–244
– – Querschnitt 333–334
– – von ventral 238, 243
– Muskeln 96, 99
– Nerven 121
Becken
– Röntgenbild 239
– Seitenansicht 120
– weibliches, Medianschnitt 325
– – Querschnitt 336–338
Beckenbodenmuskeln 254–255
Beckengürtel, von lateral 237
Beckenknochen 304
Beckenregion
– der Frau 339
– Gefäße 73
– des Mannes 335
– – Frontalschnitt 335
Bein
– Arterien 74
– von dorsal 71
– Hautinnervation 129
– von medial 70
– Venen 74
– von ventral 70–71
Bichat-Fettpfropf 170
Bifurcatio tracheae 266, 268
Blickzentrum 387
Blinddarmentzündung 294
Blutgefäße s. Gefäße
Brachium colliculi inferioris/superioris 365
Broca-Sprachzentrum 387
Bronchialbaum, Projektion auf die Lungen 268
Bronchus
– lobaris inferior 266, 268, 280, 283, 288
– – medius 268, 280
– – superior 268
– principalis dexter 264–266, 268–269, 280
– – sinister 263, 265, 268, 271, 286
Brücke 347, 353
Brusthaut, Innervation, sensible 258
Brusthöhle 263–264
Brustkyphose 227
Brustorgane, obere 262
Brustwand
– hintere, mit Interkostalmuskeln 223
– – von ventral 265
– Oberflächenrelief 213
– vordere, mit Interkostalmuskeln 223
Brustwirbel(säule) 213, 220, 227, 234, 282–283, 293, 340–341
– Bänder 242
– Kernspintomographie 228, 390
– Röntgenbild 229–230
Bulbus
– aortae 286
– duodeni 300–301
– oculi 396–397, 400
– olfactorius 150, 352, 354
– penis 324
– v. jugularis superior 358, 362, 384, 386
– vestibuli 338
Bursa(-ae)
– anserina 134
– iliopectinea 120, 131
– infrapatellaris profunda 105, 118
Bursa(-ae)
– intermusculares mm. gluteorum 117
– ischiadica m. glutei maximi 117
– m. coracobrachialis 49
– m. obturatorii interni 131
– m. piriformis 117
– m. semimembranosi 118
– omentalis 284, 298, 332
– subacromialis 31, 49
– subcutanea acromialis 49
– – olecrani 40
– – prepatellaris 105, 118, 133
– – tuberositas tibiae 118
– subdeltoidea 49, 62
– subscapularis 62
– subtendinea m. gastrocnemii lateralis/medialis 118
– – m. infraspinati 49
– – m. latissimi dorsi 49
– – m. pectoralis majoris 49
– – m. subscapularis 49
– – m. tricipitis brachii 64
– suprapatellaris 105, 118, 133
– trochanterica m. glutei maximi 97, 104, 117
– – – medii 117

C

Caecum 294, 303–304
Calcaneus 72, 81–83, 86, 93–95, 109–110, 113–114
Calcar avis 356
Calix(-ces)
– renalis(-es) 320
– – major 319, 321
– – minor 319, 321
Calvaria 347, 355, 384
Camera
– anterior bulbi 403
– posterior bulbi 403
Canaliculus
– lacrimalis inferior 394
– – superior 394
– mastoideus 149, 151
Canalis
– adductorius 101, 123
– caroticus 149–151, 154
– centralis 369, 374–375, 377
– cervicis uteri 325, 327–329
– condylaris 149, 151
– hypoglossalis 146–147, 149–151, 189
– incisivus 151, 165
– infraorbitalis 154, 162, 400
– mandibulae 158, 174, 182
– obturatorius 99, 120
– opticus 140, 144, 147, 150, 163, 395–396
– pterygoideus 144, 154
– pudendalis 251
– pyloricus 301
– radicis dentis 160

Canalis
- sacralis 235–239, 244, 254–255
- semicircularis 410
-- anterior 411
-- lateralis 411
-- posterior 411
- vertebralis 99, 189, 242, 287, 360
Capitulum humeri 21–22
Capsula
- adiposa (Nebennieren) 318
- articularis 31–32, 35, 206, 241
-- (Art. humeroscapularis) 30
-- cricothyroidea 202, 204
-- (Humerus) 31
-- (Kiefergelenk) 167
-- (Kniegelenk) 88, 90
-- radioulnaris distalis 33
- externa 357, 361
- extrema 357
- fibrosa (Nebenniere) 318
-- (Niere) 319
- interna 357, 361, 376
Caput
- breve m. bicipitis brachii 62–63
-- m. bicipitis femoris 90, 102–105, 132, 281–282
- cochleae 411
- costae 219–220
- femoris 77–78, 84, 98, 239
- fibulae 78, 102, 107, 109
- humeri 18, 21, 31
- laterale m. gastrocnemii 103, 107, 109–110, 133–134
-- m. tricipitis brachii 13, 38–39, 54, 63, 282
- longum m. bicipitis brachii 30, 36–37, 49, 62–63, 282
-- m. bicipitis femoris 69, 71, 90, 97, 99, 102–104, 132
-- m. tricipitis brachii 13, 30, 37–39, 54, 60, 63
- mallei 409
- mandibulae 156–158
- mediale m. gastrocnemii 103, 108–110, 133–134
-- m. tricipitis brachii 13, 37–39, 54, 63, 282
- nuclei caudati 357, 376
- ossis metacarpalis (metacarpi) 25
-- metatarsalis (metatarsi) 81
- pancreatis 315
- phalangis 25, 81
- profundum m. flexoris pollicis brevis 66
- radii 22, 24, 32
- superficiale m. flexoris pollicis brevis 66
- tali 81–83
- transversum m. adductoris hallucis 112–113
-- m. adductoris pollicis 44–46
- ulnae 13, 23
Cartilago(-ines)
- alaris(-es) major 163, 165
-- minores 163
- arytenoidea 203, 206, 209
- corniculata 203
- costalis 217
- cricoidea 202–206, 210, 262, 266
- epiglottica 161, 173, 202–205
- lateralis 358
- nasi 138, 358
-- accessoria 163
-- lateralis 163
- septi nasi 163–165, 358
- thyroidea 161, 175, 190, 202–206, 208–209, 266, 268
- tracheales 161, 205–206, 268
- triticea 202–204
- tubae auditivae 408
Caruncula
- lacrimalis 394
- sublingualis 139
Cauda
- equina 389
- nuclei caudati 357, 376
- pancreatis 315
Cavitas
- glenoidalis 18–20, 26, 30–31, 216
- infraglottica 210
- nasi 162
- oris 174
- pelvis 335
- pharyngis 182–183, 206, 209
- uteri 328
Cavum
- abdominis 224
- cranii 154
- dentis 160
- epidurale 377, 388
- infraglotticum 206
- nasi 152–153
- septi pellucidi 356–357, 376
- subarachnoidale 377, 384, 388–389
- subdurale 377, 384
- thoracis 224
- tympani 408, 410
- uteri 325, 327–329
Cecum vestibulare 410
Cellulae
- ethmoidales 146, 152, 154, 162, 164, 358, 396, 400–401
- mastoideae 152, 358, 360
Cementum 160
Centrum
- tendineum diaphragmatis 224–226, 248
-- perinei 254
Cerebellum 154, 347, 353–354, 357–360, 362–364, 377–379
Cerebrum 347, 377
Cervix uteri 326–328
Chiasma
- crurale 108
- opticum 352, 354, 362, 375, 397
Chiasma
- plantae 116
- tendinum 45
Choana 148–149, 165, 195
Cholangiographie 307
Cholezystangiographie 308
Cholezystocholangiographie 307
Chorda(-ae)
- obliqua 31–32
- tendineae 277
Choroidea 403–404
Circumferentia articularis 22–24
Cisterna
- ambiens 377
- cerebellomedullaris 363, 377
- chiasmatica 377
- chyli 265
- interpeduncularis 377
Claustrum 357, 361
Clavicula 13–14, 17–18, 26, 29–31, 36–37, 49, 51–53, 60–61, 186, 190–192, 196–197, 215–217, 221, 223, 229, 247, 260–264, 279, 281, 284, 288
Clitoris 325, 338
Clivus 161, 164
Cochlea 408, 411–412
- aufgeschnitten 411
Coeliacographie 311
Colliculus
- facialis 365
- inferior 357, 363, 365, 371, 376
- seminalis 324
- superior 352–353, 357, 363, 365, 371, 376
Collum
- anatomicum 21
- chirurgicum 21
- costae 219
- dentis 160
- femoris 77–78, 84
- mallei 409
- mandibulae 156–158
- radii 22, 24
- scapulae 19–20
- tali 81
Colon
- s.a. Kolon
- ascendens 291, 294–298, 303–304, 335, 339, 343
- descendens 297, 304, 335–336, 339, 344
- sigmoideum 257, 296–297, 304, 335, 339
- transversum 291, 296, 304, 332, 340–341, 343
Columna(-ae)
- fornicis 357, 361, 363, 376
- renales 319
Commissura
- anterior 353, 357, 361, 363, 374–375
- habenularum 353, 363
- posterior 353, 363, 375

Concha 408
– nasalis/nasi 162, 165, 358, 400
– – inferior 145–146, 154, 162, 164–165, 171, 364, 394
– – media 146, 154, 162, 164, 171, 358, 364, 394
– – superior 146, 162, 164–165, 364
Condylus
– humeri 21
– lateralis femoris 77, 84, 89–90, 133
– – tibiae 77–78, 80, 92
– medialis femoris 77, 84, 89–90, 118, 133
– – tibiae 77, 80, 92
– occipitalis 142, 146, 149, 167, 231
Confluens sinuum 150, 178, 359, 377, 383–386
Conjunctiva 403
Connexus intertendinei 48
Conus medullaris 389–390
Cor 228
Cornea 403
Cornu
– anterius medullae spinalis 391
– – ventriculi lateralis 356–358, 374–376
– coccygeum 237
– inferius cartilaginis thyroideae 202–204
– – ventriculi lateralis 374–376
– laterale medullae spinalis 391
– majus ossis hyoidei 189, 194, 202–204
– minus ossis hyoidei 202–203
– posterius medullae spinalis 368, 391
– – ventriculi lateralis 356–357, 375–376
– sacrale 236
– superius cartilaginis thyroideae 202–204
Corona
– dentis 160
– glandis 324
Corpus
– adiposum buccae 170
– – genus 133
– – infrapatellare 90
– – laryngis 161, 205
– – orbitae 394, 399–401
– – popliteum 105
– axis 231–232, 241
– callosum 351, 353, 356, 360–361, 363–364, 376–378
– cavernosum penis 322–324, 334
– costae 219–220
– femoris 77
– fornicis 363
– gastricum 300–301
– geniculatum laterale 365
– – mediale 365, 371
– humeri 21
– incudis 409
– mamillare 352, 363, 365–366
– mandibulae 156–158
– maxillae 163
– nuclei caudati 376
Corpus
– ossis hyoidei 189
– – ilii 76
– – ischii 76
– – sphenoidalis 161
– phalangis 81
– pineale 353, 357, 363–365, 376
– radii 24
– spongiosum penis 322–324
– sterni 217–218, 222
– tibiae 80
– ulnae 23
– uteri 328
– ventriculi 296
– vertebrae 220, 228–230, 233–235, 242, 257
– vitreum 403
Cortex
– cerebri 355, 384
– renalis 319
Costae 26
Coxa valga, Röntgenbild 87
Crista
– frontalis 147
– galli 147, 154, 164, 396
– iliaca 69, 71, 76, 78, 96–97, 99, 101–103, 117, 120, 124, 213–214, 237, 239, 243, 248, 252–257, 314, 316–317, 390
– intertrochanterica 77, 243
– m. supinatoris 23
– obturatoria 76
– occipitalis externa 143, 149
– – interna 147
– sacralis intermedia 236
– – lateralis 237
– – mediana 235–238
– sphenoidalis 144
– tuberculi majoris 21
– – minoris 21
– urethralis 324
Crus
– anterius stapedis 409
– breve 409
– cerebri 352, 371
– dextrum corporis penis 324
– fornicis 356
– laterale cartilaginis alaris majoris 163–164
– – (Diaphragma) 226
– longum stepedis 409
– mediale cartilaginis alaris majoris 163–164
– – dextrum/sinistrum (Diaphragma) 226
– membranaceum commune 410, 412
– osseum ampullare 411
– – commune 411
– – simplex 411
– posterius capsulae internae 357
– – stapedis 409
– sinistrum corporis penis 324
CT (Computertomographie)
– Höhe 1. Lendenwirbel 342–343
– Höhe 12. Brustwirbel 340–342
Culmen 346, 373
Cuneus 351–352, 359
Cupula cochleae 410
Curvatura
– gastrica major 295–296, 298, 300–301
– – minor 298, 300–302
Cysterna chyli 8

D

Darm 307, 320
Declive 373
Decussatio(-nes)
– lemniscorum medialium 369
– pedunculorum cerebellarium superiorum 370–371
– pyramidum 366, 368
Dens(-tes) 153, 173, 231–232, 241
– axis 153, 182, 189, 240
– caninus 155, 157, 159, 172
– – deciduus 157
– decidui 155, 157
– incisivus 155, 157, 159, 172
– molaris 155, 157, 159, 172
– premolaris 155, 157, 159, 172
Dentinum 160
Dermatome 5
Diaphragma 224–226, 229–230, 248, 285, 296, 314, 316–317, 330–332
– sellae 362
– urogenitale 251, 322
Diencephalon 353
Diploe 364
Discus
– articularis 35, 167, 221
– intervertebralis 99, 189, 220–221, 235, 242, 390
– nervi optici 403, 405
Dorsum
– linguae 172–173
– manus 3
– pedis 2–3, 72
– sellae 144, 146–147, 161
Dreieckbein 28
Ductuli prostatici 324
Ductus
– aberrans 322
– choledochus 297, 299, 306, 309, 315
– cochlearis 410–412
– cysticus 299, 306, 309, 315
– deferens 251, 323, 333, 335
– ejaculatorius 322, 324
– endolymphaticus 410, 412
– excretorius glandulae bulbourethralis 324
– hepaticus communis 299, 306, 309, 315
– – dexter 309
– – sinister 309
– lactiferi 215

Ductus
– nasolacrimalis 154, 358, 394
– pancreaticus 309, 315
– – accessorius 315
– parotideus 138, 170, 174
– perilymphaticus 410
– reuniens 410
– semicircularis 410
– – anterior, lateralis bzw. posterior 412
– submandibularis 173
– thoracicus 8, 225–226, 265, 283
– utriculosaccularis 410, 412
Duodenum 297, 309, 315, 332
Dura mater 150, 355, 363, 384, 396, 398, 401, 403–404, 410
– Schädelbasis, Hirnnerven, Durchtrittsstellen 150
– Sinus durae matris 384
– spinalis 161, 189, 377, 388–389

E

Eckzahn 155, 157, 159
Eierstock s. Ovarium
Elle 17
Ellenbeuge 14
– Arterien bzw. Nerven 55
Ellenbogengelenk
– von dorsal bzw. lateral 22
– Querschnitt 64
– Röntgenbild 27
– Sagittalschnitt 40
– von ventral 22, 31
Eminentia
– iliopubica 76, 78, 239
– intercondylaris 80
– medialis 365
Enamelum 160
Endhirn 353
Endometrium 327–328
Ependym 376
Epicondylus
– lateralis femoris 77–78
– – humeri 13–14, 21–22, 27, 31, 38–39, 43, 54, 57, 64
– medialis femoris 77, 85
– – humeri 13–14, 21–22, 27, 31, 37–39, 41–42, 53, 55–56, 64
Epididymis 322–323
Epiglottis 161, 172–173, 182, 195, 202–208, 364
Epiphysenlinie 106
Epitympanon 410
Erb-Punkt 261
Erbsenbein 28
Excavatio
– disci 403–405
– rectouterina 257, 325, 336
– rectovesicalis 326
– vesicouterina 257, 325–326, 336
Extremität
– obere 10–66
– – s.a. Arm bzw. Unterarm
– – Knochen 17
– untere 67–136
– – s.a. Bein, Ober- bzw. Unterschenkel
– – Blutgefäße 119
– – Knochen 75
– – Nerven 119
– – von ventral 78
Extremitas
– acromialis 18
– anterior/posterior (Milz) 313
– sternalis 18

F

Facies
– anterior lateralis/medialis (Humerus) 21
– – (Radius) 24
– – (Ulna) 23
– articularis acromialis 18–19
– – anterior (Vertebra) 232
– – capitis costae 219
– – – fibulae 79
– – fibularis 80
– – inferior 232
– – – (Tibia) 80
– – – (Vertebra) 232
– – malleoli (Fibula) 79
– – – (Tibia) 80, 92
– – sternalis 18
– – superior 233
– – – (Tibia) 80, 90
– – – (Vertebra) 232–233
– – thyroidea 205
– – (Tibia) 80
– auricularis ossis ilii 76
– colica 313
– costalis anterior/posterior 19
– diaphragmatica 269, 271
– gastrica (Milz) 313
– glutea ossis ilii 76, 238
– inferior (Tibia) 80
– lateralis (Fibula) 79
– – (Radius) 24
– – (Tibia) 80
– lunata 76
– malleolaris lateralis (Talus) 83
– medialis (Fibula) 79
– – (Tibia) 80
– – (Ulna) 23
– orbitalis alae majoris 140
– patellaris 77, 89
– pelvina 237
– poplitea 77
– posterior (Fibula) 79
– – (Radius) 24
– – (Scapula) 20
– – (Tibia) 80
– renalis (Milz) 313
Facies
– superior trochleae tali 83
– symphysialis 76
Falx
– cerebelli 358
– cerebri 355, 359–360, 384
– inguinalis 248
Fascia
– abdominalis superficialis 249–250
– antebrachii 55, 64–65
– brachii 55, 63
– cremasterica 323
– cruris 119, 134–135
– endothoracica 215, 223, 248, 285
– glutea 102, 130–131, 253
– lata 119, 131–132
– masseterica 174
– obturatoria 254–255
– parotidea 174
– pectoralis 215
– pharyngobasilaris 194–195
– poplitea 133
– spermatica externa/interna 323
– temporalis 170
– thoracica 223, 262
– thoracolumbalis 247, 253, 256
– transversalis 246, 248–250
– vesicalis 328
Fasciculus(-i)
– cuneatus (Burdach) 365, 368, 391
– gracilis (Goll) 365, 368, 391
– lateralis 51–53
– longitudinalis(-es) aponeurosis plantaris 112
– – dorsalis 370
– – medialis 369–371
– medialis 51–53
– posterior 51–53
– semilunares 391
– transversi aponeurosis palmaris 44
– – – plantaris 112
Felsenbeinpyramide 408
Femur 71, 73, 75, 77–78, 84–85, 88–89, 98, 105–106, 118, 130–133, 239, 243–244, 251, 333, 335–336, 338
Fenestra
– cochleae 410–411
– vestibuli 410–411
Fenster
– ovales 410–411
– rundes 410–411
Fibra(-ae)
– alveolodentales 160
– arcuatae externae anteriores 369
– – internae 369
– corticonucleares 370
– corticospinales 370
– longitudinalis medialis 369
– obliquae 300
– tubae 329
– zonulares 403

Fibula 71, 74–75, 78–79, 83–86, 88–89, 92, 94, 105, 114–115, 118, 127, 134–135
Filum(-a)
– lateralia pontis 365
– radicularia radicis dorsalis 388
– terminale 389
– – externum/internum 389
Fimbria(-ae)
– ovarica 327
– tubae uterinae 325, 327
Finger
– Gelenke 35
– Knochen 17
– Querschnitt 66
– Sehnenansätze 35
Fissura
– horizontalis 260, 269–270, 283–284, 373
– – cerebelli 373
– lig. teretis 340
– longitudinalis cerebri 348, 352, 356–357, 361
– mediana anterior 366, 368–369, 389, 391
– obliqua 260, 269–272, 283–285
– orbitalis inferior 140, 149, 151, 395, 400
– – superior 140, 144, 147, 150, 163, 362, 395
– prima 373
– pterygomaxillaris 154
Flexura
– coli dextra 298, 304
– – sinistra 304
Flocculus 372–373
Folium vermis 373
Foramen(-ina)
– apicis dentis 160
– caecum 147, 172–173, 366
– ethmoidale anterius 395
– – posterius 395
– frontale 140, 142
– incisivum 149, 155
– infraorbitale 138, 140, 142
– infrapiriforme 97, 99, 117
– interventriculare 353, 356, 363, 374–375, 377
– intervertebrale 221, 230, 235, 242, 364
– ischiadicum majus 243–244, 254
– – minus 243–244
– jugulare 147, 149–151, 154
– lacerum 147, 149, 151, 358
– laryngis superioris 202–204, 208
– Magendii 375
– magnum 147–150, 153, 360, 364, 386
– mandibulae 143, 156–157
– mastoideum 142–143, 149, 151
– mentale 138, 140, 142, 156, 158
– obturatum 76, 78, 237–239, 243, 329
– ovale 144, 147, 149, 151, 153
– palatinum majus 149, 151, 155
– – minus 149, 151
– rotundum 144, 147, 395
Foramen(-ina)
– sacralia anteriora 236
– – dorsalia 238
– – pelvina 99
– – posteriora 236–237
– sciaticum majus/minus s. Foramen(-ina) ischiadicum majus/minus
– sphenopalatinum 395
– spinosum 144, 147, 149, 151
– stylomastoideum 149, 151
– supraorbitale 140, 142, 394
– suprapiriforme 99, 103
– transversarium 231–233
– venae cavae 226, 248
– vertebrale 221, 231–234
– zygomaticofaciale 140
Formatio reticularis 372, 391
Fornix 351, 353, 357, 360–361, 377
– sacci lacrimalis 394
– vaginae 325, 327–328
Fossa
– acetabuli 76
– axillaris 14
– bulbi 324
– coronoidea 21–22, 27
– – Fettkörper 40
– cranii anterior 147, 386
– – media 147, 386
– – posterior 147, 386
– digastrica 143, 156
– hypophysialis 147, 161, 164–165
– iliaca 76, 239
– infraspinata 20
– inguinalis lateralis 251
– – medialis 251
– intercondylaris 77
– interpeduncularis 352, 366, 371
– intertrochanterica 77
– ischioanalis 335
– jugularis 4, 149
– mandibularis 149
– navicularis urethrae 322, 324
– olecrani 21–22
– – Fettkörper 40
– ovalis 277, 284
– poplitea 102–103
– pterygoidea 164
– radialis 21
– rhomboidea 353
– sublingualis 156
– subscapularis 19
– supraclavicularis minor 4
– supraspinata 20
– supravesicalis 251
– tonsillaris 172
– triangularis 408
– trochanterica 77
Fovea
– articularis inferior 231
– – superior 231, 240
– capitis femoris 77
– centralis 403–405
Fovea
– costalis 220
– – inferior 220, 234–235
– – processus transversi 220
– – superior 234–235
– – transversalis 234–235
– dentis 231
– pterygoidea 156–158
– submandibularis 156
Frenulum
– linguae 139
– posterius 303
– veli medullaris superioris 365
Frontalschnitt 359
Fundus
– gastricus 300–301
– uteri 327–328
– vesicae 324
Funiculus
– anterior 368
– lateralis anterior 391
– posterior 368, 391
– spermaticus 214, 245–247, 334
Fuß
– Bänder 93–94
– Deformitäten 95
– von dorsal 72, 82–83
– Fuß 113, 362
– Gefäße 128
– von lateral 72, 83
– von medial 72
– Nerven 128
– von plantar 81
– Querschnitt 135
– Sagittalschnitt 113, 363
Fußrücken
– Gefäße 127
– von lateral 116
– Muskulatur 111
– Nerven 127
– Sehnenscheiden 115–116
Fußsohle
– Muskulatur 112–113
– Plantaraponeurose 112

G

Galea aponeurotica 168–170, 384
Gallenblase 295–296, 307–309, 332, 342, 344
– Darstellung 307
– gefleckte 308
– Röntgenaufnahme 309
Gallengänge, Darstellung 307
Gallensteine 308
Gallenwege, extrahepatische, Röntgenaufnahme 309
Ganglion(-ia)
– cervicale inferius 200
– – medium 200
– – superius 200

Ganglion(-ia)
– ciliare 401–402
– coeliacum 331
– geniculi 366
– sacralia 121
– spinale 388
– thoracicum 263–265
– – primum 200
– trigeminale 366
Gaster 284, 295, 298, 330–332
Gaumen 172
Gaumenbein 148
Gaumenbogen, hinterer/vorderer 165
Gaumensegel 139
Gefäße
– s.a. Arterien
– s.a. Venen
– Achselhöhle 51
– Armbereich 50
– Becken 73, 121
– Durchtrittsstellen, Schädelbasis, äußere 151
– Extremität, untere 119
– Fuß 128
– Fußrücken 127
– Gesäßregion 122
– Halsbereich 196–199
– Kehlkopf 208
– Kniekehle 125
– Kopf 179–180
– Oberarm 52–54
– Oberschenkel 123–124
– Orbita 401
– Pharynx 200
– projiziert auf die Bauchwand 293
– – auf den Körper 293
– Rücken 256
– Unterschenkel 126
Gehirn
– von basal 352
– – mit Hirnnerven 354
– Horizontalschnitt 355–358
– auf den Kopf projiziert, von lateral/ventral 347
– und Kopfbereich, Versorgung, venöse 385
– von kranial 348
– von lateral 349
– von medial 351
– Medianschnitt 353
– Versorgung, arterielle 379, 381
– – – von basal 381
Gehörgang, äußerer 167, 408, 410
Gehörknöchelchen 408–409
Genu
– corporis callosi 356–357, 363
– valgum/varum 87
Gesäßregion, Gefäße/Nerven 122
Geschlechtsorgane
– des Mannes 322
– weibliche, von dorsal 327
Gesichtsmuskeln
– von lateral 169–170
– von ventral 168
Gesichtsschädel, Frontalschnitt 162
Gingiva 160
Glabella 138, 140
Glandula(-ae)
– bulbourethralis 322, 324, 335
– lacrimalis 394, 396, 401–402
– lingualis anterior 139
– palatinae 165
– parotidea 138, 170, 174, 180, 182, 194, 196, 198, 200
– – accessoria 170
– sublingualis 139, 173, 183
– submandibularis 138, 173, 183, 194, 196, 198, 200
– suprarenalis 288, 299, 316, 318, 331
– – dextra 314
– thyroidea 200, 205–206, 210, 262, 284, 286–287
– vestibularis major 325
Glans
– clitoridis 255
– penis 324
Globus pallidus 357, 361
Granulationes arachnoideae 377, 384
Großhirn 347, 377
– Frontalschnitt 359–361
– Horizontalschnitt 355–357
– Sagittalschnitt 362–363
Großhirnrinde 355
Gyrus(-i)
– amygdaloideus 361
– angularis 349
– breves insulae 350
– cinguli 351–353, 360
– frontalis inferior 347–349
– – medius 347–348
– – superior 347–349, 351, 360
– hippocampi 351–352, 360
– longus insulae 350
– occipitales 348
– occipitotemporalis lateralis 351–352
– – medialis 351
– orbitales 352
– parahippocampalis 357, 361
– paraterminalis 361
– postcentralis 347–349, 355
– precentralis 347–349, 355, 362–363
– rectus 352
– supramarginalis 349
– temporalis inferior 349, 351–352, 359
– – medius 347, 349, 359
– – superior 349, 359

H

Hackenbein 28
Hakenmagen 302
Hals 185–210
– Gefäße, von lateral 199
– – von ventral 196–198
– von lateral 187
– Lymphknoten 188
– Muskeln, von lateral 191–192
– – von ventral 36, 190
– Nerven, von lateral 199
– – von ventral 197–198
– Regionen 4
– von ventral 186
– (Zahn) 160
Halslordose 227
Halswirbel(säule) 213, 227, 233, 363
– Längsschnitt 189
– Magnetresonanztomographie 228
– Querschnitt 209–210
– siebter 233
Hammer 409
Hammergriff 409
Hamulus
– ossis hamati 25, 33
– pterygoideus 144, 164, 182
Hand
– von dorsal 34
– von palmar 33
– Röntgenbild 28
– Skelett, von palmar 25
Handrücken 15
– Sehnenscheiden 48
Handwurzel 35
– Knochen 17
Harnblase 251, 257, 292, 295–297, 314, 320, 322, 324–327, 333, 336–337, 339
Harnleiter 292, 320–321
Harnorgane 322
Harnröhre 324
Hautinnervation
– Arm, von dorsal 50, 59
– – von palmar 50
– – von ventral 59
– Bein, von dorsal 129
– – von ventral 129
– Brust- und Bauch, von ventral 258
– Kopf 181
– Rücken 258
Head-Zonen 9
Helix 408
Hepar s. Leber
Herz 228–229, 262–264, 279–280, 390
– von dorsal 275
– Kammer, linke 279
– Kontur, linke 229
– Projektion auf die vordere Körperwand 261
– Sagittalschnitt 287
– von ventral 273–274
– – eröffnet 277
– Vorhof, rechter 279
Herzbasis 276
Herzbeutel 278

Herzkammer
– linke 261, 274, 277, 283
– rechte 261, 273–274, 277, 283, 287
Herzklappen 276
– Auskultationsstellen 261
Herzkranzgefäße 276
Herzohr
– linkes 261, 277, 279
– rechtes 274
Hiatus
– genitalis 254
– maxillaris 146, 171
– oesophageus 226, 266
– sacralis 236–237, 336, 389
– saphenus 119, 122
– sinus maxillaris 164
– tendineus 35
Hiatusenge, Ösophagus 266
Hilum
– pulmonis 269, 271
– renale 316, 318
– splenicum 313
Hinterhauptsbein 141, 148
Hinterhauptslappen 347
Hinterhirn 353
Hinterhorn 368, 375, 391
Hinterstrang 391
Hippocampus 361
Hirnarterien/-gefäße
– Hirnbasis 379
– von lateral 378
– von medial 378
– Projektion auf die Schädelbasis 380
Hirnhäute, mit Liquorräumen 377
Hirnstamm 353
– von basal 366
– von dorsal 365
– – mit Hirnnervenkernen 367
– Frontalschnitt 360
– mit Hirnnerven 366
– Querschnitt 368–371
– von rechts 365
Hoden 214, 322–323
– und Nebenhoden, Hüllen 323
Hörnchenknorpel 203
Hohlfuß 95
Hohlhand
– Arterien 58
– Muskeln 45–46
– Nerven 58
– Palmaraponeurose 44
– Sehnenscheiden 47
Hüftbein 75
Hüfte
– Knochen, von dorsal/ventral 75
– von lateral 69
– Muskeln, mittlere Schicht 97
– – tiefe Schicht 97
– Röntgenbild 84
– Schleimbeutel 117
Hüftgelenk, Frontalschnitt 98
Hüllen, Rückenmark, von dorsal 388
Humerus 17–18, 21–22, 26–27, 29–31, 40, 49, 54, 62–63, 281–282
Hypophyse 353, 358, 362–363
Hypothalamus 353, 363
– Frontalschnitt 361
Hysterosalpingographie 329

I

Ileum 291, 294–296, 303, 335–336, 339
Impressio(-nes)
– cardiaca 269, 271
– colica 306
– digitatae 147
– gastrica 306
– lig. costoclavicularis 18
– oesophagea 306
– pylorica 306
– renalis 306
– suprarenalis 306
Incisura
– acetabuli 76, 238
– angularis gastricae 300–301
– cardiaca 300
– cerebelli posterior 373
– clavicularis 218
– costalis 218
– fibularis 80
– frontalis 394
– interarytenoidea 207
– intertragica 408
– ischiadica major 76, 238
– – minor 76, 238
– jugularis 218
– lig. teretis 305
– mandibulae 156, 158
– mastoidea 143, 149
– pterygoidea 144
– radialis 22–23
– scapulae 19–20, 30
– supraorbitalis 138
– thyroidea superior 202, 204
– trochlearis 22, 32
– vertebralis inferior 234–235
– – superior 235
Incus 409–410
Infundibulum
– (Hypophyse) 352, 361–363, 365, 384
– tubae uterinae 327
Inguinalhernie 214
Inguinalregion 214
Injektion, intragluteale 73
Innenbandriss 91
Innenohr 408, 410
Insula 350, 361
Interkostalmuskeln 222
Interkostalraum
– Längsschnitt 223
– Querschnitt 224
Intersectiones tendineae 213, 245, 248–249
Iris 394, 403
Isthmus
– glandulae thyroideae 161, 201–202
– tubae auditivae 408
– – uterinae 325, 327
– uteri 327–328

J

Jejunum 296, 298, 301, 314–315, 335, 343–344
Jochbein 148
Jochbogen 141

K

Kahnbein 28
Kalotte 377
Kammer, linke/rechte, Herz 261
Karotisangiographie 382–383
Karotissiphon 382
Kehldeckel 202–205
Kehlkopf
– Bänder 202–203
– Frontalschnitt 206
– Gefäß- und Nervenversorgung 208
– Horizontalschnitt 206
– Medianschnitt 205
– Muskeln 175
– – von dorsal 204
– – von dorsolateral 205
– – von ventrolateral 204
– Spiegelung 207
Keilbein 141, 148
Keilbeinhöhle 166
Kelchhals 321
Kernspintomogramm/-graphie
– Brustwirbelsäule 228, 390
– Halswirbelsäule 228
– Knie 106
– Kopf 154
– – axiale Schnittführung 360
– – sagittale Schnittführung 364
Kiefergelenk
– von lateral 167
– Sagitalschnitt 167
Kieferhöhle 162
Kleinhirn 347, 353–354, 377
– von dorsal 373
– von kranial 372
– Querschnitt 372
– – mit Kleinhirnkernen 372
– von ventral 373
Knickfuß 95
Kniegelenk
– von dorsal 89
– Frontalschnitt 105
– Horizontalschnitt 90
– Kernspintomogramm 106
– Knochen 78

Kniegelenk
– von lateral 78, 88
– Querschnitt 133
– Röntgenbild 85
– Sagittalschnitt 105
– Schädigungen 91
– Schleimbeutel 118
– von ventral 88–89
Kniekehle 71
– Gefäße/Nerven, von dorsal 125
Kniescheibe 75
Körperregionen 2
– von dorsal 3
Körperwand, vordere
– Herzprojektion 261
– Lungenprojektion 260
Kollodiaphysenwinkel 87
Kolon
– s.a. Colon
– Mündung des Ileums 303
– Röntgenbild 304
Koniotomie 186
Kopf 138–184
– Arterien 177
– Gefäße und Nerven, von lateral 180
– – von ventral 179
– Hautinnervation, von dorsal 181
– – von ventral 181
– Horizontalschnitt 182–183, 358
– Kernspintomogramm 154
– – axiale Schnittführung 360
– – sagittale Schnittführung 364
– von lateral 138
– Lymphknoten 188
– Medianschnitt 161
– Regionen 4
– Röntgenbild 154
– Venen 178, 385
– von ventral 138
– Versorgung, venöse 385
Kopfbein 28
Kopfgelenk, von dorsal 240
Kopfhaut 355, 384
Kranznaht 152
Kreuzbandriss 91
Kreuzbein 227
– von dorsal 236
– von kranial 235
– Medianschnitt 237
– von ventral 236
Kreuzwirbel 213, 227
Krone (Zahn) 160
Kyphose 227

L

Labium
– externum (Crista iliaca) 76
– internum (Crista iliaca) 76
– laterale lineae asperae 77
– majus pudendi 339
Labium
– minus pudendi 255
Labrum
– acetabulare/acetabuli 98
– glenoidale 30–31
Labyrinth 408
– häutiges 412
– knöchernes 411
Lacuna
– lacunare 120
– musculorum 120
– urethralis 324
– vasorum 120
Lacus lacrimalis 394
Lamina
– affixa 376
– anterior (M. obliquus internus abdominis) 249
– – (Vagina m. recti abdominis) 245
– cartilaginis cricoideae 161
– cribrosa (Os ethmoidale) 147, 164, 380, 396
– lateralis processus pterygoidei 144, 146, 164
– medialis processus pterygoidei 144, 146, 164
– membranacea (Tuba auditiva) 408
– orbitalis (Os ethmoidale) 395
– parietalis pericardii serosi 278
– – (Tunica vaginalis testis) 323
– perpendicularis ossis ethmoidalis 164
– posterior (M. obliquus internus abdominis) 249
– – m. recti abdominis 246, 248
– pretrachealis 161
– rostralis 353, 363
– septi pellucidi 356, 363, 376
– tecti 353, 364–365
– terminalis 353, 363, 374–375
– visceralis (Pericardium serosum) 273–275, 286–288
– – (Tunica vaginalis testis) 323
Langmagen 302
Lanz-Punkt 294
Leber 262, 284–288, 291, 295–296, 331–332, 340–344
– von dorsal 306
– Sonographie 307
– von ventral 305
Leberlappen
– linker 330, 340–341
– rechter 330, 340–341, 343
Leibeswand 213–258
Leistenbruch 214
Leistenfurche 69
Leistenkanal, Öffnung, äußere/innere 214
Lemniscus
– lateralis 370–371
– medialis 369–371
Lendenlordose 227
Lendenmuskeln 96
Lendenwirbel(säule) 213, 227, 234, 249, 293–294, 343–344
Lens 403
Levatortor 254
Lichtreflex 409
Lien s. Splen
Ligamentum(-a)
– acromioclaviculare 29–30
– alaria 241
– anococcygeum 254–255
– anulare radii 31–32
– anularia 203, 268
– apicis dentis 161, 189, 241
– arcuatum laterale 226, 257
– – mediale 257
– – pubis 243
– arteriosum 273–275
– bifurcatum 94
– calcaneocuboideum dorsale 94
– – plantare 93–94
– calcaneofibulare 92, 94, 114
– calcaneonaviculare 94
– – plantare 94
– capitis costae radiatum 221, 242
– – femoris 98
– – fibulae anterius 89, 92, 102, 107
– – – posterius 89
– carpi radiatum 33
– carpometacarpale dorsale 34
– – palmare 33
– circulare dentis 160
– collaterale carpi radiale 34–35
– – – ulnare 33, 35
– – fibulare 88–91, 105–106, 118, 133
– – laterale 102, 107
– – mediale 108
– – radiale 31
– – tibiale 88–89, 91, 105–106, 118, 134
– – ulnare 31
– conoideum 29–30, 49
– coracoacromiale 29–31, 49
– coracoclaviculare 29
– coracohumerale 29–30, 62
– coronarium hepatis 305–306
– costoclaviculare 221
– costotransversarium laterale 221–222, 242
– – superius 221–222, 242
– cricoarytenoideum 206
– cricothyroideum 202–205
– cricotracheale 202–203
– cruciatum anterius 89–91, 133
– – posterius 89–90, 105–106, 133
– cruciforme atlantis 189, 241
– cuboideonaviculare plantare 93
– cuneocuboideum dorsale 94
– cuneonavicularia 94
– – dorsalia 94
– – plantaria 93
– denticulatum 189, 388
– duodenocolicum 297
– epididymidis superius 323

Ligamentum(-a)
– falciforme hepatis 295–297, 305–306, 331
– flavum 183, 189, 209, 221, 240, 242
– fundiforme penis 245, 323
– gastrocolicum 297, 332
– gastrophrenicum 297
– gastrosplenicum 297, 313, 331–332
– glenohumerale inferius 62
– – medium 62
– hepatoduodenale 297, 306
– hyoepiglotticum 161, 173, 203, 205
– iliofemorale 96, 101, 131, 243, 336
– iliolumbale 96, 243
– inguinale 8, 70–71, 73–74, 96, 99–101, 120–121, 123, 213–214, 243, 245, 248, 254–255, 257
– intercarpalia dorsalia 34
– – interossea 35
– – palmaria 33
– interclaviculare 29, 221
– intercuneiformia dorsalia 94
– interfoveolare 248
– interspinale 222, 228, 242, 390
– intertransversarium 221–222, 242
– ischiofemorale 243
– laterale temporomandibulare 167
– latum uteri 326–328
– longitudinale anterius 189, 221, 223, 228, 242
– – posterius 189, 242
– mediale 92, 94, 114
– meniscofemorale posterius 89–90
– metacarpale(-ia) dorsalia 34
– – interossea 35
– – palmaria 33
– – transversum profundum 42
– metatarsalia interossea 95
– – plantaria 93
– nuchae 182–183, 193, 253
– ovarii proprium 325, 327
– palpebrale laterale 394
– – mediale 168
– patellae 70, 88, 90, 100, 105, 107–109, 118, 133
– pisometacarpale 33
– plantare longum 93–94, 114
– popliteum obliquum 90, 110, 133
– pubicum superius 243
– pubofemorale 243
– pubovesicale 326
– pulmonale 264, 269, 271
– radiocarpale dorsale 34
– – palmare 33
– rectouterinum 326
– sacrococcygeum dorsale profundum/superficiale 243
– – laterale 243
– – ventrale 243
– sacroiliacum anterius 244
– – dorsale 243
– – interosseum 244
– – posterius 244

Ligamentum(-a), sacroiliacum anterius
– – ventrale 243, 254
– sacrospinale 243–244
– sacrotuberale 97, 99, 243–244, 254–255, 333–334, 336
– sacrouterinum 327
– sphenomandibulare 194
– sternoclaviculare anterius 29, 221
– sternocostale radiatum 29, 221
– stylohyoideum 194
– stylomandibulare 167
– supraspinale 221, 228, 242–243, 390
– suspensorium ovarii 325
– – penis 323
– talocalcaneum interosseum 94–95, 113
– – laterale 94
– – mediale 92, 94
– – posterius 94
– talofibulare anterius 94
– – posterius 92, 114
– talonaviculare 94
– tarsi interosseum 95
– tarsometatarsalia 94
– – plantaria 93
– teres hepatis 305–306, 331
– – uteri 325–327
– thyroepiglotticum 161, 203, 205
– thyrohyoideum laterale 202–204
– – medianum 161, 202–205
– tibiofibulare anterius 92, 94
– – posterius 92
– transversum atlantis 182, 189, 240–241
– – genus 89–90
– – scapulae 30
– trapezoideum 29–30, 49
– triangulare sinistrum 297, 305
– ulnocarpale palmare 33
– umbilicale mediale 325
– – medianum 322, 325
– venae cavae 306
– venosum 306
– vestibulare 203
– vocale 203, 206
Linea
– alba 213, 223, 245–246, 248–250, 325
– arcuata 76, 246, 248–249
– aspera 104
– glutea(lis) anterior 76
– – inferior 76
– intercondylaris 77
– intermedia 76
– intertrochanterica 77
– m. solei 80
– mylohyoidea 156, 175
– nuchae inferior 143, 149, 193
– – superior 143, 149, 193
– – suprema 143
– obliqua 156–157
– pectinea 77
– semilunaris 223
– temporalis 140, 143
– – inferior 142
– – superior 142
– terminalis 238–239, 243, 329
– transversa 236
– trapezoidea 18
Lingua 139, 173, 175
Lingula
– cerebelli 365, 373
– mandibulae 156
– pulmonis 272
– sphenoidalis 144
Linse 358
Lobus(-i)
– auriculae 408
– biventer 372
– caudatus 284, 299, 306
– centralis 373
– dexter glandulae thyroideae 202
– frontalis 347–352, 355, 357, 361–362
– glandulae mammariae 215
– gracilis 372
– hepatis dexter 295–296, 299, 305–306, 330, 344
– – sinister 284, 295–296, 298, 305–306, 330
– inferior 269–272, 283–285
– medius 269–270, 283–284
– occipitalis 347–352, 355, 357–358, 362
– parietalis 347–351
– – inferior 349
– – superior 349
– pyramidalis glandulae thyroideae 202
– quadrangularis 373
– quadratus 288
– – Leber 306
– semilunaris inferior 372–373
– – superior 372–373
– simplex 373
– sinister glandulae thyroideae 202
– superior 269–272, 283–285
– – Lunge 283–284
– temporalis 347, 349–352, 358
Locus caeruleus 370
Luftröhre 202–205
Lumbalpunktion 390
Lunge(n) 223, 229, 280, 282
– linke 262, 268, 271–272, 279, 283, 330
– von medial 269
– Projektion auf die Körperwand 260
– rechte 270, 288, 330
Lungengrenze 260
Lungensegmente 270, 272
Lymphgefäßsystem 8
Lymphknoten
– Achselhöhle 60
– Kopf- und Halsbereich 188

M

Macula lutea 403, 405
Magen 262, 266, 284, 286, 291, 295–296, 298, 300, 302, 330–332, 340–341, 343

Magen
– Abschnitte 300
– atonischer 302
– Formen 302
– Fundus 267, 301
– hyper-, hypo- bzw. orthotonischer 302
– von ventral 300
Magen-Darm-Passage, Röntgenbild 301
Magenkarzinom 302
Magnetresonanztomographie
– Brustwirbelsäule 228, 390
– Halswirbelsäule 228
– Knie 106
– Kopf 154
– – axiale Schnittführung 360
– – sagittale Schnittführung 364
Mahlzahn 155, 157, 159
Malleolus
– lateralis (Fibula) 72, 79, 83, 85–86, 92, 109, 114
– medialis (Tibia) 70, 72, 80, 83, 85–86, 92, 109, 114, 128
Malleus 409–410
Mamma
– Sagittalschnitt 215
– von ventral 215
Mandibula 138, 140–143, 152–154, 156–158, 167, 170–171, 173, 175–176, 183, 188, 193–194, 196
Manubrium
– mallei 409
– sterni 29, 217–218, 221
Margo
– anterior (Fibula) 79
– – (Radius) 24
– – (Tibia) 80
– – (Ulna) 23
– inferior (Milz) 313
– interosseus (Fibula) 79
– – (Radius) 24
– – (Tibia) 80
– – (Ulna) 23
– lateralis (Humerus) 21
– – (Scapula) 19–20
– medialis (Humerus) 21
– – (Scapula) 19–20, 37, 54
– – (Tibia) 80
– posterior (Fibula) 79
– – (Radius) 24
– – (Ulna) 23
– superior (Milz) 313
– – (Scapula) 19–20
– supraorbitalis 140
Massa lateralis 231
Maxilla 138, 140–143, 145–146, 148–149, 152, 155, 162–164, 166–167, 171, 395, 400
McBurney-Punkt 294
Meatus
– acusticus externus 167, 408
– nasi inferior 146, 154, 164–165, 171
– – superior 165
Medianusgabel 53
Medulla
– oblongata 353, 358, 360, 363, 365–366, 377–378
– – Querschnitt 368–369
– renalis 319
– spinalis 182, 209–210, 228, 354, 360, 364, 388–390
Membrana
– atlantooccipitalis anterior 161, 189
– – posterior 240
– intercostalis 223
– – externa 224
– – interna 224
– interossea antebrachii 32, 64–65
– – cruris 88–89, 92, 94, 114, 134
– obturatoria 120, 243, 251, 335
– perinei 254
– quadrangularis 206
– stapedialis 409
– synovialis capsulae articularis 40
– tectoria 189
– thyrohyoidea 175, 190, 197, 202–204, 206, 208
– thyroidea 202
– tympanica 408, 410
– vastoadductoria 101, 123
– vestibularis 411
Meniscus
– lateralis 89–90, 105–106
– medialis 89–91, 105–106
Meniskusabriss 91
Mesencephalon 351, 353
Mesenterium 335, 339
Mesoappendix 297, 303
Mesocardium 278
Mesosalpinx 327
Metatarsophalangealgelenke, Gelenkkapseln 93
Metatarsus 82–83
Metencephalon 353
Milz 284–285, 291, 295–296, 298, 330–332, 340–342
– mit Hilum 313
Mitralklappe 261
Mittelhand
– Knochen 17
– Querschnitt 66
Mittelhirn 351, 353
– Medianschnitt 363
– Querschnitt 371
Mittelohr 408, 410
Mmma, Sagittalschnitt 215
Mondbein 28
Mons pubis 255
Mundboden
– Muskeln 175–176
– Querschnitt 173
– Sagittalschnitt 173
Mundhöhle 139, 174
– Querschnitt 173
– Sagittalschnitt 173
Musculus(-i)
– abductor digiti minimi 41–47, 58, 66, 107, 112–114, 135
– – hallucis 72, 112–114, 116, 128, 135
– – pollicis brevis 41–42, 44–45, 47
– – – longus 41, 43, 57, 65
– adductor brevis 101, 130–132, 334, 338
– – hallucis 113, 135
– – longus 99–101, 130–132, 214, 334, 338
– – magnus 70–71, 97–99, 101–104, 117, 124, 131–132, 254–255, 335, 338–339
– – minimus 97, 101, 103–104, 131
– – pollicis 41–42, 44–46, 58, 66
– – – brevis 46, 58
– anconeus 38–39, 43, 54, 57, 64
– articularis genus 88, 105, 118, 133
– aryepiglotticus 204–206
– arytenoideus obliquus 204–205
– – transversus 161, 204–205, 209
– auricularis anterior 169
– – posterior 169
– – superior 169
– biceps brachii 13–15, 30, 38, 40–41, 52–56, 62–63, 281–282
– – femoris 69, 71, 90, 97, 103–105, 107, 109–110, 122, 124–125, 132–133
– brachialis 13, 37–38, 40–43, 52–55, 57, 63–64
– brachioradialis 13–15, 37–41, 43, 52–57, 63–65
– buccinator 170, 173–174, 182
– bulbospongiosus 254–255, 335, 338
– capitis longus 182
– ciliaris 403
– coccygeus 99, 101, 121, 254–255
– constrictor pharyngis 183
– – – inferior 175, 190–192, 194, 206, 209–210
– – – medius 175, 194
– – – superior 182, 191–192, 194–195
– constrictores pharyngis 195
– coracobrachialis 36–38, 52, 62, 282
– cremaster 245–246, 323
– cricoarytenoideus lateralis 205–206
– – posterior 195, 204–206, 210
– cricothyroideus 175, 202, 204–206, 210, 262
– deltoideus 13–14, 36–39, 51–54, 60–62, 191–192, 213, 247, 252, 281–282, 284–285
– depressor anguli oris 168–170
– – labii 183
– – – inferioris 168–169
– digastricus 174, 176, 182–183, 187, 191–192, 194, 196
– dilatator pupillae 403
– erector spinae 224–225, 249, 252–253, 281, 285–288, 332, 343
– extensor carpi radialis brevis 38–39, 43, 54, 64–65
– – – – longus 13–14, 38–39, 43, 63–65
– – – ulnaris 13, 38–40, 43, 57, 64–65
– – digiti minimi 43, 64–65

Musculus(-i), extensor carpi radialis brevis
-- digitorum 13, 38–39, 43, 54, 64–65, 109
--- brevis 111, 115–116, 127
--- longus 107, 109, 111, 115–116, 127, 134–135
-- hallucis brevis 109, 111, 115, 127
--- longus 107, 109, 111, 115–116, 127, 134
-- indicis 43, 57
-- pollicis brevis 43, 57, 65
--- longus 43, 57, 65
- flexor carpi radialis 37, 41–42, 55–56, 64–65
--- ulnaris 13–15, 37, 39, 41–42, 55–56, 64–65
-- digiti brevis 41–42, 44–45, 47, 58, 66, 112–113, 135
--- minimi 65
-- digitorum brevis 112–114, 116, 128
--- longus 108–110, 116, 126, 128, 134
--- profundus 42, 64–65
--- superficialis 37, 41–42, 55–56, 64–65
-- hallucis brevis 112–113, 135
--- longus 108–110, 113, 126, 134–135
-- pollicis brevis 41, 45–46, 66
--- longus 41–42, 55, 65
- gastrocnemius 70–71, 88, 101–110, 124–126, 133–134
- gemellus inferior 97, 103–104, 117, 124, 131
-- superior 97, 103–104, 117, 122, 124, 131
- genioglossus 139, 173, 175–176, 183
- geniohyoideus 161, 173, 175–176
- gluteus maximus 69, 71, 97–99, 102–104, 117, 122, 124, 130–132, 252–255, 333–339
-- medius 97–98, 103–104, 117, 122, 124, 130–131, 252, 333, 335, 337, 339
-- minimus 97–98, 104, 117, 122, 124, 130–131, 333–336, 339
- gracilis 70, 97, 99–102, 104, 123–124, 131–133, 254–255, 338–339
- hyoglossus 175–176, 183, 191–192
- iliacus 96, 98–101, 120, 123, 248, 251, 314, 316, 333, 335, 337, 339
- iliocostalis lumborum 253
-- thoracis 253, 331
- iliopsoas 130–132, 333–336, 338
- infraspinatus 13, 39, 49, 54, 61–62, 252, 281–282, 285
- intercostales 224–226, 248–249, 262, 264, 281–282, 285, 288, 330
-- externi 36, 222–224, 245–246, 253
-- interni 222–224
-- intimi 223–224
- interossei dorsales 41, 43–46, 48, 57, 66, 111, 115, 135
-- palmares 46, 66
-- plantares 112–113, 135
- interspinalis cervicis 193

M. extensor carpi radialis brevis
- intertransversarii cervicis 193
-- mediales lumborum 222
-- thoracis 222
- ischiocavernosus 254–255, 335, 338
- lateralis dorsi 249
- latissimus dorsi 14, 36–37, 39, 51–52, 60, 62, 213, 225, 245, 247, 252, 256, 282, 285
- levator ani 130, 251, 254–255, 333–335, 337, 339
-- labii superioris 168–169
---- alaeque nasi 168–169
-- palpebrae superioris 394, 396–397, 399–402
-- scapulae 61, 190–193, 209–210, 252–253
-- veli palatini 194–195, 408
- levatores costarum breves 222
--- longi 222
- longissimus capitis 174, 253
-- cervicis 253
-- thoracis 253, 331
- longitudinalis inferior 139
-- superior 173
- longus capitis 183, 190–192, 209
-- colli 61, 183, 191–192, 209–210, 286
- lumbricales 41–42, 44–45, 47, 58, 112–113
- masseter 170, 174, 182, 358
- mentalis 168–169, 183
- multifidi 331
- mylohyoideus 161, 171, 173, 175–176, 183, 190–192, 196
- nasalis 168–169
- obliquus capitis inferior 182, 193, 360
--- superior 193
-- externus 226
--- abdominis 60, 98, 224, 245–250, 252–253, 336
-- inferior bulbi 226, 394, 396–400, 402
-- internus abdominis 98, 222, 224, 246, 248–250, 253, 336
-- superior bulbi 396–400, 402
- obturatorius externus 97–98, 104, 117, 130–131, 251, 334–335, 337–339
-- internus 97, 99, 101, 103–104, 117, 121, 124, 130–131, 251, 333–337, 339
- occipitofrontalis 168–170, 400
- omohyoideus 36, 61, 175, 187, 190–192, 196–199, 209
- opponens digiti minimi 41, 44, 46–47, 66
-- pollicis 41–42, 44–46, 66
- orbicularis oculi 168–169, 400
-- oris 168–169, 173, 182
- palatoglossus 174, 182
- palatopharyngeus 172, 174, 182, 195
- palmaris brevis 41, 44, 66
-- longus 37, 41–42, 64
- papillaris anterior 277
-- posterior 277
- pectineus 100–101, 130–132, 333–334, 337–338

M. extensor carpi radialis brevis
- pectoralis major 13–14, 36–37, 51–53, 60, 62, 191–192, 215, 245–247, 264, 281–282, 284, 286
-- minor 36–37, 51–53, 215, 281–282, 284
- peroneus brevis 107, 109–110, 116, 126, 135
-- longus 70, 105, 107, 109–110, 116, 126, 134
- piriformis 97, 99, 101, 103–104, 117, 122, 124, 336
- plantaris 102–105, 109–110, 125–126, 133–134
- popliteus 88, 105, 110, 118, 126, 134
- procerus 168–169
- pronator quadratus 41–42, 65
-- teres 37, 41–43, 55, 57, 64–65
- psoas major 96, 99–101, 120, 226, 248–249, 251, 257, 265, 314, 316–317, 320–321, 332–333, 335, 337, 339, 343
--- Rand 320
-- minor 96, 101
- pterygoideus lateralis 167, 194, 358
-- medialis 171, 174, 182, 194
- pubococcygeus 254–255
- pyramidalis 213, 245–246, 333
- quadratus femoris 97–98, 103–104, 130, 333–334, 337
-- lumborum 96, 226, 249, 257, 314, 316–317, 332
-- plantae 113–114
- quadriceps femoris 88, 118
- rectus abdominis 213, 226, 245–246, 248–250, 295, 316, 336
-- capitis posterior 182
---- major 193
---- minor 193
-- femoris 70, 99–102, 105, 123, 130, 132, 333–334, 336–338
-- inferior bulbi 396–400, 402
-- lateralis bulbi 358, 396–401
-- medialis bulbi 358, 396–403
-- superior bulbi 396–401
- rhomboideus 61, 210
-- major 252–253, 281, 288
-- minor 252–253
- risorius 168–169
- rotatores thoracis breves 222
--- longi 222
- salpingopharyngeus 195
- sartorius 70, 99–103, 123, 130–133, 214, 333–334, 336–338
- scalenus 191
-- anterior 51, 61, 190–192, 197, 199, 209–210, 263–264, 288
-- medius 36, 61, 183, 190–192, 197, 209–210, 253
-- posterior 191–192, 209–210, 253, 288
- semimembranosus 88, 90, 101–106, 109–110, 124–126, 132–133
- semispinalis capitis 169, 182–183, 191–193, 209, 252–253, 358

M. extensor carpi radialis brevis
– semitendinosus 88, 97, 99, 101–106, 117, 124–125, 131–132
– serratus anterior 36, 51, 60–61, 223, 225, 245–247, 281–282, 285
– – posterior inferior 249, 253
– – – superior 210, 253, 288
– soleus 88, 105, 107–110, 126, 134
– sphincter ani externus 254–255, 325, 334, 338
– – – internus 338
– – pupillae 403
– – urethrae 254–255, 325
– spinalis thoracis 253
– splenius capitis 169, 182–183, 190–193, 252–253
– – cervicis 61, 169, 191–193, 198, 209–210, 252–253, 285
– sternocleidomastoideus 36, 61, 138, 169–170, 174, 182–183, 186–187, 190–193, 196–199, 201, 209–210, 252–253, 262, 285–286, 288, 358, 360
– sternohyoideus 36, 61, 175, 190–192, 197, 209–210, 223, 281, 284, 286–287
– sternothyroideus 36, 61, 190–192, 210, 281
– styloglossus 174–175, 182, 191–192
– stylohyoideus 174–175, 183, 190–192, 194
– stylopharyngeus 174–175, 182–183, 194
– subclavius 36, 61, 263–264, 284
– subcostalis 224
– subscapularis 30, 36–37, 49, 52, 62, 281–282, 285
– supinator 40–43, 57, 64
– supraspinatus 31, 37, 49, 54, 61–62, 252, 285
– tarsalis inferior 394, 400
– – superior 394, 400
– temporalis 170, 358, 408
– temporoparietalis 168–169
– tensor fasciae latae 69, 100–102, 130–132, 333–334, 336–338
– – tympani 408
– teres major 13, 36–37, 39, 54, 62, 247, 252, 282, 285
– – minor 49, 52, 54, 62, 252, 281–282, 285
– thyroarytenoideus 205–206, 209
– thyroepiglotticus 205
– thyrohyoideus 36, 190–192, 206, 209
– tibialis anterior 70, 105, 107–109, 113, 116, 134
– – posterior 110, 113, 126, 134
– transversospinalis 61, 183, 209–210
– transversus abdominis 98, 223–224, 226, 246, 248–250, 257, 314, 316
– – linguae 173
– – perinei profundus 254–255, 325, 335
– – – superficialis 254–255
– – thoracis 223–224

M. extensor carpi radialis brevis
– trapezius 13, 36, 39, 51, 54, 61, 169, 182–183, 190–193, 198, 209–210, 213, 225, 252, 256, 281, 286–288
– triceps brachii 13–15, 39–43, 54–55, 57, 60, 62–64, 282, 285
– uvulae 165, 195
– vastus intermedius 101, 132, 338
– – lateralis 69, 98, 100–102, 105, 107, 123, 130, 132–133, 334, 338–339
– – medialis 70, 100–101, 105–106, 108, 123, 132–133
– vocalis 206
– zygomaticus major 168–169
– – minor 168–169
Muskeln/Muskulatur
– Auge, von kranial 396–397
– – von lateral 396
– Becken, von medial 99
– – von ventral 96
– Fußrücken 111
– Halsbereich, von ventral 36
– Hohlhand 45
– Hüfte, tiefe Schicht, von dorsal 97
– Lende, von ventral 96
– Oberarm, von dorsal 39
– – von ventral 37–38
– Oberschenkel, obere Schicht, von ventral 100
– Oberschenkel, von medial 99
– – mittlere Schicht, von dorsal 103
– – obere Schicht, von dorsal 102
– – – von lateral 102
– – – von ventral 100–101
– – tiefe Schicht, von dorsal 104
– – – von ventral 101
– Schultergürtel, von dorsal 39
– – von lateral 36
– – von ventral 36–38
– Unterschenkel, von lateral 107
– – von medial 108
– – mittlere Schicht, von dorsal 110
– – obere Schicht, von dorsal 109
– – tiefe Schicht, von dorsal 110
– – von ventral 109
Myelencephalon 353
Myometrium 327–328

N

Nabel 213, 245, 248–249, 251, 293–294
Nachhirn 353
Nackenmuskeln, von dorsal 252
Nase
– Knorpel 163
– – von lateral 163
– – von ventral 163
Nasenbein 141
Nasenhöhlen 162
– Projektion, von lateral 166
– – von ventral 166
Nasenmuschel
– mittlere 162
– obere 162
– untere 162
Nasenrachenraum, Spiegelung 165
Nasenscheidewand/-septum 162, 165
– von lateral 164–165
Nebenhoden 323
Nebenniere 288, 299, 314, 316, 318, 331
Nerven
– Achselhöhle, von ventral 51
– Armbereich, Hautäste, von dorsal 50
– – – von palmar 50
– Becken, von medial 121
– Durchtrittsstellen, Schädelbasis, äußere 151
– Ellenbeuge, von ulnar 55
– – von ventral 55
– Extremität, untere, von dorsal 119
– – – von ventral 119
– Fuß, von medial 128
– – von plantar 128
– Fußrücken 127
– Gesäßregion 122
– Halsbereich, von lateral 199
– – von ventral 197–198
– Hohlhand 58
– Interkostalraum, Querschnitt 224
– Kehlkopf 208
– Kniekehle, von dorsal 125
– Kopf, von lateral 180
– – von ventral 179
– Oberarm, -von ventral 52
– – von dorsal 54
– – von ventral 53
– Oberschenkel, von dorsal 124
– – von ventral 123
– Orbita, von kranial 401
– – von lateral 402
– Pharynx, von dorsal 200
– Rücken 256
– Unterarm, von dorsal 57
– – von ventral 55
– Unterschenkel, von dorsal 126
– – tiefe Schicht 126
Nervensystem
– somatisches 9
– vegetatives 9
Nervus(-i)
– abducens 150, 354, 362, 365–366, 379, 399
– accessorius 150–151, 183, 198–199, 209, 354, 365–366
– alveolaris inferior 158, 174, 182–183
– ampullaris(-es) 412
– – posterior 412
– auricularis magnus 180–181, 198–199
– auriculotemporalis 179–180
– axillaris 54, 59, 62
– cervicalis 61, 182, 210, 365–366
– ciliares breves 401–402

Nervus(-i)
– clunium inferiores 119, 124
– – medii 119, 129, 258
– – superiores 119, 129, 256, 258
– cutaneus antebrachii lateralis 50, 59
– – – medialis 50–51, 55, 59–60, 62–64
– – – posterior 50, 57, 59, 63
– – brachii 63
– – – anterior 63
– – – lateralis 55
– – – – inferior 50, 55
– – – – superior 50, 59
– – – medialis 50–51, 59, 63
– – – posterior 59
– – dorsalis intermedius 127
– – – lateralis 127
– – – medialis 127
– – femoris lateralis 119–120, 123, 129, 257, 317
– – – posterior 119, 122, 124, 129, 131, 333
– – surae lateralis 119, 124–125, 129
– – – medialis 119
– digitales dorsales 57
– – – communes 50
– – – pedis 127
– – palmares 50
– – – communes 58
– – – propriae 58
– – – proprii 50, 55, 58, 66
– – plantares communes 128
– – – proprii 128
– dorsalis scapulae 51
– facialis 150–151, 174, 180, 354, 365–366, 379, 408
– femoralis 73, 120, 123, 129–132, 214, 248, 257, 317, 333, 335–338
– fibularis 90, 133
– – communis 119, 124–126, 133
– – profundus 127, 129, 135
– – superficialis 127, 129
– frontalis 401–402
– genitofemoralis 121, 129, 257–258, 265, 317
– glossopharyngeus 150–151, 174, 200, 354, 365–366, 370, 379, 408
– gluteus inferior 122, 131
– – medius 336
– – superior 73, 122, 131
– hypoglossus 150–151, 174, 183, 200, 354, 365–366, 369
– iliohypogastricus 129, 257–258, 265, 317, 332
– ilioinguinalis 257–258, 265, 317
– infraorbitalis 138, 151, 179–180
– intercostales 223, 258, 263–265
– intercostobrachialis 60
– intermedius 150, 354, 365–366
– interosseus antebrachii anterior 55
– ischiadicus 73, 122, 124, 130–132, 333–334, 337–338
– lacrimalis 400–402

Nervus(-i)
– laryngeus recurrens 61, 200, 208, 263–265, 282
– – superior 200, 206, 208–209
– lingualis 173–174
– mandibularis 151, 181, 354, 358
– maxillaris 181, 354, 358, 362
– medianus 14, 51–53, 55–56, 58–60, 62–65, 282
– mentalis 138, 179–180
– minor 181
– musculocutaneus 52–53, 59–60, 62–63
– nasociliaris 399, 402
– nasopalatinus 151
– obturatorius 120–121, 129–130, 335–337, 339
– occipitalis major 180–181
– – minor 180–181, 198–199
– oculomotorius 150, 352–354, 358, 362–363, 365–366, 371, 378–379, 399
– ophthalmicus 150, 181, 354, 362, 401
– opticus 150, 352, 354, 358, 362–363, 379, 384, 396–404
– – Horizontalschnitt 404
– palatini majores 151
– – minores 151
– palmaris longus 65
– petrosus major 151, 366
– – minor 151
– phrenicus 61, 197, 199, 210, 225–226, 263–264, 282, 317
– plantaris lateralis 113–114, 128–129
– – medialis 113–114, 128–129
– pudendus 121–122, 333, 336
– radialis 51–56, 59, 62–64, 282
– saccularis 412
– saphenus 90, 119, 125, 127–129, 132–133, 135
– splanchnicus major 225–226, 263–265, 283, 330–332
– – minor 225–226, 265, 283, 330–331
– subcostalis 257, 265, 317
– supraclaviculares 50, 59, 181, 198, 258
– supraorbitalis 138, 179–180, 400–401
– suprascapularis 51
– supratrochlearis 179–180, 401
– suralis 119, 125, 127, 129, 134–135
– temporalis retinae inferior 412
– thoracicus 331
– thoracodorsalis 52–53
– tibialis 71–72, 90, 119, 124–126, 128, 133–135
– transversus colli 181, 198, 258
– trigeminus 354, 365–366, 379
– trochlearis 150, 352, 354, 362, 365–366, 370, 401
– ulnaris 51–56, 58–60, 62–65, 282
– – Palpationsstelle 14
– utricularis 412
– vagus 61, 150–151, 174, 183, 200, 208–210, 225–226, 263–265, 281–282, 317, 354, 365–366, 369, 379, 408

Nervus(-i)
– vestibulocochlearis 150, 354, 366, 379, 412
– vestibulotrochlearis 365
– zygomaticus 151
Niere(n) 316, 320–322, 331
– Längsschnitt 319
– linke 292, 299, 318, 340–344
– projiziert, auf die Bauchwand 292
– – auf den Rücken 292
– rechte 288, 292, 298, 320, 332, 341–344
Nierenbecken 320–321
– Formen 319
– Röntgenbild 321
– Sonographie 321
Nierenkelche 320–321
Nierenmark 319
Nierenrinde 319
Nodulus vermis 373
Nodus(-i) lymphaticus/lymphoideus(-i)
– anuli femoris 8
– axillares 60
– – apicales 8
– – pectorales 8
– brachiales 8
– bronchopulmonalis 269, 271
– cervicales anteriores 188
– – laterales 8
– – – profundi inferiores/superiores 188
– coeliaci 8
– iliaci communes 8
– – externi 8
– – interni 8
– inguinales 8
– – superficiales 122
– lumbales 8
– mandibulares 188
– mastoidei 188
– mediastinales 8
– mesenterici 8
– occipitales 188
– parotidei superficiales 188
– popliteales 8
– retropharyngeales 188
– submandibulares 188
– submentalis 188
– tracheobronchialis 286
Nucleus(-i)
– accessorius n. oculomotorii 367, 371
– ambiguus 367–369
– anterior thalami 361
– arcuati 369
– caudatus 356–357, 360–361, 376
– cochlearis anterior 370
– – dorsalis 367
– – posterior 370
– corporis mamillaris 361
– cuneatus 369
– dentatus 372
– dorsalis n. vagi 367, 369
– emboliformis 372
– facialis 367, 370

Nucleus(-i)
– fastigii 372
– globosus 372
– gracilis 368–369
– interpeduncularis 371
– lateralis thalami 361
– lentiformis 357, 360–361, 376
– medialis thalami 361
– motorius n. trigemini 367
– n. abducentis 367
– n. hypoglossi 367, 369–370
– n. oculomotorii 367
– n. oculomotorius 371
– n. trochlearis 367, 370–371
– olivaris accessorius medialis 369
– – – posterior 369
– – inferior 369–370
– reticularis lateralis 369
– – thalami 361
– ruber 371
– salivatorius inferior 367
– – superior 367
– sensorius n. trigemini 367
– – principalis 367
– spinalis n. accessorii 367
– – n. trigemini 369–370
– subthalamicus 361
– tractus mesencephali n. trigemini 367
– – solitarii 367, 370
– – spinalis n. trigemini 367–368
– vestibularis inferior 369
– – lateralis 370
– – medialis 370

O

Oberarm
– Gefäße, von dorsal 54
– – von ventral 52–53
– Knochen 17
– Muskeln, von dorsal 39
– – von ventral 37–38
– Nerven, von dorsal 54
– – von ventral 52–53
– Querschnitt 62–63
Oberbauch
– Querschnitt 330–332
– Situs, von ventral 298–299
Oberkiefer 138, 155
Oberkieferhöhle 166
Oberkieferknochen 141, 148
Oberschenkel
– Gefäße, von dorsal 124
– – tiefe Schicht, von dorsal 124
– – von ventral 123
– Knochen 75
– Muskeln, von medial 99
– – mittlere Schicht, von dorsal 103
– – obere Schicht, von dorsal 102
– – – von lateral 102
– – – von ventral 100–101
Oberschenkel, Muskeln, von medial
– – tiefe Schicht, von dorsal 104
– – – von ventral 101
– Nerven, von dorsal 124
– – tiefe Schicht, von dorsal 124
– – von ventral 123
– Querschnitt 132–133
Obex 365
Oesophagus/Ösophagus 61, 161, 175, 194, 205, 210, 225–226, 263–267, 278, 281–283, 286–287, 291, 297, 300–301, 314, 316–317, 330, 390
– Engen, Topographie 266
– Muskulatur 195
– Röntgenbild 267
Ohr 407–412
– äußeres 408
Olecranon 13–15, 22–23, 27, 32, 40, 54–55, 64
Olive 365–366
Omentum
– majus 295, 298, 300, 330–332
– minus 298, 300, 331
Operculum
– frontale 350, 357
– parietale 350
– temporale 350, 357
Ora serrata 403
Orbita 138, 152, 154, 162, 358
– Dach 152
– Frontalschnitt 400
– Gefäße, von kranial 401
– von lateral 395
– Nerven, von lateral 402
– – von kranial 401
– Sagittalschnitt 400
– von ventral 395
Os(-sa)
– capitatum 25, 28, 33–35
– carpi 17
– coccygis 216, 227, 237–238, 254–255, 333
– costale 217
– coxae 71, 75–76, 216, 239, 243, 320, 333
– cuboideum 81–83, 85–86, 94–95
– cuneiforme intermedium 81–83, 86, 95
– – laterale 81–83, 94–95
– – mediale 81–82, 94–95, 113
– digitorum 17, 83
– ethmoidale 140–142, 145, 148, 162, 166, 358, 395, 400
– frontale 140–143, 145–146, 148, 152, 162–163, 166, 395–396, 400–401
– hamatum 25, 28, 35
– hyoideum 138, 161, 173, 175–176, 183, 186–187, 189–192, 194, 196–197, 202–206, 208
– ilium 76, 84, 98–99, 237, 244, 248, 251, 335
– incisivum 155
– ischii 76, 78, 99, 131, 237, 251, 334–335, 337–339
Os(-sa)
– lacrimale 140–142, 163, 395
– lunatum 25, 28, 33
– metacarpi/-alia 17, 25, 28, 66
– metatarsi/-alia 81, 83, 93, 95, 135
– nasale 138, 140–142, 145, 163–166, 395
– naviculare 81–83, 86, 94–95, 113
– occipitale 141–143, 145, 148–149, 152, 154, 161, 171, 189, 231, 240–241, 359, 363
– palatinum 145, 148, 155, 395
– parietale 140–141, 143, 145–146, 148–149, 152, 359–360, 363
– pisiforme 25, 28, 33, 41, 44–46, 58
– pubis 76, 78, 99, 130, 237, 329, 333–334, 337
– sacrum 216, 227, 237–239, 243–244, 329, 389
– scaphoideum 25, 28, 34–35
– sesamoidea 25, 81–82
– sphenoidale 140–142, 144–145, 148, 166–167, 358, 362, 395, 400
– – Frontalschnitt 362
– temporale 140–143, 145, 148–149, 194, 358–359, 362, 408
– trapezium 25, 28, 35
– trapezoideum 25, 28, 34–35
– triquetrum 25, 28
– zygomaticum 140–141, 148–149, 154, 162, 167, 395, 400
Ossifikationskerne, Handwurzelknochen 28
Ostium
– appendicis vermiformis 303
– atrioventriculare 276
– – dextrum 288
– – sinistrum 276
– cardiacum 300
– ileocaecalis 303
– pharyngeum tubae auditivae 165, 195, 408
– pyloricum 301
– ureteris 324–325
– urethrae externum 255, 324
– – internum 324
– uteri 325, 327–328
– vaginae 255
– venae cavae superioris 286
Ovarium 297, 325, 327

P

Palatum
– durum 153, 155, 164–165, 172, 364
– molle 139, 165, 195
Palmaraponeurose, Hohlhand 44
Palpationsstelle
– A. brachialis 14
– A. facialis 138
– A. radialis 13, 15
– A. tibialis posterior 72
– N. ulnaris 14

Palpebra
– inferior 394, 400
– superior 394, 400
Pancreas/Pankreas 284, 291, 297, 299, 314, 331, 340–343
– Lage, zu Duodenum und Milz 315
Pankreasgang, Röntgenaufnahme 309
Papilla(-ae)
– duodeni major 315
– – minor 315
– filiformes 172
– foliatae 172
– fungiformes 172
– incisiva 172
– mammae 215
– renales 319
– vallatae 172
Paries membranaceus tracheae 203
Parotisloge, Querschnitt 174
Pars
– abdominalis aortae 265, 293, 310, 314–317, 330, 332, 340–344
– alveolaris 156–157
– anterior pedunculi cerebri 371
– anularis vaginae fibrosae 45
– ascendens aortae 274, 277–278, 284, 286, 293
– caeca retinae 403–404
– cardiaca 291, 300–301
– centralis ventriculi lateralis 375
– cochlearis (N. vestibulocochlearis) 412
– compacta (Substantia nigra) 371
– costalis (Diaphragma) 226, 248
– – (Pleura parietalis) 284, 288
– cricopharyngea (M. constrictor pharyngis inferior) 175, 194
– cruciformis vaginae fibrosae 45
– descendens aortae 261, 297, 299
– – duodeni 301, 314
– diaphragmatica (Pleura parietalis) 284, 288
– flaccida 409
– horizontalis duodeni 314–315
– intercartilaginea (Rima glottidis) 207
– lateralis (Os sacrum) 235
– lumbalis (Diaphragma) 226
– mediastinalis (Pleura parietalis) 284
– membranacea septi interventricularis 277
– – (Trachea) 205
– optica retinae 403–404
– orbitalis (Glandula lacrimalis) 394
– – (M. orbicularis oculi) 168–169
– palpebralis (Glandula lacrimalis) 394
– – (M. orbicularis oculi) 168–169
– petrosa ossis temporalis 142
– pylorica 291, 295, 300–301
– reticulata (Substantia nigra) 371
– spinata (M. deltoideus) 39
– squamosa (Os temporale) 140
– sternalis (Diaphragma) 226
– superior duodeni 298, 300, 314
– tensa 409
Pars
– thoracica aortae 208, 265–266, 273, 283, 286, 293
– thyropharyngea (M. constrictor pharyngis inferior) 175
– tibiocalcanea (Lig. mediale) 92, 94, 114
– tibionavicularis (Lig. mediale) 94
– tibiotalaris anterior (Lig. mediale) 94
– – posterior (Lig. mediale) 92, 94
– transversa (M. nasalis) 169
– vestibularis (N. vestibulocochlearis) 412
Patella 70–71, 75, 78, 84–85, 88, 90, 100–102, 105–109, 118, 133
Paukenhöhle 408, 410
Pecten ossis pubis 76, 239
Pediculus arcus vertebrae 233–234
Pedunculus
– cerebellaris inferior 365, 369–370
– – medius 365, 372–373
– – superior 365, 370, 373
– cerebri 353, 363, 365
– flocculi 373
Pelvis renalis 312, 318–322
Penis 254, 322–323
Pericardium
– fibrosum 283–284, 286–288
– parietale 262
– serosum 283
Pericranium 384
Perikard 225
Perilymphe 411
Perimetrium 327–328
Periodontium 160
Periorbita 401
Periosteum 388
Peritoneum 332, 335–336, 339
– parietale 249–251, 325
– – mit Gekrösewurzeln 297
– viscerale 335
Pes
– anserinus 70, 101
– cavus 95
– planus 95
– transversoplanus 95
– valgus 95
Petiolus epiglottidis 203
Pfeilnaht 152
Pflugscharbein 148
Phalanx(-ges) 25, 82–83
– distalis 25, 81–82
– hallucis 113
– media 25, 81–82
– proximalis 25, 66, 81–82
Pharynx
– Gefäße und Nerven, von dorsal 200
– Muskulatur, von dorsal 194–195
Pia mater 384, 404
– Septen 404
– spinalis 377, 388
Planta pedis 72
Plantaraponeurose, Fußsohle 112
Plattfuß 95
Platysma 168–170, 173, 209–210
Pleura
– costalis 225, 262–264, 285
– diaphragmatica 225, 262, 285
– mediastinalis 262, 264, 285
– parietalis 223–224, 283–285
– visceralis 223, 283, 285, 288
Pleuragrenze 260
Plexus
– basilaris 384, 386
– brachialis 197, 199, 263, 281
– cervicalis 258
– choroideus 361
– – ventriculi lateralis 356–357, 359, 361, 377
– – – quarti 353, 377
– – – tertii 351, 353, 377
– pampiniformis 323
– pterygoideus 178, 385
– sacralis 121, 336
– sympathicus aorticus 151
– venosus prostaticus 334
Plica(-ae)
– aryepiglottica 205–207
– caecalis 303
– fimbriata 139
– gastropancreatica 297
– ileocaecalis 303
– lacrimalis 394
– palatinae transversae 172
– phrenicocolica 297
– rectouterina 325
– salpingopalatina 165
– salpingopharyngea 165, 195
– semilunaris coli 303
– sublingualis 139
– umbilicalis lateralis 251
– – medialis 251
– – mediana 251
– vestibularis 205–207
– vocalis 161, 205–207
Pons 154, 347, 353–354, 358, 360, 363–366, 370, 372, 377
– Querschnitt 370
Porta hepatis 340–341
Portio
– supravaginalis cervicis 327–328
– vaginalis cervicis 327–328
Porus
– acusticus externus 142, 149, 167
– – internus 150
Precuneus 351, 359
Preputium penis 324
Processus
– accessorius 234
– acusticus externus 151
– alveolaris (Maxilla) 163
– – maxillae 155, 163
– anterior (Malleus) 409
– articularis inferior 232, 234–235
– – superior 221, 233–238
– ciliaris 403

Processus
– clinoideus anterior 144, 146
– condylaris 156–158
– coracoideus 18–20, 26, 30, 37, 49, 52–53
– coronoideus 23, 153, 156–158
– costalis 234
– frontalis (Maxilla) 163, 395
– horizontalis 155
– lateralis (Malleus) 409
– – tali 82
– lenticularis 409
– mamillaris 234
– mastoideus 138, 140, 142–143, 149, 167, 360
– palatinus (Maxilla) 155, 163–164
– spinosus 217, 220–221, 228–235, 242, 253, 256, 390
– – axis 240
– styloideus ossis temporale 142–143, 149, 167, 174–175, 194, 408
– – radii 13–14, 24, 32
– – ulnae 13–14, 23, 32
– temporalis ossis zygomatici 142, 170
– transversus 217, 221, 231–235, 237, 240
– – atlantis 182, 193, 240
– uncinatus 315
– xiphoideus 217–218, 226
– zygomaticus 149
– – maxillae 149, 154, 395
– – ossis temporalis 142
Prominentia
– laryngea 190
– mallearis 409
Promontorium 96, 236–237, 243, 257, 314, 316, 389
Prosencephalon 368
Prostata 130, 251, 322, 324, 334–335
Protuberantia
– mentalis 140, 156, 158
– occipitalis externa 143, 149, 252–253
Pulmo
– dexter 330
– sinister 330
Pulmonalklappe 261
Pulpa coronalis 160
Pulvinar thalami 376
Punctum lacrimale 394
Punktion(sort)
– A. carotis communis 186
– A. femoralis 214
– V. femoralis 214
– V. jugularis interna 186–187
– V. subclavia 187
Pupilla 394, 403
Putamen 357, 361, 376
Pylorus 298
Pyramidenbahn 369–370
– Kreuzung 366
– Seitenstrang 391
– Vorderstrang 391
Pyramis
– renalis 319
– vermis 372–373

R

Radiatio corporis callosi 356
Radius 16–17, 22, 24–25, 27–28, 31–33, 35, 42, 64–65
Radiusköpfchenluxation 32
Radix(-ces)
– cranialis (N. accessorius) 366
– dentis 158, 160
– dorsalis (N. spinalis) 388
– inferior ansae cervicalis 199
– linguae 172–173, 205
– mesenterii 297
– mesocoli sigmoidei 297
– – transversi 297
– motoria (N. trigeminus) 365
– nasi 138
– oculomotoria 401
– sensoria (N. trigeminus) 365
– spinalis (N. accessorius) 151, 365–366
– superior ansae cervicalis 199
– ventralis (N. spinalis) 388
Ramus(-i)
– ad pontem 379–380
– anterior (A. cerebri anterior) 378
– – (A. collateralis radialis) 54
– – (A. coronaria dextra) 276
– – (N. intercostalis) 224
– auricularis (N. vagus) 151
– buccales (N. facialis) 180
– circumflexus arteriae coronariae sinistrae 274–276
– colli n. facialis 180
– communicans 388
– cranialis (N. accessorius) 365
– cutanei anteriores (N. femoralis) 119, 129
– – – (Nn. intercostales) 258
– – laterales (Aa. intercostales posteriores) 256, 258
– – – nervorum intercostalium 59
– – – (Vv. intercostales posteriores) 256
– – mediales (Aa. intercostales posteriores) 256
– – – (Vv. intercostales posteriores) 256
– cutaneus anterior (N. iliohypogastricus) 258
– – brachii lateralis 59
– – lateralis (N. hypogastricus) 129
– – – (N. iliohypogastricus) 129, 258
– – (N. obturatorius) 119, 129
– dorsalis(-es) (A. subcostalis) 256
– – (Aa. lumbales) 256
– – manus (N. ulnaris) 59
– – (N. spinalis) 388
– – (N. subcostalis) 256
– – (N. ulnaris) 50, 57
– – (Nn. cervicales) 181
Ramus(-i), dorsalis(-es) (A. subcostalis)
– – (Nn. lumbales) 256
– – (Nn. thoracici) 256
– – (V. subcostalis) 256
– – (Vv. lumbales) 256
– externus (N. laryngeus superior) 200
– – (N. vagus) 208
– femoralis (N. genitofemoralis) 120, 129, 258
– frontalis (A. cerebri media) 378
– – (A. temporalis superficialis) 177
– – (A. zygomaticoorbitalis) 180
– genitalis (N. genitofemoralis) 129, 258
– inferior (N. oculomotorius) 399, 402
– infrapatellaris (N. saphenus) 119, 129
– intercostalis anterior 224
– internus (N. laryngeus superior) 200
– – (N. vagus) 208
– interventricularis anterior 274, 276
– – posterior 276
– mandibulae 156, 158, 174, 182
– marginalis mandibularis (N. facialis) 180
– meningeus (N. mandibularis) 151
– muscularis(-es) (N. femoralis) 123
– – (N. radialis) 54
– – (N. tibialis) 126
– palmaris (N. medianus) 50
– – (N. ulnaris) 59
– – superficialis (A. radialis) 58
– parietalis (A. cerebri media) 378
– – (A. temporalis superficialis) 177, 180
– posterior (A. collateralis radialis) 54, 57
– – (N. intercostalis) 224
– profundus (N. radialis) 57
– – (N. ulnaris) 58
– scrotales (N. ilioinguinalis) 258
– superficialis (N. radialis) 50, 55–57, 64–65
– – (N. ulnaris) 58
– superior (N. oculomotorius) 399
– temporales (N. facialis) 180
– ventralis 388
– zygomatici (N. facialis) 180
Raphe
– mylohyoidea 173
– palati 172
– pharyngis 194
– tendinea perinei 254–255
Rautenhirn 353
– Medianschnitt 363
– Querschnitt 370
Recessus
– axillaris 31
– costodiaphragmaticus 224, 284–285, 288
– costomediastinalis 225
– ellipticus 411
– ileocaecalis inferior 303
– – superior 303
– infundibuli 353, 363, 374–375
– lateralis ventriculi quarti 375
– opticus 363, 375
– pharyngeus 165, 408

Recessus
– pinealis 353, 363, 375
– piriformis 195, 206, 209
– sphenoethmoidalis 165
– sphericus 411
– subphrenici 298
– subpopliteus 118
– suprapinealis 375
Regio
– abdominalis 3
– – lateralis 2
– analis 3
– antebrachii anterior 2
– – posterior 3
– auricularis 4
– axillaris 2
– brachii anterior 2
– – posterior 3
– buccalis 4
– calcanea 2–3
– colli anterior 4
– – lateralis 2, 4
– – posterior 3
– cruris anterior 2–3
– – posterior 2–3
– cubiti anterior 2
– – posterior 3
– deltoidea 2–3
– epigastrica 2
– femoris anterior 2
– – posterior 3
– frontalis 4
– genus anterior 2
– – posterior 3
– glutealis 3
– hypochondriaca 2–3
– infraclavicularis 2
– infraorbitalis 4
– infrascapularis 3
– inguinalis 2
– interscapularis 3
– lumbalis 3
– malleolaris lateralis 2–3
– – medialis 2
– mammaria 2
– mentalis 4
– nasalis 4
– nuchae 193
– occipitalis 3–4
– oralis 4
– orbitalis 4
– palmaris 2
– parietalis 3–4
– parotideomasseterica 4
– pectoralis lateralis 2–3
– pubica 2
– retromandibularis 4
– sacralis 3
– scapularis 3
– sternalis 2
– sternocleidomastoidea 2–4
– suprahyoidea 4

Regio
– suprascapularis 3
– temporalis 3–4
– trochanterica 2
– umbilicalis 2
– vertebralis 3
Reissner-Membran 411
Rektum 304, 314, 316, 325–326, 333–334, 336–338
Rektusscheide 223, 245, 249–250
Ren 288, 292, 314, 316, 322, 331
– dexter 298, 332
– sinister 299, 318, 332
Rete
– articulare cubiti 54, 57
– patellae 74
Retina 403–404
Retinaculum
– mm. extensorum 43, 65
– – inferius 109, 111, 116
– – superius 107–109, 115–116
– mm. flexorum 41–42, 45–46, 56, 58, 108, 116
– mm. peroneorum inferius 107, 111, 115
– – superius 107, 116
– patellae laterale 88
– – mediale 88
Rhombencephalon 353
Riechzentrum 387
Rima
– glottidis 206–207, 209
– vestibuli 206
Rindenfeld
– primär akustisches 387
– primär somato-motorisches 387
– primär somato-sensibles 387
– sekundär akustisches 387
– sekundär somato-sensibles 387
– tertiär akustisches 387
Rindenzentren, Gehirn 387
Ringknorpel 202–205, 266
Rippe(n) 26, 61, 96, 197, 213, 215–217, 219–222, 224–226, 229–230, 242, 245–246, 249, 253, 257, 262–264, 282, 285, 288, 293, 307, 320, 330, 342, 344
– Bänder, von lateral 221
– Gelenke 220
– Knorpel 216
Röntgenaufnahme
– Abdomen 320
– Becken 239
– Brustwirbelsäule 229–230
– Coxa valga 87
– Ellenbogengelenk 27
– Gallenblase 309
– Gallenwege, extrahepatische 309
– Hand 28
– Hüfte 84
– Kniegelenk 85
– Kolon 304
– Kopf 154
– Magen-Darm-Passage 301

Röntgenaufnahme
– Magenkarzinom 302
– Nierenbecken, Stauungsaufnahme 321
– Ösophagus 267
– Pankreasgang 309
– Schädel 152
– Schädelbasis 153
– Schultergelenk 26
– Sprunggelenk 85–86
– Thorax 279–280
Rosenmüller-Lymphknoten 120
Rostrum corporis callosi 363
Rücken
– Hautinnervation, sensible 258
– Knochenprojektion 216
– Nerven und Gefäße, oberflächliche 256
– Oberflächenrelief 213
Rückenmark 210, 228, 354, 363, 377, 390
– Hüllen 388
– Querschnitt 391
Rückenmarkshäute, mit Liquorräumen 377
Rückenmuskeln
– von dorsal 252
– tiefe 253
Rückenwand, Lungenprojektion 260

S

Sacculus 410
Saccus
– endolymphaticus 410, 412
– lacrimalis 394
Sagittalschnitt 363
Samenbläschen 322, 324, 333
Samenstrang 214
Scala
– tympani 410–411
– vestibuli 410–411
Scapula 17–20, 26, 30–31, 49, 61, 213, 216–217, 281–282
Schädel 347
– von dorsal 143
– Frakturen 153
– Knochen 377
– von lateral 141–142
– Medianschnitt 145–146
– Nasennebenhöhlen, Projektion, von lateral/ventral 166
– Röntgenbild 152
– von ventral 140–141
Schädelbasis
– äußere 148–149
– Hirnnerven, Durchtrittsstellen 150
– innere 147–148, 194
– Röntgenbild 153
Schädeldach 143
– Frontalschnitt 384
Schädelgrube
– hintere, Bruch 153
– mittlere 153
– vordere 153, 400

Schädelhöhle 154, 408
Schaftachsenfehler 87
Schamlippe
– große 339
– kleine 255
Scheitelbein 141, 148
Scheitellappen 347
Schienbein 75
Schilddrüse 61, 186, 196–197, 201–202, 206, 208, 265, 284, 286
– Lage zum Kehlkopf 202
– Sonographie 201
– Szintigramm 201
Schildknorpel 186–187, 197, 202–205, 266, 268
Schläfenbein 141, 148
Schläfenlappen 347
Schleimbeutel
– Hüfte, von dorsal 117
– Kniegelenk, von dorsal 118
– – von ventral 118
– Schultergelenk, von dorsal 49
– – von ventral 49
Schlüsselbein 17, 26
Schneidezähne 155, 157, 159
– Längsschnitt 160
Schubladenzeichen 91
Schultergelenk
– von lateral 30
– Röntgenbild 26
– Schleimbeutel, von dorsal 49
– – von ventral 49
– von ventral 30–31
– Verletzungsmöglichkeiten 29
Schultergürtel
– Gelenke 29
– Muskeln, von dorsal 39, 252
– – von lateral 36
– – von ventral 36–38
– Querschnitt 61
Schultzesches Komma 391
Sclera 394, 403–404
Segmente, bronchopulmonale 269, 271
Segmentum
– anterius 269, 271
– apicale 269, 271
– basale anterius 269, 271
– – laterale 269, 271
– – mediale 269
– – posterius 269, 271
– laterale 269
– lingulare inferius 271
– – superius 271
– mediale 269
– posterius 269, 271
– superius 269, 271
Sehnenscheiden
– Entzündung 48
– Fußrücken, von lateral 116
– – von medial 116
– Handrücken 48
– Hohlhand 47
Sehnenscheiden
– Varietäten 47
Sehzentrum
– primäres 387
– sekundäres 387
Seitenhorn 391
Seitenstrang 391
Seitenventrikel 358, 375
– von lateral 376
– von ventral 376
Sella turcica 146, 152, 165
Septum(-a)
– atrioventriculare 277
– interalveolaria 155
– interfrontale 166
– intermusculare brachii mediale 37, 41, 54
– – laterale 55
– interventriculare 277, 283–284, 286–287
– linguae 173, 183
– medianum posterius 391
– nasi 154, 162, 165, 195, 400
– – osseum 140
– pectiniforme penis 324
– pellucidum 351, 353, 356–357, 361, 364
– penis 323
– sagittale 174
– scroti 323
Sesambein 28
Shrapnellsche Membran 409
Siebbein 141, 148
Siebbeinzellen 162, 166
Sinus
– cavernosus 178, 362, 385–386
– coronarius 275–277, 286
– durae matris 384, 386
– ethmoidalis 166, 396, 401
– frontalis 146, 152, 154, 161–162, 164–166, 362–364, 400
– intercavernosus 384, 386
– lactiferi 215
– marginalis 386
– maxillaris 152, 154, 162, 166, 358, 394, 400
– obliquus pericardii 278
– occipitalis 384, 386
– petrosus inferior 150–151, 178, 384–386
– – superior 178, 360, 384–386
– rectus 178, 358, 364, 377, 384–386
– renalis 319, 321
– sagittalis inferior 178, 377, 380, 384–386
– – superior 150, 178, 347, 355, 359–360, 377–378, 380, 383–386
– sigmoideus 178, 358, 360, 378, 383–386
– sphenoidalis 152–153, 164–166, 358, 362–364, 408
– sphenoparietalis 384, 386
– tarsi 83, 86
– transversus 178, 358–359, 362–363, 378, 383–385
– – pericardii 278
– venorum cavarum 275
– venosus sclerae 403
Situs retroperitonealis 314, 316–317
Sitzhalfter 102
Sonographie
– Gallenblasenbereich 308
– Leber 307–308
– Nierenbecken 321
– Schilddrüse 201
Spatium
– intercostale 217
– intervaginale 403–404
– parapharyngeum 174
– paravesicale 326
– retropharyngeum 174
– retropubicum 325–326
– retrorectale 326
– subarachnoideum 228, 390
Speiche s. Radius
Spiegelung
– Augenhintergrund 405
– Nasenrachenraum 165
Spina
– iliaca anterior inferior 76, 237–239, 243
– – – superior 69, 76, 78, 99–100, 119–120, 123, 213, 237–239, 243, 245, 247, 255, 294
– – posterior inferior 76, 237
– – – superior 69, 73, 76, 238–239, 243
– ischiadica 76, 238–239, 254–255
– mentalis 156–157
– nasalis posterior 149
– scapulae 20, 38–39, 54, 213
Splen 284–285, 291, 295–296, 298, 330–332
Splenium corporis callosi 352, 356, 363
Sprachzentrum
– akustisches (Wernicke) 387
– motorisches (Broca) 387
– optisches 387
Spreizfuß 95
Sprunggelenk
– von dorsal 92
– Frontalschnitt 114
– Röntgenbild 85–86
– – seitliches 86
– unteres, Flachschnitt 95
Squama
– frontalis 140
– occipitalis 142–143, 189
– temporalis 142
Stapes 409–411
Steigbügel 409, 411
Steißbein 227, 237
Steißwirbel 213, 227
Stellknorpel 203
Sternoklavikulargelenk, Bänder 221
Sternum 29, 60, 186, 191–192, 213, 216, 218, 223, 225–226, 247–249, 280, 282–283, 286–287, 330
Stirnbein 141, 148
Stirnhöhle 146, 166
Stirnlappen 347
Stratum
– circulare 300

Stratum
– longitudinale 300
Stria(-ae)
– longitudinalis lateralis 356
– – medialis 356
– medullares ventriculi quarti 365
– medullaris thalamica 376
– olfactoria 354
– terminalis 356
Substantia
– gelatinosa 368, 391
– grisea centralis 371
– nigra 352, 371
Sulcus(-i)
– a. subclaviae 219, 269, 271
– a. vertebralis 231
– aorticus 271
– arcus aortae 271
– arteriosi 146
– basalis pontis 370
– basilaris 366
– calcarinus 351–352
– centralis 347–349, 351, 355, 360, 362–363, 387
– cinguli 348, 351
– collateralis 351–352
– coronarius 274–275
– deltoideopectoralis 37
– frontalis inferior 348
– – medius 349
– – superior 348
– glutealis 69
– hypothalamicus 353, 363
– infraorbitalis 395
– infraparietalis 349
– intermedius posterior 365, 391
– intertubercularis 18, 21, 30
– interventricularis anterior 274
– – posterior 275
– intraparietalis 348
– lateralis 349, 357, 360–361, 365
– – anterior 365–366
– – posterior 365
– limitans 365
– malleolaris 80
– medianus 365, 368, 374
– – linguae 172
– – posterior 365, 391
– mylohyoideus 156, 175
– n. radialis 21
– n. spinalis 233
– n. ulnaris 21–22
– obturatorius 76
– occipitotemporalis 351–352
– oesophageus 269, 271
– olfactorius 352
– orbitales 351
– paraglenoidalis 76
– parietooccipitalis 348–349, 351–352
– postcentralis 348–349
– posterior 365
– posterolateralis 391
Sulcus(-i)
– precentralis 348–349
– sinus sagittalis superioris 147
– – sigmoidei 146–147
– – transversi 147
– temporalis inferior 349, 352
– – superior 349
– tendinis m. flexoris hallucis longi 81
– terminalis 172, 182
– trochleae 22
– v. azygos 269
– v. brachiocephalicae sinistrae 271
– v. cavae superioris 269
– v. subclaviae 219
Sustentaculum tali 81
Sutura
– coronalis 140, 142–143, 146, 152
– incisiva 149, 155
– intermaxillaris 140, 155
– internasalis 140
– lambdoidea 142–143, 146, 152
– occipitomastoidea 142, 146
– palatina mediana 149, 155
– – transversa 149, 155
– parietomastoidea 142
– sagittalis 143, 152
– sphenofrontalis 140, 142
– sphenoparietalis 140
– sphenosquamosa 140, 142
– squamosa 142–143, 146
– temporozygomatica 142, 167
Symphysis pubica 96, 99, 130, 214, 238–239, 243–244, 248–249, 254–255, 325, 333
Synchondrosis
– sacralis 237
– sternalis 221
Syndesmosis tibiofibularis 83, 135

T

Taenia
– libera 296, 303
– ventriculi quarti 365
Talus 81, 83, 86, 94–95, 113–114
Tarsus 82–83
– inferior 394
– superior 394
Tectum mesencephali 353
Tela choroidea ventriculi tertii 363
Telencephalon 353
Tendo calcaneus 70–72, 92, 108–110, 113, 116, 135
Tendovaginitis 48
Tentorium cerebelli 358–360, 362–363, 384
Testis 322–323
Thalamus 351, 353, 356–357, 360–361, 363–365, 376
Thorax 259–288
– von dorsal 217
– Frontalschnitt 224, 284–285
– Querschnitt 281–283
Thorax
– Röntgenbild, von lateral 280
– Sagittalschnitt 288
– – parasternaler 286
– von ventral 217
Thymus 262–264, 286–287
Tibia 70–71, 74–75, 78, 80, 83–86, 88–92, 94, 105–106, 108–109, 111, 113–116, 118, 127–128, 134–135
Tonsilla
– cerebelli 372–373
– lingualis 161, 172
– palatina 139, 161, 172, 174, 182, 195
– pharyngea/pharyngealis 161, 165, 195
Trabeculae
– carneae 277
– corporis cavernosi penis 324
Trachea 61, 161, 175, 187, 190, 196–197, 201–206, 210, 228–230, 262, 264–266, 268, 279, 281–282, 287, 390
Tracheotomie 186
Tractus
– corticospinalis 369–370
– – anterior 391
– – lateralis 368, 391
– dentatothalamicus 371
– dorsolateralis 391
– iliotibialis 69–71, 97, 100–104, 107, 110, 123–125, 252
– olfactorius 352, 354, 379
– olivocerebellaris 369
– opticus 354, 361, 365, 397
– rubrospinalis 369, 371, 391
– solitarius 369
– spinalis n. trigemini 368–370
– spinocerebellaris anterior (Gowers) 368, 391
– – posterior (Flechsig) 368, 391
– spinoolivaris 368, 391
– spinotectalis 391
– spinothalamicus 370–371
– – anterior 391
– – lateralis 391
– tectospinalis 391
– tegmentalis centralis 369–371
– vestibulospinalis 370, 391
Tränenbein 141
Tragus 358, 408
Trigonum
– caroticum 4, 196
– clavipectorale 14
– deltoideopectorale 2
– femorale 2
– fibrosum dextrum 276
– – sinistrum 276
– habenulae 365
– lumbale 247, 252–253
– lumbocostale 226
– n. hypoglossi 365
– n. vagi 365
– olfactorium 352, 354

Trigonum
– sternocostale 226
– submandibulare 4
– vesicae 324
Trikuspidalklappe 261
Trochanter
– major 73, 77–78, 84, 96–97, 102–103, 243, 333–334, 337
– minor 77, 84, 243
Trochlea 396, 398–399, 401
– humeri 21–22, 40
– tali 82, 85–86, 92
Trommelfell 408–410
Truncus
– brachiocephalicus 6, 197, 208, 264, 273–275, 278
– bronchomediastinalis 8
– coeliacus 6, 226, 265, 293, 299, 311, 314–317, 341–342
– – Arteriogramm 311
– corporis callosi 363
– costocervicalis 265
– fasciculi atrioventricularis 276
– inferior 197
– intestinalis 8
– jugularis 8
– lumbalis 8
– medius 197
– pulmonalis 261, 273–274, 278
– subclavius 8
– superior n. phrenicus 197
– sympathicus 174, 200, 224–226, 263–265, 283, 330
– thyrocervicalis 61, 200, 208
Tuba
– auditiva/auditoria 165, 195, 408, 410
– uterina 329
Tuber
– calcanei 81–83, 92, 112–113
– cinereum 352
– ischiadicum 73, 76, 84, 97, 99, 104, 122, 238–239
– vermis 372–373
Tuberculum
– anterius thalami 376
– – vertebrae cervicalis 231, 233, 240
– articulare (Kiefergelenk) 167
– – superior 233
– conoideum 18
– corniculatum 161, 173, 195, 205, 207
– costae 219–220
– cuneiforme 161, 173, 195, 205, 207
– infraglenoidale 18–20
– intercondylare laterale 80
– – mediale 80
– m. scaleni anterioris 219
– majus 18, 21, 31
– mediale tali 92–93
– mentale 158
– minus 18, 21
– nuclei cuneati 365
– – gracilis 365
Tuberculum
– obturatorium anterius 76
– – posterius 76
– ossis scaphoidei 25
– – trapezii 25
– pharyngeum 194
– posterius 231, 233
– pubicum 76, 78, 100, 120, 123, 239, 243, 248
– sellae turcicae 147
– supraglenoidale 19
Tuberositas
– deltoidea 21
– glutealis 77
– iliaca 76
– masseterica 156
– ossis ischii 130
– – metatarsi 81–83
– phalangis 25
– – distalis 81
– pronatoria 24
– radii 24
– tibiae 78, 80, 90
– ulnae 23
Tunica
– dartos 323
– mucosa oris 175
– – pharyngis 195
– serosa, Magen 300

U

Ulna 13–14, 16–17, 22–23, 25, 27–28, 32–33, 35, 40, 43, 57, 64–65
Umbilicus 245, 248–249
Umbo membranae tympani 409
Uncus 351–352
Unterarm
– Arterien, von dorsal 57
– – von ventral 55
– von dorsal 14
– Muskeln, mittlere Schicht, von ventral 42
– – oberflächliche Schicht, von dorsal 43
– – – von ventral 41
– – tiefe Schicht 43
– – von ventral 42
– Nerven, von dorsal 57
– – von ventral 55
– von palmar 15
– Querschnitt 64–65
Unterhorn 374–375
Unterkiefer 138
Unterkieferknochen 141
Unterlappen 269, 271
Unterschenkel
– Bandapparat 92
– Gefäße, von dorsal 126
– Muskulatur, von lateral 107
– – von medial 108
– – mittlere Schicht, von dorsal 110
– – obere Schicht, von dorsal 109
Unterschenkel
– – tiefe Schicht, von dorsal 110
– – von ventral 109
– Nerven, von dorsal 126
– – tiefe Schicht, von dorsal 126
– Querschnitt 134
Ureter 292, 312, 314, 316, 318–322, 325, 327, 333, 339
Urethra 130, 254–255, 322–325, 334, 338
Urogramm 320
Uterus 257, 297, 314, 316, 325, 327, 336, 339
– Halteapparat 326
– Querschnitt 328
– Sagittalschnitt 328
Utriculus 410, 412
– prostaticus 324
Uvula 139, 161, 165, 172, 195
– vermis 372–373
– vesicae 324

V

Vagina(-ae) 255, 325, 327–328, 337–339
– bulbi 399–400
– externa (Dura mater) 404
– – nervi optici 403–404
– fibrosa digitorum manus 45
– interna nervi optici 403
– m. recti abdominis 223, 245–250
– synovialis communis musculorum flexorum 47
– – – tendinum mm. extensoris digitorum und extensoris indicis 48
– – intertubercularis 31
– – tendinis m. abductoris pollicis longi 48
– – – m. extensoris carpi ulnaris 48
– – – m. extensoris digiti minimi 48
– – – m. extensoris pollicis longi 48
– – – m. flexoris carpi radialis 47
– – – m. flexoris pollicis longi 47
– – – m. tibialis posterioris 116
– – tendinum digitorum 47
– – – musculorum extensorum carpi radialium 48
– tendinis m. extensoris hallucis longi 115–116
– – m. flexoris digitorum longi 116
– – – pollicis longi 47
– – m. peronei brevis 115
– – m. tibialis anterioris 115–116
– tendinum m. extensoris digitorum longi 115–116
– – m. flexoris hallucis longi 116
– – mm. peroneorum communis 116
Vallecula epiglottica 161, 173, 205
Valva(-ae)
– aortae 261, 276, 284
– atrioventricularis dextra 276
– – sinistra 276
– ileocaecalis 303

Valva(-ae)
- mitralis 261, 276–277, 283
- tricuspidalis 261, 276–277, 283, 287
- trunci pulmonalis 261, 276
Valvula venae cavae inferioris 277
Velum
- medullare inferius 353
-- superius 353, 373
- palatinum 139
Vena(-ae)
- alveolaris inferior 158, 174, 178, 182
- angularis 178–179, 385
- auricularis posterior 178, 180, 198, 385
- axillaris 7, 16, 52, 60, 62, 282
- azygos 225–226, 264–265, 282, 284, 287, 330–332
- basilica 7, 13–14, 16, 50, 55, 60, 63–65
- brachiales 7, 16, 52, 63–64
- brachiocephalica 200, 261, 266, 281–282
-- dextra 7, 197, 264, 278, 284
-- sinistra 7, 197, 262–263, 278, 284, 286–287
- cava inferior 7, 225–226, 261, 264, 275, 277–279, 284, 288, 293, 297, 299, 306, 314, 316–317, 330–332, 340–344
-- superior 7, 197, 200, 261–262, 264, 266, 273–275, 277–278, 282, 284, 288
- centralis retinae 399, 403–405
- cephalica 7, 13–14, 16, 50–52, 55, 62–65
- cervicalis profunda 178, 385
-- superficialis 196
- circumflexa femoris lateralis 74, 132
--- medialis 74
-- ilium superficialis 74, 122
- coronaria dextra 275–276
-- sinistra 276
- diploica 384
- emissaria 384
-- condylaris 151
-- mastoidea 151
-- occipitalis 178, 385
- epigastrica inferior 325
-- superficialis 74, 122
- facialis 178–180, 196–199, 385
- faciei profunda 385
- femoralis 7, 73–74, 119–121, 123–124, 130–132, 248, 333–334, 337–338
-- Punktionsort 214
- fibularis 134
- gastrica brevis 297
-- sinistra 331
- genus 74
- glutealis inferior 130–131, 334, 337
-- superior 131
- hemiazygos 225–226, 263, 265, 283, 330–332
-- accessoria 263
- hepatica(-ae) 7, 288, 307, 314, 316–317
-- communis 284
-- dextra 330
- iliaca communis 7, 73, 121, 293, 297, 314, 316–317, 335, 339

Vena(-ae)
-- externa 7, 73–74, 123, 214, 251, 336
-- interna 7
- inferior cerebri 378
- infraorbitalis 151, 180
- intercostalis 223, 263–265
- interna cerebri 377
- interossea communis 64
-- posterior 42
- interventricularis anterior 274, 276, 284
-- posterior 275, 286
- jugularis anterior 61, 178, 196, 198, 209, 385
-- externa 61, 178, 182–183, 188, 196, 198–199, 209–210, 385
-- interna 7–8, 61, 151, 174, 178, 182–183, 186–188, 196–200, 208–210, 262, 281, 288, 384–385, 408
--- Punktionsort 186–187
- labialis inferior 179–180, 385
-- superior 178–180, 385
- labyrinthi 150
- lacrimalis 401
- laryngea superior 206
- lingualis 197
- magna cerebri 90, 178, 377, 384–385
- maxillaris 178, 385
- mediana antebrachii 52
-- basilica 55
-- cubiti 13–14, 50, 52, 55, 64
- mentalis 179–180
- mesenterica inferior 7
-- superior 7, 297, 314–315, 343–344
- metacarpales palmares 16
- metatarsae dorsales pedis 74
- nasofrontalis 401
- obturatoria 120, 132, 333–335, 337
- occipitalis 178, 180, 188, 385
- ophthalmica inferior 151, 178, 385
-- superior 178, 385, 401
- ovarica 7
- palpebralis inferior 179–180
-- superior 179–180
- pharyngea 182
- plantaris 113
-- lateralis 114
-- medialis 114
- poplitea 7, 71, 73–74, 90, 105, 124–126, 133–134
- portae 7, 288, 297, 306, 315, 331, 342
- profunda faciei 178
-- femoris 74
- pudenda 122
-- externa 74
-- interna 130
- pulmonales 261, 263–264, 279
-- dextrae 275, 278, 283
-- inferiores 288
-- sinistrae 271, 275, 278
-- superiores 288
- pulmonalis(-es) dextrae 269

Vena(-ae)
- radiales 7, 16, 64
- rectalis superior 333
- renalis 7
-- dextra 316
-- sinistra 317–318, 332, 340, 343
- retromandibularis 174, 178, 180, 385
- sacralis mediana 7
- saphena 90
-- magna 7, 73–74, 119, 123, 125, 128, 132–134, 338
-- parva 7, 74, 119, 124–125, 133–134
- spinalis 150–151
- splenica 7, 284, 313, 331–332
- subclavia 8, 197, 200, 261, 263–264
-- dextra 197
-- Punktion 187
-- sinistra 7, 197, 200, 262
- sublingualis 183
- submentalis 178, 385
- superior cerebri 377–378, 383, 385
- supraorbitalis 180
- suprarenalis 7, 318
- supratrochlearis 178, 180, 385
- temporalis superficialis 178–180, 385
- testicularis 7, 316–317
- thalamostriata 376
- thoracica interna 264
-- lateralis 282
- thoracoepigstrica 60
- thyroidea inferior 196
-- media 197
-- superior 178, 196–197, 209
- tibialis anterior 7, 74, 134–135
-- posterior 72, 126, 128, 134–135
- transversa colli 196, 198
- ulnares 7, 16, 64
- uterinae 328
- ventricularis sinistra posterior 275–276
- vertebralis 182–183
- vesicalis inferior 339
Venen(system) 7
- s.a. Gefäße
Venter
- anterior (M. digastricus) 173, 176, 190–192, 196
- frontalis (M. occipitofrontalis) 168–170
- inferior (M. omohyoideus) 36, 190–192, 197–198
- occipitalis (M. occipitofrontalis) 169–170
- posterior (M. digastricus) 176, 187, 190–192, 194, 196
- superior (M. omohyoideus) 36, 187, 190–192, 197
Ventriculus
- dexter 261, 273–275, 277, 283, 287
- laryngis 161, 173, 205–206
- lateralis 357, 359–361, 374–376
- quartus 353, 358, 363–364, 370, 372, 374–376
- sinister 261, 274–277, 283–284
- tertius 357, 360–361, 365, 374–376

Ventrikel(system)
- von kranial 374–375
- von lateral 374–375
- von ventral 374
Venula
- macularis superior 405
- nasalis retinae inferior 405
- - - superior 405
- temporalis retinae inferior 405
- - - superior 405
Verknöcherungskerne, Handwurzelknochen 28
Vermis cerebelli 353, 358–359, 372–373
Vertebra(-ae)
- cervicales 217, 227
- coccygeae 237
- lumbales 216, 227, 243, 389
- prominens 216–217, 227, 233
- thoracicae 216, 220, 227–228
Vertebralisangiographie 383
Vesica
- biliaris 295–296, 299, 305–306, 332, 342–344
- urinaria 295–297, 314, 316, 320, 322, 324–327, 333, 336–337, 339
- uterina 292
Vesicula seminalis 130, 322, 324, 333
Vestibulum 410
- (Bursa omentalis) 298
- laryngis 205–207
- nasi 165
Vestibulum
- oris 173
Viereckbein
- großes 28
- kleines 28
Vinculum tendinum 35
Vomer 148–149, 162, 164, 358
Vorderhorn 368, 374–375, 391
Vorderstrang 391
Vorhof 410
- linker 277, 283, 286
- rechter 261, 274, 277, 283, 286–288

W

Wadenbein 75
Weizenknorpel 202–204
Wirbelbänder, von lateral 221
Wirbelkanal 161, 210
- Querschnitt 388
Wirbel-Rippen-Verbindungen, von kranial 221
Wirbelsäule 96, 99, 161, 216, 226, 242, 263–265, 280, 285, 287, 301, 304, 320–321, 342, 390
- von dorsal 227
- Krümmungen, von lateral 227
- Medianschnitt 242
- von ventral 227
Wurzel (Zahn) 160
Wurzelhaut 160
Wurzelkanal 160
Wurzelkanalöffnung 160

Z

Zähne/Zahn 153, 159, 175
Zahnbein 160
Zahnfleisch 160
Zahnschmelz 160
Zehengelenke, Gelenkkapseln 93
Zement 160
Zentralnervensystem 345–392
Zona
- marginalis 391
- orbicularis 98, 243
Zugang, zentralvenöser 187
Zunge 139, 172–173, 175, 182, 195, 364
- Muskeln 175
Zungenbein 186, 202
Zwerchfell 224–226, 229, 248, 257, 262–267, 279–280, 284–288, 295–297, 314, 316–317, 330–332
- von kaudal 226
- von kranial 225
- Kuppel, rechte/linke 230
Zwischenhirn 353
- Medianschnitt 363